HTML5 网页设计经典
(第10版)

[美]特丽·安·费尔克-莫里斯　著
(Terry Ann Felke-Morris)

简智达　译

清华大学出版社
北京

内 容 简 介

本书通过大量动手操作和案例全面记录了网页开发与设计过程，全书共 14 章，内容充实，案例丰富，实用性强。第 1 章介绍 Internet 和 Web；第 2 章讲述 HTML 基础知识；第 3 章讨论用 CSS 配置颜色和文本；第 4 章讨论视觉元素和图片；第 5 章讨论 Web 设计；第 6 章讨论用 CSS 进行页面布局；第 7 章讨论灵活响应的网页；第 8 章讨论表格；第 9 章讨论表单；第 10 章讨论网站开发；第 11 章讨论多媒体和交互性；第 12 章讨论电子商务；第 13 章讨论如何在网上推广自己；第 14 章讨论 JavaScript 和 jQuery。

本书侧重动手能力的培养，既可用作网页开发教材供高等院校学生使用，也可供有意提高网页开发技能的读者自学。通过本书，读者能迅速掌握网页开发技术，设计出漂亮、美观、符合标准的网页。

北京市版权局著作权合同登记号　图字：01-2020-5819

Authorized translation from the English language edition, entitled WEB DEVELOPMENT & DESIGN FOUNDATION WITH HTML5, 10TH EDITION, 10th Edition by TERRY ANN FALKE-MORRIS, published by Pearson Education, Inc, publishing as Microsoft Press, Copyright ©2020 by Pearson Education.

All rights reserved. No part of this book may be reproduced or transmitted in any form or by any means, electronic or mechanical, including photocopying, recording or by any information storage retrieval system, without permission from Pearson Education, Inc.

CHINESE SIMPLIFIED language edition published by **TSINGHUA UNIVERSITY PRESS LIMITED**, Copyright ©2020.

本书简体中文版由 Pearson Education 授予清华大学出版社在中国大陆地区(不包括香港、澳门特别行政区以及台湾地区)出版与发行。未经许可之出口，视为违反著作权法，将受法律之制裁。

本书封底贴有 Pearson Education 防伪标签，无标签者不得销售。

版权所有，侵权必究。举报：010-62782989，beiqinquan@tup.tsinghua.edu.cn。

图书在版编目(CIP)数据

HTML5 网页设计经典：第 10 版/(美)特丽·安·费尔克-莫里斯著；简智达译. —北京：清华大学出版社，2020.12

书名原文：Web Development & Design Foundations with HTML5，10th Edition

ISBN 978-7-302-56876-6

Ⅰ. ①H… Ⅱ. ①特… ②简… Ⅲ. ①超文本标记语言—程序设计 Ⅳ. ①TP312

中国版本图书馆 CIP 数据核字(2020)第 228060 号

责任编辑：文开琪
装帧设计：李　坤
责任校对：周剑云
责任印制：沈　露
出版发行：清华大学出版社
　　　　　网　　址：http://www.tup.com.cn, http://www.wqbook.com
　　　　　地　　址：北京清华大学学研大厦 A 座　　　　邮　　编：100084
　　　　　社 总 机：010-62770175　　　　　　　　　　邮　　购：010-62786544
　　　　　投稿与读者服务：010-62776969, c-service@tup.tsinghua.edu.cn
　　　　　质量反馈：010-62772015, zhiliang@tup.tsinghua.edu.cn
印 装 者：三河市龙大印装有限公司
经　　销：全国新华书店
开　　本：185mm×230mm　　　印　　张：42.75　　　字　　数：1029 千字
版　　次：2020 年 12 月第 1 版　　印　　次：2020 年 12 月第 1 次印刷
定　　价：149.00 元

产品编号：089314-01

前　言

本书专门为网页开发入门而写，讨论了文本配置、颜色配置和网页布局等 HTML 和 CSS 主题，强调了设计、无障碍访问和 Web 标准等主题。本书涵盖网页开发人员必须掌握的以下基本技能：

- Internet 的基本概念
- 用 HTML5 创建网页
- 用 CSS 配置文本、颜色和页面布局，新增了对 CSS 灵活框和网格布局的讲解
- Web 设计最佳实践
- 无障碍标准
- 网站开发过程
- 在网页上使用媒体和交互性
- 网站推广和搜索引擎优化(SEO)
- 电子商务和 Web
- JavaScript

本书一大特色是以附录形式提供了一整套"Web 开发人员手册"，包括 HTML5 速查表、特殊字符、CSS 属性速查表、WCAG 2.1 快速参考、FTP 教程和 Web 安全调色板。

本版更新

- 相较于大获成功的第 9 版，第 10 版的新增内容如下：
- 对 HTML5 元素和属性更全面的覆盖
- 更新了示例代码、案例学习和 Web 资源
- 拓展了对页面布局设计和灵活 Web 设计技术的讲解
- 第 7 章更名为"灵活响应的页面布局"，强调"移动优先"开发策略，侧重新式布局系统，包括 CSS 灵活布局模块(灵活框)和 CSS 网格布局
- 用 CSS 灵活框和网格布局系统来实现表单布局
- 更新了 HTML5 和 CSS 速查表
- 提供额外的动手实作练习
- 学生文件可从本书配套网站 https://webdevfoundations.net/10e/index.html 或者译者网站(https://bookzhou.com)下载，其中包括动手实作的答案和网站案例学习的初始文件等

本书的结构

　　本书经过了精心设计，目的是便于灵活使用，可适合各类课程和学生的需求。下图展示了各章之间的依赖关系。

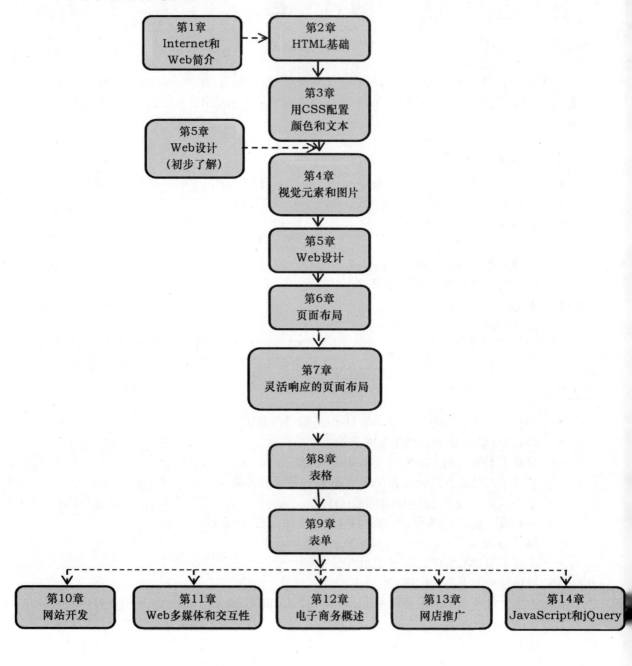

　　第 1 章讲解基础知识，可根据学生的背景跳过或学习本章；第 2～4 章介绍 HTML 和 CSS 编码；第 5 章讨论 Web 设计最佳实践。学生在完成第 3 章的学习后，可选择在任何时候学习本章内容(甚至可以和第 3 章同步学习)。第 6～9 章延伸讨论 HTML 和 CSS。

　　下面这些章可根据时间限制和学生的需要跳过或自学：第 10 章(网站开发)、第 11 章(多媒体和交互性)、第 12 章(电子商务概述)、第 13 章(网站推广)和第 14 章(JavaScript 和 jQuery 概述)。

各章内容简介

- **第 1 章"Internet 和 Web 简介"**　本章介绍 Web 开发人员需要熟悉的 Internet 和 Web 基本术语和概念。对于已经熟悉了这些内容的学生，可以权当"温故而知新"。第 1 章是本书后续学习的基础。

- **第 2 章"HTML 基础"**　本章介绍 HTML5，实例和练习鼓励学生亲自创建网页并积累经验。学生要用多种结构化、分组以及文本级的 HTML 元素来创建含有超链接的网页。动手实作的答案可参见学生文件。

- **第 3 章"用 CSS 配置颜色和文本"**　本章介绍如何使用 CSS 配置网页中的颜色和文本。鼓励学生创建网页。动手实作的答案可参见学生文件。

- **第 4 章"视觉元素和图片"**　本章讨论如何在网页上应用图形和视觉效果，包括图像优化、CSS 边框、CSS 图像背景、CSS 视觉效果以及 HTML5 视觉元素。鼓励学生亲自创建网页以体验效果。动手实作的答案可参见学生文件。

- **第 5 章"Web 设计"**　本章重点在于推荐的网站设计最佳实践和无障碍设计。有的内容是对之前的内容的一个复习巩固，因为在之前介绍 HTML 的各章，已经时不时地提供了与网站设计实践有关的建议。

- **第 6 章"页面布局"**　第 10 版大幅修订了这一章。将继续 CSS 的学习，介绍对网页元素进行定位和浮动的技术，其中包括双栏 CSS 页面布局。还讨论了 CSS 精灵、用 CSS 配置打印稿、位置固定的导航栏、单页网站和视差滚动等技术。鼓励学生亲自创建网页以体验效果。动手实作的答案可参见学生文件。

- **第 7 章"灵活响应的页面布局"**　第 10 版大幅修订了这一章。深入讨论了 CSS 灵活框布局和 CSS 网格布局。本章继续讨论 CSS 媒体查询和灵活图片技术，并讨论了 CSS 特性查询。鼓励学生亲自创建网页以体验效果。动手实作的答案可参见学生文件。

- **第 8 章"表格"**　本章重点是用于创建表格的 HTML 元素。介绍了用 CSS 配置表格的方法。鼓励学生亲自创建网页以体验效果。动手实作的答案可参见学生文件。

- **第 9 章"表单"**　本章重点是用于创建表单的 HTML 元素。介绍了用 CSS 配置表单的方法。还介绍了 HTML5 表单控件和属性值。鼓励学生亲自创建网页以体验效果。动手实作的答案可参见学生文件。

- **第 10 章"网站开发"**   本章的重点是网站开发过程,包括大型项目所需的各种职位、网站开发过程和网页托管。文件的组织方式也在本章进行了讨论。本章包含了选择 Web 主机时的一份核对清单。
- **第 11 章"Web 多媒体和交互性"**   本章概述了在网页上添加媒体和交互性所涉及的主题,包括 HTML5 视频和音频、CSS transform,transition 和 animation 属性、交互式下拉菜单、交互式图片库、JavaScript、jQuery、Ajax 和 HTML5 API 等。鼓励学生亲自创建网页以体验效果。动手实作的答案可参见学生文件。
- **第 12 章"电子商务概述"**   介绍 Web 上的电子商务、安全性和订单处理。
- **第 13 章"网站推广"**   从 Web 开发人员的角度讨论了网站推广,并介绍了搜索引擎优化。动手实作的答案可参见学生文件。
- **第 14 章"JavaScript 和 jQuery 概述"**   本章介绍了如何使用 JavaScript 和 jQuery 进行客户端脚本编程。动手实作的答案可参见学生文件。
- **"Web 开发人员手册"附录**   该"手册"包含有用的资源和教程,包括 HTML5 速查表、特殊字符列表、CSS 属性速查表、WCAG 2.1 快速参考、FTP 教程、ARIA 地标角色和 Web 安全调色板。

本书特色

- **主题丰富**   本书不仅介绍"硬"技能,如 HTML5、CSS 和 JavaScript(第 2、3、4、6、7、8、9 和 14 章),还介绍许多"软"技能,如 Web 设计(第 5 章)、网站推广(第 13 章)和电子商务(第 12 章)。丰富的主题为学生日后从事网页开发工作奠定了坚实基础。学生和老师会发现课程变得更有趣了,因为在学生设计网页或建立网站的过程中,他们能够讨论、整合并运用各种软硬技能。
- **动手实作**   网页开发是一项技能,而技能只有通过动手实作才能更好地掌握。本书十分强调实际动手能力的培养,体现在每一章的动手实作练习题、章末练习题和实际网站开发案例学习等。多种多样的习题也丰富了任课老师在布置作业时的选择。
- **网站案例学习**   4 个案例学习贯穿全书(从第 2 章起)。第 5 章还开始了另一个案例。它们起到巩固每章所学技能的作用。教师可在不同学期循环使用这些案例或让学生选择自己感兴趣的案例。
- **网上研究**   每章都提供了网上研究课题,鼓励学生对本章介绍的主题进行深入探索。
- **聚焦于 Web 设计**   大多数章都提供了额外的活动来探索与本章有关的 Web 设计主题。这些活动可用于巩固、扩展和强化课程主题。
- 🗨 **常见问题**   在我教授的网页开发课程中,学生经常会问到一些同样的问题。书中列出了这些问题,并用 FAQ 图标注明。

- ✔️ **自测题**　每章均提供两至三组自测题，供学生自己检查对课程的掌握程度。每组自测题均用图标注明。
- 🔑 **无障碍网页设计**　开发无障碍网页正变得空前重要，无障碍网页设计技术将贯穿全书。该特殊图标让你可以更方便地找到这些信息。
- ⚖️ **道德规范**　开发网站要遵守一些道德规范，它们用特殊的图标来注明。
- **参考材料**　"Web 开发人员手册"附录提供了许多参考材料，包括 XHTML 参考、特殊字符表、CSS 属性参考、HTML 与 XHTML 比较以及 Section 508 条款参考。

补充材料

主要包含练习用的学生资源。本书读者可访问作译者网站 https://webdevfoundations.net/10e/index.html 和 https://bookzhou.com 来获取本书的补充材料，其中包括勘误。作者网站提供了本书的所有资源链接并一直保持更新。译者网站提供了教参。

致　谢

感谢 Pearson 出版社的各位同仁，特别是 Michael Hirsch, Tracy Johnson, Erin Sullivan, Scott Disanno, Carole Snyder 和 Robert Engelhardt。

感谢以下各位审读第 10 版和之前各版的人士：

Carolyn Andres—Richland College

James Bell—Central Virginia Community College

Ross Beveridge—Colorado State University

Karmen Blake—Spokane Community College

Jim Buchan—College of the Ozarks

Dan Dao—Richland College

Joyce M. Dick—Northeast Iowa Community College

Elizabeth Drake—Santa Fe Community College

Mark DuBois—Illinois Central College

Genny Espinoza—Richland College

Carolyn Z. Gillay—Saddleback College

Sharon Gray—Augustana College

Tom Gutnick—Northern Virginia Community College

Jason Hebert—Pearl River Community College

Sadie Hébert—Mississippi Gulf Coast College

Lisa Hopkins—Tulsa Community College

Barbara James—Richland Community College

Nilofar Kadivi—Richland Community College

Jean Kent—Seattle Community College

Mary Keramidas—Sante Fe College

Karen Kowal Wiggins—Wisconsin Indianhead Technical College

Manasseh Lee—Richland Community College

Nancy Lee—College of Southern Nevada

Kyle Loewenhagen—Chippewa Valley Technical College

Michael J. Losacco—College of DuPage

Les Lusk—Seminole Community College

Will Mahoney-Watson—Portland Community College

Mary A. McKenzie—Central New Mexico Community College

Bob McPherson—Surry Community College

Cindy Mortensen—Truckee Meadows Community College

John Nadzam—Community College of Allegheny County

Teresa Nickeson—University of Dubuque

Brita E. Penttila—Wake Technical Community College

Anita Philipp—Oklahoma City Community College

Jerry Ross—Lane Community College

Noah Singer—Tulsa Community College

Alan Strozer—Canyons College

Lo-An Tabar-Gaul—Mesa Community College

Jonathan S. Weissman—Finger Lakes Community College

Tebring Wrigley—Community College of Allegheny County

Michelle Youngblood-Petty—Richland College

Jean Kent(北西雅图社区学院)和 Teresa Nickerson(杜比克大学)花费了宝贵时间给我反馈并分享了学生们对此书的评述，向你们致以我诚挚的谢意。

感谢哈珀学院同事给予的支持与激励，特别是 Ken Perkins、Enrique D'Amico 和 Dave Braunschweig。

在这里，我最想感谢我的家人，感谢你们的宽容与鼓励。Greg Morris，我亲爱的丈夫，你是无穷无尽的爱之源，更是善解人意的动力之源。谢谢你，Greg、James 和 Karen，我亲爱的孩子们，你们都长大了，认为每个妈妈都会有自己的网站。你们跟爸爸一样理解我和支持我，还及时提出建议。我要大声对你们说一句："谢谢你们！"

作者简介

莫里斯(Terry Felke-Morris)是哈珀学院的副教授，拥有信息系统理科硕士学位，还获得了大量证书，包括 Adobe 认证 Dreamweaver 8 开发者、WOW 认证伙伴 Webmaster、Microsoft 认证专家、Master CIW Designer 和 CIW 认证讲师。

为了表彰她在设计大学 CIS Web 开发程序与课程上的贡献，哈珀学院授予她 Glenn A. Reich Memorial Award for Instructional Technology。2006 年，她获得了 Blackboard Greenhouse Exemplary Online Course Award，以表彰她在学院积极地使用互联网技术。莫里斯女士在 2008 年获得了两个国际大奖，包括 Instructional Technology Council 的 Outstanding e-Learning Faculty Award for Excellence 以及 MERLOT Award for Exemplary Online Learning Resources —MERLOT Business Classics。

莫里斯女士拥有超过 25 年的工商业信息技术从业经验。她于 1996 年发布了她的第一个网站，从此与网络结下不解之缘。作为 Web Standards Project Education Task Force 的成员，她一直致力于 Web 标准的推广。她协助威廉·瑞尼·哈珀学院设立了网页制作证书和学位课程，目前是该专业的骨干教师。有关她的更多信息，请访问 https://terrymorris.net。

目　录

第1章
Internet 和 Web 简介

学习目标：

- 了解 Internet 和 Web 的演变
- 了解对 Web 标准的需求
- 了解无障碍网页设计的好处
- 辨别网上可靠的信息资源
- 了解使用网上信息时的道德规范
- 了解 Web 浏览器和 Web 服务器的用途
- 了解网络协议
- 定义 URL 和域名
- 了解 HTML，XHTML 和 HTML5

Internet 和 Web 是我们日常生活的一部分。它们是如何起源的？是什么网络协议和编程语言在幕后控制着网页的显示？本章介绍了这些概念，它们是 Web 开发人员必须掌握的基础。将学习创建网页时要使用的"超文本标记语言"(HTML)。

1.1 Internet 和 Web

Internet

Internet 是由计算机网络连接而成的网络，即"互联网""网际网络"或音译成"因特网"，如今已随处可见。电视和广播没有一个节目不在敦促你浏览某个网站，甚至报纸和杂志也全面"触网"。

Internet 的诞生

Internet 最初只是一个连接科研机构和大学计算机的网络。在这个网络中，信息能通过多条线路传输到目的地，使网络在部分中断或损毁的情况下也能照常工作。信息重新路由到正常工作的那部分网络从而送达目的地。该网络由美国高级研究计划局 (Advanced Research Projects Agency，ARPA)提出，所以称为"阿帕网"(ARPAnet)。1969

年底，只有 4 台计算机(分别位于加州大学洛杉矶校区、斯坦福大学研究所、加州大学圣芭芭拉校区和犹他大学)连接到一起。

Internet 的发展

随着时间的推移，其他网络(如美国国家科学基金会的 NSFnet)相继建立并连接到阿帕网。这些互相连接的网络，即互联网，起初仅限于在政府、科研和教育领域使用。对互联网的商用限制于 1991 年解禁，Internet 得以持续发展，每年的用户都在增加。根据 Internet World Stats 的报告(https://www.internetworldstats.com/emarketing.htm)，全球"网民"占比 1995 年是 0.4%，2000 年是 5.8%，2005 年是 15.7%，2010 年是 28.8%，而 2019 年达到了 56.1%。

1991 年，Internet 商用限制解禁，为后来的电子商务奠定了基础。然而，虽然不再限制商用，但当时的互联网仍然是基于文本的，使用起来不方便。不过，后来的发展解决了该问题。

Web 的诞生

▶ 视频讲解：Evolution of the Web

蒂姆·伯纳斯·李(Tim Berners-Lee)在瑞士的欧洲粒子物理研究所(CERN)工作期间构想了一种通信方式，使得科学家之间可以轻易"超链接"到其他研究论文或文章并立刻查看该文章的内容。于是，他建立了万维网(World Wide Web)来满足这种需求。1991 年，他在一个新闻组上发布了这些代码，并使其可以免费使用。在这个版本的万维网中，客户端和服务器之间用"超文本传输协议"(Hypertext Transfer Protocol，HTTP)进行通信，用"超文本标记语言"(Hypertext Markup Language，HTML)格式化文档。

第一个图形化浏览器

1993 年，第一个图形化浏览器 Mosaic 问世。它由马克·安德森 (Marc Andreessen)和美国国家超级计算中心(NCSA)工作的几个研究生开发，该中心位于伊利诺斯大学香槟分校。他们中的一些人后来开发了另一款著名浏览器 Netscape Navigator，即今天 Mozilla Firefox 浏览器的前身。

各种技术的大融合

上世纪 90 年代初，采用易于使用的图形化操作系统(比如 Microsoft Windows，IBM OS/2 和 Apple Macintosh OS)的个人电脑大量面世，而且价格变得越来越便宜。网络服务提供商(比如 CompuServe，AOL 和 Prodigy)也提供了便宜的上网连接。图 1.1 清楚地描绘了这样的情形：价格低廉的计算机硬件、易于使用的操作系统、便宜的网费、HTTP 协议和 HTML 语言以及图形化的浏览器，所有这些技术融合在一起，使得人们很容易获得网上的信息。就在这时，**万维网**(World Wide Web)应运而生，它提供了图形化界面，使用户能方便地访问 Web 服务器上存储的信息。

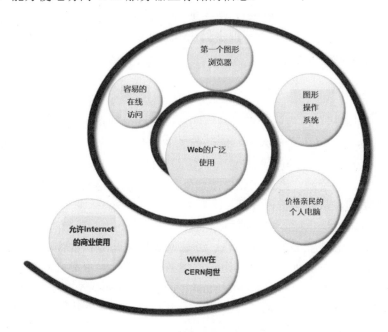

图 1.1　各种技术的大融合

谁在运营 Internet?

你或许感到惊讶，没有一个单独的实体在"运营"由全球计算机连接而成的 Internet。相反，Internet 基础结构的标准由多个组织监管，例如 Internet 工程任务组(Internet Engineering Task Force，IETF)和 Internet 架构委员会(Internet Architecture Board，IAB)。IETF 是制定和开发 Internet 协议的机构，是新的 Internet 标准规范的主要制定者。IETF 是开放性国际组织，由关心 Internet 发展的网络设计者、运营商、厂商和研究机构组成，它们致力于 Internet 架构的发展和 Internet 的平稳运行。IETF 的实际技术工作由它下属的各个工作组进行。这些工作组按不同的领域(如安全和路由)进行划分。

IAB 是 IETF 的一个委员会，负责任命各种与 Internet 相关的组织，并对 IETF 的工作提供宏观指导。作为其日常工作的一部分，IAB 要负责发布**征求意见稿**(Request for Comments，RFC)系列文档。RFC 是由 IETF 发布的正式文档，由某个机构或委员会起草，然后提交给相关团体进行评审。可以访问 https://www.ietf.org/standards/rfcs/对 RFC 文档进行在线评审，有的 RFC 实际是报告性质的，有些则会变成 Internet 标准，后者的最终版本就成为一项新的标准，尔后对标准的修订必须通过后继的 RFC 进行。

　　Internet 名称与数字地址分配机构(Internet Cooperation for Assigned Numbers and Names，ICANN，网址为 https://www.icann.org)成立于 1998 年，是一个非营利性组织。它的主要职责是协调 Internet 域名、IP 地址、协议参数和协议端口的分配问题，1998 年以前这些工作主要由 Internet 数字地址分配机构(Internet Assigned Numbers Authority，IANA)进行协调。IANA 现今仍在 ICANN 的指导下完成一些工作，官方网站是 https://www.iana.org。

内部网和外部网

　　Internet 由许多相互连接的计算机网络构成，这些网络可全球访问。一个组织需要 Internet 的通信能力，又不希望人人都能访问它的信息时，就会选择内部网或外部网。

　　内部网(intranet)是一种被限制在公司或组织内部使用的专用网络，作用是在同事之间共享组织的信息和资源。内部网要连接到外部 Internet，通常会通过网关或防火墙防止未经授权的访问，从而保护内部网。

　　外部网(extranet)是一种能安全地与外部合作伙伴(如供应商、销售商和客户)共享组织内部的一部分信息或业务的专用网络。外部网可用来与专门的商业合作伙伴交换数据和共享信息，同时与其他组织进行协作。隐私和安全性对于外部网来说非常重要，数字证书、消息加密和虚拟专用网络(Virtual Private Network，VPN)是用来为外部网提供隐私保护和安全性的一些技术手段。数字证书和信息加密在电子商务中的应用将在第 12 章讨论。

1.2　Web 标准和无障碍访问

　　和 Internet 一样，也没有单一个人或组织在运营万维网。然而，万维网联盟(W3C，https://www.w3.org)在提供与 Web 相关的建议和建立技术模型上扮演着重要角色。W3C 主要解决以下三个方面的问题：架构、设计标准和无障碍访问。W3C 提出规范(称为推荐标准，即 recommendations)来促进 Web 技术的标准化。

W3C 推荐标准

　　W3C 推荐标准由下属工作组提出，工作组则从参与网页技术开发工作的许多主要公司获取原始技术。这些推荐标准不是规定而是指导方针，许多开发 Web 浏览器的大软件公司(比如微软)并不总是遵从 W3C 推荐标准。这为网页开发人员带来了不少麻烦，因为他们写的网页在不同浏览器中的显示效果不尽相同。

　　但也有好消息，那就是主流浏览器的新版本都在向这些推荐标准看齐。本书的网页编码将遵从 W3C 推荐标准，这是创建无障碍访问网站的第一步。

 ## Web 标准和无障碍访问

无障碍网络倡议(WAI，https://www.w3.org/WAI/)是 W3C 的一个主要工作领域。上网已成为日常生活不可分割的一部分，有必要确保每个人都能顺利使用。

Web 可能对视觉、听觉、身体和神经系统有障碍的人造成障碍。**无障碍访问** (accessible)的网站通过遵循一系列标准来帮助人们克服这些障碍。WAI 为网页内容开发人员、网页创作工具的开发人员、网页浏览器开发人员和其他用户代理的开发人员提出了建议，使得有特殊需要的人能更好地使用网络。要查看这些建议的一个列表，请访问 WAI 的 “Web 内容无障碍指导原则”(Web Content Accessibility Guidelines，WCAG)，网址是 https://www.w3.org/WAI/standards-guidelines/wcag/glance/。WCAG 的最新版本是 WCAG 2.1，它扩展了 WCAG 2.0，引入了一些附加条款，要求提高对以下方面的无障碍访问支持：移动设备、视力弱以及认知和学习障碍。

 ## 无障碍访问和法律

1990 年颁布的《**美国残疾人保障法**》(ADA)是一部禁止歧视残疾人的美国联邦公民权利法，ADA 要求商业、联邦和各州均要对残疾人提供无障碍服务。

1998 年对《**联邦康复法案**》进行增补的 **Section 508 条款**规定，所有由美国联邦政府发展、取得、维持或使用的电子和信息技术(包括网页)都必须提供无障碍访问。美国联邦信息技术无障碍推动组(https://www.section508.gov)为信息技术开发人员提供了无障碍设计要求的资源。随着 Web 和 Internet 技术的进步，有必要修订原始的 Section 508 条款。新条款向 WCAG 2.0 规范看齐，并于 2017 年发布。本书将依据 WCAG 2.0 规范来提供无障碍访问。

近年来，美国各州政府也开始鼓励和推广网络无障碍访问，伊利诺斯州网络无障碍法案(https://www.dhs.state.il.us/IITAA/IITAAWebImplementationGuidelines.html)是这种发展趋势的一个例证。

 ## Web 通用设计

通用设计(universal design)是指 “是指无须改良或特别设计就能供所有人使用的产品、环境及通讯。除了考量身障者和其他弱势使用族群，也顾及一般人的使用情况及需求，不仅考量使用者的使用场景，还顾虑到使用时的心理感受。” 通用设计的例子在我们周围随处可见。路边石上开凿的斜坡既方便推婴儿车，又方便电动平衡车的行驶(图 1.2)。自动门为带着大包小包的人带来了方便。斜坡设计既方便人们推着有滑轮的行李箱上下，也方便手提行李的人行走。

图 1.2   电动平衡车受益于通用设计

Web 开发人员越来越多地采用通用设计。有远见的开发人员在网页的设计过程中会谨记无障碍要求。为有视觉、听觉和其他缺陷的访问者提供访问途径应该是 Web 设计的一个组成部分，而不是事后再考虑。

有视觉障碍的人也许无法使用图形导航按钮，而是使用屏幕朗读器来提供对页面内容的声音描述。只要做一点简单的改变，比如为图片添加描述文本或在网页底部提供文本导航区，Web 开发人员就能将自己的网页变成无障碍页面。通常，提供无障碍访问途径对于所有访问者来说都有好处，因为它提升了网站的可用性。

为图片提供备用文本，以有序方式使用标题，为多媒体提供旁白或字幕，这样的网站不仅方便有视听障碍的人访问，还方便移动浏览器的用户访问。搜索引擎可能对无障碍网站进行更全面的索引，这有助于将新的访问者带到网站。本书在介绍 Web 开发与设计技术的过程中，会讨论相应的无障碍和易用性设计方法。

1.3   网上的信息

任何人都能在网上发布几乎任何信息。本节探讨如何确定自己获得的是可靠信息，以及如何利用那些信息。

网上的信息可靠吗？

目前有数量众多的网站，但哪些才是可靠的信息来源呢？访问网站获取信息时，重点是切忌只看表面(图 1.3)。

对于网上的资源，要问自己以下问题。

图 1.3   谁知道你在看的网页是谁在更新呢？

• 该组织是否可信？任何人都能在网上发布任何东西！一定要明智选择信息来

源。首先评估网站本身的信用。它是自己有域名(比如 https://terrymorris.net)还是免费网站，托管在免费服务器(比如 weebly.com，awardspace.com 或 000webhost.com)上的一个文件夹中？托管在免费服务器上的网站的 URL 一般包含免费服务器名称的一部分。和免费网站相比，有自己域名的网站通常(但并非总是)更可靠。

还要评估域名类型，它是非赢利组织(.org)，商家 (.com 或.biz)，还是教育机构(.edu)？商家可能提供对自己有利的信息，所以要小心。非赢利组织或学校有时能更客观地对待一个主题。

- **信息有多新？**另外要考虑网页创建日期或者最后更新日期。虽然有的信息不受时间影响，但几年都没更新的网页极有可能过时，算不上最好的信息来源。
- **有没有指向额外资源的链接？**如链接了其他网站，能提供额外支持或信息，对于探索一个主题是很有帮助的。不妨点击这些链接以延伸研究。
- **是维基百科吗？**维基百科(https://wikipedia.org)是开始研究的好地方，但也不要盲从。尤其学术研究需慎重。为什么？因为除少数受保护的主题，任何人都能在维基百科上更新任何东西！一般都能帮你答疑解惑，但也不要盲目信任你获得的信息。开始探索一个主题时请尽情使用维基百科，但注意拖到底部看一下"参考文献"部分，探索那些可提供额外帮助的网站。综合运用能获得的所有信息，同时参考其他标准：可信度、域名、时效和指向更多资源的链接。

使用网上信息时的道德规范

万维网这一奇妙的技术为我们提供了丰富的信息、图片和音乐，基本都免费(网费当然少不了)。下面谈谈与道德相关的一些话题。

- 能不能复制别人的图片并用于自己的网站？
- 能不能复制别人的网站设计并用于自己或客户的网站？
- 能不能复制别人网站上的文章，并把它的全部或部分当作自己的作业？
- 在自己的网站上攻击别人或者以贬损的方式链接网站，这样的行为是否恰当？

对所有这些问题的回答都是否定的。未经许可使用别人的图片就像是盗窃。链接这些图片，你用的其实是他们的带宽，有可能让他们多花钱。相反，要用别人的图片，先向网站所有者获取许可。获得许可后，将图片存储到自己的网站上，并在网页上显示时注明来源。这里的关键在于，使用别人的资源需获得授权。复制他人或公司的网站设计也属于盗窃。在美国，无论网站是否有版权声明，它的任何文字和图片都自动受到版权保护。在你的网站上攻击别人和公司，或以贬损方式链接他们的网站都被视为诽谤。

诸如此类的与知识产权、版权和言论自由相关的事件常常被诉诸公堂。好的网络礼仪要求你在使用他人的作品之前获得许可，注明你所用材料的出处(美国版权法称"合理使用")，并以一种不伤害他人的方式行使你的言论自由权。**世界知识产权组织**(World Intellectual Property Organization，WIPO，https://wipo.int)是致力于保护知识产权的国际机构。

想保留所有权，又想方便其他人使用或采纳自己的作业，又该怎么办呢？"知识共享"(Creative Commons，https://creativecommons.org)是一家非赢利性组织，作者和艺术家可利用它提供的免费服务注册一种称为"知识共享"(Creative Commons)的版权许可协议。可以从几种许可协议中选择一种，具体取决于你想授予的权利。"知识共享"许可协议提醒其他人能对你的作品做什么和不能做什么。

 ## 自测题 1.1

1. 阐述 Internet 与 Web 的区别。
2. 解释是哪三大事件促使 Internet 商业化并呈几何级数增长。
3. "通用设计"概念对 Web 开发人员来说重要吗？请详细说明。

1.4   网 络 概 述

网络由两台或多台相互连接的计算机构成，以通信和共享资源为目的。图 1.4 展示了网络中以下几个常见组成部分。

- 服务器计算机
- 客户端工作站计算机
- 共享设备，如打印机
- 连接它们的网络设备(路由器、集线器和交换机)和媒介

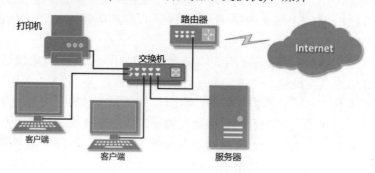

图 1.4   网络的常见组成部分

　　客户端是个人使用的计算机,例如 PC。**服务器**用于接收客户端计算机的资源请求,比如文件请求。用作服务器的计算机通常安放在受保护的安全区域,只有网络管理员才能访问。集线器(hub)和交换机(switch)等网络设备用于为计算机提供网络连接,路由器(router)将信息从一个网络传至另一个网络。用于连接客户端、服务器、外设和网络设备的**媒介**包括电缆、光纤和无线技术等。

　　网络有大小之分,**局域网**(Local Area Network,LAN)通常限制在一幢或几幢相连的建筑物内,学校计算机实验室使用的就可能是局域网。在办公室工作,用的也可能是连接到局域网的计算机。**广域网**(Wide Area Network,WAN)则用于连接地理上相距遥远的网络,而且一般要使用某种形式的公共或商业通信网络。例如,某企业在美国东西两岸均设有分支机构,他们就可使用广域网来连接各分支机构的局域网。

　　主干网(backbone)是一种大容量通信链路,用于传输来自与它互联的、较小的通信链路上的数据。在 Internet 上,主干网是用于实现本地和地区网络互连的一系列远距离通信链路。Internet 本身就是由一系列高速主干网相互连接而构成的。

1.5　客户端/服务器模型

　　客户端/服务器这个术语可追溯到上世纪 80 年代,表示通过一个网络连接的个人计算机。客户端/服务器也可用于描述两个计算机程序——客户程序和服务器程序——的关系。客户向服务器请求某种服务(比如请求一个文件或数据库访问),服务器满足请求并通过网络将结果传送给客户端。虽然客户端和服务器程序可存在于同一台计算机中,但它们通常都运行在不同计算机上(图 1.5)。一台服务器处理多个客户端请求也是很常见的。

图 1.5　客户端和服务器

　　Internet 是客户端/服务器架构的典型例子。想象以下场景:某人在计算机上用 Web 浏览器访问网站,比如 https://www.yahoo.com。服务器是在一台计算机上运行的 Web

服务器程序,该计算机具有分配给 yahoo.com 这个域名的 IP 地址。连接到 Web 服务器后,它定位和查找所请求的网页和相关资源,并将数据发送给客户端。

下面简单列举 Web 客户端和 Web 服务器的区别。

Web 客户端

- 需要时才连接上网
- 通常会运行浏览器(客户端)软件,如 Google Chrome 或 Microsoft Edge
- 使用 HTTP 或 HTTPS
- 向服务器请求网页
- 从服务器接收网页和文件

Web 服务器

- 一直保持网络连接
- 运行服务器软件(比如 Apache 或 Internet Information Server)
- 使用 HTTP 或 HTTPS
- 接收网页请求
- 响应请求并发送状态码、网页和相关文件

客户端和服务器交换文件时,它们通常需要了解正在传送的文件类型,这是使用 MIME 类型来实现的。**多用途网际邮件扩展** (Multi-Purpose Internet Mail Extensions, MIME)是一组允许多媒体文档在不同计算机系统之间传送的规则。MIME 最初专为扩展原始的 Internet 电子邮件协议而设计,但也被 HTTP 使用。MIME 提供了网上 7 种不同类型文件的传送方式:音频、视频、图像、应用程序、邮件、多段文件和文本。MIME 还使用子类型来进一步描述数据。例如,网页的 MIME 类型为 text/html,GIF 和 JPEG 图片的 MIME 类型分别是 image/gif 和 image/jpeg。

Web 服务器在将一个文件传送给浏览器之前会先确定文件的 MIME 类型,MIME 类型连同文件一起传送,浏览器根据 MIME 类型决定文件的显示方式。

那么信息是如何从服务器传送到浏览器的呢? 客户端(如浏览器)和服务器(如 Web 服务器)之间通过 HTTP,TCP 和 IP 等通信协议进行数据交换,详情请见下一节的描述。

1.6　Internet 协议

协议是描述客户端和服务器之间如何在网络上进行通信的规则。互联网和 Web 不是基于单一协议工作的。相反,它们要依赖于大量不同作用的协议。

文件传输协议

文件传输协议(File Transfer Protocol，FTP)是一组允许文件在网上不同的计算机之间进行交换的规则。HTTP 供浏览器请求网页及其相关文件以显示某一页面。相反，FTP 只用于将文件从一台计算机传送到另一台。开发人员经常使用 FTP 将网页从他们自己的计算机传送到 Web 服务器。FTP 也常用于将程序和文件从服务器下载到自己的电脑。

电子邮件协议

大多数人对电子邮件习以为常，但许多人不知道的是，它的顺利运行牵涉到两个服务器：一个入站邮件服务器和一个出站邮件服务器。向别人发邮件时，使用的是**简单邮件传输协议**(SMTP)。接收邮件时，使用的是**邮局协议**(POP，现在是 POP3)和 **Internet 邮件存取协议**(IMAP)。

超文本传输协议(HTTP)

超文本传输协议(HTTP)是一组在网上交换文件的规则，这些文件包括文本、图片、声音、视频和其他多媒体文件。Web 浏览器和 Web 服务器通常使用这一协议。Web 浏览器用户输入网址或点击链接请求文件时，浏览器构造一个 HTTP 请求并把它发送到服务器。目标机器上的 Web 服务器收到请求后进行必要的处理，再将被请求的文件和相关的媒体文件发送出去，进行应答。

超文本传输安全协议(HTTPS)

超文本传输安全协议(Hypertext Transfer Protocol Secure)合并了 HTTP 和一个称为"安全套接字层"(Secure Sockets Layer，SSL)的安全和加密协议。由于信息在 Web 浏览器和 Web 服务器之间传输前会被加密，所以 HTTPS 能建立更安全的连接。详情将在第 12 章讨论。

传输控制协议/Internet 协议

TCP/IP(传输控制协议/Internet 协议)被采纳为 Internet 官方通信协议。TCP 和 IP 有不同的功能，它们协同工作以保证网络通信的可靠性。

1. TCP

TCP 的目的是保证网络通信的完整性，TCP 首先将文件和消息分解成一些独立的单元，称为数据包。这些数据包(图 1.6)包含许多信息，如目标地址、来源地址、序号和用以验证数据完整性的校验和。

图 1.6　TCP 数据包

　　TCP 与 IP 共同工作，实现文件在网上的高效传输。TCP 创建好数据包之后，由 IP 进行下一步工作，它使用 IP 寻址在网上使用特定时刻的最佳路径发送每个数据包。数据到达目标地址后，TCP 使用校验和来验证每个数据包的完整性，如果某个数据包损坏就请求重发，然后将这些数据包重组成文件或消息。

　　IP。IP 与 TCP 协同工作，它是一组控制数据如何在网络计算机之间进行传输的规则。IP 将数据包路由传送到目的地址。发送后，数据包将转发到下一个最近的路由器(用于控制网络传输的硬件设备)。如此重复，直到到达目标地址。

　　每个连接到 Internet 的设备都具有唯一数字 IP 地址，这些地址由 4 组数字组成，每组 8 位(bit)，称为一个 octet(八位元)。现行 IP 版本 IPv4 使用 32 位地址，用十进制数字表示为 xxx.xxx.xxx.xxx，其中 xxx 是 0～255 的十进制数值。该系统理论上允许多达 40 亿个 IP 地址(虽然许多为特殊用途保留)。然而，即使有这么多地址，也可能无法满足未来要连接到 Internet 的所有设备的需求。

　　IP Version 6(IPv6) 是下一代 IP 协议。目的是改进当前的 IPv4，同时保持与它的向后兼容。ISP 和 Internet 用户可以分批次升级到 IPv6，不必统一行动。IPv6 提供了更多网络地址，因为 IP 地址从 32 位加长到 128 位。这意味着总共有 2^{128} 个唯一的 IP 地址，或者说 340 282 366 920 938 463 463 374 607 431 768 211 456 个。每台 PC、笔记本、手机、传呼机、PDA、汽车、烤箱等都可以分配到足够的 IP 地址。

　　IP 地址可以和域名对应，在 Web 浏览器的地址栏中输入 URL 或域名后，域名系统(Domain Name System，DNS)服务器会查找与之对应的 IP。例如，当我写到这里的时候查到 Google 的 IP 是 216.58.194.46。可在浏览器的地址栏中输入这串数字(如图 1.7 所示)，按 Enter 键，Google 的主页就会显示了。当然，直接输入"google.com"更容易，这也正是人们为什么要创建域名(如 google.com)的原因。由于一长串数字记忆起来比较困难，所以人们引进了域名系统，作为一种将文本名称和数字 IP 地址关联起来的方法。

图 1.7　在浏览器中输入 IP 地址

HTTP/2 是对 HTTP 第一个重要更新，最初于上世纪 90 年代开发。随着网站上的图片和媒体内容越来越丰富，显示网页需要的请求及其相关文件数量也在增长。HTTP/2 的强项之一就是能处理多个并发的 HTTP 请求，从而更快地加载网页。要想进一步了解 HTTP/2，请访问 https://http2.github.io。

1.7　统一资源标识符(URI)和域名

URI 和 URL

统一资源标识符(Uniform Resource Identifier，URI)标识网上的一个资源。**统一资源定位符**(Uniform Resource Locator，URL)是一种特别的 URI，代表网页、图形文件或 MP3 文件等资源的网络位置。URL 由协议、域名和文件在服务器上的层级位置构成。

例如 https://www.webdevbasics.net/chapter1/index.html 这个 URL(图 1.8)，它表示要使用 HTTPS 协议和域名 webdevbasics.net 上名为 www 的服务器。本例将显示根文件(通常是 index.html 或 index.htm)的内容。

图 1.8　该 URL 对应指定文件夹中的一个文件

域名

域名在 Internet 上定位某个组织或其他实体。域名系统(DNS)的作用是通过标识确切的地址和组织类型，将互联网划分为众多逻辑性的组别和容易理解的名称。DNS 将基于文本的域名和分配给设备的唯一 IP 地址关联起来。

以域名 www.google.com 为例：.com 是顶级域名，google.com 是谷歌公司注册的域名，是.com 下面的二级域名。www 是在 google.com 这个域中运行的服务器的名称(有时称为**主机**)。

还可配置**子域**，以便在同一个域中容纳各自独立的网站。例如，Google Gmail 可用域名(gmail.google.com)来访问，子域是 gmail。Google Maps 用 maps.google.com 访问，而 Google News Search 用 news.google.com 访问。最常用的 40 个 Google 子域的列表可通过 https://www.labnol.org/internet/popular-google-subdomains/5888/访问。主机/子域、二级域名和顶级域名的组合(比如 www.google.com 或 mail.google.com)称为**完全限定域**

名(Fully Qualified Domain Name，FQDN)。

顶级域名

顶级域名(Top-Level Domain Name，TLD)是域名最右边的部分，从最后一个句点开始。TLD 要么是**通用顶级域名**(generic top-level domain，gTLD)，例如.com 代表商业公司；要么是**国别顶级域名**，例如.fr 代表法国。IANA 网站提供了完整国家代码 TLD 列表，网址是 https://www.iana.org/domains/root/db。

通用顶级域名

通用顶级域名(gTLD)由 ICANN(The Internet Corporation for Assigned Names and Numbers，Internet 名称与数字地址分配机构)管理。表 1.1 展示了 gTLD 及其指定用途。

表 1.1　通用顶级域名

通用顶级域名	既定意图
.aero	航空运输业
.asia	亚洲机构
.biz	商业机构
.cat	加泰罗尼亚语或加泰罗尼亚文化相关
.com	商业实体
.coop	合作组织
.edu	仅限有学位或更高学历授予资格的高等教育机构使用
.gov	仅限政府使用
.info	无使用限制
.int	国际组织(很少使用)
.jobs	人力资源管理社区
.mil	仅限军事用途
.mobi	要和一个.com 网站对应，.mobi 网站专为方便移动设备访问而设计
.museum	博物馆
.name	个人
.net	与互联网网络支持相关的团体，通常是互联网服务提供商或电信公司
.org	非赢利性组织
.post	万国邮政联盟，商定国际邮政事务的政府间国际组织
.pro	会计师、物理学家和律师
.tel	个人和业务联系信息
.travel	旅游业

.com，.org 和.net 这三个顶级域名目前基于诚信系统使用，也就是说假如某个人开了一家鞋店(与网络无关)，也可注册 shoes.net 这个域名。

通用顶级域名的数量和种类有望得到进一步增长。在 2017 年，ICANN 受理了将近 1500 个新的通用顶级域名的提议。新申请的域名类别也比较多，比如地名(.quebec，.vegas，.moscow)、促销相关(比如.blackfriday)、金融相关(.cash，.trade 和.loans)、技术相关(比如.systems，.technology 和.app)和古怪好玩的说法(比如.ninja，.buzz，和.cool)。ICANN 会定期启用新的通用顶级域名。要了解新的通用顶级域名，请访问 https://newgtlds.icann.org/en/program-status/delegated-strings。

国家代码顶级域名

双字母国家代码也是 TLD 名称。国家代码 TLD 名称最初用于标记个人或组织的地理位置。表 1.2 列出了部分国家代码。

表 1.2　国家代码 TLD

国家代码 TLD	国家
.au	澳大利亚
.cn	中国
.eu	欧盟
.jp	日本
.ly	利比亚
.nl	荷兰
.us	美国
.ws	萨摩亚

访问 https://icannwiki.org/Country_code_top-level_domain#Current_ccTLDs 获取国家代码 TLD 的完整列表。美国城市、学校和社区大学多用带国家代码的域名。例如，域名 www.harper.cc.il.us 从右到左依次表示美国、伊利诺斯州、社区大学(community college)、Harper 大学和 Web 服务器名称(www)。

虽然国家代码 TLD 旨在指示地理位置，但很容易注册跟所在国家无关的域名，例如 mediaqueri.es，goo.gl 和 bit.ly 等。

域名系统 DNS

DNS 的作用是将域名与 IP 地址关联。如图 1.9 所示，每次在浏览器中输入一个新的 URL，就会发生下面这些事件。

1. 访问 DNS。
2. 获取相应 IP 地址并将地址返回给浏览器。

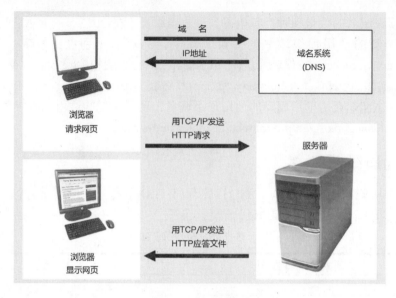

图 1.9 访问网页

3. 浏览器使用这个 IP 地址向目标计算机发送 HTTP 请求。

4. HTTP 请求被服务器接收。

5. 必要的文件被定位并通过 HTTP 应答传回浏览器。

6. 浏览器渲染并显示网页和相关文件。

打开网页时要有耐心。如果想不通为什么打开一个网页需要这么长时间，就想想背后发生的这么多事情吧！

1.8 标 记 语 言

标记语言(markup language)由规定浏览器软件(或手机等其他用户代理)如何显示和管理 Web 文档的指令集组成。这些指令通常称为标记 (tag)，执行诸如显示图片、格式化文本和引用链接的功能。

标准通用标记语言(SGML)

标准通用标记语言(Standard Generalized Markup Language，SGML)是一种用于指定标记语言或标记集的标准语言。SGML 本身不是一种网页语言，而是一种如何规定和创建文档类型定义(DTD)的描述。蒂姆·伯纳斯-李(Tim Berners-Lee)创建 HTML 时，就是使用 SGML 来创建规范的。

超文本标记语言(HTML)

HTML 规定了一组特殊的标记符号或代码，它们要插入由 Web 浏览器显示的文件中。浏览器根据 HTML 文件中的代码渲染网页，在浏览器中呈现网页文档和相关文件。HTML 标准由 W3C 建立。

可扩展标记语言(XML)

XML 是 W3C 开发的用于在 Web 上创建和共享标准信息格式和信息内容的一种灵活的语言。其语法基于文本，用以描述、分发和交换结构化信息。XML 并非用来替代HTML，而是通过将数据与表示分离，从而扩展 HTML 的能力。使用 XML，开发人员可创建描述信息所需要的任何标记。

可扩展超文本标记语言(XHTML)

XHTML(eXtensible Hyper Text Markup Language，可扩展超文本标记语言)使用 HTML4 的标记和属性，同时使用了更严谨的 XML 语法。XHTML 在网上已使用了超过 10 年，许多网页都用这种标记语言编码。W3C 有段时间开发过 XHTML 的新版本，称为 XHTML 2.0。但 W3C 后来停止了 XHTML 2.0 的开发，因其不向后兼容 HTML4。相反，W3C 改为推进 HTML5。

HTML 5——HTML 的最新版本

HTML5 是 HTML 的最新版本，取代了 XHTML。HTML5 集成了 HTML 和 XHTML 的功能，添加了新元素，提供了表单编辑和原生视频支持等新功能，而且向后兼容。2014 年，W3C 审批通过了 HTML5 的候选推荐标准状态。W3C 继续开发 HTML，并在 HTML5.1 中增加了更多新元素、属性和功能。2017 年末，HTML 5.2 进入最终的候选推荐状态。本书写作时，HTML 5.3 还处于工作草案状态。

✅ 自测题 1.2

1. 描述 Internet 客户端/服务器模型的组成部分。
2. 指出只在 Internet 上使用而不在 Web 上使用的两种通信协议。
3. 解释 URL 和域名的异同。

1.9　Web 的流行应用

电子商务

电子商务在 Internet 上进行的商品和服务买卖，其发展势头不可阻挡。根据统计门户 Statista 的报告(https://www.statista.com/statistics/272391/us-retail-e-commerce-sales-forecast/)，美国零售业电子商务规模在 2017 年是 4468 亿美元，到 2022 年将发展到 7000 亿美元. PEW Research Center 的一项研究表明，约 80%的美国成年人都有网上购物的经历(http://www.pewinternet.org/2016/12/19/online-shopping-and-e-commerce)。电子商务不仅能在台式机上操作，还可以通过平板、手机和支持语音功能的个人助理软件(比如 Google Assistant 和 Amazon Alexa)进行。

博客

博客(blog)是网上的个人日记，它以时间顺序发表文章或链接，并经常更新。博客讨论的话题从政经到技术，再到个人日记。它可以集中讨论一个主题，也可以有多样化的话题，具体由创建和维护该博客的人(称为博主)来决定。勤快的博主每天都会更新博客内容。许多人使用的都是简单的、专为只有一点点或完全没有技术背景的人设计的软件。许多博客都存放于 https://wordpress.com 这样的博客社区。还有一些存放于个人网站，比如 CSS 专家梅耶(Eric Meyer)的博客 https://meyerweb.com。企业也意识到了博客作为客户关系沟通工具的价值，TechSmith(https://www.techsmith.com/ blog/)和 IBM(https://developer. ibm.com/dwblog/)都开通了自己的博客。

维基

维基(wiki)是由访问者使用简单的网页表单实时更新的网站。有的只为一小组人服务，比如某个组织的成员。目前最著名的是维基百科(Wikipedia)，，它是一个网上的百科全书，可由任何人在任何时候更新。这是社交软件的一个应用实例——访问者共享他们的知识以创建由所有人免费使用的资源。虽然维基百科的一些条目纯属娱乐，偶尔还有不正确的信息，但在需要探索一个主题的时候，维基百科上的信息和资源链接是一个很好的起点。

社交网络

博客和维基(wiki)为网站访问者提供了和网站以及其他人进行交互的一种新方式，称为**社交网络**。参与网络社交已成为潮流，社交网站的例子有 Facebook，Twitter，

Pinterest，LinkedIn 和 Instagram 等。Pew Research Center 的报告指出，2019 年 70%的美国成年人至少使用了一个社交网站(https://www.pewinternet.org/fact-sheet/social-media/)。如果你的大多数朋友都在 Facebook 上，请不要惊讶。截止 2019 年，Facebook 的月活用户已超过 20 亿(http://newsroom.fb.com/company-info)。虽然 LinkedIn 是专门面向专家和企业联网而设计的，但企业也会使用其他社交网站推广自己的产品和服务。

　　Twitter 是著名的**微博**(microblogging)社交网站，用户通过称为**推文**(tweet)的短消息进行通信，一条推文不超过 280 字符。Twitter 用户(称为 twitterer)每天发推来公布自己的日常活动和见解，从而更新好友和粉丝网络。Twitter 不限于个人使用。企业早已发现了 Twitter 在市场营销上的价值。访问 https://business.twitter.com/basics 了解如何利用 Twitter 推广自己的业务以及和客户沟通。

云计算

　　诸如 Google Drive 和 Microsoft OneDrive 之类的文档协作网站、博客、维基和社交网站都通过 Internet("云")进行访问，它们都是云计算的例子。美国国家标准技术研究院(National Institute of Standards and Technology，NIST)将云计算定义为对 Internet 上远程数据中心托管的软件和其他计算资源(包括服务器、存储、服务和应用程序)的按需使用。未来会出现更多公有云和私有云。

RSS

　　RSS 是指 Really Simple Syndication(简易信息聚合)或 Rich Site Summary(富网站摘要)，用于创建来自博客文章或其他网站的新闻"源"(feed)。RSS 源包含网站上发布的新闻摘要。指向 RSS 源的 URL 通常用橙底白字的"RSS"或"XML"字样进行标记。访问这些信息需要使用**新闻阅读器**，有些浏览器，比如 Firefox 和 Safari 能显示 RSS 源，另外，还可使用一些商业化的和免费的新闻阅读器软件。新闻阅读器会定时检查 RSS 源，并显示新闻标题。RSS 为网站开发人员提供了一种向感兴趣的人"推送"新内容的方法，从而(希望能)产生网站回访。

播客

　　播客(podcast)是 Internet 上的音频文件，它们可能以音频博客、电台节目或采访的形式出现。播客通常以 RSS 源的方式发送，但也可通过录制 MP3 文件并提供网页链接的方式传播。这些文件可存储到计算机或 MP3 播放器(如 iPod)上，供以后收听。

时代在变化

　　Internet 和 Web 相关技术一直在发展和进步。如果你对这种变化和新知识感到兴奋，Web 开发将是一个令人着迷的领域。从本书学到的知识和技术将给你未来的学习提供坚实的基础。

图 1.7　在浏览器中输入 IP 地址

 Web 的下一件大事是什么?

　　Web 瞬息万变，浏览本书配套网站(https://www.webdevfoundations.net)的博客文章有助于你跟上 Web 发展潮流。

小结

本章简单介绍了 Internet、Web 以及简单的网络概念，你可能已经熟悉了其中的许多主题。请浏览本书网站(https://www.webdevfoundations.net)获取本章列举的链接和更新信息。

关键术语

无障碍网站

美国残疾人保障法(ADA)

主干网

博客

客户端/服务器

客户端

云计算

国家代码顶级域名

知识共享(Creative Commons)

域名

域名系统(DNS)

电子商务

Internet 名称与数字地址分配机构(ICANN)

Internet 工程任务小组(IETF)

Internet 邮件存取协议(IMAP)

外部网

文件传输协议(FTP)

完全限定域名(FQDN)

通用顶级域名(gTLD)

HTML5

超文本标记语言(HTML)

超文本传输协议(HTTP)

超文本传输安全协议(HTTPS)

Internet

Internet 架构委员会(IAB)

Internet 数字地址分配机构(IANA)

内部网

IP

IP 地址

IP 第 4 版(IPv4)

IP 第 6 版(IPv6)

局域网(LAN)

标记语言

微博客

城域网(MAN)

多用途网际邮件扩展 (MIME)

网络

新闻阅读器

数据包

播客

邮局协议(POP3)

协议

RSS

征求意见稿 (RFC)

《联邦康复法案》Section 508 条款

服务器

简单邮件传输协议(SMTP)

社交计算

社交网络/网站

标准通用标记语言(SGML)

子域

TCP

蒂姆·伯纳斯-李(Tim Berners-Lee)

顶级域名(TLD)

传输控制协议/Internet 协议(TCP/IP)

推文(tweet)

统一资源标识符(URI)

统一资源定位符(URL)

通用设计

无障碍网络倡议(WAI)

Web 内容无障碍指导原则(WCAG)

Web 主机

广域网(WAN)

维基

世界知识产权组织(WIPO)

万维网(WWW)

万维网联盟(W3C)

XHTML

XML

复习题

选择题

1. 与计算机数字 IP 地址对应的、基于文本的 Internet 地址称为什么？(   )
   A. IP 地址   B. 域名   C. URL   D. 用户名
2. http://www.mozilla.com 这个 URL 中的顶级域名是什么？(   )
   A. mozilla   B. com   C. http   D. www
3. 哪个机构负责协调新 TLD 的应用？(   )
   A. Internet 数字地址分配分配机构(IANA)
   B. Internet 工程任务小组(IETF)
   C. Internet 名称与数字地址分配机构(ICANN)
   D. 万维网联盟(W3C)
4. 覆盖一个小型区域，如几幢建筑或整个校园的网络称为什么？(   )
   A. 局域网   B. 广域网   C. Internet   D. WWW
5. 哪个机构负责原型 Web 技术的先行开发工作？(   )
   A. 万维网协会(W3C)
   B. Web 专业标准化组织(WPO)
   C. Internet 工程任务小组(IETF)
   D. Internet 名称与数字地址分配机构(ICANN)

判断题

6. _____URL 是 URI 的一种。
7. _____标记语言由规定浏览器软件如何显示和管理网页文档的指令集组成。
8. _____开发万维网的目的是允许企业在 Internet 上搞电子商务。
9. _____以.net 结尾的域名表示网站肯定属于网络公司。
10. _____"无障碍网站"提供相应措施以帮助个人克服视觉、听觉、身体和神经系统障碍。

填空题

11. _____是要在浏览器中显示的文件中的一组标记符号或代码。
12. 可配置_____来容纳同一个域中的独立网站。
13. _____是用于指定一种标记语言或标记集的标准语言。
14. 在社交网站频繁发布短消息来通信，这称为_____。
15. _____旨在保证网络通信的完整性。

动手实作

1. 新浪微博(https://weibo.com)是著名微博社交媒体网站。每条微博理论上字数不限，但实际能发大约 2000 字。用户将自己的见闻或感想发布到微博，供朋友和粉丝浏览。如果微博是关于某个主题的，可在主题前后添加#符号，例如用#奥斯卡#发布关于该主题的微博。这个功能使用户能方便地搜索关于某个主题或事件的所有微博。

请在微博上建立帐号来分享你觉得有用或有趣的网站。发布至少 3 条微博。也可分享包含了有用设计资源的网站。开发自己的网站时，也可在微博上宣传一下它。

老师可能要求发布指定主题的微博，例如#网页设计#。搜索它即可看到学生的所有相关微博。

2. 建立一个博客，记录自己学习 Web 开发的经历。可考虑以下这些提供免费博客的网站：http://blog.sina.com.cn，https://www.wordpress.com 或 https://www.tumblr.com。。按网站说明建立自己的博客。博客可用来记录自己的工作与学习经历，可以介绍有用或有趣的网站，也可记录对自己有用的设计资源网站。还可以介绍一些有特点的网站，比如提供了有用的图片的网站，或者感觉导航功能好用的网站。用只言片语介绍自己感兴趣的网站。开发自己的网站时，可在这个博客上张贴网站的 URL，并解释自己的设计决定。请和同学或朋友分享这个博客，在浏览器中打开博客页面并打印它，将打印稿交给老师。

网上研究

1. 万维网联盟(W3C)负责为 Web 创建各种各样的标准，浏览 http://www.w3c.org 并回答下面的问题。

- W3C 最开始是怎么来的？
- 谁能加入 W3C？加入它的费用是多少？
- W3C 主页上列出了很多技术，选择感兴趣的一个，点击链接并阅读相关的页面。列举你归纳的三个事实或问题。

2. 互联网协会(Internet Society)在 Internet 相关问题上扮演着领导者的角色。浏览网站 https://www.internetsociety.org 并回答下面的问题。

- 为什么要建立互联网协会？
- 找到离你最近的地方分会，浏览它的网站，列举网站 URL 和该分会组织的一项活动或提供的服务。
- 怎样才能加入互联网协会？加入的费用是多少？你是否会建议初学 Web 开发的人加入互联网协会？解释理由。

3. HTTP/2 是对 HTTP 第一个重要更新，它最初于上个世纪 90 年代末开发。随着网站上的图片和媒体内容越来越丰富，显示网页需要的请求及其相关文件数量也在增长。HTTP/2 的强项之一就是能更快地加载网页。HTTP/2 网上资源：

- http://readwrite.com/2015/02/18/http-update-http2-what-you-need-to-know
- https://http2.github.io
- http://www.engadget.com/2015/02/24/what-you-need-to-know-about-http-2
- https://tools.ietf.org/html/rfc7540

利用上述资源研究 HTTP/2 并回答以下问题。

- 谁开发了 HTTP/2？
- HTTP/2 建议标准何时发布？
- 描述 HTTP/2 用于降低延迟并更快加载网页的三个技术。

聚焦 Web 设计

浏览本章提到的、你感兴趣的任何一个网站，打印它的主页或其他相关页面，写一页关于该网站的总结和你对它的感受。集中讨论以下问题。

- 网站 URL 是什么？
- 网站的目的是什么？
- 目标受众是谁？
- 你是否认为网站能够传到目标受众那里？为什么？
- 该网站对你是否有用？为什么？
- 该网站是否具有吸引力？为什么？考虑从颜色、图片、多媒体、组织和导航的方便性着手。
- 你是否推荐其他人浏览该网站？
- 网站可以在哪些方面改进？

第 2 章
HTML 基础

学习目标：

- 认识 HTML，XHTML 和 HTML5
- 识别网页文档中的标记语言
- 使用 html，head，body，title 和 meta 元素编码网页模板
- 使用标题、段落、换行、div、列表和块引用配置网页主体
- 使用短语元素配置文本
- 配置特殊字符
- 使用 HTML5 结构元素 header，nav，main，footer，section 和 article 配置网页
- 使用锚元素链接到其他网页
- 创建绝对、相对和电子邮件链接
- 编码、保存和显示网页文档
- 校验网页语法

本章指导你上手自己的第一个网页。将介绍用于创建网页的超文本标记语言(Hypertext Markup Language，HTML)。首先介绍 HTML5 的语法，然后对一个网页进行剖析。随着创建的示例网页越来越多，将介绍 HTML 的结构、短语和超链接元素。自己动手创建本书的示例网页，会学到更多知识。网页编码是一种技术活儿，而每种技术都需要练习。

2.1　HTML 概述

标记语言(markup language)由规定浏览器软件(或手机等其他用户代理)如何显示和管理 Web 文档的指令集组成。这些指令通常称为"标记"，执行诸如显示图片、格式化文本和引用链接的功能。

万维网(World Wide Web，WWW)由众多网页文件构成，文件中包含对网页进行描述的 HTML 和其他标记语言指令。Tim Berners-Lee 使用标准通用标记语言(Standard Generalized Markup Language，SGML)创建了 HTML。SGML 规定了在文档中嵌入描述性标记以及描述文档结构的标准格式。SGML 本身不是网页语言；相反，它描述了如

何定义这样的一种语言，以及如何创建文档类型定义(DTD)。W3C(http://w3c.org)建立了 HTML 及其相关语言的标准。和 Web 本身一样，HTML 也在不断进化。

HTML

HTML 是一套标记符号或者代码集，它们插入可由浏览器显示的网页文件中。这些标记符号和代码标识了结构元素，如段落、标题和列表。还可用 HTML 在网页上放置多媒体(如图片、视频和音频)，或者对表单进行描述。浏览器的作用是解释标记代码，并渲染页面供用户浏览。HTML 实现了信息的平台无关性。换言之，不管网页用什么计算机创建，任何操作系统的任何浏览器都显示一致的页面。

每个独立的标记代码都称为一个**元素**或**标记**，每个标记都有特定功能，它们被尖括号<和>括起来。大部分标记成对出现：有开始标记和结束标记；它们看起来就像是容器，所以有时被称为容器标记。例如，<title>和</title>这一对标记之间的文本会显示在浏览器窗口的标题栏中。有些标记独立使用，不成对使用。例如，在网页上显示水平分隔线的标记<hr>就是独立(自包容)标记，没有对应的结束标记。以后会逐渐熟悉它们。另外，大部分标记可用**属性**(attribute)进一步描述其功能。

XML

XML(eXtensible Markup Language，可扩展标记语言)是 W3C 用于创建通用信息格式以及在网上共享格式和信息的一种语言。它是一种基于文本的语法，设计用于描述、分发和交互结构化信息(比如 RSS "源")。XML 的宗旨不是替代 HTML，而是通过将数据和表示分开，从而对 HTML 进行扩展。开发人员可使用 XML 创建描述自己信息所需要的任何标记。

XHTML

XHTML(eXtensible Hyper Text Markup Language，可扩展超文本标记语言)使用 HTML4 的标记和属性，同时使用了更严谨的 XML 语法。XHTML 在网上已使用了超过 10 年，许多网页都用这种标记语言编码。W3C 有段时间开发过 XHTML 的新版本，称为 XHTML 2.0。但 W3C 后来停止了 XHTML 2.0 的开发，因为它不向后兼容 HTML4。相反，W3C 改为推进 HTML5。

HTML5

HTML5 是 HTML 的最新版本，取代了 XHTML。HTML5 集成了 HTML 和 XHTML 的功能，添加了新元素，提供了表单编辑和原生视频支持等新功能，而且向后兼容。2014 年，W3C 审批通过了 HTML5 的候选推荐标准状态。W3C 继续开发 HTML，并在 HTML5.1 中增加了更多新元素、属性和功能。2017 年末，HTML 5.2 进入最终的候选推荐状态。本书写作时，HTML5.3 还处于工作草案状态。

主流浏览器的最新版本都提供了对 HTML5 很好的支持，包括支持最新的 HTML5.2，这是本书要学习使用的正式版本。请访问 https://www.w3.org/TR/html52/查阅 W3C HTML5.2 文档。

2019 年，W3C 和 WHATWG(Web Hypertext Application Technology Working Group，Web 超文本应用技术工作小组)同意就 HTML 规范的开发展开合作。WHATWG 由行业领先的许多技术企业(如 Apple、Mozilla 基金会和 Opera Software)组成，他们计划每 6 个月发布一份 HTML 标准评审草案。

 我需要什么软件？

创建网页文档不需要特殊软件——只需一个文本编辑器。记事本是 Windows 自带的文本编辑器，TextEdit 是 Mac OS X 自带的文本编辑器。除了操作系统自带的，还可选择其他免费或共享编辑器，比如 Notepad++(http://notepad- plus-plus.org/c download)，BBEdit(http://www.barebones.com/products/bbedit/index.html)，Brackets (http://brackets.io)和 Visual Studio Code(https://code.visualstudio.com)。另一个流行的选择是使用商业 Web 创作工具，比如 Adobe Dreamweaver。不管使用什么工具，打下牢固的 HTML 基础将让你受益匪浅。

准备好常用的浏览器来测试网页，比如 Microsoft Edge，Mozilla Firefox，Apple Safari 和 Google Chrome。可从 https://www.mozilla.org/en-US/ firefox/new/免费下载 Firefox，从 https://www.google.com/chrome 免费下载 Google Chrome。另外，可考虑安装 Firefox 的 Web Developer Extension(Web 开发人员扩展)，网址是 https://addons.mozilla.org/ en-us/ firefox/addon/web-developer。

2.2　文档类型定义

由于存在多个版本多种类型的 HTML 和 XHTML，W3C 建议在网页文档中使用**文档类型定义**(Document Type Definition，DTD)标识所用标记语言的类型。DTD 标识了文档里包含的 HTML 的版本。浏览器和 HTML 代码校验器在处理网页时会使用 DTD 中的信息。DTD 语句通常称为 DOCTYPE 语句，它是网页文档的第一行。HTML5 的 DTD 如下所示：

```
<!DOCTYPE html>
```

2.3 网页模板

你已经知道 HTML 标记语言告诉浏览器如何在网页上显示信息。下面让我们揭开每个网页幕后的秘密(图 2.1)。

图 2.1   幕后的秘密挺有意思

每个网页都包含 DTD，html，head，title，meta 和 body 这几个元素。下面将遵循使用小写字母并为属性值添加引号的编码风格。基本 HTML5 模板如下所示 (chapter2/template.html)：

```
<!DOCTYPE html>
<html lang="en">
<head>
<title>网页标题放在这里</title>
<meta charset="utf-8">
</head>
<body>
... 主体文本和更多的 HTML 标记放在这里
</body>
</html>
```

注意，除了网页标题(<title>)的内容，你创建的每个网页前 7 行的内容通常都相同。注意在上述代码中，DTD 语句有自己的特殊格式，而所有 HTML 标记都使用小写字母。接着讨论一下 html，head，title，meta 和 body 这几个元素的作用。

2.4　html 元素

html 元素指出当前文档用 HTML 格式化，它告诉浏览器如何解释文档。起始<html>标记放在 DTD 下方。结束</html>标记指出网页结尾，位于其他所有 HTML 元素之后。

html 元素还需指出文档的书面语言(比如英语或中文)。该额外信息以**属性**(attribute)的形式添加到<html>标记，属性的作用是修改或进一步描述某个元素的作用。用 lang 属性指定文档书面语言。例如，lang="en"指定英语。搜索引擎和屏幕朗读器可能会参考该属性。

2.5　head，title，meta 和 body 元素

html 元素包含网页的两个主要区域：**页头**(head)和**主体**(body)。页头区域包含对网页文档进行描述的信息，而主体区域包含浏览器渲染网页实际内容时使用的标记、文本、图像和其他对象。

页头区域

位于页头区域的元素包括网页标题。用于描述文档的 meta 标记(比如字符编码和可由搜索引擎访问的信息)以及对脚本和样式的引用。这些信息大多不会在网页上直接显示。

页头区域包含在 head 元素中，以<head>标记开始，以</head>标记结束。页头区域应至少包含一个 title 元素和一个 meta 元素。

title 元素

页头区域第一个标记是 title 元素，包含要在浏览器窗口标题栏显示的文本。<title>和</title>之间的文本是网页的**标题**，收藏和打印网页时会显示标题。流行搜索引擎(比如 Google)根据标题文本判断关键字相关性，甚至会在搜索结果页中显示标题文本。应指定一个能很好描述网页内容的标题。为公司或组织设计网页时，标题应包含公司或组织的名称。

meta 元素

meta 元素描述网页特征，比如字符编码。**字符编码**是指字母、数字和符号在文件中的内部表示方式。有很多种字符编码，网页一般使用 utf-8，它是 Unicode (http://www.unicode.org)的一种形式。meta 标记独立使用，而不是使用一对起始和结束标记。我们说它是一种独立或"自包容"标记，在 HTML5 中称为"void 元素"。meta 标记使用 charset 属性指定字符编码，如下例所示。

```
<meta charset=utf-8">
```

主体区域

主体区域包含要在浏览器窗口(称为浏览器的**视口**或 viewport)中实际显示的文本和元素。该部分的作用是配置网页内容。

主体区域以<body>标记开始，以</body>标记结束。我们大多数时间都花在网页主体区域的编码上。在主体区域输入的文本和元素将在浏览器视口中的网页上显示。

2.6　第一个网页

▶ 视频讲解：Your First Web Page

 动手实作 2.1 ————————————————————————

熟悉网页的基本元素之后，接着开始创建第一个网页，如图 2.2 所示。

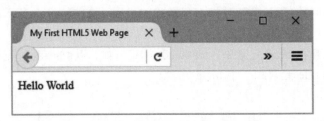

图 2.2　第一个网页

新建文件夹

使用本书开发自己的网站时，有必要创建文件夹来管理文件。使用自己的操作系统在硬盘或 U 盘上新建文件夹 mychapter2。

在 Mac 上创建新文件夹

1. 启动 Finder，选择想要创建新文件夹的位置。
2. 选择 File > New Folder。将创建一个无标题文件夹。
3. 要重命名文件夹，选择它并点击当前名称。输入文件夹新名称，按 Return 键。

在 Windows 上创建新文件夹

1. 启动文件资源管理器，切换到想要创建新文件夹的位置，比如"文档"、C:盘或外部 USB 驱动器。

2. 单击标题栏或工具栏中的"新建文件夹"按钮。

3. 要重命名文件夹，单击并输入新名称，按 Enter 键。

 为什么要创建文件夹？能不能就用桌面？

　　文件夹能帮助你组织工作。如果一切都使用桌面，很快就会变得一团糟。另外，记住网站在 Web 服务器上也是用文件夹来组织的。现在就习惯用文件夹来组织相关网页，有助于你成为一名成功的 Web 设计人员。

第一个网页

现已准备好创建第一个网页了。启动记事本或其他文本编辑器，输入以下代码。

```
<!DOCTYPE html>
<html lang="en">
<head>
<title>My First HTML5 Web Page</title>
<meta charset="utf-8">
</head>
<body>
Hello World
</body>
</html>
```

注意，文件第一行包含的是 DTD。HTML 代码以<html>标记开始，以</html>标记结束，这两个标记的作用是表明它们之间的内容构成了一个网页。<head>和</head>标记界定了页头区域，其中包含一对标题标记(标题文本是"My First HTML5 Web Page")和一个<meta>标记(指定字符编码)。

<body>和</body>标记界定主体区域，主体标记之间输入"Hello World"这一行文本。这些代码在记事本中的样子如图 2.3 所示。你刚刚创建了一个网页文档的源代码。

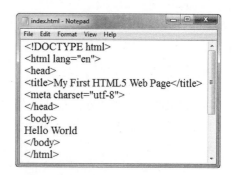

图 2.3　网页源代码在记事本中的显示

每个标记都要另起一行吗?

　　不用。即使所有标记都挤在一行,中间不留任何空白,浏览器也能正常显示网页。但适当运用换行和缩进,既容易写代码,读代码时会感觉非常舒服。

保存文件

　　网页文件使用.htm 或.html 扩展名网站主页常用文件名是 index.html 或 index.htm。本书网页使用.html 扩展名。在记事本或其他文本编辑器中显示文件。选择"文件"|"另存为"。在"另存为"对话框中定位到你刚才创建的 mychapter2 文件夹。如图 2.4 所示,输入文件名 index.html。单击"保存"。学生文件提供了动手实作的示例解决方案。如果愿意可在测试网页之前将自己的作业与示例解决方案(chapter2/index.html)进行比较。

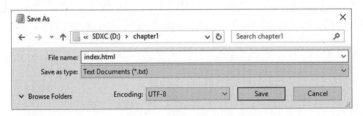

图 2.4　保存和命名文件

 为什么我的文件有一个.txt 扩展名?

　　老版本 Windows 记事本会自动附加.txt 扩展名。从文件类型下拉框中选择"*.*"即可。

测试网页

　　可通过以下两种方式测试网页。

　　1. 启动文件资源管理器(Windows)或 Finder(Mac),找到自己的 index.html 文件,双击就会打开默认浏览器并显示网页。

　　2. 启动浏览器。选择"文件" | "打开"找到 index.html 文件。选定并单击"确定"。浏览器会显示网页。

　　如使用 Microsoft Edge,网页显示如图 2.5 所示。图 2.2 是用 Firefox 显示的效果。

注意标题文本"My First HTML5 Web Page"有的在标题栏显示，有的在标签栏显示。有的搜索引擎利用<title>和</title>标记之间的内容判断关键字搜索的相关性。因此，请确保每个网页都包含贴切的标题。网站访问者把你的网页加入书签或收藏夹时也会用到<title>标记。吸引人的、贴切的网页标题会引导访客再次浏览你的网站。如果是公司或组织的网页，在标题中包含其名称是不错的主意。

图 2.5　用 Microsoft Edge 显示的网页

 在浏览器中查看我的网页时，文件名是 index.html.html，为什么会这样？

　　这一般是由于操作系统配置了隐藏文件扩展名。可以先配置显示文件扩展名，再将 index.html.html 重命名为 index.html。也可以在文本编辑器中打开文件再另存为 index.html。两种操作系统显示文件扩展名的方法是不同的：

- Windows：http://www.file-extensions.org/article/show-and-hide-file-extensions-in-windows-10
- Mac：http://www.fileinfo.com/help/mac_show_extensions

 自测题 2.1

1. 说明 HTML 的起源、作用和特点。
2. 介绍用于创建和测试网页所需的软件。
3. 说明网页页头(head)和主体(body)区域各自的作用。

2.7　标　题　元　素

标题(heading)元素从 h1 到 h6 共六级。标题元素包含的文本被浏览器渲染为"块"(block)。标题上下自动添加空白(white space)。<h1>字号最大，<h6>最小。取决于所用字体，<h4>，<h5>和<h6>标记中的文本看起来可能比默认字号小一点。标题文本全部加粗。图 2.6 显示了全部 6 级标题的效果。

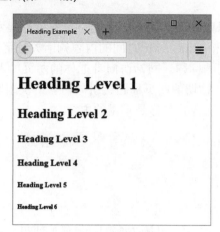

图 2.6　示例标题

 为什么不将标题放到页头区域?

　　经常有学生试图将标题(heading)元素或者说 h 元素放到文档的页头(head)而不是主体(body)区域,造成浏览器显示的网页看起来不理想。虽然 head 和 heading 听起来差不多,但 heading(<h1>到<h6>)一定要放到 body 中。

 动手实作 2.2 ————————————————

　　为了创建图 2.6 所示的网页,启动记事本或其他文本编辑器。打开学生文件 chapter2/template.html。修改 title 元素并在 body 区域添加标题。如以下加粗的代码所示。

```
<!DOCTYPE html>
<html lang="en">
<head>
<title>Heading Example</title>
<meta charset="utf-8">
</head>
<body>
<h1>Heading Level 1</h1>
<h2>Heading Level 2</h2>
<h3>Heading Level 3</h3>
<h4>Heading Level 4</h4>
<h5>Heading Level 5</h5>
<h6>Heading Level 6</h6>
</body>
</html>
```

将文件另存为 heading.html。打开网页浏览器(如 Edge 或 Firefox)测试网页。它看起来应该和图 2.6 显示的页面相似。可将自己的文档与学生文件 chapter2/heading.html 进行比较。

 无障碍访问和标题

标题(heading)使网页更容易使用。一个好的编码规范是使用标题建立网页内容大纲，也就是用 h1，h2 和 h3 等元素创建内容层次结构。同时，将网页内容包含在段落和列表等块显示元素中。在图 2.7 中，<h1>标记在网页顶部显示网站名称，<h2>标记显示网页名称，其他标题元素则用于标识更小的主题。

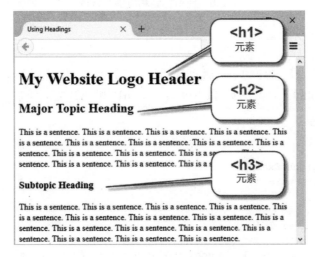

图 2.7　利用标题创建网页大纲

有视力障碍的用户可配置自己的屏幕朗读器显示网页上的标题。制作网页时利用标题对网页进行组织将使所有用户获益，其中包括那些有视力障碍的。

2.8　段　落　元　素

段落元素组织句子或文本。<p>和</p>之间的文本显示成段落，上下留空。图 2.8 在第一个标题之后显示了一个段落。

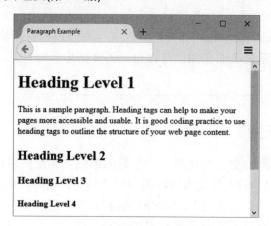

图 2.8　使用标题和段落的网页

动手实作 2.3

为了创建图 2.8 的网页，启动记事本或其他文本编辑器，打开学生文件 chapter2/heading.html。修改网页标题(title)，在<h1>和<h2>之间添加一个段落。

```
<!DOCTYPE html>
<html lang="en">
<head>
<title>Paragraph Example</title>
<meta charset="utf-8">
</head>
<body>
<h1>Heading Level 1</h1>
<p>This is a sample paragraph. Heading tags can help to make your pages more
accessible and usable. It is good coding practice to use heading tags to outline
the structure of your web page content.
</p>
<h2>Heading Level 2</h2>
<h3>Heading Level 3</h3>
<h4>Heading Level 4</h4>
<h5>Heading Level 5</h5>
<h6>Heading Level 6</h6>
</body>
</html>
```

将文档另存为 paragraph.html。启动浏览器测试网页。它看起来应该和图 2.8 相似。可将自己的文档与学生文件 chapter2/paragraph.html 进行比较。注意浏览器窗口大小改变时，段落文本将自动换行。

对齐

测试网页时，会注意到标题和文本都是从左边开始显示的，这称为**左对齐**，是网页的默认对齐方式。在以前版本的 HTML 中，想让段落或标题居中或右对齐可以使用 align 属性。但这个属性已在 HTML5 中**废弃**。换言之，已从 W3C HTML5 草案规范中删除了。将在第 6 章和第 7 章学习如何使用 CSS 配置对齐。

2.9　换行元素

换行元素
造成浏览器跳到下一行显示下一个元素或文本。注意，换行标记单独使用——不成对使用，没有开始和结束标记。我们说它是一种独立或自包容标记，在 HTML5 中则称为 void 元素。图 2.9 的网页在段落第一句话之后使用了换行。

图 2.9　第一句话之后发生换行

动手实作 2.4 ─────────

为了创建图 2.9 的网页，启动文本编辑器并打开学生文件 chapter2/paragraph.html。将网页标题修改成"Line Break Example"。将光标移至段落第一句话"This is a sample paragraph."之后。按 Enter键，保存网页并在浏览器中查看。注意，虽然源代码中的"This is a sample paragraph."是单独占一行，但浏览器并不那样显示。要看到和源代码一样的换行效果，必须添加换行标记。编辑文件，在第一句话后添加
标记，如下所示：

```
<body>
<h1>Heading Level 1</h1>
<p>This is a sample paragraph. <br> Heading tags can help to make your pages more
accessible and usable. It is good coding practice to use heading tags to outline
the structure of your web page content.
</p>
<h2>Heading Level 2</h2>
<h3>Heading Level 3</h3>
<h4>Heading Level 4</h4>
<h5>Heading Level 5</h5>
<h6>Heading Level 6</h6>
</body>
```

将文件另存为 linebreak.html。启动浏览器进行测试，结果如图 2.9 所示。可将自己的作业与学生文件 Chapter2/linebreak.html 进行比较。

为什么我的网页看起来还是一样的？

经常有这样的情况，把网页修改好了而浏览器显示的仍是旧页面。如确定已修改了网页，而浏览器没有显示更改的内容，下面这些技巧或许能解决问题。

1. 确定修改之后的网页文件已经保存。
2. 确定文件保存到正确位置，如硬盘上的特定文件夹。
3. 确认浏览器从正确位置打开网页。
4. 一定要单击浏览器的"刷新"或"重载"按钮(或者按功能键 F5)。

2.10　块引用元素

除了用段落和标题组织文本，有时还需要为网页添加引文。<blockquote>标记以特殊方式显示引文块——左右两边都缩进。引文块包含在<blockquote>和</blockquote>标记之间。

图 2.10 展示了包含标题、段落和块引用的示例网页。

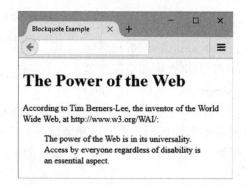

图 2.10　块引用元素中的文本两边都有缩进

 动手实作 2.5

为了创建图 2.10 的网页，启动文本编辑器并打开 chapter2/template.html。修改 title 元素。然后在主体区域添加一个<h1>标题，一个<p>标记和一个<blockquote>标记，如下所示：

```
<!DOCTYPE html>
<html lang="en">
<head>
<title>Blockquote Example</title>
<meta charset="utf-8">
```

```
</head>
<body>
<h1>The Power of the Web</h1>
<p>According to Tim Berners-Lee, the inventor of the World Wide Web, at
http://www.w3.org/WAI/:</p>
<blockquote>
The power of the Web is in its universality. Access by everyone
regardless of disability is an essential aspect.
</blockquote>
</body>
</html>
```

将文件另存为 blockquote.html。启动浏览器进行测试，结果如图 2.10 所示。可将自己的作业与学生文件 Chapter2/blockquote.html 进行比较。

使用<blockquote>标记能方便地缩进文本块。你或许会产生疑问，<blockquote>是适合任意文本，还是仅适合长引文。<blockquote>标记在语义上正确的用法是缩进网页中的大段引文块。所以，如果仅仅是缩进文本，就不要使用<blockquote>。第 6 章和第 7 章会讲解如何配置元素的边距和填充。

2.11　短语元素

短语元素指定容器标记之间的文本的上下文与含义。不同浏览器对这些样式的解释也不同。短语元素嵌入它周围的文本中(称为**内联显示**)，可应用于一个文本区域，也可应用于单个字符。例如，<strong>元素指定和它关联的文本要以一种比正常文本更"强调"的方式显示。表 2.1 列出了常见短语元素及其示例用法。注意，一些标记(比如<cite>和<dfn>)在今天的浏览器中会造成和<em>一样的显示(倾斜)。这两个标记在语义上将文本描述成引文(citation)或定义(definition)，但两种情况下实际都显示为倾斜。

表 2.1　短语元素

元素	例子	用法
<abbr>	WIPO	标识文本是缩写。配置 title 属性
<b>	加粗文本	文本没有额外的重要性，但样式采用加粗字体
<cite>	引用文本	标识文本是引文或参考，通常倾斜显示
<code>	代码(code)文本	标识文本是程序代码，通常使用等宽字体
<dfn>	定义文本	标识文本是词汇或术语定义，通常倾斜显示
<em>	强调文本	使文本强调或突出于周边的普通文本，通常倾斜显示
<i>	倾斜文本	文本没有额外的重要性，但样式采用倾斜字体

续表

元素	例子	用法
<kbd>	输入文本	标识要用户输入的文本，通常用等宽字体显示
<mark>	记号文本	文本高亮显示以便参考(仅 HTML5)
<samp>	sample 文本	标识是程序的示例输出，通常使用等宽字体
<small>	小文本	用小字号显示的免责声明等
<strong>	强调文本	使文本强调或突出于周边的普通文本，通常加粗显示
<sub>	下标文本	在基线以下用小文本显示的下标
<sup>	上标文本	在基线以上用小文本显示的上标
<var>	变量文本	标识并显示变量或程序输出，通常倾斜显示

注意,所有短语元素都是容器标记,必须有开始和结束标记。如表 2.1 所示,<strong>元素表明文本有很"强"的重要性。浏览器和其他用户代理通常加粗显示<strong>文本。屏幕朗读器(比如 JAWS 或 Window-Eyes)可能会将<strong>文本解释为重读。例如，要强调下面这行文本中的电话号码：

请拨打免费电话表明你的 Web 开发需求: 888.555.5555

就应像下面这样编码：

```
<p>请拨打免费电话表明你的 Web 开发需
求:<strong>888.555.5555</strong></p>
```

注意，<strong>开始和结束标记都包含在段落标记(<p>和</p>)之中,这是正确的嵌套方式,被认为是良构(well formed)代码。如果<p>和<strong>标记对相互重叠，而不是一对标记嵌套在另一对标记中,嵌套就不正确了。嵌套不正确的代码无法通过 HTML 校验(参见稍后的 2.18 节"HTML 校验"），而且可能造成显示问题。

图 2.11 展示了在网页(学生文件 chapter2/em.html)中使用<em>标记以倾斜方式对短语"Access by everyone"进行强调。

相应代码片断如下：

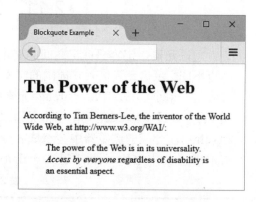

图 2.11   <em>标记的实际效果

```
<blockquote>
The power of the Web is in its universality.
<em>Access by everyone</em>
regardless of disability is an essential aspect.
</blockquote>
```

2.12 有 序 列 表

列表用于组织信息。标题、短段落和列表使网页显得更清晰，更易阅读。HTML 支持创建三种列表：描述列表、有序列表和无序列表。所有列表都渲染成"块"，上下自动添加空白。

本节讨论**有序列表**，它通过数字或字母编号来组织列表中包含的信息。有序列表的序号可以是数字(默认)、大写字母、小写字母、大写罗马数字和小写罗马数字。图 2.12 展示了有序列表的一个例子。

有序列表以<ol>标记开始，</ol>标记结束；每个列表项以<li>标记开始，</li>标记结束。对图 2.12 的网页的标题和有序列表进行配置的代码如下：

My Favorite Colors

1. Blue
2. Teal
3. Red

图 2.12　有序列表的例子

```
<h1>My Favorite Colors</h1>
<ol>
    <li>Blue</li>
    <li>Teal</li>
    <li>Red</li>
</ol>
```

type 属性、start 属性和 reversed 属性

type 属性改变列表序号类型。例如，可用<ol type="A">创建按大写字母排序的有序列表。表 2.2 列出了有序列表的 type 属性及其值。

表 2.2　有序列表的 type 属性

值	序号
1	数字(默认)
A	大写字母
a	小写字母
I	罗马数字
i	小写罗马数字

另一个有用的属性是 start，它指定序号起始值(例如从"10"开始)。新的 HTML5 reversed 属性(reversed="reversed")可以指定降序排序。

 动手实作 2.6

这个动手实作将在同一个网页中添加标题和有序列表。为了创建如图 2.13 所示的

网页，请启动文本编辑器并打开 chapter2/template.html。修改 title 元素，并在主体区域添加 h1，ol 和 li 标记。如下所示：

```
<!DOCTYPE html>
<html lang="en">
<head>
<title>Heading and List</title>
<meta charset="utf-8">
</head>
<body>
<h1>My Favorite Colors</h1>
<ol>
    <li>Blue</li>
    <li>Teal</li>
    <li>Red</li>
</ol>
</body>
</html>
```

图 2.13　有序列表

将文件另存为 ol.html。启动浏览器并测试网页，结果应该如图 2.13 所示。可将自己的作业与学生文件 chapter2/ol.html 进行比较。

花些时间试验一下 type 属性，将有序列表设置成大写字母编号。将文件另存为 ola.html 并在浏览器中测试。将自己的作业与学生文件 chapter2/ola.html 进行比较。

2.13　无 序 列 表

无序列表在列表的每个项目前都加上列表符号。默认列表符号由浏览器决定，但一般都是圆点。图 2.14 是无序列表的一个例子。

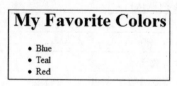

图 2.14　无序列表的例子

无序列表以<ul>标记开始，</ul>标记结束。ul 元素是块显示元素，上下自动添加空白。每个列表项以<li>标记开始，</li>标记结束。对图 2.14 的网页的标题和无序列表进行配置的代码如下：

```
<h1>h1>My Favorite Colors</h1>
```

```
<ul>
    <li>Blue</li>
    <li>Teal</li>
    <li>Red</li>
</ul>
```

动手实作 2.7

这个动手实作将在同一个网页中添加标题和无序列表。为了创建如图 2.15 所示的网页，请启动文本编辑器并打开 chapter2/ template.html。修改 title 元素，并在主体区域添加 h1，ul 和 li 标记。如下所示：

图 2.15　无序列表

```
<!DOCTYPE html>
<html lang="en">
<head>
<title>Heading and List</title>
<meta charset="utf-8">
</head>
<body>
<h1>My Favorite Colors</h1>
<ul>
    <li>Blue</li>
    <li>Teal</li>
    <li>Red</li>
</ul>
</body>
</html>
```

将文件另存为 ul.html。启动浏览器并测试网页，结果应该如图 2.15 所示。可将自己的作业与学生文件 chapter2/ul.html 进行比较。

 可不可以改变无序列表的列表符号？

在 HTML5 之前，可以为<ul>标记设置 type 属性将默认列表符号更改为方块 type="square")或空心圆(type="circle")。但 HTML5 已弃用无序列表的 type 属性，因为它只具装饰性，无实际意义。但不用担心，第 6 章会讲解如何用 CSS 技术配置列表符号来显示图片和形状。

2.14　描　述　列　表

描述列表用于组织术语及其定义。术语单独显示，对它的描述根据需要可以无限长。术语独占一行并顶满格显示，描述另起一行并缩进。描述列表还可用于组织常见问题(FAQ)及其答案。问题和答案通过缩进加以区分。任何类型的信息如果包含多个术语和较长的解释，就适合使用描述列表。图 2.16 是描述列表的例子。

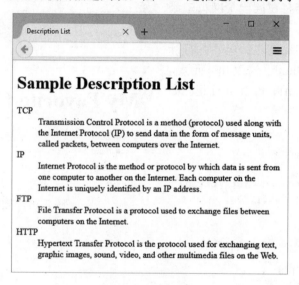

图 2.16　描述列表

描述列表以\<dl\>标记开始，\</dl\>标记结束；每个要描述的术语以\<dt\>标记开始，\</dt\>标记结束；每项描述内容以\<dd\>标记开始，\</dd\>标记结束。

 动手实作 2.8

这个动手实作将在同一个网页中添加标题和描述列表。为了创建如图 2.16 所示的网页，请启动文本编辑器并打开 chapter2/template.html。修改 title 元素，并在主体区域添加 h1，dl，dd 和 dt 标记。如下所示：

```
<!DOCTYPE html>
<html lang="en">
<head>
<title>Description List</title>
<meta charset="utf-8">
</head>
<body>
```

```
<h1>Sample Description List</h1>
<dl>
  <dt>TCP</dt>
    <dd>Transmission Control Protocol is a method (protocol) used along
with the Internet Protocol (IP) to send data in the form of message
units, called packets, between computers over the Internet.</dd>
  <dt>IP</dt>
    <dd>Internet Protocol is the method or protocol by which data is
sent from one computer to another on the Internet. Each computer on
the Internet is uniquely identified by an IP address.</dd>
  <dt>FTP</dt>
    <dd>File Transfer Protocol is a protocol used to exchange files
between computers on the Internet.</dd>
  <dt>HTTP</dt>
    <dd>Hypertext Transfer Protocol is the protocol used for
exchanging text, graphic images, sound, video, and other multimedia
files on the Web.</dd>
</dl>
</body>
</html>
```

将文件另存为 description.html。启动浏览器并测试网页，结果如图 2.16 所示。不必担心换行位置不同，重要的是每行<dt>术语都独占一行，对应的<dd>描述则在它下方缩进。尝试调整浏览器窗口的大小，注意描述文本会自动换行。可将自己的作业与学生文件 chapter2/description.html 进行比较。

 为什么例子中的网页代码要缩进？

　　网页代码是否缩进对浏览器没有任何影响，但为了方便人们阅读和维护代码，有必要合理缩进代码。以动手实作 2.8 创建的描述列表为例，注意<dt>和<dd>标记都进行了缩进。

　　这样在源代码中就能看出列表的样子。虽然没有明确规定缩进空格的数量，但你的老师或工作单位可能有要求。习惯使用缩进，有利于创建容易维护的网页。

 ## 自测题 2.2

1. 说明标题元素(h1 到 h6)的功能以及它如何配置文本。
2. 解释有序和无序列表的区别。
3. 说明块引用(blockquote)元素的作用。

2.15　特殊字符

为了在网页文档中使用诸如引号、大于号(>)、小于号(<)和版权符(©)等特殊符号，需要使用**特殊字符**，或者称为**实体字符**(entity characters)。例如，要在网页中添加以下版权行：

© Copyright 2020 我的公司。保留所有权利。

可使用特殊字符©显示版权符，代码如下：

© Copyright 2020 我的公司。保留所有权利。

另一个有用的特殊字符是 ，它代表不间断空格(nonbreaking space)。你也许已经注意到，不管多少空格，网页浏览器都只视为一个。要在文本中添加多个空格，可连续使用 。如果只是想将某个元素调整一点点位置，这种方法是可取的。但是，如果发现网页包含太多连续的 特殊字符，就应该通过其他方法对齐元素，比如用 CSS 调整边距或填充(参见第 4 章和第 6 章)。表 2.3 和附录 B 列举了更多特殊字符及其代码。

表 2.3　常用特殊字符

字符	实体名称	代码
"	引号	&quot;
'	撇号	&#39;
©	版权符	&copy;
&	&符号	&amp;
空格	不间断空格	
—	长破折号	&mdash;
		竖线	|

动手实作 2.9

图 2.17 是本动手实作要创建的网页。启动文本编辑器并打开 chapter2/template.html。修改 title 元素，将<title>和</title>之间的文本更改为"Web Design Steps"。图 2.17 的示例网页包含一个标题、一个无序列表和一行版权信息。

将标题"Web Design Steps"配置为一级标题(<h1>)，代码如下：

```
<h1>Web Design Steps</h1>
```

接着创建无序列表，每个列表项的第一行是一个网页设计步骤标题。在本例中，每个步骤标题都应强调(加粗显示，或突出于其他文本显示)。该无序列表开始部分的代码如下：

```
<ul>
  <li><strong>Determine the Intended Audience</strong>
  <br> The colors, images, fonts, and layout should be tailored to
  the <em>preferences of your audience.</em> The type of site content
  (reading level, amount of animation, etc.) should be appropriate for
  your chosen audience.</li>
```

图 2.17　示例 design.html

继续编辑网页文件，完成整个无序列表的编写。记住在列表末尾添加</ul>结束标记。最后编辑版权信息，把它包含在 small 元素中。使用特殊符号©显示版权符号。版权行的代码如下：

```
<p><small>Copyright &copy; 2020 Your name. All Rights
Reserved.</small></p>
```

将文件另存为 design.html，启动浏览器并测试，与学生文件 Chapter2/design.html 进行比较。

2.16　结 构 元 素

HTML5 引入了许多语义上的结构元素来配置网页区域。这些新的 HTML5 header，nav，main 和 footer 元素旨在和 div 以及其他元素配合使用，通过一种更有意义的方式阐述结构区域的用途，从而对网页文档进行更好的结构化。图 2.18 展示了如何使用 header，nav，main，div 和 footer 元素建立网页结构，这种图称为**线框图**(wireframe)。

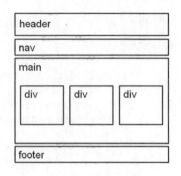

图 2.18   结构元素

div 元素

div 元素在网页中创建一个常规结构区域(称为"division")。作为块显示元素，它上下会自动添加空白。div 元素以<div>标记开始，以</div>结束。div 元素适合定义包含了其他块显示元素(标题、段落、无序列表以及其他 div 元素)的区域。本书以后会用层叠样式表(CSS)配置 HTML 元素的样式、颜色、字体以及布局。

header 元素

HTML5 header 元素的作用是包含网页文档或文档区域(比如 section 和 article)的标题。header 元素以<header>标记开始，以</header>结束。header 元素是块显示元素，通常包含一个或多个标题元素(h1 到 h6)。

nav 元素

HTML5 nav 元素的作用是建立一个导航链接区域。nav 是块显示元素，以<nav>标记开始，以</nav>结束。

main 元素

HTML5 main 元素的作用是包含网页文档的主要内容。每个网页只应有一个 main 元素。main 是块显示元素，以<main>标记开始，以</main>结束。

footer 元素

HTML5 footer 元素的作用是为网页或网页区域创建页脚。footer 是块显示元素，以<footer>标记开始，以</footer>结束。

🖐 动手实作 2.10

下面通过创建如图 2.19 所示的 Trillium Media Design 公司主页来练习使用结构元素。在文本编辑器中打开学生文件 chapter2/template.html。像下面这样编辑代码。

1. 将<title>和</title>标记之间的文本修改成 Trillium Media Design。

2. 光标定位到主体区域, 添加 header 元素, 在其中包含 h1 元素来显示文本 Trillium Media Design。

```
<header>
  <h1>Trillium Media Design</h1>
</header>
```

3. 编码 nav 元素来包含主导航区域的文本。配置加粗文本(使用 b 元素), 并用特殊字符 添加额外的空格。

```
<nav>
  <b>Home   Services   Contact</b>
</nav>
```

4. 编码 main 元素来包含 h2 和段落元素。

```
<main>
  <h2>New Media and Web Design</h2>
  <p>Trillium Media Design will bring your company&rsquo;s Web
presence to the next level. We offer a comprehensive range of
services.</p>
  <h2>Meeting Your Business Needs</h2>
  <p>Our expert designers are creative and eager to work with you.</p>
</main>
```

5. 配置 footer 元素来包含用小字号(使用 small 元素)和斜体(使用 i 元素)显示的版权声明。注意, 元素要正确嵌套。

```
<footer>
  <small><i>Copyright &copy; 2020
Your Name Here</i></small>
</footer>
```

将网页另存为 structure.html。在浏览器中测试, 结果应该如图 2.19 所示。可将你的作品与学生文件 chapter2/structure.html 进行比较。

HTML 编码是一门技能, 而所有技能都需要多练。本节将用结构元素编码一个网页。

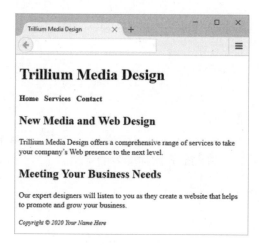

图 2.19　Trillium 主页

 动手实作 2.11

这个动手实作参照图 2.20 的线框图创建如图 2.21 所示的 Casita Sedona Bed & Breakfast 网页。

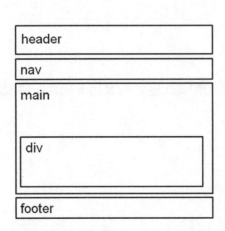

图 2.20　Casita Sedona 网页线框图　　　　图 2.21　Casita Sedona 网页

在文本编辑器中打开学生文件 chapter2/template.html。像下面这样编辑代码。

1. 将<title>和</title>标记之间的文本修改成 Casita Sedona。

2. 光标定位到主体区域,添加 header 元素,并在其中包含 h1 元素来显示文本 Casita Sedona Bed & Breakfast。一定要用特殊字符&显示&字符。

```
<header>
  <h1>
    Casita Sedona Bed &amp; Breakfast
  </h1>
</header>
```

3. 编码 nav 元素来包含主导航区域的文本。配置加粗文本(使用 b 元素),并用特殊字符 添加额外的空格。

```
<nav>
  <b>
    Home  
    Rooms  
    Events  
    Contact
  </b>
</nav>
```

4. 编码 main 元素来包含 h2 和段落元素。

```
<main>
<h2>Stay in the Heart of Sedona</h2>
  <p>At Casita Sedona Bed &amp; Breakfast you&rsquo;ll be close to
```

```
art galleries, shops, restaurants, hiking trails, and tours. Ride
the free trolley to shops and galleries.</p>
  <h3>Luxurious Rooms</h3>
  <p>Stay in a well-appointed room at Casita Sedona with your own
fireplace, king-size bed, and balcony overlooking the red rocks.</p>
</main>
```

5. 编码 div 元素来配置公司名、地址和电话号码。div 元素嵌套在 main 元素中，放在结束</main>标记之前。用换行标记在单独的行上显示名称、地址和电话，并在页脚前面生成额外的空白。

```
<div>
  <strong>Casita Sedona Bed &amp; Breakfast</strong><br>
  612 Tortuga Lane<br>
  Sedona, AZ 86336<br>
  928-555-5555<br>
</div>
```

6. 配置 footer 元素来包含用小字号(使用 small 元素)和斜体(使用 i 元素)显示的版权声明。注意，元素要正确嵌套。

```
<footer>
  <small><i>Copyright &copy; 2020 Your Name Here</i></small>
</footer>
```

将网页另存为 casita.html。在浏览器中测试，结果应该如图 2.21 所示。可将你的作品与学生文件 chapter2/ casita.html)进行比较。旧浏览器(例如 Internet Explorer 8 和更早的版本)不支持新的 HTML5 结构元素。第 6 章会介绍如何用一些编码技术强迫旧浏览器正确显示 HTML5 结构元素。目前只需保证用任何流行浏览器的最新版本来测试网页。

刚才练习了 HTML5 header，nav，main 和 footer 元素。这些 HTML5 元素和 div 以及其他元素配合，以有意义的方式建立网页文档结构，定义不同结构性区域的用途。接着要介绍其他 HTML5 元素。

section 元素

包含文档的"区域"，比如章节或主题。section 元素是块显示元素，以<section>开始，以</section>结束，可包含 header，footer，section，article，aside，figure，div 和其他内容配置元素。

article 元素

包含一个独立条目，比如博客文章、评论或电子杂志文章。article 元素是块显示元素，以<article>开始，以</article>结束，可包含 header，footer，section，aside，figure，div 和其他内容配置元素。

aside 元素

aside 元素代表旁注或其他补充内容。aside 是块显示元素，以<aside >开始，以</aside >结束，可包含 header，footer，section，aside，figure，div 和其他内容配置元素。

time 元素

代表日期或时间。虽然不是结构元素，但之所以把它列出来，是因为它特别适合标注内容(网页或博客文章)的创建日期。time 是内联元素，以<time>开头，以</time>结尾。使用可选的 datetime 属性，可通过一种机器能识别的格式来显示日历日期和/或时间。日期用 YYYY-MM-DD，时间用 HH:MM(24 小时制)。

 动手实作 2.12 ——————————————————————————

这个动手实作将编辑一个网页文档，运用 section，article，aside 和 time 元素创建如图 2.22 所示的博客文章。

图 2.22　博客文章

启动文本编辑器并打开学生文件的 chapter2/starter.html。将文件另存为 blog.html。

1. 找到 title 标记，将文本修改成"Lighthouse Bistro Blog"。
2. 找到起始 main 标记。删除起始和结束 main 标记之间的所有 HTML 元素和文本。

3. 在起始 main 标记下方编码一个 aside 元素，如下所示：

```
<aside>
  <p><i>Watch for the March
  Madness Wrap next month!</i></p>
</aside>
```

4. 编码一个起始 section 标记，后跟一个 h2 元素，如下所示：

```
<section>
<h2>Bistro Blog</h2>
```

5. 编码两篇博客文章。注意其中使用了 header，h3，time 和段落元素，最后编码一个结束 section 标记，如下所示：

```
<article>
  <header><h3>Valentine Wrap</h3></header>
  <time datetime="2020-02-01">February 1, 2020</time>
  <p>The February special sandwich is the Valentine Wrap &mdash;
  heart-healthy organic chicken with roasted red peppers on a
  whole wheat wrap.</p>
</article>
<article>
  <header><h3>New Coffee of the Day Promotion</h3></header>
  <time datetiary="2020-01-12">January 12, 2020</time>
  <p>Enjoy the best coffee on the coast in the comfort of your
  home. We will feature a different flavor of our gourmet,
  locally roasted coffee each day with free bistro tastings and a
  discount on one-pound bags.</p>
</article>
</section>
```

保存文件并在浏览器中显示 blog.html，看起来应该和图 2.22 相似。示例解决方案是 chapter2/blog.html。

2.17　超　链　接

a 元素

a 元素(anchor element，一般称为**锚元素**)作用是定义**超链接**(后文简称"链接")，它指向你想显示的另一个网页或文件。锚元素以<a>标记开始，以</a>结束。两个标记之间是可以点击的链接文本或图片。

href 属性

用 href 属性配置链接引用,即要访问(链接到)的文件的名称和位置。图 2.23 的网页用锚标记配置到本书网站(http://webdevbasics.net)的链接。锚标记的代码如下所示:

```
<a href="http://webdevbasics.net">Basics of Web Design Textbook Companion</a>
```

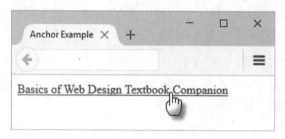

图 2.23   示例链接

注意,href 的值就是网站 URL。两个锚标记之间的文本在网页上以链接形式显示(大多数浏览器都是添加下划线)。鼠标移到链接上方,指针自动变成手掌形状,如图 2.23 所示。

 动手实作 2.13

为了创建图 2.23 的网页,请启动文本编辑器并打开 chapter2/template.html 模板文件。修改 title 元素,在主体区域添加锚标记,如加粗的部分所示:

```
<!DOCTYPE html>
<html lang="en">
<head>
<title>Anchor Example</title>
<meta charset="utf-8">
</head>
<body>
<a href="http://webdevbasics.net">Basics of Web Design Textbook Companion</a>
</body>
</html>
```

将文档另存为 anchor.html。启动浏览器测试网页,结果应该如图 2.23 所示。可将自己的作业与学生文件 chapter2/anchor.html 进行比较。

 图片可以作为超链接吗?

可以。虽然本章着眼于文本链接,但图片也可以配置成链接,详情请参见第 4 章。

绝对链接

绝对链接指定资源在 Web 上的绝对位置。用绝对链接来链接其他网站上的资源。这种链接的 href 值包含协议名称 http:// 和域名。下面是指向本书网站主页的绝对链接：

```
<a href="http://webdevfoundations.net">Web Development &amp; Design
Foundations</a>
```

要访问本书网站的其他网页，可在 href 值中包含具体的文件夹名称。例如，以下锚标记配置的绝对链接指向网站上的 10e 文件夹中的 chapter1.html 网页：

```
<a href="http://webdevfoundations.net/10e/chapter1.html">Web Development
&amp; Design Foundations Chapter 1</a>
```

相对链接

链接到自己网站内部的网页时可以使用相对链接。这种链接的 href 值不以 http:// 开头，也不含域名，只包含想要显示的网页的文件名(或者文件夹和文件名的组合)。链接位置相对于当前显示的网页。以图 2.24 的站点地图为例，为了从主页 index.html 链接到同一文件夹中的 contact.html，可以像下面这样创建相对链接：

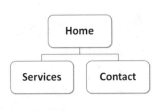

图 2.24　站点地图

```
<a href="contact.html">Contact Us</a>
```

站点地图

站点地图描述网站结构。网站的每个网页都显示成站点地图中的一个框。图 2.24 的站点地图包含一个主页和两个内容页。主页位于顶部，它的下一级称为二级主页。在这个总共只有三个网页的小网站中，二级主页只有两个，即 Services 和 Contact。网站的主导航区域通常包含到网站地图前两级网页的链接。

 动手实作 2.14

动手是学习网页编码的最佳方式。下面创建图 2.24 中含三个网页的示例网站。

1. **新建文件夹**。计算机上的文件夹和日常生活中的文件夹相似，都用于收纳一组相关文件。本书将每个网站的文件都放到一个文件夹中。这样在处理多个不同的网站时就显得很有条理。利用自己的操作系统为新网站新建名为 mypractice 的文件夹。

2. **创建主页**。以动手实作 2.10 的 Trillium Media Design 网页(图 2.19)为基础创建新主页(图 2.25)。将动用实作 2.10 的示例文件(chapter2/structure.html)复制到 mypractice

文件夹,并重命名为 index.html。网站主页一般都是 index.html。

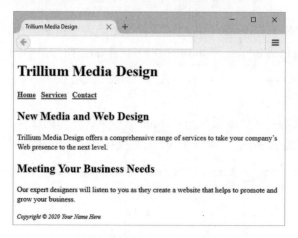

图 2.25   新的 index.html

启动文本编辑器来打开 index.html。导航链接应放到 nav 元素中。要编辑 nav 元素来配置三个链接。

- 文本"Home"链接到 index.html
- 文本"Services"链接到 services.html
- 文本"Contact"链接到 contact.html

像下面这样修改 nav 元素中的代码。

```
<nav>
  <b>
    <a href="index.html">Home</a>  
    <a href="services.html">Services</a>  
    <a href="contact.html">Contact</a>
  </b>
</nav>
```

保存文件。在浏览器中打开网页,它应该和图 2.25 的页面相似。将你的作品与学生文件 chapter2/2.14/index.html 进行比较。

3. 创建服务页。基于现有网页创建新网页是常用手段。下面基于 index.html 创建如图 2.26 所示的服务页。在文本编辑器中打开 index.html 文件并另存为 services.html。

首先将<title>和</title>之间的文本更改为"Trillium Media Design - Services"来修改标题(title)。为了使所有网页都具有一致的标题(header)、导航和页脚,不要更改 header、nav 或 footer 元素的内容。

将光标定位到主体区域,删除起始和结束 main 标记之间的内容。在起始和结束 main 标记之间添加以下二级标题和描述列表:

```
<h2>Our Services Meet Your Business Needs</h2>
  <dl>
    <dt><strong>Website Design</strong></dt>
      <dd>Whether your needs are large or small, Trillium can get
      you on the Web!</dd>
    <dt><strong>E-Commerce Solutions</strong></dt>
      <dd>Trillium offers quick entry into the e-commerce
      marketplace.</dd>
    <dt><strong>Search Engine Optimization</strong></dt>
      <dd>Most people find new sites using search engines.
      Trillium can get your website noticed.</dd>
  </dl>
</dl>
```

保存文件并在浏览器中测试，结果应该如图 2.26 所示。把它和学生文件
chapter2/2.14/services.html 比较。

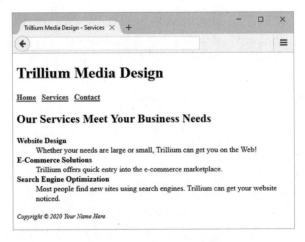

图 2.26　services.html 网页

4. **创建联系页**。基于 index.html 创建如图 2.27 所示的联系页。在文本编辑器中打
开 index.html 文件并另存为 contact.html。

首先将<title>和</title>之间的文本更改为"Trillium Media Design - Contact"来修改
标题(title)。为了使所有网页都具有一致的标题(header)、导航和页脚，不要更改 header，
nav 或 footer 元素的内容。

将光标定位到主体区域，删除起始和结束 main 标记之间的内容，在起始和结束
main 标记之间添加以下内容：

```
<h2>Contact Trillium Media Design Today</h2>
  <ul>
    <li>E-mail: contact@trilliummediadesign.com</li>
    <li>Phone: 555-555-5555</li>
  </ul>
```

图 2.27   contact.html 网页

保存文件并在浏览器中测试，结果应该如图 2.27 所示。把它和学生文件 chapter2/2.14/contact.html 比较。点击每个链接来测试网页。点击 Home 链接应显示主页 index.html，点击 Services 链接应显示 services.html，点击 Contact 链接应显示 contact.html。

 为什么我的相对链接不起作用？

检查以下项目：

1. 是否将文件保存到了指定文件夹？

2. 文件名是否正确？在 Windows 资源管理器或者 Mac Finder 中检查文件名。

3. 锚标记的 href 属性是否输入了正确的文件名？检查打字错误。

4. 鼠标放到链接上会在状态栏显示相对链接的文件名。请验证文件名正确。许多操作系统(例如 UNIX 和 Linux)区分大小写，所以要确定文件名的大小写正确。进行 Web 开发时坚持使用小写字母的文件名是一个好习惯。

target 属性

你可能已注意到，点击链接会在同一浏览器窗口中打开新网页。可在锚标记中使用 target 属性配置 target="_blank"在新浏览器窗口或新标签页中打开网页。例如，以下 HTML 在新浏览器窗口或标签页中打开 Google 主页：

```
<a href="http://google.com" target="_blank">Search Google</a>
```

但是，不能控制是在新窗口(新的浏览器实例)还是新标签页中打开，那是由浏览器本身的配置决定的。target 属性的实际运用请参考 chapter2/target.html。

将整个块作为锚

一般使用锚标记将短语(甚至一个字)配置成链接。HTML5 为锚标记提供了新功能，允许将整个块作为锚，从而将一个或多个元素(包括作为块显示的，比如 div、h1 或段落)配置成链接。学生文件 chapter2/block.html 展示了一个例子。

电子邮件链接

锚标记也可用于创建电子邮件链接。电子邮件链接会自动打开浏览器设置的默认邮件程序，它与外部超链接相似但有两点不同。

- 使用 mailto:，而不是 http://。
- 会打开浏览器配置的默认邮件程序，自动填写 E-mail 地址作为收件人。

例如，要创建指向 help@webdevbasics.net 的电子邮件链接，要按如下方式编写代码：

```
<a href="mailto:help@webdevbasics.net">help@webdevbasics.net</a>
```

在网页和锚标记中都写上电子邮件地址是好习惯，因为不是所有人的浏览器都配置了电子邮件程序，将邮件地址写在这两个地方能方便所有访问者。

 在网页上显示我的真实电邮地址会不会招来垃圾邮件?

不一定。虽然一些没有道德的垃圾邮件制造者可能搜索到你的网页上的电邮地址，但你的 Email 软件可能内置了垃圾邮件筛选器，能防范收件箱被垃圾邮件淹没。配置直接在网页上显示的电子邮件链接，在遇到以下情况时，将有助于提升网站的可用性。

1. 访问者使用公共电脑，上面没有配置电子邮件软件。所以点击电邮链接会显示一条错误消息。如果不明确显示电邮地址，访问者就不知道怎么联系你。

2. 访问者使用私人电脑，但不喜欢使用浏览器默认配置的电子邮件软件(和地址)，他/她可能和别人共用一台电脑，或者不想让人知道自己的默认电子邮件地址。

明确显示你的电邮地址，上述两种情况下访问者仍然能知道你的地址并联系上你(不管是通过电子邮件软件，还是通过基于网页的电子邮件服务，比如 Google Gmail)，因而提升了你的网站的可用性。

 动手实作 2.15 ————————————

这个动手实作将修改动手实作 2.14 创建的联系页(contact.html)，在网页内容区域配置电子邮件链接。启动文本编辑器并打开 chapter2/2.14 文件夹中的 contact.html 文件。

在内容区域配置电子邮件链接，如下所示：

```
<li>E-mail:
<a href="mailto:contact@trilliummediadesign.com">
    contact@trilliummediadesign.com</a>
</li>
```

保存网页并在浏览器中测试，结果应该如图 2.28 所示。将它和学生文件 chapter2/2.15/ contact.html 进行比较。

图 2.28   联系页上配置的电子邮件链接

 ## 无障碍访问和超链接

有视力障碍的用户可用屏幕朗读软件配置显示文档中的超链接列表。但只有链接文本充分说明了链接的作用，超链接列表才会真正有用。以学校网站为例，一个"搜索课程表"链接要比"更多信息"或"点我"链接更有用。

 能不能分享一些使用链接的技巧？

1. 使链接名称简洁且具有描述性，尽量减少混淆。

2. 避免在链接中使用"点击此处"这样的短语。Web 刚问世的时候有必要使用这个短语，因为点击链接对于当时的 Web 用户来说还很新鲜。现在 Web 已成为我们生活的一部分，这个短语看起来有点多余而且早已过时。

3. 浏览网页比读书页难一些，尽量不要把链接插入大块文本中，尽量使用链接列表。

4. 链接到外部网站要当心。Web 是动态的，外部网站可能改变网页名称，甚至删除网页。如发生这种情况，链接就会失效。

自测题 2.3

1. 说明特殊字符的作用。
2. 解释在什么时候使用绝对链接。href 值中要包含 http 或 https 协议吗？
3. 解释在什么时候使用相对链接。href 值中要包含 http 或 https 协议吗？

2.18　HTML 语法校验

▶ 视频讲解：HTML Validation

W3C 提供了免费的标记语言语法校验服务，网址是 http://validator.w3.org/，可用它校验网页，检查语法错误。HTML 校验方便学生快速检测代码使用的语法是否正确。在工作场所，HTML 校验可充当质检员的角色。无效代码会影响浏览器渲染页面的速度。

动手实作 2.16 ———————————————————————

下面试验用 W3C 标记校验服务校验一个网页文件。启动文本编辑器并打开 Chapter2/design.html。首先在 design.html 中故意引入一个错误。把第一个</strong>结束标记删除。这一更改将导致多条错误信息。更改后保存文件。

接着校验 design.html 文件。启动浏览器并访问 W3C 标记校验服务的文件上传网页 (http://validator.w3.org/#validate_by_upload)。点击"选择文件"，从计算机选择刚才保存的 Chapter2/design.html 文件。单击 Check 按钮将文件上传到 W3C 网站，如图 2.29 所示。

随后会显示一个错误报告网页。向下滚动网页查看错误，如图 2.30 所示。

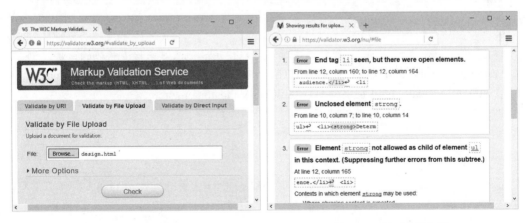

图 2.29　校验网页　　　　　　　　　　　图 2.30　第 12 行有错

消息指出第 12 行有错，这实际是遗漏</strong>结束标记的那一行的下一行。注意，HTML 错误消息经常都会指向错误位置的下一行。显示的错误消息是："End tag li seen, but there were open elements"。找出问题根源就是你自己的事情了。首先应检查容器标记是否成对使用，本例的问题就出在这里。还可向下滚动查看更多的错误信息。但一般情况下，一个错误会导致多条错误信息。所以最好每改正一个错误就重新校验一次。

在文本编辑器中编辑 design.html 文件，加上丢失的</strong>标记，保存文件。重新访问 http://validator.w3.org/#validate_by_upload，选择文件并单击 Check 按钮。

结果如图 2.31 所示。注意"Document checking completed. No errors or warnings to show."信息，这表明网页通过了校验。恭喜你，design.html 现在是有效的 HTML5 网页了！警告消息可以忽略，它只是说 HTML5 兼容性检查工具目前正处于试验阶段。

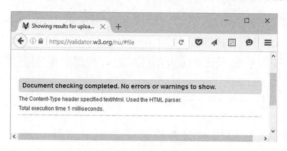

图 2.31　网页通过了校验

校验网页是个好习惯。但校验代码时要注意判断。许多浏览器仍然没有完全遵循W3C 推荐标准，所以有的时候，比如在网页中加入了多媒体内容时，会出现虽然网页没有通过校验，但在多种浏览器和平台上仍能正常工作的情况。

 有没有其他方式可以校验 HTML？

除了前面提到的 W3C 校验服务，还可以使用其他工具来检查代码的语法，例如 https://html5.validator.nu 提供的 HTML5 校验器，以及 https://www.freeformatter.com/html-validator.html 提供的 HTML&CSS Validator/Linter。

小结

本章简单介绍了 HTML，XHTM 和 HTML5，演示了标准网页的基本元素，讲解了 div、段落、blockquote、header、nav、main 和 footer 等 HTML 元素。涉及的其他主题还有配置列表和使用特殊字符、短语元素和超链接，并练习了对 HTML5 语法进行校验。如果一直跟着本章的例子一步一步做，现在应该可以创建一些自己的网页了。接下来的动手实作和网站案例学习提供了更多练习机会。

请访问本书网站(https://www.webdevfoundations.net)获取本章列举的例子、链接和更新信息。

关键术语

&copy;	<meta>
	<nav>
<a>	<ol>
<abbr>	<p>
<article>	<samp>
<aside>	<section>
<b>	<small>
<blockquote>	<strong>
<body>	<sub>
 	<sup>
<cite>	<time>
<code>	<title>
<dd>	<ul>
<dfn>	<var>
<div>	a 元素
<dl>	绝对链接
<dt>	锚元素
<em>	article 元素
<footer>	aside 元素
<h1>	属性
<h6>	整个块作为锚
<head>	块显示
<header>	blockquote 元素
<html>	body 元素
<i>	字符编码
<kbd>	描述列表
<li>	div 元素
<main>	doctype
<mark>	文档类型定义(DTD)

元素	短语元素
电子邮件链接	相对链接
实体元素	reversed 属性
可扩展超文本标记语言(XHTML)	section 元素
footer 元素	站点地图
head 元素	特殊字符
head(页头)区域	独立
header 元素	start 属性
heading 元素	标记
href 属性	target 属性
HTML5	time 元素
超链接	title 元素
超文本标记语言(HTML)	type 属性
内联显示	无序列表
lang 属性	校验
左对齐	void 元素
换行元素	Web 超文本应用技术工作小组(Web Hypertext
main 元素	Application Technology Working Group,
标记语言	WHATWG)
meta 元素	合式文档
nav 元素	XML(eXtensible Markup Language，可扩展
有序列表	标记语言)
段落元素	

复习题

选择题

1. 以下哪一对标记配置网页上的一个结构化区域？(　　)
   A. `<area> </area>`　　　　　　　　　　B. `<div> </div>`
   C. `<cite> </cite>`　　　　　　　　　　　D. `<strong> </strong>`
2. 以下哪个标记用于配置接着的文本或元素在新行上显示？(　　)
   A. `<line>`　　　　　B. `<nl>`　　　　C. `<br>`　　　　　　D. `<new>`
3. 以下哪一对标记在网页上　配置超链接？(　　)
   A. `<link> </link>`　　　　　　　　　　B. `<hyperlink> </hyperlink>`
   C. `<a> </a>`　　　　　　　　　　　　　D. `<body> </body>`
4. 以下哪一对标记用于创建最大的标题？(　　)
   A. `<h1> </h1>`　　　　　　　　　　　　B. `<h9> </h9>`
   C. `<h type="largest"> </h>`　　　　　　D. `<h6> </h6>`

5. 标题和段落的默认对齐方式是什么？（　　）。

    A. 居中　　　　　　　　　　　　　　B. 左对齐

    C. 右对齐　　　　　　　　　　　　　D. 在源代码中怎么输入，就怎么对齐

6. 什么时候需要在超链接中使用完全限定 URL？（　　）

    A. 始终需要　　　　　　　　　　　B. 链接到相同站点的网页文件时

    C. 链接到外部站点的网页文件时D. 什么时候都不需要

7. 为什么 title 标记包含的文本应具有描述性，且应包含公司或组织名称？（　　）

    A. 访问者收藏网页时，默认会保存标题。

    B. 访问者打印网页时，会打印标题。

    C. 标题会在搜索引擎的结果中列出。

    D. 以上都对。

8. 以下哪种 HTML 列表会自动为项目编号？（　　）

    A. 编号列表　　　　B. 有序列表　　　　C. 无序列表　　　　D. 定义列表

9. 以下哪个 HTML5 元素用于指定可导航内容？（　　）

    A. main　　　　　　B. nav　　　　　　C. header　　　　　　D. a

10. 电子邮件链接的作用是什么？（　　）

    A. 向你自动发送一封电子邮件，将访问者的电子邮件地址作为回复地址。

    B. 启动访问者的浏览器所设置的默认电子邮件程序，将你的电子邮件地址作为收件人。

    C. 显示你的电子邮件地址，使访问者以后能向你发送邮件。

    D. 链接到你的邮件服务器。

填空题

11. 用_____元素配置文本来强调其重要性，并加粗显示。

12. 用_____元素定义一个独立的条目，比如博客文章。

13. ＜meta＞标记用于_____。

14. _____用于在网页中显示一个不间断空格。

15. 用_____元素来强调文本，文本将以斜体显示。

简答题

16. 解释为什么在创建电子邮件链接时，在网页上和锚标记中都有必要放置电子邮件地址。

应用题

1. 预测结果。画出以下 HTML 代码所创建的网页，并简单地进行说明。

```
<!DOCTYPE html>
<html lang="en">
<head>
<title>Predict the Result</title>
<meta charset="utf-8">
</head>
<body>
<header><h1><i>Favorite Sites</i></h1></header>
```

```
<main>
<ol>
<li><a href="http://facebook.com">Facebook</a></li>
<li><a href="http://google.com">Google</a></li>
</ol>
</main>
<footer>
<small>Copyright &copy; 2020 Your name here</small>
</footer>
</body>
</html>
```

2. 补全代码。以下网页应显示一个标题和一个定义列表。但某些 HTML 标记遗失了(使用<__>表示)。请补全遗失的标记。

```
<!DOCTYPE html>
<html lang="en">
<head>
<title>Door County Wildflowers</title>
<meta charset="utf-8">
</head>
<body>
<header><_>Door County Wild Flowers<_></header>
<main>
<dl>
<dt>Trillium<_>
<_>This white flower blooms from April through June in wooded areas.<_>
<_>Lady Slipper<_>
<_>This yellow orchid blooms in June in wooded areas.</dd>
<_>
</main>
</body>
</html>
```

3. 查找错误。该网页的所有内容都用既大且粗的字体显示，为什么？

```
<!DOCTYPE html>
<html lang="en">
<head>
<title>Find the Error</title>
<meta charset="utf-8">
</head>
<body>
<h1>My Web Page<h1>
<p>This is a sentence on my web page.</p>
</body>
</html>
```

动手实作

1. 写 HTML 代码用最大的标题元素显示你的姓名。
2. 写 HTML 代码创建到你学校网站的绝对链接。
3. 写 HTML 代码显示一个无序列表，列出一周中的每一天。
4. 写 HTML 代码显示一个有序列表，使用大写字母作为序号，在列表中显示以下短语：wake up，eat breakfast 和 go to school。
5. 想某个你所崇拜的人说过的名言。写 HTML 代码在标题中显示名人的姓名，用块引用来显示名言。
6. 修改下面的代码段，加粗显示其中的术语"site map"。

```
<p>A diagram of the organization of a website is called a site map.
A site map represents the structure, or organization, of pages in
a website in a visual manner. Creating the site map is one of the
initial steps in developing a website.</p>
```

7. 修改动手实作 2.5 创建的 blockquote.html 网页。将 https://www.w3.org/WAI/配置成超链接。将文件另存为 blockquote2.html。
8. 创建一个网页，用描述列表显示三种网络协议(详见第 1 章)及其描述文本。添加一个超链接，指向提供了和这些协议相关的信息的一个网站。为网页添加合适的标题(heading)。将文件另存为 network.html。
9. 为你最喜欢的乐队创建网页，列出乐队名称、成员、官方网站链接、你最喜欢的三张 CD(新乐队可以少一点)以及每张 CD 的简介。
   - 使用无序列表组织成员姓名。
   - 使用定义列表组织 CD 名称和你的评论。

   将网页另存为 band.html。
10. 创建网页列出你最喜欢的菜谱，使用无序列表和有序列表分别列出配料表和烹饪步骤，添加超链接来指向提供免费菜谱的网站。将网页另存为 recipe.html。
11. 创建含有两篇博客文章的网页，文章主题是学习 Web 开发过程中有用的网站。每篇博客文章都至少包含一个超链接指向网站主页，描述网站提供的信息的类型，以及访问网站的日期。每篇文章都使用 article 和 time 元素。将网页另存为 myblog.html。

网上研究

网上有许多 HTML5 教程。用你喜爱的搜索引擎查找它们。选择其中最有用的两个。对于每个教程网站，都打印其主页或其他重要页面，并创建一个网页来包含以下问题的答案。

- 网站的 URL 是什么？
- 教程是面向入门级、中级还是兼顾两个级别？
- 你会将网站推荐给其他人吗？解释理由。
- 列举你从教程中学到的一两个概念。

聚焦 Web 设计

你正在学习的是 HTML5 的语法。然而，编码只是创建网页的一个步骤，设计也非常重要。在网上冲一下浪，查找两个典型网页：一个你觉得非常吸引人，一个你觉得非常难看。打印每个网页。创建一个网页，为你找到的每个典型都回答以下问题。

1. 网站的 URL 是什么？
2. 这个网页是吸引人还是不吸引人？列举你的三点理由。
3. 如果网页无吸引力，你觉得应该怎样改进它？

网站案例学习

以下所有案例将贯穿全书。本章引入的是网站梗概，给出站点地图或故事板，并指导你为网站创建两个页面。

案例 1：咖啡屋 JavaJam Coffee Bar

Julio Perez 是 JavaJam Coffee Bar 的主人，此咖啡屋供应小吃、咖啡、茶和软饮料，每周有几个晚上会举办当地的民间音乐表演和诗歌朗诵会。JavaJam 的客人主要是大学生和年轻白领。Julio 希望自己的咖啡屋上网，展示小店的服务项目和提供表演的时间表。他想要一个主页、菜单页面、表演时间表页面和招聘页面。

JavaJam Coffee Bar 网站的站点地图如图 2.32 所示。该站点地图描述了网站的基本架构，一个主页和三个内容页面：Menu，Music 和 Jobs。

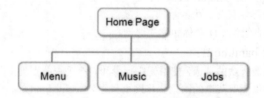

图 2.32   JavaJam 站点地图

图 2.33 是页面布局线框图，包括标题、导航、主要内容区域以及显示版权信息的页脚区域。本案例学习共有三个任务。

1. 为 JavaJam 网站创建文件夹。
2. 创建主页。index.html。
3. 创建菜单页。menu.html。

任务 1：网站文件夹。 在硬盘或移动设备(U 盘或 SD 卡)上创建一个名为 javajam 的文件夹来包含 JavaJam 网站的文件。

任务 2：主页。 用文本编辑器创建 JavaJam Coffee Bar 网站的主页，如图 2.34 所示。

图 2.33　JavaJam 线框图　　　图 2.34　JavaJam 主页(index.html)

启动文本编辑器并创建符合下列要求的网页。

1. **网页标题**。使用描述性的网页标题——公司名是商业网站的恰当选择。在除主页外的其他网页上，通常应在网页标题中同时包含公司名和描述当前网页作用的单词或短语。

2. **网页内部显示的大标题**。使用 header 元素，用一级标题显示"JavaJam Coffee Bar"。

3. **导航**。将以下文本放到一个 nav 元素中，用<b>元素加粗。

```
Home Menu Music Jobs
```

使用锚标记，使"Home"链接到 index.html；"Menu"链接到 menu.html；"Music"链接到 music.html，"Jobs"链接到 jobs.html。用特殊字符 在超链接之间添加额外的空格。

4. **主要内容**。用 main 元素编码网页主要内容，参考动手实作 2.10。

* 用 h2 元素编码以下文本：

Relax at JavaJam

* 用段落编码以下文本：

Friendly and eclectic — JavaJam Coffee Bar is the perfect place to take a break, enjoy a refreshing beverage, and have a snack or light meal.

* 用无序列表编码以下文本：

```
Specialty Coffee and Organic Tea
Bagels, Muffins, and Gluten-free Pastries
Organic Salads
Music and Poetry Readings
Open Mic Night
```

* 用 div 元素编码以下地址和电话号码信息。注意，用换行标记帮助配置这个区域，并在电话号码和页脚区域之间添加额外的空行。

```
12010 Garrett Bay Road
Ellison Bay, WI 54210
```

```
888-555-5555
```

5. **页脚**。用 footer 元素编码以下版权信息和电子邮件链接。用小字体(<small>标记)和斜体(<i>标记)格式化:

```
Copyright © 2020 JavaJam Coffee Bar
```

把你的姓名放到版权信息下面的一个电子邮件链接中。

图 2.34 的页面看起来比较"单薄",但不用担心——随着学习的深入,页面将会变得越来越专业。页面中的空白区域可以通过在需要的地方添加
标记获得。如果你的页面看起来和例子中的不是完全一样,不要担心,因为现在的目的只是练习使用 HTML。

将网页保存到 javajam 文件夹中,命名为 index.html。

任务 3:菜单页。创建如图 2.35 所示的菜单页。一个提高效率的窍门是在现有页面的基础上创建新页面——这样可以从以前的工作中获益。菜单页将使用 index.html 作为起点。

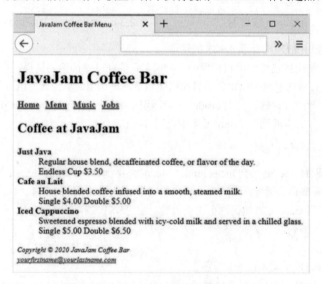

图 2.35   JavaJam 菜单页(menu.html)

在文本编辑器中打开 JavaJam 网站的 index.html 主页。选择"文件"|"另存为"将文件命名为 menu.html,并保存到 javajam 文件夹中。现在可以开始编辑网页了。

1. 修改网页标题。将<title>和</title>标记对之间的文本改为"JavaJam Coffee Bar Menu"。

2. 主要内容。

• 删除主页的内容段落、无序列表和联系信息。

• h2 元素的文本替换成以下内容:

```
Coffee at JavaJam
```

• 用描述列表添加菜单内容。每个菜单项的名称用<dt>标记来编码。用<strong>标记配置菜单项的名称以进行强调。每个菜单项的描述用<dd>标记来编码。每个 dd 元素的信息都用换行标记来强制显示 2 行。菜单项名称和描述如下所示：

Just Java

Regular house blend, decaffeinated coffee, or flavor of the day.

Endless Cup $3.50

Cafe au Lait

House blended coffee infused into a smooth, steamed milk.

Single $4.00 Double $5.00

Iced Cappuccino

Sweetened espresso blended with icy-cold milk and served in a chilled glass.

Single $5.00 Double $6.50

保存网页并在浏览器中进行测试。测试 menu.html 页面中指向 index.html 的链接，测试 index.html 中指向 menu.html 的链接。如果链接不起作用，重新检查你的作品，特别注意下面这些细节：

6. 检查是否将网页以正确的名字保存在正确的文件夹中

7. 检查锚标记中网页文件名的拼写

修改之后重新测试。

案例 2：宠物医院 Fish Creek Animal Clinic

Magda Patel 是一名兽医，经营着 Fish Creek 宠物医院，她的客户包括当地饲养宠物的老人和孩子们。Magda 想建一个网站，为她现在和未来的客户提供信息。她要求一个主页、一个服务页面、一个"兽医咨询"页面和一个联系方式页面。

图 2.36 展示了 Fish Creek 宠物医院网站的站点地图。该站点地图描述了网站的基本架构，一个主页和三个内容页面：Services，Ask the Vet 和 Contact。

图 2.37 是页面布局线框图，包括标题、导航、主要内容区域以及显示版权信息的页脚区域。

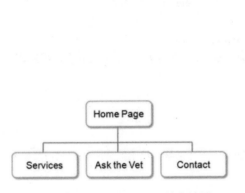

图 2.36　Fish Creek 站点地图　　　　　图 2.37　Fish Creek 线框图

本案例学习共有三个任务。

1. 为 Fish Creek 网站创建文件夹。

2. 创建主页 index.html。

3. 创建服务页：services.html

任务 1：网站文件夹。在硬盘或移动设备(U 盘或 SD 卡)上创建一个名为 fishcreek 的文件夹来包含 Fish Creek 网站的文件。

任务 2：主页。用文本编辑器创建 Fish Creek Animal Clinic 网站的主页，如图 2.38 所示。

启动文本编辑器并创建符合下列要求的网页。

1. **网页标题**。使用描述性的网页标题，公司名是商业网站的恰当选择。在除主页外的其他网页上，通常应在网页标题中同时包含公司名和描述当前网页作用的单词或短语。

2. **网页内部显示的大标题**。使用 header 元素，用一级标题显示"Fish Creek Animal Clinic"。

3. **导航**。将以下文本放到一个 nav 元素中，用<b>元素加粗。

```
Home Services Ask the Vet Contact
```

使用锚标记，使"Home"链接到 index.html；"Services"链接到 services.html；"Ask the Vet"链接到 askvet.html，"Contact"链接到 contact.html。用特殊字符 在超链接之间添加额外的空格。

4. **主要内容**。用 main 元素编码网页主要内容，参考动手实作 2.10。

- 用 h2 元素编码以下文本：

Professional, Compassionate Care for your Pet

- 用段落编码以下文本：

The caring doctors and staff at Fish Creek Animal Clinic understand the special

bond you share with your cherished pet.

- 用描述列表编码以下文本，加粗每个 dt 元素中的文本：

Years of Experience

Fish Creek Veterinarians have provided personalized and compassionate care since 1984.

Open Door Policy

We welcome owners to stay with their pets during any medical procedure.

Always Available

Our professionals are on duty 24 hours a day, 7 days a week.

- 在描述列表下方，用 div 元素编码以下地址和电话号码信息。用换行标记帮助配置这个区域。

```
Fish Creek Animal Clinic
800-555-5555
1242 Grassy Lane
Fish Creek, WI 55534
```

5. **页脚**。用 footer 元素编码以下版权信息和电子邮件链接。用小字体(<small>标记)和斜体(<i>标记)格式化：

```
Copyright © 2020 Fish Creek Animal Clinic
```

把你的姓名放到版权信息下面的一个电子邮件链接中。

图 2.38 的页面看起来比较"单薄"，但不用担心，随着学习的深入，页面将会变得越来越专业。页面中的空白区域可以通过在需要的地方添加
标记获得。如果你的页面看起来和例子中的不是完

全一样，不要担心，因为现在的目的只是练习使用 HTML。

将网页保存到 fishcreek 文件夹中，命名为 index.html。

任务 3：服务页。 创建如图 2.39 所示的服务页。一个提高效率的窍门是在现有页面的基础上创建新页面——这样可以从以前的工作中获益。新的服务页将使用 index.html 作为起点。

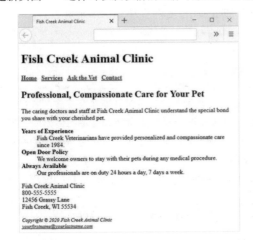

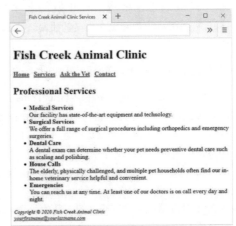

图 2.38　Fish Creek 主页(index.html)　　　图 2.39　Fish Creek 服务页(services.html)

在文本编辑器中打开 Fish Creek 网站的 index.html 主页。选择"文件"|"另存为"将文件重命名为 services.html，保存到 fishcreek 文件夹中。现在可以开始编辑网页了。

1. 修改网页标题。将<title>和</title>标记对之间的文本改为"Fish Creek Animal Clinic Services"。

2. 主要内容。

- 删除主页的内容段落、描述列表和联系信息。
- h2 元素的文本替换成以下内容：

Professional Services

- 使用无序列表在网页中添加服务。配置每个服务类别的名称，加粗显示类别名称(使用<strong>逻辑样式元素)。用换行标记帮助配置这个区域。服务类别名称及描述如下所示：

Medical Services

Our facility has state-of-the-art equipment and technology.

Surgical Services

We offer a full range of surgical procedures including orthopedics and emergency

surgeries.

Dental Care

A dental exam can determine whether your pet needs preventive dental care such

as scaling and polishing.

House Calls

The elderly, physically challenged, and multiple pet households often find our inhome veterinary service helpful and convenient.

Emergencies

You can reach us at any time. At least one of our doctors is on call every day and night.

保存网页并在浏览器中测试。测试 services.html 中指向 index.html 的链接，再测试 index.html 中指向 services.html 的链接。如果链接不起作用，应该重新检查作品，特别注意下面这些细节。

- 检查是否已将网页以正确的名字保存到正确的文件夹中。
- 检查锚标记中网页文件名的拼写。

修改之后重新测试。

案例 3：度假村 Pacific Trails Resort

Melanie Bowie 是加州北海岸 Pacific Trails Resort 的经营者。这个度假胜地非常安静，既提供舒适的露营帐篷，也提供高档酒店供客人就餐和住宿。目标顾客是喜爱大自然和远足的情侣或夫妇。Melanie 希望创建网站来强调地理位置和住宿的独特性。她希望网站有主页、介绍特制帐篷的网页、带有联系表单的预约页以及介绍度假地各种活动的网页。

图 2.40 展示了描述网站架构的 Pacific Trails Resort 站点地图，包含主页和三个内容页：Yurts(帐篷)，Activities(活动)和 Reservations(预约)。

图 2.41 是网站页面布局线框图，其中包含 header 区域、导航区域、内容区域以及显示版权信息的页脚区域。

本案例学习共有以下三个任务。

1. 为 Pacific Trails Resort 网站创建文件夹。

2. 创建主页：index.html。

3. 创建 Yurts 页：yurts.html.

任务 1：网站文件夹。在硬盘或移动设备(U 盘或 SD 卡)上创建一个名为 pacific 的文件夹来包含 Pacific Trails Resort 网站的文件。

任务 2：主页。用文本编辑器创建 Pacific Trails Resort 网站的主页，如图 2.42 所示。

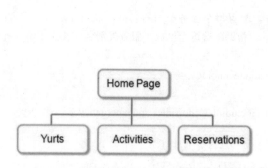

图 2.40   Pacific Trails Resort 站点地图

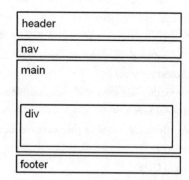

图 2.41   Pacific Trails Resort 线框图

图 2.42　Pacific Trails Resort 主页(index.html)

启动文本编辑器并创建符合下列要求的网页。

1. 网页标题。使用描述性的网页标题——公司名是商业网站的恰当选择。在除主页外的其他网页上，通常应在网页标题中同时包含公司名和描述当前网页作用的单词或短语。

2. **网页内部显示的大标题。**使用 header 元素，用一级标题显示"Pacific Trails Resort"。

3. **导航。**将以下文本放到一个 nav 中并加粗(使用<b>元素)。

Home Yurts Activities Reservations

编码锚标记，使"Home"链接到 index.html，"Yurts"链接到 yurts.html，"Activities"链接到 activities.html，而"Reservations"链接到 reservations.html。用特殊字符 在超链接之间添加必要的空格。

4. **主要内容。**用 main 元素编码主页的内容区域。参考动手实作 2.10。

- 将以下内容放到一个 h2 元素中：Enjoy Nature in Luxury

- 将以下内容放到一个段落中：

Pacific Trails Resort on the California North Coast offers panoramic views of the

Pacific Ocean. Our guests experience an opulent camping adventure in sumptuously

appointed private yurts featuring a gas fireplace, king-size bed, and private deck.

- 将以下内容放到一个无序列表中：

Unwind in the heated outdoor pool and whirlpool

Explore the coast on your own or join our guided tours

Relax in our lodge while enjoying complimentary appetizers and beverages

Savor nightly fine dining with an ocean view

- 联系信息。将地址和电话号码放到无序列表下方的一个 div 中，根据需要使用换行标记：

Pacific Trails Resort

12010 Pacific Trails Road

Zephyr, CA 95555

888-555-5555

5. 页脚。 用 footer 元素编码以下版权信息和电子邮件链接。用小字体(<small>标记)和斜体(<i>标记)格式化:

Copyright © 2020 Pacific Trails Resort

把你的姓名放到版权信息下面的一个电子邮件链接中。

图 2.42 的页面看起来比较"单薄",但不用担心——随着学习的深入,页面将会变得越来越专业。页面中的空白区域可以通过在需要的地方添加
标记获得。如果你的页面看起来和例子中的不是完全一样,不要担心,因为现在的目的只是练习使用 HTML。

将文件保存到 pacific 文件夹,命名为 index.html。

任务 3:Yurts 页。 创建如图 2.43 所示的 Yurts 页。基于现有网页创建新网页可以提高效率。新的 Yurts 网页将以 index.html 为基础。用文本编辑器打开 index.html,把它另存为 yurts.html,同样放到 pacific 文件夹。

图 2.43　新的 Yurts 网页

现在准备编辑 yurts.html 文件。

1. 网页标题。 修改网页标题,将<title>标记中的文本更改为 Pacific Trails Resort :: Yurts。

2. 主要内容。

- 将<h2>标记中的文本更改为 The Yurts at Pacific Trails。

- 删除段落、无序列表和联系信息。

- Yurts 页包含一个问答列表(FAQ)。使用描述列表添加这些内容。用<dt>元素包含每个问题。利用<strong>元素以加粗文本显示问题。用<dd>元素包含答案。下面是具体的问答列表。

What is a yurt?

Our luxury yurts are permanent structures four feet off the ground. Each yurt has canvas walls, a wooden floor, a roof dome that can be opened, and a private deck.

How are the yurts furnished?

Each yurt is furnished with a gas fireplace, king-size bed with down quilt, comfy couch, dining table and chairs, mini-fridge, microwave, and coffee maker. Your luxury camping experience includes a sink with hot and cold running water. Shower and restroom facilities are located in the lodge.

What should I bring?

Most guests pack comfortable walking shoes and plan to dress for changing weather with light layers of clothing. It's also helpful to bring a flashlight and a sense of adventure!

保存网页并在浏览器中测试。测试从 yurts.html 到 index.html 的链接，以及从 index.html 到 yurts.html 的链接。如果链接不起作用，请检查以下要素。

- 是否将网页以正确的名字保存到正确的文件夹中。
- 锚标记中的网页文件名是否拼写正确。

纠正错误后重新测试。

案例 4：瑜珈馆 Path of Light Yoga Studio

Path of Light Yoga Studio 是一家新开的小型瑜伽馆。馆主 Ariana Starrweaver 想建立网站来展示她的瑜伽馆，为新学生和当前学生提供信息。Ariana 希望有主页、展示瑜伽课类型的课程页、课表页和联系页。

图 2.44 是描述网站架构的 Path of Light Yoga Studio 站点地图，包含主页和三个内容页：Classes(课程)、Schedule(课表)和 Contact(联系)。

图 2.45 是网站页面布局线框图，其中包含 header 区域、导航区域、内容区域以及显示版权信息的页脚区域。

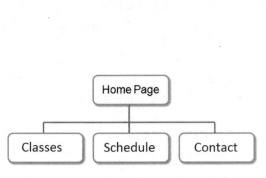

图 2.44　Path of Light 站点地图　　　　图 2.45　Path of Light 线框图

本案例学习共有三个任务。

1. 为 Path of Light Yoga Studio 网站创建文件夹。

2. 创建主页：index.html。

3. 创建课程页：classes.html。

任务 1： 网站文件夹。创建 yoga 文件夹来包含 Path of Light Yoga Studio 网站文件。

任务 2： 主页。用文本编辑器创建 Path of Light Yoga Studio 网站主页，如图 2.46 所示。

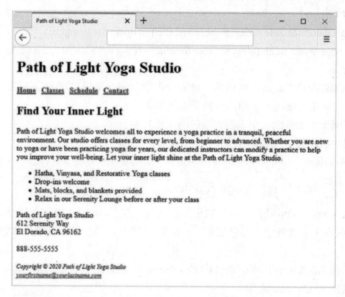

图 2.46   Path of Light Yoga Studio 网站主页(index.html)

启动文本编辑器来创建网页文档。

1. 网页标题。 使用描述性的网页标题——公司名是商业网站的恰当选择。在除主页外的其他网页上，通常应在网页标题中同时包含公司名和描述当前网页作用的单词或短语。

2. 网页内部显示的大标题。 使用 header 元素，用一级标题显示 "Path of Light Yoga Studio"。

3. 导航。 将以下文本放到一个 nav 中并加粗显示(使用<b>元素)。

Home Classes Schedule Contact

编码锚标记，使 "Home" 链接到 index.html， "Classes" 链接到 classes.html， "Schedule" 链接到 schedule.html，而 "Contact" 链接到 contact.html。用特殊字符 在超链接之间添加必要的空格。

4. 主要内容。 用 main 元素编码主页的内容区域。参考动手实作 2.10。

- 将以下内容放到一个 h2 元素中：Find Your Inner Light

- 将以下内容放到一个段落中：

Path of Light Yoga Studio welcomes all to experience a yoga practice in a tranquil, peaceful environment. Our studio offers classes for every level, from beginner to advanced. Whether you are new to yoga or have been practicing yoga for years, our dedicated instructors can modify a practice to help you improve your well-being. Let your inner light shine at the Path of Light Yoga Studio.

- 将以下内容放到一个无序列表中：

Hatha, Vinyasa, and Restorative Yoga classes

Drop-ins welcome

Mats, blocks, and blankets provided

Relax in our Serenity Lounge before or after your class

- 联系信息。将地址和电话号码放到无序列表下方的一个 div 中，根据需要使用换行标记：

Path of Light Yoga Studio

612 Serenity Way

El Dorado, CA 96162

888-555-5555

5. 页脚。在 footer 元素中配置版权信息和电子邮件。配置成小字号(使用<small>元素)和斜体(使用<i>元素)。具体版权信息是"Copyright © 2020 Path of Light Yoga Studio"。

在版权信息下方用电子邮件链接配置你的姓名。

图 2.46 的网页看起来比较"单薄"，但不必担心。随着积累的经验越来越多，并学到更多的高级技术，网页会变得越来越专业。网页上的空白必要时可用
标记来添加。你的网页不要求和例子完全一致。目的是多练习并熟悉 HTML 的运用。

将文件保存到 yoga 文件夹，命名为 index.html。

任务 3：课程页。创建如图 2.47 所示的课程页。基于现有网页创建新网页可以提高效率。新课程页将以 index.html 为基础。用文本编辑器打开 index.html 并另存为 classes.html，同样放到 yoga 文件夹。

现在准备编辑 classes.html 文件。

1. 修改网页标题。将<title>标记中的文本更改为 Path of Light Yoga Studio :: Classes。

2. 主要内容。

- 删除主页内容段落、无序列表和联系信息。
- 将以下内容放到一个 h2 元素中：Yoga Classes。
- 用描述列表配置瑜伽课程信息。<dt>元素包含每门课的名称，用<strong>元素以加粗文本显示课程名称。用<dd>元素包含课程描述。下面是具体内容：

Gentle Hatha Yoga

A 60 minute class of poses and slow movement that focuses on asana (proper alignment and posture), pranayama (breath work), and guided meditation to foster your mind and body connection. This class is intended for beginners and anyone wishing a grounded foundation in the practice of yoga.

Vinyasa Yoga

A 60 minute class that focuses on breath-synchronized movement — you will inhale and exhale as you flow energetically through yoga poses. While intended for intermediate to advanced students, beginners are welcome to join in this class.

Restorative Yoga

A 90 minute class that features very slow movement and long poses. Restorative yoga is useful in relieving stress and fostering a sense of well-being. This calming, restorative experience is suitable for students of any level of experience.

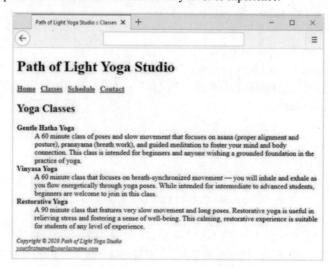

图 2.47   Path of Light Yoga Studio 课程页(classes.html)

保存网页并在浏览器中测试。测试从 classes.html 到 index.html 的链接，以及从 index.html 到 classes.html 的链接。如果链接不起作用，请检查以下要素。

- 是否将网页以正确的名字保存到正确的文件夹中。
- 锚标记中的网页文件名是否拼写正确。

纠正错误后重新测试。

第3章
用 CSS 配置颜色和文本

学习目标：

- 理解样式表从印刷媒体向 Web 的演变
- 理解层叠样式表的优点
- 为网页配置背景颜色和文本颜色
- 创建样式表来配置常用颜色和文本属性
- 应用内联样式
- 使用嵌入式样式表
- 使用外部样式表
- 用 name，class，id 和后代选择符配置网页区域
- 理解 CSS 的优先顺序
- 校验 CSS 语法

掌握了 HTML 的基础知识后，下面来探索层叠样式表(Cascading Style Sheets, CSS)。Web 设计人员用 CSS 将网页的样式和内容区分开，用 CSS 配置文本、颜色和页面布局。

CSS 于 1996 年首次成为 W3C 推荐标准。1998 年发布了 CSS Level 2 推荐标准 (CSS2)，引入了定位网页元素所需的新属性。CSS Level 3(CSS3)则新增了嵌入字体、圆角和透明等功能。CSS 规范划分为不同的模块，每个都有具体目标。这些模块将单独批准发布。W3C 还在不断地开发 CSS，许多类型的属性和功能目前处于草案阶段。本章通过在网页上配置颜色和文本来探讨 CSS 的运用。

3.1   层叠样式表概述

样式表(style sheet)在传统出版界已使用多年，作用是将排版样式和间距指令应用于出版物。CSS 为 Web 开发人员提供了这一功能(以及其他更多功能)，允许 Web 开发人员将排版样式(字体和字号等)、颜色和页面布局指令应用于网页。CSS Zen Garden(http://www.csszengarden.com)展示了 CSS 的强大功能和灵活性。访问该网站查看 CSS 的真实例子。注意，随着你选择不同的设计(用 CSS 样式规则来配置)，网页内

容的呈现方式也会发生显著变化。虽然 CSS Zen Garden 的设计是由 CSS 大师创建的，但从另一方面看，这些设计人员和你一样，都是从 CSS 基础开始学起的！

CSS 是由 W3C 开发的一种灵活的、跨平台的、基于标准的语言。W3C 对 CSS 的描述请访问 https://www.w3.org/Style/CSS。注意，虽然 CSS 已问世多年，但它仍被视为新兴技术，目前流行的浏览器仍然没有以完全一致的方式支持。本章重点讨论主流浏览器支持较好的那部分 CSS。

层叠样式表的优点

使用 CSS 有以下优点(参见图 3.1)。

- **更多排版和页面布局控制**。可控制字号、行间距、字间距、缩进、边距以及定位。
- **样式和结构分离**。页面中使用的文本格式和颜色可独立于网页主体(body 区域)进行配置和存储。
- **样式可以存储**。CSS 允许将样式存储到单独的文档中并将其与网页关联。修改样式可以不用修改网页代码。也就是说，假如你的客户决定将背景颜色从红色改为白色，那么只需修改样式文件，而不必修改所有网页文档。
- **文档变得更小**。由于格式从文档中剥离，因此实际文档变得更小。
- **网站维护更容易**。还是一样，要修改样式，修改样式表就可以了。

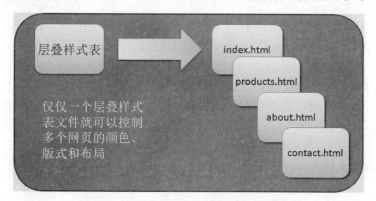

图 3.1　用一个 CSS 文件控制多个网页

配置层叠样式表

有 4 种不同的方法将 CSS 技术集成到网站：内联、嵌入、外部和导入。

- **内联样式**。内联样式是指将代码直接写入网页的主体区域，作为 HTML 标记的属性。只适合提供了样式属性的特定元素。
- **嵌入样式**。嵌入样式在网页的页头区域(<head></head>之间)进行定义。应用于整个网页文档。

- **外部样式**。外部样式用单独文件编码。网页在页头区域使用 link 元素链接到文件。
- **导入样式**。导入样式与外部样式很相似，同样是将包含了样式定义的文本文件与网页文档链接。但是，是用@import 指令将外部样式表导入嵌入样式，或导入另一个外部样式表。

CSS 选择符和声明

样式表由规则构成，规则描述了要应用的样式。每条规则都包含一个选择符和一个声明。

- **CSS 样式规则选择符**。选择符可以是 HTML 元素名称、类名或 id。本节讨论如何将样式应用于元素名称选择符。类和 id 选择符将在本章稍后讲解。
- **CSS 样式规则声明**。声明是指你要设置的 CSS 属性(例如 color)及其值。

例如，图 3.2 的 CSS 规则将网页中使用的文本的颜色设为蓝色。选择符是 body 标记，声明则将 color 属性的值设为 blue。

图 3.2　使用 CSS 将文本颜色设置为蓝色

background-color 属性

配置元素背景颜色的 CSS 属性是 background-color。以下样式规则将网页背景色配置成黄色：

```
body { background-color: yellow }
```

注意，声明要包含在一对大括号中，冒号(:)分隔一个声明中的属性和值。

color 属性

用于配置元素的文本颜色的 CSS 属性是 color。以下 CSS 样式规则将网页上的文本的颜色配置成蓝色：

```
body { color: blue }
```

配置背景色和文本色

一个选择符要配置多个属性，请用分号(;)分隔不同的声明。以下 CSS 样式规则将图 3.3 的网页配置成紫底白字：

```
body { color: white; background-color: orchid; }
```

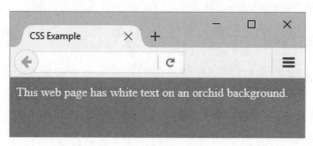

图 3.3   网页配置成紫底白字

声明中的空格可有可无。结束分号(;)同样可选，但以后需要添加其他样式规则时就有用了。以下代码同样有效：

```
body {color:white;background-color:orchid}
body { color: white;
background-color: orchid; }
body {
color: white;
background-color: orchid;
}
```

你可能想知道，哪些属性和值是允许使用的呢？附录"CSS 属性参考"详细列出了 CSS 属性。本章只介绍了用于配置颜色和文本的常用 CSS 属性，如表 3.1 所示。

表 3.1   本章使用的 CSS 属性

属性名称	说明	属性值
background-color	元素的背景颜色	任何有效颜色值
color	元素的前景(文本)颜色	任何有效颜色值
font-family	配置字体或字体家族	斜体有效字体或字体家族(如 serif, sans-serif, fantasy, monospace 或 cursive)
font-size	字号	可选择多种值：以 pt(磅)为单位的数值，以 px(像素)为单位的数值，或者以 cm(当前字体的大写字母 M 的宽度)为单位的数值；数值百分比；以及包括 xx-small, x-small, small, medium, large, x-large 和 xx-large 在内的文本值

续表

属性名称	说明	属性值
font-style	字体样式	normal，italic 或 oblique
font-weight	字体"浓淡"或粗细	可选择多种值：文本值 normal，bold，bolder 和 lighter；数值 100，200，300，400，500，600，700，800 和 900
letter-spacing	字间距	数值(px 或 em)；或者 normal(默认)
line-height	行间距	一般用百分比表示；例如，200%表示双倍行距
margin	配置元素边距的快捷方式	可取数值(px 或 em)；例如，body {margin: 10px} 将页边距设为 10 像素。消除边距时不要使用 px 或 em 单位，例如要写成 body {margin:0}
margin-left	元素左侧边距	数值(px 或 em), auto 或者 0
margin-right	元素右侧边距	数值(px 或 em), auto 或者 0
text-align	文本水平对齐方式	left, right, center, justify
text-decoration	决定文本是否添加下划线，通常应用于超链接	值"none"造成超链接不像平常那样添加下划线
text-indent	配置文本首行缩进	数值(px 或 em)或百分比
text-shadow	配置元素中显示的文本的阴影。不是所有浏览器都支持该 CSS3 属性	用 2~4 个数值(px 或 em) 指定水平偏移、垂直偏移、模糊半径(可选)、扩展半径(可选)。还要指定一个有效的颜色值
text-transform	配置文本大小写	none (默认), capitalize, uppercase 或者 lowercase
white-space	配置元素内的空白	normal (默认), nowrap, pre, pre-line 或者 pre-wrap
width	元素中的内容宽度	数值(px 或 em), 百分比或者 auto (默认)
word-spacing	词间距	数值(px 或 em)或者 normal(默认)

3.2　在网页上使用颜色

　　显示器使用不同强度的红(Red)、绿(Green)和蓝(Blue)颜色组合来产生某种颜色，称为 **RGB 颜色**。RGB 强度值是 0～255 的数值。每个 RGB 颜色由三个值组成，分别代表红、绿、蓝。这些数值的顺序固定(红、绿、蓝)，并指定了所用的每种颜色的数值，如图 3.4 所示。通常用十六进制颜色值指定网页上的 RGB 颜色。

十六进制颜色值

　　十六进制以 16 为基数，基本数位包括 0、1、2、3、4、5、6、7、8、9、A、B、C、D、E 和 F。用十六进制值表示 RGB 颜色需使用三对十六进制数位。每一对值的范围是 00～FF(十进制 0～255)。这三对值分别代表红、绿和蓝的颜色强度。采用这种表示法，红色将表示为#FF0000，蓝色为#0000FF。#符号表明该值是十六进制的。可在十六进制颜色值中使用大写或小写字母——#FF0000 和#ff0000 都表示红色。

不必担心，处理网页颜色时不需要手动计算，只需熟悉这一数字方案就可以了。图 3.5 是从 https://webdevbasics.net/color 截取的颜色表的一部分。

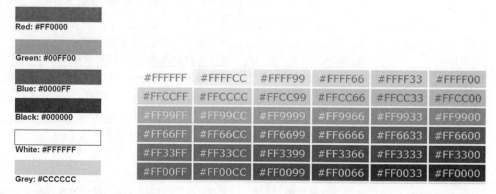

图 3.4　色样和十六进制颜色值　　　　　　　图 3.5　颜色表的一部分

Web 安全颜色

在 8 位彩色显示器的时代，网页颜色太丰富会出问题，最好只从 216 种 Web 安全颜色中选择，以确保网页效果在 Mac 和 PC 平台上一致。Web 安全颜色的十六进制颜色值只使用 00，33，66，99，CC 和 FF 等值。这 216 种 Web 安全颜色就是所谓的 **Web 安全调色板**(Web Safe Color Palette)，请参考本书附录和 https://webdevfoundations.net/。今天的显示器都支持千万种颜色，所以 Web 安全颜色已不再那么重要。由于 Web 安全颜色数量有限，现在反而成为一些 Web 设计人员的创意来源。

CSS 颜色语法

CSS 语法允许通过多种方式配置颜色：
- 颜色名称
- 十六进制颜色值
- 十六进制短颜色值
- 十进制颜色值(RGB 三元组)
- HSL(Hue, Saturation, and Lightness，色调/饱和度/亮度)颜色值，将在第 4 章介绍

本书一般使用十六进制颜色值。表 3.2 展示了将段落配置成红色文本的 CSS 语法。

表 3.2 CSS 颜色语法示例

CSS 语法	颜色类型
p { color: red }	颜色名称
p { color: #FF0000 }	十六进制颜色值
p {color: #F00 }	简化的十六进制(每个字符代表一个十六进制对——仅适合 Web 安全颜色)
p { color: rgb(255,0,0) }	十进制颜色值(RGB 三元组)
p { color: hsl(0, 100%, 50%) }	HSL 颜色值

 如何为网站选择颜色方案?

为网站选择颜色方案时要考虑许多东西。用颜色定下基调,使公司或组织的目标用户感到赏心悦目。文本和背景颜色应具有良好对比度来使之易读。将在第 5 章探索选择颜色方案的技术。

3.3 用 style 属性配置内联 CSS

前面说过,有 4 种方式配置 CSS:内联、嵌入、外部和导入。本节讨论内联 CSS。

style 属性

内联样式通过 HTML 标记的 style 属性实现。属性值是样式规则声明。记住,每个声明都由属性和值构成。属性和值以冒号分隔。以下代码将<h1>标题文本设置为某种红色:

```
<h1 style="color:#cc0000">该标题显示成红色</h1>
```

属性不止一个,就用分号(;)分隔。以下代码将标题文本设为红色,背景设为灰色:

```
<h1 style="color:#cc0000; background-color:#cccccc">该标题显示显示成灰底红字</h1>
```

 动手实作 3.1 ————————

这个动手实作将使用内联样式配置网页。

• 将全局 body 标记配置成白底绿字。该样式默认会被 body 中的其他元素继承。

```
<body style="background-color:#F5F5F5; color:#008080;">
```

- h1 元素配置成绿底白字。将覆盖 body 元素的全局样式。

```
<h1 style="background-color:#008080; color:#F5F5F5;">
```

图 3.6 展示了一个例子。启动文本编辑器并编辑模板文件 chapter2/template.html。修改 title 元素，在主体区域添加 h1 标记、段落、style 属性和文本，如以下加粗代码所示：

```
<!DOCTYPE html>
<html lang="en">
<head>
<title>Inline CSS Example</title>
<meta charset="utf-8">
</head>
<body style="background-color:#F5F5F5;color:#008080;">
  <h1 style="background-color:#008080;color:#F5F5F5;">Inline CSS</h1>
  <p>This paragraph inherits the styles applied to the body tag.</p>
</body>
</html>
```

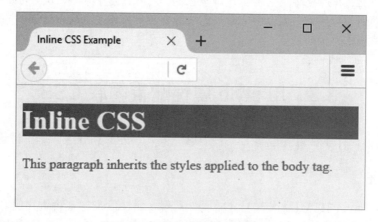

图 3.6　用内联样式配置的网页

将文档另存为 inline.html，启动浏览器测试它，结果如图 3.6 所示。注意，应用于 body 的内联样式由网页上的其他元素(比如段落)继承，除非向该元素应用更具体的样式(比如向 h1 应用的样式)。将你的作品与 chapter3/inline.html 比较。

下面再添加一个段落，将文本配置成深灰色：

```
<p style="color:#333333"> This paragraph overrides the text color style applied to the body tag.</p>
```

将文档另存为 inlinep.html，结果如图 3.7 所示。将你的作业与 chapter3/inlinep.html 比较。

注意，第二段的内联样式覆盖了 body 的全局样式。

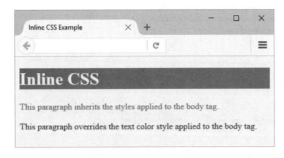

图 3.7 第二个段落的内联样式覆盖了 body 的全局样式

 推荐使用内联样式吗？

　　内联样式不常用。效率不高，会为网页文档带来额外的代码，而且不便维护。但内联样式在某些情况下好用。例如，通过内容管理系统或博客发表文章时，可能需要对站点级的默认样式进行少许调整，从而更好地表达自己的想法。

3.4 用 style 元素配置嵌入 CSS

　　上个动手实作为其中一个段落添加了内联样式，采用的做法是为段落元素编码一个 style 属性。但是，有 10 个或 20 个段落都需要以这种方式配置怎么办？为每个段落标记编码内联样式，会造成大量冗余代码。这时应该使用嵌入样式。内联样式应用于一个 HTML 元素，而嵌入样式应用于整个网页。

style 元素

　　嵌入样式应用于整个网页文档，这些样式通常要放到网页 head 区域的<style>元素中。起始<style>标记开始定义嵌入样式，</style>结束定义。注意，虽然 HTML 5.2 支持将 style 元素放到 body 区域，但我们坚持在 head 区域编码 style 元素。

　　图 3.8 的网页使用嵌入样式和 body 选择符来设置网页的文本颜色和背景颜色。请参考学生文件 chapter3/embed.html。代码如下所示：

```
<!DOCTYPE html>
<html lang="en">
<head>
<title>Embedded Styles</title>
<meta charset="utf-8">
<style>
```

```
body {   background-color: #E6E6FA;
         color: #191970;
}
</style>
</head>
<body>
  <h1>Embedded CSS</h1>
  <p>This page uses embedded styles.</p>
</body>
</html>
```

注意，在样式规则中，每个规则都单独占一行。并非必须，但和单独一行很长的文本相比，这样可读性更好，更易维护。在本例中，<style>和</style>之间的样式将作用于整个网页文档，因为 body 选择符指定的样式是作用于整个<body>标记的。

图 3.8　使用嵌入样式的网页

动手实作 3.2

启动文本编辑器并打开学生文件 chapter3\starter.html。另存为 embedded.html，在浏览器中测试，如图 3.9 所示。

图 3.9　没有任何样式的网页

这个"动手实作"将编码嵌入样式来配置背景和文本颜色。将用 body 选择符配置默认背景颜色(#E2FFFF)和默认文本颜色(#15495E)。还要用 h1 和 h2 选择符为标题区域配置不同的背景和文本颜色。

在文本编辑器中编辑网页，在网页 head 区域的结束</head>标记前添加以下代码。

```
<style>
body { background-color: #E2FFFF; color: #15495E; }
h1 { background-color: #237B7B; color: #E2FFFF; }
h2 { background-color: #B0E6E6; color: #237B7B; }
</style>
```

保存文件并在浏览器中测试。图 3.10 显示了网页及其色样。选择的是单色方案。通过重复使用数量有限的几种颜色可以增强网页的吸引力，并统一网页设计风格。

图 3.10　配置了嵌入样式的网页

查看网页源代码，检查 CSS 和 HTML 代码。这个网页的例子可参考 chapter3/3.2/index.html。注意所有样式都集中在网页的一个位置，所以比内联样式更容易维护。还要注意，只需为 h2 选择符进行一次样式编码，两个<h2>元素都会应用这个样式。这比在每个<h2>元素那里进行相同的内联编码高效。

但很少有网站只有一个网页。在每个网页的 head 区域重复编码 CSS 同样无效率和难以维护。本章稍后将采用终极方式，即配置外部样式表。

CSS 不起作用怎么办?

CSS 编码要细心。一些常见错误会造成浏览器无法向网页正确应用 CSS。参考以下几点检查代码, 使 CSS 能正常工作。

1. 冒号(:)要和分号(;)用在正确的地方, 它们很容易混淆。冒号分隔属性及其值; 而每一对 "属性:值" 用分号分隔。

2. 确认属性及其值之间使用的是冒号(:)而不是等号(=)。

3. 确认每个选择符的样式规则都在一对{}之间。

4. 检查选择符语法、它们的属性以及属性的值都正确使用。

5. 如果部分 CSS 能正常工作, 部分不能, 就从头检查 CSS, 找到没有正确应用的第一个值。一般是没有正常工作的规则上方的那个规则存在错误。

6. 用程序检查 CSS 代码。W3C 的 CSS validator(http://jigsaw.w3.org/css-validator)可以帮助你找语法错误。稍后将描述如何用该工具校验 CSS。

 自测题 3.1

1. 列举在网页上使用 CSS 的三点理由。

2. 设计一个网页来使用非默认的文本和背景颜色时, 解释为什么文本颜色和背景颜色都需要配置。

3. 解释嵌入样式比内联样式好的一个地方。

3.5 用 CSS 配置文本

第 2 章讲过如何用一些 HTML 元素在网页中配置文本属性, 包括<strong>这样的短语元素。本章前面还用 CSS 的 color 属性配置了文本颜色。本节将学习如何使用 CSS 配置字体。使用 CSS 配置文本比使用 HTMl 元素灵活得多, 尤其是在使用外部样式表的前提下(详情参见本章后面的描述), 是当今 Web 开发人员的首选!

font-family 属性

font-family 属性配置字体家族或者说 "字型" (font typeface), 一个 font-family 通常包含多种字体。浏览器使用计算机上已安装的字体显示文本。如某种字体在访问者的电脑上没有安装, 就用默认字体替换。Times New Roman 是大多数浏览器的默认字体。图 3.11 总结了字体家族以及其中的一些常用字体。

font-family	说明	常用字体
serif(有衬线)	所有 serif 字体在笔画末端都有小的衬线，常用于显示标题	Times New Roman，Georgia，Palatino
sans-serif(无衬线)	sans 是"无"的意思，sans-serif 就是无衬线，常用于显示网页文本	Arial，Verdana，Geneva
monospace(等宽)	宽度固定的字体，常用于显示代码	Courier New，Lucida Console
cursive(草书、手写体)	使用需谨慎，可能在网页上难以阅读	Comic Sans MS
fantasy(异体)	风格很夸张，有时用于显示标题。使用需谨慎，可能在网页上难以阅读	Jokerman，Curlz MT

图 3.11　常用字体

 我听说为了在网页上使用特殊字体，可以"嵌入"字体，这是什么意思？

　　网页设计师多年来一直头疼于只能为网页上显示的文本使用有限的一套字体。CSS3 引入了@font-face 在网页中嵌入字体，但要求提供字体位置以便浏览器下载。例如，假定你有权自由分发名为 MyAwesomeFont 的字体，字体文件是 myawesomefont.woff，存储在和网页相同的文件夹中，就可用以下 CSS 在网页中嵌入字体：

```
@font-face { font-family: MyAwesomeFont;
            src: url(myawesomefont.woff) format("woff");}
```

　　编码好@font-face 规则后，就可以和平常一样将字体应用于某个选择符。下例将字体应用于 h1 元素选择符：

```
h1 { font-family: MyAwesomeFont, Georgia, serif; }
```

　　最新的浏览器都支持@font-face，但要注意版权问题。即使购买了特定款的字体，也要检查许可协议，看看是否有权自由分发该字体。访问 http://www.fontsquirrel.com 了解可供免费使用的商用字体。

　　Google Web Fonts 也提供了一套可供免费使用的字体。详细信息请访问 https://fonts.google.com。选好字体后，只需要完成以下两个步骤。

　　1. 将 Google 提供的 link 标记复制和粘贴到自己的网页文档中。(link 标记将你的网页和包含适当@font-face 规则的一个 CSS 文件关联。)

　　2. 配置自己的 CSS font-family 属性，使用 Google Web 字体名称。

　　更多信息请访问 https://developers.google.com/fonts/docs/getting_started 的入门指引。使用网上的字体需谨慎，要节省带宽，避免一个网页使用多种字体。一个网页除了使用标准字体，通常只用一种特殊字体。可在网页标题和/或导航区域使用特殊 Web 字体，免得为这些区域创建专门的图片。

Verdana，Tahoma 和 Georgia 字体为计算机显示器进行了优化。惯例是标题使用某种衬线字体(比如 Georgia 或 Times New Roman)，正文使用某种无衬线字体(比如 Verdana 或 Arial)[①]。并不是每台计算机都安装了相同的字体，请访问 http://www.ampsoft.net/ webdesign-l/WindowsMacFonts.html 查看可在 Web 上安全使用的字体列表。可在 font-family 属性值中列出多个字体和类别。浏览器会按顺序尝试使用字体。例如，以下 CSS 配置 p 元素用 Verdana 字体或 Arial 字体显示段落文本。如两者都没有安装，就使用已安装的默认无衬线字体：

```
p { font-family: Verdana, Arial, sans-serif; }
```

 动手实作 3.3 ———————————————————————

启动文本编辑器并打开 chapter3\starter2.html 文件。找到 head 区域中的 style 标记，像下面这样配置嵌入 CSS。

1. 配置 body 元素选择符，设置全局样式来使用无衬线字体，比如 **Verdana** 或 **Arial**。下面是一个例子：

```
body { font-family: Verdana, Arial, sans-serif; }
```

2. 配置 h2 和 h3 元素来使用某种衬线字体，比如 Georgia 或 Times New Roman。一个样式规则可配置多个选择符，每个以逗号分隔。Times New Roman 必须用引号包含，因为字体名称由多个单词构成。编码以下样式规则：

```
h2, h3 { font-family: Georgia, "Times New Roman", serif; }
```

将网页另存为 kayak3 文件夹中的 index.html。启动浏览器来测试网页。结果如图 3.12 所示。示例解决方案请参考 chapter3/3.3 文件夹。

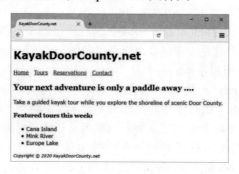

图 3.12　新主页

———

[①] serif 是指笔划末端的衬线，比如宋体(当前印刷字体)、明体等都是 serif 字体。而 sans serif 就是指无衬线的字体(sans 是古英语中"无"的意思)，黑体、微软雅黑都是 sans serif 字体。——译注

更多 CSS 文本属性

　　CSS 为网页文本的配置提供了大量选项。本节探索 font-size，font-weight，font-style，line-height，text-align，text-decoration，text-indent，letter-spacing，word-spacing，text-shadow 和 text-transform 属性。

font-size 属性

　　font-size 属性设置字号。表 3.3 列出了字号值、特点和推荐用法。

<p align="center">表 3.3　配置字号</p>

值的类别	值	说明
文本值	xx-small，x-small，small，medium(默认)，large，x-large，xx-large	在浏览器中改变文本大小时，能很好地缩放。字号选项有限
像素单位(Pixel Unit，px)	带单位的数值，比如 10px	基于屏幕分辨率显示。在浏览器中改变文本大小时，也许不能很好地缩放
磅单位(Point Unit，pt)	带单位的数值，比如 10pt	用于配置网页的打印版本(参见第 6 章)。在浏览器中改变文本大小时，也许不能很好地缩放
Em 单位(em)	带单位的数值，比如.75em	W3C 推荐。在浏览器中改变文本大小时，能很好地缩放。字号选项很多
百分比单位	百分比数值，比如 75%	W3C 推荐。在浏览器中改变文本大小时，能很好地缩放。字号选项很多

　　em 是相对单位，源于印刷工业。以前的印刷机常用字符块来设置字体，一个 em 单位就是特定字体的一个印刷字体方块(通常是大写字母 "M")的宽度。在网页中，em 相对于父元素(通常是网页的 body 元素)所用的字体和字号。也就是说，em 的大小相对于浏览器默认字体和字号。百分比值的道理和 em 单位一样。例如，font-size: 100%和 font-size: 1em 在浏览器中应显示成一样大。学生文件 chapter3/fonts.html 可以帮助你比较各种字号。

font-weight 属性

　　font-weight 属性配置文本的浓淡(粗细)。CSS font-wight: bold;声明具有与 HTML 元素<strong>或<b>相似的效果。以下 CSS 配置 nav 中的文本加粗：

font-style 属性

font-style 属性一般用于配置倾斜显示的文本。有效值包括 normal(默认)，italic 和 oblique。CSS 声明 font-style: italic;具有与 HTML 元素<i>或<em>相同的视觉效果。

line-height 属性

line-height 属性修改文本行的空白间距(行高和行间距)，通常配置成百分比值。例如，line-height: 200%;配置双倍行距。

text-align 属性

HTML 元素默认左对齐(从左页边开始)。CSS text-align 属性配置文本和内联元素在块元素(标题、段落和 div 等)中的对齐方式。有效值包括 left(默认)、center、right 和 justify。以下 CSS 配置 h1 元素文本居中显示：

```
h1 { text-align: center; }
```

text-indent 属性

CSS text-indent 属性配置元素中第一行文本的缩进。值可以是数值(带有 px，pt 或 em 单位)，也可以是百分比。以下 CSS 代码配置所有段落的首行缩进 5 em：

```
p { text-indent: 5em; }
```

text-decoration 属性

CSS text-decoration 属性修改文本的显示。常用值包括 none、underline、overline 和 line-through。虽然超链接默认加下划线，但可以用 text-decoration 属性移除。以下 CSS 移除超链接的下划线：

```
a { text-decoration: none; }
```

text-transform 属性

text-transform 属性配置文本的大小写。有效值包括 none(默认)，capitalize(首字母大写)，uppercase(大写)和 lowercase(小写)。以下 CSS 配置 h3 元素的文本大写：

```
h3 { text-transform: uppercase; }
```

letter-spacing 属性

letter-spacing 属性配置字间距。有效值包括 normal(默认)和数值(pt 或 em 单位)。以下 CSS 为 h3 元素中的文本配置额外的字间距：

```
h3 { letter-spacing: 3px; }
```

word-spacing 属性

word-spacing 属性配置词间距。有效值包括 normal(默认)和数值(pt 或 em 单位)。以下 CSS 为 h3 元素中的文本配置额外的词间距:

```
h3 { word-spacing: 2em; }
```

white-space 属性

white-space 属性指定浏览器处理空白(空格、换行、制表符等)的方式。默认是将所有相邻空白折叠成一个空格。有效值包括 normal(默认),nowrap(不自动换行)和 pre(空白怎样写的,就怎样显示)。

text-shadow 属性

text-shadow 属性配置文本的阴影。通过指定水平偏移、垂直偏移、模糊半径(可选)和颜色来定义一个阴影。

- **水平偏移**。像素值。正值在右侧显示阴影,负值在左侧显示。
- **垂直偏移**。像素值。正值在下方显示阴影,负值在上方显示。
- **模糊半径(可选)**。像素值。不能为负。值越大越模糊。默认值 0 配置锐利的阴影。
- **颜色值**。为阴影配置有效颜色值。

以下代码配置一个深灰色阴影,水平偏移 3px,垂直偏移 2px,模糊半径 5px:

```
text-shadow: 3px 2px 5px #667788;
```

动手实作 3.4

掌握了一组用于字体和文本配置的 CSS 属性后,让我们练习使用它们。将以动手实作 3.2 的文件为起点(chapter3/3.2/index.html)。启动文本编辑器来打开文件。将编码额外的 CSS 样式来配置网页上的文本。

为网页设置默认字体

我们知道,应用于 body 选择符的 CSS 规则将应用于整个网页。修改应用于 body 选择符的 CSS,用一种 sans-serif(无衬线)字体来显示文本。新的字体样式规则将应用于整个网页,除非向一个选择符(比如 h1 或 p)、类或 id 应用了更具体的样式规则。(以后会讲述关于类和 id 的更多信息。)

```
body { background-color: #E2FFFF;
color: #15495E;
font-family: Arial, Verdana, sans-serif; }
```

将网页另存为 embedded1.html，并在浏览器中测试，结果应该如图 3.13 所示。注意，简单一行 CSS，就改变了网页中所有文本的字体。

图 3.13   用 CSS 配置整个网页的字体

配置 h1 选择符

接着配置 line-height，font-family，text-indent 和 textshadow 等 CSS 属性。将 line-height 属性设为 200%。这样就会在标题文本上下增添一点空白间距。(第 4 章和第 6 章会讨论其他 CSS 属性，比如 margin，border 和 padding。配置围绕一个元素的空白时，这些属性更常用。)接着，修改 h1 选择符来使用一种 serif(有衬线)字体。注意假如字体名包含空格，要用引号将其封闭。[①]虽然文本块使用某种 sans-serif 字体显得更清晰，但一般要为网页或小节标题选择一种 serif 字体。将文本缩进 1em。配置一个黑色(#000000)文本阴影：3 像素水平和垂直偏移以及 5 像素模糊半径。

```
h1 { background-color: #237B7B;
color: #E2FFFF;
font-family: Georgia, "Times New Roman", serif;
line-height: 200%;
```

---

① 当然，中文字体名称不存在这种情况。——译注

```
text-indent: 1em;
text-shadow: 3px 3px 5px #000000; }
```

保存并在浏览器中测试。

配置 h2 选择符

配置 CSS 规则，为 h2 选择符使用和 h1 一样的字体，同时居中显示。

```
h2 { background-color: #B0E6E6;
color: #237B7B;
font-family: Georgia, "Times New Roman", serif;
text-align: center; }
```

配置导航区域

导航链接最好用更大和更粗的字体显示。为 nav 元素编码一个选择符来设置 font-size，font-weight 和 word-spacing 属性。

```
nav { font-weight: bold;
font-size: 1.25em;
word-spacing: 1em;}
```

配置段落

编辑 HTML，删除每一段第一句之后的换行标记(这些换行影响了显示效果)。接着，配置段落文本来使用比默认字号更小的一个字号，将 font-size 属性配置成.90em。配置每一段首行缩进，将 text-indent 属性配置成 3em。

```
p { font-size: .90em;
text-indent: 3em; }
```

配置无序列表

配置无序列表中的文本加粗显示。

```
ul { font-weight: bold; }
```

将网页另存为 index.html，并在浏览器中测试。此时的网页如图 3.14 所示。对应的学生文件是 Chapter3/3.4/index.html。CSS 相当强大，几行代码就能让网页"大变样"。你肯定想知道是否还有更多的自定义方式。例如，如果希望不同段落以不同方式显示，应该怎么设置？虽然可以用内联样式来实现，但那并不是最高效的技术。下一节会介绍 CSS 的 class 和 id 选择符。它们被广泛应用于配置特定的网页元素。

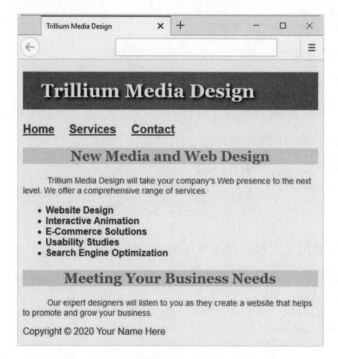

图 3.14　用 CSS 配置网页的颜色和文本属性

　能不能将相同样式快速应用于多个 HTML 标记或多个类?

是的,可在规则前列出多个选择符,每个以逗号分隔,从而将相同的样式规则应用于这些选择符(比如 HTML 元素、类或 id)。以下代码为段落(p)和列表项(li)元素应用 2em 的字号:

```
p, li { font-size: 2em; }
```

3.6　class、id 和后代选择符

class 选择符

样式并非只能和一个特定的 HTML 元素绑定。相反,可将 CSS 规则应用于网页中的一类元素。在图 3.15 中,注意无序列表的最后两项以不同颜色显示,这就是使用"类"的例子。

图 3.15　使用 class 选择符

　　类名以字母开头，可包含数字、连字号和下划线，但不能包含空格。为类设置样式时，要将类名配置成选择符，并在类名前添加句点符号(.)。以下代码在样式表中配置名为 feature 的一类样式，将此类文本的颜色设为红色：

```
.feature { color: #C70000; }
```

　　一类样式可应用于任何元素，这通过 class 属性来实现，例如 class="feature"。注意，这时不要在类名前添加句点。以下代码将 feature 类的样式应用于两个<li>元素：

```
<li class="feature">Usability Studies</li>
<li class="feature">Search Engine Optimization</li>
```

id 选择符

　　用 id 选择符向网页上的*单个*区域应用独特的 CSS 规则。class 选择符可在网页上多次应用，id 在每个网页上则只能应用一次。为某个 id 配置样式时，要在 id 名称前添加#符号。id 名称可包含字母、数字、连字号和下划线，但不能有空格。以下代码在样式表中配置名为 feature 的 id：

```
#feature { color: #333333; }
```

　　使用 id 属性，即 id="feature"，便可将 id 为"feature"的样式应用于你希望的元素。以下代码将 id 为"feature"的样式应用于一个<div>标记：

```
<div id="feature">This sentence will be displayed using styles
configured in the feature id.</div>
```

后代选择符

用**后代选择符**(descendant selector)在容器(父)元素的上下文中配置一个元素。它允许为网页上的特定区域配置 CSS,同时减少 class 和 id 的数量。先列出容器选择符(可以是元素选择符、class 或 id),再列出要配置样式的选择符。例如,以下代码将 *main 元素中的段落*配置成绿色文本:

```
main p { color: #00ff00; }
```

 动手实作 3.5 ————————————————————

以上个动手实作的 Trillium Media Design 文件为起点(chapter3/3.4/index.html),修改 CSS 和 HTML 来配置导航链接、内容区域和页脚。请在文本编辑器中打开该 index.html。

配置导航链接

为了消除超链接的默认下划线,一般的做法是配置 text-decoration 属性,并通过后代选择符,将该属性只应用于*导航区域中的锚标记*。在结束 style 标记前配置嵌入 CSS。编码一个和 nav 元素中的超链接关联的后代选择符,设置 text-decoration 属性:

```
nav a { text-decoration: none; }
```

配置内容区域

Trillium Media Design 想强调其新的 Usability Studies 以及搜索引擎优化(SEO)服务。在结束 style 标记前配置嵌入 CSS,新建 feature 类,将文本颜色配置成红色(#C70000):

```
.feature { color: #C70000; }
```

修改无序列表最后两项,把它们归为"feature"类。具体就是为每个起始 li 标记添加 class 属性来指定其归属:

```
<li class="feature">Usability Studies</li>
<li class="feature">Search Engine Optimization</li>
```

配置页脚区域

在结束 style 标记前配置嵌入 CSS,为 footer 元素编码选择符来设置文本颜色、font-size 和 font-style 属性。

```
footer { color: #333333;
font-size: .75em;
```

font-style: italic; }

修改 HTML，在 footer 元素中于版本信息下方编码一个电子邮件链接(参考第 2 章)。保存文件并在浏览器中测试，效果如图 3.16 所示。示例解决方案是 chapter3/3.5/index.html。注意 footer 元素、类和导航超链接的样式是如何应用的。虽然导航链接现在没有下划线了，但页脚中的电子邮件链接还是会显示默认的下划线。

图 3.16　新的主页

 类名和 id 名应该如何选择？

　　类名和 id 名称可随意选择。但是，类名最好强调结构而非具体格式，这更灵活，有利于后期维护。例如，一旦设计发生变化，选择用不同方式显示区域，像 largeBold 这样的类名就失去了意义。相反，无论区域具体如何配置，像 item, content 或 subheading 这些描述结构的类名一直都有意义。以下是定义类名时的其他建议。

　　1. 使用短的、描述性的名称。

　　2. 总是以字母开头。

　　3. 类名中不要出现空格。

　　4. 除了字母，还可随便使用数字、短划线和下划线。

　　应用 CSS 类时，最后要注意"分类"问题。也就是说，每次要以不同的方式配置文本时，都应创建一个全新的类。事先想好如何对网页不同区域进行配置，编码你的类，再应用它们。结果是一个更具粘性的、组织更好的网页。

3.7　span 元素

第 2 章讲过，div 元素配置网页上的一个上下均留空的区域。需格式化一个物理上和网页其余部分分开的区域(称为"块显示")时，div 元素很有用。相反，span 元素在网页上定义一个和其他区域不物理分隔的区域，这称为"内联显示"，上下不留空。以<span>标记开头，以</span>结尾。适合格式化一个包含在其他区域(比如<p>，<blockquote>，<li>或 <div>)中的区域。

 动手实作 3.6 ——————————————————————————

本动手实作将配置一个新类来格式文本中显示的公司名，并用 span 元素应用该类。以动手实作 3.5 的文件为起点(chapter3/3.5/index.html)。在文本编辑器中打开文件。完成后的网页效果如图 3.17 所示。

配置公司名称

如图 3.17 所示，第一个段落中的公司名称(Trillium Media Design)使用了加粗样式和 serif 字体。将编码 CSS 和 HTML 来配置这些样式。首先在结束 style 标记前创建新CSS 规则来配置名为 company 的一个类，指定加粗，serif 字体，和 1.25em 字号。代码如下所示：

```
.company { font-weight: bold;
font-family: Georgia, "Times New Roman", serif;
font-size: 1.25em; }
```

接着找到第一段中的文本"Trillium Medium Design"。用一个 span 元素包含这些文本。为该 span 分配 company 类，如下所示：

```
<p><span class="company">Trillium Media Design</span> will bring
```

保存并在浏览器中测试，效果如图 3.17 所示。示例解决方案是 chapter3/3.6/index.html。查看网页源代码，重点检查 CSS 和 HTML 代码。注意所有样式都集中在网页的一个位置，所以比内联样式更容易维护。还要注意，只需为 h2 选择符进行一次样式编码，两个<h2>元素都会应用这个样式。这比在每个<h2>元素那里进行相同的内联编码高效。但很少有网站只有一个网页。在每个网页的 head 区域重复编码 CSS 同样无效率和难以维护。下一节将采用终极方式，配置外部样式表。

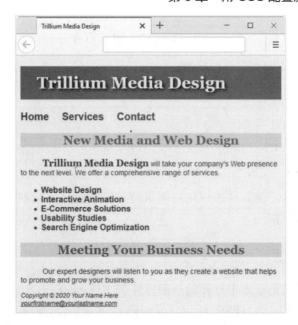

图 3.17　该网页使用了 span 元素

3.8　使用外部样式表

▶ 视频讲解：External Style Sheets

　　CSS 位于网页文档外部时，其灵活与强大才真正显露无遗。外部样式表是包含 CSS 样式规则的文本文件，使用.css 扩展名。这种.css 文件通过 link 元素与网页关联。因此，多个网页可关联同一个.css 文件。.css 文件不含任何 HTML 标记——只含 CSS 样式规则。

　　外部 CSS 的优点是只需在一个文件中配置样式。这意味着以后需要修改样式时，修改一个文件就可以了，不必修改多个网页。在大型网站上，这可以为 Web 开发人员节省很多时间并提高开发效率。下面练习使用这种非常实用的技术。

link 元素

　　link 元素将外部样式表与网页关联。它位于网页的 head 区域，是独立标记(void 标记)。用 HTML5 编码时，link 元素要使用两个属性：rel 和 href。

- rel 属性的值是"stylesheet"。
- href 属性的值是.css 文件名。

例如，在网页的 head 区域添加以下代码，将网页和外部样式表 color.css 关联：

```
<link rel="stylesheet" href="color.css">
```

动手实作 3.7

现在练习使用外部样式。先创建外部样式表文件，再配置网页与之关联。

创建外部样式表

启动文本编辑器，输入样式规则将网页背景设为蓝色，文本设为白色。将文件另存为 color.css。代码如下：

```
body { background-color: #0000FF;
       color: #FFFFFF; }
```

图 3.18 展示了在记事本中打开的外部样式表文件 color.css。该文件不含任何 HTML 代码。样式表文件不编码 HTML 标记，只编码 CSS 规则(选择符、属性和值)。

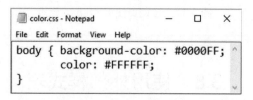

图 3.18　外部样式表 color.css

配置网页

为了创建如图 3.19 所示的网页，启动文本编辑器来编辑模板文件 chapter3/template.html。修改 title 元素，在 head 区域添加 link 标记，在 body 区域添加一个段落。如以下加粗的代码所示：

```
<!DOCTYPE html>
<html lang="en">
<head>
<title>External Styles</title>
<meta charset="utf-8">
<link rel="stylesheet" href="color.css">
</head>
<body>
<p>This web page uses an external style sheet.</p>
</body>
</html>
```

将文件另存为 external.html。启动浏览器来测试网页，效果如图 3.19 所示。可将自己的作业与学生文件 chapter3/3.7/external.html 比较。

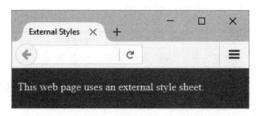

图 3.19　该网页和外部样式表关联

样式表 color.css 可与任意数量的网页关联。任何时候需要修改样式，只需修改一个文件(color.css)，不需要修改多个文件。如前所述，这一技术将提高大型网站的开发效率。这只是一个简单的例子，但"只需更新一个文件"的优势对于大型和小型网站都具有重要意义。下一个动手实作将修改 Trillium 主页来使用外部样式表。

动手实作 3.8

这个动手实作将修改 Trillium Media Design 网页来使用外部样式表。将创建名为 trillium.css 的外部样式表文件，修改主页(index.html)来使用外部样式表而不是嵌入样式，并将第二个网页与 trillium.css 样式表关联。

以动手实作 3.6 的文件为起点(chapter3/3.6/index.html)。在浏览器中打开文件，效果应该和动手实作 3.6 的图 3.17 一致。

在文本编辑器中打开文件，另存到一个名为 trilliumext 的文件夹，文件名还是 index.html。现已准备好将嵌入 CSS 转换为外部 CSS。选定所有 CSS 规则(`<style>`和`</style>`之间的所有行)。按 Ctrl+C 复制这些代码。接着要将这些 CSS 粘贴到一个新文件中。在文本编辑器中新建一个文件，按 Ctrl+V 将 CSS 规则粘贴到其中。将新文件保存到 trillium 文件夹，命名为 trillium.css。图 3.20 展示了新的 trillium.css 文件在记事本程序中的样子。注意，没有任何 HTML 元素。连`<style>`元素都没有。只有 CSS 规则。

接着在文本编辑器中编辑 index.html 文件。删除刚才复制的 CSS 代码。删除结束标记`</style>`。将起始标记`<style>`替换成`<link>`元素来关联样式表文件 trillium.css。以下是`<link>`元素的代码：

```
<link href="trillium.css" rel="stylesheet">
```

保存文件并在浏览器中测试。网页应该和图 3.17 一样。虽然看起来没变化，但代码已经不同了。现在是用外部 CSS 而非嵌入 CSS。

接下来要做的就有点儿意思了，要将另一个网页与样式表关联。学生文件包含一个 chapter3/services.html 网页。图 3.21 展示了它在浏览器中的效果。注意，虽然网页结构和主页相似，但文本和颜色的样式都没有设置好。

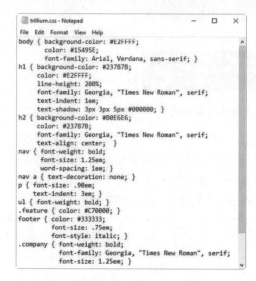

图 3.20　外部样式表文件 trillium.css　　图 3.21　尚未与样式表文件关联的 services.html 网页

　　启动文本编辑器来编辑 services.html 文件。编码<link>元素将网页与 trillium.css 关联。在 head 区域添加以下代码(放到结束标记</head>之前):

```
<link href="trillium.css" rel="stylesheet">
```

　　将文件保存到 trillium 文件夹，并在浏览器中测试。此时网页会变得如图 3.22 所示。注意已应用了 CSS 规则!

图 3.22　已经与样式表文件 trillium.css 关联的 services.html 网页

可点击 Home 和 Services 链接在 index.html 和 services.html 之间切换。chapter3/3.8 文件夹包含了示例解决方案。

外部样式表的好处是以后需要修改样式规则时，通常只需修改一个样式表文件。这样可以更高效地开发包含大量网页的站点。例如，需要修改一处颜色或字体时，只需要修改一个 CSS 文件，而不是修改数百个文件。熟练掌握 CSS，有助于增强专业水准，提高开发效率。

 自测题 3.2

1. 给出使用嵌入样式表的一个理由，解释嵌入样式表应该放在网页的什么地方。

2. 给出使用外部样式表的一个理由，解释外部样式表应该放在什么地方，网页如何表明它要使用外部样式表。

3. 编写代码，配置网页和外部样式表 mystyles.css 关联。

设计新网页或网站时，CSS 从哪些地方着手？

用 CSS 配置网页时可参考以下指导原则。

1. 综合考虑网页设计。检查是否使用了常用字体。为一些特色项目(例如与 body 元素选择符关联的字体和颜色)定义适用于整个网页的全局属性。

2. 识别用于网页组织的典型元素(例如<h1>, <h2>等等)。如果它们和默认样式不同，就为其声明样式规则。

3. 识别网页的各个区域，比如标题、导航、页脚等等。列出这些区域需要的特殊配置。可考虑在 CSS 中用类或 id 来配置这些区域。

4. 创建原型页，其中包含你计划使用和测试和大多数元素。根据需要修改 CSS。

5. 计划并测试。这些是设计网站时的重要活动。

3.9 用 CSS 居中 HTML 元素

本章之前介绍了如何在网页上居中显示文本。但整个网页需要居中呢？一种流行的页面布局设计是通过几行 CSS 代码居中整个网页内容。其中关键在于配置一个 div 元素(称为 wrapper 或容器元素)来包含整个网页内容。HTML 代码如下：

```
<body>
<div id="wrapper">
. . . 网页内容放在这里 . . .
</div>
</body>
```

再配置该容器的 CSS 样式规则。**边距**(margin)是围绕元素的空白区域(第 6 章会更详细解释)。在 body 元素的情况下,其边距就是网页内容和浏览器窗口边缘之间的空白区域。所以,顺理成章地,margin-left 和 margin-right 属性分别配置左右边距。边距可设为 0、像素单位、em 单位、百分比或 auto。如 margin-left 和 margin-right 均设为 auto,浏览器就会计算可用空间并平均分配给左右边距。width 属性配置块显示元素的宽度。以下 CSS 代码将 wrapper id 的宽度设为 960 像素并使其居中:

```
#wrapper { width: 960px;
margin-left: auto;
margin-right: auto; }
```

将在下个动手实作中练习这一技术。

动手实作 3.9

这个动手实作将编码 CSS 属性来配置居中页面布局。我们将用动手实作 3.8 的文件作为起点。新建 trilliumcenter 文件夹,从学生文件的 Chapter3/3.8 文件夹中复制 index.html,services.html 和 trillium.css 文件。在文本编辑器中打开 trillium.css 文件。创建一个名为 wrapper 的 id。像下面这样添加 margin-left,margin-right 和 width 这三个样式属性:

```
#wrapper { margin-left: auto;
margin-right: auto;
width: 80%; }
```

保存.css 文件。

在文本编辑器中打开 index.html。添加 HTML 代码来配置一个<div>,将 wrapper 这个 id 分配给它,用它包含整个网页"主体"区域的代码。保存文件。在浏览器中测试 index.html 时,应该获得如图 3.23 所示的效果。示例解决方案在 chapter3/3.9 文件夹。

图 3.23　网页内容在浏览器视口内居中

有没有在 CSS 中添加注释的简单方法？

有的。为 CSS 添加注释的简单方法是输入"/*"开始注释，输入"*/"结束注释。例如：

```
/* 配置页脚 */
footer { font-size: .80em; font-style: italic; text-align: center; }
```

3.10　层　　叠

图 3.24 展示了"层叠"(优先级规则)的含义。具体地说，样式按顺序应用，从最外层(外部样式)到最内层(内联属性)。这样可以先设置全网站通用的样式，并允许被更具体的(比如嵌入或内联样式)覆盖。

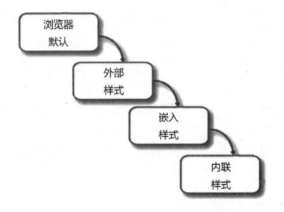

图 3.24　层叠样式表中的"层叠"的含义

外部样式可应用于多个网页。样式在网页中的编码顺序很重要。如同时使用了外部和嵌入样式，通常要先编码 link 元素(用于外部样式)，再编码 style 元素(用于嵌入样式)。这样一来，如网页既包含外部样式表链接，也包含嵌入样式，那么会先应用外部样式，再应用嵌入样式。这样就可在特定网页上覆盖全局外部样式。

如网页还包含内联样式，那么会像刚才说的那样先应用外部和嵌入样式，再应用内联样式，从而覆盖为 HTML 标记或类配置的网页级样式。

注意，某些 HTML 标记或属性本身就会覆盖样式设定。例如，<strong>标记会覆盖为元素配置的字体相关样式。如元素没有指定任何属性或样式，浏览器就应用它的默认样式。不过，浏览器的默认设置各不相同，结果可能令你失望。要尽量用 CSS 配置文本和网页元素的属性，不要依赖浏览器的默认值。

除了之前描述的常规 CSS 类型层叠，样式规则本身也有一套优先级。较局部的元素(比如段落)的样式规则优先于较全局的元素(比如段落所在的<div>)。

来看看层叠的一个例子。以下 CSS 代码：

```
.special { font-family: Arial, sans-serif; }
p { font-family: "Times New Roman", serif; }
```

包含两个样式规则，一个创建 special 类来使用 Arial 字体(或常规 sans-serif 字体)，另一个配置所有段落都使用 Times New Roman 字体(或常规 serif 字体)。网页 HTML 代码有一个<div>包含了多个元素，比如标题和段落，如下所示：

```
<div class="special">
<h2>Heading</h2>
<p>This is a paragraph. Notice how the paragraph is contained in the
div.</p>
</div>
```

浏览器像下面这样渲染页面。

1. 标题文本用 Arial 字体显示，因其属于 special 类的那个<div>的一部分。它从容器类或父类(<div>)继承了属性。这是**继承**的一个例子。嵌套在容器元素(比如<div>或<body>)中的元素将继承特定 CSS 属性。和文本相关的属性(font-family，color 等)一般会继承，和框相关的属性(margin，padding，width 等)则不会。

2. 段落文本用 Times New Roman 字体显示，因为最局部的元素(段落)的样式最优先，即使该段落包含在 special 类中。

暂时不理解 CSS 和优先顺序也不用担心。CSS 越用越熟练。下个动手实作将练习"层叠"。

 动手实作 3.10 ————————————————————————————

本动手实作通过一个使用了外部、嵌入和内联样式的网页练习层叠。

1. 新建文件夹 mycascade。

2. 在文本编辑器中新建 site.css 文件，保存到 mycascade 文件夹。该外部样式表文件将网页背景颜色设为黄色 (#FFFFCC)，文本颜色设为黑色(#000000)。代码如下：

```
body { background-color: #FFFFCC; color: #000000; }
```

保存并关闭 site.css 文件。

3. 在文本编辑器中新建 mypage1.html 文件，保存到 mycascade 文件夹。该网页将和外部样式表文件 site.css 关联，用嵌入样式将全局文本颜色设为蓝色(#0000FF)，用内联样式配置第二段的文本颜色。mypage1.html 包含两个段落。代码如下所示：

```
<!DOCTYPE html>
```

```
<html lang="en">
<head>
  <title>The Cascade in Action</title>
  <meta charset="utf-8">
  <link rel="stylesheet" href="site.css">
  <style>
    body { color: #0000FF; }
  </style>
</head>
<body>
  <p>This paragraph applies the external and embedded styles &mdash;
note how the blue text color that is configured in the embedded
styles takes precedence over the black text color configured in
the external stylesheet.</p>
   <p style="color: #FF0000">Inline styles configure this paragraph
to have red text and take precedence over the embedded and external
styles.</p>
</body>
</html>
```

4. 保存 mypage1.html 并在浏览器中测试，如图 3.25 所示。学生文件 chapter3/3.10/mypage1.html 是示例解决方案。

花些时间查看 mypage1.html 网页的显示效果和源代码。网页从外部样式表获取黄色背景。嵌入样式将文本配置成蓝色，这覆盖了外部样式表中的黑色文本颜色。网页第一段不包含任何内联样式，所以从外部和嵌入样式表继承样式规则。第二段用内联样式设置红色文本，覆盖了对应的外部和嵌入样式。

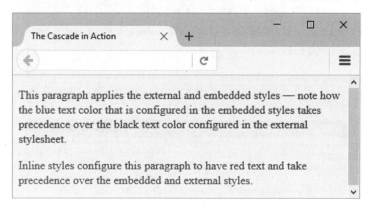

图 3.25　混合使用外部、嵌入和内联样式

3.11 CSS 校验

▶ 视频讲解：CSS Validation

W3C 提供了免费的"标记校验服务"(http://jigsaw.w3.org/css-validator/)，它能校验 CSS 代码，检查其中的语法错误。CSS 校验为学生提供了快速的自测方法——可以证明自己写的代码使用了正确的语法。在工作中，CSS 校验工具可以充当质检员的角色。无效代码会影响浏览器渲染页面的速度。

🖐 **动手实作 3.11** ————————————————————————

下面用 W3C CSS 校验服务校验一个外部 CSS 样式表。本例使用动手实作 3.7 完成的 color.css 文件(学生文件 chapter3/3.7/color.css)。找到 color.css 并在文本编辑器中打开。故意在 color.css 中引入错误。找到 body 选择符样式规则，删除 background-color 属性名称中的第一个"r"。再删除 color 属性值中的#。保存文件。

现在校验 color.css。访问 W3C CSS 校验服务网页(http://jigsaw.w3.org/css-validator/)，选"通过文件上传"。单击"选择文件"按钮，在自己的计算机中选择 color.css 文件。单击 Check 按钮。随后会出现图 3.26 所示的结果。注意，总共发现了两个错误。在每个错误中，都是先列出选择符，再列出错误原因。

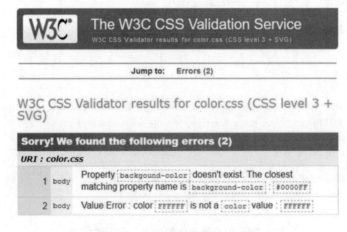

图 3.26 校验结果表明存在错误

注意，图 3.26 的第一条消息指出"backgound-color"属性不存在。这就提醒你检查属性名称的拼写。编辑 color.css 文件，添加遗失的"r"来纠正错误。保存文件并重新校验。现在浏览器会显示图 3.27 所示的结果，只剩一个错误。

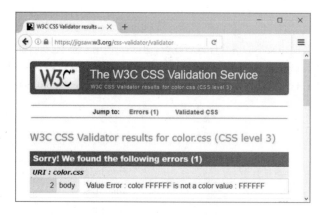

图 3.27　现在只剩一个错误

　　错误消息提醒你 FFFFFF 不是一个颜色值，这提醒你在这个值之前添加#字符来构成有效颜色值，即#FFFFFF。注意，错误消息下方显示了目前已通过校验的有效 CSS 规则。请纠正颜色值的错误，保存文件，并再次测试。

　　此时应显示图 3.28 所示的结果。这一次没有任何错误了。这意味着已通过了 CSS 校验。恭喜，你的 color.css 文件现在使用的是有效的 CSS 语法！对 CSS 样式规则进行校验是一个很好的习惯。CSS 校验器帮助快速找出需纠正的代码，并判断哪些样式规则会被浏览器认为有效。校验 CSS 是网页开发人员提高开发效率的众多技术之一。

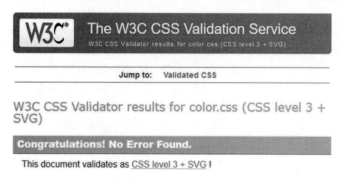

图 3.28　CSS 有效!

小结

本章介绍了涉及颜色和文本的层叠样式表规则。但是，使用 CSS 还可以做其他许多事情：定位、隐藏和显示页面区域、格式化边距以及格式化边框。随着本书学习的深入，你会逐渐了解这些额外的用法。要更多了解 CSS，请访问本书网站 https://www.webdevfoundations.net 来获取示例、资源链接和内容更新。

关键术语

<link>	line-height 属性
<span>	link 元素
<style>	margin-left 属性
background-color 属性	margin-right 属性
层叠样式表(CSS)	优先顺序，优先级
class 属性	像素
class 选择符	磅
color 属性	属性
CSS 校验	rel 属性
后代选择符	RGB 颜色
声明	规则
em 单位	选择符
嵌入样式	span 元素
外部样式	style 属性
font-family 属性	style 元素
font-size 属性	text-align 属性
font-style 属性	text-decoration 属性
font-weight 属性	text-indent 属性
十六进制颜色值	text-shadow 属性
href 属性	text-transform 属性
id 属性	type 属性
id 选择符	Web 安全调色板
导入的样式	Web 安全颜色
继承	white-space 属性
内联样式	width 属性
内部样式	word-spacing 属性
letter-spacing 属性	

复习题

选择题

1. 以下哪个属性用于设置一个网页区域的字体？（　　）
   A. face　　　　　　　B. font-family　　　　　C. font-face　　　　D. size

2. 以下哪个 CSS 属性用于设置网页背景颜色？（　　）
   A. bgcolor　　　　　　B. background-color　　　C. color　　　　　　D. 以上都不对

3. CSS 规则的两个组成部分是什么？（　　）
   A. 选择符和声明　　　B. 属性和声明　　　　　　C. 选择符和属性　　D. 以上都不对

4. 以下哪一个将网页同外部样式表关联？（　　）
   A. <style rel="external" href="style.css">
   B. <style src="style.css">
   C. <link rel="stylesheet" type="text/css" href="style.css" />
   D. <link rel="stylesheet" type="text/css" src="style.css" />

5. 在网页主体中，是将什么类型的 CSS 作为 HTML 标记的一个属性来编码？（　　）
   A. 嵌入　　　　　　　B. 外部　　　　　　　　　C. 内联　　　　　　D. 导入

6. 配置什么只向网页上的一个区域应用样式？（　　）
   A. 组　　　　　　　　B. 类　　　　　　　　　　C. id　　　　　　　D. 以上都不对

7. 以下哪一个可以成为 CSS 选择符？（　　）
   A. HTML 元素　　　　B. 类名　　　　　　　　　C. id 名　　　　　　D. 以上都对

8. 在什么地方添加代码将网页与外部样式表关联？（　　）
   A. 在外部样式表中
   B. 在网页文档的 DOCTYPE 中
   C. 在网页文档的"主体"(body)区域
   D. 在网页文档的"页头"(head)区域

9. 以下什么代码使用 CSS 将网页背景色配置成#00CED1？（　　）
   A. body { background-color: #00CED1; }
   B. document { background: #00CED1; }
   C. body {bgcolor: #00CED1; }
   D. document { bgcolor: #00CED1; }

10. 以下什么代码使用 CSS 配置一个名为 news 的类，将文本颜色设为红色，大字体，并将字体设为 Arial 或默认 sans-serif 字体。（　　）
    A. news { color: red; font-size: large; font-family: Arial, sans-serif; }
    B. .news { color: red; font-size: large; font-family: Arial, sans-serif; }
    C. .news { text: red; font-size: large; font-family: Arial, sans-serif; }
    D. #news { text: red; font-size: large; font-family: Arial, sans-serif;}

11. 如网页同时包含外部样式表链接和嵌入样式，以下哪种说法正确？(　　)

    A. 先应用嵌入样式，再应用外部样式　　　　B. 使用内联样式

    C. 先应用外部样式，再应用嵌入样式　　　　D. 网页不显示

填空题

12. 用＿＿＿＿＿＿＿＿＿元素创建在段落或其他块显示元素中嵌入的区域。

13. 用 CSS 属性＿＿＿＿＿＿＿＿＿在块显示元素中居中显示文本。

14. 用 CSS 属性＿＿＿＿＿＿＿＿＿首行缩进。

15. 用 CSS 属性＿＿＿＿＿＿＿＿＿配置加粗文本。

应用题

1. 预测结果。在纸上画出以下 HTML 代码所创建的网页，并简单说明。

```
<!DOCTYPE html>
<html lang="en">
<head>
<title>Trillium Media Design</title>
<meta charset="utf-8">
<style>
body { background-color: #000066;
color: #CCCCCC;
font-family: Arial,sans-serif; }
header { background-color: #FFFFFF;
color: #000066; }
footer { font-size: 80%;
font-style: italic; }
</style>
</head>
<body>
<header><h1>Trillium Media Design</h1></header>
<nav>Home <a href="about.html">About</a> <a href="services.html">Services</a>
</nav>
<p>Our professional staff takes pride in its working relationship
with our clients by offering personalized services that listen
to their needs, develop their target areas, and incorporate these
items into a website that works.</p>
<br><br>
<footer>
Copyright &copy; 2020 Trillium Media Design
</footer>
</body>
</html>
```

2. 补全代码。以下网页应配置成背景和文本颜色具有良好的对比度。标题区域应使用 Arial 字体。有的 CSS 属性和值遗失了(使用"__"表示)。有的 HTML 标记遗失了(使用<__>表示)。请补全代码。

```
!DOCTYPE html>
<html lang="en">
<head>
<title>Trillium Media Design</title>
<meta charset="utf-8">
<style>
body { background-color: #0066CC;
color: "____"; }
header { "____": "____" }
<_____>
<_____>
<body>
<header><h1>Trillium Media Design</h1></header>
<p>Our professional staff takes pride in its working
relationship with our clients by offering personalized services
that listen to their needs, develop their target areas, and
incorporate these items into a website that works.</p>
</body>
</html>
```

3. 查找错误。这个网页有什么错误？

```
<!DOCTYPE html>
<html lang="en">
<head>
<title>Trillium Media Design</title>
<meta charset="utf-8">
<style>
body { background-color: #000066;
color: #CCCCCC;
font-family: Arial,sans-serif;
font-size: 1.2em; }
<style>
</head>
<body>
<header><h1>Trillium Media Design</h1></header>
<main><p>Our professional staff takes pride in its working
relationship with our clients by offering personalized services
that listen to their needs, develop their target areas, and
incorporate these items into a website that works.</p></main>
</body>
</html>
```

动手实作

1. 为一个段落写 HTML 代码，用内联(inline)样式配置绿底白字。

2. 为一个嵌入(embedded)样式表写 HTML 和 CSS 代码，将背景色配置成#eaeaea，文本颜色配置为#000033。

3. 为一个外部样式表写 CSS，将文本配置成棕色(brown)，字号配置成 1.2em，字体配置为 Arial，Verdana 或者默认 sans-serif 字体。

4. 为一个嵌入样式表写 HTML 和 CSS 代码，配置名为 new 的类，样式为加粗和倾斜。

5. 为一个嵌入样式表写 HTML 和 CSS 代码，指定链接无下划线；背景色为白色；文本颜色为黑色；字体为 Arial, Helvetica 或者默认 sans-serif 字体；再定义一个名为 new 的类将字体设为加粗和倾斜。

6. 为一个外部样式表写 HTML 和 CSS 代码，配置网页背景色为#FFF8DC；文本颜色为#000099；字体为 Arial, Helvetica 或者默认 sans-serif 字体。再定义一个名为 new 的 id 将字体设为加粗和倾斜。

7. 练习使用外部样式表。在这个练习中，将创建两个外部样式表文件和一个网页。将练习将网页与外部样式表链接，并观察网页显示所发生的变化。

- 创建外部样式表文件 format1.css，设置以下格式：文档背景色为白色；文档文本颜色为#000099；文档字体为 Arial，Helvertica 或 sans-serif；超链接要有一个灰色背景色(#CCCCCC)；配置 h1 元素选择符使用红色 Times New Roman 字体。
- 创建外部样式表文件 format2.css，设置以下格式：文档背景色为黄色；文档文本颜色为绿色；超链接要有一个白色背景色(#CCCCCC)；配置 h1 元素选择符要使用绿色 Times New Roman 字体和白色背景。
- 创建网页来介绍你喜爱的一部电影，用<h1>标记显示电影名称，用一个段落显示电影简介，用一个无序列表(项目列表)显示电影的主演。网页还要显示一个超链接，指向和这部电影有关的网站。将你自己的电子邮件链接放在网页上。这个网页应该和 format1.css 文件关联。将网页另存为 moviecss1.html。请在多种浏览器中测试它。
- 修改 moviecss1.html 网页，链接到 format2.css。网页另存为 moviecss2.html。在浏览器中测试它。注意网页的显示会大变样！

8. 体会"层叠"的含义[①]。在这个练习中，将创建两个链接到同一个外部样式表的网页。修改外部样式表的设置之后，再次测试这两个页面，会发现它们自动应用了新样式。最后，将在其中一个页面添加内联样式，会发现起作用的是新样式，它覆盖了外部样式。

- 创建一个网页，用无序列表列举用于格式化文本的至少三个 CSS 属性。用<h1>标记显示文本"CSS Properties"。写 HTML 代码将其中一个属性配置成 favorite 类。将你自己的电子邮件链接放在网页上。将网页和外部样式表 ex8.css 关联。将网页另存为 properties.html。
- 创建一个外部样式表(命名为 ex8.css)并规定以下格式：文档背景色为白色；文本颜色为#000099；使用 Arial, Helvetica 或 sans-serif 字体；超链接的背景色应该为灰色(#CCCCCC)；<h1>元素使用 Times New Roman 字体和黑色文本；favorite 类配置成使用红色斜体文本
- 在浏览器中测试你的作品。显示 properties.html 网页，它应该应用了 ex8.css 所设置的格式。修改网页和/或 CSS 文件，直到网页的显示符合要求。
- 修改外部样式表 ex8.css 的配置，文档背景色设为黑色，文本颜色设为白色，<h1>的文本设为灰色(#CCCCCC)。保存样式表文件。在浏览器中重新测试 properties.html 网页。注意它

---

① 由于 cascading 的中文翻译的混乱(一些人翻译成层叠，一些人翻译成级联)，导致许多人都忘记了这个词的本义，即"瀑布"，或者"像瀑布那样向下流淌"。在 CSS 中，这意味着将始终应用全局样式，直到有局部样式将其覆盖。——译注

现在从同一个外部样式表文件获取新样式。

- 修改 properties.html 文件来使用一个内联样式。该内联样式要应用于<h1>标记，将标题文本设为红色。保存 properties.html 并用浏览器中重新测试。注意，样式表所指定的<h1>文本颜色被内联样式覆盖了。

9. 练习校验 CSS。选择一个 CSS 外部样式表文件来校验——也许你已经为自己的网站创建了一个样式表。如果没有，请找出一个你在本章用过的外部样式表文件。使用 W3C 提供的免费 CSS 校验器(http://jigsaw.w3.org/css-validator/)。如果你的 CSS 存在错误，请修改并重新检验。重复这一步直到 W3C 认可你的 CSS 代码。写一至两段小结，总结一下校验流程，然后回答下面的问题：它用起来是否方便？有没有使你觉得意外的地方？是出现了大量错误还是只有几个错误？是不是很容易就能找到 CSS 文件中有错的地方？你会向其他人推荐这个校验器吗？为什么？

网上研究

本章介绍了如何用 CSS 配置网页。使用一个搜索引擎查找 CSS 资源。以下资源可以帮助你开始：

- http://www.w3.org/Style/CSS/
- https://developer.mozilla.org/en-US/docs/Web/CSS
- http://dwz.date/aNgz

创建一个网页，列举网上至少 5 个 CSS 资源。每个 CSS 资源都要提供它的 URL、网站名称以及一段简介。用好的对比度配置文本和背景颜色。将你的姓名放在网页底部的电子邮件链接中。

聚焦 Web 设计

本章学习了如何使用 CSS 配置颜色和文本格式。下面将设计一套色彩方案，编码外部 CSS 文件来配置色彩方案，并编码一个示例网页来应用配置好的样式。可通过以下网站获取配色和 Web 设计思路。

颜色心理学

- https://www.infoplease.com/spot/colors1.html
- https://www.empower-yourself-with-color-psychology.com/meaning-of-colors.html
- https://www.designzzz.com/infographic-psychology-color-web-designers

色彩方案生成器

- https://meyerweb.com/eric/tools/color-blend
- http://www.colr.org
- https://color.adobe.com/create/color-wheel
- http://paletton.com

完成以下任务。

1. 设计一个色彩方案。列出在你的设计中，除了白色(#FFFFFF)或黑色(#000000)之外的其他三个十六进制颜色值。

2. 说明你选择颜色的过程。解释为什么选择这些颜色，它们适合什么类型的网站。列出你用过的任何资源的 URL。

3. 创建外部 CSS 文件 color1.css，使用你确定的色彩方案，为文档、h1 元素选择符、p 元素选择符和 footer 类配置字体属性、文本颜色和背景颜色。

4. 创建一个名为 color1.html 的网页，演示 CSS 样式规则的实际应用。

网站案例学习：实现 CSS

以下所有案例将贯穿全书。本章为网站实现 CSS。

案例 1：咖啡屋 JavaJam Coffee Bar

请参见第 2 章了解 JavaJam Coffee Bar 的概况。图 2.32 是 JavaJam 网站的站点地图。"主页"和"菜单"页已在第 2 章创建好了。接着要以现有网站为起点。我们准备创建一个新版本，使用外部样式表来配置文本和颜色。图 2.33 是页面布局线框图。

具体任务如下。

1. 为 JavaJam 网站新建文件夹。

2. 创建外部样式表文件 javajam.css，配置 JavaJam 网站的颜色和文本。

3. 修改主页，利用外部样式表配置颜色和字体。新主页和色样如图 3.29 所示。

4. 修改菜单页，使其与新主页保持一致。

5. 配置居中页面布局。

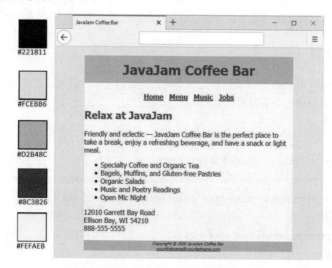

图 3.29　新的 JavaJam 主页(index.html)

任务 1：网站文件夹。在硬盘或移动设备(U 盘或 SD 卡)上创建 javajamcss 文件夹，复制第 2 章创建的 javajam 文件夹的所有内容。

任务 2：外部样式表。启动文本编辑器创建一个名为 javajam.css 的外部样式表。编码 CSS 来配置下面这些内容：

1. 配置文档全局样式(使用 body 元素选择符)，背景色为#FCEBB6，文本颜色为#221811，字体为 Tahoma，Arial 或任何 sans-serif 字体。

2. 配置 header 选择符的样式规则，背景色为#D2B48C，文本颜色为#8C3826，line-height 为 200%，文本居中。

3. 配置 h1 元素选择符的样式规则，200%行距(line-height)。

4. 配置 h2 元素选择符的样式规则，#8C3826 文本颜色。

5. 配置 nav 元素选择符的样式规则，文本居中并加粗(提示：使用 CSS 属性 text-align 和 font-weight)。

6. 配置 footer 元素选择符的样式规则，背景颜色#D2B48C，小字号(.60em)，斜体，居中保存文件。用 CSS 校验器检查语法(http://jigsaw.w3.org/css-validator)。如有必要，改正错误并重新测试。

任务 3：主页。启动文本编辑器并打开 index.html 文件。将修改这个文件以应用 javajam.css 外部样式表所定义的样式。如下所示：

1. 添加一个<link>元素，将网页和 javajam.css 外部样式表文件关联。

2. 配置导航区域。由于现在是用 CSS 配置文本加粗，所以删除不再需要的<b>元素。

3. 配置页脚区域。删除<small>和<i>元素，由于现在是用 CSS 配置文本，所以以不需要了。

保存 index.html 并在浏览器中测试，效果和图 3.29 很相似，只是背景颜色和网页内容的对齐有所区别。不用担心——将在任务 5 居中页面布局。

任务 4：菜单页。启动文本编辑器并打开 menu.html 文件。采用和主页类似的方式修改：添加<link>元素并配置导航和页脚区域。保存并测试新的 menu.html 网页。它看起来应该和 3.30 相似，只是背景和对齐有区别。

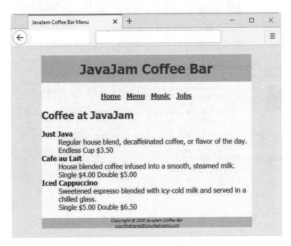

图 3.30 新的菜单页(menu.html)

任务 5：用 CSS 居中页面布局。修改 javajam.css，index.html 和 menu.html，配置网页内容居中显示，宽度设为 80%。如有必要，请参考"动手实作 3.9"。

1. 在文本编辑器中打开 javajam.css 文件。为名为 wrapper 的 id 添加样式规则，宽度设为 80%，背景颜色设为#FEFAEB，margin-right 和 margin-left 设为 auto。

2. 在文本编辑器中打开 index.html 文件。添加 HTML 代码来配置一个 div 元素，为其分配 wrapper id。用该 div"包含"或"包装"body 区域的代码。保存并在浏览器中测试 index.html，注意内容已居中，如图 3.29 所示。

2. 在文本编辑器中打开 menu.html 文件。添加 HTML 代码来配置一个 div 元素，为其分配 wrapper id。用 div 来包含 body 区域的代码。保存并在浏览器中测试 menu.html，注意内容已居中，如图 3.30 所示。

自己试着修改 javajam.css 文件。更改网页背景色、字体等等。在浏览器中测试网页。使用外部样式表，只需修改一个.css 文件，就能同时影响多个文件！

案例 2：宠物医院 Fish Creek Animal Clinic

请参见第 2 章了解 Fish Creek 宠物医院的概况。图 2.36 是 Fish Creek 网站的站点地图。"主页"和"服务"页已经在第 2 章创建好了。接着要以现有网站为起点。我们准备创建一个新版本，使用外部样式表来配置文本和颜色。图 2.37 是页面布局线框图。

具体任务如下。

1. 为 Fish Creek 网站新建文件夹。

2. 创建外部样式表文件 fishcreek.css，配置 Fish Creek 网站的颜色和文本。

3. 修改主页，利用外部样式表配置颜色和字体。新主页和色样如图 3.31 所示。

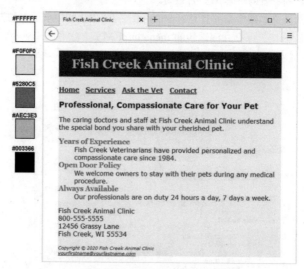

图 3.31　新的 Fish Creek 主页(index.html)

4. 修改服务页，使其与新主页保持一致。

5. 配置居中页面布局。

任务 1：网站文件夹。在硬盘或移动设备(U 盘或 SD 卡)上创建 fishcreekcss 文件夹，复制第 2 章创建的 fishcreek 文件夹的所有内容。

任务 2：外部样式表。启动文本编辑器创建一个名为 fishcreek.css 的外部样式表。编写 CSS 来配置下面这些内容：

1. 配置文档全局样式(使用 body 元素选择符)，背景色为#FFFFFF，文本颜色为#003366，字体为 Verdana，Arial 或任何 sans-serif 字体。

2. 配置 header 选择符的样式规则，背景色为#003366，文本颜色为#AEC3E3，字体为 Georgia，Times New Roman 或任何 serif 字体。

3. 配置 h1 元素选择符的样式规则，200%行距(line-height)，text-indent 属性设为 1em。

4. 配置 h2 元素选择符的样式规则，1.2em 字号。

5. 配置 nav 元素选择符的样式规则，加粗显示文本。

6. 配置 dt 元素选择符的样式规则，文本颜色#5280C5，1.1em 字号，加粗，字体为 Georgia，Times New Roman 或任何 serif 字体。

7. 配置 category 类，加粗，文本颜色#5380C5，字体为 Georgia，Times New Roman 或任何 serif 字体。

8. 配置 footer 元素选择符的样式规则，使用小字号(.70em)和斜体。

保存文件。用 CSS 校验器检查语法(http://jigsaw.w3.org/css-validator)。如有必要，改正错误并重新测试。

任务 3：主页。启动文本编辑器并打开 index.html 文件。将修改这个文件以应用 fishcreek.css 外部样式表所定义的样式。如下所示：

1. 添加一个<link>元素，将网页和 fishcreek.css 外部样式表文件关联。

2. 配置导航区域。由于现在是用 CSS 配置文本加粗，所以删除不再需要的<b>元素。

3. 配置内容区域。由于现在是用 CSS 配置文本加粗，所以删除所有<dt>元素中的<strong>标记。

4. 配置页脚区域。删除<small>和<i>元素，由于现在是用 CSS 配置文本，所以不需要了。

保存 index.html 并在浏览器中测试。效果和图 3.31 很相似，只是背景颜色和网页内容的对齐有所区别。不用担心，将在任务 5 居中页面布局。

任务 4：服务页。启动文本编辑器并打开 services.html 文件。采用和主页类似的方式修改：添加<link>元素，配置导航和页脚区域，配置 category 类(提示：用<span>元素包含提供的每项服务的名称)，并删除 strong 标记。保存并测试新的 services.html 网页。它看起来应该和 3.32 相似，只是背景和对齐有区别。

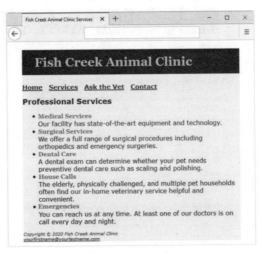

图 3.32　新的服务页(services.html)

任务 5：用 **CSS** 居中页面布局。修改 fishcreek.css，index.html 和 services.html，配置网页内容居中显示，宽度设为 90%。背景颜色设为一种浅灰色。如有必要，请参考"动手实作 3.9"。

1. 在文本编辑器中打开 fishcreek.css 文件。为名为 wrapper 的 id 添加样式规则，宽度设为 90%，背景颜色设为#F0F0F0，margin-right 和 margin-left 设为 auto。

2. 在文本编辑器中打开 index.html 文件。添加 HTML 代码来配置一个 div 元素，为其分配 wrapper id。用该 div 包含 body 区域的代码。保存并在浏览器中测试 index.html，注意内容已居中，如图 3.31 所示。

3. 在文本编辑器中打开 services.html 文件。添加 HTML 代码来配置一个 div 元素，为其分配 wrapper id。用 div 来包含 body 区域的代码。保存并在浏览器中测试 services.html，注意内容已居中，如图 3.32 所示。

自己试着修改 fishcreek.css 文件。更改网页背景色、字体等等。在浏览器中测试网页。使用外部样式表，只需修改一个.css 文件，就能同时影响多个文件！

案例 3：度假村 Pacific Trails Resort

请参见第 2 章了解 Pacific Trails Resort 的概况。图 2.40 是 Pacific Trails Resort 网站的站点地图。"主页"和"Yurts"页已在第 2 章创建好了。接着要以现有网站为起点。我们准备创建一个新版本，使用外部样式表来配置文本和颜色。图 2.41 是页面布局线框图。具体任务如下。

1. 为 Pacific Trails 网站新建文件夹。
2. 创建外部样式表文件 pacific.css，配置 Pacific Trails 网站的颜色和文本。
3. 修改主页，利用外部样式表配置颜色和字体。新主页和色样如图 3.33 所示。
4. 修改 Yurts 页，使其与新主页保持一致。
5. 配置居中页面布局。

图 3.33　新的 Pacific Trails　主页(index.html)

任务 1：网站文件夹。在硬盘或移动设备(U 盘或 SD 卡)上创建 pacificcss 文件夹，复制第 2 章创建的 pacific 文件夹的所有内容。

任务 2：外部样式表。启动文本编辑器创建一个名为 pacific.css 的外部样式表。编写 CSS 来配置下面这些内容。

1. 配置文档全局样式(使用 body 元素选择符)，背景色为#FFFFFF，文本颜色为#666666，字体为 Verdana，Arial 或任何 sans-serif 字体。

2. 配置 header 选择符的样式规则，背景色为#002171，文本颜色为#FFFFFF，字体为 Georgia 或任何 serif 字体。

3. 配置 h1 元素选择符的样式规则，200%行距(line-height)。

4. 配置 nav 元素选择符的样式规则，加粗显示文本，天蓝色背景(#BBDEFB)。

5. 配置 h2 元素选择符的样式规则，中蓝色文本(#1976D2)，Georgia 或任何 serif 字体。

6. 配置 dt 元素选择符的样式规则，深蓝色文本(#002171)并加粗。

7. 配置 resort 类，中蓝色文本(#1976D2)和 1.2em 字号。

8. 配置 footer 元素选择符的样式规则，使用小字号(.70em)，斜体，居中。

保存文件。用 CSS 校验器检查语法(http://jigsaw.w3.org/css-validator)。如有必要，改正错误并重新测试。

任务 3：主页。启动文本编辑器并打开 index.html 文件。将修改这个文件以应用 pacific.css 外部样式表所定义的样式。如下所示。

1. 添加一个<link>元素，将网页和 pacific.css 外部样式表文件关联。

2. 配置导航区域。由于现在是用 CSS 配置文本加粗，所以删除不再需要的<b>元素。

3. 找到 h2 下方第一段的公司名称(Pacific Trails Resort)，配置一个 span 来包含该文本。为该 span 分配 resort 类。

4. 找到街道地址上方的公司名称(Pacific Trails Resort)，配置一个 span 来包含该文本。为该 span 分配 resort 类。

5. 配置页脚区域。删除<small>和<i>元素，由于现在是用 CSS 配置文本，所以不需要了。

保存 index.html 并在浏览器中测试。效果和图 3.33 很相似，只是网页内容现在是左对齐，而不是从页边缩进。不用担心，下面将在任务 5 居中页面布局。

任务 4：Yurts 页。启动文本编辑器并打开 yurts.html 文件。采用和主页类似的方式修改：添加<link>元素，配置导航和页脚区域。删除每个 dt 元素中的 strong 标记。保存并测试新的 yurts.html 网页。它看起来应该和 3.34 相似，只是对齐有区别。

任务 5：用 CSS 居中页面布局。修改 pacific.css，index.html 和 yurts.html，配置网页内容居中显示，宽度设为 80%。如有必要，请参考"动手实作 3.9"。

1. 在文本编辑器中打开 pacific.css 文件。为名为 wrapper 的 id 添加样式规则，宽度设为 90%，margin-right 和 margin-left 设为 auto。

2. 在文本编辑器中打开 index.html 文件。添加 HTML 代码来配置一个 div 元素，为其分配 wrapper id。用该 div 包含 body 区域的代码。保存并在浏览器中测试 index.html，注意内容已居中，如图 3.33 所示。

3. 在文本编辑器中打开 yurts.html 文件。添加 HTML 代码来配置一个 div 元素，为其分配 wrapper id。用 div 来包含 body 区域的代码。保存并在浏览器中测试 yurts.html，注意，内容已居中，如图 3.34

所示。

自己试着修改 pacific.css 文件。更改网页背景色、字体等等。在浏览器中测试网页。使用外部样式表，只需修改一个.css 文件，就能同时影响多个文件！

图 3.34 新的 Yurts 页(yurts.html)

案例 4: 瑜珈馆 Path of Light Yoga Studio

请参见第 2 章了解 Path of Light Yoga Studio 的概况。图 2.44 是 Path of Light Yoga Studio 网站的站点地图。"主页"和"课程"页已在第 2 章创建好了。接着要以现有网站为起点。我们准备创建一个新版本，使用外部样式表来配置文本和颜色。图 2.45 是页面布局线框图。

具体任务如下。

1. 为 Path of Light Yoga Studio 网站新建文件夹。

2. 创建外部样式表文件 yoga.css，配置 Path of Light Yoga Studio 网站的颜色和文本。

3. 修改主页，利用外部样式表配置颜色和字体。新主页和色样如图 3.35 所示。

4. 修改课程页，使其与新主页保持一致。

5. 配置居中页面布局。

任务 1：网站文件夹。 在硬盘或移动设备(U 盘或 SD 卡)上创建 yogacss 文件夹，复制第 2 章创建的 yoga 文件夹的所有内容。

任务 2：外部样式表。 启动文本编辑器创建一个名为 yoga.css 的外部样式表。编写 CSS 来配置下面这些内容：

1. 配置文档全局样式(使用 body 元素选择符)，背景色为#F5F5F5，文本颜色为#40407A，字体为 Verdana，Arial 或任何 sans-serif 字体。

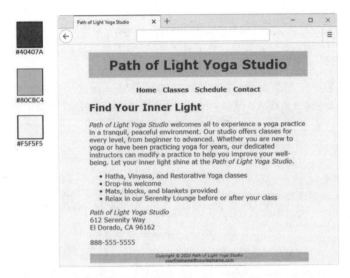

图 3.35　新的 Path of Light Yoga Studio 主页(index.html)

2. 配置 header 选择符的样式规则，背景色#80CBC4，居中。

3. 配置 h1 元素选择符的样式规则，200%行距(line-height)。

4. 配置 nav 元素选择符的样式规则，居中并加粗显示文本。

5. 用后代选择符配置 nav 中的锚元素样式，不显示默认的下划线。提示：使用 nav a 选择符。

6. 配置 studio 类，使用斜体文本。

7. 配置 footer 元素选择符的样式规则，背景色为#80CBC4，小字号(.60em)，斜体，居中。

保存文件。用 CSS 校验器检查语法(http://jigsaw.w3.org/css-validator)。如有必要，改正错误并重新测试。

任务 3：主页。启动文本编辑器并打开 index.html 文件。将修改这个文件以应用 yoga.css 外部样式表所定义的样式。如下所示。

1. 添加一个<link>元素，将网页和 yoga.css 外部样式表文件关联。

2. 配置导航区域。由于现在是用 CSS 配置文本加粗，所以删除不再需要的<b>元素。

3. 找到主内容区域中的所有公司名称(Path of Light Yoga Studio)，配置 span 来包含所有这些文本。为该 span 分配 studio 类。

4. 配置页脚区域。删除<small>和<i>元素，由于现在是用 CSS 配置文本，所以不需要了。

保存 index.html 并在浏览器中测试。效果和图 3.35 很相似，只是网页内容现在是左对齐，而不是从页边缩进。不用担心——将在任务 5 居中页面布局。

任务 4：课程页。启动文本编辑器并打开 classes.html 文件。采用和主页类似的方式修改：添加<link>元素，配置导航和页脚区域。保存并测试新的 classes.html 网页。它看起来应该和 3.36 相似，只是对齐有区别。

任务 5：用 CSS 居中页面布局。修改 yoga.css，index.html 和 classes.html，配置网页内容居中显示，宽度设为 80%。如有必要，请参考"动手实作 3.9"。

1. 在文本编辑器中打开 yoga.css 文件。为名为 wrapper 的 id 添加样式规则，宽度设为 80%，

margin-right 和 margin-left 设为 auto。

2. 在文本编辑器中打开 index.html 文件。添加 HTML 代码来配置一个 div 元素，为其分配 wrapper id。用该 div 包含 body 区域的代码。保存并在浏览器中测试 index.html，注意内容已居中，如图 3.35 所示。

3. 在文本编辑器中打开 classes.html 文件。添加 HTML 代码来配置一个 div 元素，为其分配 wrapper id。用 div 来包含 body 区域的代码。保存并在浏览器中测试 classes.html，注意内容已居中，如图 3.36 所示。

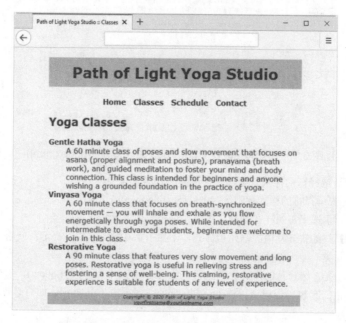

图 3.36　新的课程页(classes.html)

自己试着修改 yoga.css 文件。更改网页背景色和字体等。在浏览器中测试网页。使用外部样式表，只需修改一个 .css 文件，就能同时影响多个文件！

第 4 章
视觉元素和图片

学习目标：

- 在网页上创建并格式化线与边框
- 判断何时使用图片和用什么图片才合适
- 用图像元素(<img>)在网页中添加图片
- 优化网页图片显示
- 配置图片作为网页背景
- 配置图片作为超链接
- 用 CSS 配置圆角、框阴影、不透明和渐变
- 用 CSS 配置 RGBA 颜色
- 用 CSS 配置 HSLA 颜色
- 使用 figure 和 figcaption 元素
- 使用 meter 和 progress 元素配置图片显示
- 查找免费和收费图片资源
- 在网页中使用图片时遵循推荐的 Web 设计原则

　　网站要引人入胜，一个要素就是使用有趣和恰当的图片。本章教你处理网页上的视觉元素。

　　记住，并非所有人都能看到网站图片。有的人可能存在视觉障碍，需要像屏幕朗读器这样的辅助技术。另外，搜索引擎派遣蜘蛛和机器人访问 Web，将网页编录到它们的索引和数据库中。这些程序通常不检索图片。最后，使用移动设备上网的人可能不显示你的图片。设计人员虽应善用图形元素为网页增光添彩，但也要保证网站没这些图片也能用。

4.1　配置线和边框

　　Web 设计人员经常使用线和边框这样的视觉元素分隔或定义网页的不同区域。本节探讨如何用两种编码技术在网页上配置一条线：HTML 水平标尺元素以及 CSS 的 boarder 属性和 padding 属性。

水平标尺元素

水平标尺元素<hr>在网页上配置一条水平线，从视觉上分隔网页的不同区域。由于水平标尺元素不含任何文本，所以编码成 void 元素，不成对使用。水平标尺元素在 HTML5 中有新的语义——代表内容主题分隔或变化。

动手实作 4.1

在文本编辑器中打开学生文件 chapter4/starter1.html 文件。在起始 footer 标记后添加一个<hr>标记。

文件另存为 hr.html，在浏览器中测试。网页下半部分如图 4.1 所示。将你的作品和 chapter4/4.1/hr.html 比较。

Meeting Your Business Needs

Our expert designers will listen to you as they create a website that helps to promote and grow your business.

Copyright © 2020 Your Name Here
yourfirstname@yourlastname.com

图 4.1 <hr>配置一条水平线

虽然可用 HTML 轻松创建水平标尺，但在网页上配置线段更现代的方式是用 CSS 配置边框。

属性 border 和 padding

第 3 章为标题元素配置背景颜色时，你可能已经注意到，块显示 HTML 元素在网布上构成了一个矩形框。这是 CSS 框模型的一个例子，将在第 6 章详细讨论。目前让我们将重点集中在可以为"框"配置的两个 CSS 属性上——border 和 padding 属性。

border 属性

border 属性配置围绕元素的边框。边框宽度默认设为 0，即不显示边框。可以配置 border-width，border-color 和 border-style。另外，甚至可以单独配置 4 个边框，即 border-top，border-right，border-bottom 和 border-left

border-style 属性

border-style 属性配置边框样式，包括 inset，outset，double，groove，ridge，solid， dashed 和 dotted。注意，浏览器对这些属性值的支持不一。图 4.2 展示了 Firefox 对不同 border-style 值的渲染结果。

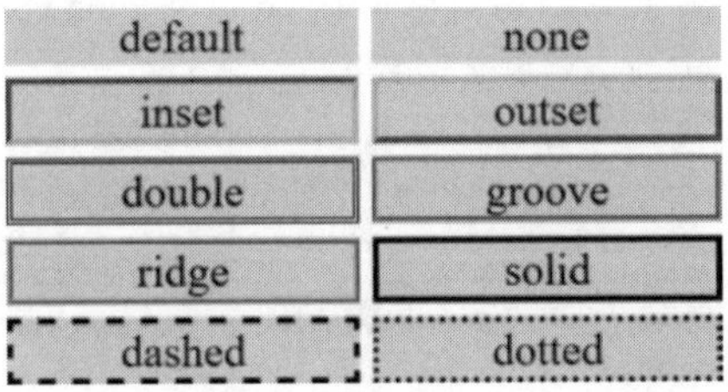

图 4.2 Firefox 对各种 border-style 值的渲染结果

在对图 4.2 的边框进行配置的 CSS 中，使用的 border-color 是#000000，border-width 是 4 像素，border-style 属性值则如图所示。例如，配置 dashed(虚线)边框的样式规则如下：

```
.dashedborder { border-width: 4px;
                border-style: dashed;
                border-color: #000000; }
```

一种简化语法可在一个样式规则中配置所有 border 属性，只需直接列出 border-width，border-style 和 border-color 的值即可。例如：

```
.dashedborder { border: 4px dashed #000000; }
```

padding 属性

padding(填充)属性配置 HTML 元素内容(比如文本)与边框之间的空白。padding 默认为 0。如果为元素配置了背景颜色或背景图片，该背景会同时应用于填充区域和内容区域。可为 padding 属性配置多种值，包括像素、em 单位和百分比。下个动手实作会练习应用 padding 和 border 属性。表 4.1 总结了本章引入的 CSS 属性。

表 4.1 本章引入的新 CSS 属性

属性	说明	值
background	配置和背景相关的多个属性，可配置多张背景图片	以下一个或多个背景相关属性的值：backgroundattachment, background-clip, backgroundcolor, background-image, background-origin, background-position, background-repeat, background-size
background-attachment	配置背景图片是在视口内固定，还是随页面其余部分滚动	fixed，local，scroll(默认)

续表

属性	说明	值
background-clip	配置要渲染背景的区域(背景会扩展到哪里?)	padding-box, border-box 或 content-box
background-image	元素的背景图片	要显示背景图片, 使用 url(imagename.gif), url(imagename.jpg)或者 url(imagename.png)。要禁止显示图片, 使用 none(默认)
background-origin	配置背景起点(背景从哪里开始?)	padding-box, border-box 或 content-box
background-position	背景图片的位置	两个百分比值或像素值。第一个值设置相对于容器框左上角的水平位置, 第二个值设置垂直位置。也可使用文本值: left, top, center, bottom, right
background-repeat	控制背景图片如何重复	文本值 repeat(默认)、repeat-y(垂直重复)、repeat-x(水平重复)、no-repeat(不重复)、space(在背景重复显示图片, 通过调整图片四周空白防止图片被剪裁)和 round(在背景重复显示图片, 通过缩放图片防止图片被剪裁)
background-size	配置背景图片大小	两个百分比值, 像素值, auto, contain 或 cover。第一个值指定宽度, 第二个指定高度。如只提供一个值, 则第二个值默认为 auto。contain 造成背景图片缩放(保持宽高比)以完全装入背景区, 整张背景图片可见。cover 造成背景图片缩放(保持宽高比)以完全覆盖背景区, 背景图片可能部分不可见。
border	配置元素的 border-width, border-style 和 border-color 属性时的简写形式	直接写 border-width, border-style 和 border-color 的值, 以空格分隔; 例如 border: 1px solid #000000;
boder-bottom	配置元素底部边框时的简写形式	直接写 border-width, border-style 和 border-color 的值, 以空格分隔; 例如 border-bottom: 1px solid #000000;
border-bottom-left-radius	配置边框左下圆角	代表圆角半径的数值(px 或 em)或百分比
border-bottom-right-radius	配置边框右下圆角	代表圆角半径的数值(px 或 em)或百分比
border-color	围绕元素的边框的颜色	任何有效颜色值
boder-left	配置元素左侧边框时的简写形式	直接写 border-width, border-style 和 border-color 的值, 以空格分隔; 例如 border-left: 1px solid #000000;

属性	说明	值
border-radius	配置边框的圆角	代表圆角半径的 1~4 个数值之一(px 或 em)或者百分比。如只提供一个值，它将配置全部 4 个角。4 个角的配置顺序是左上、右上、右下和左下
boder-right	配置元素右侧边框时的简写形式	直接写 border-width，border-style 和 border-color 的值，以空格分隔；例如 border-right: 1px solid #000000;
border-style	围绕元素的边框的类型	文本值 double，groove，inset，none(默认)，outset，ridge，solid，dashed，dotted 和 hidden
boder-top	配置元素顶部边框时的简写形式	直接写 border-width，border-style 和 border-color 的值，以空格分隔；例如 border-top: 1px solid #000000;
border-top-left-radius	配置边框左上圆角	代表圆角半径的数值(px 或 em)或者百分比
border-width	围绕元素的边框的宽度(粗细)	像素值(如 1px)或文本值(thin，medium 和 thick)
box-shadow	配置元素的阴影	2~4 个数值(px 或 em)，分别代表水平偏移、垂直偏移、模糊半径(可选)和伸展距离(可选)，以及一个有效的颜色值。用 inset 关键字配置内阴影
height	元素高度	数值(px)或百分比
linear-gradient	配置线性演变，从一种颜色过渡到另一种	渐变起点和颜色值可通过多种语法来配置。例如，以下代码配置双色线性渐变：linear-gradient(#FFFFFF, #8FA5CE);
max-width	配置元素最大宽度	数值(px)或百分比
min-width	配置元素最小宽度	数值(px)或百分比
opacity	配置元素的"不透明"度	0 到 1 的数值，0 代表完全透明，1 代表完全不透明。所有子元素都会继承该属性
padding	配置填充量时使用的简写形式。填充(padding)是指元素与它的边框之间的空白间距	首先是一个数值(px 或 em)，配置元素所有边的填充。其次是两个数值(px 或 em)；第一个配置顶部和底部填充，第二个配置左右两侧填充，例如 padding:2em 1em。接下来是三个数值(px 或 em)，第一个配置顶部填充，第二个配置左右填充，第三个配置底部填充，例如 padding: 5px 30px 10px。最后是 4 个数值(px 或 em)：这些值按以下次序配置填充：padding-top, padding-right, padding-bottom 和 padding-left

续表

属性	说明	值
padding-bottom	元素和底部边框之间的空白间距	数值(px 或 em)或百分比值
padding-left	元素和左侧边框之间的空白间距	数值(px 或 em)或百分比值
padding-right	元素和右侧边框之间的空白间距	数值(px 或 em)或百分比值
padding-top	元素和顶部边框之间的空白间距	数值(px 或 em)或百分比值
radial-gradien	配置辐射渐变(从中心向外辐射)	渐变起点和颜色值可通过多种语法来配置。例如,以下代码配置双色辐射渐变:radial-gradient(#FFFFFF,#8FA5CE);

动手实作 4.2

这个动手实作将练习使用 border 和 padding 属性。启动文本编辑器并打开 chapter4/starter1.html。将修改 h1、h2 和 footer 元素选择符的 CSS 规则。完成后的网页效果如图 4.3 所示。

像下面这样修改 CSS 样式。

- 修改 h1 选择符的样式规则。删除 text-indent 和 line-height 属性的样式规则。添加一个样式规则将 padding 设为 1em。代码如下:

```
padding: 1em;
```

- 修改 h2 选择符的样式规则。配置一个 2 像素、虚线样式(dashed)、颜色为 #237B7B 的底部边框。代码如下:

```
border-bottom: 2px dashed #237B7B;
```

- 为 footer 元素选择符添加样式规则,配置一条细的、实线样式(solid)、颜色为 #B0E6E6 的顶部边框,将顶部填充设为 10 像素。另外,为页脚使用灰色文本。代码如下:

```
order-top: thin solid #B0E6E6;
padding-top: 10px;
olor: #333333;
```

将文件另存为 border.html。在多种浏览器中测试。不同浏览器的显示效果可能稍有区别。图 4.3 是网页在 Firefox 中的效果,图 4.4 是在 Microsoft Edge 中的效果。示例解决方案是 chapter4/4.2/border.html。

图 4.3　CSS 属性 border 和 padding
增强了网页的视觉效果

图 4.4　Microsoft Edge 渲染虚线边框的
方式和 Firefox 稍有不同(要密一些)

 网页在不同浏览器上看起来有区别怎么办？

不要指望网页在所有浏览器上都一模一样。就连同一个浏览器的不同版本，都有可能存在细微差别。作为 Web 开发人员，应迟早习惯网页在不同浏览器和不同设备上存在细微差异这一现实。

 自测题 4.1

1. 有必要尝试写一个在所有浏览器和所有平台上都完全一致的网页吗？说明理由。
2. 包含以下样式规则的一个网页在浏览器中渲染时，边框没显示。为什么？

```
h2 { background-color: #FF0000
border-top: thin solid #000000 }
```

3. 判断对错：可用 CSS 在网页上配置矩形和线条这样的视觉元素。

4.2　Web 图片

图片能使网页更吸引人。本节讨论 Web 常用图片文件类型：GIF、JPEG，PNG 和 WebP。

GIF 图片

"可交换图形文件格式"(Graphic Interchange Format，GIF)最适合存储纯色和简单几何形状(比如美工图案)。GIF 图片最多支持 256 色，使用.gif 扩展名。图 4.5 是用 GIF 格式创建的一张 logo 图片。

透明

GIF 图片使用的 GIF89A 格式支持**透明**。在图形处理软件(比如开源软件 GIMP)中，可将图片的一种颜色(通常是背景色)设为"透明"。这样就能透过图片的"透明"区域看见底下的网页。图 4.6 显示了蓝色纹理背景上的两张 GIF 图片。左边透明，右边不透明。

图 4.5　GIF 格式的 logo 图　　　　图 4.6　对比透明和不透明 GIF

动画

动画 GIF 包含多张图片(或者称为帧)，每张图片会有少许差别。这些帧在屏幕上按顺序显示的时候，图中的内容就会"动"起来。

压缩

GIF 保存时采用**无损压缩**。这意味着在浏览器中渲染时，图片将包含与原始图片一样多的像素，不会丢失任何细节。

优化

为避免网页下载速度过慢，图片文件应针对 Web 优化。数码相机拍摄的照片太大(无论尺寸还是文件大小)，在网页上显示不佳。图片**优化**是指用最小的文件保证图片的高质量显示。也就是说，要在图片质量和文件大小之间做出平衡。一般使用某个图形处理软件减少图片颜色数量，从而对 GIF 图片进行优化。

交错

浏览器按从上到下的顺序读取和显示标准图片(非交错)，并且只有读取了 50%后才开始显示。创建 GIF 图片文件时可将其设置成交错(interlaced)。这将改变浏览器对图片的渲染方式。交错的图片文件是逐渐显示的。在下载过程中，它具有一种"淡入"的效果。这种图片刚开始看起来很模糊,但渐渐地变得清晰锐利。这使网页的加载时间在感觉上变短了。

JPEG 图片

"联合照片专家组" (Joint Photographic Experts Group,JPEG)格式最适合照片。和GIF 图片相反,JPEG 图片可以包含 1670 万种颜色。但是,JPEG 图片不能设置透明,而且不支持动画。JPEG 图片的文件扩展名通常是.jpg 或.jpeg。

压缩

JPEG 图片以**有损压缩**方式保存。这意味着原图中的某些像素在压缩后会丢失或被删除。浏览器渲染压缩图片时,显示的是与原图相似而非完全一致的图片。

优化

图片质量和压缩率之间要进行平衡。压缩率较小的图片质量更高,但会造成较大的文件;压缩率较大的图片质量较差,但文件相对较小。大部分图形处理软件允许预览质量和压缩率的平衡结果,便于你选取最能满足要求的图片。

用数码相机拍照时,生成的文件如果直接在网页上显示就太大了。图 4.7 显示了一张照片的优化版本,原始文件为 250 KB。用图形软件优化为 80%质量之后,文件仅为55 KB,在网页上能很好地显示。

图 4.8 选择 20%质量,文件变成 19 KB,但质量让人无法恭维。图片质量随文件大小减小而下降,图 4.8 出现了一些小方块,这称为**像素化**(pixelation),应避免这种情况。

另外一个优化图片的方法是使用图片的缩小版本,称为**缩略图**(thumbnail)。一般将缩略图配置成图片链接,点击显示大图。图 4.9 展示了一张缩略图。

图 4.7 55 KB(80%质量)　　　　图 4.8 19 KB(20%质量)　　　　图 4.9 缩略图 5 KB

渐进式 JPEG

创建 JPEG 文件时可将它设置为渐进式(progressive)。**渐进式 JPEG 与交错 GIF 很相**似，图片会逐渐显示，下载过程看起来像是一个淡入的过程。

PNG 图片

PNG，读作"ping"，是指"可移植网络图形"(Portable Network Graphic，PNG)，其最初目的是替代 GIF。PNG 图片支持丰富的颜色，支持透明和交错，并采用无损压缩。但是，PNG 不支持动画。现代浏览器都能很好地支持 PNG。

WebP 图片

Google 新的 WebP 图像格式提供了增强的压缩比和更小的文件大小(https://developers.google.com/speed/webp/)。WebP(读作"weppy")图片支持丰富的颜色、透明和动画，但不支持交错。WebP 格式同时支持有损压缩(类似于 JPG)和无损(类似于 PNG)压缩。在 Google 的一次压缩测试中，WebP 文件比同样的 PNG 图片小了 26%，比 JPG 小了 25%~34%。

最初仅 Chrome，Opera 和 Android 浏览器支持 WebP 图片。目前，Firefox 和 Edge 都增加了对它的支持。请访问 https://caniuse.com/#feat=webp 了解最新的支持情况。由于某些浏览器(比如 Internet Explorer)不支持 WebP，所以应考虑向后兼容的情况(第 7 章)。下一节将编码 HTML img 元素在网页上显示 GIF，JPEG 和 PNG 图片。表 4.2 总结了 GIF，JPEG，PNG 和 WebP 文件格式的特点。

表 4.2　图片文件类型

图片类型	扩展名	压缩	透明	动画	颜色	渐进显示
GIF	.gif	无损	支持	支持	256	交错
JPEG	.jpg 或 .jpeg	有损	不支持	不支持	1000 万以上	渐进
PNG	.png	无损	支持	不支持	1000 万以上	交错
WebP	.webp	无损和有损	支持	支持	1000 万以上	不支持

流行图形处理软件

许多图形处理软件都能编辑、优化和导出 GIF/JPEG/PNG 文件，包括：
- Adobe Photoshop (https://www.adobe.com/products/photoshop.html)
- GIMP (https://www.gimp.org)
- Sketch (https://www.sketchapp.com)

有几个方案将 GIF，JPG 或 PNG 图片转换为 WebP 格式，包括 Google 的命令行

编 码 器 (https://developers.google.com/speed/webp/download)，在 线 转 换 器 (例 如 https://ezgif.com/jpg-to-webp 和 https://image.online-convert.com/convert-to-webp)、Photoshop 插件和 Sketch。

4.3　img 元素

img(读作"image")元素在网页上配置图片。图片可以是照片、网站横幅、公司 logo、导航按钮以及你能想到的任何东西。

img 是 void 元素，不成对使用(不需要成对使用起始和结束标记)。下例配置名为 logo.gif 的图片，它和网页在同一目录：

```
<img src="logo.gif" height="200" width="500" alt="My Company Name">
```

src 属性指定图片文件名。alt 属性为图片提供文字替代，通常是对图片的一段文字说明。如指定了 height(高度)和 width(宽度)属性，浏览器会提前保留指定大小的空间。注意为图片提供准确的高度和宽度，以保持图片的长宽比。如果值不正确，图片会发生变形。表 4.3 列出了 img 元素的属性及其值。常用属性加粗显示。

表 4.3　img 元素的属性

属性名称	属性值
align	right、left(默认)、top、middle、bottom。该属性已废弃，改为使用 CSS float 或 position 属性(第 6 章)
alt	对图片进行描述的文本
height	以像素为单位的图片高度
id	文本名称，由字母和数字构成，以字母开头，不能含有空格——这个值必须唯一，不能和同一个网页文档的其他 id 值重复
longdesc	对复杂图片进行无障碍描述的一个资源的 URL
src	图片的 URL 或文件名
srcset	该 HTML 5.1 属性支持浏览器显示响应式(自适应)图片(第 7 章)
title	包含图片信息的文本——通常比 alt 文本更具描述性
width	以像素为单位的图片宽度

 ## 无障碍访问和图片

使用 alt 属性提供无障碍访问。alt 属性可以用于设置图片的描述文本，浏览器以两种方式使用 alt 文本。在图片下载和显示之前，浏览器会先将 alt 文本显示在图片区域。当访问者将鼠标移动到图片区域的时候，浏览器也会将 alt 文本以"工具提示"(tool tip)的形式显示出来。屏幕朗读器等应用程序则会将 alt 属性中的文本读出。移动浏览器可能只显示 alt 文本而不显示图片。

标准浏览器(比如 Firefox 和 Safari)并不是访问你的网站的唯一工具或用户代理。大部分搜索引擎会运行一些被称为蜘蛛、机器人或者爬虫的程序，它们也会访问网站；这些程序对网站进行分类和索引。它们通常无法处理图片中的文本，但能处理 img 元素的 alt 属性值。

W3C 建议 alt 文本不要超过 100 字符。避免使用文件名或者 picture，image 和 graphic 这样的文本作为 alt 属性值。相反，应简要描述图片。如图片(比如一张 logo)的目的是显示文本，就直接将 alt 属性配置成这些文本。

 ## 动手实作 4.3 ——————————————————————

这个动手实作要在网页上添加一张 logo 图片。新建名为 kayakch4 的文件夹。要用到的图片位于学生文件 chapter4/starters。将其中的 kayakdc.gif 和 hero.jpg 文件复制到 kayakch4 文件夹。KayakDoorCounty.net 主页的一个初始版本已经在学生文件中了。将 chapter4/starter2.html 复制到 kayakch4 文件夹。本动手实作完成后的网页效果如图 4.10 所示，注意用了两张图。启动文本编辑器并打开 starter.html 文件。

图 4.10　含有图片的网页

1. 除<h1>起始和结束标记之间的文本。编码一个<img>元素，在这个区域显示 kayakdc.gif。记住包括 src，alt，height 和 width 属性。示例代码如下：

```
<img src="kayakdc.gif"  alt="KayakDoorCounty.net" width="500" height="60">
```

2. 码一个<img>元素，在 h2 元素下方显示 hero.jpg。图片 500 像素宽，350 像素高。配置 alt 文本。

3. 文件另存到 kayakch4 文件夹中，命名为 index.html。启动浏览器并测试。现在看起来应该和图 4.10 相似。

注意，如图片没有显示，请检查是否将文件存储到 kayakch4 文件夹，而且<img>标记中的文件名是否拼写正确。学生文件的 chapter4/4.3 文件夹包含示例解决方案。区区几张图片即为网页增色不少，是不是很有趣？

 不知道图片的高度和宽度怎么办？

大部分图形处理软件都能显示图片的高度和宽度。如使用 Adobe Photoshop，Adobe Fireworks，Microsoft Paint 或 GIMP 这样的软件，请运行它并打开图片。这些工具提供了显示图片属性(包括高度和宽度)的选项。

用 Windows 文件资源管理器也很容易判断图片大小。用"详细信息"视图显示图片所在文件夹的内容，再勾选"分辨率"列标题即可。

图片链接

使图片成为超链接的代码很简单，在<img>标记两边加上锚标记就可以了。例如，以下代码将图片 home.gif 设为超链接：

```
<a href="index.html"><img src="home.gif" height="19" width="85" alt="Home"></a>
```

缩略图链接是将一张小图片配置成链接，点击它显示由 href 属性指定的大图(而不是网页)。例如：

```
<a href="sunset.jpg"><img src="thumb.jpg" height="100" width="100" alt="看日落大图 "></a>
```

学生文件 chapter4/thumb.html 展示了一个例子。

动手实作 4.4

本动手实作将为 KayakDoorCounty.net 主页添加图片链接。kayakch4 文件夹应已包含 index.html，kayakdc.gif 和 hero.jpg 文件。要使用的新图片存储在学生文件的 chapter4/starters 文件夹中。将 home.gif，tours.gif，reservations.gif 和 contact.gif 文件复制到 kayakch4 文件夹。动手实作完成后的主页效果如图 4.11 显示。

图 4.11　新主页使用图片链接来导航

现在开始编辑。启动文本编辑器来打开 index.html。注意，锚标记已经编码好了，只需将文本链接转变成图片链接！

1. 如果主导航区包含媒体内容(比如图片)，或许就有一部分人看不到它们(也可能是因为浏览器关闭了图片显示)。为了使所有人都能无障碍地访问导航区的内容，请在页脚区域配置一组纯文本导航链接。具体做法是将包含导航区的<nav>元素复制到网页靠近底部的地方。粘贴到 footer 元素中，位于版权行之上。

2. 找到 head 区域的 style 标记，编码以下样式规则为 bar 这个 id 配置绿色背景：

```
#bar { background-color: #152420; }
```

有的浏览器默认为图片链接显示边框。在 img 元素选择符的样式规则中，将 border 属性设为 none，从而禁止显示边框：

```
img { border: none; }
```

3. 现在将重点放回顶部导航区。在起始 nav 标记中编码 id="bar"。然后将每一对锚标记之间的文本替换成 img 元素。使 home.gif 链接到 index.html，tours.gif 链接到 tours.html，reservations.gif 链接到 reservations.html，contact.gif 链接到 contact.html。注

意 img 和起始/结束锚标记之间不要留多余的空格。例如:

```
<a href="index.html"><img src="home.gif" alt="Home" width="90" height="35"></a>
```

编码 img 标记时注意每张图片的宽度: home.jpg(90 像素), tours.jpg(90 像素), reservations.jpg(190 像素)和 contact.jpg (130 像素)。

4. 保存编辑过的 index.html。启动浏览器并测试。它现在的效果应该如图 4.11 所示。示例解决方案请参考 chapter4/4.4 文件夹。

 ## 无障碍访问和图片链接

使用图片作为主导航链接时,有两个方法提供无障碍访问。

1. 在页脚区域添加一行纯文本导航链接。虽然大多数人都可能用不上,但使用屏幕朗读器的人可通过它访问你的网页。

2. 配置每张图片的 alt 属性,提供和图片一样的描述文本。例如,为 Home 按钮的 <img>标记编码 alt="Home"。

 图片不显示怎么办?

网页图片不显示的常见原因包括:

1. 图片是否真的存在于网站文件夹中? 可用 Windows 资源管理器或者 Mac Finder 仔细检查。

2. 编写的 HTML 和 CSS 代码是否正确? 用 W3C CSS 和 HTML 校验器查找妨碍图片正确显示的语法错误。

3. 图片文件名是否和 HTML 或 CSS 代码指定的一致? 细节决定成败。习惯也很重要。

 图片文件的命名有什么讲究?

图片文件的命名原则如下。

- 全部小写。
- 不要使用标点和空格
- 不要改变文件扩展名(必须是.gif, .jpg, .jpeg 或.png)。
- 文件名要短,但要说明文件的作用。例如, i1.gif 或太短。myimagewithmydogonmybirthday.gif 或太长。dogbday.gif 则刚好合适。

4.4   更多视觉元素

本节讨论如何为图片配置图题(caption)。下个动手实将用一个 div 元素作为容器来配置图片及其图题。之后，再讨论如何用 figure 和 figcation 元素实现相同的效果。

动手实作 4.5

这个动手实作将为网页配置图片和图题。新建 mycaption 文件夹，从 chapter4/starters 文件夹复制 myisland.jpg 文件。

1. 启动文本编辑器并打开模板文件 chapter4/template.html。修改 title 元素。在 body 区域添加 img 标记来显示 myisland.jpg，如下所示：

```
<img src="myisland.jpg" alt="Tropical Island" height="480" width="640">
```

将文件另存为 mycaption 文件夹中的 index.html。启动浏览器来测试网页，如图 4.12 所示。

图 4.12   网页上显示的图片

2. 为图片配置图题和边框。在文本编辑器并打开网页文件。在 head 区域添加嵌入 CSS 来配置 figure 元素选择符，宽度设为 640 像素，1px 实线边框，5px 填充，用 Papyrus 字体(或默认 fantasy 字体家族)居中显示文本。代码如下所示：

```
<style>
#figure { border: 1px solid #000000;
```

```
font-family: Papyrus, fantasy;
padding: 5px;
text-align: center;
width: 640px; }
</style>
```

3. 编辑 body 区域。在图片下方添加一个 div 来包含图片，并在图片下方显示以下文本："Tropical Island Getaway"。注意，文本也要包含到该 div 中。将 figure id 分配给该 div。保存 index.html 并测试，效果如图 4.13 所示。示例解决方案在 chapter4/4.5文件夹。

图 4.13　用 CSS 配置图片边框和图题

figure 元素和 figcaption 元素

　　块显示元素 figure 由自包容的内容单元(比如一张图片)和可选的 figcaption 元素构成。块显示元素 figcaption 则为 figure 的内容提供图题。
　　你可能会问，既然能用 div 元素作为容器来实现同样的设计，为何还要专门设计这些新的 HTML5 元素。原因是语义。div 元素虽能获得同样的效果，但本质上过于泛泛。而使用 figure 和 figcaption 元素，内容结构就得到了良好定义。

🖐 **动手实作 4.6**

　　这个动手实作将用 HTML5 figure 和 figcaption 元素配置网页上包含图片的一个区域。新建文件夹 mycaption2，从 chapter4/starters 文件夹复制 myisland.jpg 文件。

1. 启动文本编辑器并打开模板文件 chapter4/template.html。修改 title 元素。在 body 区域添加 img 标记来显示 myisland.jpg，如下所示：

```
<img src="myisland.jpg" alt="Tropical Island" height="480" width="640">
```

将文件另存为 mycaption2 文件夹中的 index.html。启动浏览器来测试网页，如图 4.12 所示。

2. 为图片配置图题和边框。启动文本编辑器并打开网页文件。在 head 区域添加嵌入 CSS 来配置 figure 元素选择符，宽度设为 640 像素，1px 实线边框，5px 填充。再配置 figcaption 元素选择符，用 Papyrus 字体(或默认 fantasy 字体家族)居中显示文本。代码如下所示：

```
<style>
figure { border: 1px solid #000000; padding: 5px; width: 640px; }
figcaption { font-family: Papyrus, fantasy; text-align: center; }
</style>
```

3. 编辑 body 区域。在图片下方添加 figcaption 元素来显示以下文本："Tropical Island Getaway"。配置 figure 元素来同时包含包含 img 和 figcaptionf 元素。代码如下所示：

```
<figure>
    <img src="myisland.jpg" width="640" height="480" alt="Tropical Island">
    <figcaption> Tropical Island Getaway</figcaption>
</figure>
```

保存文件并测试，效果如图 4.14 所示。示例解决方案在 chapter4/4.6 文件夹。

图 4.14   网页使用了 HTML5 figure 和 figcaption 元素

meter 元素

meter 元素显示已知范围内数值的可视计量图,通常作为柱形图的一部分。该元素有几个属性可供配置:value(实际显示的值),min(范围内最小值)和 max(范围内最大值)。以下代码(摘自 chapter4/meter.html)显示总访问数和每种浏览器的访问数:

```
<h1>Monthly Browser Report</h1>
<meter value="14417" min="0" max="14417">14417</meter>14,417 Total Visits<br>
<meter value="7000" min="0" max="14417">7000</meter> 7,000 Chrome<br>
<meter value="3800" min="0" max="14417">3800</meter> 3,800 Edge<br>
<meter value="2062" min="0" max="14417">2062</meter> 2,062 Firefox<br>
<meter value="1043" min="0" max="14417">1043</meter> 1,043 Safari<br>
<meter value="312" min="0" max="14417">312</meter>    312 Opera<br>
<meter value="200" min="0" max="14417">200</meter>    200 other<br>
```

如图 4.15 所示,meter 元素提供了在网页上显示柱形图的一个便利途径。

progress 元素

如图 4.16 所示,progress 元素显示一个进度条,表明某个数值在指定范围中的位置。可配置的属性包括 value(要显示的值)和 max(最大值)。由于有的浏览器不支持,所以应将要显示的信息放到起始和结束 progress 标记之间。以下代码(摘自 chapter4/progress.html)显示任务已完成 50%:

```
<h1>Progress Report</h1>
<progress value="5" max="10">50%</progress>
Progress Toward Our Goal
```

图 4.15 meter 元素

图 4.16 progress 元素

4.5 背 景 图 片

第 3 章讲过,可用 CSS background-color 属性配置网页背景颜色。例如,以下 CSS 代码将网页背景配置成一种淡黄色:

```
body { background-color: #FFFF99; }
```

background-image 属性

使用 CSS background-image 属性配置背景图片。例如，以下 CSS 代码为 HTML 的 body 选择符配置背景图片 texture1.png，该图片和网页文档在同一个文件夹中：

```
body { background-image: url(texture1.png); }
```

同时使用背景颜色和背景图片

▶ 视频讲解：CSS Background Images

可同时配置背景颜色和背景图片。首先显示背景颜色(用 background-color 属性指定)，然后加载并显示背景图片。

同时指定背景颜色和背景图片，能为访问者提供更愉悦的视觉体验。即使由于某种原因背景图片无法载入，网页背景仍能提供与文本颜色的良好对比度。如背景图片比浏览器窗口小，而且网页用 CSS 配置成不自动平铺(重复)，没有被背景图片覆盖到的地方将显示背景颜色。以下 CSS 代码同时指定背景颜色和背景图片：

```
body {   background-color: #99cccc;
         background-image: url(background.jpg); }
```

浏览器如何显示背景图片

网页背景图片不一定要和浏览器视口大小相当。事实上，背景图片通常比一般的浏览器视口小得多。背景图片的形状要么是又细又长的矩形，要么是小的矩形块。除非在样式规则中专门指定,否则浏览器会重复(或称为平铺)这些图片以覆盖整个网页背景，如图 4.17 和图 4.18 所示。图片文件尽量小一些，以便快速下载。

图 4.17　细长的背景图片在网页上平铺

图 4.18　小的矩形图片重复填满整个网页背景

background-repeat 属性

刚才说过，浏览器的默认行为是重复(平铺)背景图片，使之充满容器元素的整个背景。除了 body 元素，这种行为还适合其他容器元素，比如标题和段落等。可用 CSS 的 background-repeat 属性改变这种平铺行为。表 4.4 总结了它的属性值。

表 4.4　background-repeat 属性值

值	作用
repeat	默认值。从左到右，从上到下重复(平铺)图片以填满背景
repeat-y	在背景上垂直重复图片
repeat-x	在背景上水平重复图片
no-repeat	不重复图片
space	在背景重复图片，通过调整图片四周空白防止图片被剪裁。
round	在背景重复图片，通过缩放图片防止图片被剪裁。

图 4.19 展示了实际的背景图片以及各种 background-repeat 属性值的结果。

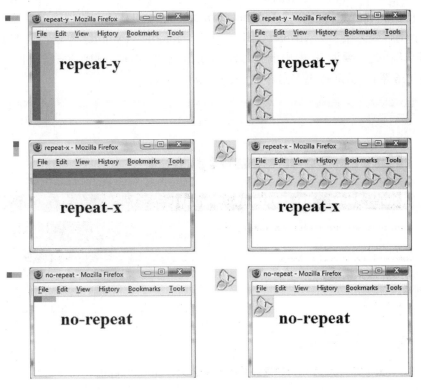

图 4.19　CSS background-repeat 属性的例子

动手实作 4.7

现在练习使用一张背景图片。将以动手实作 4.4 创建的 kayakch4 文件夹的内容为起点(学生文件 chapter4/4.4)。将为 main 元素选择符配置一张不重复的背景图片。将 chapter4/starters 文件夹中的 heroback.jpg 文件复制到 kayakch4 文件夹。图 4.20 展示了本动手实作完成之后的主页效果。启动文本编辑器并打开 index.html。

1. 找到 head 区域的 style 标记,为 main 元素选择符新建样式规则来配置 background-image 和 background-repeat 属性。将背景图片设为 heroback.jpg。将背景设为不重复。完成后的 main 样式规则如下:

```
main { background-image: url(heroback.jpg);
       background-repeat: no-repeat; }
```

2. 从网页主体删除显示 hero.jpg 的 img 标记。

3. 保存 index.html 并用浏览器测试。会注意到 main 元素中的文本目前是叠加在背景图片上显示的。段落不要跑到背景图片上会更美观。用文本编辑器打开 index.html,在单词 "explore" 前编码一个换行标记。

4. 再次保存并测试,在除 Internet Explorer 之外的其他浏览器上的结果如图 4.20 所示。示例解决方案参见 chapter4/4.7 文件夹。Internet Explorer 不支持 HTML5 main 元素的默认样式。要为 IE 做出调整,需为 main 元素的样式规则添加 display: block;声明(参见第 6 章),示例解决方案参见 chapter4/4.7/iefix.html。

图 4.20　main 元素的背景图片配置成 background-repeat: no-repeat

图片存储在单独的文件夹中怎么办？

组织网站时，将所有图片保存在与网页文件不同的文件夹是一个很好的做法。注意，图 4.21 显示的 CircleSoft 网站有一个名为 images 的文件夹，里面包括了一些 gif 文件。要在代码中引用这些文件，还应该引用 images 文件夹，例如：

1. 以下 CSS 将 images 文件夹中的 background.gif 文件设置为网页背景：

```
body { background-image :
    url(images/background.gif); }
```

2. 以下 HTML 将 images 文件夹中的 logo.jpg 文件插入网页：

```
<img src="images/logo.jpg" alt="CircleSoft"
width="588" height="120"/>
```

图 4.21　图片都放到 images 文件夹

background-position 属性

可用 CSS background-position 属性指定背景图片的位置(默认左上角)。有效属性值包括百分比值；像素值；或者 left，top，center，bottom 和 right。第一个值指定水平位置，第二个指定垂直位置。如只提供一个值，第二个值默认为 center。如图 4.22 所示，可用以下样式规则将小花朵背景图片放到容器元素右侧。

```
h2 {background-image: url(flower.gif);
    background-position: right;
    background-repeat: no-repeat; }
```

New Media and Web Design

图 4.20　小花朵背景图片用 CSS 配置之后，将在右侧显示

background-attachment 属性

使用 CSS background-attachment 属性配置背景图片是在网页中滚动，还是将其固定。有效属性值包括：

- scroll(默认)：背景图片在浏览器视口中随网页滚动
- fixed：背景图片在浏览器视口中固定
- local：背景图片在浏览器视口中随元素的内容滚动

background-clip 属性

CSS background-clip 属性配置背景图片的显示方式，它的值包括：

- content-box：剪裁图片使之适应内容后面的区域
- padding-box：剪裁图片使之适应内容和填充后面的区域
- border-box(默认)：剪裁图片使之适应内容、填充和边框后面的区域。和 padding-box 属性相似，只是图片会在配置成透明的边框后面显示

图 4.23 展示了为 div 元素配置不同 background-clip 属性值的效果。注意，这里故意使用了大的虚线边框。示例网页在 chapter4/clip 文件夹中。第一个 div 的 CSS 如下所示：

```
.test { background-clip: content-box;
background-image: url(myislandback.jpg);
border: 10px dashed #000;
padding: 20px;
width: 400px; }
```

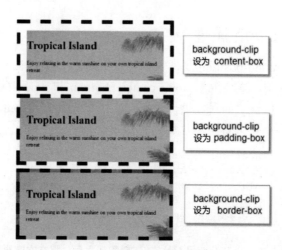

图 4.23　CSS background-clip 属性

CSS background-origin 属性

CSS background-origin 属性配置背景图片的位置，它的值如下所示。

- content-box：相对内容区域定位
- padding-box(默认)：相对填充区域定位
- border-box：相对边框区域定位

主流浏览器目前都支持 background-origin 属性。图 4.24 展示了为 div 元素配置不

同 background-origin 属性值的效果。示例网页在 chapter4/origin 文件夹中。第一个 div 的 CSS 如下所示：

```
.test { background-image: url(trilliumsolo.jpg);
background-origin: content-box;
background-position: right top;
background-repeat: no-repeat;
border: 1px solid #000;
padding: 20px; width: 200px; }
```

我们经常会用多个 CSS 属性配置背景图片。这些属性一般都能配合使用。但要注意，如果 background-attachment 设为 fixed，那么 background-origin 不起作用。

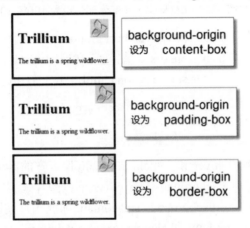

图 4.24　CSS background-origin 属性

background-size 属性

CSS background-size 属性用于改变背景图片的大小或者进行缩放。主流浏览器都支持。属性值如下。

- 一对百分比值(宽度，高度)
  如果只提供一个百分比值，第二个值将默认为 auto，由浏览器自行判断。
- 一对像素值(宽度，高度)
  如果只提供一个像素值，第二个值将默认为 auto，由浏览器自行判断。
- cover
  cover 值缩放背景图片并保持图片比例不变，使图片完全覆盖区域；换言之，背景图片可能部分不可见。
- contain
  contain 值缩放背景图片并保持图片比例不变，使图片高度和宽度适应区域；

　　换言之，整张背景图片可见。

　　图 4.25 展示了使用同一张背景图片(不重复)的两个 div 元素。

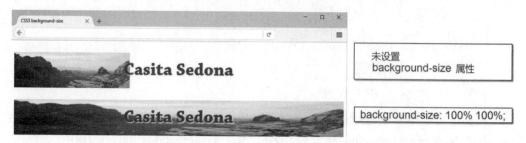

图 4.25　CSS background-size 属性设为 100% 100%

　　第一个 div 元素的背景图片没有配置 background-size 属性，图片只是部分填充空间。第二个 div 的 CSS 将 background-size 配置成 100% 100%，使浏览器缩放背景图片以填充空间。示例网页是 chapter4/size/sedona.html。第二个 div 的 CSS 如下所示：

```
#test1 { background-image: url(sedonabackground.jpg);
        background-repeat: no-repeat;
        background-size: 100% 100%; }
```

　　图 4.26 演示了如何用 cover 和 contain 值在 200 像素宽的区域中显示 500×500 的背景图片。左侧的网页使用 background-size: cover;缩放图片来完全填充区域，同时保持比例不变。右侧的网页使用 background-size: contain;缩放图片使图片适应区域。示例网页分别是 chapter4/size/cover.html 和 chapter4/size/contain.html。

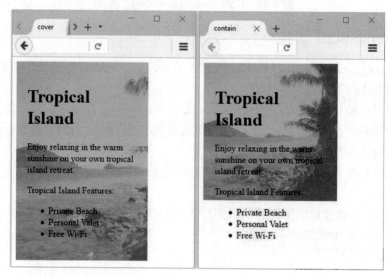

图 4.26　background-size: cover;和 background-size: contain;的例子

多张背景图片

熟悉背景图片后，接着探索如何向网页应用多张背景图片。图 4.27 展示了包含两张背景图片的网页，这些图片是针对 body 选择符配置的。桌上一个大咖啡杯照片占据网页大部分空间，左下角则是一个小的咖啡杯图标。

多张背景图片用 CSS3 background 属性配置。每个图片声明都以逗号分隔。可选择添加属性值来指定图片位置以及图片是否重复。background 属性采用的是一种速记表示法，只列出和 background-position 和 background-repeat 等属性对应的值。

使用多张背景图片时应进行渐进式增强。换言之，要先单独配置 background-image 属性来指定单一背景图片，使不支持多张背景图片的浏览器也能正常显示背景图片。再配置 background 属性来指定多张背景图片，使支持新技术的浏览器能显示多张背景图片(不支持的浏览器会自动忽略该属性)。

图 4.27 使用多张背景图片

动手实作 4.8

下面练习配置多张背景图片。本动手实作将配置 body 元素选择符在网页上显示多张背景图片。新建 coffee4 文件夹，从 chapter4/coffeestarters 文件夹复制所有文件。

启动文本编辑器并打开 coffee.html。有的浏览器不支持多张背景图片，针对它们的样式声明已经写好了。添加 body 元素选择符的样式规则来配置多张背景图片：在左下角显示 coffee.gif，不重复；显示 coffeepour.jpg 作为固定背景。新代码如下所示：

```
background: url(coffee.gif) no-repeat left bottom,
url(coffeepour.jpg) no-repeat fixed;
background-size: auto, cover;
```

将文件另存为 index.html 并在浏览器中测试，如图 4.27 所示。如浏览器不支持多张背景图片，将只显示大图。chapter4/4.8 文件夹包含示例解决方案。

图 4.28　多张背景图

动图(cinemagraph)是动画 GIF 的一种，一般通过画面有小幅变化的视频或一组照片制作(比如咖啡倒入杯子，或头发在风中飘动)。动图使用 Adobe Photoshop 这样的图形处理软件来制作，结果导出为动画 GIF 或 PNG。图 4.28 的网页使用了三张背景图片：一个大咖啡杯动图 GIF、一个纯色矩形以及一个小咖啡杯图标。

 动手实作 4.9

将修改动手实作 4.8 的例子，将一张动图作为三张背景图片之一。使用动手实作 4.8 的文件。在文本编辑器中打开 index.html。将修改 body 元素选择符的样式规则，显示 coffeepour.gif 动图而不是 coffeepour.jpg 静态照片。编辑 background 属性值，在 coffeepour.gif 之上、coffeelogo.gif 之下显示第三张图片(coffeeback.gif)。改动的代码加粗显示：

```
body { font-size: 150%; font-family: Arial; color: #992435;
       background-image: url(coffeepour.gif); background-size: cover;
       background-repeat: no-repeat; background-attachment: fixed;
       background: url(coffee.gif) no-repeat left bottom,
       url(coffeeback.gif) repeat-y;
       url(coffeepour.gif) no-repeat fixed;
       background-size: auto, auto, cover; }
```

将网页另存为 coffepour.html。启动浏览器来测试网页，结果应该和图 4.28 相似。不支持多背景图的浏览器只显示大咖啡杯。示例解决方案请参考 chapter4/4.9 文件夹。

自测题 4.2

1. 写 CSS 代码，配置名为 circle.jpg 的一张图片在所有<h1>元素的背景中仅显示一次。
2. 写 CSS 代码，配置名为 bg.gif 的一张图片在网页背景中垂直向下重复。
3. 如果同时配置了背景图片和背景颜色，浏览器会如何渲染网页？

4.6　更多图片知识

本节要介绍在网页上使用图片的另外几个技术，包括图像映射、收藏图标和 CSS 精灵。

图像映射

图像映射(image map)是指为图片配置多个可点击或可选择区域，它们链接到其他网页或网站。这些可点击区域称为"热点"(hotspot)，支持三种形状：矩形、圆形和多边形。配置图像映射要用到 img、map 以及一个或多个 area 元素。

map 元素

map 元素是容器标记，指定图像映射的开始与结束。在<map>标记中，用 name 属性设置图片名称。id 属性的值必须和 name 属性相同。用<img>标记配置图片时，用 usemap 属性将图片和 map 元素关联。

area 元素

area 元素定义可点击区域的坐标或边界，这是一个 void 标记，可使用 href，alt，title，shape 和 coords 属性。其中，href 属性指定点击某个区域后显示的网页。alt 属性为屏幕朗读程序提供文本说明。title 属性指定鼠标停在区域上方时显示的提示信息。coords 属性指定可点击区域的坐标。表 4.5 总结了与各种 shape 属性值对应的坐标格式。

表 4.5　和各种 shape 值对应的坐标格式

形状	坐标	说明
rect	"x1,y1,x2,y2"	(x1,y1)指定矩形左上角位置，(x2,y2)指定右下角
circle	"x,y,r"	(x,y)指定圆心位置，r 值指定像素单位的半径
polygon	"x1,y1,x2,y2,x3,y3" 等	每一对(x,y)代表多边形一个角顶点的坐标

探索矩形图像映射

下面以矩形图像映射为例。矩形图像映射要求将 shape 属性的值设为 rect，坐标值按以下顺序指定：左上角到图片左侧的距离、左上角到图片顶部的距离、右下角到图片左侧的距离、右下角到图片顶部的距离。

图 4.29 显示了一艘渔船(学生文件 chapter4/map.html)。渔船周围的虚线矩形就是热点区域。显示的坐标(24, 188)表示矩形左上角距离图片左侧 24 像素，距离顶部 188 像素。右下角坐标(339,283)表示它距离图片左侧 339 像素，距离顶部 283 像素。

创建这一映射的 HTML 代码如下：

```
<map name="boat" id="boat">
<area href="http://www.fishingdoorcounty.com"
  shape="rect" coords="24,188,339,283"
  alt="Door County Fishing Charter"
  title="Door County Fishing Charter">
</map>
<img src="fishingboat.jpg" usemap="#boat"
  alt="Door County" width="416" height="350">
```

图 4.29   示例图像映射

注意，area 元素配置了 alt 属性。为图像映射的每个 area 元素都配置描述性文字，这有利于无障碍访问。

大多数网页设计人员并不亲自编码图像映射。一般利用 Adobe Dreamweaver 等网页创作工具生成图像映射。还可利用一些免费的联机图像映射生成工具，例如：

- http://www.maschek.hu/imagemap/imgmap
- http://image-maps.com
- http://mobilefish.com/services/image_map/image_map.php

收藏图标

有没有想过地址栏或网页标签上的小图标是怎么来的呢？这称为**收藏图标**
(favorites icon，简称 `favicon`)，通常是和网页关联的一张小方形图片，大小为 16×16
像素或者 32×32 像素。如图 4.30 所示的收藏图标会在浏览器地址栏、标签或书签/收藏
列表中显示。

图 4.30　收藏图标在网页标签上显示

配置收藏图标

某些老旧浏览器支持收藏图标的方式是要求必须将文件命名为 favicon.ico，而且必
须存储在 Web 服务器根目录，然而，更现代的方式是使用 link 元素将图标文件和网页
关联。第 3 章曾在网页 head 区域使用<link>标记将网页和外部样式表关联。还可利用
该标记将网页和收藏图标关联。为此要使用三个属性：rel，href 和 type。rel 属性的值
是 icon，href 属性的值是图标文件名。。type 属性的值是图标文件的 MIME 类型，.ico
图标文件的 MIME 类型默认是 image/x-icon。以下代码将收藏图标 favicon.ico 和网页
关联：

```
<link rel="icon" href="favicon.ico" type="image/x-icon">
```

Microsoft Edge 和 Internet Explorer 要求将文件发布到 Web(参见附录的 FTP 教程)
才能正常显示收藏图标。其他浏览器(比如 Firefox)在显示收藏图标时更可靠，而且支
持 GIF，JPG 和 PNG 图片格式。注意如果收藏图标是.gif，.png 或.jpg 文件，则 MIME
类型为 image/ico。例如：

```
<link rel="icon" href="favicon.gif" type="image/ico">
```

 动手实作 4.10 ————————————————————————————

下面练习使用收藏图标。将以动手实作 4.7 创建的 kayakch4 文件夹为基础(同时参
考 chapter4/4.7 文件夹)，从 chapter4/starters 文件夹复制 favicon.ico 文件。

1. 启动文本编辑器并打开 index.html。在网页 head 区域添加以下 link 标记:

```
<link rel="icon" href="favicon.ico" type="image/x-icon">
```

2. 保存 index.html。启动浏览器来测试网页。注意标签上显示了一个小的皮艇图标,如图 4.31 所示。示例解决方案请参考 chapter4/4.10 文件夹。

图 4.31   浏览器标签上显示了收藏图标

 怎样创建自己的收藏图标?

使用图片编辑软件(比如 GIMP)或者以下某个联机工具:

1. http://favicon.cc
2. https://www.favicongenerator.com
3. http://www.freefavicon.com
4. http://www.xiconeditor.com

 移动设备上的图标怎么设置?

Apple,Google Android 和 Microsoft 的移动设备各自有不同的图标使用规范。访问 https://webdevfoundations.net/10e/chapter4.html 获取这些规范的最新链接。首先要准备好多种尺寸的图标文件,比如 180×180(iPhone),192×192(Android) 和 167×167(iPad Pro)。文件一般采用 PNG 格式。然后要为每个图标文件配置 link 元素的 rel,href 和 sizes 属性。其中,sizes 属性指定图标文件尺寸。以下 HTML 代码为标准 iPhone,iPad 和 Android 设备指定图标文件:

```
<link rel="apple-touch-icon" sizes="180x180"
href="iPhoneIcon.png">
<link rel="apple-touch-icon" sizes="167x167"
href="iPadIcon.png">
<link rel="icon" sizes="192x192" href="AndroidIcon.png">
```

CSS 精灵

CSS 精灵用于优化网页图片的加载。**精灵**(sprite)是指由多张小图整合而成的图片文件，每张小图都配置成不同网页元素的背景图片。用 CSS background-image，background-repeat 和 background-position 属性来控制背景图片的位置。由于只需下载一张大图，所以只需一个 HTTP 请求，这加快了图片的准备速度。我们将在第 6 章学习 CSS 精灵。

4.7　图片来源和使用原则

图片来源

获取图片的方法有很多：用图形处理软件创建、从免费网站下载、从图片网站购买并下载、购买正版图片相册 DVD、拍摄数码照片、扫描照片、扫描画作或雇用图形设计师帮你创作。Adobe Photoshop 和 GIMP(https://www.gimp.org/)是流行的图形处理软件。Pixlr 提供了一个免费的、使用简便的联机照片编辑器(https://pixlr.com/x/)。这些应用通常都提供了教程和示例图片来介绍其用法。

有人喜欢右键点击网页上的图片并下载，然后在自己的网站上使用。注意，网站上的素材是有版权的(即使没有明确显示版权符号或声明)。所以，除非获得网站所有者的许可，否则不能免费使用。请联系图片的所有者，在获得许可后使用，不要直接拿来就用。

有许多网站提供免费或便宜图片。选择一个搜索引擎并搜索"免费图片"或"free graphics"，将得到大量结果，这些图片永远看不完。找图片时，下面这些网站可能对你有所帮助。

- Free Images：https://www.freeimages.com
- Free Stock Photo Search Engine：http://www.everystockphoto.com
- Free Digital Photos：http://www.freedigitalphotos.net
- Pixabay：https://pixabay.com
- iStockphoto：https://www.istockphoto.com
- Adobe Stock：https://stock.adobe.com

图片使用原则

图像可以增强用户体验，从而提高网页的吸引力。但是，如果使用过大的图片，也会造成网页下载速度过慢，使访问者产生挫折感。

重用图片。一旦某个网页请求了网站上的某张图片，它就会被存储在访问者硬盘的缓存中。接着再请求该图片时，就会使用硬盘上的文件，不需要重新下载，这样能加快使用该图片的所有网页的下载速度。建议在多个页面上重复使用通用的图片，比如 logo 和导航按钮，不要创建这些通用图片的多个不同版本。

文件大小/质量问题。使用图形处理软件创作图片时，可以选择不同级别的图像质量。质量和文件大小成正比——质量越高，文件越大。因此请选择能为你提供满意质量的最小大小，可能需要多次试验直到找到最佳平衡点。

考虑图片下载时间。在网页上使用图片要特别小心——下载它们需要时间。

使用合适的分辨率。桌面浏览器以较低分辨率显示图片——通常为 96 ppi(每英寸像素量，Pixels per inch)。许多数码相机和扫描仪能创建分辨率大得多的图片。当然，分辨率越高意味着文件越大。如浏览器无法以太高分辨率显示，传输大的图片文件就是对带宽的浪费。注意，有的移动设备(平板和智能手机)支持较高的像素密度(比如 400 ppi 以上)，这可能影响图片的渲染。第 7 章将学习如何为多种设备配置灵活响应图像。

指定大小。坚持为 img 标记配置 height 和 width 属性，这允许浏览器在网页上事先为图片分配好恰当的空间，使网页能更快地加载。不要试图通过设置 height 和 width 属性改变图片大小。虽然这样做能起作用，但是页面的加载速度会变慢，还可能影响图片质量。相反，应根据需要，使用图形处理软件为图片创建更小或更大的版本。

注意亮度和对比度。Gamma 是指显示器的亮度和对比度。使用 Macintosh 和 Windows 操作系统时，显示器的默认 Gamma 值设置是不同的(Macintosh 为 1.8，Windows 为 2.2)。在 Windows 计算机中对比度正常的图片在 Macintosh 上看起来可能有点淡。用 Macintosh 创建的图片在运行 Windows 操作系统的计算机中可能比较暗且对比度较低。注意，即使使用相同的操作系统，不同显示器的 Gamma 值也可能和操作系统平台的默认值稍有不同。Web 开发人员不能控制 Gamma 值，但应该知道由于它的存在，图片在不同平台上看起来会有所区别。

 ## 无障碍和视觉元素

虽然图片有助于创建吸引人的、有趣的网站，但要记住并不是所有访问者都能看到图片。无障碍网络倡议(Web Accessibility Initiative，WAI)为 Web 开发人员提供了使用颜色和图片时的一些指导原则。

- 不要只依赖颜色。有些访问者可能是色盲，因此请确保背景和文本颜色的高对比度。
- 为所有非文本元素提供文本说明。在图片标记中使用 alt 属性。如果图片本身显示的就是文本，将该文本设为 alt 属性的值。如果图片是纯装饰性的，设置 alt=""。

- 如网站导航使用了图片链接，同时在页面底部提供简单文本链接。

TCP/IP 创始人之一和互联网协会前主席 Vinton Cerf 说过："Internet 是所有人的。"因此请遵循无障碍网络的指导原则，确保所有人都能正常访问互联网。

✅ 自测题 4.3

1. 搜索一个用图片链接提供导航功能的网站，列出网站 URL。该网站的图片链接使用了什么颜色？如图片链接包含文本，它上面的背景和文字之间的对比度是否良好？视觉有障碍的人是否能无障碍地访问该页面？无障碍访问是怎样实现的？这些图片链接是否使用了 alt 属性？页脚是否有一行文字链接。请回答上述问题并对结果进行讨论。
2. 说明在配置图像映射时，<image>，<map>和<area>标记之间的关系。
3. 判断对错：是否应该用尽可能小的文件保存图片？

4.8　CSS 视觉效果

本节介绍在网页上提供视觉效果的 CSS 属性，包括圆角、框阴影、文本阴影、透明效果、RGBA 透明颜色、HSLA 透明颜色和渐变。

CSS 圆角

▶ 视频讲解：Rounded Corners with CSS

使用边框和框模型时，你可能已注意到网页上存在众多矩形！可用 border-radius 属性创建圆角，使矩形变得更"圆滑"。

border-radius 属性指定的是圆角半径，可以是 1 到 4 个数值(像素或 em 单位)或百分比。如果只提供一个值，该值将应用于全部 4 个角。如果提供了 4 个值，就按左上、右上、右下和左下的顺序配置。另外，还可使用 border-bottom-left-radius，border-bottom-right-radius，border-top-left-radius 和 border-top-right-radius 属性单独配置每个角。

以下代码使用 CSS 配置边框的圆角。为了获得可见的边框，需要配置 border 属性，再将 border-radius 属性设为 20px 以下的值来获得最佳效果。

```
border: 3px ridge #330000;
border-radius: 15px;
```

图 4.32(chapter4/box.html)展示了上述代码的实际效果。注意，获得圆角外观的另一个办法是用图形软件创建圆角矩形背景图片。

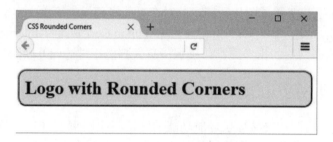

图 4.32　用 CSS 配置圆角

动手实作 4.11

下面为 logo 区域配置背景图片和圆角。

1. 新建文件夹 borderch4。将 chapter4/starters 文件夹中的 lighthouselogo.jpg 和 background.jpg 文件复制到这里。再复制 chapter4/starter3.html 文件。启动浏览器显示 starter3.html 网页，如图 4.33 所示。

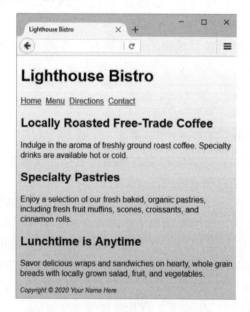

图 4.33　starter3.html 文件

2. 在文本编辑器中打开 starter3.html 文件并另存为同目录中的 index.html。编辑嵌入 CSS，为 h1 元素选择符添加以下样式声明，将 lighthouselogo.jpg 配置成背景图片(不重复)，height 设为 100px，width 设为 650px，字号设为 3em，左填充设为 150px，顶部填充设为 30px，再配置一个 border-radius 为 15px 的深蓝色边框。

```
h1 { background-image: url(lighthouselogo.jpg);
background-repeat: no-repeat;
height: 100px; width: 650px; font-size: 3em;
padding-left: 150px; padding-top: 30px;
border: 1px solid #000033;
border-radius: 15px; }
```

3. 保存并在支持圆角的浏览器中测试 index.html 文件，会看到如图 4.34 所示的结果；否则会显示直角 logo 区域，但网页仍然可用。示例解决方案是 chapter4/4.11/index.html。

图 4.34 为 logo 区域配置圆角

box-shadow 属性

CSS box-shadow 属性为块显示元素(div 和段落等等)创建阴影效果。属性值包括阴影的水平偏移、垂直偏移、模糊半径(可选)、伸展距离(可选)和颜色。

- **水平偏移**。像素值。正值在右侧显示阴影，负值在左侧显示。
- **垂直偏移**。像素值。正值在下方显示阴影，负值在上方显示。
- 模糊半径(可选)。像素值。不能为负。值越大越模糊。默认值 0 配置锐利的阴影。
- **伸展距离(可选)**。像素值。默认值 0。正值使阴影扩大，负值使阴影收缩。
- **颜色值**。为阴影配置有效颜色值。

下例配置一个深灰色阴影，水平和垂直偏移都是 5px，模糊半径也是 5px，使用默认伸展距离。

```
box-shadow: 5px 5px 5px #828282;
```

要配置内部阴影效果，请包含可选的 inset 关键字。默认阴影是在边框外。使用 inset 后，阴影在边框内(即使是透明边框)，背景之上内容之下，例如：

```
box-shadow: inset 5px 5px 5px #828282;
```

 动手实作 4.12 ————————————————————

下面练习配置 text-shadow 和 box-shadow。完成后的网页如图 4.35 所示。

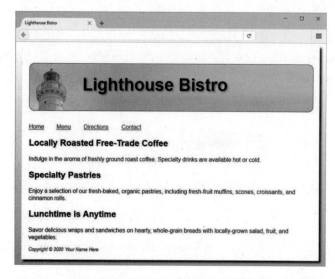

图 4.35   网页内容居中、中性背景和阴影属性增加了立体感

新建文件夹 shadowch4,复制 chapter4/starters 文件夹中的 lighthouselogo.jpg 和 background.jpg 文件。启动文本编辑器来打开 chapter4/4.11/index.html 文件(如图 4.34 所示),另存到 shadowch4 文件夹。

1. 配置网页内容居中,宽度 800 像素,白色背景和一些填充。

- 编辑 HTML。配置一个 div 元素,为其分配名为 container 的 id,它用于包含主体区域的代码。在起始 body 标记后的一个新行上编码起始<div>标记。在结束 body 标记前的一个新行上编码结束</div>标记。

- 编辑嵌入 CSS 来配置一个新的 id 选择符,命名为 container。配置白色背景和 1.25em 填充。第 3 章讲过用于居中网页内容的样式声明。利用 width,min-width,max-width,margin-left 和 margin-right 属性。

```
#container { background-color: #FFFFFF;
padding: 1.25em;
width: 80%; min-width: 800px; max-width: 960px;
margin-left: auto;
margin-right: auto; }
```

2. 编辑嵌入 CSS,为#container 选择符添加以下样式声明来配置框阴影:

```
box-shadow: 5px 5px 5px #1E1E1E;
```

3. 为 h1 元素选择符添加以下样式声明来配置深灰色文本阴影：

```
text-shadow: 3px 3px 3px #676767;
```

4. 为 h2 元素选择符添加以下样式声明来配置浅灰色文本阴影(无模糊)：

```
text-shadow: 1px 1px 0 #CCC;
```

5. 保存文件并在浏览器中测试，效果如图 4.35 所示。示例解决方案是 chapter4/4.12/index.html。

动手实作 4.13

这个动手实作将配置网页内容居中并练习配置 CSS 属性。完成后的网页如图 4.36 所示。

图 4.36　CSS 显著改变了网页外观

新建文件夹 kayakch4a。从 chapter4/starters 文件夹复制 background.jpg，heroback2.jpg 和 headerbackblue.jpg。用文本编辑器打开 chapter4/starter2.html 并另存为 kayakch4a 文件夹中的 index.html。像下面这样修改。

1. 居中网页内容。

- 在 style 标记之间配置嵌入 CSS，编码名为 container 的新 id 选择符，配置 width，margin-left 和 margin-right 属性：

```
#container { margin-left: auto; margin-right: auto; width: 80%; }
```

- 编辑 HTML。配置一个 div 并分配 container id 来包含 body 内容。在起始 body 标记后编码起始 div，将 container id 分配给它。
2. 编码嵌入 CSS。
- body 元素选择符。配置背景图片 background.jpg。

```
body { background-image: url(background.jpg);
```

- container id 选择符。配置白色背景，650px 最小宽度，1280px 最大宽度，偏移为 3px、颜色为#333 的框阴影。

```
#container { margin-left: auto;
            margin-right: auto;
            width: 80%;
            background-color: #FFFFFF;
            min-width: 650px; max-width: 1280px;
            box-shadow: 3px 3px 3px #333; }
```

- header 元素选择符。配置#000033 背景颜色，#FF9 文本颜色，右侧显示而且不重复的 headerbackblue.jpg 图片，80px 高度，5px 顶部填充，2em 左侧填充以及颜色为#FFF、偏移为 1px 的文本阴影。

```
header { background-color: #000033; color:#FF9;
         background-image: url(headerbackblue.jpg);
         background-position: right;
         background-repeat: no-repeat;
         height: 80px;
         padding-top: 5px;
         padding-left: 2em;
         text-shadow: 1px 1px 1px #FFF; }
```

- nav 元素选择符。配置加粗、1.5em 字号、居中、字距为 1em 的文本，

```
nav { word-spacing: 1em;
      font-weight: bold;
      font-size: 1.5em;
      text-align: center; }
```

- nav a 后代选择符。消除超链接的下划线。

```
nav a { text-decoration: none; }
```

- main 元素选择符。将 heroback2.jpg 配置成背景图片，配置 background-size: 100% 100%;。再配置白色文本(#FFF)和 2em 填充。

```
main { background-image: url(heroback2.jpg);
```

```
background-size: 100% 100%;
color: #FFF;
padding: 2em; }
```

- footer 元素选择符。配置斜体、.80em 字号和居中文本，0.5em 填充。

```
footer { font-style: italic; font-size: .80em;
text-align: center; padding: 0.5em; }
```

3. 保存 index.html 并测试，效果如图 4.36 所示。将你的作品和学生文件 chapter4/4.13/index.html 比较。

opacity 属性

CSS opacity 属性配置元素的不透明度。opacity 值从 0(完全透明)到 1(完全不透明)。使用时注意该属性同时应用于文本和背景。为元素配置了半透明的 opacity 值，背景和文本都会半透明。图 4.37 利用 opacity 属性为 h1 元素配置 60%不透明的白色背景。仔细观察图 4.37(chapter4/4.14/index.html)，会发现无论白色背景还是 h1 元素的黑色文本都变得半透明了。opacity 属性同时作用于背景颜色和文本颜色。

图 4.37　h1 区域的背景和文本变得透明了

动手实作 4.14

这个动手实作将用 opacity 属性配置如图 4.37 所示的网页。

1. 新建文件夹 opacitych4 并复制 chapter4/starters 文件夹中的 fall.jpg。启动文本编

辑器并打开 chapter4/template.html 文件,保存到 opacitych4 文件夹,重命名为 index.html。将网页 title 更改为 "Fall Nature Hikes"。

2. 创建一个 div 来包含 h1 元素。在 body 区域添加以下代码:

```
<div id="content">
<h1>Fall Nature Hikes</h1>
</div>
```

3. 在 head 区域添加样式标记来配置嵌入 CSS。将创建名为 content 的 id 来显示背景图片 fall.jpg(不重复)。content id 宽度设为 640 像素,高度设为 480 像素,左右边距设为 auto(使其在浏览器视口中居中),顶部填充设为 20 像素。代码如下所示:

```
#content {    background-image: url(fall.jpg);
              background-repeat: no-repeat;
              margin: auto;
              width: 640px;
              height: 480px;
              padding-top: 20px;}
```

4. 现在配置 h1 选择符,配置白色背景,将 opacity 设为 0.6,字号设为 4em,填充设为 10 像素。代码如下所示:

```
h1 {background-color: #FFFFFF;
    opacity: 0.6;
    font-size: 4em;
    padding: 10px;}
```

5. 保存文件。在支持透明的浏览器中测试 index.html,会看到如图 4.37 所示的效果。示例解决方案是 chapter4/4.14/index.html。

CSS RGBA 颜色

CSS3 支持通过 color 属性配置透明颜色,称为 RGBA 颜色。需要 4 个值:红、绿、蓝和 alpha 值(透明度)。RGBA 颜色不是使用十六进制,而是使用十进制颜色值。具体参考图 4.38 的颜色表(只列出部分颜色)以及附录的 Web 安全颜色。

红、绿和蓝必须是 0 到 255 的十进制值。alpha 值必须是 0(完全透明)到 1(完全不透明)之间的数字。图 4.39 的网页将文本配置成稍微透明。

#FFFFFF
rgb (255, 255, 255)
	#FFFFCC
	rgb(255, 255, 204)
		#FFFF99
		rgb(255,255,153)
			#FFFF66
			rgb(255,255,102)

#FFFF33
rgb(255,255,51)
	#FFFF00
	rgb(255,255,0)
		#FFCCFF
		rgb(255, 204, 255)
			#FFCCCC
			rgb(255,204,204)

#FFCC99
rgb(255,204,153)
	#FFCC66
	rgb(255,204,102)
		#FFCC33
		rgb(255,204,51)
			#FFCC00
			rgb(255,204,0)

#FF99FF
rgb(255,153,255)
	#FF99CC
	rgb(255,153,204)
		#FF9999
		rgb(255,153,153)
			#FF9966
			rgb(255,153,102)

图 4.38　十六进制和 RGB 十进制颜色值

图 4.39　用 CSS RGBA 颜色配置透明文本

 RGBA 颜色和 opacity 属性有什么区别？

　　opacity 属性同时作用于元素中的背景和文本。如果只想配置半透明背景色，请为 background-color 属性编码 RGBA 颜色或 HSLA 颜色(参见下一节)。如果只想配置半透明文本，请为 color 属性编码 RGBA 颜色或 HSLA 颜色。

动手实作 4.15

这个动手实作将配置如图 4.39 所示略微透明的文本。

1. 新建文件夹 rgbach4，从 chapter4/starters 文件夹复制 fall.jpg。启动文本编辑器并打开上个动手实作创建的文件(也可直接使用学生文件 chapter4/4.14/index.html)。将文件另存为 rgbach4 文件夹中的 rgba.html。

2. 删除 h1 选择符当前的样式声明。将为 h1 选择符创建新样式规则来配置 10 像素的右侧填充，以及右对齐的 sans-serif 白色文本，字号 5em，70%不透明。由于不是所有浏览器都支持 RGBA 颜色，所以要配置 color 属性两次。第一次配置当前所有浏览器都支持的标准颜色值，第二次配置 RGBA 颜色。较旧的浏览器不理解 RGBA 颜色，会自动忽略它。较新的浏览器则会"看见"两个颜色声明，会按照编码顺序应用，所以结果是透明颜色。h1 选择符的 CSS 代码如下所示：

```
h1 { color: #FFFFFF;
color: rgba(255, 255, 255, 0.7);
font-family: Verdana, Helvetica, sans-serif;
font-size: 5em;
padding-right: 10px;
text-align: right; }
```

3. 保存并在支持 RGBA 的浏览器中测试 rgba.html 文件，效果如图 4.39 所示。示例解决方案是 chapter4/4.15/rgba.html。

CSS HSLA 颜色

Web 开发人员多年来一直在用十六进制或十进制值配置 RGB 颜色。RGB 颜色依赖于硬件，即计算机显示屏发出的红光、绿光和蓝光。CSS3 引入了称为 HSLA 的一种新的颜色表示系统，它基于一个色轮模型。HSLA 是 Hue(色调)，Saturation(饱和度)，Lightness(亮度)和 Alpha 的首字母缩写。

色调、饱和度、亮度和 alpha

使用 HSLA 颜色要理解色轮的概念。色轮是一个彩色的圆。如图 4.40 所示，红色在色轮最顶部。色调(hue)定义

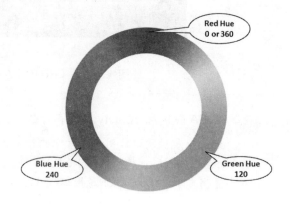

图 4.40   色轮示意图

实际颜色，是 0 到 360 的一个数值(正好构成 360 度圆)。例如，红色是值 0 或 360，绿色是 120，而蓝色是 240。配置黑色、灰色和白色时，将 hue 设为 0。饱和度(saturation)配置颜色强度，用百分比值表示。完全饱和是 100%，全灰是 0%。亮度决定颜色明暗，用百分比值表示。正常颜色是 50%，白色 100%，黑色 0%。alpha 表示颜色透明度，取值范围是 0(透明)到 1(不透明)。要省略 alpha 值，就用 hsl 关键字取代 hsla 关键字。

图 4.41　HSLA 颜色示例

HSLA 颜色示例

使用以下语法配置如图 4.41 所示的 HSLA 颜色。

`hsla(色调值, 饱和度值, 亮度值, alpha 值);`

- Red：hsla(360, 100%, 50%, 1.0);
- Green：hsla(120, 100%, 50%, 1.0);
- Blue：hsla(240, 100%, 50%, 1.0);
- Black：hsla(0, 0%, 0%, 1.0);
- Gray：hsla(0, 0%, 50%, 1.0);
- White：hsla(0, 0%, 100%, 1.0);

按照 W3C 的说法，和基于硬件的 RGB 颜色相比，HSLA 颜色显得更直观。用你在小学时候就已经掌握的色轮模型来挑选颜色，依据在轮子中的位置生成色调值(H)。要想增减颜色的强度，修改饱和度(S)就可以了。要想改变明暗，修改亮度(L)即可。图 4.42 展示了一种青蓝色的三种亮度：25%(深青蓝)，50%(青蓝)，75%(浅青蓝)。

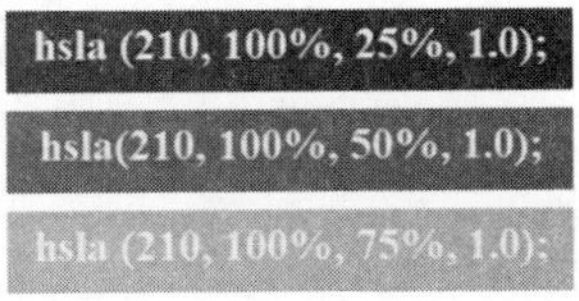

图 4.42　青蓝色的不同亮度

- 深青蓝：hsla(210, 100%, 25%, 1.0);
- 青蓝：hsla(210, 100%, 50%, 1.0);
- 浅青蓝：hsla(210, 100%, 75%, 1.0);

动手实作 4.16

这个动手实作将配置如图 4.43 所示的浅黄色透明文本。

1. 新建文件夹 hslach4，从 chapter4/starters 文件夹复制 fall.jpg。启动文本编辑器并打开上个动手实作创建的文件(也可直接使用学生文件 chapter4/4.15/index.html)。将文件另存为 hslach4 文件夹中的 hsla.html。

2. 删除 h1 选择符当前的样式声明。将为 h1 选择符创建新样式规则来配置 20 像素的填充，alpha 值为 0.8 的 serif 浅黄色文本，字号 6em。由于不是所有浏览器都支持 HSLA 颜色，所以要配置 color 属性两次。第一次配置当前所有浏览器都支持的标准颜色值，第二次配置 HSLA 颜色。较旧的浏览器不理解 HSLA 颜色，会自动忽略它。较新的浏览器则会"看见"两个颜色声明，会按照编码顺序应用，所以结果是透明颜色。h1 选择符的 CSS 代码如下所示：

```
h1 { color: #FFCCCC;
color: hsla(60, 100%, 90%, 0.8);
font-family: Georgia, "Times New Roman", serif;
font-size: 6em;
padding: 20px; }
```

3. 保存文件。在支持 HSLA 的浏览器中测试 hsla.html 文件，效果如图 4.43 所示。示例解决方案是 chapter4/4.16/hsla.html。

图 4.43   HSLA 颜色

CSS 渐变

CSS 提供了配置**渐变**颜色的方法，也就是从一种颜色平滑过渡成另一种。CSS 渐变背景颜色纯粹由 CSS 定义，不需要提供任何图片文件！这样可在需要渐变背景时节省带宽。

图 4.35 的网页使用的是一张由图形处理软件生成的 JPG 渐变背景图片。图 4.44 的网页(chapter4/gradient/index.html)则没有使用图片，而是用 CSS 渐变属性来获得一样的效果。

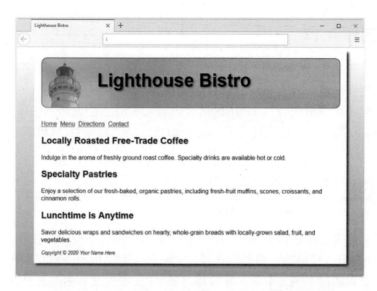

图 4.44　渐变背景用 CSS 配置，而不是使用图片文件

线性渐变语法

线性渐变是指颜色从顶部到底部或者从左向右单方向平滑过渡。为了配置基本的线性渐变，请将 linear-gradient 函数设为 background-image 属性的值。使用关键字 "to bottom"(向下)，"to top"(向上)，"to left"(向左)或者 "to right"(向右)来指定渐变方向。接着，列出起始和结束颜色。以下代码创建一个简单的双色线性渐变，从白色变化至绿色：

```
background-image: linear-gradient(to bottom, #FFFFFF, #00FF00);
```

辐射渐变语法

辐射渐变是指颜色从一点向外辐射，平滑过渡为另一种颜色。为了配置辐射渐变，请将 radial-gradient 函数设为 background-image 属性的值。函数使用两个颜色值。第一个颜色默认在元素中心显示，向外辐射渐变，直到显示第二个颜色。以下代码创建一个简单的双色辐射渐变，从白色变化至蓝色：

```
background-image: radial-gradient(#FFFFFF, #0000FF);
```

CSS 渐变和渐进式增强

使用 CSS 渐变时务必注意"渐进式增强"。要配置一个"备用"的 background-color 属性或 background-image 属性，供不支持 CSS 渐变的浏览器使用。图 4.44 是将背景颜色配置成和渐变结束颜色一样的值。

动手实作 4.17

本动手实作将练习 CSS 渐变背景。新建文件夹 gradientch4。复制 chapter4/starter4.html 文件，重命名为 index.html，在文本编辑器中打开。

1. 首先配置线性渐变。在 head 区域编码嵌入 CSS。配置网页主体显示备用的淡紫色背景#DA70D6，再配置线性背景颜色从白色过渡为淡紫色(从顶部到底部)，不要重复。

```
body { background-color: #DA70D6;
       background-image: linear-gradient(to bottom, #FFFFFF, #DA70D6);
       background-repeat: no-repeat; }
```

2. 保存文件并在浏览器中测试，结果如图 4.45 所示。渐变背景在网页内容下方显示，向下滚动网页以窥全貌。将你的作品和 chapter4/4.17/linear.html 比较。

3. 接着配置辐射渐变。编辑主体区域，将 h1 元素的文本更改为 Radial Gradient。

4. 编辑 CSS，修改 background-image 属性值配置从中心向外、从白色到淡紫色的辐射渐变，不要重复。

```
body { background-color: #DA70D6;
       background-image: radial-gradient(#FFFFFF, #DA70D6);
       background-repeat: no-repeat; }
```

5. 保存文件并在浏览器中测试。结果如图 4.46 所示。滚动网页以窥全貌。将你的作业和 chapter4/4.17/radial.html 进行比较。

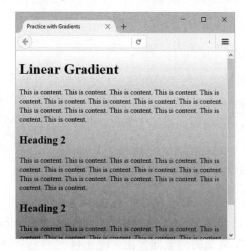

图 4.45　线性渐变背景

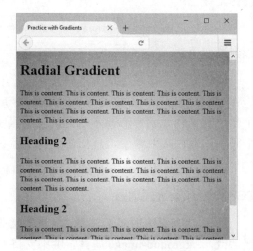

图 4.46　辐射渐变背景

去哪里进一步了解 CSS 渐变？

访问 http://css-tricks.com/css3-gradients 更深入地了解 CSS 渐变。利用以下网站生成 CSS 渐变代码:

http://www.colorzilla.com/gradient-editor

http://www.css3factory.com/ linear-gradients

http://www.westciv.com/ tools/gradients

小结

本章讨论了如何在网页上使用视觉元素和图片。过长的下载时间是访问者离开一个网页的首要原因，所以要注意优化图片以缩短加载时间。

还探讨了新的 HTML5 元素和许多 CSS 属性。使用新的 CSS 属性和 HTML5 元素时要注意渐进式增强和无障碍访问。一定要验证在不支持新技术的浏览器上，你的网页也能正常显示和使用。另外，要用 alt 属性为图片提供替代文本。

访问本书配套网站 https://www.webdevfoundations.net 获取例子、链接和更新信息。

关键术语

<figcaption>	热点
<figure>	HSLA 颜色
<hr>	水平标尺元素
<img>	img 元素
<meter>	图片链接
<progress>	图像映射
alt 属性	图片优化
动画 GIF	交错图片
area 元素	JPEG
长宽比	线性渐变
background 属性	无损压缩
background-attachment 属性	有损压缩
background-clip 属性	max-width 属性
background-image 属性	meter 元素
background-origin 属性	min-width 属性
background-position 属性	opacity 属性
background-repeat 属性	padding 属性
background-size 属性	像素化
border 属性	PNG
border-color 属性	progress 元素
border-radius 属性	渐进式增强
border-style 属性	渐进式 JPG
border-width 属性	辐射渐变
box-shadow 属性	RGBA 颜色
动图	分辨率
收藏图标(favicon)	精灵
figcaption 元素	src 属性
figure 元素	缩略图
gamma	透明
GIF	usemap 属性
渐变	WebP
height 属性	width 属性

复习题

选择题

1. 可设置透明的图片格式是(　　)。
   A. GIF　　　　　　　　　　B. JPG　　　　　　　　　C. PNG
   D. GIF 和 PNG　　　　　　E. GIF 和 JPG

2. 以下哪个属性配置 HTML 元素内容(通常是文本)与边框之间的空白？(　　)
   A. space 属性　　　　　　　B. padding 属性
   C. margin 属性　　　　　　 D. border 属性

3. 以下哪一行代码使用 home.gif 创建到 index.html 的图片链接？(　　)
   A. \<a href="index.html" src="home.gif" alt="Home"\>\</a\>
   B. \<a href="index.html"\>\<img src="home.gif" alt="Home"\>\</a\>
   C. \<img src="home.gif" href="index.html" alt="Home"\>
   D. \<a href="index.html"\>\<img href="home.gif" alt="Home"\>\</a\>

4. 为什么应该在\<img\>标记中设置 height 和 width 属性？(　　)
   A. 它们都是必须的属性，必须包含
   B. 它们帮助浏览器更快地渲染网页，为图片预留空间
   C. 帮助浏览器在图片自己的窗口中显示图像
   D. 以上都不对

5. 哪个属性指定说明文本，供不支持图片的浏览器或用户代理使用。(　　)
   A. alt　　　　　　B. text　　　　　　C. src　　　　　D. 以上都不对

6. 用什么术语描述和网页关联的、在地址栏或网页标签上显示的小方块图标？(　　)
   A. 背景　　　　B. 书签图标　　　C. 收藏图标　　　D. 徽标

7. 最适合照片的图片格式是(　　)。
   A. GIF　　　　　　　　　　B. JPG　　　　　　　　　C. WebP
   D. JPG 和 WebP　　　　　　E. GIF 和 JPG

8. 用哪个 CSS 属性配置背景颜色？(　　)
   A. bgcolor　　B. background-color　C. color　　D. 以上都不对。

9. 哪个 HTML 标记在网页上配置一条水平线？(　　)
   A. \<line\>　　　B. \<br\>　　　　C. \<hr\>　　　D. \<border\>

10. 以下哪一个将图片配置成沿着网页的一侧向下垂直重复？(　　)
    A. background-repeat: left;　　　B. background-repeat:repeat;
    C. repeat: left;　　　　　　　　D. background-repeat: repeat-y;

填空题

11. 背景图片由 Web 浏览器自动重复，或者称为_____。

12. 如果网页使用图片链接，要在网页底部添加一行_____以保证无障碍访问。

13. _____是大图的一个较小的版本，它通常链接到大图。

14. 用 CSS 属性_____为 HTML 元素配置阴影效果。

15._____元素为已知范围的数值显示可视计量图。

应用题

1. 预测结果。在纸上描绘以下 HTML 代码所创建的网页，并简单地进行说明。

```
<!DOCTYPE html>
<html lang="en">
<head>
<title>Predict the Result</title>
<meta charset="utf-8">
</head>
<body>
<header> <img src="logo.gif" alt="CircleSoft Design" height="100" width="1000">
</header>
<nav> Home <a href="about.html">About</a>
<a href="services.html">Services</a>
</nav>
<main><p>Our professional staff takes pride in its working
relationship with our clients by offering personalized services
that take their needs into account, develop their target areas, and
incorporate these items into a website that works.</p>
</main>
</body>
</html>
```

2. 补全代码。以下网页包含一个图片链接，应配置背景和文本颜色具有良好对比度。网页上使用的图片应链接到 services.html 网页。请补全缺失的 HTML 属性值和 CSS 样式规则(用"__"表示)。

```
<!DOCTYPE html>
<html lang="en">
<head>
<title>CircleSoft Design</title>
<meta charset="utf-8">
<style>
body { "____" : "____"; color: "____"; }
</style>
</head>
<body>
<div>
<a href="____"><img src="logo.gif" alt="____" height="100" width="1000">
<br>Enter CircleSoft Design</a>
</div>
</body>
</html>
```

3. 查找错误。以下网页显示一张名为 trillium.jpg 的图片。图片宽 307 像素，高 200 像素。网页显示时，图片看起来不太正确。找出错误，说明<img>标记中是什么属性在提供无障碍访问。

```
<!DOCTYPE html>
<html lang="en">
<head>
<title>Find the Error<title>
<meta charset="utf-8">
</head>
<body>
<img src="trillium.jpg" height="100" width="100">
</body>
</html>
```

动手实作

1. 写 HTML 代码在网页中显示名为 primelogo.gif 的一幅图片。图片高度为 100 像素, 宽度为 650 像素。

2. 写 HTML 代码创建一个图片链接。图片文件是 schaumburgthumb.jpg, 高度为 100 像素, 宽度为 150 像素, 它应链接到一张更大的图片, 即 schaumburg.jpg。不要显示图片边框。

3. 写 HTML 代码创建一个 nav 元素, 其中包含三张图片来提供导航链接。下表总结了图片文件及其链接。

图片文件	链接到的网页	图片高度	图片宽度
homebtn.gif	index.html	50	200
productsbtn.gif	products.html	50	200
orderbtn.gif	order.html	50	200

4. 练习网页背景。找到学生文件 chapter4/starters 文件夹中的 twocolor.gif 文件。设计一个网页将文件作为背景图片, 沿浏览器窗口左侧向下重复这张图片。将文件另存为 bg1.html。

5. 继续练习网页背景。找到学生文件 chapter4/starters 文件夹中的 twocolor1.gif 文件。设计一个网页将文件作为背景图片, 沿浏览器窗口顶部重复这张图片。将文件另存为 bg2.html。

6. 访问你喜爱的一个网站。记下它的背景、文本和标题颜色, 以及使用了什么图片。写一段话, 解释网站如何为这些元素运用颜色。编码一个网页以类似方式运用颜色。将文件另存为 color.html。

7. 练习 CSS 的用法。

- 为 footer 选择符写 CSS 代码来配置以下属性: 浅蓝色背景、Arial 字体、深蓝色文本、10 像素填充和深蓝色细虚线边框。

- 为 notice id 写 CSS 代码来配置以下属性: 80%宽度并居中。

- 为作为标题使用的一个类写 CSS 代码来配置以下属性: 下方显示虚线, 为文本和虚线选择你喜欢的一个颜色。

- 为 h1 元素选择符写 CSS 代码来配置以下属性: 文本阴影, 50%透明背景色, sans-serif 字体, 4em 字号。

- 为 feature id 写 CSS 来配置以下属性: 小字号、红色和 Arial 字体; 白色背景; 80%宽度阴影。

8. 设计一个关于自己的新网页。用 CSS 配置背景颜色和文本颜色。在网页上包括以下内容:

- 姓名

- 爱好和活动
- 照片(注意为 Web 显示而优化)

将网页另存为 yourlastname.html。

9. 设计一个网页来提供免费图片资源列表。列表应包括至少 5 个不同的网站，可使用你喜欢的图片网站、本章推荐的网站或者在网上搜到的其他网站。将网页另存为 freegraphics.html。

10. 访问本书网站 http://webdevfoundations.net/10e/chapter4.html 并点击 Adobe Photoshop 教程链接。依据教程创建一个 logo banner(标识横幅)，将教程中要求的打印稿交给老师。

网上研究

1. 使所有人都能无障碍访问网络，这是相当重要的一件事情。访问 W3C 的"无障碍网络倡议"(Web Accessibility Initiative，WAI)网站，了解他们的 WCAG 2.0 Quick Reference，网址是 https://www.w3.org/WAI/WCAG21/quickref。根据需要查看 W3C 的其他网页，探索和颜色及图片在网页上的运用。创建网页来运用颜色和图片，并显示你学到的知识。

2. 本章介绍了网上使用的图片格式。从 chapter4/starters 文件夹获取 butterfly.jpg。利用下面列出的某个资源(或搜索其他资源)将该图片文件转换成 WebP 格式。创建示例网页来说明原始图片和 WebP 图片的文件大小。再编码两个 img 标记来显示转换前后的图片。在 Chrome，Firefox 或 Edge 的最新版本中显示该网页。注意，不支持的浏览器(比如 Internet Explorer)会直接不显示 WebP 图片。图片转换资源包括：

- https://ezgif.com/jpg-to-webp
- https://image.online-convert.com/convert-to-webp
- https://developers.google.com/speed/webp/

聚焦 Web 设计

访问你感兴趣的任何一个网站，打印主页或该网站上的其他相关页面。创建一个网页来总结和讨论你所访问的网站。强调以下主题：

- 该网站的目的是什么？
- 目标受众是谁？
- 你认为网站是否真的迎合了目标受众？
- 这个网站对你是否有用？为什么？
- 列举该网站首页使用的颜色：背景、各个网页区域的背景、文本、网站标志、导航按钮等。
- 颜色和图片的运用在哪些方面了增强了网站？

网站案例学习：使用图片和可视元素

以下所有案例将贯穿全书。本章要为网站添加图片，要创建一个新网页，还要修改现有网页。

案例 1：咖啡屋 JavaJam Coffee Bar

请参见第 2 章了解 JavaJam Coffee Bar 的概况。图 2.32 是 JavaJam 网站的站点地图。"主页"和

"菜单"页已在第 2 章创建好了。接着要以现有网站为起点。除了要修改现有网页设计,还要创建一个新网页,即"音乐"(Music)页。具体任务如下。

1. 为 JavaJam 网站新建文件夹,并获取初始图片文件。
2. 修改主页来显示如图 4.47 所示的蜿蜒小路图片,以图 4.48 的线框图为指引。
3. 修改菜单页,显示和主页一样的背景图片,并显示如图 4.49 所示的图片。
4. 创建新的音乐页,如图 4.50 所示。
5. 根据需要修改 javajam.css 中的样式规则。

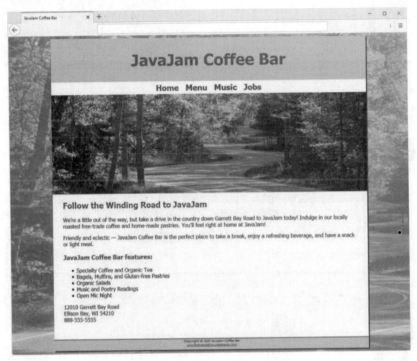

图 4.47 新的 JavaJam 主页

图 4.48 主页线框图

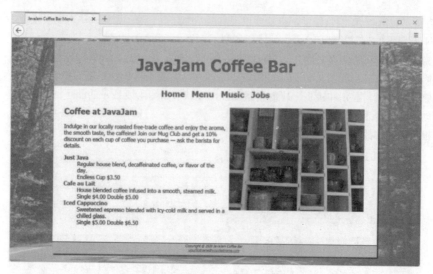

图 4.49   JavaJam 菜单页(menu.html)

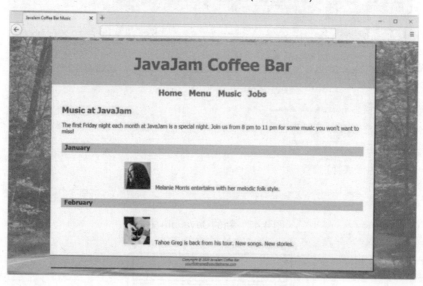

图 4.50   JavaJam 音乐页(music.html)

任务 1：网站文件夹。 在硬盘或移动设备上创建 javajam4 文件夹，从第 3 章创建的 javajamcss 文件夹复制所有文件，再从 chapter4/starters/javajam 文件夹复制所有文件。

任务 2：主页。 在文本编辑器中打开 javajam4 文件夹中的 index.html。主页通常采用和内容页稍有区别的布局。像下面这样修改 index.html 文件来获得如图 4.47 所示的效果。

1. 配置一个 div 来显示 hero.jpg 图片。编码起始 div 标记，为其分配名为 homehero 的 id。再编码结束 div 标记。如图 4.48 的线框图所示，该 div 位于 nav 和 main 元素之间。该 div 没有 HTML 或文本内容，作用只是显示一张大图(在任务 5 中用 CSS 配置)。

2. 将 h2 元素的文本 "Relax at JavaJam" 替换成 "Follow the Winding Road to JavaJam"。

3. 在 h2 元素下方、现有段落上方新添加一个段落，显示以下文本：

"We're a little out of the way, but take a drive in the country down Garrett Bay Road to JavaJam today! Indulge in our locally roasted free-trade coffee and home-made pastries. You'll feel right at home at JavaJam!"

4. 在第二段下方、无序列表上方配置一个 h3 元素，显示文本 "JavaJam Coffee Bar features:"。

保存并测试 index.html，效果和图 4.47 相似，但缺少一些最后的修饰，包括背景图片和蜿蜒小路图片。将在任务 5 用 CSS 配置。

任务 3：菜单页。用文本编辑器打开 javajam4 文件夹中的 menu.html。像下面这样修改 menu.html 来获得如图 4.49 所示的效果。

1. 在 main 内容区域的 h2 元素上方编码一个 img 元素来显示 mugs.jpg 图片。注意配置 alt, height 和 width 属性。还要为<img>标记配置 align="right"属性使图片在文本内容右侧显示。注意：W3C HTML 校验器会报告 align 属性无效。暂时忽略该错误。第 6 章会学习如何用 CSS float 属性替代 align 属性来配置这种布局。

2. 在 h2 元素下方配置一个段落来显示以下文本：

"Indulge in our locally roasted free-trade coffee and enjoy the aroma, the smooth taste, the caffeine! - Join our Mug Club and get a 10% discount on each cup of coffee you purchase — ask the barista for details."

提示：参考附录 B "特殊字符" 了解用于显示连接号(—)的字符编码。

保存并测试 menu.html，效果和图 4.49 相似。注意缺少一些最后的修饰，将在任务 5 解决。

任务 4：音乐页。音乐页以菜单页为起点。用文本编辑器打开 javajam4 文件夹中的 menu.html，另存为 music.html。像下面这样修改 music.html 来获得如图 4.50 所示的效果。

1. 将网页 title 修改成恰当的文本。

2. 删除图片和描述列表。

3. 在 h2 元素中配置文本 "Music at JavaJam"。

4. 在段落元素中配置以下文本：

"The first Friday night each month at JavaJam is a special night. Join us from 8 pm to 11 pm for some music you won't want to miss!"

5. 网页剩余的内容由介绍音乐节目的两个区域构成。每个区域包括一个 h4 元素、一个分配了 details 类的 div 以及一个图片链接。

1 月音乐节目：

- 配置一个 h4 元素，显示文本：January
- 编码起始 div 标记，将其分配给 details 类
- 将 melaniethumb.jpg 配置成指向 melanie.jpg 的图片链接。为<img>标记编码恰当的属性
- 在图片链接后的 div 中配置以下文本：

    Melanie Morris entertains with her melodic folk style

2 月音乐节目：

- 配置一个 h4 元素，显示文本：February
- 编码起始 div 标记，将其分配给 details 类

- 将 gregthumb.jpg 配置成指向 greg.jpg 的图片链接。为<img>标记编码恰当的属性
- 在图片链接后的 div 中配置以下文本:

  Tahoe Greg is back from his tour. New songs. New stories

保存并测试 music.html,效果和图 4.50 不一样,原因是还需要配置样式规则。

任务 5: 配置 CSS。用文本编辑器打开 javajam.css 并编辑样式规则:

1. 修改 body 元素选择符的样式规则。配置背景图片 fadedroad50.jpg,不重复。该背景图片将填充整个浏览器视口,所以将 background-attachment 属性设为 fixed,将 background-size 属性设为 cover。

2. 修改 wrapper id 的样式规则。配置最小宽度为 900px(使用 min-width 属性),最大宽度为 1280px(使用 max-width 属性)。用 box-shadow 属性配置阴影效果。

3. 修改 header 元素选择符的样式规则。添加声明来设置 5px 的顶部和底部填充。

4. 修改 h1 元素选择符的样式规则。删除 line-height 声明。添加一个声明,将字号设为 3em。

5. 修改 nav 元素选择符的样式规则。添加声明来设置 1.5em 字号,5px 顶部填充和 5px 底部填充。

6. 编码一个新的样式规则,禁止 nav 区域中的超链接显示下划线。使用 nav a { text-decoration: none; }。

7. 修改 footer 元素选择符的样式规则。添加声明来配置 1em 填充和 2px 的顶部实线边框(颜色为 #8C3826)。

8. 为 h4 元素选择符添加新的样式规则,配置背景颜色#D2B48C,字号 1.2em,左侧填充.5em,底部填充.25em。

9. 为 h3 和 dt 元素选择符配置样式规则,将文本颜色设为#8C3826。

10. 为 main 元素选择符添加新的样式规则,配置 2em 的左侧、右侧和底部填充。要适配 Internet Explorer,应添加一个 display: block;声明(参见第 6 章)。

11. 为名为 details 的类添加新的样式规则,配置 20%的左侧和右侧填充。这会在音乐节目说明和图片两侧留出空白。

12. 为 img 元素选择符添加新的样式规则,配置 10px 的左侧和右侧填充。

13. 为名为 homehero 的 id 添加新选择符,将高度配置成 300px,显示 hero.jpg 作为背景图片以填充空间(使用 background-size: cover;),不重复。

保存 javajam.css。在浏览器中测试所有网页(index.html,menu.html 和 music.html)。

如果图片没有显示或图片链接不起作用,请仔细检查代码。用 Windows 文件资源管理器或者 Mac Finder 确认图片是否保存在 javajam4 文件夹中。检查<img>标记的 src 属性,确认图片文件名拼写正确。还要检查 CSS 来确认图片文件名。另一个有用的诊断技术是校验 HTMl 和 CSS 代码。参见第 2 章和第 3 章的"动手实作"了解如何进行这些校验。

案例 2: 宠物医院 Fish Creek Animal Clinic

请参见第 2 章了解 Fish Creek 宠物医院的概况。图 2.36 是 Fish Creek 网站的站点地图。"主页"和"服务"页已经在之前创建好了。接着要以现有网站为起点,修改网页设计并创建一个新网页,即 Ask the Vet(兽医咨询)页。具体任务如下。

1. 为 Fish Creek 网站新建文件夹,并获取初始图片文件。

2. 修改主页来显示如图 4.51 所示的 logo 图片和导航图片链接。

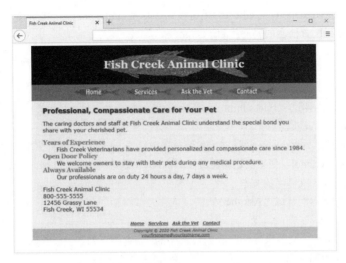

图 4.51 新的 Fish Creek 主页

3. 修改服务页，使之与主页一致。
4. 创建新的 Ask the Vet 页，如图 4.52 所示。
5. 根据需要修改 fishcreek.css 中的样式规则。

图 4.52 Fish Creek 兽医咨询页(askvet.html)

任务 1：网站文件夹。在硬盘或移动设备上创建 fishcreek4 文件夹，从第 3 章创建的 fishcreekcss 文件夹复制所有文件，再从 chapter4/starters/fishcreek 文件夹复制所有文件。

任务 2：主页。在文本编辑器中打开 fishcreek4 文件夹中的 index.html。像下面这样修改 index.html 文件来获得如图 4.51 所示的效果。

更新导航区域。

- 由于顶部导航要替换成图片链接，所以最好在页脚提供一组文本导航链接以确保无障碍访问。复制 nav 元素并粘贴到页脚区域(放到版权行上方)。
- 参考图 4.51，将顶部导航文本链接替换成图片链接。home.gif 链接到 index.html，services.gif

链接到 services.html，askthevet.gif 链接到 askvet.html，contact.gif 链接到 contact.html。为 <img>标记配置恰当的属性：alt，height 和 width。

保存并测试 index.html，效果和图 4.51 相似，但注意标题、页脚和导航区域还需要修饰。将在任务 5 用 CSS 配置。

任务 3：服务页。用文本编辑器打开 fishcreek4 文件夹中的 services.html。用和主页类似的方式配置导航区域。保存并测试 services.html。

任务 4：Ask the Vet 页。

基于服务页来创建 Ask the Vet 页。在文本编辑器中打开 fishcreek4 文件夹中的 services.html 并另存为同目录中的 askvet.html。像下面这样修改 askvet.html 来获得如图 4.52 所示的效果。

1. 将网页 title 修改成恰当的文本。

2. 将<h2>中的文本配置成"Ask the Vet"。

3. 删除无序列表。

4. 网页内容包括一个文本段落，然后是包含问答的一个描述列表。

- 将段落文本配置成：

Contact us if you have a question that you would like answered here.

- 其中，"Contact us"应链接到 contact.html 网页。

- 描述列表显示问答。用<dt>元素配置问题，用<dd>元素配置回答。描述列表的内容如下所示：

问：Our dog, Sparky, likes to eat whatever the kids are snacking on. Is it OK for the dog to eat chocolate?

答：Chocolate is toxic to dogs. Please do not feed your dog chocolate. Try playing a game with your children — when you feed them people treats, they can feed Sparky dog treats.

- 提示：参考附录 B"特殊字符"了解用于显示连接号(—)的字符编码。

保存并测试 askvet.html，效果和图 4.52 不一样，原因是还需要配置样式规则。

任务 5：配置 CSS。用文本编辑器打开 fishcreek.css 并编辑样式规则。

1. 修改 wrapper id 的样式规则。配置最小宽度为 700px(使用 min-width 属性)。

2. 修改 header 元素选择符的样式规则。将文本颜色变成#F0F0F0。配置 fishcreeklogo.gif 作为背景图片，居中且不重复。配置 1em 填充。将文本对齐配置为居中(使用 text-align:center)。

3. 删除 h1 元素选择符的样式规则。

4. 修改 nav 元素选择符的样式规则。添加声明来居中文本。再将背景颜色设为#5280C5，将填充设为.5em。

5. 修改 h2 元素选择符的样式规则，为文本添加阴影效果(使用 text-shadow: 1px 1px 1px #777)。

6. 修改 footer 元素选择符的样式规则。配置文本居中，将底部填充设为.5em，将背景颜色设为#AEC3E3。

7. 为 main 元素选择符添加新的样式规则，配置 2em 的左侧和右侧填充。

8. 为页脚区域的导航添加新的样式规则(使用后代选择符 footer nav)，从而覆盖之前的 nav 样式规则，配置背景颜色#F0F0F0，将字号设为 110%，将底部填充设为.5em。

保存 fishcreek.css。在浏览器中测试所有网页(index.html，services.html 和 askvet.html)。主页 (index.html)效果如图 4.51 所示。新的 Ask the Vet 页(askvet.html)如图 4.52 所示。如果图片没有显示或图片链接不起作用，请仔细检查代码。用 Windows 文件资源管理器或者 Mac Finder 确认图片是否保存在 fishcreek4 文件夹中。检查<img>标记的 src 属性，确认图片文件名拼写正确。还要检查 CSS 来确认图片文件名。另一个有用的诊断技术是校验 HTMl 和 CSS 代码。参见第 2 章和第 3 章的"动手实作"了解如何进行这些校验。

案例 3：度假村 Pacific Trails Resort

请参见第 2 章了解 Pacific Trails 的概况。图 2.40 是 Pacific Trails 网站的站点地图。"主页"和 "Yurts"页之前已创建好了。接着要以现有网站为起点修改网页设计(参见如图 4.53 所示的线框图)，在每个网页上都显示一张大图。还要创建一个新网页，即"活动"(Activities)页。具体任务如下。

1. 为 Pacific Trails 网站新建文件夹，并获取初始图片文件。
2. 修改主页来显示一张 logo 图片和一张风景照片，如图 4.54 所示。

图 4.53　新的 Pacific Trails 线框图 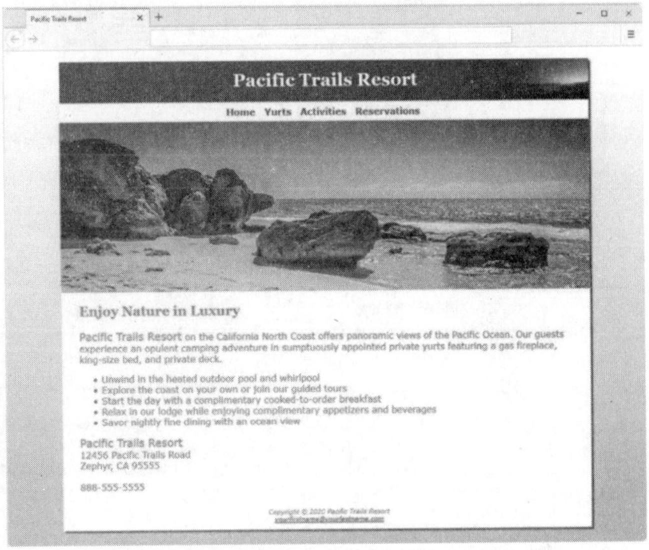　　　　图 4.54　新的 Pacific Trails Resort 主页

3. 修改 Yurts 页，使之与主页一致。
4. 创建新的活动页，如图 4.55 所示。
5. 根据需要修改 pacific.css 中的样式规则。

任务 1：网站文件夹。在硬盘或移动设备上创建 pacific4 文件夹，从第 3 章创建的 pacificcss 文件夹复制所有文件，再从 chapter4/starters/pacific 文件夹复制所有文件。

任务 2：主页。在文本编辑器中打开 pacific4 文件夹中的 index.html。修改 index.html 文件来获得如图 4.54 所示的效果。配置一个 div 元素来显示 coast.jpg 图片。首先编码起始 div 标记，为该 div 分配 homehero id。再编码结束 div 标记。如图 4.53 的线框图所示，该 div 位于 nav 和 main 元素之间。该 div 没有 HTML 或文本内容，作用只是显示一张大图(在任务 5 中用 CSS 配置)。

保存并测试 index.html，效果和图 4.54 有区别，将在任务 5 配置 CSS。

任务 3：Yurts 页。在文本编辑器中打开 pacific4 文件夹中的 yurts.html。配置一个 div 元素来显示 yurt.jpg 图片。首先编码起始 div 标记，为该 div 分配 yurthero id。再编码结束 div 标记。如图 4.53

的线框图所示，该 div 位于 nav 和 main 元素之间。该 div 没有 HTML 或文本内容，作用只是显示一张大图(在任务 5 中用 CSS 配置)。保存并测试 yurts.html。

任务 4：活动页。活动页以 Yurts 页为起点。用文本编辑器打开 javajam4 文件夹中的 yurts.html，另存为 activities.html。像下面这样修改 activities.html 来获得如图 4.55 所示的效果。

图 4.55   Pacific Trails Resort 活动页(activities.html)

1. 将网页 title 修改成恰当的文本。

2. 修改分配了 yurthero id 的 div。将 yurthero 替换成 trailhero。

3. 将<h2>中的文本更改为 "Activities at Pacific Trails"。

4. 从网页中删除描述列表。

5. 配置以下文本，标题用 h3 标记，正文用段落标记：

Hiking

Pacific Trails Resort has 5 miles of hiking trails and is adjacent to a state park. Go it alone or join one of our guided hikes.

Kayaking

Ocean kayaks are available for guest use.

Bird Watching

While anytime is a good time for bird watching at Pacific Trails, we offer guided bird-watching trips at sunrise several times a week.

6. 配置 span 元素来包含网页第一段中的 "Pacific Trails Resort"。将该 span 分配给 resort 类。保存并测试 activities.html，效果和图 4.55 不一样，原因是还需要配置样式规则。

任务 5：配置 CSS。用文本编辑器打开 pacific.css 并编辑样式规则。

1. 修改 body 元素选择符的样式规则。将背景颜色更改为浅蓝色(#90C7E3)。添加样式声明来显示线性渐变，从白色(#FFFFFF)过渡为浅蓝色(#90C7E3)，而且不重复。

2. 修改 wrapper id 的样式规则。配置背景颜色#FFFFFF。配置最小宽度为 960px(使用 min-width 属性)，最大宽度为 2048px(使用 max-width 属性)。用 box-shadow 属性配置阴影效果。

3. 修改 header 元素选择符的样式规则。配置 sunset.jpg 作为背景图片，在右侧显示，不重复。将高度设为 72 像素(和背景图片同高)。

4. 修改 h1 元素选择符的样式规则。删除 line-height 声明。配置居中文本和.5em 顶部填充。

5. 修改 nav 元素选择符的样式规则。将顶部、右侧和底部填充设为.5em。删除背景颜色的样式规则。配置居中文本。

6. 修改 footer 元素选择符的样式规则，配置 1em 填充。

7. 为 h3 元素选择符添加新的样式规则，将字体配置为 Georgia 或常规 serif 字体。

8. 为 main 元素选择符添加新的样式规则，配置 2em 的左侧和右侧填充。要适配 Internet Explorer，应添加一个 display: block;声明(参见第 6 章)。

9. 为名为 homehero 的 id 添加新选择符，配置高度为 300px，显示 coast.jpg 背景图片来填满空间(使用 background-size: 100% 100%;)，不重复。

10. 为名为 yurthero 的 id 添加新选择符。配置高度为 300px，显示 yurt.jpg 背景图片来填满空间(伤脑筋 background-size: 100% 100%;)，不重复。

11. 为名为 trailhero 的 id 添加新选择符。配置高度为 300px，显示 trail.jpg 背景图片来填满空间(background-size: 100% 100%;)，不重复。

12. 编码一个新的样式规则，禁止 nav 区域中的超链接显示下划线。使用 nav a { text-decoration: none; }。

保存 pacific.css。在浏览器中测试所有网页(index.html, yurts.html 和 activities.html)。主页(index.html)效果如图 4.54 所示。新的活动页(activities.html)如图 4.55 所示。如果图片没有显示或图片链接不起作用，请仔细检查代码。用 Windows 文件资源管理器或者 Mac Finder 确认图片是否保存在 pacific4 文件夹中。检查<img>标记的 src 属性，确认图片文件名拼写正确。还要检查 CSS 来确认图片文件名。另一个有用的诊断技术是校验 HTMl 和 CSS 代码。参见第 2 章和第 3 章的"动手实作"了解如何进行这些校验。

案例 4：瑜珈馆 Path of Light Yoga Studio

请参见第 2 章了解 Path of Light Yoga Studio 的概况。图 2.44 是网站的站点地图。"主页"和"课程"页之前已创建好了。接着要以现有网站为起点修改网页设计并创建一个新网页，即"课表"(Schedule)页。具体任务如下。

1. 为 Path of Light Yoga Studio 网站新建文件夹，并获取初始图片文件。

2. 修改主页，如图 4.56 所示。新的线框图如图 4.57 所示。

3. 修改课程页，如图 4.58 所示。

4. 创建新的课表页，如图 4.59 所示。

5. 根据需要修改 yoga.css 中的样式规则。

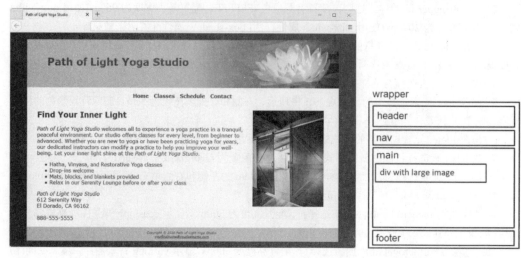

图 4.56　Path of Light Yoga Studio 主页

wrapper

header

nav

main

div with large image

footer

图 4.57　新的线框图

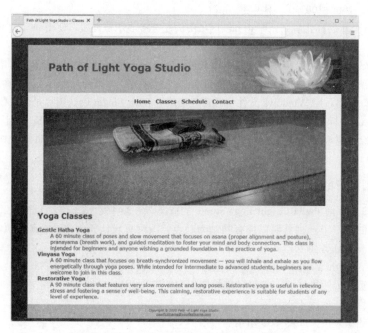

图 4.58　Path of Light Yoga Studio 课程页

图 4.59　Path of Light Yoga Studio 课表页(schedule.html)

任务 1：网站文件夹。 在硬盘或移动设备上创建 yoga4 文件夹，从第 3 章创建的 yogacss 文件夹复制所有文件，再从 chapter4/starters/yoga 文件夹复制所有文件。

任务 2：主页。 在文本编辑器中打开 yoga4 文件夹中的 index.html。修改 index.html 文件来获得如图 4.56 所示的效果。

在 main 内容区域的 h2 元素上方编码一个 img 元素来显示 yogadoor.jpg。注意配置图片的 alt，height 和 width 属性。另外，为<img>标记编码 align="right"属性，配置图片在文本右侧显示。注意，W3C HTML 校验器会说 align 属性无效。暂时忽略该错误。第 6 章会学习用 CSS float 属性(而不是 align 属性)配置这种布局。

保存主页并在浏览器中测试，如图 4.56 所示。注意还缺少最后的修饰，包括深色网页背景和标题中的百合花图片。这些将在任务 5 中用 CSS 配置。

任务 3：课程页。 内容页通常采用和主页稍有区别的布局。如图 4.57 所示的线框图展示了课程页和课表页的结构。在文本编辑器中打开 yoga4 文件夹中的 classes.html。配置一个 div 元素来显示 yogamat.jpg 图片。如图 4.57 的线框图所示，该 div 位于 main 元素中。在起始 main 标记后编码一个起始 div 标记，为其分配 hero id。编码 img 元素来显示 yogamat.jpg，注意配置 alt，height 和 width 属性。接着编码结束 div 标记。保存并测试新的 classes.html 网页，效果和图 4.58 有点区别，原因是还需要配置样式规则。

任务 4：课表页。 在课程页的基础上编辑课表页。在文本编辑器中打开 yoga4 文件夹中的 classes.html，另存为 schedule.html。按图 4.59 修改课表页。

1. 将网页 title 更改为恰当的文本。
2. 将 h2 元素的文本"Yoga Classes"(瑜伽课程)更改为"Yoga Schedule"(瑜伽课表)。
3. 修改 img 标记来显示 yogalounge.jpg，配置恰当的 alt 文本。

4. 删除描述列表。

5. 配置课表页的内容。

- 配置一个段落元素来显示以下文本：

  Mats, blocks, and blankets provided. Please arrive 10 minutes before your class begins. Relax in our Serenity Lounge before or after your class.

- 配置一个 h3 元素来显示以下文本：

  Monday — Friday

- 配置一个无序列表来显示以下文本：

  9:00am Gentle Hatha Yoga

  10:30am Vinyasa Yoga

  5:30pm Restorative Yoga

  7:00pm Gentle Hatha Yoga

- 配置一个 h3 元素来显示以下文本：

  Saturday & Sunday

- 配置一个无序列表来显示以下文本：

  10:30am Gentle Hatha Yoga

  Noon Vinyasa Yoga

  1:30pm Gentle Hatha Yoga

  3:00pm Vinyasa Yoga

  5:30 pm Restorative Yoga

保存 schedule.html 文件并在浏览器中测试，效果和图 4.59 有区别，原因是还需要配置样式规则。

任务 5：配置 CSS。用文本编辑器打开 yoga.css 并编辑样式规则。

1. 修改 body 元素选择符的样式规则，配置非常深的背景颜色(#3F2860)。

2. 修改 wrapper id 的样式规则。配置背景颜色#F5F5F5。配置最小宽度为 1000px(使用 min-width 属性)，最大宽度为 1280px(使用 max-width 属性)。

3. 修改 header 元素选择符的样式规则。删除 text-align 声明。配置 lilyheader.jpg 作为背景图片于右侧显示，不重复。将高度设为 150px。

4. 修改 h1 元素选择符的样式规则。删除 line-height 声明。配置 50px 顶部填充和 2em 左侧填充。

5. 修改 nav 元素选择符的样式规则，配置 1em 填充。

6. 修改 footer 元素选择符的样式规则，配置 1em 填充.

7. 配置 main 元素选择符的样式，设置 2em 的左侧和右侧填充。要适配 Internet Explorer，应添加一个 display: block;声明(参见第 6 章)。

8. 为 img 元素选择符配置样式，将左侧和右侧填充设为 1em。

9. 为名为 hero 的 id 选择符配置样式，将 text-align 设为 center。

保存 yoga.css。在浏览器中测试所有网页(index.html，classes.html 和 schedule.html)，效果分别如图 4.56、图 4.58 和图 4.59 所示。如果图片没有显示或图片链接不起作用，请仔细检查代码。用 Windows 文件资源管理器或者 Mac Finder 确认图片是否保存在 yoga4 文件夹中。检查<img>标记的 src 属性，确认图片文件名拼写正确。还要检查 CSS 来确认图片文件名。另一个有用的诊断技术是校验 HTMl 和 CSS 代码。参见第 2 章和第 3 章的"动手实作"了解如何进行这些校验。

第 5 章
Web 设计

学习目标：

- 了解常见网站组织结构
- 了解视觉设计原则
- 为目标用户而设计
- 设计清晰和容易使用的导航
- 增强网页文本的可读性
- 恰当地使用图片
- 将"通用设计"的概念应用于网页
- 了解页面布局设计技术
- 了解灵活 Web 设计的概念
- 了解 Web 设计最佳实践

在网上冲浪时，你可能发现有一些网站很吸引人，使用起来比较方便，但也有一些很难看或让人讨厌。如何区分好与坏呢？本章将讨论推荐的 Web 设计原则，涉及的主题包括网站组织、导航设计、页面布局设计、文本设计、图形设计、色彩方案、无障碍访问、移动 Web 和灵活 Web 设计的概念。

5.1   为目标受众设计

无论开发者个人喜好是什么，网站都应当设计得能吸引目标受众——也就是网站的访问者。他们可能是青少年、大学生、年轻夫妇或老人，当然也可能是所有人。访问者的目的可能各不相同，可能只是随便看一下，搜索学习或工作方面的资料，进行购物比较，或者找工作等等。网站设计应具亲和力，且能满足目标受众的需要。

例如，图 5.1 的网页使用了吸引人的图片。它和图 5.2 基于文本而且链接密度很大的网页在外观和感觉上有很大不同。

图 5.1　图片很有吸引力

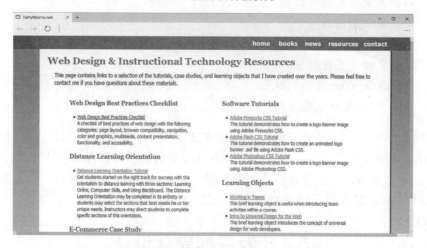

图 5.2　文本密集型的网站提供了大量选择

　　第一个网站很"炫",能吸引人进一步冲浪游玩,第二个网站提供了大量选择,使人能快速进入工作状态。设计网站时一定要牢记自己的目标受众,遵循推荐的网站设计原则。

5.2　网站的组织结构

　　访问者如何在你的网站中导航?如何到他们需要的东西?这主要取决于网站的组织或架构。有三种常见的网站组织结构:
- 分级式

- 线性
- 随机(有时也称为"网式结构")

网站的组织结构图称为**站点地图**(site map)。创建站点地图是开发网站的初始步骤之一(第 10 章会更多地讨论这个问题)。

分级式组织

大部分网站采用分级式组织结构。如图 5.3 所示，**分级式组织结构**的站点地图有一个明确定义的主页，它链接到网站的各个主要部分。各部分的网页则根据需要进行更详细的组织。主页连同层次结构的第一级往往要设计到每个网页的主导航栏中。

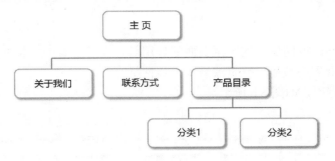

图 5.3　分级式网站组织结构

了解分级式组织结构的缺点也很重要。图 5.4 展示了一个过"浅"的网站设计——网站的主要部分太多了。该站点设计需组织成更少的、更易管理的主题或信息单元，这个过程称为"组块"或"意元集组"(chunking)。在网页设计的情况下，每个网页都是一个信息单元(chunk)。　密苏里大学心理学家考恩(Nelson Cowan)发现成人的短期记忆有信息数量上的极限，一般最多只能记住 4 项信息(4 个 chunk)，例如电话号码的 3 部分：888-555-5555(http://web.missouri.edu/~cowann/research.html)。基于这一设计原则，主导航链接的数量一定不要太多。太多的话可以分组，并在网页上开辟单独区域来显示。每一组的链接数量不要超过 4 个。

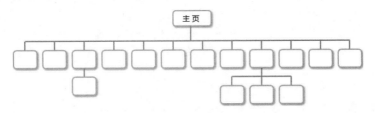

图 5.4　该网站设计层级过浅

另一个设计上的误区是将网站设计得太"深"，图 5.5 就是这样的一个例子。界面设计的"三次点击原则"告诉我们，网页访问者最多只应点击三次链接，就能从网站的一个页面跳转到同一网站的其他任何页面。换句话说，如访问者无法在三次鼠标点击以内找到自己想要的东西，就会觉得很烦并可能离开。大型网站这一原则也许很难满足，但总的目标是清晰组织网站，使访问者能在网站结构中轻松导航。

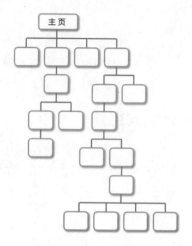

图 5.5   该网站设计层级过深

线性组织

如果一个网站或网站上的一组页面的作用是提供需按顺序观看的教程、导览或演示，线性组织结构就非常有用，如图 5.6 所示。

图 5.6   线性网站组织结构

在线性组织结构中，页面一个接一个浏览。有些网站在大结构上使用分级式结构，在一些小地方使用线性结构。

随机组织

随机组织(有时称为网式结构)没有提供清晰的导航路径，如图 5.7 所示。它通常没有清晰的主页以及可识别的导航结构。随机组织不像分级或线性组织那样普遍，通常只在艺术类网站或另辟蹊径的原创网站上采用。这种组织结构通常不会用在商业网站上。

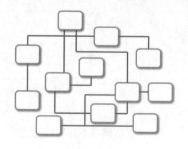

图 5.7   随机网站组织结构

网站的最佳组织方式是什么？

　　有时很难一开始就为网站创建完善的站点地图。有的设计团队会在有一面白墙的房间里开会。带一包大号便笺纸，将网站需要的主题名称或子标题写在便笺纸上，贴到墙上，讨论这些便笺的位置，直到网站结构变得清晰而且团队意见达成一致。即使不在团队里面，也可自己试试这个办法，然后和朋友或同学讨论你选择的网站组织方式。

5.3　视觉设计原则

▶ **视频讲解**：Principles of Visual Design

　　几乎所有设计都可运用 4 个视觉设计原则：重复、对比、近似和对齐。无论设计网页、按钮、徽标、光盘封面、产品宣传册还是软件界面，重复、对比、近似和对齐四大设计原则都有助于打造一个项目的"外观和感觉"，它们决定着信息是否能得到有效表达。

重复：在整个设计中重复视觉元素

　　应用重复原则时，网页设计师在整个产品中重复一个或多个元素。重复出现的元素将作品紧密联系在一起。图 5.8 是一家民宿的主页。在网页设计中重复运用了大量设计元素，包括形状、颜色、字体和图片。

图 5.8　重复、对比、近似和对齐的设计原则在这个网站上得到了很好的运用

- 网页上的图片使用同一色调(棕、深绿和米黄)。导航区域背景、"Search"和"Subscribe"按钮以及中栏和右栏的字体使用棕色。logo 文本(网站名称)、导航文本和中栏背景使用米黄色。导航区域背景和中栏的标题使用深绿色。
- "Reservations"和"Newsletter"区域具有类似的形状并统一了格式(标题、内容和按钮)。
- 网页只使用了两种字体,很好地运用了重复,有利于创建有粘性的外观。网站名称和各级标题使用 Trebuchet 字体。其他内容使用 Arial 字体。

无论颜色、形状、字体还是图片,重复的元素都有助于保证设计的一致性。

对比:添加视觉刺激和吸引注意力

为了应用对比原则,设计师应加大元素之间的差异(加大对比度),使设计作品有趣而且具有吸引力。设计网页时,背景颜色和文本之间应具有很好的对比度。对比度不强,文本将变得难以阅读。请注意图 5.8,看看右上角的导航区域如何使用具有强烈对比的文本颜色(深色背景上的浅色文本)。左栏采用中深色背景,和浅色(米黄)文本具有很好的对比度。中栏则在中浅色背景上使用深色文本,提供很好的视觉对比而且易于阅读。页脚采用的是深色文本和中浅色背景。

近似:分组相关项目

设计师在应用近似原则时,相关项目在物理上应放到一起,无关项目则应分开。在图 5.8 中,Reservations 表单控件紧挨在一起,让人对信息或功能的逻辑组织一目了然。另外,水平导航链接全在一起,这在网页上创建了一个视觉分组,使导航功能更容易使用。设计者在这个网页上很好地利用了近似原则对相关元素进行分组。

对齐:对齐元素实现视觉上的统一

为了创建风格统一的网页,另一个原则就是对齐。基于该原则,每个元素都要和页面上的其他元素进行某种方式的对齐(垂直或水平)。图 5.8 的网页也运用了这一原则。在三个等高的栏目中,所有内容元素都垂直对齐。

重复、对比、相似和对齐能显着改善网页设计。有效运用这 4 个原则,网页看起来更专业,而且能更清晰地传达信息。设计和构建网页时,请记住这些设计原则。

5.4   提供无障碍访问

第 1 章介绍了"通用设计"的概念。本章探讨如何将其应用于网页设计。

通用设计和增强无障碍访问的受益者

试想一下以下这些情景。

- Maria，二十多岁的年轻女子，身体不便，无法使用鼠标，键盘也用得费劲，没有鼠标也能工作的网页使 Maria 访问内容时能轻松一点。
- Leotis，聋哑大学生，想成为网页开发人员，为音频/视频配上字幕或文字稿 (transcripts)能帮助 Leotis 访问内容。
- Jim，中年男士，拨号上网，随意访问网络，为图片添加替代文本，为多媒体添加文字稿，Jim 可以在低带宽下获得更好的上网体验。
- Nadine，年龄较大的女士，由于年龄问题，眼睛有老花现象，读小字困难——设计网页时使文字能在浏览器中放大，方便 Nadine 阅读。
- Karen，大学生，经常用手机上网，用标题和列表组织无障碍内容，使 Karen 能在移动设备上获得更好的上网体验。
- Prakesh，已过不惑之年的男士，盲人，职业要求访问网络，用标题和列表组织网页内容，为链接添加描述性文本，为图片提供替代文本，在没有鼠标时也能正常使用，帮助 Prakesh 通过屏幕朗读软件(JAWS 或 Window-Eyes)访问内容。

以上所有人都能从无障碍设计中受益。以无障碍方式设计网页，所有人都会觉得网页更好用，即使他们没有残障或者使用宽带连接。

无障碍设计有利于提高在搜索引擎中的排名

搜索引擎的后台程序(一般称为机器人或蜘蛛)跟随网站上的链接来检索内容。如果网页都使用了描述性的网页标题，内容用标题和列表进行了良好组织，链接都添加了描述性的文本，而且图片都有替代文本，蜘蛛会更"喜欢"这类网站，说不定能得到更好的排名。

无障碍设计是未来趋势

Internet 和 Web 已成为重要的文化元素，因此美国通过立法来强制推行无障碍设计。1998 年对《联邦康复法案》进行增补的 Section 508 条款规定所有由联邦政府开发、取得、维持或使用的电子和信息技术都必须提供无障碍访问。本书讨论的无障碍设计建议就是为了满足 Section 508 标准和 W3C Accessibility Initiative 指导原则。2017 年，新的 Section 508 标准已经出台，它要求符合 WCAG 2.0 规范的要求。在美国联邦政府通过立法推广无障碍访问的同时，私营企业也积极跟随这个潮流。W3C 在这一领域很活跃，他们发起了"无障碍网络倡议"(Web Accessibility Initiative，WAI)，为 Web 内容开发人员、创作工具开发人员和浏览器开发人员制定了指导原则和标准。为了满足WCAG 2.0 的要求，请记住它的 4 个原则，或者说 POUR 原则。其中，P 代表**Perceivable**(可感知)；O 代表 **Operable**(可操作)；U 代表 **Understandable**(可理解)；而 R代表 **Robust**(健壮)。

- 内容必须**可感知**(不能出现用户看不到或听不到内容的情况)。任何图形或多媒体内容都应同时提供文本格式，比如图片的文本描述，视频/音频的字幕或文字稿等。
- 界面组件必须**可操作**。可操作的内容要有导航或其他交互功能，方便使用鼠标或键盘进行操作。多媒体内容应避免闪烁而引发用户癫痫。
- 内容和控件必须**可理解**。可理解的内容要容易阅读，采取一致的方式组织，并在发生错误时提供有用的消息。
- 内容应该足够**健壮**，当前和将来的用户代理(包括辅助技术，比如屏幕朗读器)能顺利处理这些内容。内容要遵循 W3C 推荐标准进行编写，而且应兼容于多种浏览器、浏览器和辅助技术(如屏幕朗读器)。

W3C 目前已批准了 WCAG 的新版本，称为 WCAG 2.1，它扩展了 WCAG 2.0 的一些无障碍网页的规范。附录的 "WCAG 2.1 快速参考" 简单描述了如何设计无障碍网页。要更详细地了解 WAI 的 Web Content Accessibility Guidelines 2.1(WCAG 2.1)，请访问 https://www.w3.org/WAI/standards-guidelines/wcag/。

随着本书学习的深入，将在创建网页时逐渐添加无障碍访问功能。之前已通过第 1章和第 2 章学习了 title 标记、标题标记以及为超链接配置描述性文本的重要性，你已经在创建无障碍网页方面开了一个好头。

5.5　为 Web 而创作

冗长的句子和解释在教科书和言情小说中很常见，但它们真的不适合网页。在浏览器中，大块文本和长段落阅读起来很困难。参考以下建议来增强网页的可读性

组织内容

按照 Web 可用性专家尼尔森(Jakob Neilsen)的说法，人们并不真的阅读网页，而只是 "扫描" 网页。所以，要精心组织网页上的文本内容，以便快速扫描。具体地说，要用标题、小标题、简短的段落和无序列表来组织网页内容，使其易于阅读和快速找到自己想要的东西。图 5.9 的网页合理运用了标题和小段落来组织内容。

图 5.9　内容的组织很合理

选择字体

怎样才知道网页是否容易阅读？文本容易阅读，才能真正吸引访问者。要慎重决定字体、字号、浓淡和颜色。下面是一些增强网页可读性的建议。

- **使用常用字体**。英语字体使用 Arial、Verdana 或 Times New Roman，中文字体使用宋体、微软雅黑或黑体。请记住，要显示一种字体，访问者的计算机必须已安装了这种字体。也许你的网页用 Gill Sans Ultra Bold Condensed 或者某种钢笔行书字体看起来很好看，但如果访问者的计算机没有安装这种字体，浏览器会用默认字体代替。请访问 http://www.ampsoft.net/webdesign-l/WindowsMacFonts.html，了解哪些字体是"网页安全"的。
- **谨慎选择字型**。Serif 字体(有衬线的字体)，比如 Times New Roman，原本是为了在纸张上印刷文本而开发的，不是为了在显示器上显示。研究表明，Sans Serif 字体(无衬线的字体)，比如 Arial，在计算机屏幕上显示时比 Serif 字体更易读。

字号

字体在 Mac 上的显示比 PC 上小一些。即使同样在 PC 平台上，不同浏览器的默认字号也不同。可考虑创建字号设置的原型页，在各种浏览器和屏幕分辨率设置中测试。

字体浓淡

重要文本可以加粗(使用<strong>元素)或强调(使用<em>元素配置成斜体)。但不要什么都强调，否则跟没强调一样。

对比度

确保网页背景与文本、链接、已访问链接和激活链接的颜色具有良好对比度。https://webdevbasics.net/10e/chapter5.html 提供了一些联机工具链接，可利用它们检查网页背景色是否和文本/链接颜色具有良好对比度

文本行长度

合理使用空白和多栏。Baymard Institute 的 Christian Holst 建议每行使用 50～75 个字符(汉字减半)来增强可读性(http://baymard.com/blog/line-length-readability)。

对齐

左对齐的文本比居中的文本更易阅读。

超链接文本

只为关键词或短语制作超链接，不要将整个句子都做成超链接。防止"点击这里"或者"点我"这样的说法，用户知道怎么点。

读写水平

要研究目标受众的读写水平。使用他们觉得舒适的词汇。Juicy Studio 提供了一个免费的联机可读性测试，网址是 http://juicystudio.com/services/readability.php。

拼写和语法

你每天访问的许多网站都存在拼写错误。大多数网页创作工具(比如 Adobe Dreamweaver)都有内置的拼写检查器，考虑使用这一功能。

最后，请确保已校对并全面测试了网站。最好是能找一些共同学习网站设计的伙伴。你检查他们的网站，他们检查你的。俗话说得好，旁观者清。

5.6　颜色运用

养眼的色彩方案能让人产生探索网站的欲望，蹩脚的色彩方案只会让人想着赶紧离开。本节介绍了选择色彩方案的几个办法。

基于一张图片的色彩方案

选择色彩方案最简单的办法就是从现有的一张图片开始，比如网站 logo 或风景图片。如单位已经有一个 logo，就从 logo 中挑选颜色来组成色彩方案。另一个办法是基于图片定网站基调，也就是用图片中的颜色创建色彩方案。图 5.10 展示如何基于图片中的颜色从两种色彩方案中挑选一种。

图 5.10　基于图片选择色彩方案

如果熟悉照片编辑工具(比如 Adobe Photoshop 和 GIMP)，可以考虑使用内置的颜色选择器选出图片中的颜色。还有一些网站能根据照片生成色彩方案，比如 https://www.degraeve.com/color-palette/index.php 和 http://www.cssdrive.com/imagepalette。

即使用现有图片作为色彩方案的基础，也有必要熟悉颜色理论、研究和实际运用。一个好的起点是探索色轮。

色轮

色轮(图 5.11)是一个描述三原色(红、黄、蓝)、二次色(橙、紫、绿)和三次色(橙黄、橙红、紫红、紫蓝、蓝绿、黄绿)的色环。不一定非要选用 Web 安全颜色。

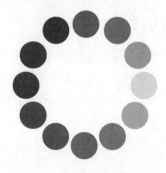

图 5.11　色轮

变深、变浅和变灰

现代显示设备都能显示千万种颜色。可任意将一种颜色变深(shade)、变浅(tint)和变灰(tone)。图 5.12 演示了 4 种颜色：黄色、黄色的变深版本，黄色的变浅版本以及黄色变灰版本。**变深**是指颜色比原始颜色深，通过颜色与黑色混合而成。**变浅**是指颜色比原始颜色浅，通过颜色与白色混合而成。**变灰**是指颜色的饱和度比原始颜色低，通过颜色与灰色混合而成。

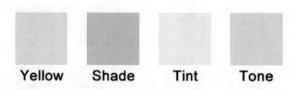

图 5.12　黄色(Yellow)和及其变深(Shade)、变浅(Tint)和变灰(Tone)版本

接着让我们探索 6 种常见的色彩方案：单色、相似色、互补色、分散互补色、三色和四色。

基于色轮的色彩方案

单色

图 5.13 展示了一个单色方案，采用了同一种颜色的变深、变浅和变灰版本。可自己确定这些值，也可使用以下在线工具：

- http://meyerweb.com/eric/tools/color-blend
- http://www.colorsontheweb.com/colorwizard.asp(选择颜色再选择 Monochromatic)
- http://paletton.com/(选择颜色再选择 Monochromatic)

相似色

创建相似色的方法是先选择一种主色，再选择色轮上相邻的两种颜色。图 5.14 展示了由橙、橙红和橙黄色构成的一个相似色方案。用这种方案设计网页时，主要颜色通常是支配色。相邻颜色通常配置成辅色。

图 5.13　单色方案　　　　　　　　　　图 5.14　相似色方案

互补色

互补色方案使用色轮上直线相对的两种颜色。图 5.15 展示了黄和紫构成的互补色方案。用这种方案设计网页时，通常选择一种颜色作为主色或支配色，面积较大。另一种颜色是辅色，面积较小。

分散互补色

分散互补色方案包含一种主色、色轮上直线相对的颜色(辅色)以及和辅色相邻的两种颜色。图 5.16 的分散互补色方案包含黄色(主色)、紫色(辅色)、紫红和紫蓝。

图 5.15　互补色方案　　　　　　图 5.16　分散互补色方案

三色

三色方案由色轮三等分处的三个颜色构成。图 5.17 的三色方案包含蓝绿、橙黄和紫红。

四色

图 5.18 展示了一个四色方案，由两对互补色构成。一对是黄紫，一对是黄绿和紫红。

图 5.17　三色方案　　　　　　　　图 5.18　四色方案

实现色彩方案

用一种色彩方案设计网页时，通常要有一种优势颜色。其他颜色都是辅助，比如标题、小标题、边框、列表符和背景的颜色。无论选择什么色彩方案，一般还要使用一些自然色，比如白、米黄、灰、黑或棕。为网站选择最佳色彩方案的过程通常要经历一些试验和犯错。请自由试验主色、二次色和三次色的各种变浅、变深和变灰版本。可通过以下资源帮助自己挑选色彩方案：

- http://paletton.com
- http://www.colorsontheweb.com/Color-Tools/Color-Wizard
- http://color.adobe.com
- http://www.colorspire.com

无障碍和颜色

不是所有访问者都能看得见或分得清颜色。即使在用户无法识别颜色的情况下，你的信息也必须清楚地表达。

颜色的选择至关重要。以图 5.19 为例，一般人很难看清楚蓝底上的红字。避免红色、绿色、棕色、灰色或紫色的任意两种组合使用。Color Blindness Awareness ((http://www.colourblindawareness.org/)的报告称，每 12 名男性或者每 200 名女性里面就有一人患有某种类型的色盲。访问 https://www.toptal.com/designers/ colorfilter 模拟有色盲的人看到的网页。白、黑以及蓝/黄的各个色阶对于大多数人来说都很容易分辨。

图 5.19   有的颜色组合很难分辨

文本和背景的颜色要有足够好的对比度以利阅读。WCAG 2.0 和 2.1 建议标准文本的对比度为 4.5:1。大字体文本的对比度可低至 3:1。史努克(Jonathan Snook)的联机 Colour Contrast Check(http://snook.ca/technical/colour_contrast/colour.html)可帮助你检查文本和背景颜色对比度。

颜色和目标受众

要针对目标受众选择色彩方案。年轻一点的受众(比如儿童)比较喜欢明快生动的颜色。图 5.20 的网页运用了明快的图片、大量颜色和交互功能。

十几二十岁的年轻人通常喜欢深色背景(偶尔使用明亮对比)、音乐和动态导航。图 5.21 展示了为这个群体设计的一个网页。请注意，它的外观和感觉与专为儿童设计的网站是完全不同的。

如果你的目标是吸引"所有人"，那么请仿效流行网站如 Amazon.com 和 eBay.com 的方式运用颜色。这些网站使用了中性的白色背景和一些分散的颜色来强调页面中的某些区域并增添其趣味性。Jakob Nielsen 和 Marie Tahir 在《主页可用性：解构 50 个网站》一书中也叙述了白色背景的应用。根据他们的研究，84%的网站使用白色作为背景色，72%的网站将文本颜色设置为黑色。这样能使文本和背景之间的对比达到最大化，实现最佳的可读性。

图 5.20　一个典型的面向儿童的网站

另外，面向"所有人"的网站通常包含吸引人的图片。如图 5.22 所示的网页在用一张大图片(该元素称为 hero)吸引访问者的同时，在浅色背景上提供主要内容，从而获得最强烈的对比，使人迫切想要对该网站一探究竟。

图 5.21　许多青少年觉得深色系网站比较"酷"

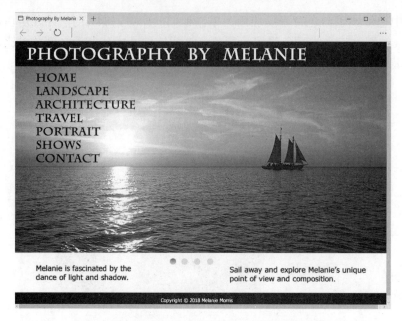

图 5.22　提供了吸引人的图片，内容区域白底

对于老年人，浅色背景、清晰明确的图像和大字体比较合适。图 5.23 的网页面向 55 岁以上的人群。

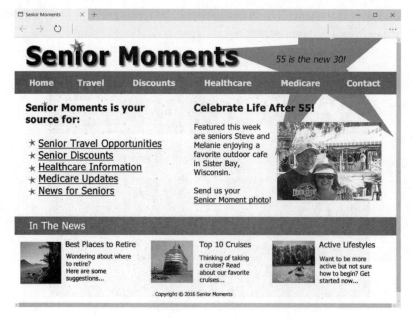

图 5.23　此网站专为 55 岁以上的群体设计

✅ 自测题 5.1

1. 列举 4 大基本设计原则。浏览你的学校主页，说明它是如何应用每一条原则的。
2. 为自己的创作选择一项最佳实践。在网上找一个运用了你选择的这项最佳实践的网页。提供网页 URL，并说明它如何运用这项最佳实践。
3. 浏览以下三个网站：https://www.walmart.com，http://www.willyporter.com 和 https://www.sesamestreet.org/art-maker。描述每个网站的目标受众。它们的设计有什么不同？这些网站是否满足了目标受众的需要？

5.7　使用图片和多媒体

如图 5.1 所示，吸引人的图片会成为网页的焦点。但要注意，应避免完全依赖图片表达你的意图。有的人可能看不见图片和多媒体内容，他们可能使用移动设备或者辅助技术(比如屏幕朗读软件)访问网站。图片或多媒体内容想要表达的重点应提供相应的文本描述。本节要讨论图形和多媒体在网页上的运用。

文件大小和图片尺寸

文件和图片要尽量小。只显示表达你的意思所需的部分。用图形处理软件剪裁图片，或创建链接到大图的缩略图。

抗锯齿/锯齿化文本

抗锯齿技术在数字图像的锯齿状边缘引入中间色，使其看起来比较平滑。图像处理软件(比如 Adobe Photoshop 和 Adobe Fireworks)可创建抗锯齿的文本图像。图 5.24 中的图片就采用了抗锯齿技术。图 5.25 则是没有进行抗锯齿处理的例子，注意锯齿状边缘。

Antialiased

图 5.24　抗锯齿文本

图 5.25　由于没有进行抗锯齿处理，字母 A 有锯齿状边缘

只使用必要的多媒体

只有能为网站带来价值的时候才使用动画和其他多媒体。不要因为自己有一张动画 GIF 图片或者一段 Flash 动画，就非要使用它。使用动画的目的一定是为了更有效地传达一个意思。注意限制动画长度。

年青人通常比年纪较大的人更喜欢动画。图 5.20 的网页由于是专为儿童设计的，所以采用了大量动画。这些动画对于一个面向成年人的购物网站来说则显得太多了。然而，设计良好的导航动画或者产品/服务描述动画对于几乎任何人都是适宜的，图 5.26 就是一个例子。将在第 11 章学习用新的 CSS3 属性为网页添加动画和交互功能。

图 5.26　幻灯片具有好的视觉效果和交互性

提供替代文本

如第 4 章所述，网页上的每张图片都应配置替代文本。替代文本可在图片加载速度较慢时临时显示以及在配置为不显示图片的浏览器中显示。残疾人用屏幕朗读软件访问网站时，替代文本也会被大声朗读出来。

为满足无障碍网页设计的要求，视频和音频等多媒体内容也要提供替代文本。一段录音的文字稿不仅对听力有问题的人有用，对那些临时不想看只想听的人也有用。除此之外，搜索引擎可根据文字稿来分类和索引网页。视频字幕永远都有用。第 11 章将进一步讨论无障碍和多媒体。

5.8　更多设计考虑

皮尤网络与美国生活项目(PEW Internet and American Life Project)的最新研究表明，美国家庭和办公室 Internet 用户的宽带连接(cable，DSL 等)比例正在上升，73%美国成年人在家使用宽带。虽然宽带用户数量呈上升态势，但记住，仍然有27%家庭没有宽带连接。访问 http://www.pewinternet.org 查看最新数据。

　　为了判断网页的加载时间是否能够接受，一个方法是在 Windows 资源管理器或 MacOS Finder 中查看网站文件大小。计算网页及其相关图片和媒体文件的总大小。如某个网页和相关文件的总大小超过 90 KB，而且目标受众使用的可能不是宽带，请仔细检查你的设计。考虑是否真的需要所有图片才能完整传达你的信息。也许应该为 Web 优化一下图片，或将一个页面的内容分成几个页面。是时候做出一些决定了！流行网页创作工具(比如 Adobe Dreamweaver)可计算不同网速时的下载时间。

　　感觉到的加载时间(perceived load time)是指网页访问者感觉到的等待网页加载的总时间。由于访问者经常嫌网页加载太慢而离开，因此缩短他们感觉到的等待时间非常重要。除了优化图片，缩短这个时间的另一个技术是使用图像精灵(image sprites)，也就是将多个小图片合并成一个文件，详情参见第 7 章。

浏览器

　　一个网页在你喜欢的浏览器中看起来很好，并不表示在所有浏览器中都很好。StatCounter(http://gs.statcounter.com)的调查表明，近一个月最流行的 5 种桌面浏览器是 Chrome(65.98%)，Firefox(11.87%)，Internet Explorer(7.28%)，Safari (5.87%)和 Edge (4.11%)；最流行的 5 种手机/平板浏览器是 Chrome(48.87%)，Safari (21.16%)，UC Browser(14.1%)，Opera (5.22%)和 Samsung Internet(5.07%)。

　　网页设计要**渐进式增强**。首先确保网站在最常用的浏览器中正常显示，然后用 CSS3 和/或 HTML5 进行增强，在浏览器最新版本中获得最佳效果。

　　在 PC 和 Mac 最流行的浏览器中测试网页。网页的许多默认设定，包括默认字号和默认边距，在不同浏览器、同一个浏览器的不同版本以及不同操作系统上的设置都是不同的。还要在其他类型的设备(比如平板电脑和手机)上测试网页。

屏幕分辨率

　　网站访问者使用各种各样的分辨率。StatCounter(http://gs.statcounter.com)的调查表明人们在使用多种多样的分辨率。最常见的 4 种是 360×640(23.12%)，1366×768(12.12%)，1920×1080(7.69%)和 375×667(4.9%)。注意移动设备的分辨率 360×640 是最流行的。现在设计网页时，一定要注意设计在桌面和移动设备上都能良好显示的网页。如果对流行的移动设备屏幕尺寸感兴趣，请访问 https://www.browserstack.com/test-on-the-right-mobile-devices。第 7 章会讨论 CSS 媒体查询技术，可利用它在各种屏幕分辨率下获得较好的显示。

适当留白

空白(white space)是从出版业借鉴的术语。在文本块周围"留白"(因为纸张通常是白色的)能增强页面的可读性。在图片周围留白可以突出显示它们。另外，文本块和图像之间也应该留白。那么，多大空白合适呢？要视情况而定，请自行试验，直到页面看起来能够吸引目标受众。

扁平化网页设计

扁平化网页设计的核心意义是将一切都简化，去除冗余、厚重和繁杂的装饰效果。而具体表现在去掉了多余的透视、纹理、渐变以及能做出 3D 效果的元素，这样可以让"信息"本身重新作为核心被凸显出来。同时在设计元素上，则强调了抽象、极简和符号化。由于这种扁平化是如此追求简化，以至于经常会出现要求垂直滚动的情况(这和刚才描述的"第一屏"思路相反)。如图 5.27 所示，这样的设计思路会出现相当大的色块和空白。

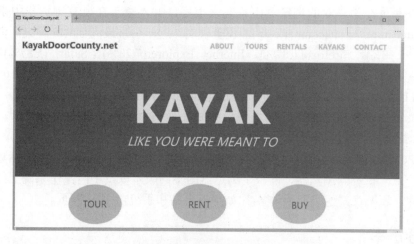

图 5.27　扁平化网页设计

可以访问如下资源了解目前的扁平化网页设计趋势：

- https://designmodo.com/flat-design-principles/
- https://flatuicolors.com/
- https://speckyboy.com/flat-web-design
- https://spyrestudios.com/flat-design-2-0/
- https://www.uxpin.com/studio/blog/the-7-minute-guide-to-flat-design-2-0

单页网站

单页网站只有一个很长的网页，其中包含清晰定义的导航区域(通常在网页顶部)。通过导航链接访问网页的不同区域。也可自己上下滚动网页来访问不同区域。网页的第一屏通常显示大标题。由于网页很长，所以应包含主题明确的不同区域。由于单页网站通常包含大图，所以必须对图片进行优化以防加载时间过长。

单页网站很容易创建，所以特别适合小微企业。将在第 6 章探讨如何创建单页网站。

5.9　导　航　设　计

网站要易于导航

有的时候，由于 Web 开发人员沉浸于自己的网站，造成只见树木，不见森林。没有好的导航系统，对网站不熟悉的人首次访问可能迷失方向，不知道该点击什么，或者该如何找到自己需要的东西。在每个页面都要提供清晰的导航链接——它们应在每个页面的同一位置，以保证最大的易用性。

导航栏

清晰的**导航栏**，无论文本的还是图像的，可以使用户清楚地知道自己身在何处和下一步能去哪里。一般在网站标识(logo)下显示水平导航栏(图 5.28)，或者在网页左侧显示垂直导航栏(图 5.29)。较不常见的是在网页最右侧显示垂直导航栏——这个区域在低分辨率的时候可能被切掉。

图 5.28　水平文本导航栏

面包屑导航

著名可用性和 Web 设计专家尼尔森(Jakob Nielsen)钟意在大型网站上使用面包屑路径，清楚指明用户在当前会话中的浏览路径。图 3.31 的网页使用了垂直导航区域，并在主内容区域上方使用了面包屑路径，指出用户当前浏览的网页路径是：Home > Tours > Half-Day Tours > Europe Lake Tour。可利用该路径跳回之前访问过的网页。

图 5.29   访问者可沿着"面包屑"路径找到回家路

图片导航

如图 5.20 的导航按钮所示，有时可通过图片来提供导航功能。导航"文本"实际存储为图片格式。但注意图片导航是过时的设计技术。文本导航更容易使用，搜索引擎也更容易为它建立索引。即使使用图片而非文本链接来提供主导航功能，也可采用以下两个技术实现无障碍访问。

- 为每个 img 元素设置替代文本。
- 在页脚区域提供文本链接。

跳过重复导航

注意，要提供跳过重复导航链接的方法。没有视觉和运动障碍的访问者可以快速扫描网页并聚焦页面内容。然而，使用屏幕朗读器或键盘访问网页时，冗长重复的导航栏很快会使人感到厌烦。因此可考虑在主导航栏前面加上一个"跳过导航"或"跳至内容"的链接，使它指向页面主体内容开始处的一个命名区段(参见第 6 章)。图 5.30 展示了实现"跳过导航"功能的另一个方法。左上角显示了一个链接"Skip to Content"。使用屏幕朗读器的人可通过该链接直接跳至页面内容。

图 5.30　网页加载后，按一下 Tab 键即可访问"Skip to content"链接

动态导航

有的网站支持在鼠标指向/点击导航菜单时显示额外选项，这称为动态导航。它在为访问者提供大量选项的同时，还避免了界面过于拥挤。不是一直显示全部导航链接，而是根据情况动态显示特定菜单项(通常利用 HTML 和 CSS 的组合)。在图 5.31 中，点击 Tours 后会弹出一个垂直菜单。

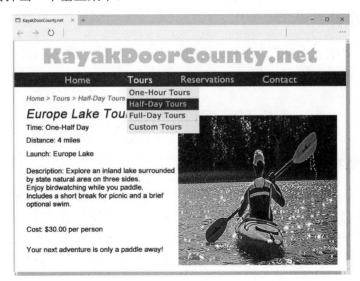

图 5.31　使用 HTML，CSS 和 JavaScript 实现动态导航

站点地图

即使提供了清晰和统一的导航系统，访问者有时也会在大型网站中迷路。站点地图提供了到每个主要页面的链接，帮助访问者获取所需信息，如图 5.32 所示。

图 5.32   这个大型网站为访问者提供了站点搜索和站点地图

站点搜索功能

在图 5.32 中，注意网页右侧提供的搜索功能。该功能帮助访问者找到在导航或站点地图中不好找的信息。

5.10   页面布局设计

线框和页面布局

线框(wireframe)是网页设计的草图或蓝图，显示了基本页面元素(比如标题、导航、内容区域和页脚)的基本布局，但不包括具体设计。作为设计过程的一部分，线框用于试验各种页面布局，开发网站结构和导航功能，并方便在项目成员之间进行沟通。注意在线框图中不需要填写具体内容，比如文本、图片、标识和导航。它只用于建构网页的总体结构。

图 5.33、图 5.34 和图 5.35 显示了包含水平导航条的三种可能的页面设计。图 5.33 没有分栏，内容区域显得很宽，适合显示文字内容较多的网页，就是看起来不怎么"时尚"。图 5.34 采用三栏布局，还显示了一张图片。设计上有所改进，但感觉还是少了一点什么。图 5.35 也是三栏布局，但栏宽不再固定了。网页设计了标题(header)区域、导航区域、内容区域(包括标题、小标题、段落和无序列表)和页脚区域。这是三种布局

中最吸引人的一个。注意，图 5.34 和图 5.35 运用分栏和图片来增强了网页的吸引力。

　　图 5.36 的网页包含标题(header)、垂直导航区域、内容区域(标题、小标题、图片、段落和无序列表)和页脚区域。

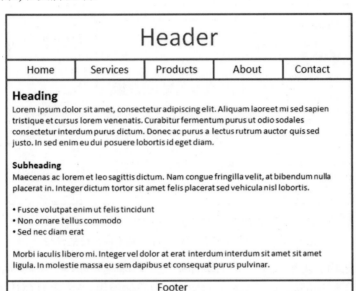

图 5.33　普通的页面布局

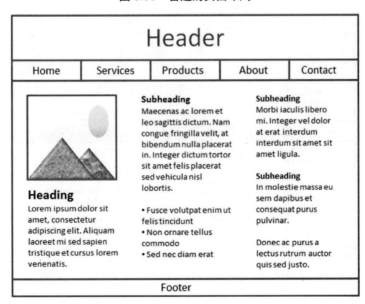

图 5.34　图片和分栏使网页更吸引人

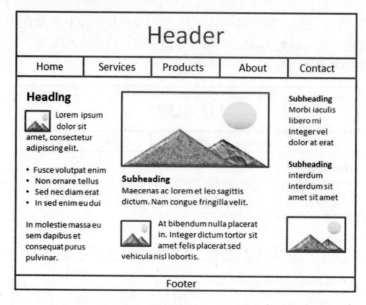

图 5.35　这个页面布局使用了图片和不同宽度的分栏

　　主页往往采用和内容页不一样的页面布局。但即便如此，一致的标识、导航和色彩方案都有助于保证网站的协调统一。本书将指导你使用 CSS 和 HTML 配置颜色、文本和布局。下一节要探索两种常用的布局设计技术：固定布局和流动布局。

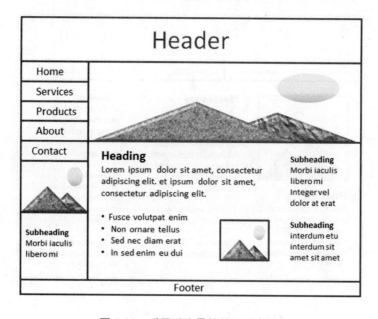

图 5.36　采用垂直导航的页面布局

页面布局技术

学会用线框图描绘页面布局后，接着探索用于实现线框图的两种常见设计技术：固定和流动布局。

固定布局

采用固定设计的网页以左边界为基准，宽度固定，如图 5.37 所示。

图 5.37　固定页面布局

注意图 5.37 浏览器视口右侧不自然的留白。为了避免这种让人感觉不舒服的外观，一个流行的技术是为内容区域配置固定宽度(比如 960 像素)，但让它在浏览器视口居中，如图 5.38 所示。浏览器的大小改变时，左右边距会自动调整，确保内容区域始终居中显示。

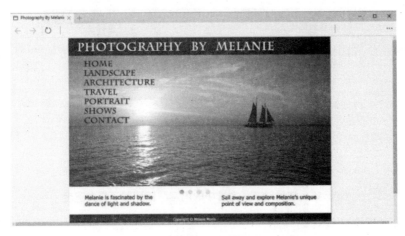

图 5.38　固定宽度的内容区域居中显示

流动布局

网页采用流动设计,内容将始终占据固定百分比(通常是 100%)的浏览器视口宽度,无论屏幕分辨率是多大。如图 5.39 所示,内容会自行"流动",以填满指定的显示空间。这种页面布局的一个缺点是高分辨率下的文本行被拉得很长,造成阅读上的困难。

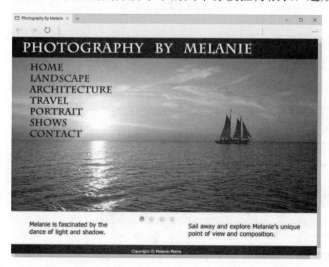

图 5.39　这个网页使用流动设计来自动调整内容,使之充满整个浏览器视口

图 5.40 是流动布局的一种变化形式。标题和导航区域占据 100%宽度,内容区域则居中显示,占据 80%宽度。和图 5.39 对比一下,居中内容区域会随浏览器视口大小的变化而自动增大或缩小。为了确保文本的可读性,可用 CSS 为该区域配置一个最大宽度。

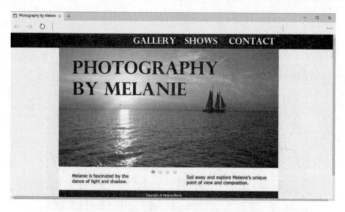

图 5.40　该流动布局为居中的内容区域配置了最大宽度

采用固定和流动设计的网站在网上随处可见。固定宽度布局为网页开发人员提供了最多的页面控制,但造成页面在高分辨率时留下大量空白。而流动设计在高分辨率

下可能造成阅读上的困难，因为页面宽度被拉伸超出设计者预期。为文本内容区域配置最大宽度可缓解文本可读性问题。即使总体使用流动布局，其中的一部分设计也可以配置成固定宽度(比如图 5.39 和图 5.49 内容区域底部的双栏文本)。不管固定还是流动布局，在多种桌面屏幕分辨率下，内容区域居中显示都最令人赏心悦目。

5.11　为移动 Web 设计

将在第 7 章介绍如何配置可灵活响应的页面布局，以兼容桌面浏览器和移动设备。图 5.41 和图 5.42 演示了同一个网站的不同显示。图 5.41 是桌面浏览器上的显示，图 5.42 是小屏幕移动设备上的显示。下面探讨在移动设备上显示时一些设计上的考虑。

图 5.41　桌面浏览器中显示的网站

图 5.42　网站的移动版本

移动设备设计考虑

移动 Web 用户一般都很忙，需要快速获取信息，而且容易分心。为移动访问而优化的网页应尝试满足这些需求。以图 5.41 和图 5.42 为例，注意，在设计移动网站时要考虑以下因素。

- **屏幕尺寸小**。缩小标题区域来适应小屏幕显示。一般不要在移动设备上显示无关紧要的内容，比如侧边栏。
- **带宽小(连接速度低)**。注意，网页的移动版本使用了较小的图片。
- **字体、颜色和媒体问题**。使用常规字体。文本和背景的颜色具有更高对比度。
- **控制手段少，处理器性能和内存容量有限**。移动版本使用单栏布局，方便触摸操作。网页以文本为主,移动浏览器可快速渲染。

- **功能**。单栏布局的导航区域可用手指轻松选择。W3C 建议点击目标至少 44×22 像素大小。

下面深入讨论一下这些设计上的考虑。

为移动优化布局

包含小的标题区域、关键导航链接、内容和页脚的单栏页面布局(图 5.43)特别适合移动设备显示。移动设备的屏幕分辨率变化多端,例如 320×480,360×640,375×667,640×690 和 720×1280 等等。W3C 的建议如下。

- 限制朝一个方向滚动
- 使用标题元素
- 用列表组织信息(比如无序列表、有序列表和描述列表)
- 避免使用表格(第 8 章),因其在移动设备上一般会强制水平和垂直滚动
- 为表单控件(第 9 章)提供标签
- 避免在样式表中使用像素单位
- 避免在样式表中使用绝对定位
- 隐藏在移动场景中无关紧要的内容

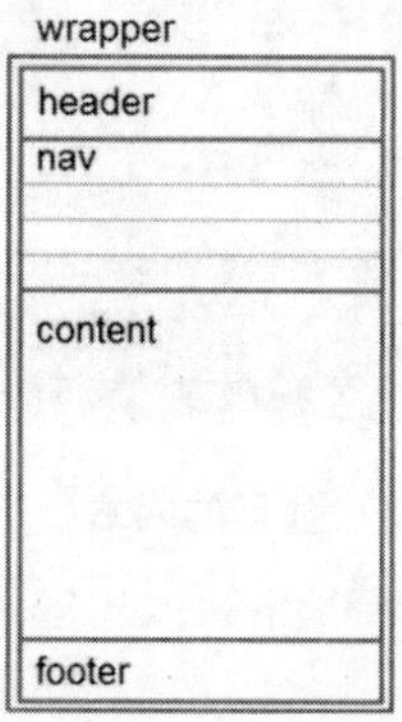

图 5.43   一个典型的单栏页面布局线框图

为移动优化导航

移动设备要求好用的导航体验。W3C 的建议如下。

- 在靠近网页顶部的位置提供最起码的导航功能
- 提供一致的导航
- 避免点击超链接后在新窗口或弹出窗口中打开文件
- 平衡超链接数量和访问目标信息所需的链接级数(要点多少下)

为移动优化图片

图片对访问者来说有很大吸引力，但要注意 W3C 的以下建议。

- 避免显示超过屏幕宽度的图片
- 配置小的、优化的替代背景图片
- 有的移动浏览器会自动缩小所有图片，所以上面有字的图片可能不好分辨
- 避免使用大图片
- 指定图片大小
- 为图片和其他非文本元素提供替代文本。

为移动优化文本

小屏幕可能不好阅读文本。遵循以下 W3C 建议来帮助你的移动访问者。

- 文本和背景色要有好的对比度
- 使用常规字体
- 用 em 或百分比单位来配置字号
- 使用短的、让人一目了然的网页标题(title)

W3C 在 https://www.w3.org/TR/mobile-bp 发布了"移动 Web 最佳实践 1.0"，列出了 60 项移动 Web 设计最佳实践。另外，可访问 https://www.w3.org/2007/02/mwbp_flip_cards.html 查看总结了移动 Web 最佳实践 1.0 文档的翻转卡。

移动设计快速核对清单

- 注意小屏幕和带宽问题
- 不显示非必要内容(比如侧边栏内容)
- 将桌面背景图片替换成为小屏幕显示而优化的图片
- 为图片提供让人一目了然的替代文本
- 为移动显示采用单栏布局
- 选择具有良好对比度的颜色

5.12　灵活响应的网页设计

"灵活响应的网页设计"或者"灵活 Web 设计"(Responsive web design)是网页开发人员马科特(Ethan Marcotte)提出的一个概念(http://www.alistapart.com/articles/responsive-web-design)，旨在使用编码技术(包括流动布局、灵活图像和媒体查询)为不同的浏览场景(比如智能手机和平板设备)渐进式增强网页显示。第 7 章将学习如何用 CSS 弹性框

和网格布局系统来配置灵活响应的布局，如何配置灵活图像，以及如何编码 CSS **媒体查询**(使网页在各种分辨率下都能良好显示)。

Media Queries 网站(https://mediaqueri.es)演示了灵活响应网页设计方法，提供网页在各种屏幕宽度下的截图：320px(智能手机)，768px(平板竖放)，1024px(笔记本和平板横放)和 1600px(大屏桌面)。

图 5.44、图 5.45 和图 5.46 显示的是同一个网页，只是使用 CSS 媒体查询检测视口大小并进行不同的显示。图 5.44 是标准的桌面浏览器显示。

图 5.44　网页在桌面上的显示

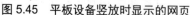

图 5.45　平板设备竖放时显示的网页

图 5.46　智能手机显示的网页

　　图 5.45 是平板设备竖放时的显示。图 5.46 是在智能手机上的显示。注意，图片变小了，并突出显示了电话号码。

5.13　Web 设计最佳实践

　　表 5.1 是推荐的 Web 设计实践核对清单。以它为准，创建易于阅读、可用性强和无障碍的网页。

表 5.1　Web 设计最佳实践核对清单[①]

页面布局

- ☐ 1. 统一网站标题/标识(header/logo)
- ☐ 2. 统一导航区域
- ☐ 3. 让人一目了然的网页标题(title)，包括公司/组织/网站的名称
- ☐ 4. 页脚区域——版权信息、上一次更新日期、联系人电邮
- ☐ 5. 良好运用基本设计原则：重复、对比、近似和对齐
- ☐ 6. 在 1024×768 或更高分辨率下显示时不需要水平滚动
- ☐ 7. 页面中的文本/图片/空白均匀分布
- ☐ 8. 在 1024×768 分辨率下，header/logo 和导航区所占的区域不超过浏览器窗口的 1/4～1/3
- ☐ 9. 在 1024×768 分辨率下，主页"第一屏"(向下滚动之前)包含吸引人的、有趣的信息
- ☐ 10. 使用拨号连接时，主页在 10 秒钟之内下载完毕
- ☐ 11. 用视口 meta 标记增强智能手机上的显示
- ☐ 12. 通过媒体查询针对手机和平板配置灵活响应的网页、

导航

- ☐ 1. 主导航链接标签清晰且统一
- ☐ 2. 用无序列表建构导航
- ☐ 3. 如主导航区域使用图片和/或多媒体，应在页脚提供清晰的文本链接(无障碍设计)
- ☐ 4. 提供导航协助，比如站点地图、"跳至内容"链接或面包屑路径

颜色和图片

- ☐ 1. 在页面背景/文本中使用最多三四种颜色
- ☐ 2. 颜色的使用要一致
- ☐ 3. 背景和文本颜色具有良好对比度
- ☐ 4. 不要单独靠颜色来表达意图(无障碍设计)
- ☐ 5. 颜色和图片的使用能改善网站，而不是分散访问者的注意力
- ☐ 6. 图片要优化，不要明显拖慢下载速度
- ☐ 7. 使用的每张图片都有清楚的目的
- ☐ 8. img 标记用 alt 属性设置替代文本(无障碍设计)
- ☐ 9. 动画不要使访问者分散注意力，要么不重复播放，要么只重复几次就可以了

[①] (Terry Ann Morris, Ed.D.版权所有，https://terrymorris.net/bestpractices)

多媒体(参见第 11 章)

☐ 1. 使用的每个音频/视频/Flash 文件都目的明确
☐ 2. 使用的音频/视频/Flash 文件能改善网站，而不是分散访问者的注意力
☐ 3. 为每个音频或视频文件提供文字稿/字幕 (无障碍设计)
☐ 4. 标示音频或视频文件的下载时间

内容呈现

☐ 1. 使用常规字体，如 Arial 或 Times New Roman。中文使用宋体或微软雅黑
☐ 2. 合理运用 Web 写作技术，包括标题、小标题、项目列表、短段落和短句、空白等
☐ 3. 统一字体、字号和字体颜色
☐ 4. 网页内容提供有意义和有用的信息
☐ 5. 使用统一方式组织内容
☐ 6. 信息查找容易(最少点击)
☐ 7. 要提示时间：上一次修订和/或版权日期要准确
☐ 8. 页面内容没有排版或语法错误
☐ 9. 添加超链接文本时，避免"点击这里"/"点我"这样的说法
☐ 10. 统一设置一套颜色来表明链接的已访问/未访问状态
☐ 11. 如果使用了图片和/或多媒体，同时提供对应的替代文本(无障碍设计)

功能

☐ 1. 所有内部链接都正常工作
☐ 2. 所有外部链接都正常工作
☐ 3. 所有表单能像预期的那样工作
☐ 4. 网页不报错

其他无障碍设计

☐ 1.在恰当的地方使用专为改善无障碍访问而提供的属性，例如 alt 和 title
☐ 2. 为了帮助屏幕朗读器，html 元素的 lang 属性要指明网页的朗读语言

浏览器兼容性

☐ 1. 在 Edge，Internet Explorer，Firefox，Safari，Chrome 和 Opera 的最新版本中正常显示
☐ 2. 在主流平板和智能手机上正常显示

✔ 自测题 5.2

1. 浏览自己学校的主页。使用最佳实践核对清单(表 5.1)对该页面进行评估，叙述评估结果。

2. 访问自己喜爱的一个网站或者老师提供的 URL。最大化浏览器，再改变浏览器窗口大小。判断网站采用的是固定还是流动布局。调整显示器的分辨率，网站外观是基本不变，还是变化很大？提出改进网站设计的两个建议。

3. 列举三条在网页上使用图片的最佳实践。浏览学校主页，并描述这个页面应用了哪些图片设计最佳实践以及可以怎么改进。

小结

本章讨论了推荐的网站设计最佳实践。使用颜色、图片和文本时，应根据目标受众来做出最合适的选择。开发无障碍网站应该是每个 Web 开发人员的目标。要访问本章列举的例子、链接和更新信息，请访问本书配套网站 https://www.webdevfoundations.net。

关键术语

对齐	POUR
相似色色彩方案	渐进式增强
抗锯齿	近似
面包屑路径	随机组织
组块，意元集组	重复
颜色理论	灵活 Web 设计，可灵活响应的 Web 设计
色轮	屏幕分辨率
互补	变深(shade)
互补色色彩方案	单页网站
对比度	站点地图
固定布局	站点搜索
粘着设计	跳到内容
扁平 Web 设计	分散互补色彩方案
流动布局	目标受众
hero	四色色彩方案
分级式组织	变浅(tint)
水平滚动	变灰(tone)
线性组织	三色色彩方案
加载时间	WAI(无障碍网络倡议，Web Accessibility Initiative)
媒体查询	WCAG 2.1(Web 内容无障碍指导原则，Web Content Accessibility Guidelines 2.1)
单色色彩方案	
导航栏	空白
页面布局	线框
感觉到的加载时间	

复习题

选择题

1. 以下哪一个是网页的草图或蓝图，它显示了基本网页元素的结构(但不包括具体设计)? (　　)
   A. 绘画　　　　　　B. HTML 代码　　　　C. 站点地图　　　　D. 线框
2. 以下哪一条不是推荐的 Web 设计最佳实践? (　　)

A. 设计网站,使之易于导航　　　　　B. 向每个人都呈现色彩艳丽的网页

C. 设计网页,使之能快速加载　　　　D. 限制动画内容的使用

3. 三种最常用的网站组织方式是什么? (　　)

　　A. 水平、垂直和对角　　　　　　　B. 分级、线性和随机

　　C. 无障碍、易读和易维护　　　　　D. 以上都不是

4. WCAG 的 4 原则 是什么? (　　)

　　A. 对比、重复、对齐、近似　　　　B. 可感知、可操作、可理解、健壮

　　C. 无障碍、易读、易维护、可靠　　D. 分级、线性、随机、顺序

5. 以下哪一条不符合一致性网站设计要求? (　　)

　　A. 每个内容页上一个类似的导航区域

　　B. 每个内容页上使用相同的字体

　　C. 不同的页使用不同的背景颜色

　　D. 每个内容页在相同位置使用相同的网站横幅(logo)

6. 以下什么要取决于站点的目标受众? (　　)

　　A. 站点使用的颜色数量　　　　　　B. 站点使用的字号和样式

　　C. 站点的总体外观与感觉　　　　　D. 以上都对

7. 以下什么推荐的设计实践适用于主导航栏使用了图片的网站? (　　)

　　A. 为图片提供替代文本　　　　　　B. 在页面底部放置文本链接

　　C. A 和 B 都对　　　　　　　　　　D. 不需要特别对待

8. 以下什么称为空白(white space)? (　　)

　　A. 围绕文本块和图片的空白屏幕区域　B. 为网页使用的白色背景色

　　C. 将文本颜色配置成白色　　　　　D. 以上都不对

9. 创建文本超链接时,应该采用以下哪一个操作? (　　)

　　A. 整个句子创建成超链接　　　　　B. 在文本中包括"点击此处"

　　C. 使用关键词作为超链接　　　　　D. 以上都不对

10. 以下哪个色彩方案由色轮上相对的两种颜色构成?

　　A. 相似色　　　　　B. 互补色　　　　　C. 分散互补色　　　　　D. 相反色

填空题

11. 商业网站最常用的网站结构是_____组织。

12. 所有浏览器和它们的各种版本_____(是/不是)以完全一致的方式显示网页。

13. _____组织的宗旨是为无障碍网络(无障碍 Web 访问)创建指导原则和标准。

简答题

14. 说明在为移动 Web 设计时要考虑的问题。

15. 说明 WCAG 的四大原则。

动手实作

1. Web 设计评估。本章讨论了网页设计,包括导航设计技术以及对比、重复、对齐和近似等设

计原则。本练习将检查和评估一个网站的设计。你的老师可能会提供一个要评估的网站的 URL。如果没有，从以下 URL 中选择一个：

- https://www.telework.gov
- https://www.dcmm.org
- https://www.sedonalibrary.org
- https://bostonglobe.com
- https://www.alistapart.com

访问网站并写一篇论文来包含以下内容。

- 网站 URL
- 网站名称
- 目标受众
- 主页屏幕截图
- 导航类型(可能多种导航方式)
- 说明网站如何运用对比、重复、对齐和近似原则。越具体越好
- 完成 Web 设计最佳实践核对清单(表 5.1)
- 网站的一项推荐改进措施

2. 根据以下情况创建站点地图。

- 科瓦斯基(Doug Kowalski)是一个自由职业摄影师，他的专长是自然摄影。他经常能拿到工作合同，为课本和杂志拍摄照片。Doug 想要一个网站来展示他的才能，并方便出版商与他取得联系。他想要一个主页、几个包含他的自然摄影作品样板的页面和一个联系方式页面。请根据这些情况创建一个站点地图。

- 鲁亚雷兹(Mary Ruarez)拥有一家公司，名字是 Just Throw Me，专门从事手工艺枕头的制作。她的产品目前在手工艺展会和当地的礼品商店进行销售，但她想要将生意扩展到网上。她想要一个网站，要有一个主页、一个对她的产品进行描述的页面、7 种款式的枕头每种一个展示页面和一个订购页面。有人建议她，由于她需要从别人那里搜集一些信息，所以加上一个描述隐私条款的页面是一个不错的主意。请根据这些情况创建一个站点地图。

- 可汗(Prakesh Khan)拥有一家称为 A Dog's Life 的小狗美容公司。他想让公司在网上也拥有一席之地，包括一个主页、一个关于美容服务的页面、一个到他的商店的地图指南页面、一个联系方式页面和一个解释如何挑选好宠物的栏目。网站中关于挑选宠物的那部分内容将使用逐步讲解的方式。请根据这些情况创建一个站点地图。

3. 根据以下情况创建线框页面布局。使用图 5.33~图 5.36 的页面布局样式。在这些样式中，放置网站标志(logo)、导航栏、文本和图片的地方已经标示出来了。具体的内容或图片无关大局。

- 根据前面第 2 步描述的情况，为科瓦斯基(Doug Kowalski)的摄影生意创建页面布局线框。创建一个主页布局线框，为内容页面创建另一个布局线框。

- 为前面第 2 步描述的 Just Throw Me 网站创建页面布局线框。创建一个主页布局线框，为内容页面创建另一个布局线框。

- 为前面第 2 步描述的 A Dog's Life 网站创建页面布局线框。创建一个主页和常规内容页面线框，为逐步讲解页面创建另一个布局线框。

4. 自己选择两个具有相似性质或相似目标受众的网站，例如：

- Amazon.com (https://www.amazon.com)和 Barnes & Noble (http://www.bn.com)
- Kohl's (https://www.kohls.com)和 JCPenney (http://www.jcpenney.com)
- CNN (https://www.cnn.com)和 MSNBC (http://www.msnbc.com)

说明你选择的两个网站如何运用重复、对比、对齐和相似设计原则。

5. 自己选择两个具有相似性质或相似目标受众的网站，例如：

- Crate & Barrel (https://www.crateandbarrel.com)

  Pottery Barn (https://www.potterybarn.com)
- Harper College (https://goforward.harpercollege.edu)

  College of Lake County (http://www.clcillinois.edu)
- Chicago Bears (https://www.chicagobears.com)

  Green Bay Packers (https://www.packers.com)

描述你选择的两个网站如何运用最佳设计实践。你会如何改进这些网站？为每个网站推荐三项改进措施。

6. 如何用单页网站方案为以下行业设计主页？创建主页线框图。

- 前面第 2 步描述的科瓦斯基(Doug Kowalski)的摄影生意。
- 前面第 2 步描述的 Just Throw Me 网站。
- 前面第 2 步描述的 A Dog's Life 网站。

7. 如何用灵活布局方案为以下行业设计主页？创建主页的两个线框图：一个针对桌面浏览器，一个针对移动设备。

- 前面第 2 步描述的 Doug Kowalski 的摄影生意。
- 前面第 2 步描述的 Just Throw Me 网站。
- 前面第 2 步描述的 A Dog's Life 网站。

8. 访问 Media Queries 网站(https://mediaqueri.es)，查看演示了灵活设计的一系列网站。从中选一个来探索。写一页论文来包含以下内容：

- 网站 URL
- 网站名称
- 网站的三张屏幕截图(桌面显示、平板显示和手机显示)
- 解释三张截图的相似之处和差异
- 说明为手机显示而优化的两项措施
- 网站是否在全部三种显示模式中都满足了目标受众的需求。请具体解释。

网上研究

本章介绍了有用的 Web 创作技术。请进一步探索该主题。可将以下资源作为起点：

- Writing for the Web

  https://www.useit.com/papers/webwriting
- 9 Simple Tips for Writing Persuasive Web Content

  https://www.enchantingmarketing.com/writing-for-the-web-vs-print/
- Web Writing that Works!

  http://www.webwritingthatworks.com/CGuideJOBAID.htm

- A List Apart: 10 Tips on Writing the Living Web
  http://www.alistapart.com/articles/writeliving

如果这些资源不再可用，请在 Web 上搜索"Writing for the Web"的相关信息。读一篇或几篇相关文章。选取你想和别人分享的 5 个技巧。创建一个网页来展示你的发现，包含参考资源的 URLs。

聚焦 Web 设计

访问本章提到的任何一个你感兴趣的网站。写一页总结来包含以下主题。

- 该网站的目的是什么？
- 目标受众是谁？
- 该网站能贴近目标受众吗？
- 该网站在移动设备上能很好地显示吗？
- 列举该网站运用推荐 Web 设计原则的三个例子。
- 该网站还能如何改进？

网站案例学习：Web 设计最佳实践

以下所有案例将贯穿全书。本章要求对网站设计进行分析。

案例 1：咖啡屋 JavaJam Coffee Bar

请参见第 2 章了解 JavaJam Coffee Bar 的概况。图 2.32 显示了 JavaJam 网站的站点地图。之前已为该网站创建了三个网页。本案例学习要检查网站是否符合推荐的网站设计最佳实践。

1. 检查图 2.32 的站点地图。JavaJam 网站采用了什么类型的站点组织方式？这是网站最合适的组织方式吗？请解释是或不是的理由。

2. 检查本章推荐的网页设计最佳实践。用表 5.1 的"Web 设计最佳实践核对清单"评估到目前为止创建的 JavaJam 网站。引述三条得到良好实现的最佳实践。引述三条可以实现得更好的最佳实践。还能对网站进行哪些改进？

案例 2：宠物医院 Fish Creek Animal Clinic

请参见第 2 章了解 Fish Creek 宠物医院的概况。图 2.36 显示了 Fish Creek 网站的站点地图。之前已为该网站创建了三个网页。本案例学习要检查网站是否符合推荐的网站设计最佳实践。

1. 检查图 2.36 的站点地图。Fish Creek 网站采用了什么类型的站点组织方式？这是网站最合适的组织方式吗？请解释是或不是的理由。

2. 检查本章推荐的网页设计最佳实践。用表 5.1 的"Web 设计最佳实践核对清单"评估到目前为止创建好的 Fish Creek 网站。引述三条得到良好实现的最佳实践。引述三条可以实现得更好的最佳实践。还能对网站进行哪些改进？

案例 3：度假村 Pacific Trails Resort

请参见第 2 章了解 Pacific Trails Resort 的概况。图 2.40 显示了 Fish Creek 网站的站点地图。之前已为该网站创建了三个网页。本案例学习要检查网站是否符合推荐的网站设计最佳实践。

1. 检查图 2.40 的站点地图。Pacific Trails Resort 网站采用了什么类型的站点组织方式？这是网站最合适的组织方式吗？请解释是或不是的理由。

2. 检查本章推荐的网页设计最佳实践。用表 5.1 的"Web 设计最佳实践核对清单"评估到目前为止创建好的 Pacific Trails Resort 网站。引述三条得到良好实现的最佳实践。引述三条可以实现得更好的最佳实践。还能对网站进行哪些改进？

案例 4：瑜珈馆 Path of Light Yoga Studio

请参见第 2 章了解 Path of Light Yoga Studio 的概况。图 2.44 显示了网站的站点地图。之前已为该网站创建了三个网页。本案例学习要检查网站是否符合推荐的网站设计最佳实践。

1. 检查图 2.44 的站点地图。Path of Light Yoga Studio 网站采用了什么类型的站点组织方式？这是网站最合适的组织方式吗？请解释是或不是的理由。

2. 检查本章推荐的网页设计最佳实践。用表 5.1 的"Web 设计最佳实践核对清单"评估到目前为止创建好的 Path of Light Yoga Studio 网站。引述三条得到良好实现的最佳实践。引述三条可以实现得更好的最佳实践。还能对网站进行哪些改进？

项目实战

这个案例学习将采用推荐的 Web 设计最佳实践来设计一个网站。网站可以和一个嗜好或者主题、自己的家庭、自己参加的一个俱乐部、朋友开的公司或者你所在的公司有关。网站包含 1 个主页和至少 6 个(但不要超过 10 个)内容页。本章的项目实战将完成以下文档：主题审批、站点地图和页面布局设计。本章不要求开发任何具体的网页——这将是后面各章的案例学习要完成的任务。

1. **项目主题审批。**网站主题必须通过老师的审批，先完成以下工作：
   - 网站的目的是什么？
     列举创建网站的原因。
   - 想通过网站实现什么东西？
     列举网站目标。
     描述网站取得成功的条件。
   - 目标受众是谁？
     描述目标受众的年龄、性别、社会经济地位等。
   - 网站提供了什么机会或专注于什么事情？注意：你的网站也许为别人提供了了解某个主题的机会，或者为某个公司在网上开辟了一方天地等。
   - 可以在网站中添加什么内容？
     描述网站所需的文本、图片和媒体的类型。
   - 至少列举两个在网络上找到的相关或相似网站。

2. **项目站点地图。**使用字处理软件的画图功能、图形处理软件或者纸笔来创建网站的站点地图，展示网页的层次结构及其相互关系。

3. **项目页面布局设计。**使用字处理软件的画图功能、图形处理软件或者纸笔来创建网站主页及内容页的线框(wireframe)页面布局。除非老师额外要求，否则请使用图 5.33~图 5.36 的布局样式。标出网站横幅(logo)、导航栏、文本和图片的位置。具体措辞或图片不用管。

第6章
页面布局

学习目标：

- 学习并运用 CSS 框模型
- 用 CSS 配置宽度和高度
- 用 CSS 配置边距
- 用 CSS 配置浮动
- 用 CSS 配置定位
- 用 CSS 创建双栏布局
- 用无序列表配置导航，并用 CSS 定义样式
- 用 CSS 伪类配置与超链接的交互
- 配置指向网页内部命名区段的链接
- 用 CSS 精灵配置图片
- 配置交互图片库
- 用 CSS 配置打印页
- 配置支持视差滚动的单页网站

之前用 CSS 配置了居中页面布局，本章要学习更多 CSS 页面布局技术。先从框模型开始。将探讨如何用 CSS 实现元素的浮动和定位。将使用 CSS 伪类添加和超链接的互动，并用 CSS 配置无序列表形式的导航。将创建单页网站来运用指向命名区段的链接。还将学习许多页面布局技术。

6.1 CSS 宽度和高度

用 CSS 有许多方式配置宽度和高度。之前已学过如何配置元素的 width 和 height 属性。本节要更全面地讨论 width，min-width，max-width 和 height 属性。表 6.1 列出常用的宽度和高度单位及其作用。

表 6.1　单位及其作用

单位	作用
px	配置固定像素数量
em	配置相对字号值
%	配置相对于父元素的百分比
vh	1vh=视口高度的 1%
vw	1vw=视口宽度的 1%

width 属性

width 属性配置元素内容在浏览器视口中的宽度，可指定带单位数值(比如 100px 或 20em)、相对父元素百分比(比如 80%，如图 6.1 所示)或者视口宽度值(比如 50vw，代表视口宽度的 50%)。但这并不是元素的实际宽度。实际宽度由元素的内容、填充、边框和边距构成。width 属性指定的是*内容宽度*。

图 6.1　网页设置成 80%宽度

min-width 属性

min-width 属性配置元素内容在浏览器视口中的最小宽度。设置最小宽度可防止内容在浏览器改变大小时跑来跑去。如浏览器变得比最小宽度还要小，就显示滚动条，如图 6.2 和图 6.3 所示。

图 6.2　浏览器改变大小时文本自动换行

图 6.3　min-width 属性防止显示出问题

max-width 属性

max-width 属性配置元素的内容在浏览器视口中的最大宽度。设置最大宽度可防止文本在高分辨率屏幕中显示很长的一行。

height 属性

height 属性配置元素的内容在浏览器视口中的高度，可指定带单位数值(比如 900px)、相对父元素百分比(比如 60%)或者视口高度值(比如 50vh，代表视口高度的 50%)。图 6.4 的网页没有为 h1 配置 height 或 line-height 属性，造成背景图片一部分被截掉。而图 6.5 的 h1 配置了 height 属性，背景图片能完整显示。

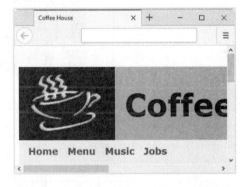

图 6.4　背景图片显示不完整　　　　图 6.5　height 属性值对应背景图片的高度

🖐 动手实作 6.1

下面练习使用 height 和 width 属性。新建 coffeech6 文件夹。将 chapter6/starters 文件夹中的 coffeelogo.jpg 文件复制到这里。再复制 chapter6/starter.html 文件并重命名为 index.html。用文本编辑器打开 index.html。

1. 编辑嵌入 CSS，配置文档最大占用浏览器窗口 80%宽度，最小宽度为 750px。为 body 元素选择符添加以下样式规则：

```
width: 80%; min-width: 750px;
```

2. 为 h1 元素选择符添加样式声明，将高度设为 150px(背景图片高度)，将 line-height 设为 220%。

```
height: 150px; line-height: 220%;
```

保存文件并用浏览器测试。效果如图 6.1 所示。示例解决方案在 chapter6/6.1 文件夹。

6.2 框 模 型

网页文档中的每个元素都被视为一个矩形框。如图 6.6 所示，该矩形框由环绕着内容区的填充、边框和边距构成。这称为**"框模型"**(box model)。

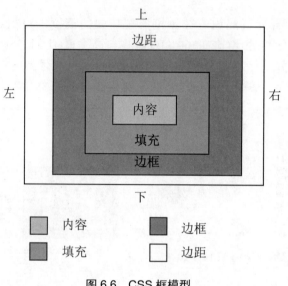

图 6.6   CSS 框模型

内容

内容区域可包括文本和其他网页元素，比如图片、段落、标题、列表等。一个网页元素的可见宽度是指内容、填充和边框宽度之和。然而，width 属性配置的只是内容宽度，不包括任何填充、边框或边距。

填充

填充是内容和边框之间的那部分区域。默认填充值为 0。配置元素背景时，背景会同时应用于填充和内容区域。用 padding 属性配置元素的填充(参见第 4 章)。

边框

边框是填充和边距之间的区域。默认边框值为 0，即不显示边框。用 border 属性配置元素的边框(参见第 4 章)。

边距

margin 属性配置元素各边的边距，即元素和相邻元素之间的空白。边距总是透明。也就是说，在该区域看到的是网页或父元素的背景色。

使用带单位(px 或 em) 的数值配置边距大小。设为 0(不写单位)将消除边距。值"auto"告诉浏览器自动计算边距。第 3 章和和第 4 章曾用 margin-left: auto;和 margin-right: auto;配置居中页面布局。表 6.2 列出了用于配置边距的 CSS 属性。

表 6.2　CSS margin 属性

属性名称	说明和常用值
margin	配置围绕元素的边距(简化写法)： • 一个数值(px 或 em)或百分比。例如：margin: 10px;。设为 0 时不要写单位。值"auto"告诉浏览器自动计算元素的边距 • 两个数值(px 或 em)或百分比。第一个配置顶部和底部边距，第二个配置左右边距。例如 margin: 20px 10px; • 三个数值(px 或 em)或百分比。第一个配置顶部边距，第二个配置左右边距，第三个配置底部边距。例如 margin: 10% 20% 5px; • 四个数值(px 或 em)或百分比。按以下顺序配置边距：margin-top, margin-right, margin-bottom, margin-left。例如 margin: 10% 30px 20% 5%;
margin-bottom	底部边距。数值(px 或 em)，百分比，或 auto
margin-left	左侧边距。数值(px 或 em)，百分比，或 auto
margin-right	右侧边距。数值(px 或 em)，百分比，或 auto
margin-top	顶部边距。数值(px 或 em)，百分比，或 auto

框模型实例

图 6.7 的网页(学生文件 chapter6/box.html)通过 h1 和 div 元素展示了框模型的实例。

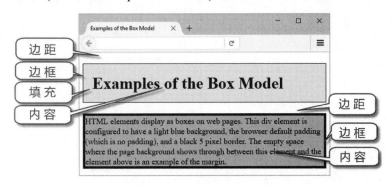

图 6.7　框模型的例子

- h1 元素配置浅蓝色背景，20 像素填充(内容和边框之间的区域)，以及 1 像素的黑色边框。
- 能看见白色网页背景的空白区域就是边距。两个垂直边距相遇时(比如在 h1 和 div 之间)，浏览器不是同时应用两个边距，而是选择两者中较大的。
- div 元素配置中蓝色背景，使用浏览器的默认填充(也就是无填充)，以及 5 像素的黑色边框。

本章还将进一步练习框模型。现在不妨利用 chapter6/box.html 多试验一下。

6.3　正　常　流　动

浏览器逐行渲染 HTML 文档中的代码。这种处理方式称为"正常流动"(normal flow)，元素按照在网页源代码中出现的顺序显示。

图 6.8 和图 6.9 分别显示了包含文本内容的两个 div 元素。仔细观察，图 6.8 的两个 div 元素在网页上一个接一个排列，而图 6.9 是一个嵌套在另一个中。在两种情况下，浏览器使用的都是正常流动(默认)，按照在源代码中出现的顺序显示元素。之前动手实作创建的网页都是使用正常流动来渲染的。

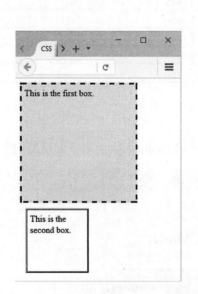

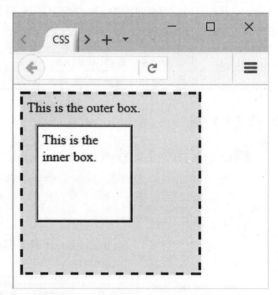

图 6.8　两个 div 元素一个接一个显示　　　　图 6.9　一个 div 元素嵌套在另一个中

下个动手实作会进一步练习这种正常流动渲染方法。然后练习使用 CSS 定位和浮动技术来干预元素在网页上的"流动"或者说"定位"。

动手实作 6.2

这个动手实作将创建图 6.8 和图 6.9 的网页来探索 CSS 框模型和正常流动。

练习正常流动

启动文本编辑器，打开学生文件 chapter6/starter1.html。将文件另存为 box1.html。编辑网页主体，添加以下代码来配置两个 div 元素。

```
<div class="div1">
This is the first box.
</div>
<div class="div2">
This is the second box.
</div>
```

接着在 head 区域添加嵌入 CSS 代码来配置"框"。为名为 div1 的类添加新的样式规则，配置浅蓝色背景、虚线边框、宽度 200、高度 200 和 5 像素填充。代码如下：

```
.div1 {  width: 200px;
         height: 200px;
         background-color: #D1ECFF;
         border: 3px dashed #000000;
         padding: 5px; }
```

再为名为 div2 的类添加新的样式规则，将高和宽都配置成 100 像素，再配置 ridge 样式的边框、10 像素的边距以及 5 像素的填充。代码如下：

```
.div2 {  width: 100px;
         height: 100px;
         background-color: #FFFFFF;
         border: 3px ridge #000000;
         padding: 5px;
         margin: 10px; }
```

保存文件。启动浏览器并测试网页，效果如图 6.8 所示。学生文件 chapter6/6.2/box1.html 是一个已经完成的示例解决方案。

练习正常流动和嵌套元素

启动文本编辑器，打开 box1.html，另存为 box2.html。编辑代码，删除 body 区域的内容。添加以下代码来配置两个 div 元素，一个嵌套在另一个中：

```
<div class="div1">
This is the outer box.
  <div class="div2">
  This is the inner box.
```

```
    </div>
</div>
```

保存文件并用浏览器测试,效果如图 6.9 所示。注意浏览器如何渲染嵌套 div 元素,第二个框嵌套在第一个框中,因为它在网页源代码中就是在第一个 div 元素中编码的。这是"正常流动"的例子。学生文件 chapter6/6.2/box2.html 是已完成的示例解决方案。

这些例子只是恰巧使用了两个 div 元素。但是,框模型适合任何块显示元素,而非只是 div。本章会更多地练习使用框模型。

6.4 浮 动 效 果

元素在浏览器视口或另一个元素左右两侧浮动通常用 float 属性设置。浏览器先以"正常流动"方式渲染这些元素,再将它们移动到所在容器(通常是浏览器视口或某个 div)的最左侧或最右侧。

- 使用 float: right;使元素在容器右侧浮动。
- 使用 float: left;使元素在容器左侧浮动。
- 除非元素已经有一个隐含的宽度(比如 img 元素),否则为浮动元素指定宽度。
- 其他元素和网页内容围绕浮动元素"流动",所以总是先编码浮动元素,再编码围绕它流动的元素。

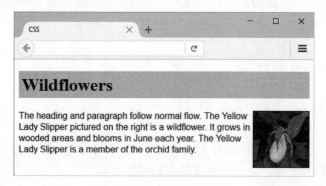

图 6.10   配置成浮动的图片

在图 6.10 的网页中(学生文件 chapter6/float1.html),图片用 float:right;配置成在浏览器视口右侧滚动。配置浮动图片时,考虑用 margin 属性配置图片和文本之间的空白间距。

观察图 6.10,注意图片是如何停留在浏览器窗口右侧的。创建了名为 yls 的 id,它应用了 float, margin 和 border 属性。img 标记设置了 id="yls"属性。CSS 代码如下所示:

```
h1 {background-color: #A8C682;
    padding: 5px;
    color: #000000; }
p { font-family: Arial, sans-serif; }
#yls { float: right;
       margin: 0 0 5px 5px;
       border: 1px solid #000000; }
```

HTML 源代码如下所示:

```
<h1>Wildflowers</h1>
<img id="yls" src="yls.jpg" alt="Yellow Lady Slipper" height="100" width="100">
<p>The heading and paragraph follow normal flow. The Yellow Lady Slipper pictured
on the right is a wildflower. It grows in wooded areas and blooms in June each
year. Ch The Yellow Lady Slipper is a member of the orchid family.</p>
```

动手实作 6.3

这个动手实作将练习使用 CSS float 属性配置如图 6.11 所示的网页。

图 6.11 用 CSS float 属性使图片左对齐

创建 ch6float 文件夹并从学生文件的 chapter6 文件夹复制 starteryls.html 和 yls.jpg 文件。启动文本编辑器并打开 starteryls.html。注意图片和段落的顺序。目前没有用 CSS 配置浮动图片。在浏览器中显示 starteryls.html。浏览器会采用"正常流动"渲染网页，也就是按元素的编码顺序显示。

现在添加 CSS 代码使图片浮动。将文件另存为 ch6float 文件夹中的 index.html，像下面这样修改代码。

1. 为名为 float 的类添加样式规则，配置 float，margin 和 border 属性。

```
.float { float: left;
```

```
margin-right: 10px;
border: 3px ridge #000000; }
```

2. 将 img 元素分配给 float 类(class="float")。

保存文件并测试，效果如图 6.11 所示。示例解决方案是 chapter6/6.3/index.html。

浮动元素和正常流动

花一些时间在浏览器中体验图 6.11 的这个网页，思考浏览器如何渲染网页。div 元素配置了一个浅色背景，目的是演示浮动元素独立于"正常流动"进行渲染。浮动图片和第一个段落包含在 div 元素中。h2 紧接在 div 之后。如果所有元素都按照"正常流动"显示，浅色背景的区域将包含 div 的两个子元素：图片和第一个段落。另外，h2 也应该在 div 下单独占一行。

然而，由于图片配置成浮动，被排除在"正常流动"之外，所以浅色背景只有第一个段落才有，同时 h2 紧接在第一个段落之后显示，位于浮动图片的旁边。

6.5　清除浮动效果

clear 属性

clear 属性常用于终止(或者说"清除")浮动。可将 clear 属性的值设为 left，right 或 both，具体取决于需要清除的浮动类型。

参考图 6.11 和学生文件 chapter6/6.3/index.html。注意，虽然 div 同时包含图片和第一个段落，但 div 的浅色背景只应用于第一个段落，没有应用于图片，感觉这个背景结束得太早了。我们的目标是使图片和段落都在相同背景上。清除浮动可解决问题。

用换行清除浮动

为了在容器元素中清除浮动，一个常用的技术是添加配置了 clear 属性的换行元素。学生文件 chapter6/ clear1.html 是一个例子。先配置一个 CSS 类清除左浮动。

```
.clearleft { clear: left; }
```

然后在结束 div 标记前为一个换行标记分配 clearleft 类。完整 div 如下：

```
<div>
<img class="float" src="yls.jpg" alt="Yellow Lady Slipper"
height="100" width="100">
<p>The Yellow Lady Slipper grows in wooded areas and blooms in June
each year. The flower is a member of the orchid family.</p>
<br class="clearleft">
</div>
```

图 6.12 显示了网页当前的样子。注意 div 的浅色背景扩展到整个 div 的覆盖范围。另外，h2 文本的位置变得正确了，在图片下方另起一行。

清除浮动效果的另一个技术

如果不关心浅色背景的范围，另一个解决方案是拿掉换行标记，改为向 h2 元素应用 clearleft 类。这样不会改变浅色背景的显示范围，只会强迫 h2 在图片下方另起一行，如图 6.13 所示(学生文件 chapter6/clear2.html)。

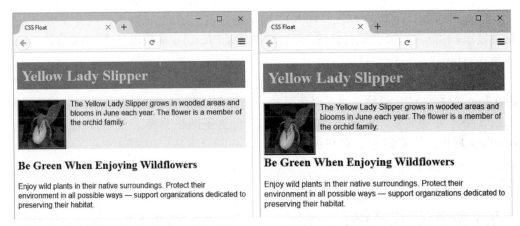

图 6.12　将 clear 属性应用于换行标记　　　　图 6.13　将 clear 属性应用于 h2 元素

overflow 属性

也可用 overflow 属性清除浮动效果，虽然它本来的目的是配置内容在分配区域容不下时的显示方式。表 6.3 列出了 overflow 属性的常用值。

表 6.3　overflow 属性

属性值	用途
visible	默认值；显示内容，如果过大，内容会"溢出"分配给它的区域
hidden	内容被剪裁，以适应在浏览器窗口中分配给元素的空间
auto	内容充满分配给它的区域。如有必要，显示滚动条以便访问其余内容
scroll	内容在分配给它的区域进行渲染，并显示滚动条

清除浮动效果

参考图 6.11 和学生文件 chapter6/6.3/index.html。注意 div 元素虽然同时包含浮动图片和第一个段落，但 div 的浅色背景并没有像期望的那样延展。只有第一个段落所在的区域才有背景。可以为容器元素配置 overflow 属性来解决这个问题并清除浮动。下面要将 overflow 属性和 width 属性应用于 div 元素选择符。用于配置 div 的 CSS 代码

如下所示:

```
div {    background-color: #F3F1BF;
         overflow: auto;
         width: 100%; }
```

只需要添加这些 CSS 代码,即可清除浮动,获得如图 6.14 所示的效果(学生文件 chapter6/overflow.html)。

对比 clear 属性与 overflow 属性

图 6.14 使用 overflow 属性,图 6.12 向换行标记应用 clear 属性,两者获得相似的网页显示。你现在可能会觉得疑惑,需要清除浮动时,到底该用哪一个 CSS 属性,clear 还是 overflow?

虽然 clear 属性用得更广泛,但本例最有效的做法是向容器元素(比如 div)应用 overflow 属性。这会清除浮动,避免添加一个额外的换行元素,并确保容器元素延伸以包含整个浮动元素。随着本书的深入,会有更多的机会练习使用 float,clear 和 overflow 属性。用 CSS 设计多栏页面布局时,浮动元素是一项关键技术。

图 6.14　向 div 元素选择符应用 overflow 属性

图 6.15　浏览器会显示滚动条

配置滚动条

图 6.15 的网页演示了在内容超出分配给它的空间时,如何使用 overflow: auto;自动显示滚动条。在本例中,包含段落和浮动图片的 div 配置成 300px 宽度和 100px 高度。参考学生文件 chapter6/scroll.htm。div 的 CSS 如下所示:

```
div { background-color: #F3F1BF;
          overflow: scroll;
          width: 300px;
          height: 100px;
}
```

自测题 6.1

1. 按从内向外的顺序列出框模型组成部分。
2. 解释 CSS float 属性的作用。
3. 可用哪两个 CSS 属性清除浮动。

6.6　box-sizing 属性

看一个网页元素时，直觉认为元素宽度应包括元素的填充和边框。但这不是浏览器的默认行为。之前解释框模型时说过，width 属性默认只是元素内容的宽度，元素的填充或边框不包括在内。用 CSS 设计页面布局时，这有时会造成迷惑。box-sizing 属性能缓解该问题，它告诉浏览器在计算宽度或高度时，除了包括内容的实际宽度或高度，是否还将所有填充和边框的宽度或高度包括在内。

有效的 box-sizing 属性值包括 content-box(默认)和 border-box。后者指示浏览器在计算元素的宽度和高度时将边框和填充也包括在内。

图 6.16 和图 6.17 的网页(chapter6/boxsizing1.html 和 chapter6/boxsizing2.html)配置浮动元素 30%宽度、150px 高度、20px 填充和 10px 边距。图 6.16 使用 box-sizing 的默认值，图 6.17 将 box-sizing 设为 border-box。在两个网页中，元素大小和位置有所区别。

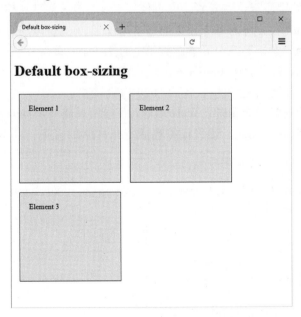

图 6.16　box-sizing 取默认值

图 6.16 的元素要大一些，因为浏览器先将内容设为 30%宽度，再为各边添加 20 像素填充。图 6.17 的元素要小一些，因为浏览器将填充和内容的宽度整合起来设为 30%。

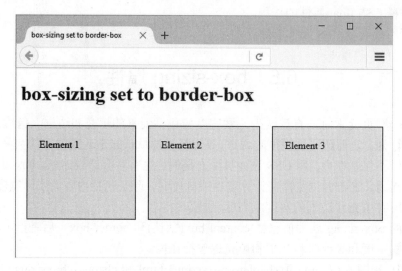

图 6.17   box-sizing 设为 border-box

下面仔细研究网页上的三个浮动元素。

图 6.16 无法并排显示这些元素。网页使用 box-sizing 的默认值，所以先为每个元素的内容分配 30%宽度，再为每个元素的每个边添加 20 像素填充，造成没有足够空间并排显示全部三个元素。第三个元素跑到下一行去了。

图 6.17 将 box-sizing 设为 border-box，造成三个元素能并排显示，因为 30%的宽度是应用于内容和填充区域之和的(含各边的 20 像素填充)。

使用浮动元素或多栏布局时，Web 开发人员经常要将 box-sizing 设为 border-box。配置*通配选择符时亦是如此，该选择符囊括所有 HTML 元素：

```
* { box-sizing: border-box; }
```

可试验 box-sizing 属性和示例(chapter6/boxsizing1.html 和 chapter6/boxsizing2.html)。

6.7 双 栏 布 局

第一个双栏布局

网页的一个常见设计是双栏布局，通过配置其中一栏在网页上浮动来实现。HTML 编码是一种技能，而提升任何技能最好的方式都是学以致用。以下动手实作指导你将单栏页面布局(图 6.18)转换成双栏布局(图 6.19)。

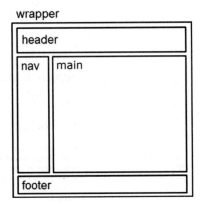

图 6.18　单栏布局　　　　　　　　　　图 6.19　双栏布局

动手实作 6.4

首先复习一下单栏布局。启动文本编辑器并打开学生文件 chapter6/singlecol.html。花些时间查看代码。注意 HTML 标记的结构和图 6.18 的线框图对应。

```
<body>
<div id="wrapper">
  <header> <header>
  <nav> </nav>
  <main> </main>
  <footer> </footer>
</div>
</body>
```

将文件另存为 index.html 并在浏览器中显示，效果如图 6.20 所示。

然后配置双栏布局。在文本编辑器中打开 index.html。将编辑 HTML 和 CSS 来配置如图 6.19 所示的双栏布局。

1. 编辑 HTML。单栏布局的导航水平显示，但双栏布局的导航垂直显示。本章以后会学习如何用无序列表配置超链接，但目前只是在 nav 区域的前两个超链接后添加换行标记来模拟该效果。

2. 用 CSS 配置浮动。找到 head 区域的 style 标记，编码以下嵌入 CSS，配置在左侧浮动的、宽度为 90px 的一个 nav 元素。

```
nav { float: left;
      width: 90px; }
```

保存文件并在浏览器中测试，如图 6.21 所示。注意 main 区域的内容围绕浮动的

nav 元素自动换行。

图 6.20   单栏布局的网页

3. 用 CSS 配置双栏布局。刚才配置 nav 元素在左侧浮动。main 元素应该放在右边的那一栏，为此需配置一个左边距(和浮动同一侧)。为获得双栏外观，边距值应大于浮动元素的宽度。在文本编辑器中打开 index.html 文件，编码以下样式规则，为 main 元素配置 100px 左边距。

```
main { margin-left: 100px; }
```

保存文件并在浏览器中测试，会看到如图 6.22 所示的双栏布局。

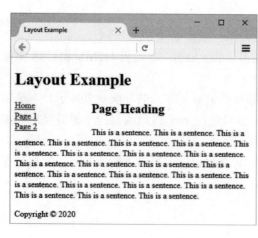

图 6.21   nav 在左侧浮动   图 6.22   双栏布局

4. 用 CSS 增强网页。编码以下嵌入 CSS 来创建更引人入胜的网页。完成后的网页如图 6.23 所示。

图 6.23 最终的双栏布局

- body 元素选择符。配置深色背景：

```
body { background-color: #000066; }
```

- wrapper id 选择符。配置 80%宽度、居中和浅色背景(#EAEAEA)。该背景色在未配置背景色的子元素(比如 nav 元素)背后显示。

```
#wrapper {  width: 80%;
            margin-left: auto;
            margin-right: auto;
            background-color: #EAEAEA; }
```

- header 元素选择符。配置#CCCCFF 背景颜色。

```
header { background-color: #CCCCFF; }
```

- h1 元素选择符。配置 0 边距和 10px 填充。

```
h1 { margin: 0;
 padding: 10px; }
```

- nav 元素选择符。编辑样式规则，配置 10 像素填充。

```
nav { float: left;
      width: 150px;
      padding: 10px; }
```

- main 元素选择符。编辑样式规则，配置 10 像素填充和#FFFFFF 背景颜色。

```
main { margin-left: 160px;
       padding: 10px;
       background-color: #FFFFFF; }
```

- footer 元素选择符。配置居中、倾斜文本和#CCCCFF 背景颜色。还要配置 footer 清除所有浮动。

```
footer { text-align: center;
         font-style: italic;
         background-color: #CCCCFF;
         clear: both; }
```

保存文件并在浏览器中测试，如图 6.23 所示。和学生文件 chapter6/6.4/index.html 比较。Internet Explorer 不支持 HTML5 main 元素的默认样式。适配该浏览器需为 main 元素选择符添加 display: block;声明(本章稍后解释)，示例解决方案是 chapter6/6.4/iefix.html。

双栏布局的例子

前面动手实作 6.4 编码的网页只是双栏布局的一种。如图 6.24 的线框图所示，还可采用将 footer 放在右边一栏的双栏布局。页面布局的 HTML 模板如下所示：

```
<div id="wrapper">
  <header>
  </header>
  <nav>
  </nav>
  <main>
  </main>
  <footer>
  </footer>
</div>
```

关键在于用 CSS 配置一个浮动 nav 元素，一个带有左边距的 main 元素，以及一个带有左边距的 footer 元素。

```
nav { float: left; width: 150px; }
main { margin-left: 165px; }
footer { margin-left: 165px; }
```

图 6.25 的网页实现了该布局，示例学生文件是 chapter6/layout/twocol.html。

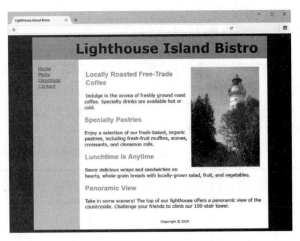

图 6.24　另一个线框图　　　　　　图 6.25　另一个双栏布局的网页

　浮动和非浮动元素的顺序重要吗?

　　浮动布局的关键在于写 HTML 代码时将需浮动的元素放到其伴侣元素之前。浏览器先在浏览器视口的一边显示浮动元素,再围绕浮动元素显示之后的元素。

　一定要用容器元素吗?

　　不一定要为页面布局使用容器元素(称为 wrapper)。但使用容器更容易获得双栏外观,因为任何没有单独配置背景颜色的子元素,都会默认显示 wrapper div 的背景颜色。该技术还允许你使用 body 元素选择符为网页配置不同的背景颜色或背景图片。

6.8　用无序列表配置链接

　　用 CSS 进行页面布局的好处之一是能使用语义正确的代码。这意味着所用的标记要能准确反映内容用途。也就是说,应该为标题和副标题使用各种级别的标题标记,并且为段落使用段落标记(而不是使用换行标记)。这种形式的编码旨在支持“语义网”(Semantic Web)。梅耶·纽豪斯和泽尔德曼(Eric Meyer,Mark Newhouse 和 Jeffrey Zeldman)等著名 Web 开发人员倡议用无序列表配置导航菜单。毕竟,导航菜单就是一个链接列表。

　　用列表配置导航还有利于增强无障碍网页设计。屏幕朗读程序提供了简便的键盘访问和声音提示手段来展示关于列表的信息(比如有多少个列表项)。

用 CSS 配置列表符号

以前讲过，无序列表默认在每个列表项前面显示一个圆点符号(称为 bullet 或项目符号)。有序列表则默认在每个列表项前面显示阿拉伯数字。但在配置链接列表时，通常都不希望显示这些列表符号。可用 CSS list-style-type 属性配置无序或有序列表的符号。表 6.4 总结了常用的属性值。

表 6.4　用 CSS 属性指定有序和无序列表符号

属性名称	说明	值	列表符号
list-style-type	配置列表符号样式	none disc circle square decimal upper-alpha lower-alpha lower-roman	不显示列表符号 圆点 圆环 方块 阿拉伯数字 大写字母 小写字母 小写罗马数字
list-style-image	指定用于替代列表符号的图片	url 关键字，并在一对圆括号中指定图片的文件名或路径	在每个列表项前显示指定图片
list-style-position	配置列表符号的位置	inside outside(默认)	符号缩进，文本对齐符号 符号按默认方式定位，文本不对齐符号

list-style-type: none 告诉浏览器不显示列表符号。以下 CSS 配置图 6.26 的无序列表使用方块符号：

```
ul { list-style-type: square; }
```

以下 CSS 配置图 6.27 的有序列表使用大写字母编号：

```
ol { list-style-type: upper-alpha; }
```

- Specialty Coffee and Tea
- Gluten-free Pastries
- Organic Salads

A. Specialty Coffee and Tea
B. Gluten-free Pastries
C. Organic Salads

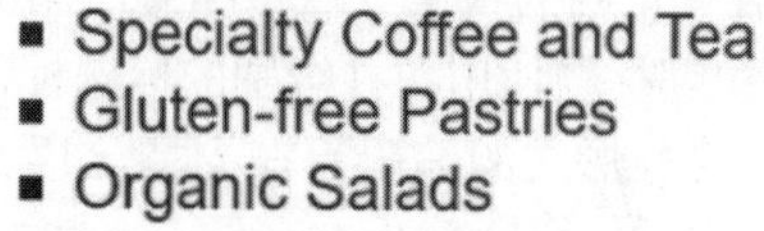

图 6.26　配置无序列表使用方块符号 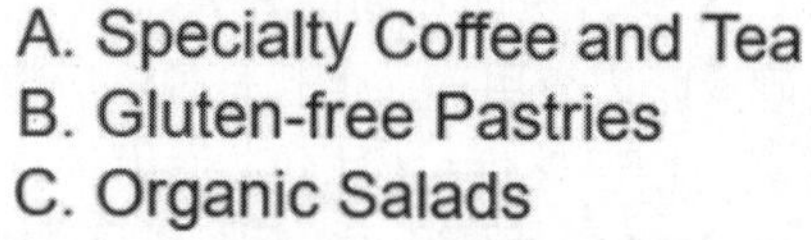　　　图 6.27　配置有序列表使用大写字母编号

图片作为列表符号

可用 list-style-image 属性将图片配置成有序或无序列表的列表符号。在图 6.28 中，

以下 CSS 将图片 marker.gif 配置成列表符号：

```
ul {list-style-image: url(marker.gif); }
```

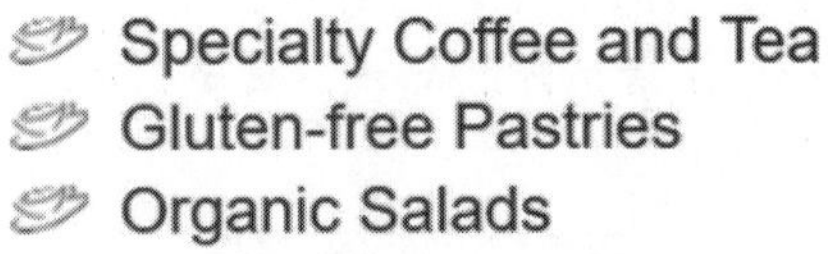

🍵 Specialty Coffee and Tea

🍵 Gluten-free Pastries

🍵 Organic Salads

图 6.28　图片作为列表符号

用无序列表实现垂直导航

图 6.29 的导航区域(chapter6/layout/twocolnav.html)使用无序列表组织导航链接。HTML 代码如下所示：

```
<ul>
    <li><a href="index.html">Home</a></li>
    <li><a href="menu.html">Menu</a></li>
    <li><a href="directions.html">Directions</a></li>
    <li><a href="contact.html">Contact</a></li>
</ul>
```

用 CSS 配置

好了，现在有了正确的语义，接着如何增强视觉效果？首先使用 CSS 消除列表符号。还需保证特殊样式只应用于导航区域(nav 元素)的无序列表，所以应该使用后代选择符。以下 CSS 配置如图 6.30 所示的列表：

```
nav ul { list-style-type: none; }
```

用 CSS 消除下划线

text-decoration 属性修改文本在浏览器中的显示。经常设置 text-decoration: none;来消除导航链接的下划线。以下 CSS 消除图 6.31 导航区域中的链接下划线：

```
nav a { text-decoration: none; }
```

图 6.29　无序列表导航 　　图 6.30　用 CSS 消除列表符号 　　图 6.31　应用 CSS text-decoration 属性

display 属性

CSS display 属性配置浏览器渲染元素的方式。每个元素都有默认的 display 值，比如 div 元素是块显示，而 span 元素是内联显示。甚至可以隐藏一个元素的显示。表 6.5 列出了属性的常用值。

表 6.5　display 属性

值	用途
none	元素不显示
inline	元素显示成内联元素，上下无空白
inline-block	元素显示成和其他内联元素相邻的内联元素，但可用块显示元素的属性进行配置，包括宽度和高度
block	元素显示成块元素，上下有空白
flex	元素显示成块级灵活(flex)容器(第 7 章)
grid	元素显示成块级网格(grid)容器(第 7 章)

用无序列表实现水平导航

如何用无序列表实现水平导航菜单呢？答案是 CSS！列表项是块显示元素。配置成内联(inline)元素就能单行显示。为此需要使用 CSS display 属性将 li 元素设为 inline 显示或者 inline-blok 显示。

图 6.32 显示了一个网页的导航区域(chapter6/layout/horizontal.html)，它用无序列表来组织。HTML 代码如下所示：

```
<nav>
 <ul>
  <li><a href="index.html">Home</a></li>
  <li><a href="menu.html">Menu</a></li>
  <li><a href="directions.html">Directions</a></li>
  <li><a href="contact.html">Contact</a></li>
 </ul>
</nav>
```

图 6.32　无序列表导航

用 CSS 配置

本例使用了以下 CSS 代码。

- 为了在 nav 元素中消除无序列表的列表符号，向 nav ul 选择符应用 list-style-type: none;。

```
nav ul { list-style-type: none; }
```

- 为了水平而不是垂直渲染列表项，向 nav li 选择符应用 display: inline;：

```
nav li { display: inline; }
```

- 为了在 nav 元素中消除超链接的下划线，向 nav a 选择符应用 text-decoration: none;。另外，为了在链接之间添加适当空白，向 a 元素应用 padding-right：

```
nav a { text-decoration: none; padding-right: 10px; }
```

6.9 用伪类实现 CSS 交互性

▶ 视频讲解：Interactivity with CSS Pseudo-Classes

有的网站上的链接在鼠标移过时会变色。这通常是用 CSS "伪类" (pseudo-class) 实现的，它能向选择符应用特效。表 6.6 列举了 5 种可用于锚(a)元素的伪类。

表 6.6 常用 CSS 伪类

伪类	应用后的效果
:link	没被访问(点击)过的链接的默认状态
:visited	已访问链接的的默认状态
:focus	链接获得焦点时触发(例如，按 Tab 键切换到该链接)
:hover	鼠标移到链接上方时触发
:active	实际点击链接的时候触发

注意这些伪类在表 6.6 中的列举顺序，锚元素伪类必须按这种顺序进行编码(虽然可以省略一个或多个伪类)。如果按其他顺序编写伪类代码，这些样式将不能被可靠地应用。一般为:hover，:focus 和:active 伪类配置相同的样式。

为了应用伪类，要在选择符后面写出伪类名称。以下代码设置文本链接的初始颜色为红色。还使用:hover 伪类指定当用户将鼠标指针移动到链接上时改变链接的外观，具体是使下划线消失并改变链接颜色。

```
a:link { color: #ff0000; }
a:hover { text-decoration: none;
          color: #000066; }
```

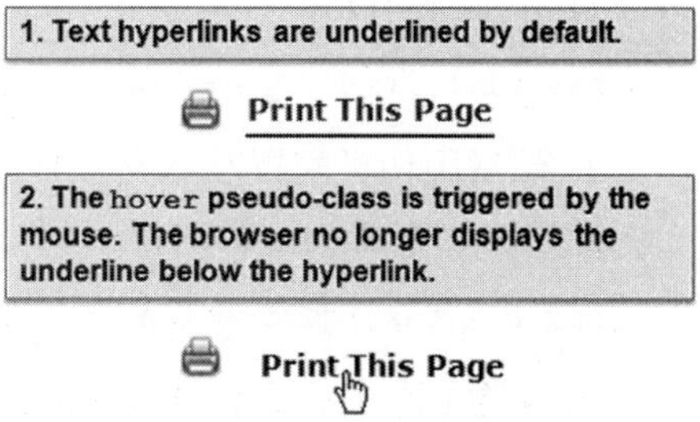

图 6.33 的网页使用了该技术。注意鼠标指针放在链接 "Print This Page" 上发生的事情,链接颜色变了，也没了下划线。多数现代浏览器都支持 CSS 伪类。

图 6.33 使用 hover 伪类

动手实作 6.5 ————————————————————

这个动手实作利用伪类创建具有交互性的超链接。创建文件夹 ch6hover。将 chapter6/starters 文件夹中的 ighthouse.jpg 和 lightlogo.jpg 复制到这里。再从 chapter6 文件夹复制 starter2.html。在浏览器中显示网页,如图 6.34 所示。注意导航区域需配置。启动文本编辑器并打开 starter1.html 文件。将文件另存为 ch6hover 文件夹中的 index.html。

1. 查看网页代码,它采用双栏布局。检查 nav 元素,修改代码,用无序列表配置导航。

```
<nav>
 <ul>
  <li><a href="index.html">Home</a></li>
  <li><a href="menu.html">Menu</a></li>
  <li><a href="directions.html">Directions</a></li>
  <li><a href="contact.html">Contact</a></li>
 </ul>
</nav>
```

图 6.34 这个双栏布局的导航区域需修改样式

添加嵌入 CSS 样式配置 nav 中的无序列表:不显示列表符号,将左边距设为 0,并设置 10 像素填充:

```
nav ul { list-style-type: none; margin-left: 0; padding: 10px; }
```

2. 然后用伪类配置基本交互性。

配置 nav 中的锚标记:使用 10 像素填充,字体加粗,无下划线:

```
nav a { text-decoration: none; padding: 10px; font-weight: bold; }
```

用伪类配置 nav 元素中的锚标记:未访问链接为白色(#FFFFFF)文本,已访问链接为浅灰色(#EAEAEA)文本,鼠标位于链接上方时显示深蓝色(#000066)文本。

```
nav a:link { color: #FFFFFF; }
nav a:visited { color: #EAEAEA; }
nav a:hover { color: #0000066; }
```

保存网页并在浏览器中测试。将鼠标移到导航区域，观察文本颜色的变化。网页的显示应该如图 6.35 所示。示例学生文件是 chapter6/6.5 /index.html。

图 6.35　用 CSS 伪类为链接添加交互性

CSS 按钮

除了配置交互文本链接，还可利用 CSS 和伪类将链接的外观配置成按钮。这样就不必传输按钮图片文件，从而节省一定带宽。图 6.36 的网页用 CSS 而不是图片来配置一个"按钮"，它使用的 CSS 如下：

```
.button { border-radius: 60px;
          padding: 1em;
          color: #FFFFFF;
          background-color: #E38690;
          font-family: Arial, sans-serif;
          font-size: 2em;
          font-weight: bold;
          text-align: center;
          text-decoration: none; }
```

图 6.36　CSS 按钮

这里配置了一个 button 类选择符，它设置了 60px 的边框圆角半径(border-radius)，1em 填充，#FFFFFF 文本颜色，#E38690 背景颜色，Arial 或默认 sans-serif 字体，2em 字号，字体加粗，居中文本，而且没有文本装饰(无下划线)。

为了提供交互性，为 button 类配置了:link，:visited 和:hover 伪类。CSS 如下所示：

```
.button:link { color : #FFFFFF; }
.button:visited { color : #CCCCCC; }
.button:hover { color : #965251;
background-color: #F7DEE1; }
```

学生文件 chapter6/button.html 演示了应用这些样式的一个按钮。

 动手实作 6.6 ——————————————————

目前已体验了一个双栏布局，用无序列表组织了链接，并配置了 CSS 伪类。本动手实作将综合运用这些技术。将创刊 Lighthouse Island Bistro 主页的一个新版本：header 跨越两列，左列是内容，右列是垂直导航，两列下方是页脚。图 6.37 展示了线框图。将用一个外部样式表来配置 CSS。新建 ch6practice 文件夹，从 chapter6/starters 文件夹复制 lighthouse.jpg 和 lightlogo.jpg，再从 chapter6 文件夹复制 starter3.html。

图 6.37　导航在右边一栏的双栏布局

1. 在文本编辑器中打开 starter3.html，另存为 index.html。在网页 head 区域添加一个 link 元素将该文件和外部样式表 lighthouse.css 关联：

```
<link href="lighthouse.css" rel="stylesheet">
```

2. 保存 index.html。在文本编辑器中新建文件 lighthouse.css，保存到 ch6practice 文件夹。像下面这样为线框图的各个部分配置 CSS 代码。

通配选择符：将 box-sizing 属性设为 border-box。

```
*{ box-sizing: border-box; }
```

body 元素选择符：深蓝色背景(#00005D)，Verdana，Arial 或默认 sans-serif 字体。

```
body { background-color: #00005D;
        font-family: Verdana, Arial, sans-serif; }
```

wrapper id：居中，80%浏览器视口宽度，最小宽度 960px，最大宽度 1200px，深蓝色文本(#000066)，中蓝色背景(#B3C7E6)，这个背景色在 nav 区域背后显示。

```
#wrapper { margin: 0 auto;
width: 80%;
```

```
min-width: 960px; max-width: 1200px;
background-color: #B3C7E6;
color: #000066; }
```

header 元素选择符：蓝色背景(#869DC7)，深蓝色文本(#00005D)，150%字号，10 像素顶部、右侧和底部填充，155 像素左侧填充，高度 150 像素，使用背景图片 lightlogo.jpg。

```
header { background-color: #869DC7; color: #00005D;
        font-size: 150%; padding: 10px 10px 10px 155px;
        height: 150px;
        background-repeat: no-repeat;
        background-image: url(lightlogo.jpg); }
```

nav 元素选择符：右侧浮动，宽度 2000px，加粗文本，字距 0.1 em。

```
nav { float: right; width: 200px; font-weight: bold; letter-spacing: 0.1em; }
```

main 元素选择符：白色背景(#FFFFFF)，黑色文本(#000000)，10 像素顶部和底部填充，20 像素左侧和右侧填充，overflow 设为 auto，块显示(修复 Internet Explorer 11 渲染问题)。

```
main { background-color: #FFFFFF; color: #000000;
       padding: 10px 20px; overflow: auto; display: block;}
```

footer 元素选择符：70%字号，居中文本，10 像素填充，蓝色背景(#869DC7)，clear 设为 both。

```
footer { font-size: 70%; text-align: center; padding: 10px;
         background-color: #869DC7; clear: both;}
```

保存文件。在浏览器中显示 index.html，如图 6.38 所示。

图 6.38 主要区域用 CSS 配置

3. 继续编辑 lighthouse.css 文件，配置 h2 元素选择符和浮动图片的样式。h2 元素选择符使用蓝色文本(#869DC7)，字体为 Arial 或默认 sans-serif 字体。配置 floatright id 在右侧浮动，边距 10 像素。

```
h2 { color: #869DC7; font-family: Arial, sans-serif; }
#floatright { float: right; margin: 10px; }
```

4. 继续编辑 lighthouse.css 文件，配置垂直导航条。

首先是 ul 选择符: 不显示列表符号, 设置零边距和零填充。

```
nav ul { list-style-type: none; margin: 0; padding: 0; }
```

其次是 a 元素选择符: 无下划线, 20 像素填充, 中蓝色背景(#B3C7E6), 1 像素白色实线底部边框。用 display: block;允许访问者点击锚 "按钮" 任何地方来激活超链接。

```
nav a { text-decoration: none; padding: 20px; display: block;
        background-color: #B3C7E6; border-bottom: 1px solid #FFFFFF;}
```

最后配置:link, :visited 和:hover 伪类:

```
nav a:link { color: #FFF; }
nav a:visited { color: #EAEAEA; }
nav a:hover { color: #869DC7;
              background-color: #EAEAEA; }
```

5. header 区域通常应链接到主页(即使你看不到链接的下划线)。目前, header 文本 "Lighthouse Island Bistro" 编码成一个超链接。继续编辑 lighthouse.css 文件, 将 header 中的所有链接都配置成无下划线。另外, 还要为 header 中的 a 元素配置:link, :visited 和:hover 伪类:

```
header a { text-decoration: none; }
header a:link { color: #00005D; }
header a:visited { color: #00005D; }
header a:hover { color: #FFFFFF; }.
```

保存 CSS 文件。在浏览器中显示 index.html 网页。将鼠标移到导航区域并体验交互性, 如图 6.39 所示。示例解决方案是 chapter6/6.6/index.html。

图 6.39   CSS 伪类为网页增添了交互性

在动手实作 6.6 中， main 元素选择符为什么将 display 属性设为 block？

虽然所有现代浏览器都将 main，header，nav 和 footer 等较新的 HTML5 元素视为块显示元素，但 Internet Explorer 不会。这有时会造成网页在 Internet Explorer 中的显示走样。如果你的布局依赖于块显示元素，可添加 CSS 来强制 Internet Explorer(和其他较老的浏览器)将一个元素视为块显示元素。例如，以下 CSS 强制 header，nav，main 和 footer 成为块显示元素：

```
header, nav, main, footer { display: block; }
```

6.10　CSS 精灵

浏览器显示网页时必须为网页用到的每个文件单独发出 HTTP 请求，包括.css 文件以及.gif，.jpg，.png 等图片文件。每个请求都要花费时间和资源。"精灵"(sprite)是指由多个小图整合而成的图片文件。由于只有一个图片文件，所以只需一个 HTTP 请求，这加快了图片的准备速度。我们利用 CSS 将各个网页元素的背景图片整合到一个所谓的 "CSS 精灵"中。这个技术是由 David Shea 提出的(http://www.alistapart.com/articles/sprites)。

CSS 精灵要求使用 CSS background-image，background-repeat 和 background-position 属性来控制背景图片的位置。图 6.40 展示了由透明背景上的两张灯塔图片构成的精灵。然后，用 CSS 将该精灵配置成导航链接的背景图，如图 6.41 所示。下个动手实用将进行练习。

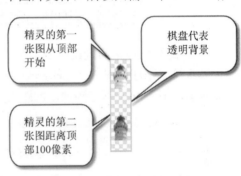

图 6.40　两张图构成的精灵

图 6.41　使用精灵

动手实作 6.7 ——————————————————————————

这个动手实作将运用 CSS 精灵创建如图 6.41 所示的网页。新建文件夹 ch6sprites。将动手实作 6.6 创建的文件夹中的所有文件复制到这里(或直接从 ch6sprites 复制)。再从 chapte6/starters 文件夹复制 sprites.gif。如图 6.40 所示,sprites.gif 含有两张灯塔图片。第一张从顶部开始,第二张距离顶部 100 像素。配置第二张图片的显示时,要利用该信息指定其位置。

启动文本编辑器来打开 lighthouse.css,将编辑样式来配置导航链接的背景图。

1. 配置导航链接的背景图。为 nav a 选择符配置以下样式。背景图片设为 sprites.gif,不重复。background-position 属性的 right 值使灯塔图片在导航元素右侧显示,0 值指定和顶部的距离是 0 像素,从而显示第一张灯塔图片。

```
nav a {  text-decoration: none;
         display: block;
         padding: 20px;
         background-color: #B3C7E6;
         border-bottom: 1px solid #FFFFFF;
         background-image: url(sprites.gif);
         background-repeat: no-repeat;
         background-position: right 0; }
```

2. 配置鼠标指向链接时显示第二张灯塔图片。为 nav a:hover 选择符配置以下样式来显示第二张灯塔图片。background-position 属性的值 right 使灯塔图片在导航元素右侧显示,值-100px 指定到顶部的距离是 100 像素,从而显示第二张灯塔图片。

```
nav a:hover { background-color: #EAEAEA;
              color: #869DC7;
              background-position: right -100px; }
```

保存文件并在浏览器中测试,结果如图 6.41 所示。鼠标指针移到导航链接上方,背景图片将自动更改。示例学生文件是 chapter6/6.7/index.html。

 如何创建精灵图片文件?

大多数网页开发人员都利用图形处理软件(比如 Adobe Photoshop,Adobe Fireworks 或 GIMP)编辑图片并把它们保存到单个图片文件中以生成精灵。另外,也可使用某个联机精灵生成器,例如:

1. CSS Sprites Generator: http://csssprites.com
2. CSS Sprite Generator: http://spritegen.website-performance.org
3. SpritePad: http://wearekiss.com/spritepad

6.11　用 CSS 控制打印

虽然说了好多年的"无纸办公"，但事实上许多人还是喜欢用纸，所以你的网页可能会被打印。CSS 允许控制哪些内容要被打印，以及如何打印。这很容易用外部样式表实现。首先为浏览器显示创建一个外部样式表，再为特殊的打印设置创建另一个外部样式表。然后，使用两个 link 元素将网页和两个外部样式表关联。这两个 link 元素都要使用一个新属性，称为 media。表 6.7 对它的值进行了总结。

表 6.7　media 属性

值	用途
screen	默认值；指出样式表配置的是电脑屏幕上的显示
print	指出样式表配置的是打印样式

浏览器根据是在屏幕上显示还是打印到纸上来选择正确的样式表。用 media="screen" 配置 link 元素，指定的是用于控制屏幕显示的样式表。用 media="print"配置 link 元素，指定的则是用于控制打印的样式表。下面是一段示例 HTML 代码：

```
<link rel="stylesheet" href="lighthouse.css" media="screen">
<link rel="stylesheet" href="lighthouseprint.css" media="print">
```

打印样式最佳实践

用于打印和浏览器显示的样式有什么区别呢？下面列出打印样式的一些最佳实践。

- **隐藏非必要内容**。通常会在打印样式表中使用 display:none;属性以防止打印横幅广告、导航栏或其他无关区域。

- **配置字号和颜色**。另一个常见的做法是在打印样式表中以 pt(磅)为单位设置字号，这可以更好地控制打印文本。如预期访问者会经常打印你的网页，还可考虑将文本颜色设为黑色(#000000)。大多数浏览器的默认设置是禁止打印背景颜色和背景图片，但为了保险，可以在打印样式表中主动禁止。

- **控制换页**。使用 CSS page-break-before 或 page-break-after 属性控制打印网页时的换页行为。这些属性在浏览器中支持得比较好的值包括 always(总是在指定位置换页)，avoid(之前或之后尽量不发生换页)和 auto(默认)。例如，以下 CSS 指定在被分配 newpage 类的元素之前发生换页：

```
.newpage { page-break-before: always; }
```

动手实作 6.8 ―――――――――――――――――――――――――

下面将修改动手实作 6.7 的 Lighthouse Island Bistro 主页来优化屏幕显示和打印。新建文件夹 ch6print，从你创建的 ch6sprites 文件夹或 chapter6/6.7 学生文件夹复制所有文件。

1. 在文本编辑器中打开 index.html 文件。在 head 区域添加 link 元素将网页和 lightprint.css 关联，指定该 CSS 文件用于配置打印(使用 media="print")。保存 index.html。

2. 在文本编辑器中打开 lighthouse.css。由于大多数样式都可以为打印保留，所以将 lighthouse.css 另存为 lightprint.css，同样保存到 ch6print 文件夹。将修改样式表的三个区域：header 选择符、main 选择符和 nav 选择符。

修改 header 样式，用黑色 20 磅文本打印：

```
header { color: #000000; font-size: 20pt; }
```

修改 main 元素区域，用 12 磅 serif 字体打印：

```
main { font-family: "Times New Roman", serif; font-size: 12pt; }
```

不打印导航区域：

```
nav { display: none; }
```

保存文件。

3. 在浏览器中测试打印 index.html。打印预览如图 6.42 所示。注意，header 和 content 的字号都被修改，而且不会打印导航区域。chapter6/6.8 文件夹提供了示例解决方案。

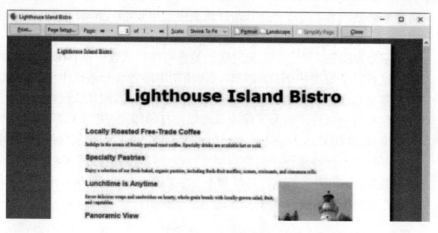

图 6.42　网页打印预览

6.12　用 CSS 定位

前面提到"正常流动"导致浏览器按照元素在 HTML 源代码中的顺序渲染，还提到当浏览器视口大小改变时，浮动元素可能发生错位。用 CSS 进行页面布局时，可用 position 属性对元素位置进行更多控制。表 6.8 总结了值及其用途。

表 6.8　position 属性

值	用途
static	默认值；元素按正常流动方式渲染
fixed	元素位置固定，网页滚动时位置不变
relative	元素相对于它在正常流动时的位置来定位
absolute	元素脱离正常流动，准确配置元素位置
sticky	合并相对(relative)和固定(fixed)定位。Internet Explorer 不支持

静态定位

static(静态)定位是默认定位方式，即浏览器按"正常流动"方式渲染元素。本书之前的"动手实作"都是以这种方式渲染网页。

固定定位

fixed(固定)定位造成元素脱离正常流动，在网页发生滚动时保持固定。在图 6.43 的网页(chapter6/fixed.html)中，导航区域的位置被固定。即使向下滚动网页，导航区域也是固定不动的。其 CSS 代码如下所示：

```
nav { position: fixed; }
```

图 6.43　固定的导航区域

相对定位

relative(相对)定位用于小幅修改某个元素的位置。换言之，相对于"正常流动"应该出现的位置稍微移动一下位置。但"正常流动"的区域仍会为元素保留，其他元素围绕这个保留区域流动。使用 position:relative;属性，再连同 left，right，top 和 bottom 等偏移属性，即可实现相对定位功能。表 6.9 总结了各种偏移属性。

表 6.9   位置偏移属性

属性名称	属性值	用途
left	数值或百分比	元素相对容器元素左侧的距离
right	数值或百分比	元素相对容器元素右侧的距离
top	数值或百分比	元素相对容器元素顶部的距离
bottom	数值或百分比	元素相对容器元素底部的距离

图 6.44 的网页(学生文件 Chapter6/ relative.html)使用相对定位和 left 属性改变一个元素相对于正常流动时的位置。在本例中，容器元素就是网页主体。结果是元素的内容向右偏移了 30 像素。如采用正常流动，它原本会对齐浏览器左侧。注意使用 padding 和 background-color 属性配置标题元素。相应的 CSS 代码如下所示：

```
p {  position: relative;
     left: 30px;
     font-family: Arial, sans-serif; }
h1 { background-color: #cccccc;
     padding: 5px;
     color: #000000; }
```

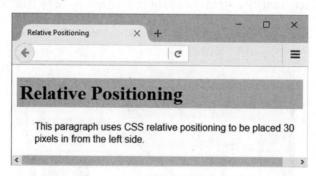

图 6.44   段落使用相对定位

HTML 源代码如下所示：

```
<h1>Relative Positioning</h1>
<p>This paragraph uses CSS relative positioning to be placed 30 pixels in from
the left side.</p>
```

粘性定位

sticky(粘性)定位合并了 relative 和 fixed 定位的效果，元素最初相对于正常流动时的位置显示，(这甚至可能是它最终的粘着位置，具体取决于元素在源代码中的位置，以及其他可能产生影响的 CSS)。如果元素最初不在其最终粘着位置渲染，一旦浏览器将元素滚动到指定位置，元素将被"粘住"，在那个地方保持为固定位置的元素，网页滚动时不再发生移动。如元素最初在其粘着位置渲染，就会在网页滚动时一直保持在那里。学生文件 chapter6/layout/sticky.html 展示了一个例子，它用粘性定位强制导航栏在网页滚动时上移至顶部，用于设置定位的 CSS 如下所示：

```
nav { position: sticky; top: 0; }
```

绝对定位

使用 absolute(绝对)定位指定元素相对于其第一个父元素(要求是非静态元素)的位置。此时元素将脱离正常流动。如果没有非静态父元素，则相对于文档主体指定绝对位置。指定绝对位置需要使用 position:absolute;属性，加上表 6.9 总结的一个或多个偏移属性：left，right，top 和 bottom。

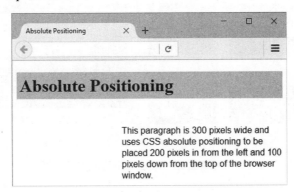

图 6.45　使用绝对定位配置段落

图 6.45 的网页(chapter6/absolute.html)使用绝对定位配置段落元素，指定内容距离容器元素(文档主体)左侧 200 像素，距离顶部 100 像素。

CSS 代码如下所示：

```
p { position: absolute;
    left: 200px;
    top: 100px;
    font-family: Arial, sans-serif;
    width: 300px; }
```

HTML 源代码如下所示：

```
<h1>Absolute Positioning</h1>
<p> This paragraph is 300 pixels wide and uses CSS absolute positioning to be
placed 200 pixels in from the left and 100 pixels down from the top of the browser
window.</p>
```

练习定位

以前说过，可用 CSS :hover 伪类配置鼠标停在一个元素上方时的显示。本节利用它配合 CSS position 和 display 属性配置如图 6.46 所示的交互图片库 (chapter6/6.9/gallery.html)。鼠标放到缩略图上，会自动显示图片更大的版本，还会显示一个图题。点击缩略图，会在新浏览器窗口中显示大图。

图 6.46   用 CSS 配置交互图片库

动手实作 6.9

这个动手实作将创建如图 6.46 所示的交互图片库。创建 gallery2 文件夹，从 chapter6/starters 文件夹复制以下图片文件：photo1.jpg，photo2.jpg，photo3.jpg，photo4.jpg，photo1thumb.jpg，photo2thumb.jpg，photo3thumb.jpg 和 photo4thumb.jpg。

启动文本编辑器来修改 chapter6/template.html 文件。

1. 在 title 和一个 h1 元素中配置文本：Image Gallery。
2. 编码 id 为 gallery 的一个 div。将在该 div 中包含用无序列表配置的缩略图。
3. 配置 div 中的无序列表。编码 4 个 li，每个缩略图一个。缩略图要作为图片链接使用，要用:hover 伪类获得鼠标悬停时显示大图的效果。为此，要在锚元素中同时包含缩略图和一个 span 元素，后者由大图和说明文字(图题)构成。例如，第一个 li 元素的代码如下所示：

```
<li><a href="photo1.jpg"><img src=" photo1thumb.jpg" width="100"
    height="75" alt="Golden Gate Bridge">
    <span><img src="photo1.jpg" width="250" height="150"
    alt="Golden Gate Bridge"><br>Golden Gate Bridge</span></a>
</li>
```

4. 4 个 li 都用相似的方式配置。改一下 href 和 src 的值即可。自己写每张图片的说明文字。第二张图使用 photo2.jpg 和 photo2thumb.jpg。第三张使用 photo3.jpg 和 photo3thumb.jpg。第四张使用 photo4.jpg 和 photo4thumb.jpg。

文件另存为 index.html，保存到 gallery2 文件夹。在浏览器中显示，效果如图 6.47 所示。注意，会在一个无序列表中同时显示缩略图、大图和说明文字。

图 6.47　用 CSS 调整之前的网页

5. 现在添加嵌入 CSS。在文本编辑器中打开 index.html，在 head 区域编码一个 style 元素。gallery id 将使用相对定位而不是默认的静态定位。这不会改变图片库位置，但使 span 元素能相对于其容器(#gallery)进行绝对定位，而不是相对于整个网页文档。对于这个简单的例子，相对于谁定位其实差别不大，但在复杂网页中，相对于一个特定的容器元素定位显得更稳妥。像下面这样配置嵌入 CSS：

- 设置 gallery id 使用相对定位：

```
#gallery { position: relative; }
```

- 用于容纳图片库的无序列表设置宽度 250 像素，而且不显示列表符号：

```
#gallery ul { width: 250px; list-style-type: none; }
```

- li 元素采用内联显示，左侧浮动，10 像素填充：

```
#gallery li { display: inline; float: left; padding: 10px; }
```

- 图片不显示边框：

```
#gallery img { border-style: none; }
```

- 配置锚元素，无下划线，#333 文本颜色，倾斜文本：

```
#gallery a { text-decoration: none; color: #333; font-style: italic; }
```

- 配置 span 元素最初不显示：

```
#gallery span { display: none; }
```

- 配置鼠标悬停在上方时 span 元素才显示。配置 span 进行绝对定位，具体是距离顶部 10 像素，距离左侧 300 像素。span 中的文本居中。

```
#gallery a:hover span { display: block; position: absolute;
        top: 10px; left: 300px; text-align: center; }
```

保存网页并在浏览器中显示。将结果和图 6.46 进行比较。示例学生文件是 (chapter6/6.9/gallery.html)。

6.13 固定位置的导航栏

你可能见过一些网页在浏览器窗口顶部显示一个固定的标题区域或者导航栏。可通过 CSS 定位和 CSS z-index 属性轻松实现这种时髦的页面布局技术。

z-index 属性

CSS 定位允许我们配置元素的垂直和水平位置。z-index 属性则能配置第三维，即元素在网页上的堆叠方式。只有绝对、相对、固定或粘性定位的元素才能应用 z-index。对于一个定位好的元素，其默认 z-index 是 0。可用一个整数值配置不同 z-index。较大

z-index 值的元素将"堆叠"在较小值的元素上。对于网页上存在两个或更多元素的堆叠区域，具有最大 z-index 值的元素将始终叠在顶部，其他元素都在它"背后"显示

 动手实作 6.10 —————————————————————————

这个动手将在网页顶部配置一个固定导航区域，即使网页向下滚动也岿然不动。新建文件夹 ch6z，从 chapter6/layout 文件夹复制以下文件：lightlogo.jpg，lighthouse.jpg 和 horizontal.html。

1. 将 horizontal.html 重命名为 index.html 并在浏览器中打开。注意，网页顶部的标题区域下方显示了一个水平导航栏。将修改布局来获得如图 6.48 所示的效果，即在标题区域上方固定显示一个顶部导航栏。在浏览器中滚动网页时，该导航栏不随网页其余内容滚动。

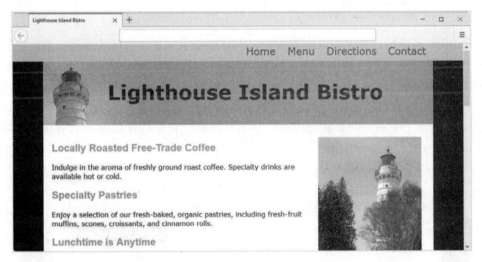

图 6.48　设计了固定导航栏的网页

2. 启动文本编辑器并打开 index.html。像下面这样编辑嵌入 CSS。

首先是 nav 元素选择符。编码新的样式规则，设置固定定位从页面左上角开始，40px 高度，100% 宽度，40em 最小宽度，#B3C7E6 背景颜色，并将 z-index 设为一个较大的值(比如 9999)。

```
nav { position: fixed; top: 0; left: 0;
      height: 40px; width: 100%; min-width: 40em;
      background-color: #B3C7E6;
      z-index: 9999; }
```

其次是 nav ul 元素选择符。编辑样式规则，将文本对齐更改为右对齐，并设置 10% 的右侧填充和 5px 边距。

```
nav ul { list-style-type: none;
         font-size: 1.5em;
         text-align: right;
         margin: 5px;
         padding-right: 10%; }
```

最后是 header 元素选择符。编辑样式规则，配置 40px 的顶部边距给顶部导航栏腾出空间。

```
header { background-color: #869DC7; color: #00005D;
         font-size: 150%; padding: 10px 10px 10px 155px;
         background-image: url(lightlogo.jpg);
         background-repeat: no-repeat; height: 130px;
         margin-top: 40px; }
```

3. 编辑 HTML。当前网页内容太少，不足以演示固定导航栏的效果。编辑内容使网页变长。由于只是一个练习网页，所以最快的办法就是在 main 元素中复制并粘贴三、四次 h2 和段落。

保存文件并在浏览器中测试，初始效果如图 6.48 所示。滚动网页，应看到如图 6.49 的效果。即使上下滚动网页其余内容，导航栏都将一直保持在顶部。示例解决方案在 chapter6/6.10 文件夹中。

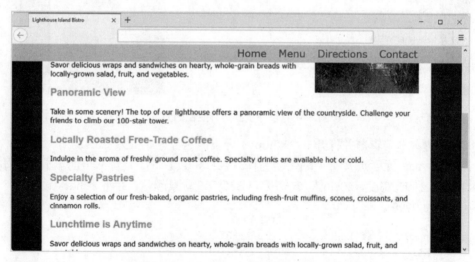

图 6.49　导航栏在内容发生滚动时一直固定

4. 刚才是使用 position: fixed 配置固定导航栏。接着探索将 position 属性设为 sticky(粘性)后会发生什么。

在文本编辑器中打开 index.html，编辑 nav 元素的样式规则，将 position 的值从 fixed 改成 sticky。将文件另存为 sticky1.html。

在浏览器中显示 sticky1.html 时，导航区域出现在标题区域下方(按照它们在源代码中的顺序)。一旦向下滚动网页，导航区域会跑到浏览器视口顶部，并一直"粘"在那里。如果向上滚动，导航区域最终会回到标题下方的初始位置。这是一个有趣的效果。学生文件 chapter6/6.10/sticky1.html 提供了一个例子。

如果希望 nav 始终固定在浏览器视口顶部，同时又想使用 position: sticky 呢？在这种情况下，需要编辑 HTML，将 nav 元素放到 header 元素上方。学生文件 chapter6/6.10/sticky2.html 提供了一个例子。

6.14 单 页 网 站

第 5 章讲过，单页网站只有一个很长的网页，其中包含清晰定义的导航区域(通常位于网页顶部)。可利用导航跳转到网页的不同区域，这些链接指向网页中的一个特定元素，每个这样的元素都由一个区段标识符来标识。

区段标识符

▶ 视频讲解：Linking to a Named Fragment

浏览器显示网页默认从顶部开始。但有时希望在点击一个链接后跳转到网页的特定部分。这就需要编码指向一个区段标识符(也称为命名区段或区段 id)的超链接。所谓区段标识符，其实就是一个设置了 id 属性的 HTML 元素。

使用区段标识符需编码两样东西。

1. 代表命名区段的一个标记。必须为它分配一个 id。例如：

```
<div id="content">
```

2. 指向命名区段的锚标记。

"常见问题"(FAQ)列表经常使用区段标识符跳转到网页的特定部分并显示某个问题的答案。长网页也经常使用这个技术。例如，可以使用"返回顶部"链接回到网页顶部。区段标识符还常用于提供无障碍访问。例如，可以在实际的网页内容开始处安排一个区段标识符。一旦访问者点击"跳转到内容"链接，就可直接显示网页的内容区域。如图 6.50 所示，屏幕朗读程序可利用这种"跳转到内容"或者"跳过导航"链接跳过重复性的导航链接。

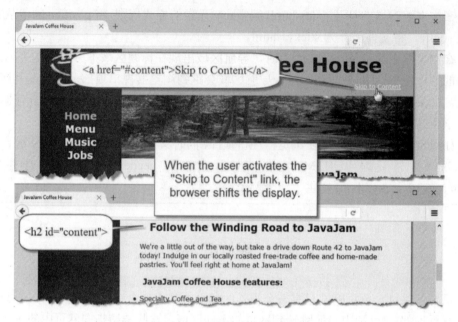

图 6.50　"跳转到内容"链接

以下是实际的编码步骤。

1. 建立目标。创建区段标识符，即区段起始元素的 id。例如：

```
<h2 id="content">
```

2. 要通过链接跳转到目标时，就编码一个锚元素，其 href 属性的值是#符号加区段标识符。例如，以下锚元素跳转到命名区段"content"：

```
<a href="#content">Skip to Content</a>
```

#表明浏览器应该在同一个页面里搜索 id。如果忘了输入#，浏览器不会在同一个页面中进行查找；它会试图查找一个外部文件。

有时需要链接到其他网页的命名区段。为此，请在文件名后添加#和 id。例如，以下代码链接到 index.html 网页中 id 为 contact 的区段：

```
<a href="index.html#contact">Contact Info</a>
```

下个动手实作将用区段标识符为一个单页网站配置导航。

 动手实作 6.11 ——————————————

本动手实作将配置一个单页网站，它包含一个固定的顶部导航栏、固定的底部页

脚以及四个区域：home，tours，rentals 和 contact。每个区域都在单页网站中作为一个
"网页"使用，如图 6.51 技法。注意，导航固定在浏览器视口顶部，页脚固定在浏览
器视口底部。图 6.51 的屏幕截图全都来自一个 HTML 文件，这正是称为"单页网站"
的原因。

图 6.51　单页网站

　　新建文件夹 ch6spw。将 chapter6 学生文件夹中的
starter4.html 文件复制到这里。再从 chapter6/starters 文件夹
复制几个文件：kayaksdc.gif，beached.jpg，kayaks.jpg，
rentals.jpg 和 lonekayak.jpg。

　　1. 图 6.52 的线框图展示了网页的结构化区域和 HTML
的组织，其中包括固定在顶部的导航区域、含有 hero 图片
的主"页"文本内容、Tours "页"文本内容、Tours hero 图
片、Rentals "页"文本内容、Rentals hero 图片、Contact "页"
文本内容、Contact hero 图片和页脚。

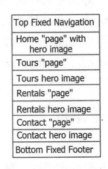

图 6.52　单页网站线框图

　　在文本编辑器中打开 starter4.html 文件。向下滚动到
HTML，注意已经用注释说明了 Home Page，Tours Page，Rentals Page 和 Contact Page。

每个"页"都是一个 section 区域。为每个区域配置命名区段：

- 为 Home Page 区域分配 home 命名区段：

  为起始 section 标记设置 id="home"

- 为 Tours Page 区域分配 tours 命名区段：

  为起始 section 标记设置 id="tours"

- 为 Rentals Page 区域分配 rentals 命名区段：

  为起始 section 标记设置 id="rentals"

- 为 Contact Page 区域分配 contact 命名区段：

  为起始 section 标记设置 id="contact"

2. 继续编辑文件并配置导航区域。找到起始 body 标记下方的 nav 元素。编码无序列表来配置 nav 元素中的导航链接：

- "KayakDoorCounty.net"链接到#home
- "Tours" 链接到#tours
- "Rentals" 链接到#rentals
- "Contact" 链接到#contact

HTML 如下所示：

```
<nav>
<ul>
<li><a href="#home">KayakDoorCounty.net</a></li></p>
<li><a href="#tours">Tours</a></li></p>
<li><a href="#rentals">Rentals</a></li></p>
<li><a href="#contact">Contact</a></li></p>
</ul>
</nav>
```

将文件另存为 index.html 并在浏览器中显示，刚开始的效果如图 6.51 的第一个截图所示。点击导航链接查看网页的其余区域。上下滚动网页查看所有信息。可将你的作品与 chapter6/6.11/index.html 比较。如果不希望页脚始终显示，可编辑 CSS 来删除 position 和 bottom 样式声明，参考学生文件 chapter6.11/index2.html。

视差滚动

背景图片以区别于文本内容的速度滚动，这称为**视差滚动**(parallax scrolling)。有多种方式可实现这一效果，有的要求 JavaScript 或高级 CSS 技术。对于单页网站，实现视差滚动的一个简单方式是使用 background-attachment 属性，它配置背景是保持固定，还是跟着网页滚动。

动手实作 6.12

下面对动手实作 6.11 创建的单页网站应用视差滚动效果。创建一个文件夹，从 ch6spw 文件夹或 chapter6/6.11 文件夹复制所有内容。用文本编辑器打开 index.html，找到 head 区域的 CSS，查看 hero 图片的样式。每张 hero 图都配置了最小高度(min-height 属性)、居中(background-position: center;)，不重复(background-repeat: no-repeat;)和缩放(background-size: cover;)。要实现视差滚动，再添加一个 CSS 属性 background-attachment 即可。第 4 章讲过，将 background-attachment 设为 fixed，会阻止背景图片跟着网页滚动。

编辑 head 区域的 CSS，为所有 hero 图片的样式规则(hero，tourshero，rentalshero 和 contacthero 类选择符)都添加一个 background-attachment: fixed;样式声明。在浏览器中测试，初始效果如图 6.53 的第一个屏幕截图所示。

点击导航链接来查看网页其余区域。图 6.51 和图 6.53 很相似，只是在图 6.53 中，由于 background-attachment 属性的原因，皮划艇照片的位置稍有不同。将 backgroundattachment 设为 fixed 后，一旦开始滚动网页，就会注意到巨大的差异。文本区域自然地上下滚动，但背景图片时而显示，时而不显示。文本似乎变成了一种上下拉动的窗帘，这就是视差滚动的效果。可将自己的作业与 chapter6/6.12/index.html 比较。

图 6.53　使用 background-attachment 属性

有时好久才能找到 CSS 的错误，能不能分享一些 CSS 调试技巧？

用 CSS 进行页面布局需要耐心。要花一些时间才能习惯。修正代码中的问题，这个过程称为调试(除虫)。这个术语来源于早期计算机时代，当时一只虫子跑到计算机里面造成了故障。对 CSS 进行调试的过程可能令人沮丧，必须要有耐心才行。其中最大的问题之一在于，即使是现代的浏览器，也会以稍有区别的方式实现 CSS。就连同一个浏览器的不同版本，对 CSS 的支持也可能不一。所以，测试很关键。你的网页在不同浏览器中的显示可能不一样，这是完全正常的。当 CSS 的行为不正确时，参考以下技术来解决问题：

校验 HTML 语法

无效 HTML 代码可能造成 CSS 出问题。利用 W3C Markup Validation Service (http://validator.w3.org)来校验 HTML 语法。

校验 CSS 语法

有的时候，一个 CSS 样式不起作用，原因仅仅是语法错误。利用 W3C CSS Validation Service(https://jigsaw.w3.org/css-validator)校验 CSS 语法。一定要仔细检查代码。许多时候，说是一行样式出错，实际出错的是它的上一行。

配置临时背景颜色

有的时候，代码没问题，但网页就是不像按预期的那样渲染。这时可临时指定特别的背景颜色(如红色或黄色)并再次测试，这样会更容易找到框在什么位置结束。

配置临时边框

和临时背景颜色一样，可临时为元素配置 3 像素的红色实线边框，它非常醒目，能帮你更快确定问题出在哪里。

利用注释来找出非预期的层叠

靠后的样式规则和 HTML 属性会覆盖靠前的。如样式行为异常，可尝试"注释掉"一些样式(如下所示)并用一组较小的语句来测试。然后，将样式一个接一个地恢复，看在什么时候出问题。采用这种方式需要耐心。

浏览器会忽略注释符号之间的代码和文本。CSS 注释以/*开头，以*/结束。以下注释说明了一个样式规则的作用：

```
/* 将页边距设为零 */
body { margin: 0; }
```

注释可跨越多行。以下注释从 new 类声明的上一行开始，在类声明的下一行结束。采用这种写法，new 类的声明实际未起作用。如果想临时屏蔽一个样式规则，倒是可以采用这个技术。

```
/* temporarily commented out during testing
.new { font-weight: bold; }
*/
```

使用注释时，一个常见错误是写了起始/*，却忘记写结束*/。在这种情况下，/*之后的所有内容都被浏览器视为注释。

自测题 6.2

1. 说明用 CSS 定义打印样式的一个好处。

2. 说明在网站中使用 CSS 精灵的一个好处。

3. 说明使 HTML 元素(比如 nav)固定在浏览器视口顶部的一个技术(网页滚动时，该元素的位置也始终不变)。

小结

本章介绍 CSS 页面布局技术。我们讨论了如何定位元素，使元素浮动，以及如何配置双栏布局。还见识了使用视差滚动的单页网站。页面布局是一个很大的主题，有很多值得探索的东西。请访问本章列举的资源来进一步探索。

访问本书配套网站 https://www.webdevfoundations.net 来获取例子、资源和更新信息。

关键术语

:active	media 属性
:focus	正常流动
:hover	overflow 属性
:link	填充
:visited	padding 属性
绝对定位	page-break-after 属性
background-attachment 属性	page-break-before 属性
边框	视差滚动
bottom 属性	position 属性
框模型	伪类
box-sizing 属性	相对定位
clear 属性	right 属性
display 属性	单页网站
固定定位	精灵
float 属性	静态定位
区段标识符	粘性定位
left 属性	text-decoration 属性
列表符号	top 属性
list-style-image 属性	通配选择符
list-style-type 属性	可视宽度
边距	width 属性
margin 属性	z-index 属性

复习题

选择题

1. 框模型从外向内的组成部分为(　　)。
   A. 边距、边框、填充、内容　　B. 内容、填充、边框、边距
   C. 内容、边框、填充、边距　　D. 边距、填充、边框、内容
2. 相对于元素正常在页面上的位置而稍微改一下位置，应使用以下哪种技术？(　　)

A. 相对定位　　　　　　B. float 属性　　　　　　C. 绝对定位　　　　　　D. 用 CSS 无法做到

3. 以下哪个属性用于清除浮动？(　　)

    A. float 或 clear　　　　　　　　　　　B. clear 或 overflow

    C. position 或 clear　　　　　　　　　　D. overflow 或 float

4. 以下哪一个配置名为 side 的类浮动于左侧？(　　)

    A. .side { left: float; }　　　　　　　　B. .side { float: left; }

    C. .side { float-left: 200px; }　　　　　D. .side { position: left; }

5. 浏览器默认使用的渲染流称为(　　)。

    A. 普通流动　　　　　B. 正常显示　　　　　C. 浏览器流　　　　　D. 正常流动

6. 对 nav 元素中的锚标记进行配置的后代选择符是(　　)。

    A. nav. a　　　　　　B. a nav　　　　　　C. nav a　　　　　　D. a#nav

7. 以下哪一对属性和值配置具有方块列表符号的无序列表项？(　　)

    A. list-bullet: none;　　　　　　　　　B. list-style-type: square;

    C. list-style-image: square;　　　　　　D. list-marker: square;

8. 以下哪一个造成元素作为上下留空的"块"显示？(　　)

    A. display: none;　　　　　　　　　　B. block: display;

    C. display: block;　　　　　　　　　　D. display: inline;

9. 以下哪个伪类是点击过后的链接的默认状态？(　　)

    A. :hover　　　　　　B. :link　　　　　　C. :onclick　　　　　D. :visited

10. 用以下哪个属性标识样式表是用于打印还是用于屏幕显示？(　　)

    A. rel　　　　　　　　B. media　　　　　　C. type　　　　　　D. content

填空题

11. 用_____在网页上定义区段标识符。

12. 如元素配置了 float: right，页面上的其他内容会出现在它的_____。

13. _____总是透明。

14. _____伪类修改鼠标移过一个链接时的显示。

15. _____属性配置已定位的元素在网页上的堆叠顺序。

应用题

1. 预测结果。 画出以下 HTML 代码所创建的网页，并简单加以说明。

```
<!DOCTYPE html>
<html lang="en">
<head>
<title>CircleSoft Web Design</title>
<meta charset="utf-8">
<style>
h1 { border-bottom: 1px groove #333333;
color: #006600;
background-color: #cccccc }
```

```
#goal { position: absolute;
left: 200px;
top: 75px;
font-family: Arial, sans-serif;
width: 300px; }
nav a { font-weight: bold; }
</style>
</head>
<body>
<h1>CircleSoft Web Design</h1>
<div id="goal">
<p>Our professional staff takes pride in its working relationship
with our clients by offering personalized services that listen
to their needs, develop their target areas, and incorporate these
items into a website that works.</p>
</div>
<nav>
<ul>
<li>Home</li>
<li><a href="about.html">About</a></li>
<li><a href="services.html">Services</a></li>
</ul>
</nav>
</body>
</html>
```

2. 补全代码。以下网页应配置成双栏布局，右栏包含导航区域，宽度为 150 像素。右栏应该有一个 1 像素的边框。左栏是主内容区域，应留出足够边距为右栏腾出空间。用 "__" 表示的一些 CSS 选择符、属性和值遗失了。请补全代码。

```
<!DOCTYPE html>
<html lang="en">
<head>
<title>Trillium Media Design</title>
<meta charset="utf-8">
<style>
nav { "_": "_";
width: "_";
background-color: #cccccc;
border: "_"; }
header { background-color: #cccccc;
color: #663333;
font-size: 4em;
border-bottom: 1px solid #333333; }
main { margin-right: "_"; }
footer { font-size: x-small;
text-align: center;
clear: "_"; }
"_" a { color: #000066;
```

```
text-decoration: none; }
ul {list-style-type: "_"; }
</style>
</head>
<body>
<nav>
<ul>
<li><a href="index.html">Home</a></li>
<li><a href="products.html">Products</a></li>
<li><a href="services.html">Services</a></li>
<li><a href="about.html">About</a></li>
</ul>
</nav>
<main>
<header>
<h1>Trillium Media Design</h1>
</header>
<p>Our professional staff takes pride in its working relationship
with our clients by offering personalized services that listen
to their needs, develop their target areas, and incorporate these
items into a website that works.</p>
</main>
<footer>
Copyright &copy; 2020 Trillium Media Design<br>
Last Updated on 06/03/20
</footer>
</body>
</html>
```

3. 找出错误。这个网页在浏览器中显示时，标题信息遮住了浮动图片和段落文本。纠正错误并
说明为什么这样修改。

```
<!DOCTYPE html>
<html lang="en">
<head>
<title>CSS Float</title>
<meta charset="utf-8">
<style>
body { width: 500px; }
h1 { background-color: #eeeeee;
padding: 5px;
color: #666633;
position: absolute;
left: 200px;
top: 20px; }
p { font-family: Arial, sans-serif;
position; absolute;
left: 100px;
top: 100px; }
```

```
#yls { float: right;
margin: 0 0 5px 5px;
border: solid; }
</style>
</head>
<body>
<h1>Floating an Image</h1>
<img id="yls" src="yls.jpg" alt="Yellow Lady Slipper" height="100"
width="100">
<p>The Yellow Lady Slipper pictured on the right is a wildflower.
It grows in wooded areas and blooms in June each year. The Yellow
Lady Slipper is a member of the orchid family.</p>
</body>
</html>
```

动手实作

1. 为一个 id 写符合以下要求的 CSS：在网页左侧浮动，浅棕色背景，Verdana 或默认 sans-serif 大号(large)字体，20 像素填充。

2. 写一个类的 CSS 代码，使它在大标题(headline)下方显示样式为 dotted 的虚线，为文本和虚线选择一种自己喜欢的颜色。

3. 为一个 id 写符合以下要求的 CSS：绝对定位在距离页面顶部 20 像素、距离右侧 40 像素的位置，背景颜色为浅灰色，实线边框。

4. 为一个相对定位的类写 CSS 代码，使其距离左侧 15 像素，为该类配置浅绿色背景。

5. 为一个 id 写符合以下要求的 CSS：固定在浏览器视口顶部，浅灰色背景，加粗字体，10 像素填充。

6. 写 CSS 将图片文件 myimage.gif 配置成无序列表的列表符号。

7. 写 CSS 配置无序列表显示方块列表符号。

8. 写 HTML 在网页起始处创建名为 top 的区段标识符。

9. 写 HTML 创建指指向命名区段 top 的超链接。

10. 写 HTML 将网页和名为 myprint.css 的外部样式表关联来配置打印稿。

11. 写 CSS 配置 mysprite.gif 在超链接左侧作为背景图片显示。注意，mysprite.gif 包含两张不同的图，要显示的是距离 mysprite.gif 顶部 67 像素的图。

12. 配置一个网页来显示你收藏的网站链接。用无列表符号的无序列表来组织链接。关于色彩方案的资源可参考第 5 章。为网页选择一个背景颜色，并为以下各种状态选择背景颜色：未访问的链接，鼠标移过时的链接，以及已访问的链接。用嵌入 CSS 配置背景和文本颜色。还要用 CSS 配置当鼠标放在链接上方时不显示下划线。将文件保存为 mylinks.html。

13. 以刚才创建的 mylinks.html 为基础，修改网页来使用外部样式表而不是嵌入 CSS。将 CSS 文件保存为 links.css。

14. 创建和你喜欢的一个地方有关的单页网站。可以是你旅游过的一个地方，也可以是你想要去的一个地方。参考动手实作 6.11 和 6.12 的编码技术，创建一个列表来包含要在此地做的事情(activities)，再创建一个列表来包含要在此地访问的景点(sights)。单页网站包含三页：Home，Activities

和 Sights。可使用自己的旅游照片，也可使用网上的免费照片(参考第 4 章)。每一"页"都要有一张照片。如果要想使用网上的照片，注意在页脚区域注明出处。在页脚区域添加你的电子邮件地址。将文件另存为 location.html。

网上研究

本章介绍了如何使用 CSS 设置页面布局，可将书中列举的资源作为学习起点，也可使用搜索引擎查找相关的 CSS 资源。创建一个网页，列举至少 5 个网上的 CSS 资源。对于每个 CSS 资源，都提供它的 URL(配置成链接)、网站名称、简要介绍以及一个评分(让初学者知道是否有帮助)。

聚焦 Web 设计

CSS 还有许多要学的东西。学习 Web 技术的一个很好的地方就是 Web 本身。用搜索引擎查找一些 CSS 页面布局教程。选择一个容易理解的教程，选择一项本章没有讨论的 CSS 技术，使用这一新技术创建一个网页。思考推荐的页面布局如何遵循(或者没有遵循)重复、对比、近似和对齐等设计原则(参见第 5 章)。在网页列出所选教程的 URL(配置成链接)、网站名称和此项新技术的简短介绍，并讨论技术是否以及如何遵循前面描述的设计原则。

网站案例学习：实现 CSS 双栏页面布局

以下所有案例将贯穿全书。本章要实现 CSS 双栏页面布局。

案例 1：咖啡屋 JavaJam Coffee Bar

请参见第 2 章了解 JavaJam Coffee Bar 的概况。图 2.32 显示了 JavaJam 网站的站点地图。本案例学习要为 JavaJam 实现新的双栏 CSS 页面布局。图 6.54 是双栏布局的线框图，包括 wrapper、标题、导航、主要内容、hero 图片和页脚区域。

要修改外部样式表，还要修改主页、菜单页和音乐页。使用第 4 章的 JavaJam 网站作为起点。有以下 5 个任务。

1. 为 JavaJam 案例学习新建文件夹。
2. 修改 javajam.css 文件中的样式规则，配置如图 6.54 所示的双栏页面布局。

图 6.54　JavaJam 双栏页面布局

3. 修改主页实现如图 6.55 所示的双栏页面布局。

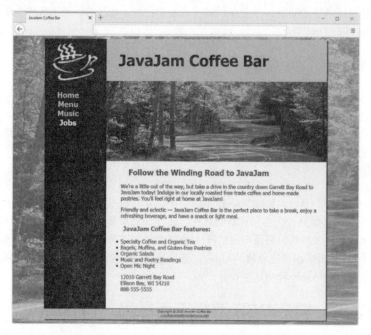

图 6.55　新的 JavaJam 双栏布局(index.html)

4. 修改菜单页(图 6.56)，使之和主页一致。

5. 修改音乐页(图 6.57)，使之和主页一致。

　　任务 1：网站文件夹。新建文件夹 javajam6，从第 4 章创建的 javajam4 文件夹复制所有文件。再从 chapter6/starters/javajam 文件夹复制所有文件。将修改 javajam.css 文件和所有网页文件(index.html, menu.html 和 music.html)来实现如图 6.54 所示的双栏页面布局。图 6.55 是新的 JavaJam 主页的样子。

　　任务 2：配置 CSS。在文本编辑器中打开 javajam.css 并编辑样式表：

1. 配置通配选择符来使用一个 box-sizing: border-box;样式声明：

　 `* { box-sizing: border-box; }`

2. 配置每个网页上的 hero 图片的样式：

- 配置 id 选择符 homehero 的样式，将 background-size 设为 100% 100%。

- 配置 id 选择符 heromugs 的样式，将 background-size 设为 100% 100%。将背景图片设为 heromugs. jpg。

- 配置 id 选择符 heroguitar 的样式，将 background-size 设为 100% 100%。将背景图片设为 heroguitar. jpg。

3. 编辑 main 选择符的样式。将左侧填充更改为 0，右侧填充更改为 0。再配置 200px 左侧填充，0 顶部填充，#FEF6C2 背景颜色。为了使 main 元素能包含浮动元素，将 overflow 设为 auto。

4. 由于 main 内容区域不再有左右填充，所以使用后代选择符来配置 main 中以下元素的样式规则：h2, h3, h4, p, div, ul, dl。将左侧填充设为 3em，右侧填充设为 2em。

5. 配置左栏导航区域。为 nav 元素选择符添加样式声明，配置它浮动于左侧，200 像素宽。

6. 为导航链接配置:link，:visited 和:hover 伪类。使用以下文本颜色：#FEF6C2(未访问链接)，#D2B48C(已访问链接)和#CC9933(鼠标悬停链接)。例如：

```
nav a:link { color: #FEF6C2; }
```

7. 后面的任务将用无序列表组织导航链接。图 6.55 的导航区域未显示列表符号。所以，这时用后代选择符 nav ul 配置导航区域的链接不显示列表符号和 0 左侧填充。

8. 修改 wrapper id。配置一个深色背景(#231814)，该颜色将在导航栏的下方显示。同时将填充设为 0。

9. 修改 header 元素选择符的样式规则。删除 text-align 的声明。将背景图片设为 coffeelogo.jpg，配置该图片不重复。将左侧填充设为 240px，文本颜色设为#231814。

10. 修改 h4 元素选择符的样式规则。如图 6.57 的音乐页所示，注意，<h4>标记采用了不同的样式，设置全部大写(使用 text-transform)，底部边框，和 0 底部填充。同时配置一个样式声明来清除左侧浮动。

11. 如图 6.57 的音乐页所示，注意图片在段落左侧浮动。配置名为 floatleft 的新类在左侧浮动，将右侧和底部填充设为 2em。

12. 修改 details 类的样式规则，添加 overflow: auto;样式声明。

13. 为名为 onethird 的类配置样式规则，设置左侧浮动和 33%宽度。

14. 配置 header 区域中的链接。用后代选择符配置 header 中的链接无下划线，:link 和:visited 伪类使用深棕色(#231814)文本，:hover 伪类使用铁锈色(#FEF6C2)文本。

保存 javajam.css 文件。

任务 3：主页。用文本编辑器打开 index.html 并修改代码。

1. 将 header 区域中的文本"JavaJam Coffee Bar"配置成到主页(index.html)的链接。

2. 配置左栏包含在 nav 元素中的导航区域。删除可能存在的任何 字符。编码一个无序列表来组织导航链接。每个链接都应该在一对<li>标记中。

3. 参考图 6.54 的线框图，移动 main 元素中 id 为 homehero 的 div。

保存 index.html 并测试，效果如图 6.55 所示。记住，对 HTML 和 CSS 进行校验有助于找出语法错误。继续下一步前注意测试并纠错。

任务 4：菜单页。用文本编辑器打开 menu.html 并修改代码。

1. 按照和主页一样的方式配置 header 区域和左栏的导航链接。

2. 删除显示 mugs.jpg 图片的 img 标记。在起始 main 标记和起始 h2 标记之间配置 id 为 heromugs 的一个 div 元素。

3. 如图 6.56 所示，注意菜单信息用三栏来格式化。删除配置描述列表的标记。另外，删除描述列表中的所有 strong 标记。注意，文本内容是一系列菜单项名称及其描述。用 h3 元素配置每个菜单项的名称，用段落元素配置相应的描述。将每一对菜单项名称和描述都包含到一个 section 元素中。将每个 section 元素都分配给 onethird 类。

保存 menu.html 并测试，效果如图 6.56 所示。对 HTML 和 CSS 进行校验有助于找出语法错误。编辑网页并添加换行标记，使每个价格都独占一行。保存并再次测试。

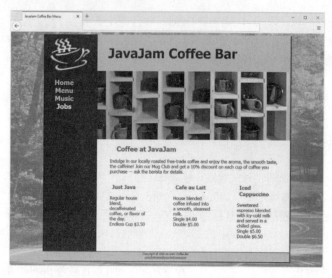

图 6.56　新的 JavaJam 菜单页(menu.html)

任务 5：音乐页。用文本编辑器打开 music.html 并修改代码。

1. 按照和主页一样的方式配置 header 区域和左栏的导航链接。

2. 在起始 main 标记和起始 h2 标记之间配置 id 为 heroguitar 的一个 div 元素。

3. 配置缩略图在左侧浮动。所有缩略图的 img 标记都添加 class="floatleft"。

保存 music.html 并测试，效果如图 6.57 所示。用 HTML 和 CSS 校验器帮助找出语法错误。

在这个案例学习中，你更改了 JavaJam 网站的页面布局。对 CSS 和 HTML 代码进行少量修改，即可配置出美观的双栏页面布局。

图 6.57　新的 JavaJam 音乐页(music.html)

案例 2: 宠物医院 Fish Creek Animal Clinic

请参见第 2 章了解 Fish Creek 宠物医院的概况。图 2.36 显示了 Fish Creek 网站的站点地图。本案例学习要为 Fish Creek 实现新的双栏 CSS 页面布局。图 6.58 是双栏布局的线框图,包括 wrapper、标题、导航、主要内容和页脚区域。

要修改外部样式表,还要修改主页、服务页和兽医咨询(Ask the Vet)页。使用第 4 章的 Fish Creek 网站作为起点。有如下 5 个任务。

1. 为 Fish Creek 案例学习新建文件夹。

2. 修改 fishcreek.css 文件中的样式规则,配置如图 6.58 所示的双栏页面布局。

3. 修改主页实现如图 6.59 所示的双栏页面布局。

4. 修改服务页(图 6.60),使之和主页一致。

5. 修改 Ask the Vet 页(图 6.61),使之和主页一致。

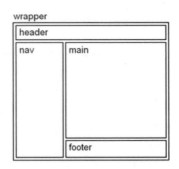

图 6.58　Fish Creek 双栏
页面布局线框图

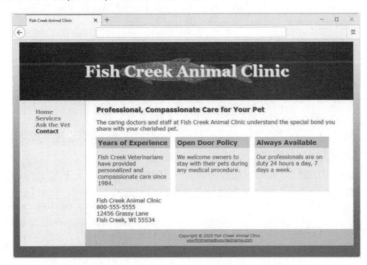

图 6.59　新的 Fish Creek 双栏布局(index.html)

任务 1: 网站文件夹。新建文件夹 fishcreek6,从第 4 章创建的 fishcreek4 文件夹复制所有文件。再从 chapter6/starters/fishcreek 文件夹复制所有文件。将修改 fishcreek.css 文件和所有网页文件(index.html,services.html 和 askvet.html)来实现如图 6.58 所示的双栏页面布局。图 6.59 是新的 Fish Creek 主页的样子。

任务 2: 配置 CSS。在文本编辑器中打开 fishcreek.css 并编辑样式表。

1. 配置通配选择符来使用一个 box-sizing: border-box;样式声明:

   ```
   * { box-sizing: border-box; }
   ```

2. 修改 body 元素选择符的样式。将背景颜色设为#5280C5,配置背景图片 gradientblue.jpg。

3. 配置 header 元素选择符。将背景颜色修改为深蓝色(#000066)，背景图片修改成 bigfish.gif。

4. 编码一个 h1 元素选择符。配置 3em 字号，0.2em 填充，和灰色文本阴影(#CCCCCC)。

5. 配置左栏区域。将 nav 元素选择符设为左侧浮动，180 像素宽度。删除文本对齐和背景颜色的样式声明。

6. 后面的任务将用无序列表组织导航链接。图 6.59 的导航区域未显示列表符号。所以，这时用后代选择符 nav ul 配置导航区域的链接不显示列表符号。

7. 配置 nav a 无下划线。

8. 为导航链接配置伪类:link，:visited 和:hover，使用以下颜色：#000066(未访问链接)，#5280C5(已访问链接)和#3262A3(鼠标悬停链接)。示例如下：

```
nav a:link { color: #000066; }
```

9. 配置右栏区域。为 main 元素选择符添加样式声明，配置左边距 180 像素，白色背景和 1 像素的实线中蓝色(#AEC3E3)边框。将 overflow 设为 auto(避免浮动元素在 main 元素中的显示问题)。将 display 设为 block(避免 Internet Explorer 显示问题)。

10. 删除 footer nav 后代选择符及其样式声明。

11. 配置页脚区域。删除底部填充的样式声明。添加样式声明，设置 1em 填充和 180px 左边距。

12. 配置 address 类的样式，将 clear 属性设为 left。

13. 配置 floatright 类的样式，将 float 设为 right，1em 左填充，1em 右填充。

14. 配置一个 section 元素选择符。左侧浮动，30%宽度，1em 右边距，1em 底部边距，0 填充，#EAEAEA 背景颜色，最小高度 200px。

15. 配置 section 中的标题。为后代选择符 section h3 添加样式规则，设置.25em 填充，0 顶部边距，0 底部边距，110%字号，#AEC3E3 背景颜色。

16. 配置 section 中的段落。为后代选择符 section p 添加样式规则，设置 0 顶部填充，.25em 左侧填充，.25em 右侧填充和.25em 底部填充。

17. 配置 header 中的链接。为后代选择符 hader a 添加样式规则，无下划线，:link 和:visited 伪类使用浅色文本(#F0F0F0)，:hover 伪类使用浅蓝色文本(#AEC3E3)。

保存 fishcreek.css 文件。

任务 3：主页。用文本编辑器打开 index.html 并修改代码。

1. 将 header 区域中的文本 "Fish Creek Animal Clinic" 配置成到主页(index.html)的链接。

2. 修改导航区域。删除可能存在的任何 字符。将图片链接更改为文本链接。编码一个无序列表来组织导航链接。每个链接都应该在一对<li>标记中。

3. 将包含地址的 div 分配给 address 类。

4. 从 footer 区域删除 nav 元素和导航链接。

5. 如图 6.59 所示，注意信息用三栏来格式化。删除配置描述列表的标记。注意，文本内容是一系列标题和句子。用 h3 元素配置每个标题，用段落元素配置每个句子。将每一对标题和句子都包含到一个 section 元素中。

保存 index.html 并测试，效果如图 6.59 所示。记住，对 HTML 和 CSS 进行校验有助于找出语法错误。继续下一步前注意测试并纠错。

任务 4：修改服务页。在文本编辑器中打开 services.html 并修改代码。

1. 按照和主页一样的方式配置 header 区域、导航区域、导航链接和 footer 区域。

2. 如图 6.60 所示,注意,网页内容不再用无序列表显示。所以,从网页中删除配置无序列表的标记。还要删除 span 和换行标记。注意,文本内容是一系列标题和句子。用 h3 元素配置每个标题,用段落元素配置每个句子。将每一对标题和句子都包含到一个 section 元素中。

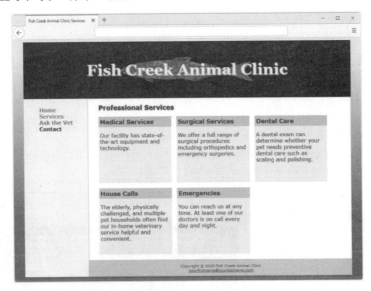

图 6.60　Fish Creek 服务页(services.html)

保存 services.html 并测试,效果如图 6.60 所示。对 HTML 和 CSS 进行校验有助于找出语法错误。

任务 5:修改兽医咨询(Ask the Vet)页。在文本编辑器中打开 askvet.html 并修改代码。

1. 按照和主页一样的方式配置 header 区域、导航区域、导航链接和 footer 区域。

2. 如图 6.61 所示,注意显示一张新的狗狗图片。在 h2 标记上方添加 img 标记来显示 dog.gif。注意配置 height,width 和 alt 属性。将该元素分配给 floatright 类。

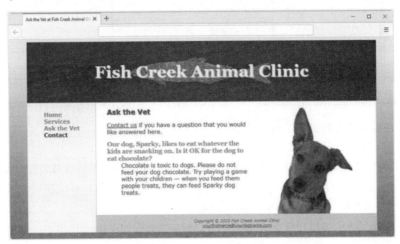

图 6.61　Fish Creek 兽医咨询页(askvet.html)

保存 askvet.html 并测试，效果如图 6.61 所示。对 HTML 和 CSS 进行校验有助于找出语法错误。

在这个案例学习中，你更改了 Fish Creek 网站的页面布局。对 CSS 和 HTML 代码进行少量修改，即可配置一个美观的双栏页面布局。

案例 3：度假村 Pacific Trails Resort

请参见第 2 章了解 Pacific Trails 的概况。图 2.40 是 Pacific Trails 网站的站点地图。之前已创建好了多个网页。本案例学习要实现新的双栏 CSS 页面布局。图 6.62 是双栏布局的线框图，包括 wrapper、标题、导航、主要内容、hero 图片和页脚区域。

要修改外部样式表，还要修改主页、Yurts 和活动页。使用第 4 章的 Pacific Trails 网站作为起点。有如下 5 个任务。

1. 为 Pacific Trails 案例学习新建文件夹。

2. 修改 pacific.css 文件中的样式规则，配置如图 6.62 所示的双栏页面布局。

3. 修改主页实现如图 6.63 所示的双栏页面布局。

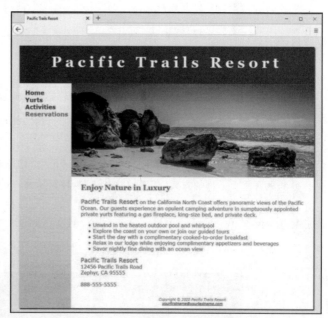

图 6.62　Pacific Trails 双栏页面布局线框图　　图 6.63　新的 Pacific Trails 双栏主页(index.html)

4. 按照图 6.64 的线框图修改 Yurts 页。

5. 按照图 6.64 的线框图修改活动页。

任务 1：网站文件夹。 新建文件夹 pacific6，从第 4 章创建的 pacific4 文件夹复制所有文件。将修改 pacific.css 文件和所有网页文件(index.html，yurts.html 和 activities.html)来实现如图 6.62 所示的双栏页面布局。图 6.63 是新的 Pacific Trails 主页的样子。

任务 2：配置 CSS。 在文本编辑器中打开 pacific.css 并编辑样式表：

1. 配置通配选择符来使用一个 box-sizing: border-box;样式声明。

`* { box-sizing: border-box; }`

2. 修改 wrapper id。从 body 选择符的样式声明复制线性渐变。wrapper 背景随后将在导航区域背后显示。

3. 配置 body 元素选择符。背景色修改成#EAEAEA。删除 background-image 和 background-repeat 样式声明。

4. 配置 header 区域。删除配置背景图片的样式声明。将高度改为 120px。

5. 配置 h1 元素选择符：3em 字号，0.25em 字距。

6. 配置左栏导航区域。修改 nav 元素选择符的样式。删除 text-align 声明。nav 区域将继承 wrapper id 的背景色。添加样式声明配置该区域左侧浮动，宽度 160 像素。再将填充设为 0，字号设为 1.2em。

7. 为导航链接配置:link, :visited 和:hover 伪类。使用以下文本颜色：#5C7FA3(未访问链接)，#344873(已访问链接)和#A52A2A (鼠标悬停链接)。例如：

`nav a:link { color: #5C7FA3; }`

8. 后面的任务将用无序列表组织导航链接。图 6.59 的导航区域未显示列表符号。所以，这时用后代选择符 nav ul 配置导航区域的链接不显示列表符号，并为无序列表配置 1em 左侧填充。

9. 配置 nav 元素固定位置。

10. 配置右栏主要内容区域。修改 main 元素选择符的样式。配置白色(#FFFFFF)背景和 170 像素左边距。将 overflow 设为 auto，避免浮动元素在 main 元素中出现显示问题。

11. 为所有 hero 图片区域(#homehero, #yurthero 和#trailhero)配置 170 像素左边距。

12. 配置 footer 区域。添加样式声明来配置 170 像素左边距和白色背景(#FFFFFF)。

13. 配置 section 元素选择符。添加样式规则来设置左侧浮动效果，33%宽度，2em 左填充，2em 右填充。

14. 配置 header 区域中的链接。用后代选择符配置 header 中的链接无下划线，:link 和:visited 伪类使用白色(#FFFFFF)文本，:hover 伪类使用浅蓝色 (#90C7E3)文本。

保存 pacific.css 文件。

任务 3：主页。在文本编辑器中打开 index.html。配置左栏包含在 nav 元素中的导航区域。删除可能存在的任何 字符。编码一个无序列表来组织导航链接。每个链接都应该在一对<li>标记中。将 header 区域的文本"Pacific Trails Resort"配置成到主页(index.html)的超链接。

保存 index.html 并测试，效果如图 6.63 所示。对 HTML 和 CSS 进行校验有助于找出语法错误。继续下一步前注意测试并纠错。

任务 4：Yurts 页。在文本编辑器中打开 yurts.html 文件。采用和主页一样的方式修改。参考图 6.64 的线框图，注意，main 元素有三个区域。删除配置描述列表的标记。注意，文本内容是一组问答。将每个问题配置成 h3 元素，每个回答配置成段落元素。将每一对问答都包含到一个 section 元素中。保存文件并在浏览器中测试，效果如图 6.65 所示。对 HTML 和 CSS 进行校验有助于找出语法错误。

wrapper

header

nav   hero image

main

section   section   section

footer

图 6.64　Pacific Trails 内容页线框图　　　图 6.65　Pacific Trails 帐篷页(yurts.html)

任务 5：活动页。 在文本编辑器中打开 activities.html。采用和主页一样的方式修改。参考图 6.64 的线框图，注意，main 元素有三个区域。将每一对 h3 和 p 元素都包含到一个 section 元素中。保存文件并在浏览器中测试。总体网页布局和图 6.65 相似。对 HTML 和 CSS 进行校验有助于找出语法错误。

在这个案例学习中，你更改了 Pacific Trails Resort 网站的页面布局。对 CSS 和 HTML 代码进行少量修改，即可配置一个美观的双栏页面布局。

案例 4：瑜珈馆 Path of Light Yoga Studio

请参见第 2 章了解 Path of Light Yoga Studio 的概况。图 2.44 是网站的站点地图。本案例学习要实现新的双栏 CSS 页面布局。图 6.66 是双栏布局的线框图，包括 wrapper、标题、导航、主要内容和页脚区域。

要修改外部样式表，还要修改主页、课程和课表页。使用第 4 章的 Path of Light Yoga Studio 网站作为起点。具体有 5 个任务。

1. 为 Path of Light Yoga Studio 案例学习新建文件夹。
2. 修改 yoga.css 文件中的样式规则，配置如图 6.66 所示的双栏页面布局。
3. 修改主页(图 6.67)，实现双栏页面布局。
4. 按图 6.68 的线框图修改课程页(图 6.69)。
5. 按图 6.68 的线框图修改课表页(图 6.70)。

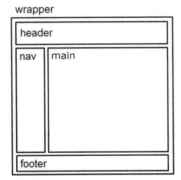

图 6.66 Path of Light Yoga Studio 双栏页面布局线框图

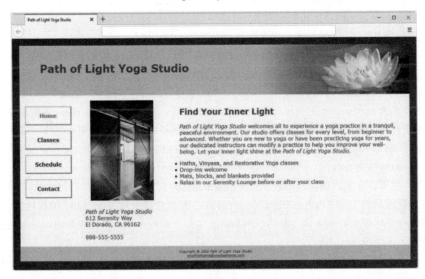

图 6.67 新的 Path of Light Yoga Studio 双栏主页(index.html)

任务 1：网站文件夹。新建文件夹 yoga6，从第 4 章创建的 yoga4 文件夹复制所有文件。再从 chapter6/starters/yoga 文件夹复制 yogadoor2.jpg 文件。将修改 yoga.css 文件和所有网页文件(index.html, classes.html 和 schedule.html)来实现如图 6.66 所示的双栏页面布局。图 6.67 是新的 Path of Light Yoga Studio 主页的样子。

任务 2：配置 CSS。在文本编辑器中打开 yoga.css 并编辑样式表。

1. 配置通配选择符来使用一个 box-sizing: border-box;样式声明：

   `* { box-sizing: border-box; }`

2. 修改 wrapper id 的样式。将 min-width 改为 1200px，max-width 改为 1480px。

3. 配置左栏导航区域。修改 nav 元素选择符的样式。删除 text-align 声明。nav 区域将继承 wrapper id 的背景色。添加样式声明配置该区域左侧浮动，宽度 160 像素。

4. 将导航链接配置成按钮形状：

a. 编辑 nav a 选择符的样式，添加新样式来使用块显示，居中文本，3 像素灰色(#CCCCCC)边框(样式为 outset)，1em 填充，1em 底部边距

b. 为导航链接配置:link，:visited 和:hover 伪类。使用以下文本颜色：#3F2860(未访问链接)，#497777(已访问链接)和#A26100 (鼠标悬停链接)。再为鼠标悬停状态的链接配置 3 像素的边框(样式为 inset，颜色为#333333)。

```
nav a:link { color: #3F2860; }
nav a:visited { color: #497777; }
nav a:hover { color: #A26100; border: 3px inset #333333; }
```

5. 后面的任务将用无序列表组织导航链接。图 6.65 的导航区域未显示列表符号。所以，这时用后代选择符 nav ul 配置导航区域的链接不显示列表符号，并配置无序列表无左侧填充。

6. 编辑 main 元素选择符的样式，添加新样式声明来配置 170 像素左边距和 1em 顶部填充。

7. 删除 img 元素选择符及其样式声明。

8. 配置一个名为 floatleft 的类，左侧浮动，右边距 4em，底部边距 1em。

9. 编辑#hero 选择符的样式。删除 text-align 样式声明。配置 1em 顶部和底部填充。

10. 配置名为 clear 的一个类，设置 clear: both;。

11. 配置名为 onehalf 的一个类，左侧浮动，50%宽度，2em 左侧填充，2em 右侧填充。

12. 配置名为 onethird 的一个类，左侧浮动，33%宽度，2em 左侧填充，2em 右侧填充。

13. 配置标题区域中的链接。用后代选择符配置 header 元素中的链接无下划线，:link 和:visited 伪类使用紫色(#40407A)文本，:hover 伪类使用白色(#FFFFFF)文本。

保存 yoga.css 文件。

任务 3：主页。在文本编辑器中打开 index.html 并修改代码：

1. 将标题区域的文本"Path of Light Yoga Studio"配置成到主页(index.html)的超链接。

2. 修改导航区域。删除可能存在的任何 字符。编码一个无序列表来组织导航链接。每个链接都应该在一对<li>标记中。

3. 编辑 img 标记。删除 align="right"属性。为 img 标记分配 floatleft 类。将 src 属性的值更改为 yogadoor2.jpg。

4. 编辑包含地址信息的 div 元素，为其分配 clear 类。

保存 index.html 并在浏览器中测试，效果如图 6.67 所示。对 HTML 和 CSS 进行校验有助于找出语法错误。继续下一步前注意测试并纠错。

任务 4：课程页。在文本编辑器中打开 classes.html 文件并修改代码。

1. 采用和主页一样的方式修改标题区域和导航链接。

2. 将 id="hero"的 div 移到描述列表下方，刚好在 main 元素的结束标记之前。

3. 参考图 6.68 的线框图，注意 main 元素有三个区域。删除配置描述列表的标记。还要删除 strong 标记。注意，文本内容是一组瑜伽课程名称和课程简介。将每个课程名称配置成 h3 元素，将课程简介配置成段落元素。将每一对课程名称和简介都包含到一个 section 元素中。为每个 section 分配 onethird 类。

保存文件并在浏览器中测试，如图 6.69 所示。对 HTML 和 CSS 进行校验有助于找出语法错误。

任务 5：课表页。在文本编辑器中打开 schedule.html 并修改代码：

1. 采用和主页一样的方式修改标题区域和导航链接。

2. 将 id="hero"的 div 移到第二无序列表下方，刚好在 main 元素的结束标记之前。

3. 在图 6.68 的线框图中，main 元素有三个区域。但这个网页有点不同，它只有两个区域。参考图 6.70 进行修改。将每一对 h3 和 ul 元素都包含到一个 section 元素中。为每个 section 分配 onehalf 类。

保存文件并在浏览器中测试，如图 6.70 所示。对 HTML 和 CSS 进行校验有助于找出语法错误。

在这个案例学习中，你更改了 Path of Light Yoga Studio 网站的页面布局。对 CSS 和 HTML 代码进行少量修改，即可配置一个美观的双栏页面布局。

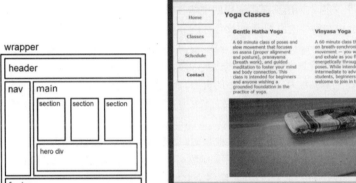

图 6.68 内容页布局   图 6.69 新的课程页(classes.html)

图 6.70 新的课表页(schedule.html)

项目实战

参考第 5 章来了解这个 Web 项目。第 5 章已经完成了 Web 项目主题审批、Web 项目站点地图和 Web 项目页面布局设计。在本项目中，将根据这些设计文档开发具体的网页，期间要使用外部 CSS 样式表来进行格式化和页面布局。

动手实作案例

1. 创建一个名为 project 的文件夹。所有项目文件和图片都在这个文件夹及其子文件夹中组织。

2. 参考"站点地图"文档，了解需要创建的网页。记录文件名列表，把它们添加到站点地图。

3. 参考"页面布局设计"文档。列出页面中通用的字体和颜色，它们可能会成为 body 元素的 CSS 规则。注意在什么地方会用到典型的组织元素(比如标题、列表、段落等)。可能要为这些元素配置 CSS。标识各种页面区域(如 header、导航、footer 等)，并列出这些区域需要的所有特殊设置。它们也要用 CSS 来配置。创建一个包含这些配置外部样式表，命名为 project.css。

4. 以设计文档包为指导，为网站编写一个代表性的页面。用 CSS 格式化文本、颜色和布局。注意在恰当的地方应用 class 和 id。将网页同外部样式表关联。保存并测试页面，根据需要修改网页和 project.css 文件。边测试边修改，直到实现预期效果。

5. 尽量将完成的页面作为模板来编码网站中的其他页面。测试并根据需要进行修改。

6. 修改 project.css 文件进行试验。改变页面的背景颜色和字体等。在浏览器中测试网页。在使用外部样式表的情况下，在一个文件中修改，即可影响多个文件。

第7章
灵活响应的页面布局

学习目标:

- 了解 CSS 灵活框布局的作用
- 配置 Flexbox 容器和项
- 创建网页来运用 CSS 灵活框布局
- 了解 CSS 网格布局的作用
- 配置 Grid 容器
- 配置网格行、列、间隙和区域
- 用 CSS 网格来创建灵活响应的页面布局
- 使用 viewport meta 标记配置网页在移动设备上的显示
- 通过 CSS 媒体查询实现灵活响应的网页设计
- 通过新的 HTML5 picture 元素实现灵活图像

有了一定的 HTML 和 CSS 经验后,本章将探索能灵活响应的页面布局,它在桌面和移动设备上都能良好显示。将探索新的编码技术,包括 CSS 灵活框布局、CSS 网格布局、CSS 媒体查询、CSS 特性查询以及灵活图像。

7.1　CSS 灵活框布局

自网络问世以来,设计人员一直在尝试以各种各样的方式配置多栏网页。上世纪90 年代,他们常用 HTML 表格来配置双栏或多栏布局。随着浏览器对 CSS 的支持越来越完善,开发人员逐渐使用第 6 章介绍的 CSS float 属性来创建多栏网页。目前网上许多网页都是用该技术创建的。

但不能因此而满足,我们需要更健壮、更灵活的多栏布局方法。最近有两种新的 CSS 布局技术获得了广泛的浏览器支持:CSS 灵活框布局(CSS Flexible Box Layout)和 CSS 网格布局(CSS Grid Layout)。本节先介绍前者。

CSS 灵活框布局(简称 flexbox)的作用是提供一种灵活布局,灵活容器中包含的元素可通过灵活的尺寸调整,以灵活的方式在一个维度(水平或垂直)上配置。除了改变元素的水平或垂直布置,还可用 flexbox 更改元素显示顺序。正是因为这种强大的灵活性,

flexbox 特别适合灵活响应的网页设计。

CSS Flexible Box Layout Module(https://www.w3.org/TR/css-flexbox-1/)目前处于 W3C 推荐候选阶段，主流浏览器的最新版本都支持。

配置灵活容器

灵活框一般用于配置网页上的一个特定区域而不是整个页面布局。要用灵活框布局配置一个网页区域，需要先指定灵活容器，也就是用于包含灵活区域的一个元素。

display 属性

灵活容器用 CSS 的 display 属性来配置。将属性值设为 flex，表明这是一个灵活的块容器。将值设为 inline-flex，表明这是一个灵活的内联显示容器。

例如，以下 CSS 代码将名为 gallery 的一个 id 配置成灵活的块容器：

```
#gallery { display: flex; }
```

灵活容器中的每个子元素都称为一个"灵活项"(flex item)。在以下 HTML 代码中，每个 img 标记都被视为具有 gallery id 的 div 元素中的一个灵活项：

```
<div id="gallery">
<img src="bird1.jpg" width="200" height="150" alt="Red Crested Cardinal">
<img src="bird2.jpg" width="200" height="150" alt="Rose-Breasted Grosbeak">
<img src="bird3.jpg" width="200" height="150" alt="Gyrfalcon">
<img src="bird4.jpg" width="200" height="150" alt="Rock Wren">
<img src="bird5.jpg" width="200" height="150" alt="Coopers Hawk">
<img src="bird6.jpg" width="200" height="150" alt="Immature Bald Eagle">
</div>
```

图 7.1 的网页使用灵活框技术显示一个照片库。灵活区域默认水平流动并被配置成一个水平行。如内容超出浏览器区域，浏览器要么尝试缩小部分对象的大小，要么像图 7.1 那样显示水平滚动条。请用浏览器打开 chapter7/flex1.html 来自行试验。

图 7.1   使用默认属性的一个灵活区域(只显示 4 张图)

虽然灵活区域包含 6 张图，但如果浏览器窗口无法显示全部，灵活区域中的项不会自动换行。下面将介绍一个能纠正此问题的属性。

flex-wrap 属性

flex-wrap 属性指定灵活项是否自动换行。属性值包括 nowrap，wrap 和 wrap-reverse。默认值是 nowrap，用于配置单行/水平或者单列/垂直显示的一个灵活容器。值 wrap 则允许灵活项自动换行/换列。值 wrap-reverse 除了能自动换行/换列，还以相反顺序显示灵活项。

图 7.2(学生文件 chapter7/flex2.html)的灵活项会自动换行，配置灵活容器的 CSS 代码如下所示：

```
#gallery {   display: flex;
             flex-wrap: wrap; }
```

图 7.2　设置灵活项自动换行(显示全部 6 张图)

flex-direction 属性

灵活项的流动方向用 flex-direction 属性来配置。row 是默认值，配置水平流向；column 配置垂直流向；row-reverse 配置水平流向，灵活项顺序相反；column-reverse 配置垂直流向，灵活项顺序相反。

7.2　灵活容器的更多知识

流向

灵活容器可配置成水平或垂直流向。图 7.3 展示的是水平流向的一个灵活容器。main size 是灵活容器内容区域的宽度。main axis 是流动方向(本例是水平)。main start

指定灵活区域开始，main end 指定灵活区域结束。cross axis 是自动换行方向(如果存在的话)。

图 7.4 展示的是垂直流向的一个灵活容器。main size 是灵活容器内容区域的高度。main axis 是流动方向(本例是垂直)。main start 指定灵活区域开始，main end 指定灵活区域结束。cross axis 是自动换行方向(如果存在的话)。

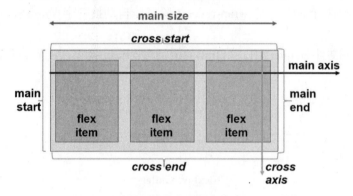

图 7.3　水平流向

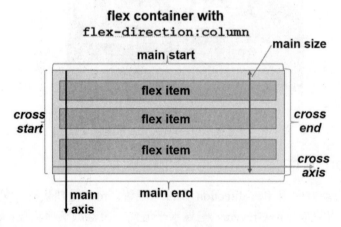

图 7.4　垂直流向

justify-content 属性

justify-content 属性配置浏览器如何沿容器的 main axis 方向显示额外空白。表 7.1 总结了属性值。

表 7.1　灵活区域的 justify-content 属性值

值	作用
flex-start	默认值。灵活项从 main start 开始
flex-end	灵活项从 main end 开始
center	灵活项在灵活容器中居中显示,第一个灵活项之前和最后一个灵活项之后具有相同大小的空白
space-between	灵活项在灵活容器中均匀分布。第一个灵活项从 main start 开始,最后一个灵活项位于 main end
space-around	灵活项在灵活容器中均匀分布。在第一个灵活项之前和最后一个灵活项之后留空

图 7.5(学生文件 chapter7/flexj.html)显示了水平流向的一组灵活容器,注意不同 justify-content 属性值对灵活项的位置以及灵活项之间的空白的影响。

将 justify-content 属性设为 space-between 或 space-around,将造成浏览器自动计算并显示灵活项之间的空白。

图 7.5　不同 justify-content 属性值对显示效果的影响

align-items 属性

align-items 属性配置浏览器沿容器的 cross axis 方向显示额外空白。值包括 flex-start，flex-end，center，baseline 和 stretch。align-items 属性可以和 justify-content 属性配合来垂直和水平居中内容。例如，以下 CSS 为一个 400px 高的 header 元素配置垂直和水平居中的灵活项(学生文件 chapter7/flex3.html)：

```
header { height: 400px;
         display: flex;
         justify-content: center;
         align-items: center; }
```

flex-flow 属性

flex-flow 属性是一个简写属性，可同时配置 flex-direction 和 flex-wrap。例如，以下 CSS 将一个名为 demo 的 id 配置成灵活容器，其中的灵活项水平流动并自动换行：

```
#demo { display: flex; flex-flow: row wrap; }
```

灵活容器可采取多种不同的方式来显示灵活项。刚开始觉得麻烦是正常的。下一节就开始灵活框的动手实作。

灵活框图片库

 动手实作 7.1 ──────────────────────

本动手实作将用灵活框的各种属性配置一个图片库。新建文件夹 ch7flex1，从学生文件夹 chapter7 复制 starter1.html 文件，再从 chapter7/starters 文件夹复制以下文件：bird1.jpg，bird2.jpg，bird3.jpg，bird4.jpg，bird5.jpg 和 bird6.jpg。

1. 启动文本编辑器并打开 starter1.html 文件。在起始 main 标记下方添加以下 HTML 来创建一个 div。为其分配 gallery id。用该 div 包含 6 张图片。

```
<div id="gallery">
  <img src="bird1.jpg" width="200" height="150" alt="Red Crested Cardinal">
  <img src="bird2.jpg" width="200" height="150" alt="Rose-Breasted Grosbeak">
  <img src="bird3.jpg" width="200" height="150" alt="Gyrfalcon">
  <img src="bird4.jpg" width="200" height="150" alt="Rock Wren">
  <img src="bird5.jpg" width="200" height="150" alt="Coopers Hawk">
  <img src="bird6.jpg" width="200" height="150" alt="Immature Bald Eagle">
</div>
```

该 div 是灵活容器。每个 img 元素都是灵活容器中的灵活项。将文件另存为 index.html。

2. 编辑 index.html，在 head 区域的 style 标记之间编码 CSS。配置名为 gallery 的 id。将 display 属性设为 flex，将 flex-direction 属性设为 row，将 flex-wrap 属性设为 wrap，将 justify-content 属性设为 space-around。代码如下所示：

```
#gallery { display: flex;
          flex-direction: row;
          flex-wrap: wrap;
          justify-content: space-around; }
```

保存文件并在浏览器中测试，效果如图 7.6 所示。注意，浏览器配置了每一行(main axis)上的灵活项之间的空白，但在垂直方向(cross axis)上，行与行之间没有空白。

图 7.6　图片库的第一个版本

3. 接着配置灵活项来设置边距，强制在行与行之间留空。记住，灵活项是灵活容器的子元素。网页中的每个 img 元素都是灵活项。编辑 index.html，在结束 style 标记前为 img 选择符编码 CSS，设置 1em 边距和一个 box-shadow。

```
img { margin: 1em;
      box-shadow: 10px 10px #777; }
```

保存文件并在浏览器中测试。缩小放大浏览器窗口，会看到如图 7.7、图 7.8 和图 7.9 所示的效果。示例解决方案参考 chapter7/7.1 文件夹。

图 7.7　两行灵活项

图 7.8　一行两项

图 7.9　浏览器大小改变后，第一行能装下更多灵活项

注意，显示会随着浏览器窗口的大小变化而灵活响应。但是，灵活项并非只能用一个网格来显示。本章以后会讨论 CSS 网格布局，进一步说明这个问题。下一节将更多地解释如何为灵活项配置灵活的大小。

7.3　配置灵活项

灵活容器中的所有元素默认都是灵活大小，被分配相同大小的显示区域。可用 flex 属性自定义每一项的大小，并指定它是否能够根据浏览器视口的大小来自动拉伸(灵活拉伸因子)或收缩(灵活收缩因子)。可为 flex 属性赋值 none、initial 或者一组最多三个值来配置 flex-grow，flex-shrink 和 flex-basis 属性。表 7.2 总结了这些属性。

表 7.2　flex 属性

属性	说明
flex-grow	一个正数，指定灵活项相对于灵活容器中的其他项的拉伸幅度。默认值是 0
flex-shrink	一个正数，指定灵活项相对于灵活容器中的其他项的收缩幅度。默认值是 1
flex-basis	配置灵活项在 main axis 方向上的初始大小： content——代表灵活项的内容宽度 auto——默认值。代表一个指定的宽度；如果没有指定宽度，就代表灵活项的内容宽度 正值——以单位或百分比值指定的灵活项宽度

配置 flex 属性时不必列出全部三个值。表 7.3 总结了配置灵活项时的一些常见情

况(同时参考 https://www.w3.org/TR/css-flexbox-1/#flexibility)。

表 7.3　灵活项示例

配置灵活项时的情况	简写	等价于
完全灵活的项 (自由空间均匀分布)	flex: auto;	flex: 1 1 auto;
完全不灵活的项	flex: none;	flex: 0 0 auto;
部分灵活的项 (必要时收缩为最小)	flex: initial	flex: 0 1 auto;
比例灵活的项 (项占用容器自由空间的指定比例)	flex: 一个正值 (例如 flex: 3;)	flex: 3 1 0;

比例灵活项

重点关注表 7.3 的最后一行。flex 属性最强大的功能之一就是配置按比例缩放的灵活项。为 flex 属性提供一个正值,该值就称为"灵活拉伸因子"(flex grow factor)。例如,为一个元素配置 flex: 2;,它就会在容器中占据两倍于其他元素的空间。由于这些值与整体成比例,所以最好使用加起来为 10 的值。以图 7.10 的三栏页面布局为例,注意 nav,main 和 aside 元素用一行来组织,全都放在另一个作为灵活容器的元素中。以下 CSS 配置每一列的灵活区域的缩放比例:

```
nav { flex: 1; }
main { flex: 7; }
aside { flex: 2; }
```

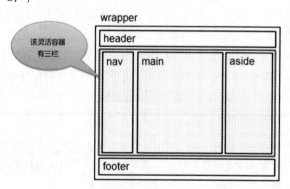

图 7.10　使用了灵活容器的三栏页面布局

 ## order 属性

order 属性配置灵活项采用和编码时不一样的顺序显示。该属性接受数值。默认值是 0。W3C 提醒设计人员只应使用 order 属性进行视觉上的重新排序。顺序的变化不应改变内容的含义或意图，因为像屏幕朗读器这样的无障碍访问软件会按编码顺序呈现内容。

下一节练习配置灵活容器和灵活项。

练习使用灵活框技术

　动手实作 7.2 ————————————————————————

本动手实作将修改第 6 章用浮动布局技术创建的网页，运用灵活框属性来配置如图 7.10 所示的三栏布局。

新建文件夹 ch7flex2。从 chapter7 学生文件夹复制 starter2.html 文件。再从 chapter7/starters 文件夹复制 lighthouse.jpg 和 light.gif 文件。

1. 用浏览器打开 starter2.html 文件，效果如图 7.11 所示。启动文本编辑器来打开 starter2.html 文件。观察 HTML 并注意有一个名为 content 的 div 按顺序包含 nav，aside 和 main 元素。

图 7.11　配置灵活框之前的网页

2. 目标是用灵活框技术配置 content div 的布局。用 CSS 配置 id 为 content 的一个灵活容器。nav，main 和 aside 元素都是 div 的子元素，都会成为灵活项。将为其配置不同背景颜色来突出显示三栏内容。为防止 nav 元素自动拉伸，要将 nav 元素的 flex 值设为 none。再将 main 元素的 flex 值设为 6，将 aside 元素的 flex 值设为 4。请在起始 style 标记后面添加以下 CSS 来配置灵活容器和灵活项：

```
#content {    display: flex; }
nav       {    flex: none;
               background-color: #B3C7E6; }
main      {    flex: 6;
               min-width: 20em;
               background-color: #FFFFFF; }
aside     {    flex: 4;
               background-color: #EAEAEA; }
```

将文件另存为 index.html 并在浏览器中测试，效果如图 7.12 所示。注意显示了不同底色的三栏内容。aside 区域(有灯塔照片的区域)在 main 内容区域左侧显示，因为这是在 HTML 中的编码顺序。如果这是 Lighthouse Bistro 的业主想要的效果，那么没有问题。但是，如果他们希望 main 内容区域在 nav 和 aside 之间显示，就需要用 order 属性改变灵活项的顺序。

图 7.12   用灵活框来配置的效果

3. 在文本编辑器中打开 index.html 文件。将添加 CSS 将灵活项从左到右的顺序配置成 nav，main 和 aside。将为每个灵活项指定 order 属性值。CSS 代码如下所示：

```
nav       { order: 1; }
main      { order: 2; }
aside     { order: 3; }
```

保存文件并在浏览器中测试，效果如图 7.13 所示。示例解决方案请参考 chapter7/7.2 文件夹。

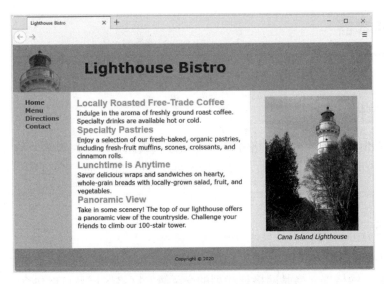

图 7.13　为灵活项应用 order 属性来排序

 应用灵活框布局后，老的 CSS float 属性会发生什么？

　　应用灵活框布局的浏览器会忽略应用于灵活项的 float 属性。但是，任何应用于灵活项中的内容的浮动仍会被浏览器渲染。

　　灵活框技术还有许多有趣的知识可供探索，例如：

- http://css-tricks.com/snippets/css/a-guide-to-flexbox/
- https://developer.mozilla.org/en-US/docs/Web/CSS/CSS_Flexible_Box_Layout

7.4　CSS 网格布局

　　之前已用 CSS float 属性和 CSS 灵活框布局(flexbox)来创建多栏网页。目前还有一种新型布局系统：CSS 网格布局(CSS Grid Layout)，它旨在配置基于二维网格的页面布局。网格可以是固定大小或灵活大小，并可包含一个或多个网格项。这些网格项都可单独定义成固定大小或灵活大小。和面向一维页面布局的灵活框不同，CSS 网格布局是为二维网页优化的。

　　CSS 网格布局(https://www.w3.org/TR/css-grid-1/)目前处于 W3C 推荐候选阶段，主流浏览器的最新版本都支持。不支持网格布局的浏览器会忽略和网格属性关联的样式规则。

配置网格容器

要配置网页上的一个区域使用 CSS 网格布局，首先要定义网格容器，即用来包含网格区域一个元素。

display 属性

用 CSS display 属性配置网格容器。值 grid 代表这是一个块容器，值 inline-grid 代表这是一个内联显示容器。例如，以下 CSS 将名为 gallery 的一个 id 配置成网格容器：

```
#gallery { display: grid; }
```

设计网格

网格由水平和垂直网格线构成，这些线描绘了网格的行和列(一般统称为网络轨道或 grid track)。网格单元格是网格行和列的交叉处。网格区域是可以包含一个或多个网格项的矩形。网格间隙可选，代表网格容器中各项之间的空白区域。

第一步是描绘出你想要的网格布局(在纸上画就可以)。图 7.14 的网格线框图展示了网格线、三列以及两行。可用这种类型的网格显示图片库。

网格容器的每个子元素都是一个网格项。在以下 HTML 中，gallery div 中的每个 img 元素都被视为一个网格项。

```
<div id="gallery">
  <img src="bird1.jpg" width="200" height="150" alt="Red Crested Cardinal">
  <img src="bird2.jpg" width="200" height="150" alt="Rose-Breasted Grosbeak">
  <img src="bird3.jpg" width="200" height="150" alt="Gyrfalcon">
  <img src="bird4.jpg" width="200" height="150" alt="Rock Wren">
  <img src="bird5.jpg" width="200" height="150" alt="Coopers Hawk">
  <img src="bird6.jpg" width="200" height="150" alt="Immature Bald Eagle">
</div>
```

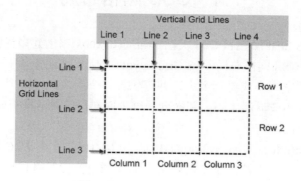

图 7.14　三列、两行的网格

配置网格列和网格行

　　配置网格行列的一个基本方法是使用 grid-template-columns 和 grid-template-rows 属性告诉浏览器如何为网格中的列和行保留空间。这些属性接受多种值,具体将在下一节介绍。本例使用像素单位。

　　我们的图片库例子将配置 grid-template-columns 属性显示固定宽度的三列和固定高度的两行。CSS 代码如下所示:

```
#gallery {   display: grid;
             grid-template-columns: 220px 220px 220px;
             grid-template-rows: 170px 170px; }
```

　　上述代码显式创建三列、两行的一个网格。图 7.15 是该网格在浏览器中的效果(学生文件 chapter7/grid1.html)。

　　注意,这个基本网格是固定的,不会随浏览器窗口大小的改变而改变。网格布局只有在灵活的时候才最强大,即根据浏览器视口来改变大小。

　　在图 7.15 中,网格项之间的空白是通过将行列大小配置成比图片大来获得的。对于这种基本图片库网格,配置空白的另一个方法是为 img 元素选择符设置填充和/或边距。还有一个方法是配置项与项之间的网格间隙。下一节讨论如何配置灵活网格的时候会介绍该方法。

图 7.15　一个基本网格

7.5　网格列、行和间隙

之前用 grid-template-columns 和 grid-template-rows 属性配置像素单位的值来告诉浏览器为网格中的每个行和列保留空间。表 7.4 总结了这些属性的其他常用值。完整列表请访问 https://www.w3.org/TR/css-grid-1/#propdef-grid-template-columns。

表 7.4　配置列和行时的常用值

值	说明
数值长度单位	用 px 或 em 等长度单位配置固定大小。例如：220px
数值百分比	配置百分比值。例如：20%
数值 fr 单位	配置灵活因子单位(用 fr 标注)，告诉浏览器分配剩余空间的多少等份
auto	配置一个能尽量容纳最多内容的大小
minmax (min, max)	配置配置一个大于或等于 min 值，小于或等于 max 值的大小范围。max 可设置成灵活因子
repeat (重复次数，格式值)	重复使用"格式值"来配置行或列指定次数。如果将"重复次数"设为关键字 auto-fill，那么会一直重复，直到溢出。例如 repeat(autofill, 250px)

网格间隙

grid-gap 属性告诉浏览器在网格轨道之间留出空白。写作本书时，W3C 正在修改配置该功能的语法，建议同时编码旧的和新的属性。表 7.5 总结了旧的(目前都支持)和新的属性名称。

表 7.5　网格间隙的新旧配置语法

属性	说明
旧: grid-column-gap 新: column-gap	值：数值长度或百分比 定义网格列之间的间隙
旧: grid-row-gap 新: row-gap	值：数值长度或百分比 定义网格行之间的间隙
旧: grid-gap 新: gap	值：row-gap 值，column-gap 值 简写属性。如只提供一个值，该值将同时应用于行列间隙

order 属性

order 属性配置网格项采用和编码时不一样的顺序显示。该属性接受数值。默认值是 0。W3C 提醒设计人员只应使用 order 属性进行视觉上的重新排序。顺序的变化不应改变内容的含义或意图，因为像屏幕朗读器这样的无障碍访问软件会按编码顺序呈现内容。

 动手实作 7.3

本动手实作将练习用另外两种方法配置如图 7.15 所示的图片库。新建文件夹 ch7grid1，从学生文件夹 chapter7 复制 starter3.html 文件，再从 chapter7/starters 文件夹复制以下文件：bird1.jpg，bird2.jpg，bird3.jpg，bird4.jpg，bird5.jpg 和 bird6.jpg。

1. 启动文本编辑器并打开 starter3.html 文件。检查 HTML，注意它包含一个分配了 gallery id 的 div，其中包含图片库的 6 个 img 元素。该 div 是网格容器。每个 img 元素都是一个网格项，因为它们是 div 的子元素。将文件另存为 index.html。

2. 编辑 index.html 文件，在 head 区域的 style 标记之间配置 CSS。配置一个名为 gallery 的 id。将 display 属性设为 grid。为了将可用的浏览器空间分割为各自 200 像素的三列，请将 grid-template-columns 属性设为 repeat(3, 200px)。为了告诉浏览器根据需要自动生成行，请将 grid-template-rows 属性设为 auto。将 grid-gap(和 gap)属性设为 2em 来配置行轨道和列轨道之间的间隙。CSS 代码如下所示：

```
#gallery {   display: grid;
             grid-template-columns: repeat(3, 200px);
             grid-template-rows: auto;
             grid-gap: 2em; gap: 2em; }
```

保存文件并在浏览器中测试，效果如图 7.15 所示(学生文件 chapter7/7.3/a.html)。

3. 配置图片库网格来灵活响应，在浏览器视口大小发生改变时自动更改显示的行列数量。在 repeat()函数中使用 auto-fill 关键字指示浏览器在不发生溢出的情况下显示尽可能多的列。编辑 index.html 文件，将 repeat(3, 200px)修改为 repeat(auto-fill, 200px)。

保存文件并在浏览器中测试。如浏览器视口不够大，一行只能显示 3 张图，那么效果如图 7.15 所示。随着浏览器视口加宽，一行能显示更多图片，如图 7.16 所示。随着浏览器视口变窄，列的数量会自动减小，如图 7.17 所示。示例解决方案请参考学生文件 chapter7/7.3/index.html。

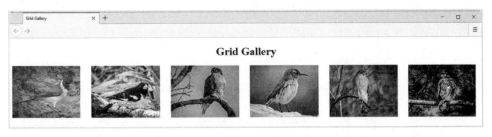

图 7.16 网格随浏览器加宽而拉伸

图 7.17　灵活响应的网格

7.6　双栏网格页面布局

▶ 视频讲解：CSS Grid Layout

　　图 7.18 是一个双栏页面布局的示例线框图，其中标注了网格线、行和列。记住，配置 CSS 网格布局的第一步都是画好线框图。

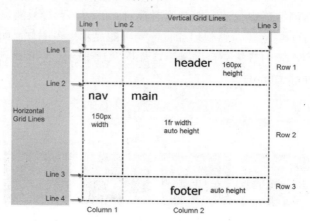

图 7.18　双栏 CSS 网格布局

配置网格列和行

以线框图为参考来配置 grid-template-columns 和 gridtemplate-rows 属性。记住，值可以使用像素单位、百分比、关键字(例如 auto)以及灵活因子单位。新单位 fr 代表这是一个灵活因子，告诉浏览器分配*剩余*空间的几等份。例如，1fr 代表分配剩余的全部空间。

图 7.18 的网格线框图包含两列、三行。

- header 高 160px，占据第一行，跨两列。
- nav 宽 150px，位于第二行的第一列
- main 内容区域位于第二行的第二列，需要大到足以容纳所提供的内容。main 的宽度为 1fr，占据在渲染 nav 元素(150px)之后剩余的全部左侧空间。main 的高度设为 auto，将自动伸展来容纳所提供的内容。
- footer 占据第三行，高 50px，跨三列。

用 CSS 为名为 wrapper 的一个 id 配置样式。将 display 属性设为 grid。用 grid-template-columns 属性将第一列设为 150px，第二列设为 1fr。用 grid-template-rows 属性将第一行设为 100px，第二行设为 auto，第三行设为 50px。CSS 代码如下所示：

```
#wrapper { display: grid;
           grid-template-columns: 150px 1fr;
           grid-template-rows: 100px auto 50px; }
```

配置网格项

声明好网格并编码好行列模板后，需要指定在每个网格项和网格区域中放置什么元素。可用许多技术配置网格项。下面主要使用 grid-row 和 grid-column 属性。前者配置行中为网格项保留的区域，后者配置列中为网格项保留的区域。这些属性接受多种值，比如网格行编号和网格行名称。值的完整列表请参考 https://www.w3.org/TR/css-grid-1/#typedef-grid-row-start-grid-line。

网格行编号

本例为每个网格项配置 grid-row 和 grid-column 属性，为其指定起始和结束网格行编号(之间用/字符分隔)。如图 7.18 所示，注意，header 区域起始于第一行(水平网格行 1 和水平网格行 2 之间的网格轨道)的垂直网格行 1，结束于垂直网格行 3。所以，用于配置 header 的 CSS 代码如下所示：

```
header { grid-row: 1 / 2;
         grid-column: 1 / 3; }
```

图 7.18 的每个网格项都采用类似的方式进行配置。以下 CSS 配置 nav，main 和 footer

元素:

```
nav { grid-row: 2 / 3; grid-column: 1 / 2; }
main { grid-row: 2 / 3; grid-column: 2 / 3; }
footer { grid-row: 3 / 4; grid-column: 1 / 3; }
```

图 7.19 的网页显示了该网格布局的效果,将在下个动手实作中创建该网页。

用网格行编号配置页面布局

为了用网络行编号创建网格页面布局,需要进行以下配置。

1. 用 display 属性声明网格容器。网格容器的每个子元素都成为一个网格项。如有必要,用 grid-template-columns 和 grid-template-rows 属性指定行和列的大小。记住,除非专门配置,否则浏览器根据内容自动决定列宽和行高。

2. 参考线框图来仔细确定垂直和水平网格线。用 grid-rows 属性和 grid-column 属性指定每个网格项的垂直和水平网格线。

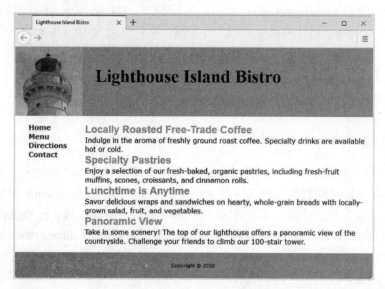

图 7.19　采用 CSS 网格布局的网页

 动手实作 7.4 ——————————————————————

本动手实作将配置如图 7.18 所示的网格,创建如图 7.20 所示的网页布局,这是第 6 章用浮动方法来配置的,尚未使用网格布局。新建文件夹 ch7grid2。从学生文件夹 chapter7 复制 starter4.html,再从 chapter7/starters 文件夹复制 light2.jpg。

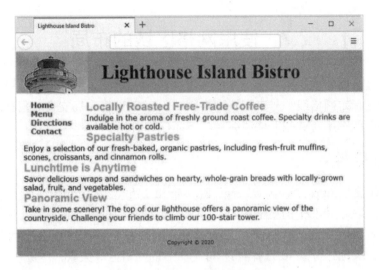

图 7.20　还没有使用网格布局的网页

1. 在浏览器中显示 starter4.html，如图 7.20 所示，这是添加网格布局之前的效果。

2. 在文本编辑器中打开 starter4.html，另存为 index.html。将编辑 head 区域中的 CSS。布局参考图 7.18 的双栏网格线框图。用水平网格线指定行，用垂直网格线指定列。在 head 区域添加样式规则配置名为 wrapper 的 id，它将作为两列、三行网格布局的网格容器。CSS 如下所示：

```
#wrapper { display: grid;
          grid-template-columns: 150px 1fr;
          grid-template-rows: 100px auto 50px; }
```

3. 然后，参考图 7.18 的线框图配置 HTML 元素选择符及其起始和结束网格线。用水平网格线编号配置 grid-row 属性，用垂直网格线编号配置 grid-column 属性。CSS 如下所示：

```
header { grid-row: 1 / 2; grid-column: 1 / 3; }
nav { grid-row: 2 / 3; grid-column: 1 / 2; }
main { grid-row: 2 / 3; grid-column: 2 / 3; }
footer { grid-row: 3 / 4; grid-column: 1 / 3; }
```

保存文件并在浏览器中测试，效果如图 7.19 所示。chapter7/7.4 文件夹提供了示例解决方案。

完成该动手实作后，会注意到判断和编码所有这些垂直和水平网格线编号有一点枯燥。可不可以通过其他方法用 CSS 来配置网格？下一节介绍如何在不用编号的情况下配置网格模板。

7.7 使用网格区域的布局

之前说过，网格区域是包含一个或多个网格项的矩形。矩形受网格线约束。之前的例子是通过指定网格线编号来配置网格区域。CSS 网格布局支持对网格区域进行命名，从而避免跟踪所有这些网格线编号。下面仔细研究一下。

grid-area 属性

grid-area 属性(https://www.w3.org/TR/css-grid-1/#propdef-grid-area)将网格项和命名的网格区域关联。图 7.21 的线框图定义了如图 7.22 所示的网页的布局。注意 4 个网格区域：header，nav，main 和 footer。用 grid-area 属性将一个 CSS 选择符(可以是 HTML 元素选择符、类选择符或 id 选择符)和每个命名的网格区域关联。本例使用 HTML 元素选择符。以下 CSS 将 HTML 元素 header，nav，main 和 footer 与不重名的网格区域关联：

```
header { grid-area: header; }
nav { grid-area: nav; }
main { grid-area: main; }
footer { grid-area: footer; }
```

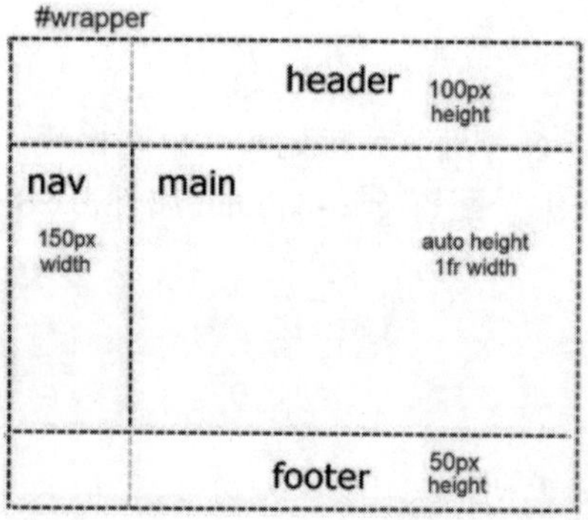

图 7.21　网格线框图

图 7.22　用网格模板区域配置的网页

grid-template-areas 属性

该属性(https://www.w3.org/TR/css-grid-1/#grid-template-areas-property)以可视化的方式指定命名网格区域的位置。其值是包含命名网格区域的一系列字符串。每个字符串都是网格上的一行。字符串中的命名网格区域的数量决定了一行中的列数。使用句点符号(.)跳过一行中的某一列。每行都必须指定同等数量的列。

　　为了配置图 7.21 的网格，首先声明网格，并为 grid-template-columns 和 grid-template-rows 属性赋值。然后，使用 grid-template-areas 属性，在引号中逐行写下命名网格区域的值。第一行是跨越两列的 header 区域。第二行的第一列是 nav 区域；第二列是 main 区域。第三行是跨越两列的 footer 区域。CSS 代码如下所示：

```
#wrapper { display: grid;
          grid-template-columns: 150px 1fr;
          grid-template-rows: 100px auto 50px;
          grid-template-areas:
          "header header"
          "nav main"
          "footer footer"; }
```

　　网格布局允许存在空白区域，如图 7.23 的线框图所示。第三行仅第二列存在 footer 区域，第一列什么都没有。这时可以用句点符号(.)表示该区域。以下 CSS 为该线框图配置 grid-template-areas 属性：

```
#wrapper { display: grid;
          grid-template-columns: 150px 1fr;
          grid-template-rows: 100px auto 50px;
          grid-template-areas:
          "header header"
          "nav main"
          ". footer" ; }
```

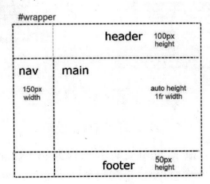

图 7.23　第三行的第一列空白

动手实作 7.5

　　下面练习使用网格模板区域。新建文件夹 ch7grid3，从学生文件夹 chapter7 复制 starter5.html，再从 chapter7/starters 文件夹复制 header.jpg 和 scenery.jpg。将依据图 7.24

的线框图配置三列网格布局，网页显示效果如图 7.25 所示。

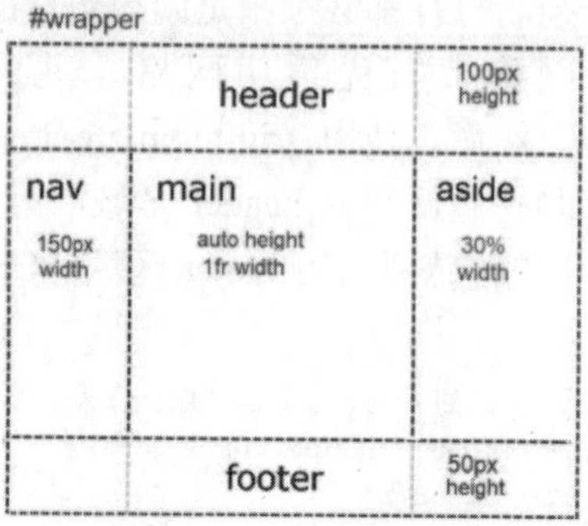

图 7.24   三列网格布局

图 7.25   采用网格布局的网页

在文本编辑器中打开 starter5.html 文件并另存为 index.html。下面编辑 head 区域中的 CSS。将用 grid-area 属性将 HTML 元素和各个已命名的网格区域关联，声明网格，使用 grid-templatecolumns 和 grid-template-rows 这两个属性指定行列大小，最后用 grid-template-areas 属性描述网格布局。

1. 参考图 7.24 的线框图，在 header 区域添加样式规则，使用 grid-area 属性将 HTML 元素和命名网格区域(header，nav，main，aside 和 footer)关联。CSS 代码如下所示：

```
header { grid-area: header; }
```

```
nav { grid-area: nav; }
main { grid-area: main; }
aside { grid-area: aside; }
footer { grid-area: footer; }
```

2. 参考图 7.24 配置网格布局。在 head 区域中添加样式规则，配置一个名为 wrapper 的 id 来作为三列、三行网格布局的容器。用 grid-template-columns 属性指定三列(宽度分别是 150px，1fr 和 30%)，用 grid-template-rows 属性指定三行(高度分别是 100px，auto 和 50px)。再用 gridtemplate-areas 属性配置 header，nav，main，aisde 和 footer 等网格区域的位置。CSS 代码如下所示：

```
#wrapper { display: grid;
           grid-template-columns: 150px 1fr 30%;
           grid-template-rows: 100px auto 50px;
           grid-template-areas:
           "header header header"
           "nav main aside"
           "footer footer footer" ; }
```

保存文件并在浏览器中测试，效果如图 7.25 所示。示例解决方案是 chapter7/7.5/index.html。

grid-template 属性

grid-template 属性(https://www.w3.org/TR/css-grid-1/#propdef-grid-template)是简写属性，合并了 grid-template-areas，grid-template-rows 和 grid-template-columns 三个属性。它的值首先是代表一整行的一组字符串，然后是该行的高度。代表每一行的字符串在引号中包含了各个已命名的网格区域。最后一行以"/"符号开头，指定各个列的宽度。

通过以下步骤创建如图 7.24 所示的网格(网页显示如图 7.25 所示)。

1. 用 grid-area 属性创建好所有命名网格区域。

2. 将#wrapper 选择符配置成网格容器。

3. 参考图 7.24 的线框图配置 grid-template 属性。第一行是跨越三列的 header 区域，高度 100px。第二行的第一列是 nav 区域，第二列是 main 区域，第三列是 aside 区域，行高为 auto，意思是占据所有可用空间。第三行是跨越三列的 footer 区域，行高 50 像素。注意，构成每一行的命名区域必须包含在引号中。最后一行以"/"开头，后跟各列宽度(本例是 150px，1fr 和 30%)。CS 代码 S 如下所示：

```
header { grid-area: header; }
nav { grid-area: nav; }
main { grid-area: main; }
aside { grid-area: aside; }
```

```
footer { grid-area: footer; }

#wrapper { display: grid;
           grid-template:
           "header header header" 100px
           "nav main aside" auto
           "footer footer footer" 50px
           / 150px 1fr 30%; }
```

  chapter7/7.5/grid3.html 是采用这一编码技术的示例网页。采用这种简写方法。只需使用一个属性，即可同时指定命名网格区域位置和行列大小。CSS 网格布局系统可采用多种方式配置。本章剩余部分将通过 grid-template 属性和命名网格区域来配置网格页面布局。

✅ 自测题 7.1

1. 用哪个 CSS 属性将一个 CSS 选择符标识为网格或灵活框容器？
2. 灵活框布局所用的 CSS justify-content 属性非常多变，选择三个值并说明其具体用途。
3. 用哪个 CSS 属性同时指定具名网格区域的位置和大小。

7.8 渐进式增强网格

  运用网格布局时的一个设计策略是先配置页面布局，使之在不支持的浏览器中具有良好显示，再利用一个称为 **CSS 特性查询**的新技术来检查对网格的支持，最后配置网格布局。

CSS 特性查询

  特性查询(feature query)用于测试对某个 CSS 属性的支持；如支持，就应用指定的样式规则。特性查询是 CSS Conditional Rules Module 的一部分，目前处于推荐候选阶段(https://www.w3.org/TR/css3-conditional/#at-supports)。不支持特性查询的浏览器会忽略代码。

  特性查询用@supports() *rule* 来编码。在圆括号中编码要检查的属性和值。例如，以下 CSS 检查对网格布局的支持：

```
@supports ( display: grid) {
}
```

网格布局所需的样式规则放到{和}之间。下个动手实作将练习该技术。

動手实作 7.6

本动手实作将利用特性查询来渐进式增强采用网格布局的一个现成网页。新建 ch7grid4 文件夹，从 chapter7 文件夹复制 starter6.html 文件，再从 chapter7/starters 文件夹复制 lighthouse.jpg 和 light2.jpg 文件。

图 7.26　网页在浏览器中的显示　　　　图 7.27　网格布局

1. 在浏览器中显示 starter6.html，如图 7.26 所示。这是在添加网格布局之前的显示。注意是三栏布局，包含依次浮动的 nav，main 和 aside 元素。

2. 在文本编辑器中打开 starter6.html。网格布局将基于如图 7.27 所示的线框图。注意有三行和三列。header 占据整个第一行。nav，main 和 aside 元素在第二行。footer 占据整个第三行。图 7.27 已标注了高度和宽度。要在结束 style 标记前添加一个 @supports *rule* 来检查是否支持网格。将添加代码来配置一个三栏网格布局。CSS 代码如下所示：

```
@supports (display: grid) {
    #wrapper { display: grid;
            grid-tenplate:
                "header header   header" 100px
                "nav      main      aside"  auto
                "footer footer   focter" 50px
                / 150px 1fr      300px ;      }
    header { grid-area: header; }
    nav    { grid-area: nav; }
    main   { grid-area: main; }
    aside  { grid-area: aside; }
    footer { grid-area: footer;I }
}
```

保存文件并在支持网格布局的浏览器中测试，效果如图 7.28 所示。注意网页看起来有点奇怪，main 内容区域只占据了中间区域的一部分。

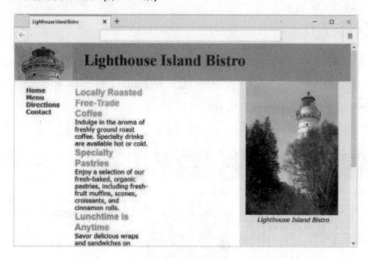

图 7.28　网格布局

3. 在文本编辑器中打开文件，注意，main 元素选择符设置了 50%宽度，这是图 7.28 看起来有点奇怪的原因。如果浏览器支持网格布局，就要修改该设置。在@supports 特性查询中添加一条样式规则来重置宽度即可，如下所示：

```
main { width: 100%; }
```

保存文件并在支持网格布局的浏览器中测试，如图 7.26 所示。注意，使用这个技术时，有时还需重置边距或填充——具体取决于网页和原先编码的 CSS。不需要写任何新的样式来重置 float 属性，因为 CSS 网格布局会忽略 float 属性。

总结一下就是我们遵守了渐进式增强的原则。先用 float 属性配置好老式的三栏布局，再在一个特性查询中配置新式网格布局(不支持的浏览器会忽略)。最后，检查会造成显示问题的样式规则(本例是 main 元素的 width 属性)，在特性查询中编码新的样式规则来纠正显示。结果是支持和不支持的浏览器都能正常显示网页。示例解决方案请参考 chapter7/7.6 文件夹。

 应用网格布局后，老的 CSS float 属性会发生什么？

应用网格布局的浏览器会忽略应用于网格项的 float 属性。但是，任何应用于网格项中的内容的浮动仍会被浏览器渲染。

网格布局技术还有许多有趣的知识可供探索。例如：

- https://css-tricks.com/snippets/css/complete-guide-grid/
- https://developer.mozilla.org/en-US/docs/Web/CSS/CSS_Grid_Layout

7.9 用灵活框和网格来居中

第 3 章将块显示元素的 margin 属性设为 auto 来实现水平居中。但在灵活框和网格布局问世之前，很难在浏览器视口中垂直居中一个元素。在图 7.29 的网页中，文本同时垂直和水平居中(chapter7/center.html)。改变浏览器视口大小，文本依然保持垂直和水平居中。为了实现这种布局，可用以下 CSS 配置容器元素。

```
display: flex;
min-height: 100vh; (指定100%视口高度)
justify-content: center;
align-items: center;
可选: flex-wrap: wrap; (多个灵活项都可以居中)
```

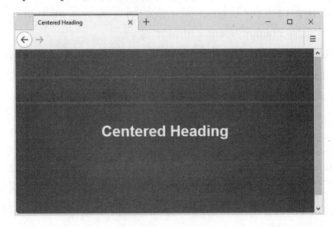

图 7.29　文本居中

动手实作 7.7

本动手实作将练习创建网页来实现内容的水平和垂直居中。新建文件夹 ch7center，从 chapter7 文件夹复制 template.html，再从 chapter7/starters 文件夹复制 lake.jpg。

1. 启动文本编辑器并打开 template.html 文件。将网页 title 更改为"Centered Heading"。编辑 HTML 并在起始和结束 body 标记之间配置一个 header 元素、h1 元素和 main 元素。代码如下所示：

```
<header>
  <h1>Centered Heading</h1>
</header>
<main>
  Additional page content and navigation go here
</main>
```

2. 继续编辑文件来配置 CSS。在 head 区域编码起始和结束 style 标记。在 style 标记之间编码样式规则。为 body 元素选择符配置零边距。将 header 元素选择符配置成灵活容器，将 justify-content 设为 center，align-items 设为 center，最小高度 100vh，以及 #227093 背景颜色。为 h1 元素选择符配置白色 Arial 字体。代码如下所示：

```
<style>
   body { margin: 0; }
   header { display: flex; min-height: 100vh;
            justify-content: center; align-items: center;
            background-color: #227093; }
   h1 { color: #FFFFFF; font-family: Arial, sans-serif; }
</style>
```

将文件另存为 index.html 并在浏览器中显示，如图 7.29 所示。改变浏览器窗口大小，注意 h1 文本在视口中保持居中。向下滚动网页来观看 main 元素中的文本。可将自己的作业与学生文件 chapter7/center.html 比较。

3. 接着添加一张背景图片来覆盖整个浏览器视口。在文本编辑器中打开 index.html，为 header 元素添加样式，配置背景图片 lake.jpg，100%大小，不重复。删除背景颜色的样式规则。新样式加粗显示：

```
header { display: flex; min-height: 100vh;
         justify-content: center; align-items: center;
         background-image: url(lake.jpg);
         background-size: 100% 100%;
         background-repeat: no-repeat; }
```

保存文件并在浏览器中显示，如图 7.30 所示。改变浏览器窗口大小，注意 h1 文本在视口中保持居中，背景图片的大小会发生改变。向下滚动网页来查看 main 元素中的文本。可将自己的作业与学生文件 chapter7/7.7/index.html 比较。

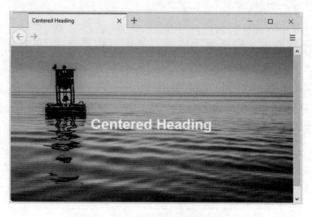

图 7.30　背景图片上的居中文本

4. 还有一个办法可实现这种布局，在使用网格或灵活框布局的前提下，将 margin 属性设为 auto 将导致浏览器同时垂直和水平居中一个项。像下面这样修改 CSS 即可。

在文本编辑器中打开 index.html，删除 justify-content 和 align-items 样式规则。为 h1 元素选择符添加样式规则将 margin 设为 auto。保存文件并在浏览器中显示，效果如图 7.30 所示。可将自己的作业与学生文件 chapter7/7.7/flex.html 比较。

在文本编辑器中打开 index.html，将 display 属性的值从 flex 更改为 grid。保存文件并在浏览器中显示，效果仍然如图 7.30 所示。可将自己的作业与学生文件 chapter7/7.7/grid.html 比较。

本动手实作探索了几种布局技术。新的灵活框和网格布局系统丰富了网页开发人员在进行页面布局时的选择。

7.10　viewport meta 标记

meta 标记有多种用途。从第 2 章起就用它配置网页的字符编码。本节要探索 viewport meta 标记，它是作为一个 Apple 扩展而创建的，用于配置视口(viewport)的宽度和缩放比例，以便在移动设备(比如 iPhone 和 Android 智能手机)上获得最优显示。图 7.31 是在没有配置 viewport meta 标记的前提下，一个网页在 Android 手机上的显示。注意移动设备缩小了网页，以便在小屏幕上完整显示，但这造成文本变得难以辨认。

图 7.31　没有配置 viewport meta 标记的网页在移动设备上的显示

图 7.32 是在网页 head 区域添加了 viewport meta 标记之后的显示效果。代码如下

所示：

```
<meta name="viewport"
content="width=device-width, initial-scale=1.0">
```

图 7.32 利用 viewport meta 标记改善移动设备上的显示

为了编码 viewport meta 标记，需要在 meta 标记中指定 name="viewport"，同时配置 content 属性。content 属性的值可以是一个或者多个指令(Apple 称为属性)，例如 device-width 指令和控制缩放的指令。表 7.6 总结了 viewport meta 标记的指令及其值。

表 7.6   viewport meta 标记的指令

指令	值	作用
width	数值或者 device-width，后者代表设备屏幕的实际宽度	以像素为单位的视口宽度
height	数值或者 device-height，后者代表设备屏幕的实际高度	以像素为单位的视口高度
initial-scale	数值倍数。1 代表 100%初始缩放比例	视口的始缩放比例
minimum-scale	数值倍数。移动 Safari 浏览器默认是 0.25	视口的最小缩放比例
maximum-scale	数值倍数。移动 Safari 浏览器默认是 1.6	视口的最大缩放比例
user-scalable	yes 允许缩放，no 禁止缩放	指定是否允许用户缩放

我们通过控制缩放保证了网页的可读性，接着如何设置样式来获得最优的移动设备显示效果呢？这时就该 CSS 登场了。下一节将探索 CSS 媒体查询技术。

7.11   CSS 媒体查询

第 5 章讲述了可灵活响应的网页设计，即渐进式增强网页以适应不同的观看环境(例如手机和平板)。这是通过一系列编码技术来实现的，包括流动布局、灵活图像和媒体查询。

要体验灵活网页设计的优势，可参考图 5.44、图 5.45 和图 5.46。它们实际是同一个.html 网页文件，只是用 CSS 进行了配置，通过媒体查询来适配不同视口大小。另外可参考 Media Queries 网站(https://mediaqueri.es)，它展示了一系列采用灵活响应网页设计的站点。一系列截图展示了在不同视口宽度下的网页显示：320px(智能手机)、768px(平板竖放)、1024px(上网本和平板横放)以及 1600px(大的桌面显示)。

什么是媒体查询

根据 W3C 的定义(https://www.w3.org/TR/css3- mediaqueries)，媒体查询由媒体类型(比如屏幕)和判断浏览器所在设备功能(比如屏幕分辨率和方向)的逻辑表达式构成。如果媒体查询返回 true，就选用对应的 CSS。主流浏览器的最新版本都支持媒体查询。

使用 link 元素的媒体查询例子

图 7.33 显示的是和图 7.31 一样的网页，但外观上有很大不同，因为 link 元素通过一个媒体查询来关联专为手机等移动设备显示而优化的 CSS 样式表。其 HTML 代码如下所示：

```
<link href="lighthousemobile.css" rel="stylesheet"
    media="(max-width: 480px)">
```

图 7.33　CSS 媒体查询帮助配置在移动设备上的显示

上述示例代码指示浏览器使用针对大多数智能手机而优化的外部样式表。表 7.7 总结了常用媒体类型和关键字。这里将 max-width 设为 480px。虽然手机具有多种屏幕大小，但有将最大宽度设为 480px，能覆盖大多数流行型号竖放时的显示尺寸。可在媒体查询中同时测试最小和最大值，例如：

```
<link href="lighthousetablet.css" rel="stylesheet"
    media="(min-width: 768px) and (max-width: 1024px)">
```

表 7.7　常用媒体类型

媒体类型	说明
all	所有设备(默认)
screen	网页的屏幕显示
speech	能"朗读"网页的设备(比如屏幕朗读软件)
print	网页的打印稿

使用@media 规则的媒体查询示例

使用媒体查询的第二个方法是使用@media 规则直接在 CSS 中编码。先写@media，再写媒体类型和逻辑表达式。然后在一对大括号中写希望的 CSS 选择符和样式声明。下例专门为手机显示配置一张不同的背景图片。

```
@media (max-width: 480px) {
    header { background-image: url(mobile.gif); }
}
```

表 7.8 总结了常用媒体查询功能。

表 7.8　常用媒体查询功能

功能	值	条件
max-device-height	数值	以像素为单位的输出设备屏幕高度小于或等于指定值
max-device-width	数值	以像素为单位的输出设备屏幕宽度小于或等于指定值
min-device-height	数值	以像素为单位的输出设备屏幕高度大于或等于指定值
min-device-width	数值	以像素为单位的输出设备屏幕宽度大于或等于指定值
max-height	数值	以像素为单位的视口高度小于或等于指定值(改变大小时重新计算)
min-height	数值	以像素为单位的视口高度大于或等于指定值(改变大小时重新计算)
max-width	数值	以像素为单位的视口宽度小于或等于指定值(改变大小时重新计算)
min-width	数值	以像素为单位的视口宽度大于或等于指定值(改变大小时重新计算)
orientation	portrait(竖放)或 landscape(横放)	设备方向

移动优先

许多开发人员都遵循称为"移动优先"的一种灵活设计布局策略。这是由《点石成金：Web 表单设计》的作者卢克·罗布勒斯基(Luke Wroblewski)在 20 年前提出的一个概念。"移动优先"的过程如下。

1. 先配置在智能手机上良好显示的页面布局(可用小的浏览器窗口来测试)。该布局在移动设备上的显示速度是最快的。

2. 接着增大浏览器视口，直到布局发生"断裂"(错位)，需要修改来适应更大屏幕的显示——这时就要编码一个媒体查询了。

3. 如果有必要，可以继续增大浏览器视口，直到再次发生"断裂"，编码更多媒体查询。

7.12 用媒体查询实现灵活布局

动手实作 7.8

这个动手实作将运用"移动优先"策略来进行灵活响应的设计。首先配置在智能手机上良好显示的页面布局(用小的浏览器窗口来测试)。然后增大浏览器视口，直到设计发生"断裂"，这时使用传统浮动布局技术(参见第 6 章)编码媒体查询和更多 CSS。图 7.34 展示了三种不同布局的线框图。

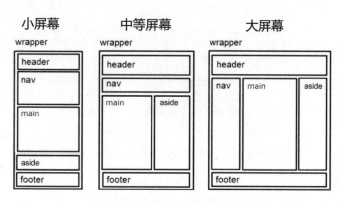

图 7.34 三个线框图

新建文件夹 ch7resp，从 chapter7 文件夹复制 starter7.html 文件，再从 chapter7/starters 文件夹复制 lighthouse.jpg 和 light.gif 文件。

1. 启动文本编辑器并打开 starter7.html 文件。查看 HTML，注意，在分配了 wrapper

id 的一个 div 中包含 header，nav，main，aside 和 footer 等子元素。

```
<div id="wrapper">
  <header> … </header>
  <nav> … </nav>
  <main> … </main>
  <aside> … </aside>
  <footer> … </footer>
    </div>
```

再来查看 CSS，注意 wrapper id 的子元素(header，nav，main，aside 和 footer)没有关联 float 属性。浏览器采用正常流动来渲染该网页，即元素一个接一个显示，就像图7.33 的 "小屏幕" 线框图一样。还要注意，这里没有设置最小宽度。该布局在智能手机上显示效果最佳。将文件另存为 index.html。

2. 在桌面浏览器中显示 index.html。在标准大小的浏览器视口中，显示效果有点奇怪，如图 7.35 所示。但不必担心，这个布局本来就是为小尺寸的手机屏幕开发的。你这时可以缩小浏览器，直到获得如图 7.36 所示的效果，这相当于模拟了手机显示。

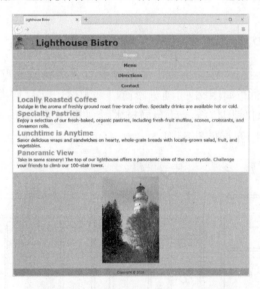

图 7.35　正常流动的、全宽的块元素

3. 要在移动设备上获得顺眼并且好用的显示，还有一个东西不可少：viewport meta 标记。在文本编辑器中打开 index.html，在 head 区域添加一个 viewport meta 标记：

```
<meta name="viewport" content="width=device-width, initial-scale=1.0">
```

保存文件。在桌面浏览器上显示时效果不变。示例解决方案是·chapter7/7.8/

step3.html。图 7.37 展示了网页在智能手机上的显示。

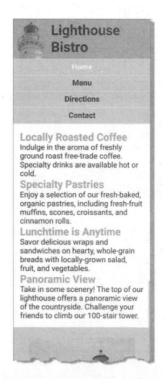

图 7.36　模拟智能手机的显示　　　　　图 7.37　智能手机上的显示

4. 过去，开发人员经常要针对特定设备(比如手机和平板)来开发。现在的做法是自行加宽浏览器窗口，直到显示开始"断裂"或者变得难看，这时就可确定媒体查询的条件。在浏览器中显示 index.html，先用窄窗口显示，再逐渐加宽。变得不好看的宽度是大约 600px，这时就确定了媒体查询的条件。

下面按照图 7.34 的"中等屏幕"线框图来配置布局，具体就是水平标题、水平导航、并排的 main 和 aside 元素以及水平页脚。

在文本编辑器中打开 index.html。在其他样式规则后编码 CSS 媒体查询，在视口的 min-width 变成 600px 时改变布局。在媒体查询中添加样式规则为水平导航区域配置 inline-block 显示、宽度、填充、文本居中和无边框。为 main 元素选择符配置左浮动，宽度 55%。为 aside 元素选择符配置 55%左侧边距。再为 footer 元素选择符配置清除浮动效果。CSS 代码如下所示：

```
@media (min-width: 600px) {
    nav li{ display: inline-block;
```

```
                   width: 7em;
                   padding: 0.5em;
                   border: none; }
        nav ul { text-align: center; }
        main { float: left; width: 55%; }
        aside { margin-left: 55%; }
        footer { clear: both; }
    }
```

保存文件并在浏览器中测试。应该能改变浏览器视口大小来获得如图 7.38 所示的效果。示例解决方案是 chapter7/7.8/step4.html。

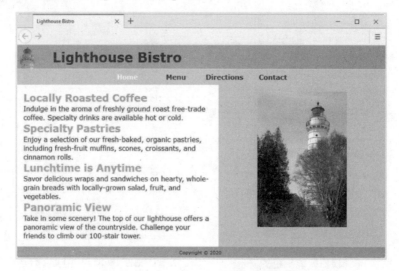

图 7.38　实现"中等屏幕"显示

5. 重复上述步骤来获得下一个断点的条件。在视口宽度变成约 1024px 时，网页的显示开始变得难看起来。这就是下一个媒体查询的条件。这时按照图 7.34 的"大屏幕"线框图来配置布局。具体就是水平标题、并排的 nav、main 和 aside 元素以及水平页脚。

在文本编辑器中打开 index.html。在其他样式规则后编码 CSS 媒体查询，在视口的 min-width 变成 1024px 时改变布局。在媒体查询中添加样式规则为 nav 元素配置左浮动。为居中的 wrapper id 配置 80%宽度和 1200px 最大宽度。再为 body 元素选择符配置#000066 背景色。CSS 代码如下所示：

```
@media (min-width: 1024px){
    nav li { display: block; }
    nav ul { text-align: left; }
    nav { float: left; }
    #wrapper { width: 80%; margin: auto; max-width: 1200px; }
    body { background-color: #000066; }
}
```

保存文件并在浏览器中测试。应该能改变浏览器视口大小来获得如图 7.39 所示的效果。示例解决方案是 chapter7/7.8/index.html。

图 7.39　实现桌面浏览器中上的"大屏幕"显示

这个动手实作通过媒体查询来配置浮动布局。由于浮动布局历史悠久,所以有必要熟悉一下它。下个动手实作将采用更时髦的方法来应用媒体查询并配置网格布局。

媒体查询的值应如何选择?

　　配置媒体查询没有统一标准。Web 开发人员刚开始写媒体查询时,市面上的移动设备较少,能精确指定像素精度。但现在情况变了,一般要用 max-width 和/或 min-width 判断视口大小。以下媒体查询判断最大宽度是否小于等于 480 像素:

```
@media  (max-width: 480px) {
}
```

　　常用设备的媒体查询"断点"可参考 https://responsivedesign.is/develop/browser-feature-support/media-queries-for-common-device-breakpoints/。但目前不同移动设备的屏幕分辨率千差万别,所以更好的做法是先着眼于内容的灵活显示,再配置内容来适配不同屏幕大小。取决于具体内容,需不断测试网页才能获得最佳方案。留意网页上是否出现了太长的行或太多空白,这些都是需要新的媒体查询的信号。

　　本章大多数例子都用像素值作为媒体查询的条件,但有的开发者更喜欢使用 em 单位。动手实作 7.8 的第一个媒体查询可修改为检查 min-width 是否为 40em:

```
@media (min-width: 40em) {
}
```

学生文件 chapter7/7.8/emunit.html 是采用 em 单位的媒体查询的一个例子。

去哪里获取更多关于媒体查询的信息？

访问以下资源获取更多媒体查询示例和教程：

- https://developers.google.com/web/fundamentals/design-and-ux/responsive/
- https://www.smashingmagazine.com/2018/02/media-queries-responsive- design-2018/
- https://css-tricks.com/snippets/css/media-queries-for-standard-devices/

 有哪些好用的工具可用于测试灵活网页？

可用 Google Chrome Dev Tools 测试灵活响应的网页：

- https://developers.google.com/web/tools/chrome-devtools/device-mode/
- https://developers.google.com/web/tools/chrome-devtools/device-mode/ #responsive

7.13 用媒体查询实现灵活网格布局

 动手实作 7.9

这个动手实作将运用"移动优先"策略来进行灵活响应的设计，将综合运用网格布局和媒体查询。首先配置在智能手机上良好显示的页面布局(用小的浏览器窗口来测试)。然后增大浏览器视口，直到设计发生"断裂"，这时就需要编码媒体查询和更多CSS，为网页使用网格布局，并为导航区域使用灵活框布局。7.40 展示了三种不同布局的线框图。

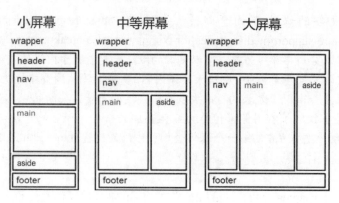

图 7.40   三个线框图

　　新建文件夹 ch7resp2，从 chapter7 文件夹复制 starter7.html 文件，再从 chapter7/ starters 文件夹复制 lighthouse.jpg 和 light.gif 文件。

　　1. 启动文本编辑器并打开 starter7.html 文件。查看 HTML，注意，在分配了 wrapper id 的一个 div 中包含了 header，nav，main，aside 和 footer 等子元素。wrapper id 将成为网格容器。header，nav，main，aside 和 footer 这几个元素是网格项。

```
<div id="wrapper">
   <header> … </header>
   <nav> … </nav>
   <main> … </main>
   <aside> … </aside>
   <footer> … </footer>
</div>
```

　　再查看 CSS，注意，虽然有样式设置了元素的外观，但 CSS 中不包含任何布局样式。浏览器采用正常流动来渲染该网页，即元素一个接一个显示，就像图 7.40 的"小屏幕"线框图一样。还要注意，这里没有设置最小宽度。该布局在智能手机上显示效果最佳。将文件另存为 index.html。

　　2. 在桌面浏览器中显示 index.html 文件。在标准大小的浏览器视口中，显示效果有点奇怪，如图 7.41 所示。但不必担心，这个布局本来就是为窄小的手机屏幕开发的。这时可缩小浏览器，直到获得如图 7.42 所示的效果，这相当于模拟了手机显示。

　　3. 要在移动设备上获得顺眼而且好用的显示，还有一个东西不可少：viewport meta 标记。在文本编辑器中打开 index.html，在 head 区域添加一个 viewport meta 标记：

```
<meta name="viewport" content="width=device-width, initial-scale=1.0">
```

　　保存文件。在桌面浏览器上显示时效果不变。示例解决方案是 chapter7/7.9/ step3.html。图 7.37 展示了网页在智能手机上的显示。

　　4. 既然网页在"正常流动"的情况下能良好显示，所以只需在触发媒体查询时配置网格布局。加宽浏览器窗口，直到显示开始"断裂"或者变得难看，这时就可确定媒体查询的条件。在浏览器中显示 index.html，先用窄窗口显示，再逐渐加宽。变得不好看的宽度是大约 600px，第一个媒体查询和网格布局将以此为条件。

　　下面按照图 7.40 的"中等屏幕"线框图来配置布局，具体就是水平标题、水平导航、并排的 main 和 aside 元素以及水平页脚。

　　在文本编辑器中打开 index.html。在其他样式规则后编码 CSS 媒体查询，在视口的 min-width 变成 600px 时改变布局。图 7.43 细化了图 7.35 的"中等屏幕"布局。

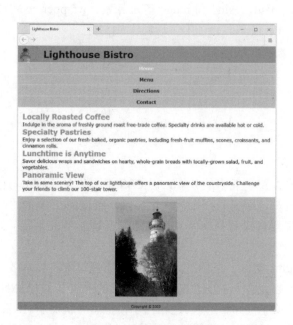

图 7.41　网页的初始显示　　　　　　图 7.42　模拟智能手机的显示

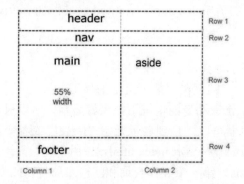

图 7.43　详细的"中等屏幕"网格布局线框图

　　图 7.44 展示了浏览器中的最终效果。注意，导航区域现在是水平的而非垂直。将用灵活框布局来配置。

　　将 nav ul 元素选择符配置成灵活框容器，将 flex-direction 设为 row，将 flex-wrap 设为 nowrap，并将 justify-content 设为 space-around。还要编码 CSS 来消除导航区域中的 li 元素的底部边框。接着配置 id 为 wrapper 的一个网格，用它包含 header，nav，main， aside 和 footer 等网格项。编码时参考图 7.43 的网格布局。将网格第一列设为 55%宽度。CSS 代码如下所示：

```
@media ( min-width: 600px) {
        nav ul { display: flex;
                flex-flow: row nowrap;
                justify-content: space-around; }
        nav ul li { border-bottom: none; }
        header { grid-area: header; }
        nav { grid-area: nav; }
        main { grid-area: main; }
        aside {grid-area: aside; }
        footer { grid-area: footer; }
        #wrapper { display: grid;
                grid-template:
                    "header header"
                    "nav nav"
                    "main aside"
                    "footer footer"
                    / 55% }
}
```

保存文件并在浏览器中测试，效果如图 7.44 所示。示例解决方案是 chapter7/7.9/step4.html。

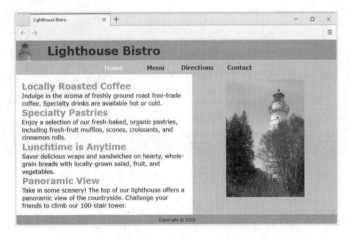

图 7.44　用网格布局实现"中等屏幕"布局

5. 重复上述步骤来获得下一个断点的条件。在视口宽度变成约 1024px 时，网页的显示再次变得难看。这就是下一个媒体查询的条件。这时按照图 7.40 的"大屏幕"线框图来配置布局。具体就是水平标题、并排的 nav、main 和 aside 元素以及水平页脚。

图 7.45 是细化的"大屏幕"网格布局线框图。图 7.46 是在浏览器中显示的最终效果。注意网页发生的变化：居中的网页内容两侧均显示了一个深蓝色背景，并使用了

一个垂直导航区域。

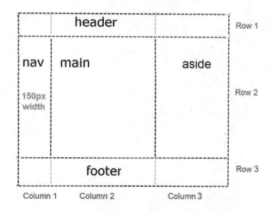

图 7.45　详细的"大屏幕"布局线框图

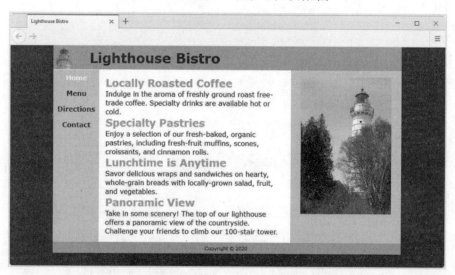

图 7.46　用网格布局实现适合桌面浏览器的"大屏幕"布局

　　在文本编辑器中打开 index.html。在其他样式规则后编码 CSS 媒体查询，在视口的 min-width 变成 1024px 时改变布局。在媒体查询中添加样式规则为 body 元素选择符配置深蓝色背景，居中 wrapper id，并将 nav ul 元素选择符配置成灵活框容器，将 flex-direction 设为 column，将 flex-wrap 设为 nowrap。

　　接着将 wrapper id 配置成网格，其中包含 header，nav，main，aside 和 footer 等网格项。编码时可以参考图 7.45 的网格布局。将网格第一列设为 55%宽度。CSS 代码如下所示：

```
@media ( min-width: 1024px) {
```

```
body { background-color: #000066; }
nav ul { display: flex;
         flex-direction: column;
         flex-wrap: nowrap; }
header { grid-area: header; }
nav { grid-area: nav; }
main { grid-area: main; }
aside { grid-area: aside; }
footer { grid-area: footer; }
#wrapper { width: 80%;
           margin: auto; max-width: 1200px;
           display: grid;
           grid-template:
           "header header header"
           "nav main aside"
           "footer footer footer"
           / 150px; }
}
```

　　保存文件并在浏览器中测试。应该能改变浏览器视口大小来获得如图 7.46 所示的效果。示例解决方案是 chapter7/7.9/index.html。

7.14　灵　活　图　像

　　马科特(Ethan Marcotte)在他的《灵活响应的网页设计》一书中将灵活图像描述成一种能流动的图像，在浏览器视口大小发生改变时不会破坏页面布局。灵活图像、流动布局和媒体查询是灵活响应的网页设计的关键组件。本章将介绍配置灵活图像的几种不同的编码技术。

用 CSS 实现灵活图像

　　配置灵活图像最常用的技术是修改 HTML 并配置额外 CSS 来指定灵活图像的样式。

　　1. 在 HTML 中编码 img 元素。删除 height 和 width 属性。

　　2. 在 CSS 中配置 max-width: 100%;样式声明。如图片宽度小于容器元素宽度，图片以实际大小显示。如图片宽度大于容器元素宽度，浏览器改变图片大小以适应容器(而不是只显示一部分)。

　　3. 为保持图片长宽比，Bruce Lawson 建议在 CSS 中配置 height: auto;样式声明(参考 https://brucelawson.co.uk/2012/responsive-web-design-preservingimages-aspect-ratio)。

　　背景图片也可配置在不同大小视口中更灵活地显示。虽然用 CSS 配置背景图片时经常编码 height 属性，但背景图片的显示可能没那么灵活。为解决该问题，可尝试用百分比值配置容器元素的其他 CSS 属性，比如 font-size，line-height 和 padding。另外，background-size: cover;属性也很有用。这样往往能在不同大小的视口中获得更佳的背景图片显示。另一个方案是配置不同大小的背景图片，并通过媒体查询决定要显示哪一张。这个方案有一个缺点，会下载多个文件但只显示一个。下个动手实作将练习运用灵活图像技术。

 动手实作 7.10 ——————————————————————

这个动手实作将修改演示了灵活响应网页设计的一个网页。图 7.47 是同一个网页在不同视口宽度下的效果。默认为小视口显示单栏布局，视口最小宽度为 38em 时显示双栏布局，视口最小宽度为 65em 时显示三栏布局。将编辑 CSS 来配置灵活图像。

桌面浏览器　　　　　　　　平板电脑　　　智能手机

图 7.47　该网页演示了灵活响应的网页设计技术

新建文件夹 flexible7。从 chapter7 文件夹复制 starter8.html 文件并重命名为 index.html。从 chapter7/starters 文件夹复制图片文件 header.jpg 和 pools.jpg。在浏览器中测试 index.html，效果如图 7.48 所示。在文本编辑器中打开文件，注意，已经从 HTML 中移除了 height 和 width 属性。查看 CSS，注意，网页使用了灵活网格布局。

图 7.48　配置灵活图像之前的网页

像下面这样编辑嵌入 CSS。

1. 找到 header 元素选择符。添加 background-size: cover;声明，使背景图片自动缩放以填充容器。CSS 代码如下所示：

```
header { background-image: url(header.jpg);
background-repeat: no-repeat;
background-size: cover; }
```

2. 为 img 元素选择符添加样式规则，将最大宽度设为 100%，高度设为 auto。CSS 代码如下所示：

```
img { max-width: 100%;
      height: auto; }
```

3. 保存 index.html 并在桌面浏览器中测试。逐渐改变浏览器窗口大小，注意会发生如图 7.47 所示的变化。网页会灵活响应视口宽度，因为它运用了以下灵活响应网页设计技术：流动布局、媒体查询和灵活图像。chapter7/7.10 文件夹提供了示例解决方案。

刚才只是用基本技术配置了灵活的流动图像。这些技术在流行浏览器上应该能很好地工作。接着探索两个新的 HTML5.1 灵活图像技术。在设计含有灵活图像的网页时，它们提供了更多选项。

picture 元素

HTML 5.1(http://www.w3.org/TR/html51)新增了 picture 元素，旨在根据 Web 开发人员设定的条件显示不同图片。主流浏览器的最新版本都支持。元素以<picture>开头，以</picture>结尾。作为容器元素，它要和多个 source 元素一起编码，提供多个图片文件供浏览器选择。还要编码一个备用 img 元素，为不支持 picture 的浏览器提供图片。

source 元素

source 元素是自包容(void)标记，和某个容器元素配合使用。picture 元素(其他还有 video 和 audio 元素，参见第 11 章)可包含一个或多个 source 元素。和 picture 元素配合使用时，通常配置多个 source 元素来指定不同图片。source 元素要放到起始和结束 picture 标记之间。表 7.9 总结了在 picture 容器元素中使用的 source 元素的属性。

表 7.9　source 元素的属性

属性	值
srcset	必须。用逗号分隔列表为浏览器提供图片选择。每一项都必须包含图片 URL，可选设置最大视口大小和高分辨率设备上的像素密度
media	可选。指定媒体查询条件
sizes	可选。用数值或百分比值指定图片显示大小。可用媒体查询进一步配置
value	可选。资源的 MIME 类型

可通过 picture 和 source 元素以多种方式配置灵活图像。下面讨论一种基本技术，即通过 media 属性指定显示条件。

动手实作 7.11

这个动手实作将创建如图 7.49 示的网页，使用 picture，source 和 img 元素配置灵活图像。

新建 ch7picture 文件夹。从 chapter7/starters 文件夹复制 large.jpg，medium.jpg，small.jpg，large.webp，medium.wepb，small.webp 和 fallback.jpg 文件。用文本编辑器打开 chapter7/template.html，另存为 ch7picture 文件夹中的 index.html。修改文件来配置网页。

1. 将一个 h1 元素和 title 元素的文本配置成 Picture Element。

图 7.49 用 picture 元素实现灵活图像

2. 在网页主体添加以下代码：

```
<picture>
  <source media="(min-width: 1200px)" srcset="large.jpg">
  <source media="(min-width: 800px)" srcset="medium.jpg">
  <source media="(min-width: 320px)" srcset="small.jpg">
  <img src="fallback.jpg" alt="waterwheel">
</picture>
```

保存文件并在浏览器中测试。注意随着浏览器视口宽度的变化，显示的图片也会变化。视口最小宽度为 1200px 或更大，显示 large.jpg。最小宽度为 800px 或更大，但小于 1200px，显示 medium.jpg。最小宽度为 320px 或更大，但小于 800px，显示 small.jpg。不符合上述任何条件，则显示 fallback.jpg。

测试时改变浏览器视口大小并刷新。不支持 picture 元素的浏览器将显示

fallback.jpg。chapter7/7.11 文件夹包含示例解决方案。

接着配置网页为支持的浏览器同时提供 WebP 图片。第 4 章讲过，WebP 图片格式比较新，能提供更好的压缩比。

在文本编辑器中打开 index.html 并找到 picture 元素。在起始 picture 标记下方为 WebP 图片添加三个额外的 source 元素。编辑每个.jpg 图片的 source 元素，将 type 属性设为"image/jpeg"来指定.jpg 文件的 MIME 类型。HTML 代码如下所示：

```
<picture>
  <source media="(min-width: 1200px)" srcset="large.webp" type="image/webp">
  <source media="(min-width: 800px)" srcset="medium.webp" type="image/webp">
  <source media="(min-width: 320px)" srcset="small.webp" type="image/webp">
  <source media="(min-width: 1200px)" srcset="large.jpg" type="image/jpeg">
  <source media="(min-width: 800px)" srcset="medium.jpg" type="image/jpeg">
  <source media="(min-width: 320px)" srcset="small.jpg" type="image/jpeg">
  <img src="fallback.jpg" alt="waterwheel">
</picture>
```

将文件另存为 index2.html，在任何现代浏览器中显示网页，浏览器会自动显示它支持的第一个图片文件。具体地说，像 Chrome 这样的现代浏览器会显示合适大小的 WebP 图片。如浏览器支持 picture 元素但不支持 WebP，则会显示合适大小的 jpg 图片。这两者都不支持的浏览器则显示 fallback.jpg。将你的作品和 chapter7/7.11/index2.html 比较。

这个动手实作只是用 picture 元素来实现灵活图像的一个非常基本的例子。用 picture 元素实现的灵活图像技术旨在避免 CSS 灵活图像技术需下载多张图片的情况。浏览器根据条件只下载它要显示的那张。

灵活 img 元素属性

HTML5.1(http://www.w3.org/TR/html51)为 img 元素新引入了 srcset 和 sizes 属性。主流浏览器的最新版本都支持。

sizes 属性

img 的 sizes 属性作用是告诉浏览器用多大视口显示图片。默认值是 100vw(vw 是视口宽度的意思)，即用 100%视口宽度显示图片。sizes 属性值可以是视口宽度百分比，也可以是具体像素宽度(比如 400px)。sizes 属性值也可包含一个或多个媒体查询，指定不同情况下的宽度。

srcset 属性

img 的 srcset 属性告诉浏览器在不同情况下显示不同图片。值是一个逗号分隔列表，告诉浏览器在不同情况下显示的图片。每个列表项都必须包含图片 URL，可选最大视口大小和针对高分辨率设备的像素宽度。

可通过 img 元素和 sizes/srcset 属性以多种方式配置灵活图像。下面讨论一种基本技术，用浏览器视口大小指定显示条件。

 动手实作 7.12 ─────────────────

这个动手实作将创建如图 7.50 所示的网页，使用 picture，source 和 img 元素配置灵活图像。

图 7.50　用 img 元素的 srcset 属性实现灵活图像

新建 ch7image 文件夹。从 chapter7/starters 文件夹复制 large.jpg，medium.jpg，small.jpg 和 fallback.jpg 文件。用文本编辑器打开 chapter7/template.html，另存为 ch7image 文件夹中的 index.html。修改文件来配置网页。

1. 将一个 h1 元素和 title 元素的文本配置成 Image Element。

2. 在网页主体添加以下代码：

```
<img src="fallback.jpg"
  sizes="100vw"
  srcset="large.jpg 1200w, medium.jpg 800w, small.jpg 320w"
  alt="waterwheel">
```

保存文件并在浏览器中测试。注意随着浏览器视口宽度的变化，显示的图片也会变化。视口最小宽度为 1200px 或更大，显示 large.jpg。最小宽度为 800px 或更大，但小于 1200px，显示 medium.jpg。最小宽度为 320px 或更大，但小于 800px，显示 small.jpg。不符合上述任何条件，则显示 fallback.jpg。

测试时改变浏览器视口大小并刷新。不支持 img 元素新属性 sizes 和 srcset 的浏览器将显示 fallback.jpg。chapter7/7.12 文件夹包含示例解决方案。

这个动手实作只是用 img 元素的新属性 sizes 和 srcset 来实现灵活图像的一个非常基本的例子，旨在避免 CSS 灵活图像技术需下载多张图片的情况。浏览器根据条件只下载它要显示的那张。

探索灵活图像

灵活图像技术有许多资源可供参考，比如以下几个。

- http://responsiveimages.org
- https://developer.mozilla.org/en-US/docs/Learn/HTML/ Multimedia_and_embedding/Responsive_images
- http://blog.cloudfour.com/responsive-images-101-part-5-sizes

自测题 7.2

1. "移动优先"是什么意思？
2. CSS 媒体查询中有没有必须使用的值？为什么？
3. 说明用于配置灵活显示的图片的几种编码技术。

7.15　测试移动显示

测试网页在移动设备上的显示最好的办法是发布到网上并用移动设备访问。(附录介绍了如何通过 FTP 发布网站。)但由于每次都要使用手机可能不便，所以这里提供了几个模拟移动设备的选项。

- **Opera Mobile Emulator** (图 7.51)
  支持 Windows，Mac 和 Linux。支持媒体查询。
  https://dev.opera.com/articles/opera-mobile-emulator/
- **iPhone Emulator**
  在浏览器窗口中运行。支持媒体查询。
  http://www.testiphone.com
- **Google Chrome Dev Tools**
  用 Google Chrome 打开。支持媒体查询。
  https://developers.google.com/web/tools/chrome-devtools/device-mode/

用桌面浏览器测试

没有手机或者无法将文件发布到网上也不用担心，如本章所述(同时参考图 7.52)，可用桌面浏览器模拟网页在移动设备上的显示。

图 7.51　用 Opera Mobile Emulator 测试网页　　　　图 7.52　用桌面浏览器模拟移动显示

检查媒体查询的位置。

- 如果在 CSS 中编码媒体查询，就在桌面浏览器中显示网页，然后改变视口宽度和高度来模拟移动设备的屏幕大小。

- 如果在 link 标记中编码媒体查询，就编辑网页，临时修改 link 标记来指向移动 CSS 样式表，然后在桌面浏览器中显示网页，改变视口宽度和高度来模拟移动设备的屏幕大小。

浏览器视口大小

要准确判断浏览器视口的当前大小，可以使用以下工具。

- **Chris Pederick's Web Developer Extension**
  支持 Firefox 和 Chrome

  http://chrispederick.com/work/web-developer
  选择 *Resize > Display Window Size*

- **Viewport Dimensions Extension**
  Chrome 扩展，下载地址是 https://github.com/CSWilson/Viewport-Dimensions

灵活设计测试工具

以下免费联机工具可实时查看网页在各种屏幕大小和设备上的显示：

- Mobile-Friendly Test https://search.google.com/ test/mobile-friendly
- Sizzy https://sizzy.co
- Am I Responsive http://ami.responsivedesign.is
- Screenfly http://quirktools.com/screenfly

用这些浏览器工具来查看自己的灵活网站很有趣。但是，真正的测试是用各种物理移动设备显示网页。图 7.53 展示了网页在手机上的显示。

图 7.53　用真正的手机来测试网页

针对专业开发人员

软件开发人员或 IT 专家可考虑使用针对 iOS 和 Android 平台的 SDK。每种 SDK 都包含移动设备模拟器。访问 https://developer.android.com/studio/ index.html 了解关于 Android Studio SDK 的信息。

怎么让手机用户直接拨打网页上的电话号码?

　　如果网页包含一个电话号码,那么手机用户点击号码就可以打电话或者发送短信,这是不是很"酷"? 其实很容易配置拨号或短信链接。根据 RFC 3966 标准,可将 href 的值配置成以 tel:开头的电话号码来拨打电话,例如:

```
<a href="tel:888-555-5555">Call 888-555-5555</a>
```

　　RFC 5724 则规定可以将 href 的值配置成以 sms:开头的电话号码来发送短信,例如:

```
<a href="sms:888-555-5555">Text 888-555-5555</a>
```

　　并不是所有移动浏览器和设备都支持电话和短信链接,但未来这个技术的普遍运用是可以预见的。本章的案例分析会练习使用 tel:。

小结

本章介绍了如何配置能自适应桌面浏览器和移动设备的灵活网页。请浏览本书网站(https://www.webdevfoundations.net)获取本章列举的例子、链接和更新信息。

关键术语

\<picture\>	网格行
\<source\>	网格轨道
@media rule	grid-area 属性
@supports 规则	grid-column 属性
指令	grid-row 属性
特性查询	grid-template 属性
灵活容器	grid-template-areas 属性
灵活项	grid-template-columns 属性
flex 属性 property	grid-template-rows 属性
flex-direction 属性 property	justify-content 属性
flex-wrap 属性	媒体特性
灵活框	媒体属性
灵活图像	order 属性
灵活因子单位(fr)	picture 元素
网格	灵活 Web 设计
网格区域	sizes 属性
网格列	source 元素
网格容器	srcset 属性
网格项	type 属性
网格线	viewport meta 标记

复习题

选择题

1. 以下哪个 meta 标记配置移动设备上的显示？（　　）

　　A. viewport　　　　B. handheld　　　　C. mobile　　　　　　D. screen

2. 以下哪个属性配置比例缩放的灵活项？（　　）

　　A. flex　　　　　　B. flex-wrap　　　　C. align-items　　　　D. justify

3. 以下哪个是用于配置灵活图像的容器元素？（　　）

　　A. display　　　　 B. flex　　　　　　 C. picture　　　　　　D. link

4. 为 display 属性分配以下哪个值来配置灵活框(flexbox)容器？（　　）

A. grid   B. flex   C. flexbox   D. block

5. 以下哪种技术是为灵活响应的二维页面布局优化的? (   )

A. CSS 绝对定位   B. CSS 显示布局   C. CSS 网格布局   D. CSS 灵活框布局

6. 用什么技术测试对某个 CSS 属性的支持情况? (   )

A. 特性查询   B. 支持查询   C. 媒体查询   D. 属性查询

7. 以下哪个属性配置灵活项是否多行显示? (   )

A. flex-direction   B. flex-wrap   C. flex-template   D. flex-basis

8. 以下哪个属性将一个 CSS 选择符标识为网格容器? (   )

A. grid   B. directive   C. display   D. grid-template

9. 以下哪个属性将一个网格项(HTML 元素)和网格的一个具名区域关联? (   )

A. grid-name   B. grid-item   C. grid-area   D. grid

10. 以下哪个属性配置网格轨道(grid tracks)之间的空白? (   )

A. align   B. grid-gap   C. gutter   D. grid-template

填空题

11. _____ 是简写属性, 能同时配置 grid-template-areas, grid-template-rows 和 grid-template-columns 属性。

12. _____ 判断移动设备的能力, 比如浏览器视口大小和分辨率。

13. 用灵活框垂直和水平居中元素中的文本时, 将_____和_____属性设为 center。

14. _____ 是简写属性, 能同时配置 flex-direction 和 flex-wrap。

15. _____ 属性使浏览器能根据条件显示不同图片。

应用题

1. 预测结果。仔细检查以下灵活网页的代码。思考在窄视图(600 像素以下)中网页会如何显示。画线框图, 标记为"Mobile"。再思考在正常桌面浏览器视图中如何显示。画线框图, 标记为"Desktop"。

```
<!DOCTYPE html>
<html lang="en">
<head>
<title>Predict the Result</title>
<meta charset="utf-8">
<style>
body { background-color: #EAEAEA;
       color: #636363;
       font-family: Verdana, Arial, sans-serif; }
#wrapper { background-color: #D5EDB3; }
header { color: #FFFFFF;
         text-shadow: 3px 3px 3px #333;
         padding: 1em; }
#content { background-color: #FFFFFF; }
nav { width: 150px; padding: 1em; }
main { padding: 1em 2em; }
```

```
aside { padding: 1em; }
@media (min-width: 600px) {
        #content { display: flex;
                  flex-wrap: nowrap; }
}
</style>
</head>
<body>
<div id="wrapper">
        <header>
            <h1>Trillium Media Design</h1>
        </header>
        <div id="content">
            <nav>
                <ul>
                    <li><a href="index.html">Home</a></li>
                    <li><a href="products.html">Products</a></li>
                    <li><a href="services.html">Services</a></li>
                    <li><a href="clients.html">Clients</a></li>
                    <li><a href="contact.html">Contact</a></li>
                </ul>
            </nav>
            <main>
                <p>Our professional staff takes pride in its working
                relationship with our clients by offering personalized
                services that listen to their needs, develop their target
                areas, and incorporate these items into a website that works.
                </p>
            </main>
            <aside>
            <p>Get monthly updates and free offers. Contact <a
                href="mailto:me@trilliummediadesign.com">Trillium</a>
                to sign up for our newsletter.</p>
            </aside>
        </div>
</div>
</body>
</html>
```

2. 补全代码。以下灵活网页应根据网页是在移动设备还是桌面浏览器中显示来改变主导航区域的外观。视口宽度小于 600 像素，导航应在 main 内容上方显示，每个导航链接独占一行。在桌面浏览器中显示，导航应采用 CSS 网格布局在 main 内容左侧显示。用 "__" 表示的一些 CSS 属性和值遗失了。请补全代码。

```
<!DOCTYPE html>
<html lang="en">
<head>
<title>Predict the Result</title>
<meta charset="utf-8">
<style>
body      { background-color: #EAEAEA; color: #636363; }
#wrapper  { background-color: #D5EDB3; height: 100vh; }
header    { color: #FFFFFF; text-align: center;
            text-shadow: 3px 3px 3px #333;    }
nav ul    { display: flex; flex-wrap: _____ ;
            list-style-type: none; padding-left: 0;    }
nav ul li { width: 100%; padding: .5em; text-align: center;
            border-bottom: 1px solid #636363; }
nav ul li a { display: block; text-decoration: none; }
main      { padding: 1em 2em; }
@media    ( min-width: 600px ) {
          header    { grid-area: header; }
          nav       {_____ : nav; }
          main      { grid-area: main; }
          #wrapper { display:_____;
                     grid-template:
                     "_____ header" 100px
                     "nav      main"
                     / 150px   1fr ; }
}
</style>
</head>
<body>
<div id="wrapper">
  <header> <h1>Trillium Media Design</h1> </header>
  <nav>
    <ul>
      <li><a href="index.html">Home</a></li>
      <li><a href="products.html">Products</a></li>
      <li><a href="services.html">Services</a></li>
      <li><a href="clients.html">Clients</a></li>
      <li><a href="contact.html">Contact</a></li>
    </ul>
  </nav>
  <main>
      <p>Our professional staff takes pride in its working
      relationship with our clients by offering personalized
      services that listen to their needs, develop their target
      areas, and incorporate these items into a website that works.
      </p>
  </main>
</div>
</body>
</html>
```

3. 查找错误。以下网页想在浏览器窗口右侧显示导航区域。怎样修改才能满足要求?

```
<!DOCTYPE html>
<html lang="en">
<head>
<title>Find the Error</title>
<meta charset="utf-8">
<style>
body     {   background-color: #d5edb3; color: #636363; }
header   { grid-area: header; }
nav      { grid-area: nov; }
nav ul   { list-style-type: none; }
nav ul a { text-decoration: none; }
main     { grid-area: main;
             padding: 1em 2em; background-color: #FFFFFF; }
#wrapper { display: grid;
                    grid-template:
                        "header header"
                        "nav main"
                        / 1fr 120px;    }
</style>
</head>
<body>
<div id="wrapper">
  <header>
    <h1>Trillium Media Design</h1>
  </header>
  <nav>
    <ul>
      <li><a href="index.html">Home</a></li>
      <li><a href="services.html">Services</a></li>
      <li><a href="contact.html">Contact</a></li>
    </ul>
  <main>
    <p>Our professional staff takes pride in its working
    relationship with our clients by offering personalized
    services that listen to their needs, develop their target
    areas, and incorporate these items into a website that works.
    </p>
  </main>
</div>
</body>
</html>
```

动手实作

1. 写 CSS 将 nav 元素选择符配置成自动换行的灵活容器。

2. 写一个特性查询的 CSS,检查对 CSS 网格布局的支持。

3. 写 CSS 为名为 container 的 id 配置两列、两行的网格。第一行 100 像素高。第二行的第一个网格项占据 75%宽度。写代码前可以先画好网格布局的线框图。

4. 写@media 规则,在手机显示的情况下将 nav 元素选择符的宽度设为 auto。

5. 创建网页来显示你喜欢的 8 张照片(或由老师提供)。在网页上包含 header 和 footer 区域。用灵活框布局配置灵活显示。在页脚的电子邮件地址中包含你的姓名。

6. 创建网页来显示你喜欢的 8 张照片(或由老师提供)。在网页上包含 header 和 footer 区域。用网格布局配置灵活显示。在页脚的电子邮件地址中包含你的姓名。

7. 画出你学校网站主页的线框图。写 CSS 为该线框图配置网格布局。

网上研究

CSS 网格布局的下一阶段是 CSS Grid Layout Module Level 2(https://www.w3.org/ TR/css-grid-2/)，重点是子网格(subgrid)的引入。将以下资源作为起点来研究子网格的用途。写一页双倍行距的摘要来描述子网格的作用，给出子网格的一个代码示例，并说明当前浏览器的支持程度。

- https://www.smashingmagazine.com/2018/07/css-grid-2/
- https://css-tricks.com/why-we-need-css-subgrid/
- https://www.w3.org/blog/CSS/2018/08/04/subgrid-spec-completed/
- https://rachelandrew.co.uk/archives/2018/04/27/grid-level-2-and-subgrid/
- https://www.w3.org/TR/css-grid-2/#subgrid

聚焦 Web 设计

本章练习了创建灵活响应的网页，现在最好在网上探索一下灵活响应设计最佳实践。可将以下 URL 作为起点。写一页双倍行距的摘要来描述 4 种推荐的灵活响应设计实践。

- https://www.smashingmagazine.com/2018/02/media-queries-responsive-design-2018/
- https://www.uxpin.com/studio/blog/best-practices-examples-of-excellent-responsive-design/
- https://www.impactbnd.com/blog/responsive-design-best-practices
- https://crossbrowsertesting.com/blog/development/future-responsive-design-2019/
- https://fireart.studio/blog/how-to-design-responsive-website-best-practices/

网站案例学习：现代灵活布局

以下所有案例将贯穿全书。本章为网站配置现代的、能灵活响应的布局。

案例 1: 咖啡屋 JavaJam Coffee Bar

本案例学习以第 6 章创建的 JavaJam Coffee Bar 网站为基础。网站新版本将采用实现了媒体查询的灵活布局。将练习为灵活设计使用"移动优先"策略。首先配置在智能手机上能良好工作的页面布局(用小的浏览器窗口来测试)。接着增大浏览器视口，直到设计发生"断裂"。这时需要编码媒体查询和额外的 CSS。图 7.54 是三种不同布局的线框图，针对不同屏幕大小。主页效果如图 7.55 所示。

有以下 4 个任务。

1. 为 JavaJam Coffee Bar 网站新建文件夹。
2. 配置适合智能手机显示的单栏布局的 HTML 和 CSS。
3. 配置适合中等大小移动设备显示的 HTML 和 CSS。
4. 配置适合桌面显示的 CSS。

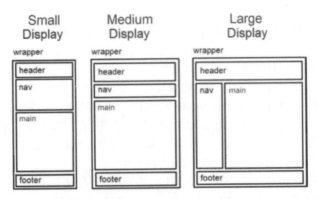

图 7.54　JavaJam Coffee Bar 线框图

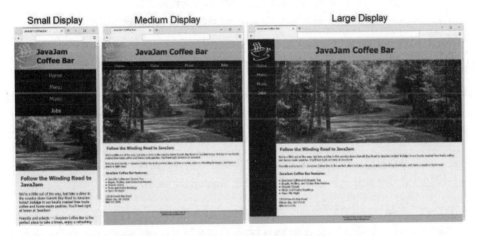

图 7.55　JavaJam Coffee Bar 主页(index.html)

任务 1：网站文件夹。新建文件夹 javajam7，从第 6 章创建的 javajam6 文件夹复制所有文件。再从 chapter7/starters/javajam 文件夹复制所有文件。

任务 2：配置小的单栏布局。首先编辑 CSS，然后编辑主页并在浏览器中测试。

配置 CSS。在文本编辑器中打开 javajam.css，使用正常流动(无浮动)和全宽的块元素配置适合小型设备的布局。

1. 编辑 body 元素选择符的样式。删除背景图片的所有声明。将边距设为 0，将背景颜色设为 #D2B48C。

2. 编辑 wrapper id 选择符的样式。删除和 width，margin 和 box-shadow 相关的所有声明。

3. 编辑 header 元素选择符的样式。将背景图片更改为 cup.jpg。将左填充设置为 105px，高度设置为 128px。

4. 编辑 h1 元素选择符的样式。将字号设置为 2em。

5. 编辑 nav 元素选择符的样式。删除配置 float，width，font-weight 和 padding 的声明。

6. 编辑 nav ul 选择符的样式。将该选择符配置成灵活容器，将 flex-direction 设置为 column。设置 0 边距，0 填充和 1.25em 字号。

7. 编码 nav li 选择符的样式。设置 .5em 顶部和底部填充，1em 左侧和右侧填充，100%宽度，以及 1px 实线底部边框。

8. 删除 onethird 和 floatleft 类选择符的样式声明。

9. 编辑 main 元素选择符的样式。删除配置 margin 和 overflow 的声明。

10. 编辑 hero 图片的样式。将 homehero id 选择符的背景图片设为 road.jpg，将 heroguitar id 选择符的背景图片设为 guitar.jpg，将 heromugs id 选择符的背景图片设为 threemugs.jpg。

11. 编辑 main 元素中的 h3, h3, h4, p, div 和 dl 元素选择符的样式，将左右填充设为 1em。

12. 编码 main ul 选择符的样式，将左填充设为 2em。

13. 配置在小屏幕上将电话号码显示成超链接，否则显示成纯文本。

- 为 mobile id 选择符编码一个样式规则，将 display 设为 inline。
- 为 desktop id 选择符编码一个样式规则，将 display 设为 none。

保存 javajam.css，用 CSS 校验器(http://jigsaw.w3.org/css-validator)检查语法。如有必要，改错并重新测试。

配置 HTML。像下面这样修改。

1. 在文本编辑器中打开 index.html，完成以下编辑后保存文件。

- 主页在联系信息区域显示了一个电话号码。为了点击号码就能直接拨打电话，可在超链接中使用 tel:。配置 id 为 mobile 的一个超链接，并在其中包含电话号码：

```
<a id="mobile" href="tel:888-555-5555">888-555-5555</a>
```

但是，用桌面浏览器访问网站时，该电话链接会令人困惑。所以，直接在链接后编码另一个电话号码。围绕电话号码编码一个 span 元素，并分配 desktop id，如下所示：

```
<span id="desktop">888-555-5555</span>
```

- 在 head 区域编码一个 viewport meta 标记，将宽度设为 device-width，将 initial-scale 设为 1.0。

2. 用和主页一样的方式为 menu.html 和 music.html 添加 viewport meta 标记。保存这些文件。

测试网页。用浏览器打开 index.html 来测试。该布局小屏幕专用。缩小浏览器视口，直到获得图 7.55 的"小屏幕"显示效果(相当于用浏览器模拟手机显示)。以类似方式测试 menu.html 和 music.html。

任务 3：配置中等屏幕布局。配置 CSS 和各个内容页，获得在较宽视口中令人舒适的显示，第一个媒体查询的断点设为 600px。测试网页时，一旦触发媒体查询，就会实现如图 7.54 的中等屏幕线框图所示的布局。图 7.55、图 7.56 和图 7.57 的"中等屏幕"展示了这些网页的实际显示效果。

配置 CSS。在文本编辑器中打开 javajam.css。在现有样式后配置一个媒体查询，在最小宽度大于等于 600px 时触发。在媒体查询中编码以下样式。

1. 为 header 元素选择符编码样式。配置居中文格 0 左侧填充。

2. 为 h1 元素选择符编码样式。将字号设为 3em。

3. 为 nav ul 选择符编码样式。配置不自动换行的灵活容器。同时将 justify-content 设为 space-around。

4. 为 nav li 选择符编码样式。将底部边框设为 none。

5. 为 hero 图片编码样式。为 homehero id 选择符配置高度 50vh，使用 hero.jpg 作为背景图片。

为 heromugs id 选择符配置背景图片 heromugs.jpg。为 heroguitar id 选择符配置背景图片 heroguitar.jpg。

6. 为 flow id 选择符编码样式。配置灵活容器。灵活方向是 row。

7. 为电话号码编码样式。将 mobile id 选择符的 display 设为 none，将 desktop id 选择符的 display 设为 inline。

8. 为 details 类选择符编码样式。配置灵活容器。灵活方向是 row。

9. 为 h4 元素选择符编码样式。将左右边距设为 10%。

保存 javajam.css，用 CSS 校验器(http://jigsaw.w3.org/css-validator)检查语法。如有必要，改错并重新测试。

编辑 HTML。需要修改菜单和音乐页的内容区域。

1. 在文本编辑器中打开 menu.html。从所有 section 元素中删除 class="onethird"。编码一个 div，分配名为 flow 的 id，用它包含所有 section 元素。保存文件。

2. 在文本编辑器中打开 music.html。从所有 img 元素中删除 class="floatleft"。每个 img 后面都有一些描述文本。将每组说明文本包含到一个段落元素中。保存文件。

测试网页。用浏览器显示 menu.html。应该能改变浏览器视口大小，获得图 7.56 的"中等屏幕"显示。以类似方式测试 index.html 和 music.html。

随着案例学习的完成，你已经完成了大量工作。现在获得的是一个能灵活响应的设计。它利用的是 CSS 灵活框和 CSS 网格布局，在不同大小的视口中都能正常显示。JavaJam Coffee Bar 网站既灵活，又好用！

图 7.56　菜单页(menu.html)

任务 4：配置大的布局。编辑 CSS 配置第二个媒体查询，将 1024px 作为断点，配置两列的一个网格布局。测试网页时，一旦触发媒体查询，就会实现如图 7.54 的大屏幕线框图所示的布局。图 7.55、图 7.56 和图 7.57 的"大屏幕"展示了这些网页的实际显示效果。

配置 CSS。在文本编辑器中打开 javajam.css。在现有样式后配置一个媒体查询，在最小宽度大于等于 1024px 时触发。在媒体查询中配置一个特性查询，检查浏览器是否支持网格布局。在媒体查询中编码以下样式。

1. 配置网格区域。

- 编码 header 元素选择符的样式：将 grid-area 设为 header。
- 编码 nav 元素选择符的样式：将 grid-area 设为 nav。
- 编码 main 元素选择符的样式：将 grid-area 设为 main。
- 编码 footer 元素选择符的样式：将 grid-area 设为 footer。

2. 将 wrapper id 选择符配置成网格容器。用 grid-template 属性描述图 7.54 的"大屏幕"网格布局。导航区域宽度设为 200px。CSS 如下所示：

```
#wrapper { display: grid;
          grid-template:
          "header header"
          "nav main"
          "footer footer"
          / 200px; }
```

3. 配置导航区域。编码 nav ul 选择符的样式，将 flex-direction 设为 column。

4. 配置 header 区域。为 header 选择符编码样式，使用 coffeelogo.jpg 作为背景图片。

保存 javajam.css，用 CSS 校验器(http://jigsaw.w3.org/css-validator)检查语法。如有必要，改错并重新测试。

测试网页。用现代浏览器显示 index.html。应该能改变浏览器视口大小，获得图 7.56 的"大屏幕"显示。不支持网格布局的浏览器会呈现图 7.55 的"中等屏幕"的效果。以类似方式测试 menu.html 和 music.html。

随着案例学习的完成，你已经完成了大量工作。现在获得的是一个能灵活响应的设计。它利用了 CSS 灵活框和 CSS 网格布局，在不同大小的视口中都能良好显示。现在的 JavJam Cofee Bar 网站，既灵活，又好用！

案例 2：宠物医院 Fish Creek Animal Clinic

本案例学习以第 6 章创建的 Fish Creek Animal Clinic 网站为基础。网站新版本将采用实现了媒体查询的灵活布局。将练习为灵活设计使用"移动优先"策略。首先配置在智能手机上能良好工作的页面布局(用小的浏览器窗口来测试)。接着增大浏览器视口，直到设计发生"断裂"。这时需要编码媒体查询和额外的 CSS。图 7.58 是三种不同布局的线框图，针对不同屏幕大小。主页效果如图 7.59 所示。

具体有以下四个任务。

1. 为 Fish Creek Animal Clinic 网站新建文件夹。

2. 配置适合智能手机显示的单栏布局的 HTML 和 CSS。

3. 配置适合中等大小移动设备显示的 HTML 和 CSS。

4. 配置适合桌面显示的 CSS。

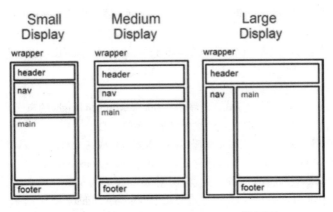

图 7.58 Fish Creek Animal Clinic 线框图

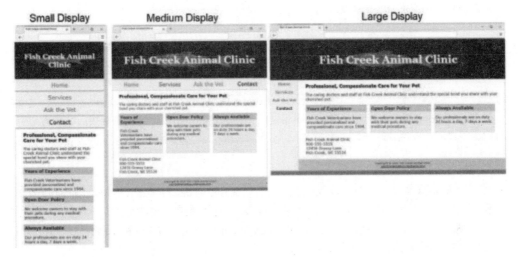

图 7.59 Fish Creek Animal Clinic 主页(index.html)

任务 1: 网站文件夹。新建文件夹 fishcreek7,从第 6 章创建的 fishcreek6 文件夹复制所有文件。再从 chapter7/starters/fishcreek 文件夹复制 lilfish.gif 文件。

任务 2: 配置小的单栏布局。首先编辑 CSS,然后编辑主页并在浏览器中测试。

配置 CSS。在文本编辑器中打开 fishcreek.css,使用正常流动(无浮动)和全宽的块元素配置适合小型设备的布局。

1. 编辑 body 元素选择符的样式。删除背景图片的所有声明。将边距设为 0。

2. 编辑 wrapper id 选择符的样式。删除 width 和 margin 声明。

3. 编辑 header 元素选择符的样式。将背景图片更改为 lilfish.gif。

4. 编辑 h1 元素选择符的样式。将字号设为 2em。

5. 编辑 nav 元素选择符的样式。删除配置 float,width,font-weight 和 padding 的声明。设置文本居中。

6. 编辑 nav ul 选择符的样式。将该选择符配置成灵活容器，将 flex-direction 设为 column。设置 0 边距，0 填充和 1.5em 字号。

7. 编码 nav li 选择符的样式。设置.5em 顶部和底部填充，100%宽度，以及 1px 实线底部边框。

8. 编辑 main 元素选择符的样式。删除配置左边距的声明。

9. 删除 floatright 类选择符的样式声明。

10. 编辑 section 元素选择符的样式。删除配置 float，width 和 height 的声明。

11. 编辑 footer 元素选择符的样式。删除配置左边距的声明。

12. 配置在小屏幕上将电话号码显示成超链接，否则显示成纯文本。

• 　为 mobile id 选择符编码一个样式规则，将 display 设为 inline。

• 　为 desktop id 选择符编码一个样式规则，将 display 设为 none。

保存 fishcreek.css，用 CSS 校验器(http://jigsaw.w3.org/css-validator)检查语法。如有必要，改错并重新测试。

配置 HTML。像下面这样修改。

1. 在文本编辑器中打开 index.html，完成以下编辑后保存文件：

• 　主页在联系信息区域显示了一个电话号码。为了点击号码就能直接拨打电话，可在超链接中使用 tel:。配置 id 为 mobile 的一个超链接，并在其中包含电话号码：

```
<a id="mobile" href="tel:888-555-5555">888-555-5555</a>
```

但是，用桌面浏览器访问网站时，该电话链接会令人困惑。所以，直接在链接后编码另一个电话号码。围绕电话号码编码一个 span 元素，并分配 desktop id，如下所示：

```
<span id="desktop">888-555-5555</span>
```

• 　在 head 区域编码一个 viewport meta 标记，将宽度设为 device-width，将 initial-scale 设为 1.0。

2. 用和主页一样的方式为 services.html 添加 viewport meta 标记。保存文件。

3. 用和主页一样的方式为 askvet.html 添加 viewport meta 标记。将 img 标记移到描述列表后面。从 img 标记删除 floatright 类。保存文件。

测试网页。用浏览器打开 index.html 来测试。该布局小屏幕专用。缩小浏览器视口，直到获得图 7.58 的"小屏幕"显示效果(相当于用浏览器模拟手机显示)。以类似方式测试 services.html 和 askvet.html。

任务 3：配置中等屏幕布局。 配置 CSS 和各个内容页，获得在较宽视口中令人舒适的显示，第一个媒体查询的断点设为 600px。测试网页时，一旦触发媒体查询，就会实现如图 7.58 的中等屏幕线框图所示的布局。图 7.59，7.60 和 7.61 的"中等屏幕"展示了这些网页的实际显示效果。

配置 CSS。在文本编辑器中打开 fishcreek.css。在现有样式后配置一个媒体查询，在最小宽度大于等于 600px 时触发。在媒体查询中编码以下样式。

1. 为 header 元素选择符编码样式。配置 bigfish.gif 作为背景图片。

2. 为 h1 元素选择符编码样式。将字号设为 3em。

3. 为 nav ul 选择符编码样式。配置不自动换行的灵活容器。同时将 justify-content 设置为 space-around。

4. 为 nav li 选择符编码样式。将底部边框设为 none。

5. 为 flow id 选择符编码样式。配置灵活容器。灵活方向是 row。允许内容自动换行。

6. 为 section 元素选择符编码样式。将最小宽度设为 30%。将 flex 属性设为 1，从而为每个 section 灵活项分配相同大小的区域。

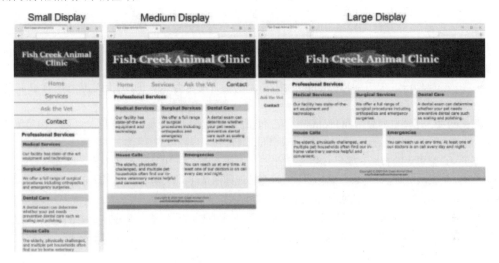

图 7.60　服务页(services.html)

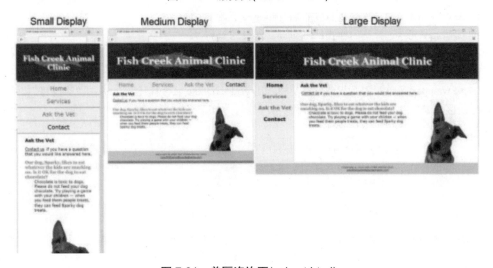

图 7.61　兽医咨询页(askvet.html)

7. Ask the Vet(兽医咨询)页的描述列表是灵活布局的一部分。编码 dl 选择符的样式，将 flex 设置为 2。

8. Ask the Vet(兽医咨询)页的 img 元素是灵活布局的一部分。编码 img 选择符的样式，将 flex 设置为 1。

9. 为 mobile id 选择符编码样式，将 display 设置为 none。

10. 为 desktop id 选择符编码样式，将 display 设置为 inline。

保存 fishcreek.css，用 CSS 校验器(http://jigsaw.w3.org/css-validator)检查语法。如有必要，改错并重新测试。

编辑 HTML。需要修改网页的内容区域。

1. 在文本编辑器中打开 index.html。编码一个 div，分配名为 flow 的 id，用它包含所有 section 元素。保存文件。

2. 在文本编辑器中打开 services.html。编码一个 div，分配名为 flow 的 id，用它包含所有 section 元素。保存文件。

3. 在文本编辑器中打开 askvet.html。编码一个 div，分配名为 flow 的 id，用它包含所有 dl 和 img 元素。保存文件。

测试网页。用浏览器显示 index.html。应该能改变浏览器视口大小，获得图 7.58 的"中等屏幕"显示。以类似方式测试 services.html 和 askvet.html。

任务 4：配置大的布局。编辑 CSS 配置第二个媒体查询，将 1024px 作为断点，配置两列的一个网格布局。测试网页时，一旦触发媒体查询，就会实现如图 7.58 的大屏幕线框图所示的布局。图 7.59，图 7.60 和图 7.61 的"大屏幕"展示了这些网页的实际显示效果。

配置 CSS。在文本编辑器中打开 fishcreek.css。在现有样式后配置一个媒体查询，在最小宽度大于等于 1024px 时触发。在媒体查询中配置一个特性查询，检查浏览器是否支持网格布局。在媒体查询中编码以下样式。

1. 配置网格区域。

a. 编码 header 元素选择符的样式：将 grid-area 设为 header。

b. 编码 nav 元素选择符的样式：将 grid-area 设为 nav。

c. 编码 main 元素选择符的样式：将 grid-area 设为 main。

d. 编码 footer 元素选择符的样式：将 grid-area 设为 footer。

2. 将 wrapper id 选择符配置成网格容器。用 grid-template 属性描述图 7.58 的"大屏幕"网格布局。导航区域宽度设为 180px。CSS 如下所示：

```
#wrapper { display: grid;
          grid-template:
          "header header"
          "nav main"
          " nav footer"
          / 180px ; }
```

3. 配置导航区域。编码 nav ul 选择符的样式，将 flex-direction 设为 column。同时配置 1.25em 字号并加粗。

保存 fishcreek.css，用 CSS 校验器(http://jigsaw.w3.org/css-validator)检查语法。如有必要，改错并重新测试。

测试网页。用现代浏览器显示 index.html。应该能改变浏览器视口大小，获得图 7.58 的"大屏幕"显示。不支持网格布局的浏览器会呈现图 7.58 的"中等屏幕"的效果。以类似方式测试服务页和兽医咨询页。

随着案例学习的完成，你已经完成了大量的工作。现在获得的是一个能灵活响应的设计。它利用了 CSS 灵活框和 CSS 网格布局，在不同大小的视口中都能良好显示。现在的 Fish Creek Animal

Clinic 网站，既灵活，又好用！

案例 3：度假村 Pacific Trails Resort

本案例学习以第 6 章创建的 Pacific Trails Resort 网站为基础。网站新版本将采用实现了媒体查询的灵活布局。新设计将采用全宽 header 元素、全宽 nav 元素和用于包含 main 和 footer 元素的 80%宽度居中 div。将练习为灵活设计使用"移动优先"策略。首先配置在智能手机上能良好工作的页面布局(用小的浏览器窗口来测试)。接着增大浏览器视口，直到设计发生"断裂"。这时需要编码媒体查询和额外的 CSS。图 7.62 是三种不同布局的线框图，针对不同屏幕大小。主页效果如图 7.63 所示。

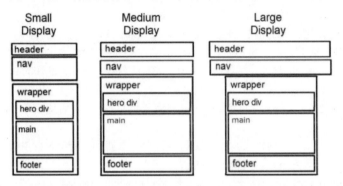

图 7.62　Pacific Trails Resort 线框图

图 7.63　Pacific Trails Resort 主页(index.html)

具体有以下 4 个任务。

1. 为 Pacific Trails Resort 网站新建文件夹。
2. 配置适合智能手机显示的单栏布局的 HTML 和 CSS。
3. 配置适合中等大小移动设备显示的 HTML 和 CSS。

4. 配置适合桌面显示的 CSS。

任务 1：网站文件夹。 新建文件夹 pacific7，从第 6 章创建的 pacific6 文件夹复制所有文件。

任务 2：配置小的单栏布局。 首先编辑 CSS，然后编辑主页并在浏览器中测试。

配置 CSS。在文本编辑器中打开 pacific.css，使用正常流动(无浮动)和全宽的块元素配置适合小型设备的布局。

1. 编辑 body 元素选择符的样式。将边距设为 0。将背景颜色更改为#90C7E3。

2. 编辑 wrapper id 选择符的样式。删除背景图片、width、margin 和 box-shadow 的声明。

3. 编辑 header 元素选择符的样式。删除高度声明。设置 1em 填充。

4. 编辑 h1 元素选择符的样式。将字号设为 1.5em。删除字距和填充声明。

5. 编辑 nav 元素选择符的样式。删除配置 float，width，font-weight 和 padding 的声明。设置文本居中和白色背景颜色。

6. 编辑 nav ul 选择符的样式。将该选择符配置成灵活容器，将 flex-direction 设为 column。设置 0 边距和 0 左侧填充。

7. 编码 nav li 选择符的样式。设置.5em 顶部和底部填充，1em 左右填充，100%宽度，以及 1px 实线底部边框。

8. 编辑 main 元素选择符的样式。删除配置背景颜色、边距和 overflow 的声明。将顶部和底部填充设为 0。将左右填充设为 1em。

9. 编辑 section 元素选择符的样式。删除配置 float 和 width 声明。将右侧填充设为.5em。

10. 编辑 homehero，yurthero 和 trailhero id 选择符的样式。从每个样式规则中删除 margin-left 声明。将 background-size 属性设为 200% 100%，得到浏览器显示图片的裁剪版本，这在小视口中显得更美观。

11. 编辑 footer 元素选择符的样式。删除 margin-left 声明。

12. 配置在小屏幕上将电话号码显示成超链接，否则显示成纯文本。

- 为 mobile id 选择符编码一个样式规则，将 display 设为 inline。

- 为 desktop id 选择符编码一个样式规则，将 display 设为 none。

保存 pacific.css，用 CSS 校验器(http://jigsaw.w3.org/css-validator)检查语法。如有必要，改错并重新测试。

配置 HTML。像下面这样修改。

1. 在文本编辑器中打开 index.html，完成以下编辑后保存文件。

- 参考图 7.62 的线框图，将分配了 wrapper id 的起始 div 移至结束 nav 标记下方。

- 主页在联系信息区域显示了一个电话号码。为了点击号码就能直接拨打电话，可在超链接中使用 tel:。配置 id 为 mobile 的一个超链接，并在其中包含电话号码：

```
<a id="mobile" href="tel:888-555-5555">888-555-5555</a>
```

但是，用桌面浏览器访问网站时，该电话链接会令人困惑。所以，直接在链接后编码另一个电话号码。围绕电话号码编码一个 span 元素，并分配 desktop id，如下所示：

```
<span id="desktop">888-555-5555</span>
```

- 在 head 区域编码一个 viewport meta 标记,将宽度设为 device-width,将 initial-scale 设为 1.0。

2. 在文本编辑器中打开帐篷页 yurts.html，参考图 7.62 的线框图，将分配了 wrapper id 的起始 div 移至结束 nav 标记下方。用和主页一样的方式在 head 区域添加 viewport meta 标记。保存文件。

3. 在文本编辑器中打开活动页 activities.html，参考图 7.62 的线框图，将分配了 wrapper id 的起始 div 移至结束 nav 标记下方。用和主页一样的方式在 head 区域添加 viewport meta 标记。保存文件。

测试网页。用浏览器打开 index.html 来测试。该布局小屏幕专用。缩小浏览器视口，直到获得图 7.63 的"小屏幕"显示效果(相当于用浏览器模拟手机显示)。以类似方式测试 yurts.html 和 activities.html。

任务 3：配置中等屏幕布局。 配置 CSS 和各个内容页，获得在较宽视口中令人舒适的显示，第一个媒体查询的断点设为 600px。测试网页时，一旦触发媒体查询，就会实现如图 7.62 的中等屏幕线框图所示的布局。图 7.63、图 7.64 和图 7.65 的"中等屏幕"展示了这些网页的实际显示效果。

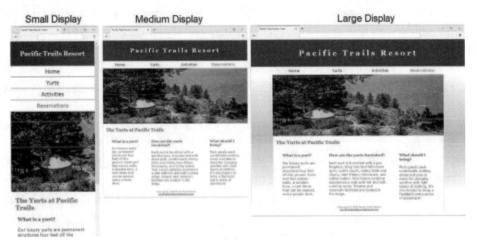

图 7.64　帐篷页(yurts.html)

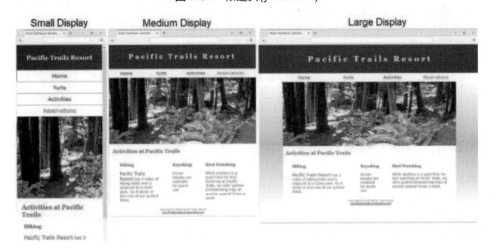

图 7.65　活动页(activities.html)

配置 CSS。在文本编辑器中打开 pacific.css。在现有样式后配置一个媒体查询，在最小宽度大于等于 600px 时触发。在媒体查询中编码以下样式。

1. 为 h1 元素选择符编码样式。将字号设为 2em，字距设为.25em。

2. 为 nav ul 选择符编码样式。配置灵活容器。灵活方向是 row，而且不自动换行。将 justify-content 设为 space-around。配置 2em 右侧填充。

3. 为 nav li 选择符编码样式。将宽度设为 12em。将底部边框设为 none。

4. 为 section 元素选择符编码样式。设置 2em 左右填充。

5. 为 flow id 选择符编码样式。配置灵活容器。灵活方向是 row。

6. 为 mobile id 选择符编码样式，将 display 设为 none。

7. 为 desktop id 选择符编码样式，将 display 设为 inline。

8. 为 homehero，yurthero 和 trailhero id 选择符编码样式。将 background-size 设为 100% 100%。

保存 pacific.css，用 CSS 校验器(http://jigsaw.w3.org/css-validator)检查语法。如有必要，改错并重新测试。

编辑 HTML。需要修改帐篷页和活动页的内容区域。

1. 在文本编辑器中打开 yurts.html。编码一个 div，分配名为 flow 的 id，用它包含所有 section 元素。保存文件。

2. 在文本编辑器中打开 activities.html。编码一个 div，分配名为 flow 的 id，用它包含所有 section 元素。保存文件。

测试网页。用浏览器显示 index.html。应该能改变浏览器视口大小，获得图 7.63 的"中等屏幕"显示。以类似方式测试 yurts.html 和 activities.html。

任务 4：配置大的布局。编辑 CSS 配置第二个媒体查询，将 1024px 作为断点，配置两列的一个网格布局。测试网页时，一旦触发媒体查询，就会实现如图 7.62 的大屏幕线框图所示的布局。图 7.63，7.64 和 7.65 的"大屏幕"展示了这些网页的实际显示效果。

配置 CSS。在文本编辑器中打开 pacific.css。在现有样式后配置一个媒体查询，在最小宽度大于等于 1024px 时触发。在媒体查询中编码以下样式。

1. 编码 body 元素选择符的样式。配置线性渐变作为背景图片，20%视口高度显示白色，变化为浅蓝色，再变回白色。该渐性渐变的 CSS 如下所示：

```
linear-gradient(to bottom, #FFFFFF 20%, #90C7E3 60%, #FFFFFF 100%);
```

2. 编码 nav ul 选择符的样式。设置 10%左右填充。

3. 编码#wrapper id 选择符的样式。设置区域水平居中(提示：margin: auto;)和 80%宽度。

保存 pacific.css，用 CSS 校验器(http://jigsaw.w3.org/css-validator)检查语法。如有必要，改错并重新测试。

测试网页。用现代浏览器显示 index.html。应该能改变浏览器视口大小，获得图 7.62 的"大屏幕"显示。以类似方式测试 yurts.html 和 activities.html。

随着案例学习的完成，你已经完成了大量的工作。现在获得的是一个能灵活响应的设计。它利用了 CSS 灵活框和 CSS 网格布局，在不同大小的视口中都能良好显示。现在的 Pacific Trails Resort 网站，既灵活，又好用！

案例 4：瑜珈馆 Path of Light Yoga Studio

本案例学习以第 6 章创建的 Path of Light Yoga Studio 网站为基础。网站新版本将采用实现了媒体查询的灵活布局。新设计将采用全宽 header 元素、全宽 nav 元素和用于包含 main 和 footer 元素的 80%宽度居中 div。主页 header 区域会比内容页的 header 区域大一些。将练习为灵活设计使用"移动优先"策略。首先配置在智能手机上能良好工作的页面布局(用小的浏览器窗口来测试)。接着增大浏览器视口，直到设计发生"断裂"。这时需要使用灵活布局为导航区域编码媒体查询和额外的 CSS。图 7.66 是三种不同布局的线框图，针对不同屏幕大小。主页效果如图 7.67 所示。

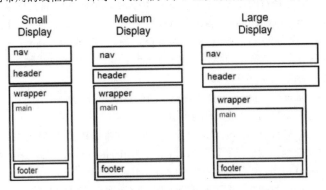

图 7.66　Path of Light Yoga Studio 线框图

图 7.67　Path of Light Yoga Studio 主页(index.html)

具体有以下 4 个任务。

1. 为 Path of Light Yoga Studio 网站新建文件夹。

2. 配置适合智能手机显示的单栏布局的 HTML 和 CSS。

3. 配置适合中等大小移动设备显示的 HTML 和 CSS。

4. 配置适合桌面显示的 CSS。

任务 1：网站文件夹。新建文件夹 yoga7，从第 6 章创建的 yoga6 文件夹复制所有文件。从 chapter7/starters/yoga 文件夹复制 sunrise.jpg。

任务 2：配置小的单栏布局。首先编辑 CSS，然后编辑每个网页并在浏览器中测试。

配置 CSS。在文本编辑器中打开 yoga.css，使用正常流动(无浮动)和全宽的块元素配置适合小型设备的布局。

1. 编辑 body 元素选择符的样式。将边距设为 0。

2. 编辑 wrapper id 选择符的样式。删除所有涉及 width 和 margin 的声明。配置 2em 填充。

3. 编辑 header 元素选择符的样式。将背景图片更改为 sunrise.jpg。将背景颜色更改为#40407A。删除 background-position，background-repeat 和 height 声明。将 background-size 设为 100% 100%，文本颜色设为白色，字号设为 90%，顶部边距设为 50px，最小高度设为 200px。

4. 编辑 header 区域中的超链接的样式。将未访问和已访问链接的文本颜色设为#FFF。将 header a:hover 选择符的文本颜色设为#EDF5F5。

5. 编码 home 和 content 类选择符的样式。两个选择符都以同样的属性值开始。高度设为 20vh(20% 视口高度)，顶部填充设为 2em，左填充设为 10%。

6. 编辑 nav 元素选择符的样式。删除配置浮动和加粗文本的样式。将宽度设为 100%，padding-top 设为 0.5em。导航固定在视口顶部，所以将 position 设为 fixed，top 设为 0，left 设为 0。同时设置文本右对齐，白色背景，0 边距，0 右侧填充和 9999 z-index。

7. 编辑 nav ul 选择符的样式。删除左填充声明。将该选择符配置成灵活容器，将 flex-direction 设为 row，自动换行。边距设为 0，字号设为 1.2em。

8. 编码 nav li 选择符的样式。设置 40%宽度，0 顶部和底部填充，1em 左右填充，100%宽度，将 display 设为 inline。

9. 编辑 nav a 选择符的样式。删除文本对齐、边框、填充和边距的样式声明。

10. 编辑 nav a:hover 选择符的样式。删除设置边框的声明。

11. 删除 main 元素选择符，h1 元素选择符，onethird 类选择符，onehalf 类选择符，clear 类选择符，floatleft 类选择符和 hero id 选择符的样式声明。

12. hero 图片在新版网站中要以不同方式处理。主页不显示 hero 图片，内容页则只在中等屏幕和大屏幕中显示 hero 图片。

- 编码 mathero id 选择符的样式。将背景图片设为 yogamat.jpg，不重复。配置 300px 高度。将 background-size 设为 cover。将 display 设为 none。

- 编码 loungehero id 选择符的样式。将背景图片设为 yogalounge.jpg，不重复。配置 300px 高度。将 background-size 设为 cover。将 display 设为 none。

13. 编辑 section 元素选择符的样式。左右填充设为.5em。

14. 编辑 footer 元素选择符的样式。删除背景颜色和填充声明。

15. 配置在小屏幕上将电话号码显示成超链接，否则显示成纯文本。

- 为 mobile id 选择符编码一个样式规则，将 display 设为 inline。

- 为 desktop id 选择符编码一个样式规则，将 display 设为 none。

保存 yoga.css，用 CSS 校验器(http://jigsaw.w3.org/css-validator)检查语法。如有必要，改错并重新测试。

配置 HTML。像下面这样修改。

1. 在文本编辑器中打开 index.html，完成以下编辑后保存文件：

- 参考图 7.66 的线框图，将分配了 wrapper id 的起始 div 移至起始 main 标记上方。删除 img 标记，为 header 元素分配类名 home。

- 主页在联系信息区域显示了一个电话号码。为了点击号码就能直接拨打电话，可在超链接中使用 tel:。配置 id 为 mobile 的一个超链接，并在其中包含电话号码：

```
<a id="mobile" href="tel:888-555-5555">888-555-5555</a>
```

但是，用桌面浏览器访问网站时，该电话链接会令人困惑。所以，直接在链接后编码另一个电话号码。围绕电话号码编码一个 span 元素，并分配 desktop id，如下所示：

```
<span id="desktop">888-555-5555</span>
```

- 在 head 区域编码一个 viewport meta 标记，将宽度设为 device-width，将 initial-scale 设为 1.0。

2. 在文本编辑器中打开课程页 classes.html，用和主页一样的方式在 head 区域添加 viewport meta 标记。参考图 7.66 的线框图，将分配了 wrapper id 的起始 div 移至起始 main 标记上方。为 header 元素分配类名 content。找到分配了 hero id 的 div，将值 hero 改为 mathero。删除 img 标记。保存文件。

3. 在文本编辑器中打开课表页 schedule.html，用和主页一样的方式在 head 区域添加 viewport meta 标记。参考图 7.66 的线框图，将分配了 wrapper id 的起始 div 移至起始 main 标记上方。为 header 元素分配类名 content。找到分配了 hero id 的 div，将值 hero 改为 loungehero。删除 img 标记。保存文件。

图 7.68　课程页(classes.html)

测试网页。用浏览器打开 index.html 来测试。该布局小屏幕专用。缩小浏览器视口，直到获得图 7.66 的"小屏幕"显示效果(相当于用浏览器模拟手机显示)。以类似方式测试 classes.html 和 schedule.html。

任务 3：配置中等屏幕布局。配置 CSS 和各个内容页，获得在较宽视口中令人舒适的显示，第一个媒体查询的断点设为 600px。测试网页时，一旦触发媒体查询，就会实现如图 7.66 的中等屏幕线框图所示的布局。图 7.67、图 7.68 和图 7.69 的"中等屏幕"展示了这些网页的实际显示效果。

图 7.69　课表页(schedule.html)

配置 CSS。在文本编辑器中打开 yoga.css。在现有样式后配置一个媒体查询，在最小宽度大于等于 600px 时触发。在媒体查询中编码以下样式。

1. 为 nav ul 选择符编码样式。配置灵活容器。灵活方向是 row，不自动换行。将 justify-content 设为 flex-end。

2. 为 nav li 选择符编码样式。将宽度设为 7em。

3. 为 section 元素选择符编码样式。设置 2em 左右填充。

4. 中等屏幕和大屏幕会显示 hero 图片。编码 mathero 和 loungehero id 选择符的样式，将 display 设为 block，将底部填充设为 1em。

5. 为 flow id 选择符编码样式。配置灵活容器。灵活方向是 row。

6. 为 mobile id 选择符编码样式，将 display 设为 none。

7. 为 desktop id 选择符编码样式，将 display 设为 inline。

保存 yoga.css，用 CSS 校验器(http://jigsaw.w3.org/css-validator)检查语法。如有必要，改错并重新测试。

编辑 HTML。需要修改课程页和课表页的内容区域。

1. 在文本编辑器中打开 classes.html。找到所有 section 元素，删除其中的 class="onethird"。编码一个 div 并分配 flow id，用它包含所有 section 元素。保存文件。

2. 在文本编辑器中打开 schedule.html。找到所有 section 元素，删除其中的 class="onehalf"。编码一个 div 并分配 flow id，用它包含两个 section 元素。保存文件。

测试网页。用浏览器显示 index.html。应该能改变浏览器视口大小，获得图 7.66 的"中等屏幕"显示。以类似方式测试 classes.html 和 schedule.html。

任务 4：配置大的布局。编辑 CSS 配置第二个媒体查询，将 1024px 作为断点，配置两列的一个网格布局。测试网页时，一旦触发媒体查询，就会实现如图 7.66 的大屏幕线框图所示的布局。图 7.67，7.68 和 7.69 的"大屏幕"展示了这些网页的实际显示效果。

配置 CSS。在文本编辑器中打开 yoga.css。在现有样式后配置一个媒体查询，在最小宽度大于等于 1024px 时触发。在媒体查询中编码以下样式。

1. 编码 header 元素选择符的样式，将字号设为 120%。

2. 配置 home 类选择符的样式，将高度设为 50%视口高度(50vh)，设置 5em 顶部填充和 8em 左侧填充。

3. 编码 content 类选择符的样式，将高度设为 30%视口高度(30vh)，设置 1em 顶部填充和 8em 左侧填充。

4. 编码 wrapper id 选择符的样式。设置区域水平居中(提示：margin: auto;)和 80%宽度。

保存 yoga.css，用 CSS 校验器(http://jigsaw.w3.org/css-validator)检查语法。如有必要，改错并重新测试。

测试网页。用现代浏览器显示 index.html。应该能改变浏览器视口大小，获得图 7.67 的"大屏幕"显示。以类似方式测试 classes.html 和 schedule.html。

随着案例学习的完成，你已经完成了大量的工作。现在获得的是一个能灵活响应的设计。它利用了 CSS 灵活框和 CSS 网格布局，在不同大小的视口中都能良好显示。现在的 Path of Light Yoga Studio 网站既灵活，又好用！

第8章
表格

学习目标：

- 了解表格在网页上的推荐用途
- 使用表格、表行、表格标题和表格单元格创建基本表格
- 使用 thead，tbody 和 tfoot 元素配置表格不同区域
- 增强表格的无障碍访问能力
- 用 CSS 配置表格样式
- 了解 CSS 结构性伪类的用途

本章学习如何编码 HTML 表格来组织网页上的信息。

8.1 表格概述

▶ 视频讲解：Configure a Table

  表格的作用是组织信息。过去，在 CSS 获浏览器普遍支持之前，表格还被用于格式化页面布局。HTML 表格由行和列构成，就像是电子表格。每个表格**单元格**处于行和列的交汇处。

- 表格定义以<table>标记开始，</table>标记结束。
- 每个表行(table row)以<tr>标记开始，</tr>标记结束。
- 每个单元格(table data)以<td>标记开始，</td>标记结束。
- 表格单元格可包含文本、图片和其他 HTML 元素。

  图 8.1 所示的表格包含 3 行和 3 列，相应的
HTML 代码如下所示：

```
<table>
  <tr>
    <td>Name</td>
    <td>Birthday</td>
    <td>Phone</td>
  </tr>
  <tr>
    <td>Jack</td>
```

图 8.1　一个 3 行和 3 列的表格

```
    <td>5/13</td>
    <td>857-555-5555</td>
  </tr>
  <tr>
    <td>Sparky</td>
    <td>11/28</td>
    <td>303-555-5555</td>
  </tr>
</table>
```

注意，表格是一行一行编码的。类似，一行中的单元格是一个一个编码的。注意到这一细节是成功使用表格的关键。例子参考学生文件 chapter8/table1.html。

table 元素

table 元素是包含扁平信息的块级元素。表格以<table>标记开头，以</table>标记结束。表 8.1 总结了 table 元素的常用属性。注意，表 8.1 的大多数属性都已在 HTML5 中废弃，应避免使用。但是，虽然已经废弃，但目前还是有大量用早期版本的 HTML 写的网页，所以还是有必要了解这些废弃的属性。现代 Web 开发人员倾向于用 CSS 属性而不是 HTML 属性配置表格的样式。

表 8.1　table 元素的属性

属性	值	用途
align	left(默认)，right，center	表格水平对齐方式(HTML5 已废弃)
bgcolor	有效颜色值	表格背景颜色(HTML5 已废弃)
border	(默认；表示无可见边框)，代表边框粗细的整数值(1~100)	描述表格边框(HTML5 已废弃)
cellpadding	数值	指定单元格内容及其边框之间的填充，单位是像素(HTML5 已废弃)
cellspacing	数值	指定各单元格边框之间的间距，单位是像素(HTML5 已废弃)
summary	文本描述	旨在增强无障碍访问，通过一段文本描述来概括表格内容和上下文(HTML5 已废弃)
title	文本描述	简单概括表格，某些浏览器会作为"工具提示"显示
width	数值或百分比	指定表格宽度(HTML5 已废弃)

border 属性

在 HTML 4 和 XHTML 中，border 属性的作用是配置表格边框的可见性和宽度。

该属性已在 HTML5 中废弃。相反，用 CSS 配置表格边框的样式。以下 CSS 为表格和每个表格单元格配置边框：

```
table, td, th { border: 1px solid #000; }
```

表题

caption 元素通常与数据表格配合使用来描述该表格的内容。以<caption>标记，以</caption>标记结束。caption 元素中包含的文本在表格上方显示，但本章稍后会讲到，可用 CSS 来配置它的位置。图 8.2 的示例表格使用 caption 元素将表题设为"Bird Sightings"。注意，caption 元素紧接在起始<table>标记之后。例子请参考学生文件 chapter8/table2.html。表格的 HTML 代码如下所示：

Bird Sightings	
Name	Date
Bobolink	5/25/20
Upland Sandpiper	6/03/20

图 8.2　表题是 Bird Sightings

```
<table>
  <caption>Bird Sightings</caption>
  <tr>
    <td>Name</td>
    <td>Date</td>
  </tr>
  <tr>
    <td>Bobolink</td>
    <td>5/25/20</td>
  </tr>
  <tr>
    <td>Upland Sandpiper</td>
    <td>6/03/20</td>
  </tr>
</table>
```

8.2　表行、单元格和表头

表行元素

表行元素(table row)配置表格中的一行。表行以<tr>标记开头，以</tr>标记结束。表 8.2 展示了表行元素已废弃的属性。用老版本 HTML 写的网页可能仍在使用这些属性。开发人员应该用 CSS 而不是 HTML 来配置对齐和背景颜色。

表 8.2　表行元素已废弃属性

属性	值	用途
align	left(默认)，right，center	表格水平对齐方式(HTML5 已废弃)
bgcolor	有效颜色值	表格背景颜色(HTML5 已废弃)

表格数据元素

表格数据(table data)元素配置表行中的一个单元格，以<td>标记开头，以</td>标记结束。表 8.3 总结了常用属性。有的属性在 HTML5 中已废弃，应避免使用。本章后面会解释如何用 CSS 配置表格样式。

表 8.3　表格数据(td)和表头(th)元素的常用属性

属性名称	属性值	用途
align	left(默认)，right，center	表格水平对齐方式(HTML5 已废弃)
bgcolor	有效颜色值	表格背景颜色(HTML5 已废弃)
colspan	数值	单元格跨越的列数
headers	表头单元格的 id	将 td 单元格和 th 单元格关联；可由屏幕朗读器访问
height	数值或百分比	单元格的高度(HTML5 已废弃)
rowspan	数值	单元格跨越的行数
scope	row 或 col	表头单元格的内容是行标题(row)还是列标题(col)；可由屏幕朗读器访问
valign	top，middle(默认)，bottom	单元格内容的垂直对齐方式(HTML5 已废弃)
width	数值或百分比	单元格的宽度(HTML5 已废弃)

表头元素

表头(table header)元素和表格数据元素相似，都是配置表行中的一个单元格。但它的特殊性在于配置的是列标题或行标题。表头元素中的文本居中并加粗。表头元素以<th>标记开头，以</th>标记结束。表 8.3 总结了常用属性。图 8.3 的表格用<th>标记配置了列标题，HTML 代码如下所示(参考学生文件 chapter8/table3.html)。注意，第一行使用的是<th>而不是<td>标记。

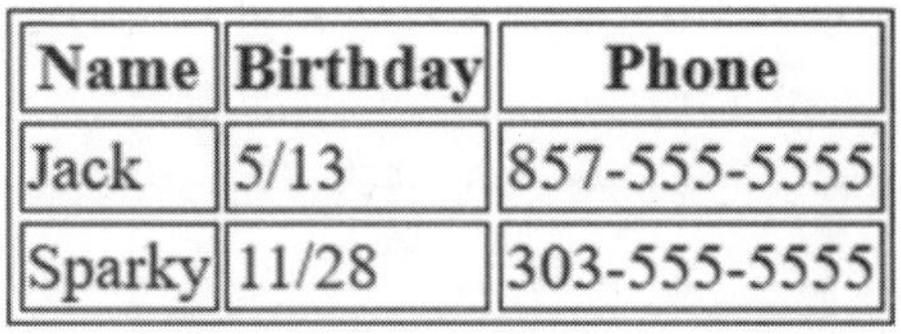

Name	Birthday	Phone
Jack	5/13	857-555-5555
Sparky	11/28	303-555-5555

图 8.3　使用<th>标记配置列标题

```
<table>
  <tr>
    <th>Name</th>
    <th>Birthday</th>
    <th>Phone</th>
  </tr>
<tr>
  <td>Jack</td>
  <td>5/13</td>
  <td>857-555-5555</td>
</tr>
<tr>
  <td>Sparky</td>
  <td>11/28</td>
  <td>303-555-5555</td>
</tr>
</table>
```

 动手实作 8.1 ——————————————————————

创建如图 8.4 所示的网页来介绍你上过的两所学校。表题是"School History Table"。表格包含 3 行和 3 列。第一行包含表头元素，列标题分别是 School Attended，Years 和 Degree Awarded。第二行和第三行应填写自己的具体信息。

School History Table		
School Attended	**Years**	**Degree Awarded**
Schaumburg High School	2015—2019	High School Diploma
Harper College	2019—2020	Web Developer Certificate

图 8.4   School History Table

启动文本编辑器并打开模板文件 chapter8/template.html。另存为 mytable.html。修改 title 元素。使用 table、tr、th、td 和 caption 元素配置如图 8.4 所示的表格。

注意，表格包含 3 行和 3 列。第一行的单元格应使用表头元素(th)。

在网页 head 区域使用嵌入 CSS 来配置表格和单元格的边框：

```
<style>
  table, td, th { border: 1px solid #000; }
</style>
```

保存文件并在浏览器中测试。示例解决方案参考学生文件 chapter8/8.1/index.html。

8.3　跨行和跨列

可向 td 或 th 元素应用 colspan 和 rowspan 属性来改变表格的网格外观。进行这种比较复杂的表格配置时，一定先在纸上画好表格，再输入 HTML 代码。

colspan 属性

colspan 属性指定单元格所占列数。图 8.5 展示了一个单元格跨越两列的情况。表格的 HTML 代码如下所示：

```
<table>
  <tr>
    <td colspan="2">This spans two columns</td>
  </tr>
  <tr>
    <td>Column 1</td>
    <td>Column 2</td>
  </tr>
</table>
```

rowspan 属性

rowspan 属性指定单元格所占行数。图 8.6 展示了一个单元格跨越两行的情况。表格的 HTML 代码如下所示：

```
<table>
  <tr>
    <td rowspan="2">This spans two rows</td>
    <td>Row 1 Column 2</td>
  </tr>
  <tr>
    <td>Row 2 Column 2</td>
  </tr>
</table>
```

与图 8.5 和图 8.6 对应的学生文件是 chapter8/table4.html。

图 8.5　一个单元格跨越两列　　　　　　　图 8.6　一个单元格跨越两行

动手实作 8.2

下面练习使用 rowspan 属性。为了创建如图 8.7
所示的网页，启动文本编辑器并打开模板文件
chapter8/template.html 并另存为 myrowspan.html。修改
title 元素。使用 table、tr 和 td 元素配置表格。

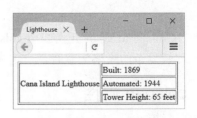

图 8.7　练习 rowspan 属性

1. 编码起始<table>标记。用 border="1"配置边框。

2. 用<tr>标记开始第一行。

3. 表格数据单元格"Cana Island Lighthouse"要
跨越 3 行。编码 td 元素并使用 rowspan="3"属性。

4. 编码 td 元素来包含文本"Built: 1869"。

5. 用</tr>标记结束第一行。

6. 用<tr>标记开始第二行。这一行只有一个 td 元素，因为第一列中的单元格已被
"Cana Island Lighthouse"占用。

7. 编码 td 元素来包含文本"Automated: 1944"。

8. 用</tr>标记结束第二行。

9. 用<tr>标记开始第三行。这一行只有一个 td 元素，因为第一列中的单元格已被
"Cana Island Lighthouse"占用。

10. 编码 td 元素来包含文本"Tower Height: 65 feet"。

11. 用</tr>标记结束第三行。

12. 编码结束</table>标记。

13. 在网页 head 区域使用嵌入 CSS 来配置表格和单元格的边框：

```
<style>
  table, td, th { border: 1px solid #000; }
</style>
```

保存文件并在浏览器中查看。示例解决方案请参考学生文件 chapter8/8.2/
index.html。注意，单元格中的文本"Cana Island Lighthouse"在垂直方向居中对齐，
这是默认垂直对齐方式。可用 CSS 修改垂直对齐，本章以后会说明。

8.4　配置无障碍访问表格

在网页上组织信息时表格很有用。但如果看不到表格，只能依靠屏幕朗读器等辅
助技术来读出表格内容，又该怎么办呢？默认会按编码顺序听到表格中的内容，一行
接一行，一个单元格接一个单元格。这很难理解。本节要讨论增强表格无障碍访问能

力的编码技术。对于如图 8.8 所示的简单数据表，W3C 的建议如下。

- 使用表头元素(<th>标记)指定列或行标题；
- 使用 caption 元素提供整个表格的标题(表题)。

Bird Sightings

Name	Date
Bobolink	5/25/20
Upland Sandpiper	6/03/20

图 8.8　这个简单的数据表使用<th>标记和 caption 元素提供无障碍访问

示例网页请参考学生文件 chapter8/table5.html。HTML 代码如下所示：

```
<table>
<caption>Bird Sightings</caption>
  <tr>
    <th>Name</th>
    <th>Date</th>
  </tr>
  <tr>
    <td>Bobolink</td>
    <td>5/25/20</td>
  </tr>
  <tr>
    <td>Upland Sandpiper</td>
    <td>6/03/20</td>
  </tr>
    </table>
```

但对于较复杂的表格，W3C 建议将 td 单元格与表头关联。具体就是在 th 中定义 id，在 td 中通过 herders 属性引用该 id。以下代码配置图 8.8 的表格(学生文件 chapter8/table6.html)：

```
<table>
<caption>Bird Sightings</caption>
  <tr>
    <th id="name">Name</th>
    <th id="date">Date</th>
  </tr>
  <tr>
    <td headers="name">Bobolink</td>
    <td headers="date">5/25/20</td>
  </tr>
  <tr>
    <td headers="name">Upland Sandpiper</td>
    <td headers="date">6/03/20</td>
  </tr>
</table>
```

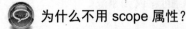 为什么不用 scope 属性?

　　scope 属性用于关联单元格和行、列标题。它指定一个单元格是列标题(scope="col")还是行标题(scope="row")。为了生成如图 8.8 所示的表格,可以像下面这样使用 scope 属性(学生文件 chapter8/ table7.html):

```
<table>
<caption>Bird Sightings</caption>
  <tr>
    <th scope="col">Name</th>
    <th scope="col">Date</th>
  </tr>
  <tr>
    <td>Bobolink</td>
    <td>5/25/20</td>
  </tr>
  <tr>
    <td>Upland Sandpiper</td>
    <td>6/03/20</td>
  </tr>
</table>
```

　　检查上述代码,会注意到如果使用 scope 属性提供无障碍访问,所需的编码量要少于使用 headers 和 id 属性所编写的代码。但由于屏幕朗读器对 scope 属性的支持不一,WCAG 建议使用 headers 和 id 属性,而不是使用 scope 属性。

自测题 8.1

1. 在网页上使用表格的目的是什么?
2. 浏览器会如何渲染 th 元素中的文本?
3. 说明能改善 HTML 表格无障碍访问的一项编码技术。

8.5　用 CSS 配置表格样式

　　过去普遍使用 HTML 属性配置表格的视觉效果。更现代的方式是使用 CSS 配置表格样式。本节探讨如何用 CSS 配置表格元素的边框、填充、对齐、宽度、高度、垂直对齐和背景。表 8.4 列出了和配置表格样式的 HTML 属性对应的 CSS 属性。

表 8.4　配置表格样式的 HTML 属性和 CSS 属性

HTML 属性	CSS 属性
align	为了对齐表格，要配置 table 选择符的 width 和 margin 属性。例如，以下代码使表格居中，并占据容器元素的 75% 宽度： table { width: 75%; margin: auto; } 要对齐单元格中的内容，则使用 text-align 属性。
width	width
height	height
cellpadding	padding
cellspacing	border-spacing 配置单元格边框之间的空白；一个数值(px 或 em)或百分比同时配置水平和垂直间距；两个数值(px 或 em)则分别配置水平和垂直间距。 border-collapse 配置边框区域。值包括 separate(默认)和 collapse(删除表格边框和单元格边框之间的额外空白)。
bgcolor	background-color
valign	vertical-align
border	border，border-style，border-spacing
无对应属性	background-image
无对应属性	caption-side 指定表题位置。值包括 top(默认)和 bottom

 动手实作 8.3

　　这个动手实作将编码 CSS 样式规则来配置一个数据表。新建文件夹 ch8table，将 chapter8 文件夹中的 starter.html 文件复制到这里。在浏览器中打开 starter.html 文件，如图 8.9 所示。

Lighthouse Island Bistro Specialty Coffee Menu

Specialty Coffee	Description	Price
Lite Latte	Indulge in a shot of espresso with steamed, skim milk.	$3.50
Mocha Latte	Choose dark or mile chocolate with steamed milk.	$4.00
MCP Latte	A lucious mocha latte with caramel and pecan syrup.	$4.50

图 8.9　该表格用 HTML 配置

　　启动文本编辑器并打开 starter.html。找到 head 区域的 style 标记来编码嵌入 CSS。将光标定位到 style 标记之间的空行。

　　1. 配置 table 元素选择符使表格居中，使用深蓝色 5 像素边框，宽度 600px。

```
table { margin: auto; border: 5px solid #000066; width: 600px; }
```

　　将文件另存为 menu.html 并在浏览器中显示。注意，表格现在有了深蓝色边框，但单元格还没有边框。

2. 配置 td 和 th 元素选择符。添加样式规则配置边框、填充和 Arial 或默认 sans-serif 字体。

```
td, th { border: 1px solid #000066; padding: 5px;
        font-family: Arial, sans-serif; }
```

保存文件并在浏览器中显示。注意所有单元格都有边框，且使用 sans-serif 字体。

3. 注意单元格边框之间的空白间距。可用 border-spacing 属性消除这些空白。为 table 元素选择符添加 border-spacing: 0;声明。保存文件并在浏览器中显示。

4. 使用 Verdana 或者默认 sans-serif 字体显示加粗的表题(caption),字号为 1.2 em,底部有 0.5em 的填充。

```
caption { font-family: Verdana, sans-serif; font-weight: bold;
        font-size: 1.2em; padding-bottom: 0.5em; }
```

5. 尝试为表行配置背景颜色，而不是为边框上色。修改样式规则，配置 td 和 th 元素选择符，删除边框声明，并将 border-style 设为 none。

```
td, th { padding: 0.5em;
        border-style: none;
        font-family: Arial, sans-serif; }
```

6. 新建一个名为 altrow 的类来设置背景颜色。

```
.altrow { background-color:#EAEAEA; }
```

7. 在 HTML 代码中修改<tr>标记,将表格第二行和第四行的<tr>元素分配为 altrow 类。保存文件并在浏览器中显示。现在的表格应该和图 8.10 相似。

Lighthouse Island Bistro Specialty Coffee Menu

Specialty Coffee	Description	Price
Lite Latte	Indulge in a shot of espresso with steamed, skim milk.	$3.50
Mocha Latte	Choose dark or milk chocolate with steamed milk.	$4.00
MCP Latte	A luscious mocha latte with caramel and pecan syrup.	$4.50

图 8.10　行配置了交替的背景颜色

交替背景颜色使网页增色不少。本动手实作用 CSS 对表格进行了配置。将你的作业与学生文件 chapter8/8.3/index.html 进行比较。

8.6　CSS3 结构性伪类

上一节用 CSS 配置表格，隔行应用类来配置交替背景颜色，或者常说的"斑马条纹"。但这种配置方法有些不便，有没有更高效的方法？答案是肯定的！CSS **结构性伪类选择符**允许根据元素在文档结构中的位置(比如隔行)选择和应用类。表 8.3 列出了 CSS 结构性伪类选择符及其用途。

表 8.3　常用 CSS 结构性伪类

伪类	用途
:first-of-type	应用于指定类型的第一个元素
:first-child	应用于元素的第一个子
:last-of-type	应用于指定类型的最后一个元素
:last-child	应用于元素的最后一个子
:nth-of-type(n)	应用于指定类型的第 n 个元素。n 为数字、odd(奇)或 even(偶)

为了应用伪类，在选择符后写下它的名称。以下代码配置无序列表第一项使用红色文本。

```
li:first-of-type { color: #FF0000; }
```

动手实作 8.4

这个动手实作将修改上一个动手实作创建的表格，使用结构性伪类来配置颜色。

1. 在文本编辑器中打开你创建的 ch8table 文件夹中的 menu.html 文件(或学生文件 chapter8/8.3/index.html)，另存为 menu2.html。

2. 查看源代码，注意，第二个和第四个 tr 元素分配给了 altrow 类。如使用 CSS 结构化伪类选择符，就不需要这个类。所以，从这些 tr 元素中删除 class="altrow"。

3. 检查嵌入 CSS 并找到 altrow 类。修改选择符来使用结构性伪类，向表格的偶数行应用样式。如以下 CSS 声明所示，将.altrow 替换为 tr:nth-of-type(even)：

```
tr:nth-of-type(even) { background-color:#EAEAEA; }
```

4. 保存文件并在浏览器中显示，如图 8.10 所示。

5. 用结构性伪类:first-of-type 配置第一行显示深蓝色背景(#006)和浅灰色文本(#EAEAEA)。添加以下嵌入 CSS：

```
tr:first-of-type { background-color: #006;
                   color: #EAEAEA; }
```

6. 保存文件并在浏览器中显示，如图 8.11 所示。示例解决方案请参考学生文件 chapter8/8.4/index.html。

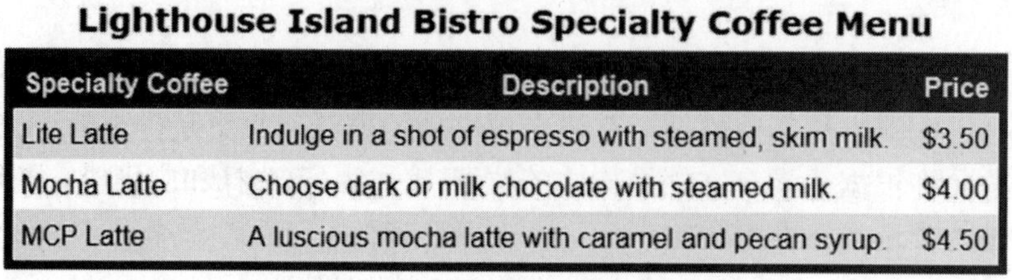

Lighthouse Island Bistro Specialty Coffee Menu

Specialty Coffee	Description	Price
Lite Latte	Indulge in a shot of espresso with steamed, skim milk.	$3.50
Mocha Latte	Choose dark or milk chocolate with steamed milk.	$4.00
MCP Latte	A luscious mocha latte with caramel and pecan syrup.	$4.50

图 8.11　用 CSS3 伪类配置表行样式

8.7　配置表格区域

编码表格时有大量配置选项。表行可划分为三个组别：表头(<thead>)，表格主体(<tbody>)以及表脚(<tfoot>)。

要以不同方式(属性或 CSS)配置表格的不同区域，这种分组方式就相当有用。配置了<thead>或<tfoot>区域，就必须同时配置<tbody>。反之则不然。

以下示例代码(学生文件 chapter8/tfoot.html)配置如图 8.12 所示的表格，演示如何用 CSS 配置具有不同样式的 thead、tbody 和 tfoot。

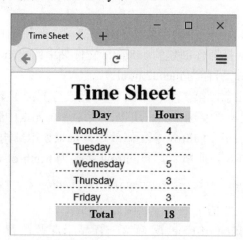

图 8.12　用 CSS 配置 thead，tbody 和 tfoot 元素选择符

CSS 配置表格宽度为 200 像素，居中，表题(caption)使用大的、加粗的字体；表头区域使用浅灰色(#EAEAEA)背景；表格主体区域使用较小文本(.90em)，使用 Arial 或

默认 sans-serif 字体；表格主体的 td 元素选择符配置一些左侧填充，底部虚线边框；表脚区域的文本居中，使用浅灰色(#eaeaea)背景。CSS 代码如下所示：

```
table { width: 200px; margin: auto;}
table, th, td { border-style: none; }
caption { font-size: 2em; font-weight: bold; }
thead { background-color: #EAEAEA;}
tbody { font-family: Arial, sans-serif; font-size: .90em;}
tbody td { border-bottom: 1px #000033 dashed; padding-left: 25px;}
tfoot { background-color: #EAEAEA; font-weight: bold; text-align: center;}
```

表格的 HTML 代码如下所示：

```
<table>
<caption>Time Sheet</caption>
<thead>
  <tr>
    <th id="day">Day</th>
    <th id="hours">Hours</th>
  </tr>
</thead>
<tbody>
  <tr>
    <td headers="day">Monday</td>
    <td headers="hours">4</td>
  </tr>
  <tr>
    <td headers="day">Tuesday</td>
    <td headers="hours">3</td>
  </tr>
  <tr>
    <td headers="day">Wednesday</td>
    <td headers="hours">5</td>
  </tr>
  <tr>
    <td headers="day">Thursday</td>
    <td headers="hours">3</td>
  </tr>
  <tr>
    <td headers="day">Friday</td>
    <td headers="hours">3</td>
  </tr>
</tbody>
<tfoot>
  <tr>
    <td headers="day">Total</td>
    <td headers="hours">18</td>
  </tr>
</tfoot>
```

```
</table>
```

这个例子演示了 CSS 在配置文档样式时的强大功能。每个表行分组(thead，tbody 和 tfoot)中的<td>标记都继承父分组元素的字体样式。注意后代选择符的使用方法，只为<tbody>中的<tr>配置填充和边框。示例代码请参考学生文件 chapter8/tfoot.html。花一些时间探索网页代码，并在浏览器中实际显示它。

✅ 自测题 8.2

1. 说明用 CSS 属性而不是 HTML 属性配置表格的一个理由。
2. 列出用于对表行进行分组的三个元素。

小结

本章介绍了用于编码表格来组织信息的 HTML 技术，以及用于配置表格显示的 CSS 属性。请浏览本书网站(https://www.webdevfoundations.net)获取本章列举的例子、链接和更新信息。

关键术语

<caption>	caption 元素
<table>	caption-side 属性
<tbody>	单元格
<td>	cellpadding 属性
<tfoot>	cellspacing 属性
<th>	colspan 属性
<thead>	headers 属性
<tr>	rowspan 属性
:first-child	scope 属性
:first-of-type	结构性伪类选择符
:last-child	summary 属性
:last-of-type	table 元素
:nth-of-type	表格数据元素<td>
align 属性	表头元素<th>
border 属性	表行元素<tr>
border-collapse 属性	vertical-align 属性
border-spacing 属性	

复习题

选择题

1. 哪一对 HTML 标记指定表头(表格的行标题或列标题)？(   )

   A. <td> </td>   B. <th> </th>

   C. <head> </head>   D. <tr> </tr>

2. 哪个 CSS 属性指定表格背景色？(   )

   A. background   B. bgcolor

   C. background-color   D. border-spacing

3. 哪一对 HTML 标记将表行分组为表脚(table footer)？(   )

   A. <footer> </footer>   B. <tr> </tr>   C. <tfoot> </tfoot>   D. <td > </td>

4. th 元素中的文本会如何渲染？(   )

   A. 文本居中   B. 文本用大一级的字号显示

   C. 文本加粗   D. 文本加粗并居中

5. 哪个 HTML 属性将 td 单元格和 th 单元格关联？（　　）

    A. head　　　　　　　　B. align　　　　　　　　C. headers　　　　　　　　D. th

6. 哪个 CSS 属性删除表格和单元格边框之间的空白？（　　）

    A. border-style　　　　B. border-spacing　　　C. padding　　　　　　　D. cellspacing

7. 哪一对 HTML 标记开始和结束表行？（　　）

    A. <td> </td>　　　　　B. <tbody> </tbody>　C. <table> </table>　D. <tr> </tr>

8. 表格在网页上的推荐用途是什么？（　　）

    A. 配置整个网页的布局　　　　　　　　B. 组织信息

    C. 构建超链接　　　　　　　　　　　　D. 配置简历

9. 以下哪个 CSS 属性指定单元格文本和单元格边框之间的距离？

    A. border-style　　　　B. padding　　　　　　C. border-spacing　　　D. cellpadding

10. 以下哪个 CSS 伪类应用于指定类型的第一个元素？（　　）

    A. :first-of-type　　　　B. :first-type　　　　　C. :first-child　　　　　Dd. :first

填空题

11. CSS ＿＿＿＿＿＿＿＿＿＿＿＿属性配置表格边框的颜色和宽度。

12. ＿＿＿＿＿＿＿＿＿＿＿＿ 属性指定单元格的内容在表格中的垂直对齐方式。

13. 用＿＿＿＿＿＿＿＿＿＿属性配置表格单元格跨越多个表行。

14. td 元素的＿＿＿＿＿＿＿＿＿＿＿属性将表格数据单元格和表头单元格关联。

15. 用＿＿＿＿＿＿＿＿＿＿元素提供网页所显示表格的简单介绍。

应用题

1. 预测结果。描绘以下 HTML 代码所创建的网页，并简单地进行说明。

```
<!DOCTYPE html>
<html lang="en">
<head>
<title>Predict the Result</title>
<meta charset="utf-8">
</head>
<body>
<table>
  <tr>
    <th>Year</th>
    <th>School</th>
    <th>Major</th>
  </tr>
  <tr>
    <td>2014-2018</td>
    <td>Schaumburg High School</td>
    <td>College Prep</td>
  </tr>
  <tr>
    <td>2018-2020</td>
    <td>Harper College</td>
    <td>Web Development Associates Degree</td>
  </tr>
</table>
</body>
</html>
```

2. 补全代码。以下网页应显示一个表格。表格背景颜色为#cccccc，而且有一个边框。用"＿"表示的一些 CSS 属性和值遗失了。请补全代码。

```
<!DOCTYPE html>
<html lang="en">
<head>
<title>CircleSoft Web Design</title>
<meta charset="utf-8">
<style>
table {   "_":"_";
          "_":"_"; }
</style>
</head>
<body>
<h1>CircleSoft Web Design</h1>
<table>
<caption>Contact Information</caption>
    <tr>
        <th>Name</th>
        <th>Phone</th>
    </tr>
    <tr>
        <td>Mike Circle</td>
        <td>920-555-5555</td>
    </tr>
</table>
</body>
</html>
```

3. 查找错误。为什么表格信息不按编码顺序显示？

```
<!DOCTYPE html>
<html lang="en">
<head>
<title>CircleSoft Web Design</title>
<meta charset="utf-8">
</head>
<body>
<h1>CircleSoft Web Design</h1>
<table>
<caption>Contact Information</caption>
<tr>
  <th>Name</th>
  <th>Phone</th>
</tr>
<tr>
  <tr>Mike Circle</td>
  <td>920-555-5555</td>
</tr>
```

```
    </table>
    </body>
    </html>
```

动手实作

1. 写 HTML 代码创建一个包含两列的表格，在表格中填入你的朋友们的名字和生日。表格第一行要横跨两列并显示表头 "Birthday List" (生日列表)，至少在表格中填入两个人的信息。

2. 写 HTML 代码创建一个包含三列的表格，用以描述本学期所上的课程。各列中要包含课程编号、课程名称和任课教师姓名。表格第一行要使用<th>标记并填写各列的描述性列标题。在表格中使用表行分组标记<thead>和<tbody>。

3. 写 HTML 代码创建一个三行、两列、无边框的表格。在每一行的第一列中，单元格要包含你喜欢的一部电影的名称。第二列的单元格则包含电影简介。隔行使用背景色#CCCCCC。

4. 用 CSS 配置整个表格和单元格都有边框。写 HTML 代码创建一个三行、两列的表格。在每一行的第一列中，单元格要包含你喜欢的一部电影的名称。第二列的单元格则包含电影简介。

5. 将动手实作 1 创建的表格修改为在页面上居中对齐，设置背景色为#CCCC99 并使用 Arial 或默认 sans-serif 字体。用 CSS 而不是废弃的 HTML 属性配置表格。在网页上添加你的电子邮件链接。将文件保存为 mytable.html。

6. 为你喜欢的球队创建网页，显示包含两列的一个表格，列出球员位置和先发球员。用嵌入 CSS 定义表格边框样式和背景颜色，并使表格在网页上居中。在网页上添加你的电子邮件链接。将文件保存为 sport8.html。

7. 为自己喜欢的电影创建网页，将电影的详细信息放置在一个包含两列的表格中。用 CSS 定义表格边框和背景颜色。在表格中包含以下信息：

- 电影名称
- 导演或制片人
- 男主角
- 女主角
- 分级(G，PG，PG-13，R，NC-17，NR)
- 电影简介
- 指向该电影的一篇评论文章的绝对链接

在网页上添加你的电子邮件链接。将文件保存为 movie8.html。

8. 为你最喜爱的音乐 CD 创建网页，用一个 4 列的表格发布信息。列标题如下。

- 乐队(Group)：将乐队和主要成员的名字放在这一列
- 曲目(Tracks)：列举每首曲目的名称
- 年份(Year)：列举 CD 录制年份
- 链接(Links)：在这一列放置至少两个绝对链接，指向与该乐队相关的网站

在网页上添加你的电子邮件链接。将文件保存为 band8.html。

9. 为自己最喜欢的菜谱创建网页，用表格总结配料表和制作过程。配料表占两列，用一个横跨两列的行来记录这道菜的制作过程。在网页上添加自己的电子邮件链接。将文件保存为 recipe8.html。

网上研究

在网上查找使用一个或多个 HTML 表格配置的网页。打印网页的浏览器视图。再打印该页面的源代码。在打印稿中，将与表格相关的标记勾出来。将页面中找到的与表格相关的标记和属性罗列在另一张纸上，并对其作用进行简单描述(这是一份 HTML 注释文档)。将该网页的浏览器打印稿、源代码打印稿和你的 HTML 注释交给老师。

聚焦 Web 设计

好画家会欣赏和分析很多作品，好作家会阅读和评价很多书籍。同样地，好的网页设计师也会仔细查看许多网页。在网上找出两个网页——一个能吸引你的和一个不能吸引你的。打印这两个页面，对于每个页面，都创建一个网页来回答下面的问题。

1. 网页的 URL 是什么？

2. 网页是否使用了表格？如果是，它的作用是什么——页面布局、组织信息还是其他用途？

3. 网页是否使用了 CSS？如果是，它的作用是什么——页面布局、文本和颜色配置还是其他用途？

4. 该页面能不能吸引人？给出三个理由说明为什么。

5. 如果网页不吸引人，你会怎样改进它？

在文本编辑器中打开网页文件并打印它的源代码，同时在浏览器中打开网页并打印，将两份打印稿都交给老师。

网站案例学习：使用表格

以下所有案例将贯穿全书。本章将为网站集成 HTML 表格。

案例 1：咖啡屋 JavaJam Coffee Bar

请参见第 2 章了解 JavaJam Coffee Bar 的概况。图 2.32 是 JavaJam 网站的站点地图。本案例学习以第 7 章创建的 JavaJam 网站为基础，修改菜单页(menu.html)用 HTML 表格显示信息。将用 CSS 定义表格样式。具体有三个任务。

1. 为 JavaJam 案例学习新建文件夹。

2. 修改样式表(javajam.css)配置新表格的样式。

3. 修改菜单页显示如图 8.13 所示的信息。

任务 1：网站文件夹。新建文件夹 javajam8，从第 7 章创建的 javajam7 文件夹复制所有文件。

任务 2：配置 CSS。在文本编辑器中打开 javajam.css。注意图 8.13 的菜单描述，它们现在用 HTML 表格来编码。在媒体查询上方添加样式规则，配置一个居中的表格，占据其容器 90%宽度，并将 border-spacing 设为 0。为 td 和 th 选择符配置 10 像素填充。再配置交错显示背景颜色#D2B48E(使用类，或者使用:nth-of-type 伪类配置奇数表行)。保存 CSS 文件。

任务 3：修改菜单页。在文本编辑器中打开 menu.html。每个菜单项都由一个标题(h3 标记)和一个描述(p 标记)构成。要用一个三行、两列的表格来组织这些信息。恰当使用 th 和 td 元素。删除围绕每个菜单项的 h3，p 和 section 标记。保存网页并用浏览器测试。如果网页显示不如预期，请检查代码，校验 CSS，校验 HTML，并相应地修改和重新测试。

图 8.13　含有表格的菜单页(menu.html)

案例 2：宠物医院 Fish Creek Animal Clinic

请参见第 2 章了解 Fish Creek Animal Clinic 的概况。图 2.36 是 Fish Creek 网站的站点地图。本案例学习以第 7 章创建的 Fish Creek 网站为基础，修改服务页(services.html)用 HTML 表格显示信息。将用 CSS 定义表格样式。具体有三个任务。

1. 为 Fish Creek 案例学习新建文件夹。
2. 修改样式表(fishcreek.css)配置新表格的样式。
3. 修改服务页显示如图 8.14 所示的信息。

任务 1：网站文件夹。新建文件夹 fishcreek8，从第 7 章创建的 fishcreek7 文件夹复制所有文件。

任务 2：配置 CSS。在文本编辑器中打开 fishcreek.css。注意图 8.14 的服务描述，它们现在用 HTML 表格来编码。在媒体查询上方添加样式规则：

1. 配置表格有 1em 边距和 2 像素的深蓝色边框。
2. 将表格边框样式配置为 border-collapse: collapse;。
3. 为 td 和 th 选择符配置 0.5em 填充和 1 像素的深蓝色边框。

保存 CSS 文件。

任务 3：修改服务页。在文本编辑器中打开 services.html。每个服务项都由一个标题(h3 标记)和一个描述(p 标记)构成。要用一个五行、两列的表格来组织这些信息。恰当使用 th 和 td 元素。删除围绕每个服务项的 h3，p 和 section 标记。保存网页并用浏览器测试。假如网页显示不如预期，请检查代码，校验 CSS，校验 HTML，并相应地修改和重新测试。

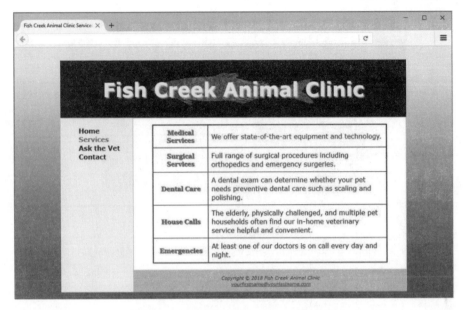

图 8.14 含有表格的服务页(services.html)

案例 3:度假村 Pacific Trails Resort

请参见第 2 章了解 Pacific Trails Resort 的概况。图 2.40 是 Pacific Trails 网站的站点地图。本案例学习以第 7 章创建的 Pacific Trails 网站为基础,修改帐篷页(yurts.html)用 HTML 表格显示信息。将用 CSS 定义表格样式。具体有三个任务。

1. 为 Pacific Trails 案例学习新建文件夹。

2. 修改样式表(pacific.css)配置新表格的样式。

3. 修改服务页显示如图 8.15 所示的信息。

任务 1:网站文件夹。 新建文件夹 pacific8,从第 7 章创建的 pacific7 文件夹复制所有文件。

任务 2:配置 CSS。 在文本编辑器中打开 pacific.css。在媒体查询上方添加样式规则来配置如图 8.15 所示的帐篷页:

1. 配置表格。为 table 元素选择符新样式规则,配置表格居中,1 像素的深蓝色(#3399CC)边框,90%宽度。同时将表格边框样式配置为 border-collapse: collapse;。

2. 配置表格单元格。为 td 和 th 元素选择符编码新的样式规则,配置 5 像素填充和 1 像素实线蓝色(#3399CC)边框。

3. td 内容居中。为 td 元素选择符编码新的样式规则,使内容居中(text-align: center;)。

4. 配置 text 类。注意 Description 列的内容是文本描述,它们不应居中。所以,为名为 text 的类编码新的样式规则,覆盖 td 样式规则,使文本左对齐(text-align: left;)。.

5. 配置交替的行背景颜色。交替的背景颜色能增强表格可读性。但即使没有这种设计,表格仍然可读。应用 CSS 伪类:nth-of-type,配置奇数行使用浅蓝色(#DFEDF8)背景。

保存 CSS 文件。

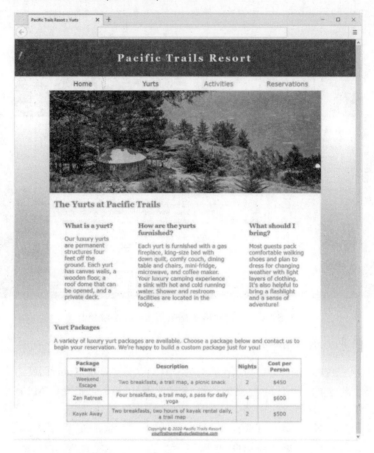

图 8.15   含有表格的帐篷页(yurts.html)

任务 3：修改帐篷页。在文本编辑器中打开 yurts.html。

1. 在结束 main 标记前配置一个 h3 元素来显示文本"Yurt Packages"。

2. 在新的 h3 元素下方添加一个段落，显示以下文本：

A variety of luxury yurt packages are available. Choose a package below and contact us to begin your reservation. We're happy to build a custom package just for you!

3. 现在可以开始配置表格了。段落下方另起一行，编码 4 行、4 列的表格。使用 table, th 和 td 元素。为包含详细描述信息的 td 元素分配 text 类。表格内容如下所示。

Package Name	Description	Nights	Cost per Person
Weekend Escape	Two breakfasts, a trail map, a picnic snack	2	$450
Zen Retreat	Four breakfasts, a trail map, a pass for daily yoga	4	$600
Kayak Away	Two breakfasts, two hours of kayak rental daily, a trail map	2	$500

保存网页并用浏览器测试。如网页显示不如预期，请检查代码，校验 CSS，校验 HTML，并相应地修改和重新测试。

案例 4：瑜珈馆 Path of Light Yoga Studio

请参见第 2 章了解 Path of Light Yoga Studio 的概况。图 2.44 是网站的站点地图。本案例学习以第 7 章创建的 Path of Light Yoga Studio 网站为基础，修改课表页(schedule.html)用 HTML 表格显示信息。将用 CSS 定义表格样式。具体有三个任务。

1. 为 Path of Light Yoga Studio 案例学习新建文件夹。
2. 修改样式表(yoga.css)配置新表格的样式。
3. 修改课表页显示如图 8.16 所示的信息。

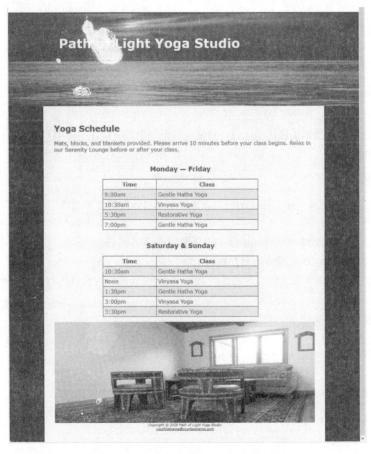

图 8.16　含有表格的课表页(schedule.html)

任务 1：网站文件夹。新建文件夹 yoga8，从第 7 章创建的 yoga7 文件夹复制所有文件。

任务 2：配置 CSS。在文本编辑器中打开 yoga.css。注意图 8.16 的课表信息，它们现在用两个 HTML 表格来编码。在媒体查询上方添加样式规则：

1. 配置表格。为 table 元素选择符编码新的样式规则，配置 60%宽度，1 像素紫色(#3F2860)边框，1em 底部边距，以及 border-collapse: collapse;。

2. 配置表格单元格。为 td 和 th 元素选择符编码新的样式规则，配置 5 像素填充和 1 像素紫色(#3F2860)边框。

3. 配置交替的行背景颜色。交替的背景颜色能增强表格的可读性。但即使没有这种设计，表格仍然是可读的。应用 CSS 伪类:nth-of-type，配置偶数行使用#DBE8E9 背景色。

4 配置表题(caption)。为 caption 元素选择符编码新的样式规则，设置 1em 边距，加粗文本和 120%字号。

保存 CSS 文件。

任务 3：修改课表页。在文本编辑器中打开 schedule.html。要修改网页，用两个表格而不是 section，h3 和无序列表来显示课表信息。删除 section，h3，ul，li 和分配了 flow id 的 div。每个表格都使用一个 caption 元素。每个表有两列，都使用"Time"和"Class"列标题。请参考图 8.16 进行编码。

保存网页并用浏览器测试。如网页显示不如预期，请检查代码，校验 CSS，校验 HTML，并相应地修改和重新测试。

项目实战

参考第 5 章和第 6 章来了解这个项目。将修改其中一个页的设计，用 HTML 表格显示信息，并用 CSS 配置表格样式。

动手实作案例

1. 从 Web 项目中选择一个要修改的网页，在纸上画出计划创建的表格的草图。决定边框、背景色、填充、对齐等。

2. 修改项目的外部 CSS 文件(project.css)来配置表格(和单元格)。

3. 更新所选的网页，添加表格的 HTMl 代码。

保存并测试网页。根据需要修订并完善网页和 project.css 文件，直到达到预期的效果为止。

第 9 章
表单

学习目标：

- 了解网页表单的常见用途
- 使用 form、input、textarea 和 select 元素创建表单
- 使用 accesskey 和 tabindex 属性来改善表单的无障碍访问
- 使用 label、fieldset 和 legend 元素关联表单控件和组
- 创建自定义图像按钮和使用 button 元素
- 使用 CSS float 属性来配置表单样式
- 使用 CSS 网格布局来配置表单样式
- 配置 email，URL，datalist，range，spinner，日历和颜色池等新的 HTML5 表单控件
- 访问服务器以处理表单数据
- 了解网上的免费服务器端处理资源

表单在网上的用途相当广泛。搜索引擎用它们接收关键字，网上商店用它们处理购物车。网站也用表单实现大量功能，比如接收用户反馈、鼓励用户将文章分享给朋友或同事、为时事通讯(newsletter)收集邮件地址以及接收订单信息等。本章介绍从访问者处接收信息的表单，这是一种功能强大的工具。

9.1 表 单 概 述

每当使用搜索引擎、下订单或加入时事通讯时，都是在使用表单。**表单**(form)是 HTML 元素，用于包含和组织称为**表单控件**(form control)的对象(比如文本框、复选框和按钮)，并从网站访问者那里接收信息。

以 Google 搜索表单(https://www.google.com)为例。你可能用过很多次，但从未想过它是如何工作的。该表单十分简单，只有三个表单控件，分别是一个用于接收搜索关键字的文本框和两个按钮。Google Search 按钮提交表单并调用一个进程来搜索 Google 数据库以显示结果页。I'm Feeling Lucky 按钮提交表单并直接显示符合关键字的第一个网页。

图 9.1 是一个用于获取送货信息的表单。该表单使用文本框接收姓名和地址等信息。选择列表(有时称下拉框)将值限定在少数几个正确值中,比如州和国家名称。访问者点击 Continue 按钮时,表单信息就被提交,订购过程继续。

图 9.1　该表单接收送货地址

无论是用于搜索网页还是下订单,表单自身都无法进行全部处理。表单需调用服务器上运行的程序或脚本,才能搜索数据库或记录订单信息。表单通常由以下两部分组成。

1. HTML 表单自身,它是网页用户界面。

2. 服务器端程序,它处理表单数据,可以发送电子邮件、向文本文件写入、更新数据库或在服务器上执行其他处理。

form 元素

基本了解表单的用途之后,下面将重点放在用于创建表单的 HTML 代码上。form元素包含一个完整表单。<form>标记指定表单区域开始,</form>标记指定表单区域结束。网页可包含多个表单,但不能嵌套。form 元素可配置属性,指定用于处理表单的服务器端程序或文件,表单信息发送给服务器的方式,以及表单名称。表 9.1 总结了这些属性。

表 9.1　form 元素的常用属性

属性	值	用途
action	服务器端负责处理脚本的 URL 或文件名/路径	该属性是必须的,指定提交表单时将表单信息发送到哪里。 如果值为 mailto:youre-mailaddress,会启动访问者的默认电子邮件应用程序来发送表单信息

属性	值	用途
autocomplete	on	on 是默认值。浏览器将使用自动完成功能填写表单字段
	off	浏览器不使用自动完成功能填写表单字段
id	字母或数字，不能含空格。值必须唯一，不可与同网页中的其他 id 值重复	该属性可选。它为表单提供唯一的标识符
method	get	get 是默认值。使表单数据被附加到 URL 上并发送给 Web 服务器
	post	post 方式比较隐蔽，它将表单数据包含在 HTTP 应答主体中发送。此方式为 W3C 首选
name	字母或数字，不能含空格，要以字母开头。请选择一个描述性强且简短的表单名称。例如，OrderForm 要强于 Form1 或 WidgetsRUsOrderForm	该属性可选。它为表单命名以使客户端脚本语言能够方便地访问表单，比如在运行服务器端程序前使用 JavaScript 编辑或校验表单信息
enctype	application/x-www-form-urlencoded(默认) multipart/form-data(上传文件时必须) text-plain(空格转换为"+")	指定表单数据在发送给服务器时的以方式。假如表单要上传一个或多个文件，就必须使用该属性

例如，要将一个表单的名称设为 order，使用 post 方法发送数据，而且执行服务器 demo.php 脚本，代码是：

```
<form name="order" method="post" id="order" action="demo.php">
    . . . 这里是表单控件 . . .
</form>
```

表单控件

表单作用是从网页访问者那里收集信息；表单控件是接受信息的对象。表单控件的类型包括文本框、滚动文本框、选择列表、单选钮、复选框和按钮等。HTML5 提供了新的表单控件，包括专门为电邮地址、URL、日期、时间、数字和日期选择定制的控件。将在随后的小节中介绍配置表单控件的 HTML 元素。

9.2 input 元素

input 元素用于配置几种表单控件。该元素是独立元素(或者称为 void 元素)，不编码成起始和结束标记。type 属性指定浏览器显示的表单控件类型。

文本框

type="text"将 input 元素配置成文本框,用于接收用户输入,比如姓名、E-mail 地址、电话号码和其他文本。图 9.2 是文本框的例子。下面是该文本框的代码:

Sample Text Box

E-mail: [   ]

图 9.2   创建好的文本框

```
E-mail: <input type="text" name="email" id="email">
```

表 9.2 列出了文本框的常用属性。注意,disabled,readonly,autofocus 和 required 等属性没有值。它们是 Boolean(布尔)属性。这种属性不需要编码一个特定的值。只要存在一个布尔属性,就会触发浏览器的行为。其中,required 属性告诉支持的浏览器执行表单校验。支持 required 属性的浏览器会自动校验文本框中是否输入了信息,条件不满足就显示错误消息。下面是一个例子:

```
E-mail: <input type="text" name="email"
id="email" required>
```

表 9.2   文本框的常用属性

属性名称	属性值	用途
type	text	配置成文本框
name	字母或数字,不能含空格,以字母开头	为表单控件命名,便于客户端脚本语言(如 JavaScript)或服务器端程序访问。名称必须唯一
id	字母或数字,不能含空格,以字母开头	为表单控件提供唯一标识符
size	数值	设置文本框在浏览器中显示的宽度。如省略 size 属性,浏览器将按默认大小显示文本框
maxlength	数值	设置文本框所接收文本的最大长度
value	文本或数字字符	设置文本框显示的初始值。并接收在文本框中键入的信息。该值可由客户端脚本语言和服务器端程序访问
disabled		布尔属性,无值。如存在,表单控件被禁用
readonly		布尔属性,无值。如存在,表单控件仅供显示,不能编辑
autocomplete	on,off,token 值	支持的浏览器将使用自动完成功能填写表单控件。参考 https://www.w3.org/TR/html51/sec-forms.html#autofilling-form-controls-the-autocomplete-attribute
autofocus		布尔属性,无值。如存在,将光标定位到表单控件,设置成焦点

属性名称	属性值	用途
list	datalist 元素的 id 值	将表单控件与一个 datalist 元素关联
placeholder	文本或数值	占位符，帮助用户理解控件作用的简短信息
required		布尔属性，无值。如存在，表明是必填字段，浏览器验证是否输入信息
accesskey	键盘字符	为表单控件配置键盘热键
tabindex	数值	配置表单控件的制表顺序(按 Tab 键时获得焦点的顺序)

图 9.3 是用户在 Firefox 浏览器中未输入任何信息点击表单的提交(Submit)按钮之后自动生成的错误消息。不支持 required 属性的浏览器会忽略该属性。

图 9.3　浏览器提示未输入必填字段

 为什么要在表单控件中同时使用 name 和 id 属性？

name 属性命名表单控件，以便客户端脚本语言(比如 JavaScript)或服务器端程序语言(如 PHP)访问。为表单控件的 name 属性指定的值必须在该表单内唯一。id 属性用于 CSS 和脚本编程。id 属性的值必须在表单所在的整个网页中唯一。表单控件的 name 和 id 值通常应该相同。

提交按钮

提交(submit)按钮用于提交表单。点击会触发<form>标记指定的 action，造成浏览器将表单数据(每个表单控件的 "名称/值" 对)发送给服务器。服务器调用 action 属性指定的服务器端程序或脚本。type="submit"将 input 元素配置成提交按钮，例如：

```
<input type="submit">
```

重置按钮

重置(Reset)按钮将表单的各个字段重置为初始值。重置按钮不提交表单。type="reset"将 input 元素配置成重置按钮，例如：

```
<input type="reset ">
```

图 9.4 的表单包含一个文本框、一个提交按钮和一个重置按钮。表 9.3 列出了提交和重置按钮的常用属性。

图 9.4　文本框、提交按钮和重置按钮

表 9.3　提交和重置按钮的常用属性

属性	值	用途
type	submit	配置成提交按钮
	reset	配置成重置按钮
name	字母或数字，不能含空格，以字母开头	为表单控件命名以使其能够方便地被客户端脚本语言(如 JavaScript)或服务器端程序访问。命名必须唯一
id	字母或数字，不能含空格，以字母开头	为表单控件提供唯一标识符
value	文本或数字字符	设置重置按钮上显示的文本。默认显示"Submit Query"或"Reset"
accesskey	键盘字符	为表单控件配置键盘热键
tabindex	数值	为表单控件配置制表顺序

动手实作 9.1

这个动手实作将编码一个表单。启动文本编辑器并打开模板文件 chapter9/template.html。将文件另存为 form1.html。下面创建如图 9.5 所示的表单。

1. 修改 title 元素，在标题栏显示文本"Form Example"。

2. 配置一个 h1 元素，显示文本"Join Our Newsletter"。

现在准备好配置表单了。表单以<form>标记开头。在刚才添加的标题下方另起一行，输入如下所示的<form>标记：

```
<form method="get">
```

本动手实作中使用最少的 HTML 代码来创建表单。本章稍后会讲解如何使用 action 属性。

3. 为了创建供输入电邮地址的表单控件，在 form 元素下方另起一行，输入以下代码：

```
E-mail: <input type="text" name="email" id="email"><br><br>
```

这样会在用于输入电邮地址的文本框前显示文本"E-mail:"。将 input 元素的 type 属性的值设为 text，浏览器会显示文本框。name 属性为文本框中输入的信息(value)分配名称 email，以便由服务器端进程使用。id 属性在网页中对元素进行唯一性标识。
用于换行。

4. 现在可以为表单添加提交按钮了。将 value 属性设为"Sign Me Up!"：

```
<input type="submit" value="Sign Me Up!">
```

这将导致浏览器显示一个按钮，按钮上的文字是"Sign Me Up!"，而不是默认的"Submit Query"。

5. 在提交按钮后面添加一个空格，为表单添加重置按钮：

```
<input type="reset">
```

6. 最后添加 form 元素的结束标记：

```
</form>
```

保存文件并在浏览器中测试，结果如图 9.5 所示。可将自己的作业与学生文件 chapter9/9.1/form.html 比较。试着输入一些内容。点击提交按钮。表单会重新显示，但似乎什么事情都没有发生。不用担心，这是因为还没有配置服务器端处理方式。本章稍后会解释如何将表单和服务器端程序关联。但在此之前，先了解更多的表单控件。

图 9.5　提交按钮上的文本设置成"Sign Me Up!"

复选框

这种表单控件允许用户从一组事先确定的选项中选择一项或多项。为<input>标记设置 type="checkbox"，即可配置复选框。表 9.4 列出了复选框的常用属性。

表 9.4　复选框的常用属性

属性名称	属性值	用途
type	checkbox	配置成复选框
name	字母或数字，不能含空格，以字母开头	为表单控件命名，以便客户端脚本语言或服务器端程序访问。每个复选框的命名必须唯一
id	字母或数字，不能含空格，以字母开头	为表单控件提供唯一标识符
checked		布尔属性，无值。如存在，浏览器将该复选框显示为选中状态
value	文本或数字	复选框被选中时赋予它的值。该值可以由客户端脚本语言和服务器端程序访问
disabled		布尔属性，无值。如存在，表单控件被禁用，不接收信息
autofocus		布尔属性，无值。如存在，浏览器将光标定位到表单控件，并设置成焦点
required		布尔属性，无值。如存在，表明是必填字段，浏览器验证是否输入信息
accesskey	键盘字符	表单控件的键盘热键
tabindex	数值	表单控件的制表顺序(按 Tab 键时获得焦点的顺序)

复选框的示例见图 9.6。注意，复选框可多选。这个例子的 HTML 代码如下所示：

```
Choose the browsers you use: <br>
<input type="checkbox" name="Chrome" id="Chrome" value="yes"> Google Chrome<br>
<input type="checkbox" name="Firefox" id="Firefox" value="yes"> Firefox<br>
<input type="checkbox" name="Edge" id="Edge" value="yes"> Microsoft Edge<br>
```

Sample Check Box

Choose the browsers you use:
- Google Chrome
- Firefox
- Microsoft Edge

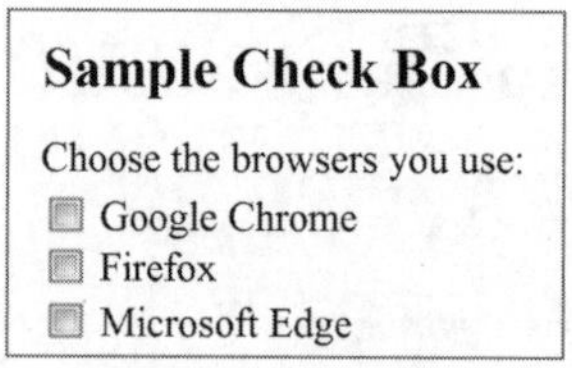

图 9.6　复选框

单选钮

单选钮允许用户从一组事先确定的选项中选择唯一项。同一组单选钮的 name 属性值相同，value 属性值则不能重复。由于名称相同，这些元素被认为在同一组中，它们中只能有一项被选中。

为<input>标记设置 type="radio"即可配置单选钮。图 9.7 的三个单选钮在同一组中，同时只能选择一个。HTML 代码如下所示：

```
Select your favorite browser:<br>
<input type="radio" name="favbrowser" id="favGO" value="GO"> Google
Chrome<br>
<input type="radio" name="favbrowser" id="favFirefox" value="Firefox">
Firefox<br>
<input type="radio" name="favbrowser" id="favEdge" value="Edge">
Microsoft Edge<br>
```

Sample Radio Button

Select your favorite browser:
- ◎ Google Chrome
- ◎ Firefox
- ◎ Microsoft Edge

图 9.7　多选一时使用单选钮

表 9.5 列出了单选钮的常用属性。

表 9.5　单选钮的常用属性

属性名称	属性值	用途
type	radio	配置成单选钮
name	字母或数字，不能含空格，以字母开头	为表单控件命名，以便客户端脚本语言或服务器端程序访问
id	字母或数字，不能含空格，以字母开头	为表单控件提供唯一标识符
checked		布尔属性，无值。如存在，浏览器将该单选钮显示为选中状态
value	文本或数字字符	单选钮被选中时赋予它的值。同一组的单选钮的 value 不能重复。该值可以由客户端脚本语言和服务器端程序访问
disabled		布尔属性，无值。如存在，表单控件被禁用，不接收信息
autofocus		布尔属性，无值。如存在，浏览器将光标定位到表单控件，并设置成焦点
required		布尔属性，无值。如存在，表明是必填字段，浏览器验证是否输入信息
accesskey	键盘字符	表单控件的键盘热键
tabindex	数值	表单控件的制表顺序(按 Tab 键时获得焦点的顺序)

隐藏输入控件

隐藏输入控件存储文本或数值信息，但在网页中不显示。隐藏字段可由客户端和服务器端脚本访问。

为<input>标记设置 type="hidden"来配置隐藏字段。表 9.6 列出了隐藏字段的常用属性。以下 HTML 代码创建一个隐藏表单控件，将 name 属性设为"sendto"，将 value 属性设为一个电子邮件地址：

```
<input type="hidden" name="sendto" id="sendto" value="order@site.com">
```

表 9.6　隐藏输入控件的常用属性

常用属性的名称	属性值	用途
type	"hidden"	配置成隐藏表单控件
name	字母或数字，不能含空格，要以字母开头	为表单控件命名以便客户端脚本语言(如 JavaScript)或服务器端程序处理。名称必须唯一
id	字母或数字，不能含空格，要以字母开头	为表单控件提供唯一标识符
value	文本或数字字符	向隐藏控件赋值。该值可由客户端脚本语言和服务器端程序访问
disabled	(无)	布尔属性，无值。如存在，表单控件被禁用

文件上传控件

文件上传表单控件方便用户选择要上传的文件。为\<input\>标记使用 type="file "来配置一个文件上传控件。具体显示的上传控件取决于浏览器和操作系统。用户可选择上传一个或多个文件。表 9.7 列出了该控件的常用属性。

表 9.7　文件上传表单控件的常用属性

属性名称	属性值	用途
type	input	配置成文件上传控件
name	字母或数字，不能含空格，以字母开头	为表单控件命名，便于客户端脚本语言(如 JavaScript)或服务器端程序访问。名称必须唯一
id	字母或数字，不能含空格，以字母开头	为表单控件提供唯一标识符
accept	逗号分隔的文件扩展名列表和/或 MIME 类型	指定允许上传的文件类型。例如，值"image/*"只接受 MIME 类型为 image 的文件。详情参考 https://www.w3.org/TR/html-media-capture/
capture	user 或 environment	如值为 user，接收用前置摄像头/麦克风捕获的文件；如值为 environment，接收用后置摄像头/麦克风捕获的文件
multiple		布尔属性，无值。如存在，允许上传多个文件

注意，如表单包含文件上传控件，则必须为\<form\>标记设置 enctype="mutlipart/form-data"属性。以下 HTML 创建一个文件上传控件来接收标准的照片文件：

```
Profile Photo:
<input type="file" name="photo" id="photo" accept="images/*"
```

密码框

密码框表单控件和文本框相似，但它接收的是需要在输入过程中隐藏的数据，比如密码。为<input>标记使用 type="password"来配置一个密码框。如图 9.8 所示，在密码框中输入信息时，实际显示的是星号(或其他字母，具体由浏览器决定)，而不是输入的字符，这样可防止别人从背后偷看输入的信息。输入的真实信息会被发送到服务器，但这些信息并不是真正加密或隐藏的。将在第 12 章讨论加密和安全性。

Sample Password Box
Password:

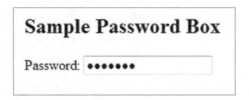

图 9.8　虽然输入的是 secret9，但浏览器不显示

密码框是一种特殊的文本框。参考表 9.2 查看文本框的常用属性。

HTML 代码如下所示：

```
Password: <input type="password" name="pword" id="pword">
```

9.3　滚动文本框

textarea 元素

滚动文本框接收无格式留言、提问或陈述文本。要用 textarea 元素配置滚动文本框。<textarea>标记指示滚动文本框开始，</textarea>标记指示滚动文本框结束。两个标记之间的文本会在文本框中显示。图 9.9 是示例滚动文本框。

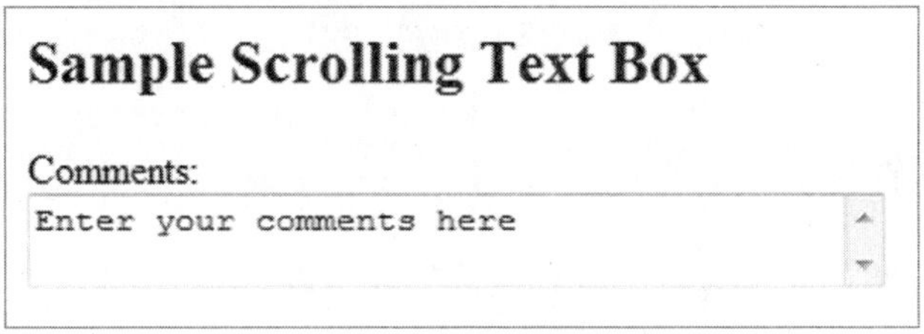
Sample Scrolling Text Box
Comments:
Enter your comments here

图 9.9　滚动文本框

表 9.8 列出了常用属性。

表 9.8   滚动文本框的常用属性

属性名称	属性值	用途
name	字母或数字，不能含空格，要以字母开头	为表单控件命名以便客户端脚本语言(如 JavaScript)或服务器端程序访问。命名必须唯一
id	字母或数字，不能含空格，要以字母开头	为表单控件提供唯一标识符
cols	数字	设置以字符列为单位的滚动文本框宽度。如果省略了 cols 属性，浏览器将使用默认宽度显示滚动文本框
rows	数字	设置以行为单位的滚动文本框高度。如果省略了 rows 属性，浏览器将使用默认高度显示滚动文本框
maxlength	数字	能接受的最大字符数
disabled		布尔属性，无值。如存在，表单控件被禁用
readonly		布尔属性，无值。如存在，表单控件仅供显示，不能编辑
autofocus		布尔属性，无值。如存在，浏览器将光标定位到表单控件，并设置成焦点
placeholder	文本或数值	点位符，旨在帮助用户理解控件作用的简短信息
required		布尔属性，无值。如存在，表明是必填字段，浏览器验证是否输入信息
wrap	hard 或 soft	配置文本的换行方式
accesskey	键盘字符	表单控件的键盘热键
tabindex	数值	表单控件的制表顺序(按 Tab 键时获得焦点顺序)

HTML 代码如下所示：

```
Comments:<br>
<textarea name="comments" id="comments" cols="40" rows="2">Enter your comments
here</textarea>
```

 动手实作 9.2

本动手实作将创建包含以下表单控件的联系表单(参考图 9.10)：一个 First Name 文本框、一个 Last Name 文本框、一个 E-mail 文本框以及一个 Comments 滚动文本框。将以动手实作 9.1 创建的表单(图 9.5)为基础。

启动文本编辑器并打开学生文件 chapter9/9.1/form.html。将文件另存为 form2.html。新的联系表单如图 9.10 所示。

图 9.10 一个典型的联系表单

1. 修改 title 元素，在标题栏显示文本"Contact Form"。

2. 配置 h1 元素，显示文本"Contact Us"。

3. 已经编码好了用于输入 E-mail 地址的表单控件。如图 9.10 所示，需要在 E-mail 表单控件之前添加用于输入 First Name 和 Last Name 的文本框。将光标定位到起始 <form>标记之后，添加以下代码来接收网站访问者的姓名：

```
First Name: <input type="text" name="fname" id="fname"><br><br>
Last Name: <input type="text" name="lname" id="lname"><br><br>
```

4. 接着在 E-mail 表单控件下方另起一行，用<textarea>标记向表单添加滚动文本框控件。代码如下所示：

```
Comments:<br>
<textarea name="comments" id="comments"></textarea><br><br>
```

5. 保存文件并在浏览器中显示，这时看到的是滚动文本框的默认显示。注意，不同浏览器有不同的默认显示。

6. 下面配置滚动文本框的 rows 和 cols 属性。修改<textarea>标记，设置 rows="4" 和 cols="40"。如以下代码所示：

```
Comments:<br>
<textarea name="comments" id="comments" rows="4" cols="40"></textarea><br><br>
```

7. 接着修改提交按钮上显示的文本。将 value 属性设为"Contact"。保存 form2.html 文件。在浏览器中测试网页，结果如图 9.10 所示。

可将自己的作业与学生文件 chapter9/9.2/form.html 比较。试着在表单中输入信息。点击提交按钮。表单可能只是重新显示，似乎什么事情都没有发生。不用担心，这是因为尚未配置服务器端处理。本章稍后会讲解这方面的问题。

 怎样通过电子邮件发送表单信息？

表单一般需调用某种类型的服务器端程序来执行发送电子邮件、向文本文件写入和更新数据库等操作。另一个方案是设置表单，通过为浏览器配置好的电子邮件客户端程序来发送信息，这通常称为"使用一个 mailto: URL"。在这种情况下，要将 action 属性的值设为用于接收信息的电子邮件地址：

```
<form method="post" action="mailto:me@webdevfoundations.net">
```

以这种方式使用表单，用户点击提交按钮后会看到一条警告消息。自然地，任何警告消息都是一个不好的现象，会给用户带来不专业的感觉，对你的网站或业务不利。

另外，用户电脑可能没有配置默认电子邮件客户端。这时填写一个使用了 mailto: URL 的表单纯属浪费时间。即便配置了电子邮件客户端，用户也可能不想泄漏自己的默认电子邮件地址。他们可能有专门的工作电邮来处理表单和时事通讯 (newsletter)，不想浪费时间填写你的表单。无论哪种怦中，结果都是让网站访问者不高兴。所以，虽然使用 mailto: URL 比较省事，但总是不特别完美。那么，开发人员应该如何选择？答案是尽量使用服务器端程序 (参见动手实作 9.5) 来处理表单数据。

9.4   选 择 列 表

如图 9.11 和图 9.12 所示的**选择列表**表单控件也称为选择框、下拉列表、下拉框和选项框。选择列表由一个 select 元素和多个 option 元素配置。

select 元素

select 元素用于包含和配置选择列表。选择列表以<select>标记开始，以</select>标记结束。可通过属性配置要显示的选项数量，以及是否允许多选。表 9.9 列出了常用属性。

表 9.9 select 元素的常用属性

属性名称	属性值	用途
name	字母或数字，不能含空格，以字母开头	为表单控件命名以便客户端脚本语言(如JavaScript)或服务器端程序访问。命名必须唯一
id	字母或数字，不能含空格，以字母开头	为表单控件提供唯一标识符
size	数字	设置浏览器将显示的选项个数。如果设为 1，则该元素变成下拉列表。如果选项的个数超过了允许的空间，浏览器会自动显示滚动条
multiple		布尔属性，无值。如存在，选择列表允许接受多个选项。默认只能选中选择列表中的一个选项
disabled		布尔属性，无值。如存在，表单控件被禁用
tabindex	数值	表单控件的制表顺序(按 Tab 键时获得焦点的顺序)

option 元素

option 元素用于包含和配置选择列表中的选项。每个选项以<option>标记开始，以</option>标记结束。可通过属性配置选项的值以及是否预先选中。表 9.10 列出了常用属性。

表 9.10 option 元素的常用属性

属性名称	属性值	用途
value	文本或数字字符	为选项赋值。该值可以被客户端脚本语言和服务器端程序读取
selected		布尔属性，无值。如存在，将选项设为默认选中状态
disabled		布尔属性，无值。如存在，表单控件被禁用

图 9.11 的选择列表的 HTML 代码如下所示：

```
<select size="1" name="favbrowser" id="favbrowser">
<option>Select your favorite browser</option>
<option value="Edge">Edge</option>
<option value="Firefox">Firefox</option>
<option value="Chrome">Chrome</option>
</select>
```

图 9.12 的选择列表的 HTML 代码如下所示：

```
<select size="4" name="jumpmenu" id="jumpmenu">
<option value="index.html">Home</option>
<option value="products.html">Products</option>
<option value="services.html">Services</option>
<option value="about.html">About</option>
```

```
<option value="contact.html">Contact</option>
</select>
```

Select List: One Initial Visible Item

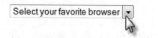

Select List: Four Items Visible

图 9.11　size 为 1 的选择列表在点击　　　　图 9.12　由于不止 4 个选项, 所以
　　　　箭头后显示下拉框　　　　　　　　　　　浏览器显示滚动条

　图 9.12 的菜单在点选后如何显示对应的网页?

　　　目前还不行。需要 JavaScript(参见第 14 章)检查所选项, 并指示浏览器显示对应网页。由于要求 JavaScript, 所以这种类型的菜单并不是主导航的首选, 辅助导航区域倒是有一些用处。

　自测题 9.1

1. 假设要为经营零售商场的一位客户设计网站, 他想创建一个顾客列表以便发送电子邮件广告。客户将商品卖给顾客, 他想要一个表单来接收顾客的姓名和 E-mail 地址。你会建议使用两个输入框(一个输入姓名; 另一个输入 E-mail)还是三个输入框(姓和名各一个, 加上一个 E-mail 地址)? 请解释你的答案。
2. 假设要设计一个调查表单, 要求用户选择他们喜爱的浏览器。大多数人都会选择多个。应该用什么类型的表单控件来配置这种问卷调查? 请解释你的答案。
3. 判断对错。在一组单选钮中, 浏览器用 value 属性将分散的元素当成一个组进行处理。这种说法正确吗?

9.5　图像按钮和 button 元素

　　使用本章之前的表单时, 你可能注意到标准的提交按钮(参见图 9.10)有点儿单调。可将用于提交表单的点击区域做得更吸引人, 更有意思, 有两种方法可以做到这一点: 为 input 元素配置图片, 或者用 button 元素配置自定义图片。

图像按钮

图 9.13 的表单用一张图片代替了标准的提交按钮，这称为**图像按钮**。点击图像按钮，表单将被提交。图像按钮是用<input>标记连同 type="image"和 src 属性实现的。src 属性值就是图片的文件名称。例如，以下 HTML 代码将 login.gif 用作图像按钮：

```
<input type="image" src="login.gif" alt="Login Button">
```

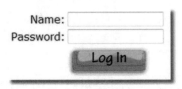

图 9.13　点击图像按钮提交表单

button 元素

为表单增添趣味性的另一种方法是使用 button 元素。该元素可将图片和文本块设置成可点击区域，用来提交或重置表单。<button>和</button>之间的任何网页内容都被设为按钮的一部分。表 9.11 列举了 button 元素的常用属性。

表 9.12　button 元素的常用属性

常用属性	值	作用
type	"submit"	作为提交按钮
	"reset"	作为重置按钮
	"button"	作为普通按钮
name	字母或数字，不能含空格，要以字母开头	为表单控件命名以使其能够方便地被客户端脚本语言(如 JavaScript)或服务器端程序访问。命名必须唯一
alt	图像的简单文本描述	为无法看到图片的访问者提供无障碍访问方式
id	字母或数字，不能含空格，要以字母开头	为表单控件提供唯一标识符
value	文本或数字字符	为表单控件分配的值，可传送给表单处理程序

在图 9.14 的表单中，按钮是用以下 HTML 代码创建的：

```
<button type="submit">
<img src="signup.gif" width="80" height="28" alt="Sign up for free
newsletter"><br>Sign up for free newsletter
</button>
```

图 9.14   用 button 元素配置提交按钮

平时浏览网页时，如果注意一下它们的源代码，会发现 button 元素并不如标准提交按钮和图像按钮那么常用。

9.6   无障碍访问和表单

本节探讨改善表单控件无障碍访问的技术，包括 label 元素、fieldset 元素、legend 元素、tabindex 属性和 accesskey 属性。它们方便有视觉和行动障碍的人使用你的表单。另外，使用 label，fieldset 和 legend 元素能为所有人改善表单的可读性和可用性。

label 元素

label 元素是将文本描述和表单控件关联起来的容器标记。使用屏幕朗读器的人有时很难将一个文本描述与一个表单控件对应起来。label 元素则可以明确地将表单控件和文本描述关联。label 元素对于无法精确控制肌肉运动的人来说也很有用。点击表单控件或对应的文本标签，都能将光标焦点定位到该表单控件。<label>标记代表标签开始，</label>标记代表标签结束。

有两种不同的方法将标签和表单控件关联。

1. 第一种方法是将 label 元素作为容器来包含文本描述和 HTML 表单控件。注意，文本标签和表单控件必须是相邻的元素。例如：

```
<label>E-mail: <input type="text" name="email" id="email"></label>
```

2. 第二种方法是利用 for 属性将标签和特定 HTML 表单控件关联。这种方法更灵活，不要求文本标签和表单控件相邻。例如：

```
<label for="email">E-mail: </label>
<input type="text" name="email" id="email">
```

注意：label 元素的 for 属性值与 input 元素的 id 属性值一致，这在文本标签和表单控件之间建立了联系。input 元素的 name 和 id 属性的作用不同，name 属性可由客户端和服务器端脚本使用，而 id 属性创建的标识符可由 label 元素、锚元素和 CSS 选择符使用。label 元素不在网页上显示，它在幕后工作以实现无障碍访问。

动手实作 9.3 ————————————————————————————————

本动手实作将在动手实作 9.2 创建的表单(如图 9.10 所示)中为文本框和滚动文本区域添加标签。用文本编辑器打开学生文件 chapter9/9.2/form.html 并另存为 form3.html。

1. 找到 First Name 文本框。添加 label 元素来包含 input 元素，如下所示：

```
<label>First Name: <input type="text" name="fname" id="fname"></label>
```

2. 使用同样的方法，添加 label 元素来包含 Last Name 和 E-mail 这两个文本框。

3. 配置 label 元素来包含文本"Comments:"。将此标签与滚动文本框关联，如下所示：

```
<label for="comments">Comments:</label><br>
<textarea name="comments" id="comments" rows="4" cols="40"></textarea>
```

保存文件并在浏览器中测试，效果如图 9.10 所示。记住，label 元素不会改变网页的显示，只是方便残障人士使用表单。

将自己的作业与学生文件 chapter9/9.3/form.html 比较。试着在表单中输入信息。点击提交按钮。表单可能只是重新显示，似乎什么事情都没有发生。不用担心，这是因为尚未配置服务器端处理。本章稍后会讲解这方面的问题。

—— ■

fieldset 元素和 legend 元素

为了创建让人爽心悦目的表单，一个办法是用 fieldset 元素对控件进行分组。浏览器会在用 fieldset 分组的表单控件周围加上一些视觉线索，比如一圈轮廓线或者一个边框。<fieldset>标记指定分组开始，</fieldset>标记指定分组结束。

legend 元素为 fieldset 分组提供文本描述。<legend>标记指定文本描述开始，</legend>标记指定文本描述结束。HTML5.27 新增的一个功能是允许在描述中包含从<h1>到<h6>的标题标记。以下 HTML 代码创建如图 9.15 所示的分组：

```
<fieldset>
<legend>Billing Address</legend>
<label>Street: <input type="text" name="street" id="street"
    size="54"></label><br><br>
<label>City: <input type="text" name="city" id="city"></label>
<label>State: <input type="text" name="state" id="state" maxlength="2"
    size="5"></label>
<label>Zip: <input type="text" name="zip" id="zip" maxlength="5"
    size="5"></label>
</fieldset>
```

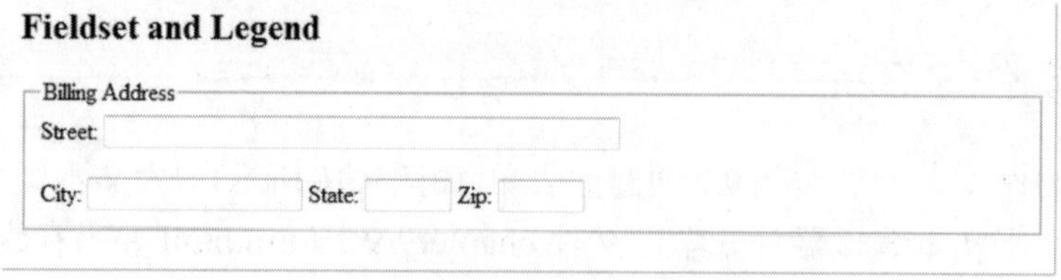

Fieldset and Legend

Billing Address
Street:
City:　　　　　　State:　　　Zip:

图 9.15　这些表单控件都和一个邮寄地址有关

fieldset 元素

fieldset 元素的分组和视觉效果使包含表单的网页显得更有序、更吸引人。用 fieldset 和 legend 元素对表单控件进行分组，在视觉和语义上对控件进行了组织，从而增强了无障碍访问。fieldset 和 legend 元素可由屏幕朗读器使用，是在网页上对单选钮和复选框进行分组的一种有用的工具。

动手实作 9.4

将修改上个动手实作创建的联系表单(form3.html)来使用 fieldset 元素和 legend 元素(图 9.16)。在文本编辑器中打开 chapter9/9.3/form.html 并另存为 form4.html，执行以下编辑操作。

1. 在起始<form>标记后添加起始<fieldset>标记。

2. 紧接着起始<fieldset>标记编码一个 legend 元素来包含文本："Customer Information"。

3. 在 Comments 滚动文本框的标签前编码结束</fieldset>标记。

4. 保存文件并在浏览器中测试，效果如图 9.16 所示。可将自己的作业与 chapter9/9.4/form4.html 比较。注意，点击"提交"按钮后表单会重新显示。这是由于 form 元素尚未配置 action 属性。action 属性将在 9.8 节介绍。

5. 下面预览一下用 CSS 来定义表单样式的效果。图 9.16 和 9.17 显示了同样的表单元素，但图 9.17 表单样式用 CSS 定义。功能一样，视觉效果更佳。

在文本编辑器中打开 form4.html，在 head 区域添加嵌入样式：

```
fieldset {   width: 320px;
             border: 2px ridge #FF0000;
             padding: 10px;
             margin-bottom: 10px; }
legend { font-family: Georgia, "Times New Roman", serif;
         font-weight: bold; }
label { font-family: Arial, sans-serif; }
```

将文件另存为 form5.html 并在浏览器中进行测试，效果如图 9.17 所示。可将自己的作业与 chapter9/9.4/form5.html 进行比较。

图 9.16　fieldset，legend 和 label 元素　　　　图 9.17　fieldset，legend 和 label 元素

tabindex 属性

有的用户使用鼠标可能有困难，所以他们用键盘访问表单。可用 Tab 键从一个表单控件跳到另一个表单控件。Tab 键的默认动作是按网页文档编码的表单控件顺序移动到下一个控件，这称为**制表顺序**。这通常没有问题。但是，如需更改表单的制表顺序，就需要在每个表单控件中使用 tabindex 属性。

在每个表单控件(<input>，<select>和<textarea>)中，都为 tabindex 属性赋一个数值(从 1、2、3 开始的数值顺序)。例如，以下 HTML 代码将光标一开始就定位到 E-mail 文本框：

```
<input type="text" name="Email" id="Email" tabindex="1">
```

如果为某个表单控件配置 tabindex="0"，浏览器将在访问完其他所有配置了 tabindex 属性的表单控件后，才会访问该控件。假如恰好为两个表单控件分配相同的 tabindex 值，在 HTML 代码中先出现的元素会先访问。

可用类似方式为锚点标记(a)配置 tabindex 属性。Tab 键和 a 标记的默认行为是按编码顺序从一个链接移至下一个。可用 tabindex 属性修改这一行为。

accesskey 属性

要使表单设计有利于键盘操作，另一个方法是在表单控件中使用 accesskey 属性。将 accesskey 属性的值设为键盘上的某个字符(字母或数字)，从而为网页访问者创建一个热键。热键被按下的时候，插入点就能马上移到对应的表单控件或超链接上。

根据操作系统的不同，使用这一热键的方法也有所不同。Windows 用户要同时按

Alt 键和字符键，Mac 用户要按 Ctrl 键和字符键。例如，假定图 9.10 的表单将 E-mail 文本输入框设为 accesskey="E"，使用 Windows 的访问者就可以按 Alt+E 组合键立即将插入点移动到 E-mail 文本框中。HTML 代码如下：

```
<input type="text" name="CustEmail" id="CustEmail" accesskey="E">
```

注意，不能依赖浏览器知道一个字符是 access key，或称"热键"。必须手动编码关于热键的信息，使用视觉线索将很有帮助，比如加粗显示热键或在设置热键的表单控件或超链接后面加上一条提示，如"Alt+E"。选择 accesskey 值时，避免使用已被操作系统占用的热键(如 Alt+F 用于显示文件菜单)。必须对热键进行测试。

自测题 9.2

1. 说明 fieldset 和 legend 元素的作用。
2. 说明 accesskey 属性的作用以及它是如何支持无障碍访问的？
3. 在设计表单时，是应该使用标准提交按钮，图像按钮，还是<button>标记？从提供无障碍访问的角度来看，它们之间是否有所区别？请具体说明。

9.7　用 CSS 配置表单样式

图 9.10 的表单看起来有点乱，怎么改进？这时可以用 CSS 配置表单样式。在浏览器提供对 CSS 的良好支持之前，Web 设计人员总是用表格来配置表单元素的布局，一般做法是将文本标签和表单字段元素放到单独的表格单元格中。但是，用表格的方法已经过时。它既不支持无障碍访问，也很难维护。现代方式是用 CSS 配置表单样式。

用 CSS 配置表单样式时，可用 CSS 框模型创建一系列矩形框，如图 9.18 所示。最外层的框定义了表单区域。其他框则代表 label 元素和表单控件。用 CSS 配置这些组件。

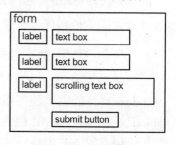

图 9.18　表单线框图

使用 CSS 浮动的表单

 动手实作 9.5 ─────────────────────

本动手实作练习为表单定义样式。用文本编辑器打开 chapter9 文件夹中的 starter.html 文件并另存为 contactus.html。动手实作完成后的网页效果如图 9.19 所示。

表单的 HTML 如下所示。

```
<form>
    <label for="myName">Name:</label>
    <input type="text" name="myName" id="myName">
    <label for="myEmail">E-mail:</label>
    <input type="text" name="myEmail" id="myEmail">
    <label for="myComments">Comments:</label>
    <textarea name="myComments" id="myComments" rows="2" cols="20"></textarea>
    <input type="submit" value="Submit">
</form>
```

图 9.19　用 CSS 定义表单样式

像下面这样配置嵌入 CSSl。

1. form 元素选择符。为 form 元素配置#EAEAEA 背景色，Arial 或默认 sans serif 字体，350px 宽度和 10px 填充。

```
form { background-color: #EAEAEA;
       font-family: Arial, sans-serif;
       width: 350px; padding: 10px; }
```

2. label 元素选择符。配置标签元素左侧浮动，清除左侧浮动，并使用块显示。再设置 100px 宽度，10 像素右侧填充，10px 顶部边距，文本右对齐。

```
label { float: left; clear: left; display: block;
        width: 100px; padding-right: 10px;
        margin-top: 10px; text-align: right; }
```

3. input 元素选择符。为 input 元素配置块显示和 10px 顶部边距。

```
input { display: block; margin-top: 10px; }
```

4. textarea 元素选择符。为 textarea 元素配置块显示和 10px 顶部边距。

```
textarea { display: block; margin-top: 10px; }
```

5. 提交按钮。在其他表单控件下方显示提交按钮，左侧 110px 边距。可配置一个新 id 或 class，再编辑 HTML，但还有更简便的方法。这需要用到一种新的选择符，称为属性选择符，它允许同时根据元素名称和属性值来选择。本例配置的 input 标记有一个 type 属性，属性值是 submit。

```
input[type="submit"] { margin-left: 110px; }
```

保存文件并在浏览器中测试，如图 9.19 所示。将自己的作业和学生文件 chapter9/9.5 进行比较。

使用 CSS 网格布局的表单

CSS 网格布局提供了配置表单布局的另一种方法。图 9.18 显示的是一个典型表单的线框图。

如使用网格布局，最好先画好要创建的网格，如图 9.20 所示。注意，网格中填好了实际的元素名称，这能帮助我们用 CSS 配置元素在网格行、列中的位置。注意，除了提交按钮，可允许浏览器在网格中自动填充标签和表单控件。

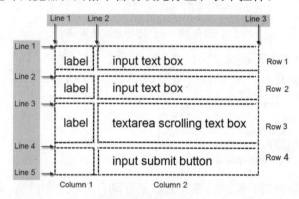

图 9.20　表单网格

动手实作 9.6

本动手实作将以动手实作 9.5 创建的表单为基础，编码一个 CSS 特性查询，为支持的浏览器配置网格布局。不支持网格布局的浏览器不受影响，会用原先的 CSS 样式显示表单。支持的浏览器则会遵循新的网格布局样式。首先在文本编辑器中打开动手实作 9.5 的文件(或直接使用 chapter9/9.5/contactus.html)。将文件另存为 contact2.html。图 9.21 展示了完成本动手实作后的表单。

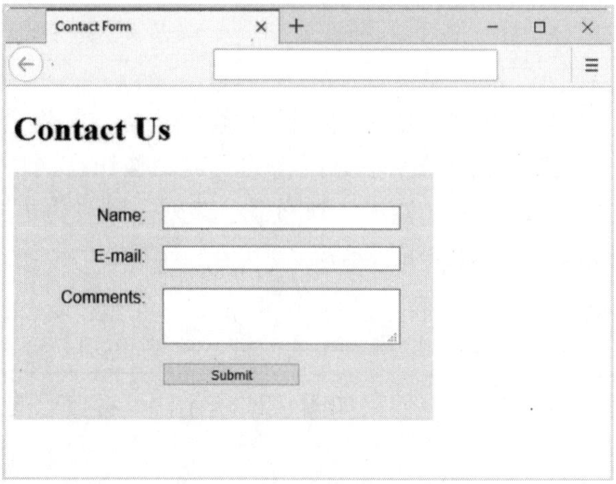

图 9.21　用 CSS 网格布局定义表单样式

下面列出表单的 HTML 供参考：

```
<form>
  <label for="myName">Name:</label>
  <input type="text" name="myName" id="myName">
  <label for="myEmail">E-mail:</label>
  <input type="text" name="myEmail" id="myEmail">
  <label for="myComments">Comments:</label>
  <textarea name="myComments" id="myComments" rows="2" cols="20">
  </textarea>
  <input type="submit" value="Submit">
</form>
```

1. 找到结束 style 标记。在该标记之前、现有 CSS 之后编码新的 CSS。配置一个特性查询来测试网格布局支持：

```
@supports ( display: grid) {
}
```

2. 在特性查询中配置以下 CSS 为表单使用网格布局。

- form 元素选择符。将 display 属性设为 grid，将行大小设为 auto，设置大小分别是 6em 和 1fr 的两列。再设置 1em 网格间隙、#EAEAEA 背景颜色、Arial 或默认 sans serif 字体、60%宽度、20em 最小宽度以及 1.5em 填充。

```
form { display: grid;
       grid-template-rows: auto;
       grid-template-columns: 6em 1fr;
       grid-gap: 1em; gap: 1em;
       background-color: #EAEAEA;
```

```
font-family: Arial, sans-serif;
width: 60%; min-width: 20em;
padding: 1.5em; }
```

- 提交按钮。参考图 9.20 的网格草图，注意除了提交按钮之外，网格中的其他元素都是一个接一个放置来填充网格的。提交按钮在网格第二列。用属性选择符定位提交按钮，把它显式放到网格第二列。同时将宽度设为 10em，将左边距设为 0。CSS 代码如下所示：

```
input[type="submit"] { grid-column: 2 / 3;
                       width: 10em; margin-left: 0; }
```

保存文件并在浏览器中测试，效果如图 9.21 所示。可将自己的作业与 chapter9/9.6 中的学生文件比较。

本节讨论了用 CSS 定义表单样式的各种方法。注意，点击"提交"按钮后表单会重新显示。这是由于 form 元素尚未配置 action 属性。在下一节将讨论服务器端处理。

9.8　服务器端处理

▶ 视频讲解：Connect a form to Server-side Processing

浏览器向服务器请求网页和相关文件，服务器找到文件后发送给浏览器。然后，浏览器渲染返回的文件，并显示请求的网页。

除了静态网页，网站有时还需提供更多功能——比如站点搜索、订单、时事通讯(电子邮件列表)、数据库显示或其他类型的交互式动态处理。服务器端处理正是为此设计的。早期服务器使用名为**通用网关接口**(Common Gateway Interface，CGI)的协议提供这一功能。CGI 是一种协议(或者说标准方法)，服务器用这种协议将用户的请求(通常使用表单来发起)传送给应用程序，以及接收发送给用户的信息。服务器通常将表单信息传送给一个处理数据的小应用程序，并由该程序返回确认网页或消息。Perl 和 C 是 CGI 应用程序的常用编程语言。

服务器端脚本(Server-side scripting)技术在服务器上运行服务器端脚本程序，以便动态生成网页，例子包括 PHP，Ruby on Rails，Microsoft Active Server Pages，Adobe ColdFusion，Oracle JavaServer Pages 和 Microsoft .NET。服务器端脚本和 CGI 的区别在于它采用的是直接执行方式，脚本要么由服务器自身运行，要么由服务器上的一个扩展模块运行。

网页通过一个表单属性或者一个超链接(脚本文件 URL)来调用服务器端程序。当前所有表单数据都传给脚本程序。脚本处理完毕后，可能生成一个确认或反馈页面，其中包含请求的信息。调用服务器端脚本时，后端开发人员和服务器端的程序员必须协商好表单的 method 属性(get 还是 post)，表单的 action 属性(服务器端脚本 URL)，以及服务器端脚本所期待的任何特殊表单控件。

form 标记的 method 属性指定以何种方式将 name/value 对传给服务器。method 属性值 get 造成将表单数据附加到 URL 上，这是可见和不安全的。method 属性值 post 则不通过 URL 传送表单数据。相反，它通过 HTTP 请求的实体传送，这样隐密性更强。W3C 建议使用"post"方法。

form 标记的 action 属性指定服务器端脚本。和每个表单控件关联的 name 和 value 属性将传给服务器端脚本。name 属性可在服务器端脚本中作为变量名使用。下个动手实作将从表单调用一个服务器端脚本。

 动手实作 9.7 ─────────────────────────────

这个动手实作将配置表单来调用服务器端脚本。注意，为了测试自己的作业，计算机必须已经接入 Internet。使用服务器端脚本之前，要先从提供脚本的人或组织那里获取一些信息或文档。需要知道脚本的位置，是否要求表单控件使用特殊名称，而且要了解它是否要求任何隐藏表单控件。<form>标记的 action 属性用于调用服务器端脚本。

本书网站(https://webdevbasics.net)为学生创建了一个供练习的服务器端脚本，下面是该脚本的说明文档。

- 脚本 URL：https://webdevbasics.net/scripts/demo.php
- 表单方法：post
- 脚本用途：该脚本接收表单输入，并显示表单控件的名称和值。这是学生作业的样板脚本，用于演示服务器端程序的调用过程。在真实的网站中，脚本执行的功能应包括发送电子邮件和更新数据库等

注意，脚本 URL 以 https://而不是 http://开头。在 action 中编码 https://网址会导致浏览器使用 HTTPS(Hypertext Transfer Protocol Secure，超文本传输安全协议)。HTTPS 为 HTTP 合并了一个称为 SSL(Secure Sockets Layer，安全套接字层)的安全和加密协议。第 12 章会对 SSL 进行简单介绍。表单中输入的数据会在发送给 Web 服务器之前加密，所以 HTTPS 更安全、更保密。

现在添加通过表单来使用 demo.php 服务器端处理所需的配置。在文本编辑器中打开动手实作 9.6 创建的文件(或从 chapter9/9.6 文件夹打开)。修改<form>标记，添加 action 属性，将值设为"https://webdevbasics.net/scripts/demo.php"；再添加 method 属性，将值设为"post"。修改后的<form>标记的代码如下：

```
<form method="post" action="https://webdevbasics.net/scripts/demo.php">
```

将文件另存为 contact.html 并在浏览器中测试，如图 9.21 所示。将你的作品与学生文件 chapter9/9.7/contact.html 比较。

现在可以对表单进行测试了，必须连接上网才能成功测试表单。在表单的各个文本框中输入信息，然后点击提交按钮。随后会看到如图 9.22 所示的确认页面。

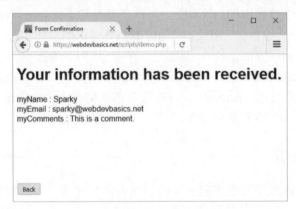

图 9.22　该页面由服务器端脚本程序创建以响应表单请求

demo.php 脚本程序创建网页来显示一条消息以及你输入的表单信息。换句话说，该确认页面是由<form>标记的 action 属性指向的服务器端脚本创建的。如何编写服务器端脚本超出了本书范围。如果有兴趣，访问 https://webdevbasics.net/10e/chapter9.html 查看该脚本程序的源代码。

 测试表单时，如果什么也没发生，该怎么办？

试试下面这些诊断要点。
- 确保计算机已接入 Internet。
- 检查 action 属性中脚本地址的拼写。
- 细节决定成败！

隐私和表单

旨在保护访问者隐私的指导原则称为**隐私条款**。网站要么将这些条款显示在表单页面上，要么创建一个单独的网页来描述这些隐私条款(和企业的其他条款)。

浏览 Amazon.com 或 eBay.com 等知名网站时，会在页脚区域找到指向隐私条款(有时称为隐私声明)的链接。例如，Better Business Bureau(商业改进局)的隐私策略是 https://www.bbb.org/us/privacy-policy。商业改进局建议在隐私条款中描述所收集的信息类型、收集信息的方法、信息的使用方式、保护信息的方法以及客户或访问者控制个人信息的手段。网站应包含隐私声明，告诉访问者你准备如何使用他们跟你分享的信息。这些建议具体可访问 https://www.bbb.org/greater-san-francisco/for-businesses/understanding-privacy- policy/sample-privacy-policy-template/。

服务器端处理资源

免费远程主机表单处理

假如主机提供商不支持服务器端处理，可以考虑用一些免费的远程脚本主机。由于脚本不在你的服务器上运行，所以不需要关心安装问题，也不需要关心自己的主机提供商是否支持。缺点是有时会显示广告。以下网站提供了这一服务：

- FormBuddy.com: http://formbuddy.com
- FormMail: https://www.formmail.com
- Formspree: https://formspree.io

免费服务器端脚本

要使用免费脚本程序，购买的主机必须支持脚本所用的语言。联系主机提供商来了解具体的支持情况。注意，许多免费主机是不支持服务器端处理的(要花钱买)。免费脚本和相关资源请访问 http://scriptarchive.com 和 http://php.resourceindex.com。

探索服务器端处理技术

有多种技术可用于服务器端脚本处理、表单处理和信息分享：

- PHP: http://www.php.net
- Oracle JavaServer Pages 技术: http://www.oracle.com/technetwork/java/javaee/jsp
- Adobe ColdFusion and Web Applications: http://www.adobe.com/products/ coldfusion
- Ruby on Rails: http://www.rubyonrails.org
- Microsoft .NET: http://www.microsoft.com/net

任何技术都可能是你未来学习的一个好方向。Web 开发人员通常首先学习客户端技术(HTML、CSS 和 JavaScript)，再逐渐深入服务器端脚本或编程语言。

✅ 自测题 9.3

1. 解释什么是服务器端处理。
2. 服务器端脚本开发人员和网页设计人员之间需要进行沟通。为什么？

9.9　HTML5 表单控件

HTML5 引入了许多新表单控件，提供了内置的浏览器编辑和校验功能，从而改善了网页的可用性。主流浏览器的新版本都支持这些表单控件。不支持的浏览器会将其显示成文本框，忽略不支持的属性或控件。本节将探讨 HTML5 电子邮件地址、URL、电话号码、搜索词、数据列表、slider、spinner、日历和颜色等表单输入控件。

电子邮件地址输入

电邮地址输入控件与文本框相似。作用是接收 email 地址，比如"DrMorris2010@gmail.com"。为<input>元素设置 type="email"配置一个电邮地址输入控件。只有支持 HTML5 email 属性值的浏览器才能验证用户输入的是不是 email 地址。其他浏览器将其视为普通文本框。表 9.2 列出了 email 表单输入控件支持的属性。

图 9.23(chapter9/email.html)展示了假如输入的不是电邮地址，Firefox 浏览器会提醒输入有误。注意，浏览器并不验证是否真实电邮地址，只是验证格式是否正确。HTML 代码如下所示：

```
<label for="myEmail">E-mail:</label>
<input type="email" name="myEmail" id="myEmail">
```

图 9.23　浏览器提醒输入的不是电子邮件地址

URL 输入

URL 表单输入控件与文本框相似。作用是接收 URL 或 URI，比如 "https://webdevbasics.net"。为<input>元素设置 type="url"即可配置。只有支持 HTML5 url 属性值的浏览器才能验证用户输入的是不是 URL。其他浏览器将其视为普通文本框。表 9.2 列出了 URL 表单输入控件支持的属性。

图 9.24(chapter9/url.html)展示了假如输入的不是 URL，Firefox 会报告输入有误。注意，浏览器并不验证是否真实 URL，只验证格式是否正确。HTML 代码如下所示：

```
<label for="myWebsite">Suggest a Website:</label>
<input type="url" name="myWebsite" id="myWebsite">
```

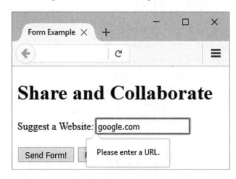

图 9.24　浏览器提醒输入的不是 URL

电话号码输入

电话号码表单输入控件与文本框相似。作用是接收电话号码。为\<input>元素设置 type="tel"来配置。学生文件 chapter9/tel.html 展示了一个例子。表 9.2 列出了 tel 表单输入控件支持的属性。不支持 tel 值的浏览器将这个表单控件视为普通文本框。HTML 代码如下所示：

```
<label for="mobile">Mobile Number:</label>
<input type="tel" name="mobile" id="mobile">
```

搜索词输入

搜索词输入表单控件与文本框相似。作用是接收搜索词。为\<input>元素设置 type="search"来配置。学生文件 chapter9/search.html 展示了一个例子。表 9.2 列出了 search 表单输入控件支持的属性。不支持 search 值的浏览器将这个表单控件视为普通文本框。HTML 代码如下所示：

```
<label for="keyword">Search:</label>
<input type="search" name="keyword" id="keyword">
```

datalist 表单控件

图 9.25 展示了 datalist 表单控件。注意除了从列表中选择，还可在文本框中输入。可用 datalist 向用户推荐预定义的输入值。用三个元素配置 datalist：一个 input 元素、一个 datalist 元素以及一个或多个 option 元素。只有支持 HTML5 datalist 元素的浏览器

才会显示和处理 datalist 中的数据项。其他浏览器会忽略 datalist 元素，将表单控件显示成文本框。

这个 datalist 的源代码请参见学生文件 chapter9/list.html。HTML 代码如下所示：

```
<label for="color">Favorite Color:</label>
<input type="text" name="color" id="color" list="colors">
  <datalist id="colors">
    <option value="red" label="red">
    <option value="green" label="green">
    <option value="blue" label="blue">
    <option value="yellow" label="yellow">
    <option value="pink" label="pink">
    <option value="black" label="black">
</datalist>
```

注意：input 元素的 list 属性的值和 datalist 元素的 id 属性的值相同。这就将文本框和 datalist 控件关联。可用一个或多个 option 元素向访问者提供预设选项。option 元素的 label 属性配置每个列表项中显示的文本，value 属性则配置提交表单时发送给服务器端程序的文本。用户可从列表中选择一个选项(参见图 9.25)，也可直接在文本框中输入(参见图 9.26)。

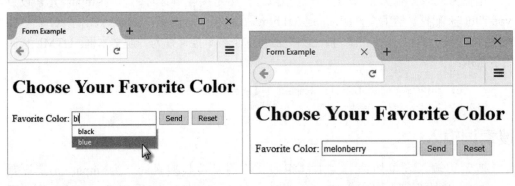

图 9.25　Firefox 正常显示 datalist 表单控件　　图 9.26　可在文本框中输入列表中没有的值

slider 表单控件

slider 控件提供直观的交互式用户界面来接收数值。为<input>元素指定 type="range"来配置。该控件允许用户选择指定范围中的一个值。默认范围是 1 到 100。只有支持 HTML5 range 属性值的浏览器才会显示交互式的 slider 控件，如图 9.27 所示(chapter9/range.html)。注意滑块的位置，这是值为 80 时的位置。不直接向用户显示值，这或许是 slider 控件的一个缺点。不支持该控件的浏览器将它显示成文本框，如图 9.29 所示。

slider 控件支持表 9.2 和表 9.12 列出的属性。min，max 和 step 是新属性。min 配

置范围最小值，max 配置最大值，step 则配置每次调整的最小间隔，默认是 1。

图 9.27 的 slider 控件的 HTML 代码如下所示：

```
<label for="myChoice">Choose a number between 1 and 100:</label><br>
Low <input type="range" name="myChoice" id="myChoice" min="1"
max="100"> High
```

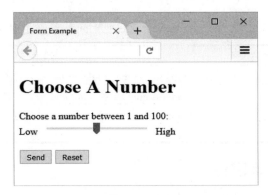

图 9.27　Firefox 浏览器正常显示 slider 控件

spinner 表单控件

spinner 控件提供一个直观的交互式用户界面来接收数值信息，并向用户提供反馈。为<input>元素指定 type="number"即可配置。用户要么在文本框中输入值，要么利用上下箭头按钮选择指定范围中的值。只有支持 HTML5 number 属性值的浏览器才会显示交互式的 spinner 控件，如图 9.28 所示(chapter9/spinner.html)。不支持的浏览器显示成文本框。

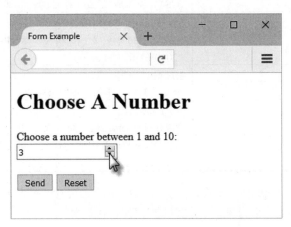

图 9.28　在 Firefox 浏览器中显示的 spinner 控件

spinner 控件支持表 9.2 和表 9.12 列出的属性。min 配置最小值，max 配置最大值，step 配置每次调整的最小间隔，默认是 1。图 9.28 的 spinner 控件的 HTML 代码如下所示：

```
<label for="myChoice">Choose a number between 1 and 10:</label>
<input type="number" name="myChoice" id="myChoice" min="1" max="10">
```

表 9.12　slider，spinner 和日期/时间表单控件的附加属性

属性名称	属性值	用法
max	最大值	用于 range，number 和 date/time 输入控件的属性，指定最大值
min	最小值	用于 range，number 和 date/time 输入控件的属性，指定最小值
step	最小调整单位	用于 range，number 和 date/time 输入控件的属性，指定每次调整的最小间隔

日期和时间表单控件

HTML5 提供了多种表单控件来接收日期和时间信息。为<input>元素的 type 属性指定不同的值，即可配置一个日期或时间控件。表 9.13 列出了这些属性值。

表 9.13　日期和时间控件

type 属性	属性值	格式
date	日期	YYYY-MM-DD 例如：January 2, 2020 表示成"20200102"
datetime	日期和时间，加上时区信息(UTC 偏移)	YYYY-MM-DDTHH:MM:SS-##:##Z 例如：January 2, 2020, at exactly 9:58 AM Chicago time (CST) 表示成"2020-01-02T09:58:00-06:00Z"
datetime-local	日期和时间，无时区信息	YYYY-MM-DDTHH:MM:SS 例如：January 2, 2020, at exactly 9:58 AM 表示成"2020-01-02T09:58:00"
time	时间，无时区信息	HH:MM:SS 例如：1:34 PM 表示成"13:34:00"
month	年月	YYYY-MM 例如：January, 2020 表示成"2020-01"
week	年周	YYYY-W##，其中的##代表一年中的第多少周 例如：2020 年第三周表示成"2020-W03"

图 9.29 的表单(chapter9/date.html)为<input>元素配置 type="date"来配置一个日历控件。用户可从中选择一个日期。该控件的 HTML 代码如下：

```
<label for="myDate">Choose a Date</label>
<input type="date" name="myDate" id="myDate">
```

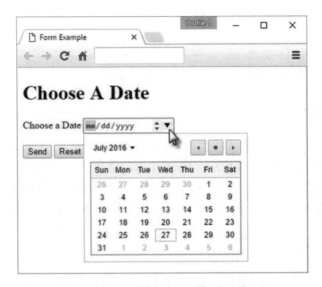

图 9.29　Firefox 浏览器显示的日期控件

日期和时间控件支持表 9.2 和表 9.12 列出的属性。不支持的浏览器会显示成文本框。不过，将来对它们的支持会逐渐普及。

颜色池表单控件

颜色池(color well)控件方便用户选择颜色。为 input 元素指定 type="color"来配置。只有支持 HTML5 color 属性的浏览器才会显示如图 9.30 所示的颜色选择界面(chapter9/color.html)。不支持的浏览器会显示成文本框。

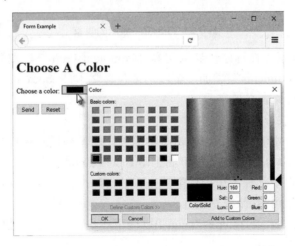

图 9.30　Firefox 浏览器支持颜色池控件

图 9.30 的颜色池表单控件的 HTML 代码如下：

```
<label for="myColor">Choose a color:</label>
    <input type="color" name="myColor" id="myColor">
```

下个动手实作将练习使用新的 HTML5 表单控件。

 动手实作 9.8

这个动手实作将编码表单来接收网站访问者输入的姓名、E-mail 地址、打分以及评论。图 9.31 显示了支持 HTML5 的 Firefox 浏览器所显示的表单。

用文本编辑器打开动手实作 9.7 创建的文件(也可直接从学生文件夹 chapter9/9.7 取用)，将其另存为 comment.html。将修改该文件来创建如图 9.31 所示的网页。

图 9.31　Firefox 显示的表单

1. 修改 title 元素，在标题栏显示文本 "Comment Form"。配置 h1 元素来包含文本 "Send Us Your Comments"。添加一个段落来包含文本 "Required fields are marked with an asterisk *." (星号代表必填字段)。

2. 修改标签和表单控件。

- 配置姓名、电子邮件和评论是必填信息。用星号提示用户必填字段。
- 电邮地址编码成 type="email" 而不是 type="input"。
- 为姓名和电子邮件表单控件配置 placeholder 属性，提示用户应该在这些字段中填写什么内容(参考表 9.2)。

3. 添加一个 slider 控件(type="range")以便用户从 1～10 的分数中选择一个。表单的 HTML 代码如下所示：

```
<form method="post"
action="https://webdevbasics.net/scripts/demo.php">
  <label for="myName">*Name:</label>
  <input type="text" name="myName" id="myName"
        required placeholder="your first and last name">
  <label for="myEmail">*E-mail:</label>
  <input type="email" name="myEmail" id="myEmail"
        required placeholder="you@yourdomain.com">
  <label for="myRating">Rating (1 - 10):</label>
  <input type="range" name="myRating" id="myRating" min="1" max="10">
  <label for="myComments">*Comments:</label>
  <textarea name="myComments" id="myComments" rows="2" cols="20"
            required></textarea>
  <input id="mySubmit" type="submit" value="Submit">
</form>
```

4. 保存文件并在浏览器中测试。使用支持 HTML5 表单控件的浏览器会看到如图
9.31 所示的结果。

5. 如图 9.32 所示，如提交表单但不输入任何信息，Firefox 会显示一条提示，告
诉用户该字段必填。将你的作品与学生文件 chapter9/9.8/comment.html 比较。

图 9.32　Firefox 浏览器提示输入有误

HTML5 和渐进式增强

使用 HTML5 表单控件时要注意渐进式增强。不支持的浏览器看到这种表单控件
会显示文本框。支持的会显示和处理新的表单控件。这正是渐进式增强的实际例子，
所有人都得到一个能使用的表单，使用最新浏览器的人能用上增强功能。

小结

　　本章介绍了表单在网页中的使用，讨论了如何配置表单控件以及如何提供无障碍访问，还介绍了如何配置表单来访问服务器端程序。请浏览本书网站(https://www. webdevfoundations.net)获取本章列举的例子、链接和更新信息。

关键术语

<button>	input 元素
<fieldset>	label 元素
<form>	legend 元素
<input>	list 属性
<label>	max 属性
<legend>	method 属性
<option>	min 属性
<select>	multiple 属性
<textarea>	name 属性
accept 属性	option 元素
accesskey 属性	密码框
action 属性	placeholder 属性
autofocus 属性	隐私策略
boolean 属性	单选钮
button 元素	required 属性
capture 属性	重置按钮
复选框	滚动文本框
颜色池表单控件	搜索词
通用网关接口(CGI)	select 元素
datalist 表单控件	选择列表
日期和时间表单控件	服务器端脚本
直接插	slider 表单控件
电子邮件地址输入	spinner 表单控件
fieldset 元素	step 属性
文件上传控件	提交按钮
for 属性	tabindex 属性
表单	电话号码输入
表单控件	文本框
form 元素	textarea 元素
隐藏输入控件	URL 输入
图像按钮	value 属性

复习题

选择题

1. 以下哪种表单控件最适合进行问卷调查，让访问者投票选出他们最常用的搜索引擎？（　　）

　　A. 复选框　　　　　　　B. 单选钮　　　　　　C. 文本框　　　　　　　D. 滚动文本框

2. 以下哪种表单控件最适合进行问卷调查，让访问者投票选出他们平常用的所有搜索引擎？（　　）

　　A. 复选框　　　　　　　B. 单选钮　　　　　　C. 文本框　　　　　　　D. 滚动文本框

3. \<form>标记的哪个属性指定对表单字段值进行处理的脚本名称和位置？（　　）

　　A. action　　　　　　　B. process　　　　　　C. method　　　　　　　D. id

4. 以下 HTML 标记中，（　　）将文本框名称设为"city"，宽度设为 40 字符。

　　A. \<input type="text" id="city" width="40">

　　B. \<input type="text" name="city" size="40">

　　C. \<input type="text" name="city" space="40" >

　　D. \<input type="text" width="40">

5. 以下哪一种表单控件最适合创建供访问者输入电子邮件地址的区域？（　　）

　　A. 选择列表　　　　　　B. 文本框　　　　　　C. 滚动文本框　　　　　D. 标签

6. 以下哪个表单控件适合让访问者输入留言？（　　）

　　A. 文本框　　　　　　　B. 选择列表　　　　　C. 单选钮　　　　　　　D. 滚动文本框

7. 表单包含各种类型的(　　)，比如文本框和按钮，以便从访问者处接收信息。

　　A. 隐藏元素　　　　　　B. 标签　　　　　　　C. 表单控件　　　　　　D. 图例

8. 以下哪个配置名为 comments 的滚动文本框，高 2 行，宽 30 字符？（　　）

　　A. \<textarea name="comments" width="30" rows="2"></textarea>

　　B. \<input type="textarea" size="30" name="comments" rows="2">

　　C. \<textarea name="comments" rows="2" cols="30"></textarea>

　　D. \<input type="comments" rows="2" name="comments" cols="30">

9. 需要接收范围在 1 到 25 之间的一个数。用户要直观地看到他们选择的数字。以下哪个表单控件最适合？（　　）

　　A. spinner　　　　　　　B. 复选框　　　　　　C. 单选钮　　　　　　　D. slider

10. 以下哪个将"E-Mail:"标签与名为 email 的文本框关联？（　　）

　　A. E-mail \<input type="textbox" name="email" id="email">

　　B. \<label>E-mail: </label>\<input type="text" name="email" id="email">

　　C. \<label for="email">E-mail: </label>\<input type="text" name="email" id="emailaddress">

　　D. \<label for="email">E-mail: </label>\<input type="text" name="email" id="email">

11. 浏览器遇到不支持的 HTML5 表单输入控件会发生什么？（　　）

　　A. 电脑关机　　　　　　　　　　　　　　B. 浏览器崩溃

　　C. 浏览器显示错误提示　　　　　　　　　D. 浏览器显示一个输入文本框

填空题

12. 要限制文本框能接收的字符数，应使用_____属性。

13. 要将几个表单控件从视觉上进行分组应使用_____元素。

14. 几个单选钮要被当作一组对待，其_____属性的值必须一致。

简答题

15. 列举允许网页访问者选择一种颜色的至少三个表单控件。

应用题

1. 预测结果。描绘以下 HTML 代码所创建的网页并简单进行说明。

```
<!DOCTYPE html>
<html lang="en">
<head>
<title>Predict the Result</title>
<meta charset="utf-8">
</head>
<body>
<h1>Contact Us</h1>
<form action="myscript.php">
<fieldset><legend>Complete the form and a consultant will contact
you.</legend>
E-mail: <input type="text" name="email" id="email" size="40">
<br>Please indicate which services you are interested in:<br>
<select name="inquiry" id="inquiry" size="1">
   <option value="development">Web Development</option>
   <option value="redesign">Web Redesign</option>
   <option value="maintain">Web Maintenance</option>
   <option value="info">General Information</option>
</select>
<br>
<input type="submit">
</fieldset>
</form>
<nav><a href="index.html">Home</a>
<a href="services.html">Services</a>
<a href="contact.html">Contact</a></nav>
</body>
</html>
```

2. 补全代码。以下网页配置了一个调查表单以收集网页访问者最喜欢的搜索引擎信息。表单动作(action)设为将表单内容提交给服务器端脚本 survey.php。一些 HTML 标记及其属性遗失了，它们用<_>表示。一些 HTML 属性值也遗失了，它们用"_"表示。

```
<!DOCTYPE html>
<html lang="en">
```

```
<head>
<title>Fill in the Missing Code</title>
<meta charset="utf-8">
</head>
<body>
<h1>Vote for your favorite Search Engine</h1>
<form method="_" action="_">
<input type="radio" name="_" id="Ysurvey" value="Yahoo">
Yahoo!<br>
  <input type="radio" name="survey" id="Gsurvey" value="Google">
  Google<br>
  <input type="radio" name="_" id="Bsurvey" value="Bing"> Bing<br>
  <_>
</form>
</body>
</html>
```

3. 查找错误。找出以下订阅表单代码中的错误。

```
<!DOCTYPE html>
<html lang="en">
<head>
<title>Find the Error</title>
<meta charset="utf-8">
</head>
<body>
<p>Subscribe to our monthly newsletter and receive free coupons!</p>
<form action="get" method="newsletter.php">
    <lable>E-mail: <input type="textbox" name="email" id="email"
char="40"></lable>
    <br>
    <input button="submit"> <input type="rest">
</form>
</body>
</html>
```

动手实作

1. 写 HTML 代码创建以下项目。
* 一个名为 user 的文本框，用来从网页访问者那里接收用户名。该文本框最多允许输入 30 个字符。
* 一组单选钮，让网站访问者选择最喜欢一年中的哪一月。
* 一个选择列表，让网站访问者选择他们最喜欢的社交网站。
* 一个 fieldset，将 legend 文本设为"Shipping Address"，将下列表单控件包含在这个 fieldset 中：AddressLine1，AddressLine2，City，State 和 ZIP。
* 表单中作为图像按钮使用的 signup.gif。
* 一个名为 userid 的隐藏输入控件。

- 一个名为 pword 的密码框表单控件。
- 一个 form 标记,用 post 方法调用 https://webdevbasics.net/scripts/demo.php 服务器端脚本程序。

2. 写 HTML 代码创建表单,接收邮寄产品宣传册的请求。开始之前,先在纸上画好表单草图。

3. 创建网页,用表单接收网站访问者的反馈信息。使用 input type="email",并用 required 属性配置浏览器验证所有数据均已输入。指定用户输入的评论最长为 1600 字符。开始之前,先在纸上画好表单草图。

4. 创建网页,用表单接收网站访问者的姓名、E-mail 和生日。使用 type="date"属性在支持的浏览器中显示日历控件。开始之前,先在纸上画好表单草图。

5. 创建网页,用表单显示一个音乐问卷表单,要求和图 9.33 的示例网页相似。

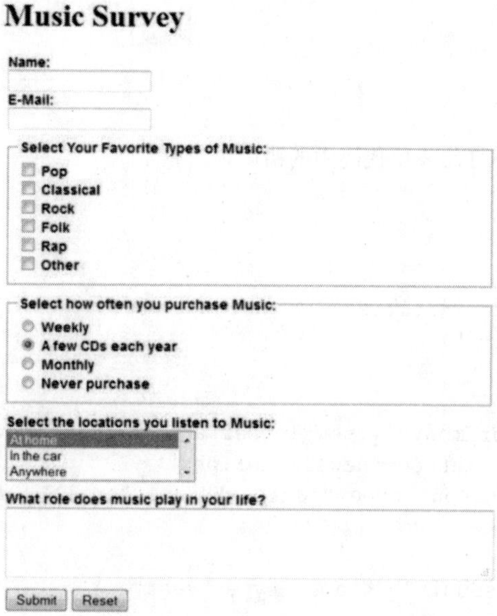

图 9.33   示例音乐问卷表

添加以下表单控件。

- 用于输入姓名的文本框
- 用于输入 E-mail 地址的电子邮件地址输入表单控件
- 宽 60 个字符,高 3 行的滚动文本框。(提示:<textarea>)
- 包含至少三个选项的一组单选钮
- 包含至少三个选项的一组复选框
- 一个初始显示三个选项的选择框,但选项总数至少为 4 个
- 提交按钮
- 重置按钮
- 参考图 9.33,使用 fieldset 和 legend 元素来配置单选钮和复选框表单区域

用 CSS 配置表单样式。将你的姓名和 E-mail 地址放在页面底部。

网上研究

1. 本章提到了几个免费的远程脚本资源，包括 FormBuddy.com(http://formbuddy.com)和 FormMail (https://www.formmail.com)。访问这些网站，或者用搜索引擎查找其他免费远程脚本网站。在网站上注册(如果需要的话)并仔细研究，看看它们具体提供了什么东西。大多数提供远程脚本的网站都提供了可供观看或试验的演示脚本/视频。如果有时间 (或者老师要求)，按照说明从你的某个网页中访问一个远程脚本。看过产品演示，或尝试过使用(这样更好！)之后，接着来写一篇报告。

创建一个网页，列举你选择的两个资源网站并比较它们提供的功能。列出每个网站的以下信息：
- 注册是否容易
- 提供的脚本或服务的数量
- 提供的脚本或服务的类型
- 是否有横幅广告(site banner)或其他广告
- 易用性如何
- 你的推荐(是否会将网站推荐给其他人？)

提供你评论的资源网站链接，将你的姓名和电子邮件地址放到页面底部。

2. 在网上搜索一个使用了 HTML 表单的网页。将浏览器视图打印出来，再打印它的源代码。在打印稿中，将与表单相关的标记高亮标示或圈出来。在另外一张纸上做 HTML 笔记，列举找到的与表单相关的标记和属性，并简单描述它们的作用。

3. 选择本章讨论的一种服务器端技术，比如 PHP，SP 或 Ruby on Rails。以本章列举的资源为起点，在网络上搜索与你选择的服务器端技术相关的其他资源。创建一个网页，列举至少 5 项有用的资源，并附上资源站点名称、URL、所提供服务的简单描述和一个推荐的页面(比如教程、免费脚本等)。将你的姓名和电子邮件地址放到页面底部。

聚焦 Web 设计

表单的设计，比如标签的对齐，背景颜色的运用，甚至表单控件的顺序，会对表单的可用性造成影响。请访问以下资源来探索表单设计：
- 设计高效率的网页表单

  https://www.smashingmagazine.com/2017/06/designing-efficient-web-forms/
- 表单设计最佳实践

  https://blog.hubspot.com/marketing/form-design
- 移动端表单设计最佳实践

  https://www.smashingmagazine.com/2018/08/best-practices-for-mobile-form-design/

请自行搜索适合自己的其他资源。创建一个网页，列出至少两个有用的资源的 URL，并简单描述它提供的哪些信息有意思或有价值。在网页中设计一个表单来应用你探索表单设计时学到的知识。将你的姓名和电子邮件地址放到页面底部。

网站案例学习：添加表单

以下每个案例学习将贯穿本书的绝大部分。本章将添加一个网页来调用服务器端程序。

案例 1：咖啡屋 JavaJam Coffee Bar

请参见第 2 章了解 JavaJam Coffee Bar 的概况。图 2.32 是 JavaJam 网站的站点地图。本案例学习以第 8 章创建的 JavaJam 网站为基础。将新建"招聘"页，并在其中使用表单。具体有三个任务。

1. 为 JavaJam 案例学习新建文件夹。
2. 修改样式表文件 javajam.css 为新表单配置样式。
3. 创建招聘页(jobs.html)，如图 9.34 所示。

任务 1：网站文件夹。新建文件夹 javajam9，从第 8 章创建的 javajam8 文件夹复制所有文件。再从 chapter9/starters 文件夹复制 erojobs.jpg 和 coffeecup.jpg。

任务 2：配置 CSS。修改外部样式表(javajam.css)。参考图 9.34 的网页显示，同时参考图 9.35 的网格布局。注意表单控件的文本标签位于内容区域左侧。注意每个表单控件之间的空白。在较窄的视口中显示时，单栏效果更佳，如图 9.36 所示。

图 9.34　JavaJam 招聘页(jobs.html)

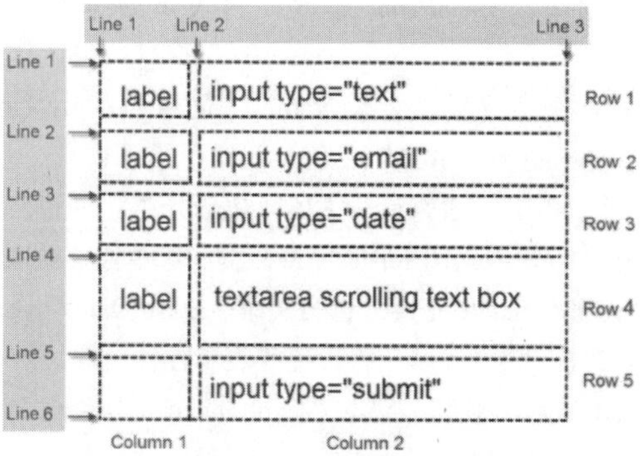

图 9.35　表单网格布局草图 　　　　　图 9.36　窄视口用单栏表单

在文本编辑器中打开 javajam.css。像下面这样配置 CSS。

1. 格式化 hero 图片。在媒体查询上方编码一个选择符，分配名为 herojobs 的 id，配置 300px 高度，背景图片 coffeecup.jpg，不重复。再配置 background-size: 100% 100%。

2. 使用灵活框为窄视口配置单栏显示。在媒体查询上方添加以下 CSS 将 form 元素选择符配置成单栏灵活容器，1em 左填充，80%宽度。再为 input 和 textarea 元素选择符配置.5em 底部边距。

```
form { display: flex;
    flex-direction: column;
    padding-left: 1em; width: 80%; }
    input, textarea { margin-bottom: .5em; }
```

3. 用网格布局配置双栏显示,并格式化一张较大的 hero 图片。为第一个媒体查询添加 CSS 来配置以下样式:

- 配置 form 元素选择符。设置 40%宽度,1em 网格间隙的网格显示,以及双栏(宽度分别为 6em 和 1 fr)。
- 为提交按钮配置属性选择符,用 grid-column 属性将该按钮放到第二栏。宽度设为 9em。
- 配置 herojobs id 选择符。将背景图片设为 herojobs.jpg。

保存 javajam.css 文件。

任务 3:创建招聘页。将菜单页作为招聘页的起点。用文本编辑器打开 menu.html 并另存为 jobs.html。修改 jobs.html 文件,使之与图 9.34 的招聘页相似,具体如下。

1. 修改网页 title 来包含恰当的文本。

2. 招聘页的 main 元素包含一个 h2、一个段落以及一个表单。为第一个 div 分配 herojobs id。

3. 编辑 h2 元素的文本,显示"Jobs at JavaJam"。将段落文本替换为"Want to work at JavaJam? Fill out the form below to start your application. All information is required."。(想在 JavaJam 工作吗?请填表申请。所有信息都必须输入。)

4. 从网页删除和菜单相关的其他内容:表格和分配了 flow id 的 div。

5. 现在为表单区域写 HTML 代码。以一个<form>标记开头,配置它使用 post 方法,设置 action 来调用服务器端脚本。除非老师另有要求,否则请配置 action 属性,将表单数据发送给 https://webdevbasics.net/scripts/javajam8.php。

6. 配置填写姓名(Name)的表单控件。编码一个 label 元素来包含文本"Name: "。创建名为 myName 的文本框,配置必须在该文本框中输入。用 for 属性将标签和表单控件关联。

7. 配置用于输入电子邮件的表单控件。编码一个 label 元素来包含文本"E-mail:"。创建名为 myEmail 的电子邮件地址输入表单控件,配置必须在其中输入。用 for 属性将标签和表单控件关联。

8. 配置用于选择工作起始日期的表单控件。创建一个 label 元素来包含文本"Start Date:"。创建名为 myStart 的日历控件。配置该控件必须输入或选择。用 for 属性将标签和表单控件关联。

9. 配置用于输入简历的表单控件。创建一个 label 元素来包含文本"Experience:"。创建名为 myExperience 的 textarea,将 rows 设为 2,cols 设为 20。配置必须在其中输入。用 for 属性将标签和表单控件关联。

10. 配置提交按钮。编码 type="submit",value="Apply Now"的输入元素。为该输入元素分配 mySubmit id。

11. 在提交按钮后编码结束</form>标记。

保存网页并在浏览器中测试,效果如图 9.34 所示。改变浏览器视口大小,把它变得更窄,会看到如图 9.36 所示的显示。如当前已连接到 Internet,可试着输入信息并提交表单。这会将表单信息发送给<form>标记配置的服务器端脚本。会显示一个确认页,其中列出了表单信息及其对应的名称。

接着,不填或者填写格式有误的电子邮件,然后提交表单。取决于浏览器对 HTML5 的支持程度,浏览器可能执行校验并显示错误消息。图 9.37 是电子邮件格式错误的情况下由 Firefox 显示的招聘页。

图 9.37　招聘页提示输入有误

案例 2：宠物医院 Fish Creek Animal Clinic

请参见第 2 章了解 Fish Creek Animal Clinic 的概况。图 2.36 是 Fish Creek 网站的站点地图。本案例学习以第 8 章创建的 Fish Creek 网站为基础。将新建"联系"页，并在其中使用表单。具体有三个任务。

1. 为 Fish Creek 案例学习新建文件夹。

2. 修改样式表文件 fishcreek.css 为新表单配置样式。

3. 创建联系页(contact.html)，如图 9.38 所示。

任务 1：网站文件夹。新建文件夹 fishcreek9，从第 8 章创建的 fishcreek8 文件夹复制所有文件。

任务 2：配置 CSS。修改外部样式表(fishcreek.css)。参考图 9.38 的网页显示，同时参考图 9.39 的网格布局。注意表单控件的文本标签位于内容区域左侧，但包含右对齐的文本。并注意每个表单控件之间的垂直空白。在较窄的视口中显示时，单栏效果更佳，如图 9.40 所示。

在文本编辑器中打开 javajam.css。像下面这样配置 CSS。

1. 使用灵活框为窄视口配置单栏显示。在媒体查询上方添加以下 CSS 将 form 元素选择符配置成单栏灵活容器，1em 左填充，80%宽度。再为 input 和 textarea 元素选择符配置.5em 底部边距。

```
form { display: flex;
    flex-direction: column;
    padding-left: 1em; width: 80%; }
        input, textarea { margin-bottom: .5em; }
```

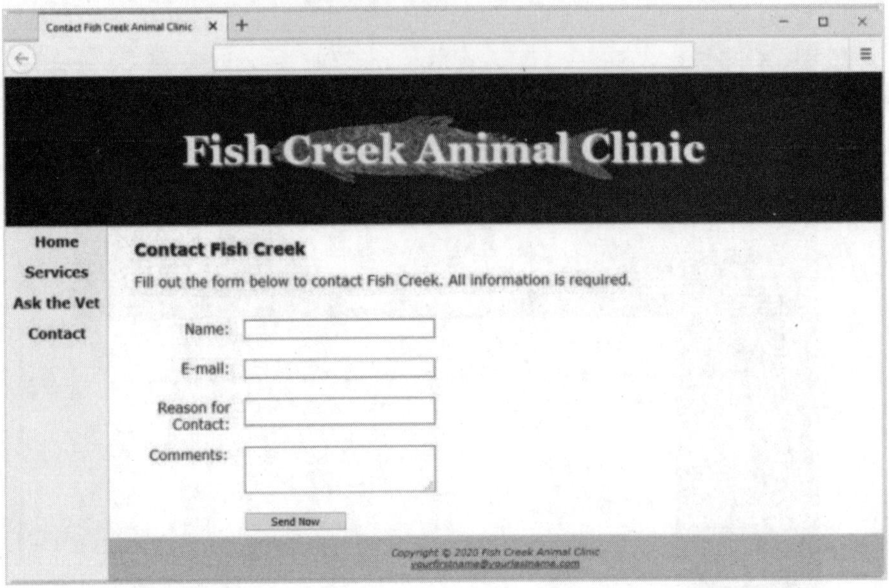

图 9.38   Fish Creek 联系页(contact.html)

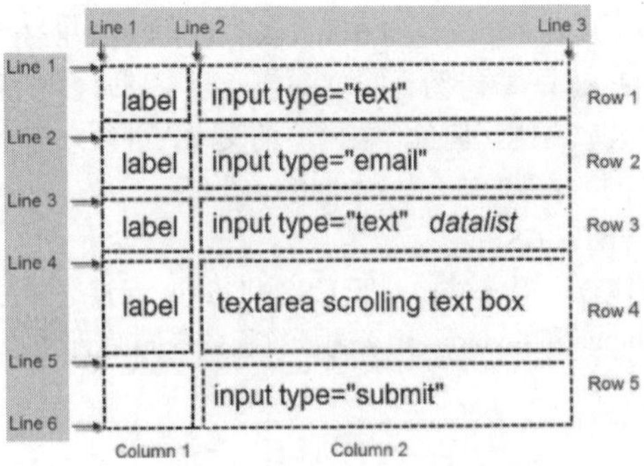

图 9.39   表单网格布局草图

图 9.40   窄视口用单栏表单

2. 用网格布局配置双栏显示。为第一个媒体查询添加 CSS 来配置以下样式。

- 配置 form 元素选择符。设置 40%宽度，1em 网格间隙的网格显示，以及双栏(宽度分别为 6em 和 1 fr)。

- 为提交按钮配置属性选择符，用 grid-column 属性将该按钮放到第二栏。宽度设为 9em。

- 配置一个 label 元素选择符，设置右对齐。

保存 fishcreek.css 文件。

任务 3：创建联系页。将 Ask the Vet(兽医咨询)页作为联系页的起点。用文本编辑器打开 askvet.html 并另存为 contact.html。修改 contact.html 文件，使之与图 9.36 的联系页相似，具体包括：

1. 修改网页 title 来包含恰当的文本。

2. 删除描述列表、img 元素和分配了 flow id 的 div。

3. 将 h2 元素中的文本替换为"Contact Fish Creek"。

4. 将段落中的文本替换为以下文本：

Fill out the form below to contact Fish Creek. All information is required.

5. 现在为表单区域写 HTML 代码。以一个<form>标记开头，配置它使用 post 方法，设置 action 来调用服务器端脚本。除非老师另有要求，否则请配置 action 属性，将表单数据发送给 https://webdevbasics.net/scripts/fishcreek.php。

6. 配置填写姓名(Name)的表单控件。编码一个 label 元素来包含文本"Name:"。创建名为 myName 的文本框，配置必须在该文本框中输入。用 for 属性将标签和表单控件关联。

7. 配置用于输入电子邮件的表单控件。编码一个 label 元素来包含文本"E-mail:"。创建名为 myEmail 的电子邮件地址输入表单控件，配置必须在其中输入。用 for 属性将标签和表单控件关联。

8. 配置用于填写联系 Fish Creek 理由的表单控件。编码一个 label 元素来包含文本"Reason for Contact:"。创建名为 myReason 的文本框，配置必须在其中输入。用 for 属性将标签和表单控件关联。将文本框和名为 reasons 的 datalist 关联。配置 datalist 和 option 元素来显示以下联系理由：New Patient，Appointment，House Call，Information，Ask the Vet。

9. 配置表单的评论区域。编码一个 label 元素来包含文本"Comments:"。创建名为 myComments 的 textarea，将 rows 设为 2，cols 设为 20。配置必须在其中输入。用 for 属性将标签和表单控件关联。

10. 配置提交按钮。编码 type="submit"，value="Send Now"的输入元素。为该输入元素分配 mySubmit id。

11. 在提交按钮后编码结束</form>标记。

保存网页并在浏览器中测试，效果如图 9.38 所示。改变浏览器视口大小，把它变得更窄，会看到如图 9.40 所示的显示。假如当前已连接到 Internet，可以试着输入信息并提交表单。这会将表单信息发送给<form>标记配置的服务器端脚本。会显示一个确认页，其中列出了表单信息及其对应的名称。

接着，不填或者填写格式有误的电子邮件，然后提交表单。取决于浏览器对 HTML5 的支持程度，浏览器可能执行校验并显示错误消息。图 9.41 是电子邮件格式错误的情况下由 Firefox 显示的联系页。

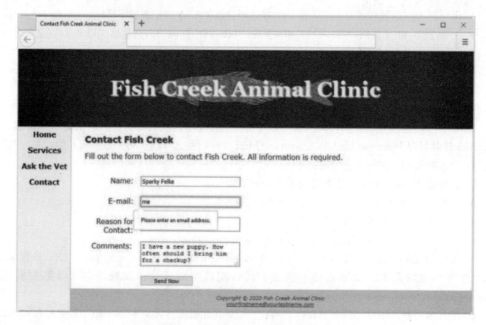

图 9.41　联系页提示输入有误

案例 3：度假村 Pacific Trails Resort

请参见第 2 章了解 Pacific Trails Resort 的概况。图 2.40 是网站的站点地图。本案例学习以第 8 章创建的 Pacific Trails 网站为基础，将添加使用了表单的新 Reservations(预订)页。

具体有三个任务。

1. 为 Pacific Trails 网站创建文件夹。

2. 修改 CSS，配置新表单的样式。

3. 创建新的 Reservations 页(reservations.html)。完成后的效果如图 9.42 所示

任务 1：网站文件夹。新建文件夹 pacific9，从第 8 章创建的 pacific8 文件夹复制所有文件。再从 chapter9/starters 文件夹复制 ocean.jpg。

任务 2：配置 CSS。修改外部样式表(pacific.css)。参考图 9.42 的网页显示，同时参考图 9.43 的网格布局。注意表单控件的文本标签位于内容区域左侧。还要注意每个表单控件之间的垂直间距。在窄视口中显示时，最好只显示一栏(一列)，如图 9.44 所示。

在文本编辑器中打开 pacific.css 文件并像下面这样配置 CSS。

1. 用灵活框配置窄视口的单栏显示。在媒体查询上方添加以下 CSS。

- 将 form 元素选择符配置成只有一列的灵活容器，1em 左填充，80%宽度。

```
form { display: flex;
flex-direction: column;
padding-left: 1em; width: 80%; }
```

- 为 input 和 textarea 元素选择符设置.5em 底部边距。
- 编码一个选择符，分配名为 reshero 的 id，配置 300px 高度，背景图片 ocean.jpg，background-size: 100% 100%，而且不重复。

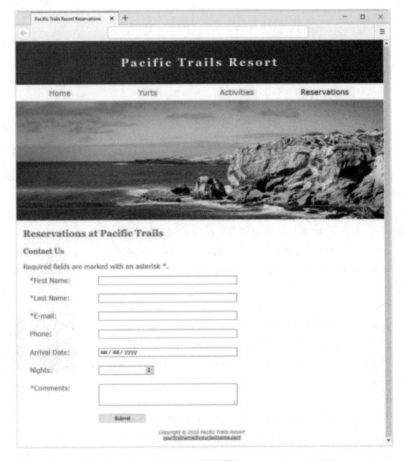

图 9.42　Pacific Trails 预订页(reservations.html)

2. 用网格布局配置双栏显示。为第一个媒体查询添加 CSS：
- 配置一个 form 元素选择符。设置成网格，60%宽度，1em 网格间隙，两列(宽度分别是 10em 和 1fr)。
- 为提交按钮配置一个属性选择符。用 grid-column 属性把该按钮放到第二列。将宽度设为 9em。
- 配置 reshero id，设置 background-size: 100% 100%。

保存 pacific.css 文件。

任务 3：创建预订页。以主页为基础创建预订页。用文本编辑器打开 index.html 并将其另存为 reservations.html。修改文件，使之与图 9.42 的预订页相似，具体如下。

1. 修改网页 title 来包含恰当的文本。

2. 找到分配了 homehero id 的 div，将 homehero 替换为 reshero。

3. 删除 main 元素中除了 h1 元素及其文本之外的所有 HTML 标记和内容。

4. 将<h2>标记中的文本更改为"Reservations at Pacific Trails"。

5. 在 h2 元素下另起一行。配置一个 h3 元素，显示文本"Contact Us"。

6. 在 h3 元素下添加一个段落，提醒用户星号代表必填字段：

```
Required fields are marked with an asterisk *.
```

7. 现在为表单区域写 HTML 代码。以一个<form>标记开头，配置它使用 post 方法，设置 action 来调用服务器端脚本。除非老师另有要求，否则请配置 action 属性，将表单数据发送给 https://webdevbasics.net/scripts/pacific.php。

8. 配置输入 First Name 信息的表单控件。创建一个 label 元素来包含文本"* First Name:"。创建名为 myFName 的文本框。配置必须在该文本框中输入。用 for 属性将标签和表单控件关联。

9. 配置输入 Last Name 信息的表单控件。创建一个 label 元素来包含文本"* Last Name:"。创建名为 myLName 的文本框。配置必须在该文本框中输入。用 for 属性将标签和表单控件关联。

10. 配置用于输入电子邮件的表单控件。编码一个 label 元素来包含文本"*E-mail:"。创建名为 myEmail 的电子邮件地址输入表单控件，配置必须在其中输入。用 for 属性将标签和表单控件关联。

11. 配置用于输入电话号码的表单控件。编码一个 label 元素来包含文本"Phone:"。创建名为 myPhone 的文本框，配置必须在其中输入。用 for 属性将标签和表单控件关联。

12. 配置用于选择入住日期的表单控件。编码一个 label 元素来包含文本"Arrival Date:"。创建名为 myDate 的日期选择控件。用 for 属性将标签和表单控件关联。

13. 配置用于选择入住晚数的表单控件。编码一个 label 元素来包含文本"Nights:"。创建名为 myNights 的 spinner 控件。用 for 属性将标签和表单控件关联。配置控件处理 1 到 14 之间的值。用 min 和 max 属性配置值的范围。

14. 配置表单的 Comments(评论)区域。编码一个 label 元素来包含文本"* Comments:"。创建名为 myComments 的 textarea 元素。rows 设为 2，cols 设为 20。用 for 属性关联标签和表单控件。配置必须其中输入。

15. 配置提交按钮。编码 type="submit"，value="Submit "的输入元素。为该输入元素分配 mySubmit id。

16. 在提交按钮后编码结束</form>标记。

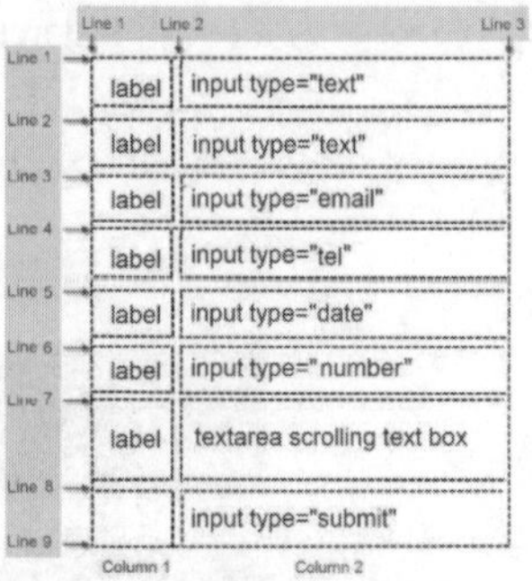

图 9.43　表单网格布局草图

图 9.44　窄视口用单栏表单

保存 reservations.html 文件并在浏览器中测试，结果应该如图 9.42 所示。收窄浏览器视口，应该能获得如图 9.44 所示的效果。假如当前已连接到 Internet，可试着输入信息并提交表单。这会将表单信息发送给<form>标记配置的服务器端脚本。随后会显示一个确认页，其中列出了表单信息及其对应的名称。

接着，不填或者填写格式有误的电子邮件，然后提交表单。取决于浏览器对 HTML5 的支持程度，浏览器可能执行校验并显示错误消息。图 9.45 是电子邮件格式错误的情况下由 Firefox 显示的部分预订页。

图 9.45　预订页提示输入有误

案例 4：瑜珈馆 Path of Light Yoga Studio

请参见第 2 章了解 Path of Light Yoga Studio 的概况。图 2.44 是网站的站点地图。本案例学习以第 8 章创建的 Path of Light Yoga Studio 网站为基础，将添加使用了表单的新联系页。

具体有三个任务。

1. 为 Path of Light Yoga Studio 网站创建文件夹。

2. 修改样式表(yoga.css)，配置新表单的样式。

3. 创建 Contact 页(contact.html)。完成后的效果如图 9.46 所示。

任务 1：网站文件夹。新建文件夹 yoga9，从第 8 章创建的 yoga8 文件夹复制所有文件。

任务 2：配置 CSS。修改外部样式表(yoga.css)。参考图 9.46 的网页显示，同时参考图 9.47 的网格布局。注意，表单控件的文本标签位于内容区域左侧，但包含右对齐的文本。还要注意每个表单控件之间的垂直间距。在窄视口中显示时，最好只显示一栏(一列)，如图 9.48 所示。

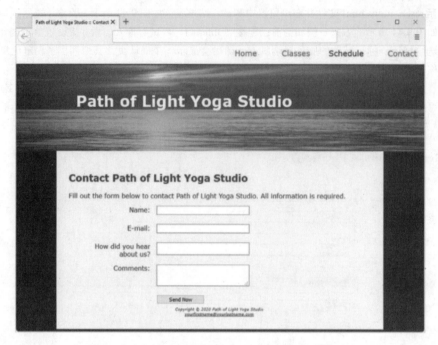

图 9.46   Path of Light Yoga Studio 联系页(contact.html)

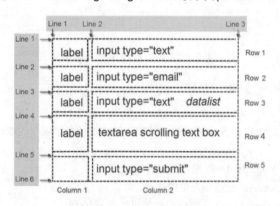

图 9.47   表单网格布局草图

用文本编辑器打开 yoga.css 文件并像下面这样配置 CSS。

1. 用灵活框配置窄视口的单栏显示。在媒体查询上方添加 CSS，将 form 元素选择符配置成只有一列的灵活容器，1em 左填充，80%宽度。再为 input 和 textarea 元素选择符配置.5em 底部边距。

2. 用网格布局配置双栏显示。为第一个媒体查询添加 CSS。

- 配置一个 form 元素选择符。设置成网格，60%宽度，1em 网格间隙，两列(宽度分别是 12em 和 1fr)。

- 为提交按钮配置一个属性选择符。用 grid-column 属性把该按钮放到第二列。宽度设为 9em。

- 配置一个 label 元素选择符，设置右对齐。

保存 yoga.css 文件。

任务 3：创建联系页。将 Classes(课程)页作为联系页的起点。用文本编辑器打开 classes.html 并另存为 contact.html。修改 contact.html 文件，使之与图 9.46 的联系页相似，具体如下。

1. 修改网页 title 来包含恰当的文本。

2. 联系页将在 main 元素中显示表单。删除 main 元素中的所有 HTML 和内容，只保留 h2 元素及其文本。

3. 将 h2 元素中的文本修改成"Contact Path of Light Yoga Studio"。

4. 在 h2 元素下方添加一个段落：

Fill out the form below to contact Path of Light Yoga Studio. All information is required.

5. 现在为表单区域写 HTML 代码。以一个<form>标记开头，配置它使用 post 方法，设置 action 来调用服务器端脚本。除非老师另有要求，否则请配置 action 属性，将表单数据发送给 https://webdevbasics.net/scripts/yoga.php。

6. 配置填写姓名(Name)的表单控件。编码一个 label 元素来包含文本"Name:"。创建名为 myName 的文本框，配置必须在该文本框中输入。用 for 属性将标签和表单控件关联。

7. 配置用于输入电子邮件的表单控件。编码一个 label 元素来包含文本"E-mail:"。创建名为 myEmail 的电子邮件地址输入表单控件，配置必须在其中输入。用 for 属性将标签和表单控件关联。

8. 配置表单控件来填写从什么渠道了解瑜伽馆。编码一个 label 元素来包含文本"How did you hear about us?"。创建名为 myRefer 的文本框，配置必须在其中输入。用 for 属性将标签和表单控件关联。将文本框和名为 referral 的 datalist 关联。配置 datalist 和 option 元素来显示以下了解渠道：Google，Bing，Facebook，Friend，Radio Ad。

9. 配置表单的评论区域。编码一个 label 元素来包含文本"Comments:"。创建名为 myComments 的 textarea，将 rows 设为 2，cols 设为 20。配置必须在其中输入。用 for 属性将标签和表单控件关联。

10. 配置提交按钮。编码 type="submit"，value="Send Now" 的输入元素。为该输入元素分配 mySubmit id。

11. 在提交按钮后编码结束</form>标记。

保存网页并在浏览器中测试，效果如图 9.46 所示。改变浏览器视口大小，把它变得更窄，会看到如图 9.48 所示的显示效果。如当前已连接到 Internet，可试着输入信息并提交表单。这会将表单信息发送给<form>标记配置的服务器端脚本。会显示一个确认页，其中列出了表单信息及其对应的名称。

接着，不填或者填写格式有误的电子邮件，然后提交表单。

图 9.48 窄视口用单栏表单

取决于浏览器对 HTML5 的支持程度，浏览器可能执行校验并显示错误消息。图 9.49 是电子邮件格式错误的情况下由 Firefox 来显示的联系页。

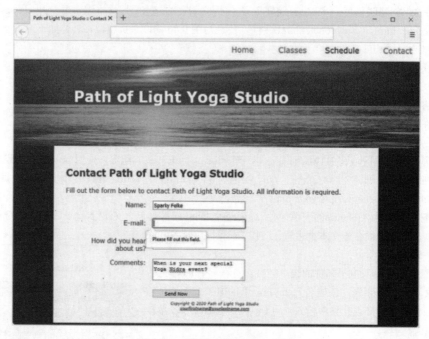

图 9.49　联系页提示输入有误

项目实战

参考第 5 章和第 6 章来了解这个 Web 项目。现在要么为网站中现有的页添加表单，要么创建新网页来包含表单。用 CSS 配置表单样式。

动手实作案例

1. 从项目中选择或新建一个要包含表单的网页，在纸上画出计划创建的表单的草图。

2. 修改项目的外部 CSS 文件(project.css)来配置表单以及其中的表单控件。

3. 编辑所选的网页，添加表单的 HTMl 代码。

4. form 元素应使用 post 方法，action 要调用服务器端程序。除非老师有其他要求，否则设置 action 属性将表单数据发送给 https://webdevbasics.net/scripts/demo.php。

保存并测试网页。假如当前已连接到 Internet，可以试着提交表单。这会将表单信息发送给<form>标记中配置的服务器端脚本。随后会显示一个确认页，其中列出了各项表单信息及其对应的名称。

第 10 章
网站开发

学习目标：

- 描述成功开发一个网站所需的技能、职责和工作角色
- 利用"标准系统开发生命周期"的各个阶段
- 了解其他常用的系统开发方法
- 将"系统开发生命周期"应用于网站开发项目
- 在**酝酿**阶段识别机会和确定目标
- 在**分析**阶段确定信息主题和网站需求
- 在**设计**阶段创建站点地图、页面布局、原型和文档
- 在**制作**阶段完成网页和相关文件的制作
- 在**测试**阶段检验网站功能并使用测试计划
- 获得用户认可并开通网站
- 在**维护**阶段修改和增强网站
- 在**评估**阶段比较网站的目标和结果
- 了解网站文件组织的最佳实践
- 为网站寻找合适的 Web 主机提供商
- 为网站选择域名

本章讨论成功开发大规模项目所需的各种技能并介绍常用的网站开发方法。很重要的一点是要认识到每个项目都是独特的；每一个项目都有它自身的需要和要求。为 Web 项目团队选择的人选是否合适，决定了项目成功与否。

10.1 成功的大型项目开发

大型项目不是一两个人就能够完成的，需要有一组人以团队的形式协同工作才能成功。大型项目通常要求的职位包括：项目经理、信息建构师、用户体验设计师、市场代表、文书、编辑、图形设计师、数据库管理员、网络管理员和网站开发人员/设计师。在小的公司或组织中，可能出现一人身兼数职的情况。开发小规模的项目时，可以让一个开发人员同时担任项目经理、图形设计师、数据库管理员和/或信息建构师。必须理解每个项目都是唯一的，分别有不同的需求。为项目团队物色合适的人是关键。

项目职位

项目经理

项目经理监管网站开发过程并协调团队行动。还要负责创建项目计划和时间表。这个人要负责让项目按部就班地进行，而且要达成预期结果，这要求他/她具有出色的组织、管理和沟通技能。

信息建构师

信息建构师的工作是明确网站的任务和目标，协助决定网站的功能，并且要在定义网站结构、导航和标签方面发挥作用。Web 开发人员和/或项目经理有时会自己担任这一角色。

用户体验设计师

用户体验(User experience，UX)是指用户和产品、应用程序或网站的交互。用户体验设计师(UX 设计师)专注于用户和网站的交互。UX 设计师可能会涉及原型，开展可用性测试，并且在某些情况下可能会与信息建构师一起工作。在小型项目中，项目经理、开发人员或设计人员可能兼任 UX 设计师的角色。

市场代表

市场代表负责处理企业的市场计划和目标。市场代表和 Web 设计人员协同工作，共同创建与该企业的市场目标一致的 Web 存在(Web presence)，或者说企业在网上的"外观和感觉"。市场代表还要帮助协调网站和其他媒体的关系，比如出版、广播和电视媒体等。

文案和编辑

文案负责准备和评估文字材料。如果想要将现有的宣传册、简讯和白皮书用到网站上，就需要将它们重新编辑和整理，使它们适合在 Web 媒体上发布。内容经理或编辑可协助文书的工作，检查文本的语法错误和前后一致性等。

内容经理

内容经理参与网站的战略性和创新性开发与改进工作。他/她监督内容的变更。一个成功的内容经理应该具备的技能包括编辑、文书写作、市场营销、技术和沟通能力。担任这一动态工作角色的人应该能够推进内容的改良。

图形设计师

图形设计师负责色彩和图形在网站上的正确使用，设计线框图和网页布局，创建 logo 和各种图像，同时优化图像在网上的显示。

数据库管理员

如果网站需要访问储存在数据库中的信息，就需要数据库管理员。数据库管理员的工作是创建数据库、创建维护数据库(包括备份和恢复)的规程，以及控制数据库访问权限。

网络管理员

网管负责设置和维护 Web 服务器，安装和维护软硬件系统，并且控制访问安全性。

开发人员/设计师

开发人员和设计师通常指同一个职位，只是前者更擅长编码和写脚本程序，而后者更擅长设计和图形。**设计师**写 HTML 和 CSS 代码，同时可能要负责一些图形设计师的工作，比如确定颜色的正确使用，设计线框图和网页布局，创建 logo 和图形，以及优化图像在网上的显示。**开发人员**负责写 HTML、CSS 和客户端脚本(比如 JavaScript)，这些人有时也称为前端开发人员。还有一些后端开发人员，他们更擅长写支持数据库访问的服务器端脚本。通常，大型项目会指派多名设计师和开发人员，每个人都有自己擅长的领域。

项目选人标准

无论项目的大小如何，为它招募合适的人员是至关重要的。选人的时候，要仔细考虑每个人的工作经历、曾任职位、正规教育程度和行业认证等。

除了招募项目(或开发整个网站)的人选，还有一个方案是将项目外包——也就是说，雇佣另一个公司来为你工作。有时会把项目的一部分外包，比如图像创作或多媒体方面的工作。有时会把编写服务器端脚本的工作外包。如果选择了将工作外包，项目经理和外部组织之间的沟通和联系就显得非常重要。外包团队需要清楚地了解项目的目标和截止日期。

无论大小，也无论是内部完成还是进行外包，一个网站项目的成功依赖于计划的制定和沟通。正规的项目开发流程可以用来协调和改善成功的 Web 项目所需的计划制定和联系沟通工作。

10.2　开　发　流　程

万丈高楼从地起，大型公司和商业网站的成功绝非偶然。它们都经过了精心构建，通常要遵照一定的项目开发流程。项目开发流程是一种覆盖了项目自始至终生命周期的一步一步的开发计划。它由一系列的阶段构成，每个阶段都有特定的工作和产出。大部分现代的项目开发流程都是建立在"系统开发生命周期"(System Development Life Cycle, SDLC)上的，它是一种已经应用了几十年的用于构建大规模信息系统的开发流程。SDLC 由几个阶段组成,有时称为步骤或时期。每个阶段的工作通常都要在下一阶段的工作开始之前完成。标准 SDLC 的基本阶段(如图 10.1 所示)分别为系统调查、系统分析、系统设计、系统实现和维护。

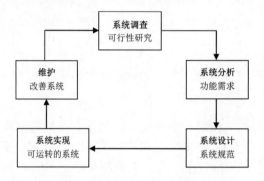

图 10.1　系统开发生命周期(SDLC)

网站开发经常使用的是针对项目而修订的一种 SDLC 变体。大型公司和设计公司通常会创建适合他们自己项目使用的特殊流程。"网站开发生命周期"是进行成功项目管理的一套指导原则。根据特定项目的规模和复杂程度的不同,有些步骤一个会议就解决了;有些则可能要花几个星期甚至是几个月。

如图 10.2 所示,"网站开发生命周期"通常包括以下步骤:酝酿、分析、设计、制作、测试、开通、维护和评估。

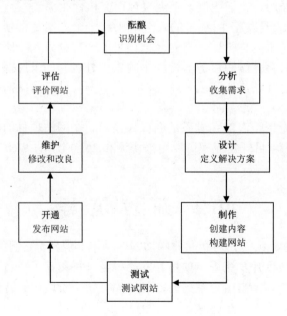

图 10.2　网站开发生命周期

网站开发的一个重点在于永远也没有完成的时候——网站需要保持更新并赶得上时代发展，它将一直有错误和遗漏需要更正，并且需要新的组件和页面。第一步首先是要确定为什么需要一个网站。

 有没有其他网站开发流程？

本章讲述的开发流程是传统的 SDLC 网站开发流程的修订版。还有其他一些开发方法供参考。

- 原型方法(Prototyping)　开发人员创建一个小型工作模型并向客户展示，然后持续对它进行修订，直到它达到预期目标。这个方法可在网站开发生命周期的"设计"阶段使用。

- 螺旋系统开发(Spiral System Development.)　这一方法对于很大规模或分阶段的项目来说是非常棒的，它的很重要一点是可以降低风险。在螺旋系统开发流程中，项目的每个小部分是一个接一个完成的。

- 联合应用开发(Joint Application Development，JAD)　这种类型的开发非常注重网站或系统用户和开发者之间的小组会议和相互协作。它通常只在内部开发(非外包)的时候使用。

- 敏捷软件开发(Agile Software Development)　这种开发流程被视作是很有创新性的，它强调了在开发团队内部产生知识和与客户分享知识的敏捷性。它强调代码多过强调文档，而且把项目分成许多小的、迭代的步骤进行发。

- 专属开发流程(Organization-Specific Development Methodologies)　大型公司和 Web 开发公司经常会创建自己特有的网站开发流程版本或诠释。

酝酿

网站想强调什么思路，或是要解决什么问题？创建网站的动机是什么？也许你的客户拥有一家零售商店，并且希望能够在网上销售产品。也许你的客户的竞争对手刚刚创建了一个网站，所以他只是不甘落后才想要一个网站。也许你有一个绝佳的主意，如果成功，说不定就是下一个闲鱼或者转转！

由于你的重点是使网站实用而且能够吸引目标受众，因此必须先确定这个网站的预期受众。了解受众及其偏好相当重要。

酝酿阶段的另一项重要工作是确定网站的长期和短期目标与任务。也许短期目标只是发布一个主页，也许长期目标是使公司 20%的产品销售通过网站进行，或许你只是想要网站每个月的访问者能达到一定数量。无论这些目标是什么，最好是让它们能够量化。确定如何衡量网站的成功(或失败)。

一个网站的用途和目标通常是由客户、项目经理和信息建构师合作确定的。在正规的项目环境下，这一步的结果通常都会仔细记录到文档中的，然后送交客户确认才能进入开发工作的下一个步骤。

分析

分析阶段通常涉及与客户方面的重要人员会谈。**分析**通常由项目经理、信息建构师或其他分析人员，还有客户的市场代表和相关人员共同完成。根据项目规模的大小，还可能需要和网络管理员和数据库管理员会谈。在分析阶段要完成的常见任务如下。

- **确定信息主题**。对要在网站上呈现的信息进行分类，并创建一个层次结构。这些信息主题(information topics)是开发站点导航功能的起点。
- **确定功能需求**。陈述网站要做什么，而不是如何做。例如，要这样说："网站要接受客户用信用卡下单"，而不能说："网站将利用 PHP 执行订单处理，在 MySQL 数据库中查询每种商品的价格和销售税信息，并使用 *somewebsite.com* 提供的信用卡实时验证服务"。注意，功能需求在细节等级(详细程度)上是有区别的。
- **确定环境要求**。网站访问者使用什么硬件、操作系统、内存容量、屏幕分辨率和带宽？Web 服务器对硬件和软件的要求？
- **确定内容需求**。内容是否已经存在其他格式——宣传册、产品目录、白皮书？确定由谁来负责为网站创建和重新处理这些材料。客户公司或市场部门是否还有什么要满足的要求？例如，是否要让网站展现某种特定的外观和感觉，或者显示该公司的品牌标志等。
- **比较新旧两种方式**。也许可以不用创建新网站，而只是对现有网站进行修改。新版本的网站有什么优势，能提供什么附加价值？
- **考察竞争对手的网站**。仔细考察竞争对手的网站将帮助你设计出能够脱颖而出的网站，而且能够吸引更多的客户。注意这些网站的优势与不足。
- **成本预算**。要估算一下创建网站所需的费用和时间，这时通常就需要创建或修改一个正式的项目计划。人们通常会使用软件，如 Microsoft Project，来估算成本并制定项目时间表。
- **进行成本/收益分析**。编写一个文档，对网站的成本和收益进行比较。可以量化的收益对于客户来说是最有用和最具吸引力的。在正规的项目环境下，对分析结果进行记录的详细文档必须经客户认可后，开发团队才能进行下一步的工作。

设计

一旦每个人都清楚需要做什么，就可以开始决定如何来实现了。设计阶段涉及与客户方面的重要人员会谈。设计任务通常由项目经理、信息建构师或其他分析师、图形设计师、高级 Web 开发人员和客户方面的市场代表和相关人员共同完成。设计阶段的常见任务如下。

- **选择网站组织结构**。正如第 5 章讨论的那样，常见的网站组织结构有分级式、线性和随机型。要先确定哪一种结构是最适合项目网站，再为它创建站点地图(有时称为流程图或故事板)。

- **设计原型**。作为一个起点，要在纸上画出设计草图。有时，可以在纸上打印一个空白的浏览器窗口，再在其中描绘(参考学生文件 Chapter10/sketch.doc)。创建页面布局时，通常要用图形处理软件创建网页模型(或者称为线框)，可以把它们当作系统的设计原型或工作模型向客户展示，以获取他们的认可。也可把它们交给相关小组进行**可用性测试**。

- **创建页面布局设计**。设计网站的整体布局(或外观和感觉)。页面布局设计为主页和内容页面布局提供了指导原则。网站的色彩方案、logo 图形大小、按钮图片和文本等项目都应该确定。利用页面布局设计和站点地图创建主页和内容页面的布局样板。用图形处理软件创建这些页面的模型，以便了解网站是如何工作的。如果在这个早期阶段就动用 Web 创作工具，你的经理或客户就可能会认为你已经完成了一半工作并要求提前将网站交付使用。

- **记录每一个页面**。虽然看起来没什么必要，但内容缺乏经常都是网站项目延迟的原因。为每个页面准备一个内容表，比如可以采用如图 10.3 所示的形式(学生文件 Chapter10/contentsheet.doc，英文版)，用它来描述网页的功能、文本和图像内容要求、内容来源以及内容审批人等。

通常，开发团队应在客户认可站点地图和页面设计原型后，才能进入制作阶段。

内容文档

网页标题：

文件名：

网页用途：

建议使用的图形元素：

其他特殊功能：

信息需求：

信息来源：
_____

内容提供者：
列出每个信息提供者的姓名、电子邮件和电话号码

内容文件格式：

要求日期：

提供日期：

内容审批：_____

图 10.3　内容表样板

制作

在**制作**阶段，所有前面完成的作品都会集中到一起(希望如此)，从而形成一个可用的、能起作用的网站。Web 开发人员在制作阶段的作用是非常重要的——他们必须按时间表准时完成工作，否则整个项目就会被拖延。在需要的时候，他们会咨询其他项目成员以核定并澄清某些事项。制作阶段的常见任务如下。

- **选择创作工具。**使用创作工具(比如 Adobe Dreamweaver)以极大提高工作效率。具体的工作辅助工具包括设计提示、网页模板、任务管理和用于避免交叉更新的网页登入登出机制等。使用创作工具还可以对项目页面中使用的 HTML 进行标准化。任何与缩进、注释等相关的标准都必须在这个时候确定。
- **组织网站文件。**考虑将图片和多媒体文件放到它们自己的文件夹中(参考 10.3 节)。另外，将服务器端脚本也放在单独的文件夹中。确定网页、图片和多媒体文件的命名规范。
- **开发和单独测试组件。**在这个任务期间，图形设计师和开发人员创建并独立测试他们的产品。图像、网页和服务器端脚本在开发时，都独立进行测试。这称为**单元测试**。有些项目会让有经验的开发人员或项目经理检查各个组件的质量和标准执行情况。

一旦创建并测试了所有的单元组件，应该将它们组合到一起并开始测试。

测试

各个组件应该发布到一个测试服务器，该测试服务器应该和生产(实际)服务器有相同的操作系统和服务器软件。下面是一些常见的网站测试注意事项。

- **用不同浏览器(和相同浏览器的不同版本)进行测试。**在常用浏览器和它们的各种不同版本中对网页进行测试特别重要。
- **用不同屏幕分辨率测试。**不是所有人使用的屏幕分辨率都是 1920×1200。在本书写作的时候，绝大多数人使用的屏幕分辨率是 1366×768，1920×1080 和 1024×768。一定要在各种屏幕分辨率下测试你的网页——你可能会对结果感到吃惊。
- **用不同带宽测试。**如果在大城市生活和工作，你认识的所有人可能都用宽带上网。但是，仍有许多人在使用拨号连接访问网络。在较慢和较快的连接速度下测试网站是非常重要的。用学校的 T3 线路瞬间就能下载的东西，用移动热点就可能非常慢。
- **在其他地方进行测试。**一定要在用作网站开发的那台计算机以外的计算机中测试你的网站，这样就可以更真实地模拟网页访问者的实际体验。

- **用移动设备进行测试**。移动上网的人越来越多，因此有必要用流行的智能手机测试你的网站。访问 https://www.browserstack.com/test-on-the-right-mobile-devices 了解流行的移动设备。参考第 7 章了解移动测试工具。
- **测试，测试，再测试**。测试永不嫌多。我们都会犯错误。你和你的团队能先找出错误，总胜于客户检查网站的时候指出错误。

这听起来会不会有太多东西要处理？是的。正因为如此，所以才有必要创建一个**测试计划**——一种描述了要对每个页面的哪些方面进行测试的文档。如图 10.4 所示的网页测试计划样板(学生文件 Chapter10/testplan.xls)可以帮助你在不同浏览器和不同屏幕分辨率下检查网页和组织测试。文档校验部分囊括了网页中要求的内容、链接和任何表单或脚本。搜索引擎优化 meta 标记将在第 13 章讨论。然而，目前你应该能验证网页标题具有描述性并包含了公司名或组织名称。使用不同带宽对页面进行测试是很重要的，因为下载时间太长的网页通常都会被用户放弃。

Web Page Document Test Plan

| File Name: | | | | | | | | | | | | Date: | |
| Page Title: | | | | | | | | | | | | Tester: | |

Browser Compatibility

	1366x768	1920x1080	1440x900	Other	PC	Mac	Linux	Images Disabled	CSS Disabled	Other	Notes
Internet Explorer (Version #)											
Microsoft Edge (Version #)											
Firefox (Version #)											
Safari (Version #)											
Opera (Version #)											
Chrome (Version #)											
JAWS Screen Reader											
Tablet (Device Name)											
Smartphone 1 (Device Name)											
Smartphone 2 (Device Name)											

Document Validation

	Pass	Fail	Notes
HTML Validation			
CSS Validation			
Check Spelling			
Check for Required Content			
Check for Required Graphics			
Check alt Attributes			
Test Hyperlinks			
Accessibility Testing			
Form Processing			
Scripting/Dynamic Effects			
Usability Testing			
Other			

Search Engine Optimization

	Notes
Meta tag (description)	
Keywords in page title	
Keywords in headings	
Keywords in content	
Other	

Download Time Check

	Time	Notes
56.6Kbps		
128Kbps		
512Kbps		
T1/DS1 (1.544Mbps)		
Other		

Notes

图 10.4　样板测试计划

1. 自动测试工具和校验器

你的项目正在使用的 Web 创作工具会有一些内建的网站报告和测试功能。像 Adobe Dreamweaver 这样的创作工具提供的功能包括拼写检查、链接检查和下载时间计算。它们各有各的特点。Dreamweaver 的报告功能包括链接检查、无障碍访问和代码校验。还有其他自动测试工具和校验器。W3C Markup Validation Service (https://validator.w3.org)可校验 HTML 和 XHTML。要测试 CSS 的语法是否正确，可以使用 W3C CSS Validation Service(https://jigsaw.w3.org/css-validator)。要分析网页的下载速度，可以使用 Web Page Analyzer(https://www.websiteoptimization.com/services/analyze)。谷歌的 Mobile-Friendly 自动测试(https://search.google.com/ test/mobile- friendly)能检查移动设备上的常见问题。位于 https://web.dev/measure 的自动工具能检查你的网站的性能、无障碍访问、最佳实践和搜索引擎优化情况。

2. 无障碍测试

在设计和编码过程中，开发团队应考虑采取一些推荐的技术提供无障碍访问方式。事实上，如果网站将被美国联邦政府的某个机构使用，就必须依法(联邦修正法案 Section 508)这样做。请对网站执行无障碍测试以证明它符合要求。有许多无障碍访问检查器可供使用。Adobe 的 Dreamweaver 就包括了一个内建的无障碍检查器。可以访问 http://firefox.cita.uiuc.edu/下载用于 FireFox 浏览器的无障碍访问扩展。一些流行的在线无障碍访问测试站点包括 Deque System 的 Worldspace Online(http://worldspace. deque.com)、ATRC AChecker(http://www.achecker.ca/checker)和 Cynthia Says(http://www. cynthiasays.com)。

3. 可用性测试

测试实际的网页访问者会如何使用一个网站，这个过程称为可用性测试(Usability Testing.)。它可以在网站开发的任何一个阶段进行，并且通常需要进行多次测试。可用性测试要求用户在网站上完成一些任务，比如要求他们下订单、查找某个公司的电话号码或查找某个产品。网站不同，具体的任务也不同。用户尝试执行这些任务的过程会被监测。他们被要求说出自己的疑虑和犹豫，结果会被记录(通常记录在录像带上)并与设计团队进行讨论。根据测试结果，开发人员要修改导航栏和页面布局。请完成本章末尾的动手实作 5，执行一次小规模的可用性测试，以便能够熟练应用这一方法。

如果在网站开发的早期阶段进行可用性测试，可能需要使用画在纸上的页面布局和站点地图。如果开发团队正在为某项设计事宜犯难，一次可用性测试也许有助于决定出最佳方案。

如果在网站开发后期(比如测试阶段)进行可用性测试，测试的就是实际的网站。根据测试结果，可以确认网站的易用性和设计是否成功。如果发现问题，可以对网站进行最后一分钟的修改，或者安排在不远的将来对网站进行改进。

开通

你的客户——无论是另一个公司还是本单位的另一个部门——要求在文件发布到实际网站之前评估并认可测试网站。有的时候，需要在面对面的会议上进行这种认可。

另一些时候，则是将 URL 发到客户那里，他们通过邮件进行认可或要求修改。

一旦测试网站得到认可，就可以将它发布到生产网站上去(称为**开通**)。但事情还没完。发布之后，还要测试所有网站组件，确保网站在新环境中也能正常工作。通常会同步进行网站的市场推广工作(参见第 13 章)。

维护

一个网站永远也不会完成。开发过程中总有一些没有注意到的错误或遗漏。一旦客户拥有了一个网站，他们会经常发现它的一些新用途，并要求修改、补充或添加新的部分(这称为网站**维护**)。在这个时候，项目团队会发现新的思路或改良办法，然后启动开发流程的另一轮循环。

其他需要更新的东西相对较小——也许某个链接断开了、某个词拼错了或某个图片需要替换了。这些小的变更通常可以在发现后立即完成。至于谁来做这些修改，和谁来进行审批，就视公司制度而定了。如果你是一名自由职业开发人员，情况就相对直接得多——修改网页的人是你自己，审批这些网页的则是客户。

评估

你是否还记得酝酿阶段设定的网站目标？评估阶段正是复查它们并确定网站是否达到目标的时候。如果没有达到目标，请考虑应该怎样改善网站，并启动开发流程的另一轮循环。

 自测题 10.1

1. 阐述项目经理所担任的角色。
2. 解释大规模项目为什么需要许多不同的职位。
3. 列举进行网站测试的三种不同方法，用一两句话描述每种方法。

10.3　文 件 组 织

杂乱无章的网站经常包含很长的一个文件列表，时间久了会变得难以维护。最好为网站使用的图片创建单独的文件夹。另外，用文件夹按主题组织网页也是一个好主意。本节介绍如何为包含多个文件夹的网站编码相对链接。

如第 2 章所述，可用相对链接创建指向网站内部其他网页的链接。但当时是链接到同一个文件夹中的网页。许多时候需要链接到其他文件夹中的网页。以提供房间和活动的一个民宿网站为例。图 10.5 展示了文件夹和文件列表。网站主文件夹是 casita，网站开发人员在它下面创建了 images，rooms 和 events 子文件夹来组织网站。

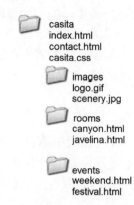

图 10.5   用文件夹组织网站

相对链接的例子

要写指向同一个文件夹中的某个文件的链接，将文件名作为 href 属性的值就可以了。例如，为了从主页(index.html)链接到 contact.html，像下面这样编码锚标记：

```
<a href="contact.html">Contact</a>
```

要想链接到当前目录的某个子目录中的文件，则要在相对链接中添加子目录名称。例如，以下代码从主页(indext.html)链接到 rooms 文件夹中的 canyon.html：

```
<a href="rooms/canyon.html">Canyon</a>
```

如图 10.5 所示，canyon.html 在 casita 目录的 rooms 子目录中。相反，为了链接到当前目录的上一级目录中的文件，则要使用"../"表示法。例如，以下代码从 canyon.html 链接到主页：

```
<a href="../index.html">Home</a>
```

最后，为了链接到和当前目录同级的某个目录中的文件，则要先用"../"回上一级目录，再添加目标目录名。例如，以下代码从 rooms 文件夹的 canyon.html 链接到同级的 events 目录中的 weekend.html：

```
<a href="../events/weekend.html">Weekend Events</a>
```

不熟悉"../"也没关系。本书大多数练习要么使用指向其他网站的绝对链接，要么使用指向同一个文件夹的其他文件的相对链接。可参以考学生文件 chapter10/CasitaExample 来熟悉如何编码指向不同文件夹的链接。

动手实作 10.1 ————————————————————————

本动手实作练习编码指向不同文件夹的链接。只练习配置网页的导航和布局，不添加实际内容。重点是导航区域。图 10.6 展示了 Casita 网站主页的一部分，左侧有一个导航区域。

图 10.7 展示了 rooms 文件夹中的新文件 juniper.html。要新建 Juniper Room 网页 juniper.html 并把它保存到 rooms 文件夹。然后，要更新所有现有网页的导航区域，添加指向新的 Juniper Room 页的链接。

1. 复制 chapter10/CasitaExample 文件夹，重命名为 casita。

2. 在浏览器中显示 index.html，试验一下导航链接。查看网页源代码，注意锚标记的 href 值如何配置成指向不同文件夹中的文件。

3. 在文件编辑器中打开 canyon.html 文件。将以它为基础创建新的 Juniper Room 页。将文件另存为 juniper.html，保存到 rooms 文件夹。

- 编辑网页 title 和 h2 文本，将"Canyon"改成"Juniper"。
- 在导航区域添加一个新的 li 元素，在其中包含指向 juniper.html 文件的超链接。

```
<li><a href="juniper.html">Juniper Room</a></li>
```

将这个链接放到 Javelina Room 和 Weekend Events 链接之间，如图 10.8 所示。保存文件。

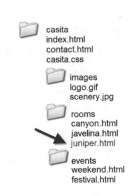

图 10.6　导航区域　　　图 10.7　新增的 juniper.html 文件　　　图 10.8　新的导航区域

4. 在以下网页的导航区域以类似的方式添加 Juniper Room 链接：

```
index.html
contact.html
```

```
rooms/canyon.html
rooms/javalina.html
events/weekend.html
events/festival.html
```

保存所有.html 文件并在浏览器中测试。从其他所有网页都应该能正确链接到新的
Juniper Room 页。而在新的 Juniper Room 页中,也应该能正确链接到其他网页。示例
解决方案请参考学生文件(chapter10/10.1 文件夹)。

10.4　域　名　概　述

▶ 视频讲解:Choosing a Domain Name

要真正在网上"安身立命",选好域名很关键,它的作用是在网上定位你的网站。
如果是新公司,一般在确定公司名称的时候就能选好域名。相反,如果是老公司,就
应选择和现有品牌形象相符的域名。虽然许多好域名都被占用了,但仍有大量选择可
供考虑。

选择域名

- **企业描述**。虽然长时间以来的一个趋势是使用比较"有趣"的字眼作为域名(如
  yahoo.com,google.com,bing.com,woofoo.com 等),但在真正这样做之前务
  必三思。传统行业所用的域名是企业在网上"安身立命"的基础,应清楚说
  明企业的名称或用途
- **尽量简短**。虽然现在大多数人都通过搜索引擎发现新网站,但还是有一些访
  问者会在浏览器中输入你的域名。短域名比长域名好,访问者更容易记忆。
- **避免连字符**("-")。域名中的连字符使域名很难念,输入也不易,很容易不
  小心输成竞争对手的网址。应尽量避免在域名中使用连字符。
- **并非只有**.com。虽然.com 是目前商业和个人网站最流行的顶级域名(TLD),但
  还可以考虑其他 TLD 注册自己的域名,比如.biz,.net,.us,.cn,.mobi 等。
  商业公司应避免使用.org 这个 TLD,它是非赢利性公司的首选。没必要为自
  己注册的每个域名都创建一个独立网站。可利用域名注册公司(比如
  register.com 和 godaddy.com)提供的功能将对多个域名的访问都重定向到你的
  网站实际所在的地址。这称为"域名重定向"。
- **对潜在关键字进行"头脑风暴"**。从用户的角度想一下,当他们通过搜索引
  擎查找你这种类型的公司或组织时,会输入什么搜索关键字。把想到的内容
  作为你的关键字列表的起点(将来会用这到这个列表)。如有可能,用其中一个

或多个关键字组成域名(还是要尽量简短)。

- **避免使用注册商标中的单词或短语**。美国专利商标局(U.S. Patent and Trademark Office,USPTO)对商标的定义是"生产者、经营者为使自己的商品与他人的商品相区别并标示商品来源而使用或者打算使用的文字、名称、符号、图形以及上述要素的组合"。研究商标的一个起点是 USPTO 的商标电子搜索系统(Trademark Electronic Search System,TESS),网址是 http://tess2.uspto.gov。
- **了解行业现状**。了解你希望使用的域名和关键字在 Web 上的使用情况。一个比较好的做法是在搜索引擎中输入你希望使用的域名(以及关联词),看看现状如何。
- **检查可用性**。利用域名注册公司的网站检查域名是否可用。下面列举了一些域名注册公司:

Register.com: https://www.register.com

Network Solutions: https://www.networksolutions.com

GoDaddy.com: https://www.godaddy.com

所有网站都提供了 WHOIS 搜索功能,方便用户了解域名是否可用;如果被占用,还会报告被谁占用。对于被占用的域名,网站会列出一些推荐的备选名称。不要放弃,总能找到适合自己的域名。

注册域名

确定了理想的域名后,不要犹豫,马上注册。各个公司的域名注册费有所不同,但都不会很贵。.com 域名一年的注册费用最高为 35 美元(如果多注册几年,或者同时购买主机服务,还会有一定优惠)。即便不是马上就要发布网站,域名注册也是越早越好。许多公司都在提供域名注册服务,上一节已经列举了几个。注册域名时,你的联系信息(比如姓名、电话号码、邮寄地址和电邮地址)会输入 WHOIS 数据库,每个人都可以看见(除非选择了隐私保护选项)。虽然隐私保护(private registration)的年费要稍多一些,但为了防止个人信息泄露,也许是值得的。

获取域名只是进军互联网的一部分。还要在某个服务器上实际地托管网站。下一节介绍如何选择主机。

10.5 网 页 托 管

什么地方才适合网站项目"生存"?为公司或客户选择最恰当的**主机**提供商可能是你要做的最重要的决定之一。好的主机服务将为网站提供一个坚实可靠的家,差的主机服务则是问题和投诉产生的源头。你更想要哪一种呢?

主机提供商

主机提供商既有拥有空余服务器空间的本地 ISP，也有以提供网站主机作为副业的开发人员，既有当地的主机提供商，也有企业级的、能保证 99.999%正常运行时间的大型主机提供商。可以理解，它们的费用和服务等级是各不相同的。你的公司或客户如何做出抉择？本节将讨论不同规模的公司对主机提供商有什么不同的需求。

一点忠告：绝对不要考虑将商业网站放在“免费”主机上，这些免费网站对小孩子、大学生和业余爱好者来说很好，但它们很不专业。你或你的客户最不希望看到的就是让人觉得不专业，或者让人觉得他们对自己的形象不重视。

考虑选择主机提供商的时候，一定要先调查它们的口碑。另外，试着联系他们的技术支持电话或 E-mail 地址，确定他们的回应速度有多快。除了每月的主机使用费用外，主机提供商收取一定的开户费也是很常见的。主机费用的差别很大，但我们不一定要选择最便宜的主机提供商。口碑、网上搜索、当地电话簿和在线分类目录(比如 http://www.hosting-review.com)都是查找最佳 Web 主机提供商的资源。

1. 小型或中型网站

我们建议的指标包括无限数据传输、60 MB 或以上硬盘空间、E-mail 和服务器端脚本支持，如 ASP 或 PHP。这种类型的主机通常都是虚拟主机。主机提供商的服务器被划分成了许多虚拟的域，在同一台计算机了设置了多个网站。

记住，随着时间的推移，网站会跟着增长并且处理需求也会随之增加。能不能看到网站日志或有没有包含自动报告？主机提供商能不能在需要的时候提供电子商务软件包？它有没有提供了 CGI 或数据库支持？也许你现在并不需要这些技术，但是也要为将来预留这些选项。将网站从一台主机转移到另一台主机并不是件容易的事，因此请选择一个最可能满足未来和现在需求的主机提供商。

另外，也要考虑你的主机提供的操作系统和服务器软件。在 UNIX 操作系统上运行 Apache Web 服务器的例子非常常见，这种系统也比较高效。但是，如果组织中的员工主要熟悉的是微软技术，那么他们将比较能够适应提供 Windows 操作系统和运行 Internet Information Server(IIS)的主机，在这种环境下，他们的工作效率也会更高。调研期间，请同时考虑本地的和全国性的主机提供商。

2. 大型和集团规模网站

如果预期这是一个流量很大的网站，可能支持聊天室或流媒体内容，请考虑大型的全国性主机服务。一般来说，它们都能够提供高带宽 Internet 连接(通常是 OC-1 或更高)、24 小时支持、冗余硬件或媒体和改良的安全性等。确定一下承诺的服务级别和回应时间。另外对于全国性的主机提供商还可以考虑使用专用或托管服务器。专用或托管服务器将只运行你的网站——不和任何其他组织共享处理器或硬盘。这将会有额外收费，但安全性的改善和处理速度的保证对于你的组织来说还是非常值得的。

专用服务器是指租用安放在主机公司机房的一台专用计算机和相应的 Internet 连接。流量特别大的网站，比如每天有几百万次点击的网站通常就需要使用专用服务器。这种服务器通常可以从客户公司进行远程设置或操作，也可以付费让主机提供商管理服务器。

托管服务器，有时也称为"主机托管"，是指由企业自行购买和设置的一台计算机。企业在主机提供商的机房中租赁一块空间，然后把服务器寄放在他们那里，并且从那里连上网。企业负责管理这台计算机，这让你们对服务器有更多的控制权，但也就意味着你们要专门派遣或者另外雇佣有服务器管理经验的人员进行管理。

 为什么应该关心主机提供商使用的是什么操作系统？

了解 Web 主机提供商使用的是什么操作系统很重要，因为它可以帮助你处理网站故障。经常有这样的情况发生：学生的网站在他们自己的 PC(通常安装在基于 Windows 的操作系统)上能够正常工作，但发布到使用不同操作系统的免费 Web 服务器之后就分崩离析了(链接断开而且图片无法显示)。

有些操作系统(比如 Windows)不区分大小写，其他操作系统(如 UNIX 和 Linux)则区分大小写。例如，假定运行在 Windows 操作系统上的某个服务器收到一个锚标记生成的请求，它的代码为<a href="MyPage.htm">My Page</a>，那么服务器将会返回一个以任何大小字母组合方式命名的文件。值 MyPage.htm、mypage.htm 和 myPage.htm 都可以使用。然而，同样的锚标记生成的请求如果被某个运行在 UNIX 系统(它是区分大小写的)下的 Web 服务器接收到，那么只有当文件确实以 MyPage.htm 保存时它才能够被找到。如果文件名为 mypage.htm，那么将会造成 404(文件未找到)错误。这就是为什么文件命名要统一的原因，可以考虑总是用小写字母为文件命名。

大型的全国性主机提供商能够提供专用的 T1 或 T3 Internet 连接、7 x 24 技术支持、网络应用统计数据和日志访问、硬件和介质冗余，也有能力架设集群服务器、支持群、电子商务和流媒体传送。大型全国性主机提供商经常还会提供一份服务等级协议以详细规定技术支持的等级和回应时间。

无论小型、中型还是大型网站——选择合适的主机对于网站的成功来说都是至关重要的。

10.6 选择虚拟主机

我们已经讨论了选择主机时需要考虑的许多因素，包括带宽、磁盘存储空间、技术支持和电子商务软件包的可用性。以上这些以及其他需要考虑的因素在表 10.1 进行了总结，可利用这个检验清单帮助你选择合适的虚拟主机。

表 10.1 选择 Web 主机时的核对清单

类别	名称	描述
操作系统	☐ UNIX ☐ Linux ☐ Windows	有些主机提供了这些操作系统可供选择。如果需要将网站与商业系统结合起来，那么请为这两者选择相同的操作系统
Web 服务器	☐ Apache ☐ IIS	这是两种最受欢迎的服务器软件。Apache 通常在 UNIX 或 Linux 操作系统上运行，IIS(Internet Information Services，Internet 信息服务)是与 Microsoft Windows 的部分版本捆绑在一起的
带宽	☐ ＿＿＿＿MB 或 GB ☐ 超过的话收费＿＿＿	有些主机会详细监控你的数据传输带宽，对超出部分要额外收费。虽然不限带宽是很好，但不是所有主机都能够提供这项服务的。一个典型的低通信量网站每个月的信息传输量在 100 MB 至 200 MB 之间，中等通信量网站每月如果有 20 GB 的数据传输带宽也应该足够了
技术支持	☐ E-mail ☐ 论坛 ☐ 电话	可以在主机服务提供商的网站上查看他们的技术支持说明。它是否一个星期 7 天、一天 24 小时都可以提供服务？发一封电邮或问个问题试试他们的服务。如果该组织没有把你当作未来客户，应该怀疑他们以后的技术支持是否可靠
服务协议	☐ 正常运行时间保证 ☐ 自动监测	主机如果能提供一份 SLA(Service Level Agreement，服务等级协议)和正常运行时间保证，那么就说明他们非常重视服务和可靠性。使用自动监测则可以在服务器运转不正常的时候自动通知主机技术支持人员
磁盘空间	☐ ＿＿＿＿MB ☐ ＿＿＿＿GB	许多虚拟主机通常都提供 100 MB 以上的磁盘存储空间。如果你只是有一个小网站而且图片不是很多，那么你可能永远也不会使用超过 40 MB 的磁盘空间
E-mail	☐ ＿＿＿＿个邮箱	大部分虚拟主机会给每个网站提供多个 E-mail 邮箱，它们可以用来将信息进行分类过滤——客户服务、技术支持、一般咨询等

类别	名称	描述
上传文件	□ FTP 访问 □ 基于网页的文件管理器	支持用 FTP 访问的 Web 主机将能够给你提供最大的灵活性。另外有些主机只是支持基于网页的文件管理器程序。有些主机两种方式都提供
配套脚本	□ 表单处理 □ _____	许多主机提供配套的、事先编好的脚本以帮助你处理表单信息
脚本支持	□ ASP □ PHP □ .Net	如果计划在网站上使用服务器端脚本,那么就要先确定你的主机是否支持和支持什么脚本语言
数据库支持	□ MySQL □ MS Access □ MS SQL	如果计划在脚本程序中访问数据库,先要确定主机是否支持和支持什么数据库
电子商务软件包	□ _____	如果打算进行电子商务交易(详见第 12 章),那么主机能提供购物车软件包就会方便很多。检查一下看看有没有这项服务可供使用
可扩展性	□ 脚本 □ 数据库 □ 电子商务	你可能会为第一个网站制定一个基本的(简陋的)方案。注意主机的可扩展性——随着网站规模的增长,它是否还有其他方案,比如脚本语言、数据库、电子商务软件包和额外带宽或磁盘空间可供扩展
备份	□ 每天 □ 定期 □ 没有备份服务	大部分主机会定期备份你的文件。请检查一下备份的频率是怎么样的,还有你是否可以拿到备份文件。自己也一定要经常进行备份
网站统计数据	□ 原始日志文件 □ 日志报告 □ 无法获取日志	服务器日志包含了许多有用信息,如访问者信息、他们是如何找到你的网站的和他们都浏览了哪些页面等。请检查一下你是否可以看到这些日志。有些主机可以提供日志报告。关于服务器日志的更多信息请详见第 13 章
域名	□ 要求与主机一起注册 □ 可以自行注册	有些主机提供的产品捆绑了域名注册服务。你最好是自己注册域名(例如 http://register.com 或 http://networksolutions.com)并保留域名账户的控制权
价格	□ 开户费_____ □ 月费_____	把价格因素列在本清单的结尾处是有原因的。不要只是根据价格来选择主机——“一分钱一分货”是千真万确的真理。另外一种常见方式是先支付第一次的开户费,然后再定期付每月、每季或每年的使用费

自测题 10.2

1. 描述能够满足小公司首次 "Web 存在" 所需的主机类型。
2. 阐述专用服务器和托管服务器的区别。
3. 解释为什么选择主机时要考虑的最重要因素不是价格。

小结

本章介绍了系统开发生命周期以及它在网站开发项目中的应用，讨论了与网站开发相关的工作角色和与 Web 主机相关的问题，还讨论了如何选择域名和网站主机提供商。

要获得本章列举的例子、链接和更新信息，请访问本书配套网站 https://www.webdevfoundations.net。

关键术语

无障碍测试	关键字
分析	开通
自动测试	维护
托管 Web 服务器(主机托管)	市场代表
酝酿	网络管理员
内容经理	阶段
内容要求	制作
文书	项目经理
成本/收益分析	服务等级协议(SLA)
数据库管理员	系统开发生命周期(SDLC)
专用 Web 服务器	测试计划
设计	测试
域名	商标
域名注册公司	单元测试
域名重定向	可用性测试
编辑	校验器
环境要求	虚拟主机
评估	Web 开发人员
功能要求	Web 主机
图形设计	Web 存在
信息建构师	Web 服务器
信息主题	

复习题

选择题

1. 网站的原型通常创建于(　　)。

   A. 设计阶段　　　　　B. 酝酿阶段　　　　　C. 制作阶段　　　　　D. 分析阶段

2. 信息建构师的职责包括(　　)。

    A. 在定义网站结构、导航和标签方面发挥作用

    B. 参加所有会议并收集所有信息

    C. 管理项目

    D. 以上都不对

3. 域名保密注册的目的是什么? (   )

    A. 网站保密   B. 是最便宜的域名注册方式

    C. 联系信息保密   D. 以上都不对

4. Web 项目团队经常使用的流程是(   )。

    A. SDLC

    B. 传统 SDLC 网站开发流程的修订版,例如本章讨论的这一种

    C. 在构建项目的过程中才决定的

    D. 网站不要求使用任何开发流程

5. 网站测试应该包括(   )。

    A. 检查网站中的所有链接   B. 在各种 Web 浏览器中查看网站

    C. 在各种屏幕分辨率下查看网站   D. 以上都对

6. 在网站项目的分析阶段,开发团队成员应该(   )。

    A. 确定网站将要实现什么——而不是要如何实现

    B. 确定网站的信息主题

    C. 确定网站的内容要求

    D. 以上都对

7. 在制作阶段会发生什么? (   )

    A. 通常会使用 Web 创作工具   B. 创建图像、网页和其他组件

    C. 单独测试网页   D. 以上都对

8. 在评估阶段会发生什么? (   )

    A. 审查网站目标   B. 评估 Web 开发人员

    C. 评估完成情况   D. 以上都对

9. 以下关于域名的说法哪一种是正确的? (   )。

    A. 建议注册多个域名,将所有域名都重定向到网站

    B. 建议使用长的、描述性的域名

    C. 建议在域名中使用连字号

    D. 选择域名时不必检查商标使用情况

10. 企业建立自己的第一次"Web 存在"时,主机选择是(   )。

    A. 专用主机   B. 免费 Web 主机   C. 虚拟主机   D. 托管主机

填空题

11. 测试实际网页访问者如何使用一个网站的过程称为_____。

12. _____决定如何在网站上恰当地使用图片,他们还要创作和编辑图片。

13. _____操作系统区分大小写字母。

简答题

14. 请阐述在设计网站的时候为什么应该查看竞争对手的网站。

15. 在成为主机提供商的客户之前，为什么应该先试着联系它的技术支持？

动手实作

1. 如果你已经完成了动手实作练习 2.15，请跳过本练习。在本练习中，要校验一个网页。从你创建的网页中选择一个，打开浏览器并访问 W3C HTML 校验器页面，网址是 https://validator.w3.org/。单击 Validate by File Upload 标签，点击"浏览"按钮，从计算机中选择一个文件，然后点击 Check 按钮将文件上传到 W3C 网站上。页面会被分析并生成一个结果页面，它将显示一份你的网页中使用的非法 doctype 报告。错误提示信息会显示有问题代码和行号、列号以及错误描述。如果你的网页第一次没有通过校验，请不用担心，许多知名网站的页面也无法通过校验——甚至在本书写作的时候 https://yahoo.com 也有校验错误。修改网页文档并重新校验，直到你看到校验通过信息 Document checking completed. No errors or warnings to show。

也可直接校验一个 URL。请尝试校验一下 W3C 的主页 https://w3.org、Yahoo! 主页 (https://yahoo.com)和你自己的学校的主页。访问 https://validator.w3.org 并单击"Validate by URL"标签，在地址框中输入想校验的网页 URL 并点击"Check"按钮。查看结果。试验一下字符编码和 doctype 选项。W3C 的页面应该可以通过校验。如果其他网页不能难过校验也不必担心，因为网页并不一定要通过校验。但是，通过校验的网页将能够在大部分浏览器中显示良好(提示：如果你已在网上发布了网页，请尝试校验一个自己的页面，而不是学校的主页)。

2. 对学校网站的主页执行一次自动化无障碍访问测试。同时使用 WebAIM Wave(http://wave. webaim.org)和 ATRC AChecker(https://www.achecker.ca/checker 自动化测试工具。解释两个工具在报告测试结果时有什么区别。两个测试都发现了相似的错误吗？写一页论文描述测试结果，并给出网站改进建议。

3. Web Page Analyzer(http://www.websiteoptimization.com/services/analyze)计算网页及其附属资源的下载时间，并提供改进建议。访问该网站并测试学校主页(或老师布置的一个网页)。完成测试后，会显示一个网页报告文件大小并提供改进建议。打印结果页，写一页论文来描述测试结果，以及你自己的改进建议。

4. Dr. Watson 网站(http://watson.addy.com)提供免费网页校验服务。访问该网站并测试学校主页。测试完成后会显示一份包括服务器响应时间、估计下载速度、语法和风格分析、拼写检查、链接校验、图像、搜索引擎兼容性(参见第 13 章)、网站链接流行度(参见第 13 章)和源代码分析的分类报告。打印结果页，写一页论文来描述测试结果，以及你自己的改进建议。

5. 在一组学生中进行一次小规模的可用性测试。确定谁将是"典型用户"、测试者和观测者。对学校网站进行可用性测试。

- "典型用户"即是测试对象。
- 测试者对整个可用性测试进行管理并强调测试的不是用户——测试的是网站。
- 观测者对用户的反应和意见进行记录。

第 1 步：测试者接待用户并向他们介绍将要测试的网站。

第 2 步：对于以下情形，在用户完成任务的过程中，测试者向他们介绍情况并提出问题。测试者必须让用户在感到疑惑、混淆或失望的时候说出来，以便观测者进行记录。

- 第 1 种情形：找出学校的网站开发课程联系人的电话号码。
- 第 2 种情形：确定下学期什么时候注册。
- 第 3 种情形：找出获得 Web 开发及相关领域学位或证书的条件。

第 3 步：测试者和观测者组织结果并写一份简单的报告。如果这是针对实际网站的可用性测试，那么开发团队应该碰头研究测试结果并讨论网站的改良办法。

第 4 步：提交一份小组可用性测试结果报告。用字处理软件完成报告的撰写。每种情况的报告不要超过一页。再写一页关于学校网站的改进建议。

提示：更多可用性测试的信息请参考 https://www.usability.gov/how-to-and-tools/methods/ running-usability-tests.html 和 Keith Instone 的经典演示文稿，地址是 http://instone.org/files/KEI-Howtotest-19990721.pdf。另一个很好的资源是克鲁格(Steven Krug)的 *Don't Make Me Think* 一书。

6. 参考上一个动手实作 5 关于可用性测试的描述，在学生小组中对两个相似的网站进行可用性测试，例如：

- Barnes and Noble(https://www.bn.com)
  和 Powell's Books(https://powells.com)
- AccuWeather.com(https://accuweather.com)和

  Weather Underground(https://www.wunderground.com)
- Runner's World (https://www.runnersworld.com)和

  Cool Running(https://www.coolrunning.com)

确定三种情形，列出来。确定谁将做"用户"、测试者和观测者。利用上一个动手实作 5 中列举的步骤进行测试。

7. 假设你要参加一份工作的面试。要在 Web 项目团队中选择一个自己感兴趣的职位。用三四句话说明由你担任该职位会为团队带来什么好处。

网上研究

1. 本章讨论了网站主机的选择，在这个练习中，你将查找 Web 主机提供商，并汇报符合以下条件的三个主机提供商：

- 支持 PHP 和 MySQL
- 提供电子商务功能
- 提供至少 1GB 硬盘空间

用你喜欢的搜索引擎查找 Web 主机提供商，或访问某个主机分类目录，比如 Hosting Review(https://www.hosting-review.com)和 HostIndex.com (http://www.hostindex.com)。Netcraft 提供的服务器结果也可能有帮助，详情可访问 http://uptime.netcraft.com/ perf/reports/Hosters。创建一个网页来展示你的发现，包括三个主机提供商的链接。网页还必须用表格罗列一些信息，例如开户费、月租费、域名注册费用、硬盘空间大小、电子商务软件包的类型和费用等。在网页上恰当地使用颜色和图片。将姓名和 E-mail 地址放在网页的底部。

2. 本章讨论了开发大型网站所需的各种职位。请选择感兴趣的一种。搜索你所在地区的职位空缺信息。利用自己喜欢的搜索引擎查找技术职位或访问一些求职网站，比如 Monster.com(https://www.

monster.com)，Dice(https://www.dice.com)，Indeed(https://www.indeed.com)或 CareerBuilder.com(http://www.careerbuilder.com)。搜索要求的工作地点和工作类型。找出三个可能感兴趣的职位并进行记录。创建一个网站，简单描述所选择的职位、选中的三个空缺职位、它们要求什么类型的工作经验和/或教育背景以及薪酬范围(如果能知道的话)。用一个表格来组织你找到的东西。在网页上恰当地使用颜色和图片。将姓名和 E-mail 地址放在网页的底部。

聚焦 Web 设计

美国卫生及公共服务部(Department of Health and Human Services)提供了一本免费的电子版 PDF 书籍，名为 "Research-Based Web Design & Usability Guidelines"，网址是 https://webstandards.hhs.gov/guidelines/。其中每一章都有单独的 PDF 元件下载。本书为大量主题提供了指导原则，包括导航、文本外观、滚动和分页、内容撰写、可用性测试和无障碍访问。选择并阅读自己感兴趣的一章。记录你觉得有意思或者有用的内容。写一页论文，阐述你为何选择这一章的主题，并列举你记录的 4 条准则。

项目实战

以下每个案例学习将贯穿本书的绝大部分。

参考第 5 章了解项目的基本情况。本章要为项目开发一个测试计划(test plan)。要回顾在之前各章的项目中创建的文档，并创建一个测试计划。

第 1 部分：回顾设计文档和已完成的网页。 回顾在第 5 章最后的 "项目实战" 一节创建的主题审批、站点地图和页面布局设计文档。另外，回顾一下在第 6 章~第 9 章的 "Web 项目" 中创建和/或修改的网页。

第 2 部分：准备测试计划。 参考图 10.4 来了解一个样板测试计划文档(学生文件 Chapter10/testplan.pdf)。为你的网站创建一个 "测试计划" 文档，在其中包括 CSS 校验，HTML 校验和无障碍访问测试。

第 3 部分：测试网站。 实施测试计划，测试迄今为止为 "项目实战" 开发的每一个网页。记录结果。写一个 "推荐的改进措施" 列表。

第 4 部分：执行可用性测试。 描述你的网站访问者可能面对的三种情形。以刚才的 "动手实作 5" 为指导，针对这些情形执行一次可用性测试。写一页论文来阐述你的结论。在可用性方面，网站可以进行哪些方面的改进？

第11章
Web 多媒体和交互性

学习目标：

- 了解媒体容器和 codec 的作用
- 了解网上使用的多媒体文件的类型
- 配置指向多媒体文件的超链接
- 用 CSS 配置交互式下拉导航菜单
- 配置 CSS transform，transition 和 animation 属性
- 用 CSS 配置创建交互式图片库菜单
- 用 details 和 summary 元素配置交互式 widget
- 了解 JavaScript 的功能和常见用途
- 了解 HTML5 API 的作用，包括地理位置、Web 存储、Manifest、Service Workers 和 canvas
- 了解 Ajax 的功能和常见用途
- 了解 jQuery 的功能和常见用途

网页加入视频和声音显得更生动、更具吸引力。本章介绍网页上的多媒体和交互元素。

第 6 章用 CSS 伪类定义鼠标移过链接时的效果时，已经开始为网页引入交互性。本章将配置一个交互式图片库和交互式下拉导航菜单来拓展你的 CSS 技能，还会探索 CSS transition，transform 和 animation 属性。为网页添加适当的交互性可吸引更多访问者。

除了 CSS，为网页添加交互性的其他常用技术还有 JavaScript，Ajax，jQuery 和 HTML APIs 等。每个主题都值得专门写一本书来讨论，而且每种技术都可能成为一门大学课程的主题。阅读本章并试验例子时，请侧重于了解每种技术的特色和作用，不必纠缠于细节。

11.1　容器和 codec

使用原生 HTML5 视频和音频时，需要注意容器(由文件扩展名决定)和 codec(即编码/解码器，用于定义媒体压缩算法)。不存在一款所有主流浏览器都支持的 codec。参考 https://caniuse.com 了解浏览器对 HTML5 视频和 codec 的最新支持情况..

表 11.1 和表 11.2 列出了常见媒体文件扩展名和 codec 信息(如适用 HTML5 的话)。注意，文件扩展名和 codec 之间并非严格的一对一关系。某些时候，多个 codec 可能共用一个扩展名作为其容器。

表 11.1　常用音频文件类型

扩展名	容器	描述
.wav	Wave	这种格式最初由 Microsoft 发明，是 PC 平台的标准文件格式，但 Mac 平台也支持
.aiff 或.aif	Audio Interchange	这是 Mac 平台最流行的音频文件格式，PC 平台也支持
.mid	Musical Instrument Digital Interface	这种文件包含了重建乐器声音的指令，而非对声音本身的数字录音。这种紧凑的文件格式的优点是文件尺寸较小，缺点是能重现的声音类型数量有限
.au	Sun UNIX Sound file	这是比较古老的声音文件类型，效果通常比新的音频文件格式差
.mp3	MPEG-1 Audio Layer-3	流行的音乐文件格式，支持双声道和高级压缩
.ogg	Ogg	使用 Vorbis codec 的开源音频文件格式。详情请访问 http://www.vorbis.com
.m4a	MPEG 4 Audio	这种纯音频的 MPEG-4 格式使用 Advanced Audio Coding (AAC) codec；得到了 QuickTime，iTunes 和 iPod/iPad 等移动设备的支持

表 11.2　常用视频文件类型

扩展名	容器	描述
.mov	QuickTime	这种格式最早由 Apple 发明并用于 Macintosh 平台。后来 Windows 也支持
.avi	Audio Video Interleaved	PC 平台上原始的标准视频格式
.flv	Flash Video	Flash 兼容视频文件容器；支持 H.264 codec
.wmv	Windows Media Video	Microsoft 开发的一种视频流技术。Windows Media Player 支持这种文件格式
.mpg	MPEG	MPEG 技术标准在活动图片专家组(Moving Picture Experts Group，MPEG)的资助下进行开发，请参见 http://www. chiariglione.org/mpeg。Windows 和 Mac 平台都支持
.m4v 和 .mp4	MPEG-4	MPEG4 (MP4) codec；H.264 codec；由 QuickTime，iTunes 和 iPod/iPad 等移动设备播放
.3gp	3GPP Multimedia	H.264 codec；在 3G 无线网络中传输多媒体文件的标准格式

续表

扩展名	容器	描述
.ogv 或 .ogg	Ogg	这种开源视频文件格式(http://www.theora.org) 使用 Theora codec
.webm	WebM	这种开源媒体文件格式(http://www.webmproject.org)由 Google 赞助, 使用 VP8 视频 codec 和 Vorbis 音频 codec

11.2   音频和视频入门

本章要介绍为网站访问者提供音频和视频的几种方式, 包括超链接、audio 元素和 video 元素。首先使用最简单的方式, 即编码一个超链接。

提供超链接

向访问者呈现音频或视频文件, 最简单的就是创建指向该文件的链接。以下 HTML 代码链接到一个名为 WDFpodcast.mp3 的声音文件:

```
<a href="WDFpodcast.mp3">Podcast Episode 1</a> (MP3)
```

访问者点击链接, 计算机中安装的.mp3 文件插件(比如 QuickTime)就会在一个新的浏览器窗口或标签页中出现。访问者可利用这个插件来播放声音。右击链接, 可以选择下载并保存媒体文件。

🖐 动手实作 11.1 ─────────────

本动手实作将创建如图 11.1 所示的网页, 其中包含一个 h1 标记和一个 MP3 文件链接。网页还提供了该音频文件的文字稿链接, 以增强无障碍访问。最好告诉访问者文件类型是什么(比如 MP3), 还可选择显示文件大小。

图 11.1   点击 Podcast Episode 1 链接会在浏览器中启动默认 MP3 播放器

　　将 chapter11/starters 文件夹中的 podcast.mp3 和 podcast.txt 文件复制一个新建的名为 podcast 的文件夹中。以 chapter11/template.html 文件为基础创建网页，将 title 设为"Podcast"，添加 h1 标题来显示"Web Design Podcast"，添加 MP3 文件链接，再添加文字稿链接。将网页另存为 podcast2.html 并在浏览器中测试。用不同的浏览器和它们的不同版本测试网页。单击 MP3 链接时，会启动一个音乐播放器(具体取决于浏览器配置的是什么播放器或插件)来播放该文件。单击文字稿链接，会在浏览器中显示.txt 文件的文本。一个已完成的示例文件请参见学生文件 chapter11/11.1/index.html。

在网上使用多媒体

关于音频文件的更多知识

　　有多种方法可以获取音频文件，可以自己录音、从免费网站下载音频或音乐、从 CDl 转录录音乐或者购买音频 DVD。使用别人制作的音频或音乐时，有一些需要注意的道德规范问题。只能发布自己创作或已获得权限(有时称为使用许可证)的音频或音乐。购买 CD 或 DVD 并不意味着购买了在网上发布的权限。联系版权所有者以请求音乐的使用权限。网上有许多音频文件资源，一些网站允许通过订阅来使用无版税的音乐。

　　Windows 和 Mac 操作系统都有许多录音软件可供选择。Audacity 是一款免费的跨平台数字音频编辑器(访问 http://sourceforge.net/projects/audacity 下载 Windows 和 Mac 版本)。

　　和音频文件一样，有很多种方式可以获取视频文件，包括自己录制、下载视频、购买视频 CD 或在网上搜索视频文件等。

关于视频文件的更多知识

　　和音频文件一样，可通过多种方法来获取视频文件，包括自己录制、下载视频、购买视频 DVD 或者在网上搜索视频。注意，使用非本人创作的视频时，同样会涉及道德规范问题。在自己网站上发布他人创建的视频时，必须事先获得使用权限或许可证。

　　许多数码相机和智能手机都有拍摄静态照片的功能，也能拍摄 MP4 格式的短视频。这是创建短视频的简单办法。数码相机和摄像头可以录制数字视频。完成视频创建后，可以使用 Adobe Premiere Pro，Adobe Spark 和 Nero Video 等软件来编辑和配置视频。许多数码相机和智能手机都有录制视频的功能，并且可以立即发布到 YouTube 等社交网站，与世界分享！第 13 章将指导你处理 YouTube 视频。

多媒体和无障碍访问

　　要为所使用的多媒体元素配置替代内容，如文字稿、字幕或可打印的 PDF 文件。播客等音频文件也需配备文字稿。通常，可用播客剧本作为文字稿的基础，生成 PDF 文件并上传到网站。视频应提供字幕。将视频上传到 YouTube(http://www.youtube.com)时，字幕会自动生成(当然你有时想要修改一下)。还可为现有的 YouTube 视频创建文字稿或字幕(参见 https://support.google.com/ youtube/topic/ 3014331)。

11.3　元素 audio 和 video

　　HTML5 audio 和 video 元素使浏览器能原生播放媒体文件。使用 HTML5 音频和视频时，需要注意容器(由文件扩展名决定)和 codec (用于压缩媒体文件的算法)。参考表 11.1 和表 11.2，其中列出了常见的媒体文件扩展名、容器文件类型以及 codec 的相关信息(如适用 HTML5 的话)。先来使用 HTML5 audio 元素。

audio 元素

　　audio 元素支持浏览器中的原生音频播放。audio 元素以<audio>标记开始，以</audio>标记结束。表 11.3 列出了 audio 元素的属性。

表 11.3　audio 元素的属性

属性名称	属性值	说明
src	文件名	可选；音频文件的名称
type	MIME 类型	可选；音频文件的 MIME 类型，比如 audio/mpeg 或 audio/ogg
autoplay	autoplay	可选；指定音频是否自动播放；使用需谨慎
controls	controls	可选；指定是否显示播放控件；推荐
loop	loop	可选；指定音频是否循环播放
preload	none, auto, metadata	可选；none(不预先加载), metadata(只下载媒体文件的元数据), auto(下载媒体文件)
title	文本描述	可选；由浏览器或辅助技术显示的简单文字说明

　　可能需要提供音频文件的多个版本，以适应浏览器对不同 codec 的支持。至少用两个不同的容器(包括 ogg 和 mp3)提供音频文件。一般在 audio 标记中省略 src 和 type 属性，改为使用 source 元素配置音频文件的多个版本。

source 元素

　　source 是自包容(void)元素，用于指定媒体文件和 MIME 类型。src 属性指定媒体文件的文件名。type 属性指定文件的 MIME 类型。MP3 文件编码成 type="audio/mpeg"，使用 Vorbis codec 的音频文件则编码成 type="audio/ogg"。要为音频文件的每个版本都编码一个 source 元素。source 元素要放在结束标记</audio>之前。

网页上的音频

以下代码配置如图 11.2 所示的网页(学生文件 chapter11/audio.html)。

```
<audio controls="controls">
  <source src="soundloop.mp3" type="audio/mpeg">
  <source src="soundloop.ogg" type="audio/ogg">
  <a href="soundloop.mp3">Download the Audio File</a> (MP3)
</audio>
```

主流浏览器的最新版本都支持 HTML5 audio 元素。不同浏览器显示的播放插件不同。在上述代码中，注意结束标记</audio>之前提供的链接。不支持 HTML5 audio 元素的浏览器会显示这个位置的任何 HTML 元素。这称为"替代内容"。不支持 audio 元素的浏览器会显示文件的 MP3 版本下载链接。

图 11.2　Firefox 浏览器支持 HTML5 audio 元素

动手实作 11.2

这个动手实作将启动文本编辑器来创建如图 11.3 所示的网页，它显示了一个音频控件，可用来播放一个"播客"(podcast)。

创建文件夹 audio5，将 chapter11/starters 文件夹中的 podcast.mp3，podcast.ogg 和 podcast.txt 文件复制到这里。以 chapter11/template.html 文件为基础创建网页，将网页 title 和一个 h1 元素的内容设为"Web Design Podcast"，添加一个音频控件(使用一

图 11.3　用 audio 元素显示音频文件的播放界面

个 audio 元素和两个 source 元素)，添加文字稿(podcast.txt)链接，再配置 MP3 文件链接

作为替代内容。audio 元素的代码如下所示：

```
<audio controls="controls">
  <source src="podcast.mp3" type="audio/mpeg">
  <source src="podcast.ogg" type="audio/ogg">
  <a href="podcast.mp3">Download the Podcast</a> (MP3)
</audio>
```

将网页另存为 index.html，同样保存到 audio5 文件夹。在浏览器中显示。用不同浏览器和浏览器的不同版本测试网页。点击文字稿链接，会在浏览器中显示文本。将你的作品与(chapter11/11.2/index.html)比较。

如何将音频文件转换成 Ogg Vorbis codec？

开源 Audacity 程序支持 Ogg Vorbis。访问 https://sourceforge.net/ projects/audacity 来下载。将音频内容上传到 Internet Archive (http://archive.org)并共享，会自动生成.ogg 格式的文件。

video 元素

 视频讲解：HTML5 Video

HTML5 video 元素支持浏览器中的原生视频播放。video 元素以<video>标记开始，以</video >标记结束。表 11.4 列出了 video 元素的属性。

可能需要提供视频文件的多个版本，以适应浏览器对不同 codec 的支持。至少用两个不同的容器提供视频文件，包括 mp4 和 ogg(或 ogv)。一般在 video 标记中省略 src 和 type 属性，改用 source 元素配置视频文件的多个版本。

表 11.4　video 元素的属性

属性名称	属性值	说明
src	文件名	可选；视频文件的名称
type	MIME 类型	可选；视频文件的 MIME 类型，比如 video/mp4 或 video/ogg
autoplay	autoplay	可选；指定视频是否自动播放；使用需谨慎
controls	controls	可选；指定是否显示播放控件；推荐
height	数字	可选；视频高度(以像素为单位)
loop	loop	可选；指定音频是否循环播放
poster	文件名	可选；指定浏览器不能或未开始播放视频时显示的图片(封面)

续表

属性名称	属性值	说明
preload	none, auto, metadata	可选；none(不预先加载)，metadata(只下载媒体文件的元数据)，auto(下载媒体文件)
title	文本描述	可选；由浏览器或辅助技术显示的简单文字说明
width	数字	可选；视频宽度(以像素为单位)

source 元素

　　source 是自包容(void)元素，用于指定媒体文件和 MIME 类型。src 属性指定媒体文件的文件名。type 属性指定文件的 MIME 类型。使用 MP4 codec 的视频文件编码成 type="video/mp4"，使用 Theora codec 的视频文件编码成 type="video/ogg"。要为视频文件的每个版本都编码一个 source 元素。source 元素要放在结束标记</video >之前。

网页上的视频

　　以下代码配置如图 11.4 所示的网页(学生文件 chapter11/sparky2.html)。

```
<video controls="controls" poster="sparky.jpg"
       width="160" height="150">
  <source src="sparky.m4v" type="video/mp4">
  <source src="sparky.ogv" type="video/ogg">
  <a href="sparky.mov">Sparky the Dog</a> (.mov)
</video>
```

图 11.4　video 元素

主流浏览器的最新版本都支持 HTML5 video 元素。不同浏览器显示的播放界面不同。在上述代码中，注意结束标记</video>之前提供的链接。不支持 HTML5 video 元素的浏览器会显示这个位置的任何 HTML 元素。这称为"替代内容"。在本例中，如果不支持 video 元素，就会显示文件的.mov 版本的下载链接。

过去常用的一个替代方案是配置 embed 元素来播放视频的 Flash(.swf)版本。Adobe Flash 多媒体内容一度十分流行。但是，虽然许多桌面浏览器都安装了 Flash Player，但移动设备的用户无法观看 Flash 内容。由于缺乏移动支持，现在的网页已逐渐减少使用 Flash，而 Adobe 早已宣布了 Flash 的终结。2020 年底，Adobe Flash Player 将不再更新和发布。

 动手实作 11.3 ———————————————————

这个动手实作将启动文本编辑器来创建如图 11.5 所示的网页，它显示了一个视频控件，可以用来播放影片。

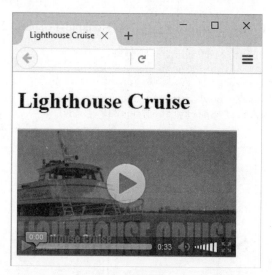

图 11.5   video 元素

创建文件夹 video，将 chapter11/starters 文件夹中的 lighthouse.m4v，lighthouse.ogv，lighthouse.swf 和 lighthouse.jpg 文件复制到这里。将 chapter11/template.html 文件另存为 index.html 并保存到 video 文件夹。像下面这样编辑 index.html。

1. 将网页 title 和一个 h1 元素的内容配置为"Lighthouse Cruise"。

2. 配置视频控件(使用一个 video 元素和两个 source 元素)来显示灯塔视频。配置到视频文件 lighthouse.mov 的链接作为替代内容。将 lighthouse.jpg 配置成 poster 图片(视频最初显示的封面)，由支持 video 元素但不能播放视频文件的浏览器显示。

video 元素的代码如下所示：

```
<video controls="controls" poster="lighthouse.jpg" width="320" height="240">
  <source src="lighthouse.m4v" type="video/mp4">
  <source src="lighthouse.ogv" type="video/ogg">
  <a href="lighthouse.mov">Lighthouse Cruise</a> (.mov)
</video>
```

保存 index.html 并在浏览器中显示。用不同浏览器和浏览器的不同版本来测试。将你的作品与图 11.5 和 chapter11/11.3/index.html 比较。

怎样转换视频格式？

Online-Convert 支持免费转换成 WebM(https://video.online-convert.com/convert-to-webm)和 Ogg Theora(https://video.online- convert.com/ convert-to-ogg)。还有一个免费和开源的 MiroVideoConverter (http://www. mirovideoconverter.com)支持将大多数视频文件转换成 MP4，WebM 或 OGG 格式。

11.4　多媒体文件和版权法

从网上复制和下载图片、音频或视频很容易。将别人的文件用于自己的项目也许很有诱惑力，但为可能是不道德甚至是违法的。只能发布自己创作或已获得使用权限/许可证的网页、图片和其他媒体文件。如别人创作的图片、音频、视频或文档对网站来说非常有用，那么在使用前应先获得该材料的使用许可，而不是简单地把它拿来为自己所用。所有作品(网页、图片、音频、视频等)都受版权保护——即使它没有注明版权符号和版权日期。

注意，有时允许学生和教育工作者使用他人作品的某些部分，但并不触犯版权法。这称为**合理使用**(fair use)，即以评论、报告、教学、学术或研究为目的来使用受版权保护的作品。确定是否属于合理使用的标准如下：

- 使用必须以教育为目的，不得商用
- 被复制的作品的本身是"基于事实的描述"，而不是"创新作品"
- 原作品被复制的部分尽可能少
- 复制品不能影响原作品的市场销售

访问 https://copyright.gov 和 http://www.copyrightwebsite.com，进一步了解版权问题。

一些人想保留对自己作品的所有权，同时方便其他人使用或修改。"知识共享" (Creative Commons，https://creativecommons.org)是一家非赢利性组织，作者和艺术家可利用它提供的免费服务注册一种称为"知识共享"(Creative Commons)的版权许可协议。可以从几种许可协议中选择一种——具体取决于你想授予的权利。"知识共享"许可协议提醒其他人能对你的作品做什么和不能做什么。

自测题 11.1

1. 描述在网页上显示视频所需的 HTML，解释当浏览器或设备不支持视频文件时会发生什么。
2. 说明 video 元素的 poster 属性的作用.
3. 在学校布置的作业中，学生能使用在网上找到的任何东西吗？请详细说明。

11.5　CSS 和交互性

CSS 下拉菜单

动手实作 11.4 ——————————————————————

本动手实作将配置一个交互式导航菜单，鼠标悬停在 Cuisine 上方时将显示下拉菜单，如图 11.6 所示。图 11.7 是网站的站点地图。注意，Cuisine 页有三个子页：Breakfast，Lunch 和 Dinner。

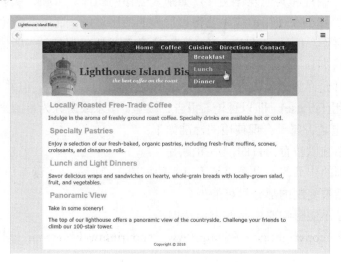

图 11.6　用 CSS 配置交互式导航菜单

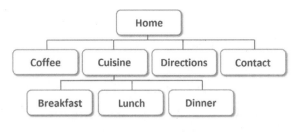

图 11.7　站点地图

新建文件夹 mybistro 并从 chapter11/bistro 文件夹复制所有文件。注意主菜单项包括 Home，Coffee，Cuisine，Directions 和 Contact 等超链接。将编辑 CSS 和每个网页来配置 Cuisine 的子菜单来显示到三个网页(Breakfast，Lunch 和 Dinner)的链接。

任务 1：配置 HTML

用文本编辑器打开 index.html。将修改 nav 区域添加一个新的无序列表来包含 Breakfast，Lunch 和 Dinner 网页链接。将在 Cuisine li 元素中配置一个新的 ul 元素来包含 3 个 li。新的 HTML 代码加粗显示。

```
<nav>
<ul>
  <li><a href="index.html">Home</a></li>
  <li><a href="coffee.html">Coffee</a></li>
  <li><a href="cuisine.html">Cuisine</a>
    <ul>
      <li><a href="breakfast.html">Breakfast</a></li>
      <li><a href="lunch.html">Lunch</a></li>
      <li><a href="dinner.html">Dinner</a></li>
    </ul>
  </li>
  <li><a href="directions.html">Directions</a></li>
  <li><a href="contact.html">Contact</a></li>
</ul>
</nav>
```

保存文件并在浏览器中显示。导航区域有些混乱。不用担心，将在任务 2 配置子菜单 CSS。接着，采用和 index.html 一样的方式编辑每个网页(coffee.html，cuisine.html，breakfast.html，lunch.html，dinner.html，directions.html 和 contact.html)的 nav 区域。

任务 2：配置 CSS

用文本编辑器打开 bistro.css 文件。

1. 用绝对定位配置子菜单。第 7 章讲过，绝对定位是指精确指定元素相对于其第一个非静态父元素的位置，此时元素将脱离正常流动。nav 元素的位置默认静态，所以为 nav 元素选择符添加以下样式声明：

```
position: relative;
```

2. 用 nav 区域现有 ul 元素中的一个新 ul 元素配置 Breakfast，Lunch 和 Dinner 链接。配置后代选择符 nav ul ul 并编码以下样式声明：绝对定位，#5564A0 背景色，0 填充，文本左对齐，并将 display 设为 none。CSS 代码如下所示：

```
nav ul ul { position: absolute; background-color: #5564A0;
            padding: 0; text-align: left; display: none; }
```

3. 配置后代选择符 nav ul ul li 来编码子菜单中的每个 li 元素的样式：边框，块显示，8em 宽度，1em 左填充和 0 左边距。CSS 代码如下所示：

```
nav ul ul li { border: 1px solid #00005D;
               display: block; width: 8em;
               padding-left: 1em; margin-left: 0; }
```

4. 配置 li 元素在触发:hover 时显示子菜单 ul：

```
nav li:hover ul { display: block; }
```

在浏览器中测试网页，应看到如图 11.6 所示的下拉菜单。将你的作品与学生文件 chapter11/11.4/horizontal 比较。学生文件 chatper11/11.4/vertical 还提供了垂直飞出菜单的一个例子。

transform 属性

CSS 提供了一个方法来改变或者说"变换"(transform)元素的显示。transform 属性允许旋转、伸缩、倾斜或移动元素。主流浏览器的最新版本都支持 transform 属性。二维和三维变换都支持。

表 11.5 总结了常用 2D 变换属性值及其作用。完整列表参见 http://www.w3.org/TR/css3- transforms/#transform-property。本节重点是旋转和伸缩变换。

表 11.5　transform 属性值

值	作用
rotate(degree)	使元素旋转指定度数
scale(number, number)	沿 X 和 Y 轴(X,Y)伸缩或改变元素大小；如只提供一个值，就同时配置水平和垂直伸缩量
scaleX(number)	沿 X 轴伸缩或改变元素大小
scaleY(number)	沿 Y 轴伸缩或改变元素大小
skewX(number)	沿 X 轴倾斜元素
skewY(number)	沿 Y 轴倾斜元素
translate(number, number)	沿 X 和 Y 轴(X,Y)重新定位元素
translateX(number)	沿 X 轴重新定位元素
translateY(number)	沿 Y 轴重新定位元素

旋转变换

rotate()变换函数获取一个度数。正值正时针旋转，负值逆时针旋转。旋转围绕原点进行，默认原点是元素中心。图 11.8 的网页演示如何使用 CSS 变换属性使图片稍微旋转。

伸缩变换

scale()变换函数在三个方向改变元素大小：X 轴、Y 轴和 XY 轴。用无单位数字指定改变量。例如，scale(1)不改变元素大小，scale(2)改变成两倍大小，scale(3)改变成三倍大小，scale(0)不显示元素。

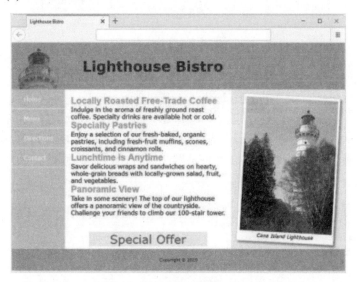

图 11.8 变换属性的实际运用

动手实作 11.5

这个动手实作将配置如图 11.8 所示的旋转和伸缩变换。新建文件夹 transform，从 chapter11/starters 文件夹复制 light.gif 和 lighthouse.jpg。用文本编辑器打开 chapter11 文件夹中的 starter.html 文件，另存为 transform 文件夹中的 index.html。在浏览器中查看文件，结果如图 11.9 所示。

在文本编辑器中打开 index.html 并查看嵌入 CSS。找到 figure 元素选择符。要为 figure 元素选择符添加新的样式声明，配置一个 3 度的旋转变换。新的 CSS 代码加粗显示。

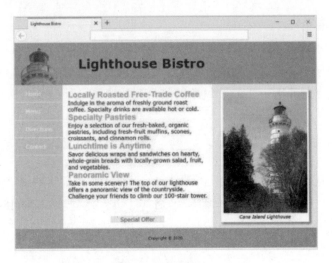

图 11.9   变换之前

```
figure { margin: auto; background-color: #FFF;
    padding: 8px; border: 1px solid #CCC;
    box-shadow: 5px 5px 5px #828282; width: 265px;
    transform: rotate(3deg); }
```

找到#offer 选择符，它在页脚上方配置"Special Offer"div。要为#offer 选择符添加样式声明，配置浏览器显示两倍大的元素。新的 CSS 代码加粗显示。

```
#offer { background-color: #EAEAEA;
        width: 10em;
        margin: 2em auto 0 auto;
        text-align: center;
        transform: scale(2); }
```

保存文件并在浏览器中显示。应看到图片稍微旋转，下方显示较大的"Special Offer"文本。将你的作品与图 11.8 和学生文件 chapter11/11.5/index.html 进行比较。

11.6 探 索 变 换

本节简单介绍了旋转和伸缩变换。访问 http://www.westciv.com/tools/transforms 了解如何生成 CSS 代码来进行元素的旋转(rotate)、伸缩(scale)、移动(translate)和倾斜(skew)。要想进一步了解变换，可以访问 http://www.css3files.com/transform 和 http://developer.mozilla.org/ en/CSS/Using_CSS_ transforms。

transition 属性

　　CSS "过渡" (transition)是指修改属性值，在指定时间内以更平滑的方式显示。许多 CSS 属性都可应用过渡，包括 color，background-color，border，font-size，font-weight，margin，padding，opacity 和 text-shadow。适用的完整属性请参见 https://developer.mozilla.org/ en-US/docs/Web/CSS/CSS_animated_properties。为属性配置过渡时，需配置 transition-property，transition-duration，transition-timing-function 和 transition-delay 属性的值。所有这些值可合并到单个 transition 简写属性中。表 11.6 总结了过渡属性及其作用。表 11.7 总结了常用的 transition-timing-function 值及其作用。

表 11.6　CSS transition 的属性

属性名称	说明
transition-property	指定将过渡效果应用于哪个 CSS 属性
transition-duration	指定完成过渡所需的时间，默认为 0，表示立即完成过渡；否则用一个数值指定持续时间，一般以秒为单位
transition-timing-function	描述属性值的过渡速度。常用的值包括 ease(默认，逐渐变慢)，linear(匀速)，ease-in(加速)，ease-out(减速)，ease-in-out(加速再减速)
transition-delay	指定过渡的延迟时间；默认值是 0，表示无延迟；否则用一个数值指定延迟时间，一般以秒为单位
transition	这是简写属性，按顺序列出 transition-property，transition-duration，transition-timing-function 和 transition-delay 的值，以空格分隔。默认值可省略，但第一个时间单位应用于 transition-duration

表 11.7　常用 transition-timing-function 值

值	作用
ease	默认值。过渡效果刚开始比较慢，逐渐加速，最后再变慢
linear	匀速过渡
ease-in	过渡效果刚开始比较慢，逐渐加速至固定速度
ease-out	过渡效果以固定速度开始，逐渐变慢
ease-in-out	过渡效果刚开始比较慢，逐渐加速再减速

 动手实作 11.6

　　以前讲过，可用 CSS :hover 伪类配置鼠标移到元素上方时显示的样式。但这个显示的变化显得有点突兀。可利用 CSS 过渡来更平滑地呈现鼠标悬停时的样式变化。本案例学习要为导航链接配置过渡效果。

　　新建文件夹 transition，从 chapter11/starters 文件夹复制 light.gif 和 lighthouse.jpg。用文本编辑器打开 chapter11 文件夹中的 starter.html 文件，另存为 transition 文件夹中的 index.html。在浏览器中查看文件，结果如图 11.9 所示。注意，当鼠标放到导航链接上时，背景颜色和文本颜色一下子就变了。

　　用文本编辑器打开 index.html 并查看嵌入 CSS。找到 nav a:hover 选择符，注意已配置了 color 和 background-color 属性。将为 nav a 选择符添加新的样式声明，在鼠标移至链接上方时使背景颜色渐变。新的 CSS 加粗显示。

```
nav a { text-decoration: none; display: block; padding: 1em 2em;
        transition: background-color 2s linear; }
```

　　保存文件并在浏览器中显示。鼠标放到导航链接上方，注意，虽然文本颜色立即改变，但背景颜色是逐渐变化的。将你的作品与图 11.10 和 chapter11/11.6/index.html 进行比较。

图 11.10　过渡效果使链接的背景颜色逐渐变化

11.7　探　索　过　渡

　　表 11.8 只展示了部分过渡效果控制。还可以为 transition-timing-function 使用贝塞尔曲线值。图形应用程序经常使用贝塞尔曲线描述运动。欲知详情，请访问以下资源：

- http://www.the-art-of-web.com/css/timing-function
- http://roblaplaca.com/blog/2011/03/11/understanding-css-cubic-bezier
- http://cubic-bezier.com

动手实作 11.7

本动手实作将使用 CSS positioning，opacity 和 transition 属性配置交互式图片库。该版本和动手实作 6.9 创建的稍有不同。

图 11.11 是图片库最初的样子(学生文件 chapter11/11.7/index.html)。大图半透明。将鼠标放到缩略图上，会在右侧逐渐显示完整尺寸的图片，并显示相应的图题，如图 11.12 所示。点击缩略图，图片将在另一个浏览器窗口中显示。

图 11.11　刚开始的图片库　　　　　　　图 11.12　图片逐渐显示

新建文件夹 gallery2，复制 chapter11/starters/gallery 文件夹中的所有图片文件。启动文本编辑器并修改 chapter11/template.html 文件来进行以下配置。

1. 为网页 title 和一个 h1 标题配置文本"Image Gallery"。

2. 编码 id 为 gallery 的一个 div。该 div 包含占位用的 figure 元素和一个用于包含缩略图的无序列表。

3. 在 div 中配置 figure 元素。figure 元素将包含占位用的 img 元素来显示 photo1.jpg。

4. 在 div 中配置无序列表。编码 6 个 li 元素，每个缩略图一个。缩略图要作为图片链接使用，分配一个:hover 伪类，以便当鼠标放在上面时显示大图。为此，要配置超链接元素来同时包含缩略图和 span 元素。span 元素由较大的图片和图题构成。例如，第一个 li 元素的代码如下所示：

```
<li><a  href="photo1.jpg"><img src="photo1thumb.jpg" width="100" height="75"
        alt = "Golden Gate Bridge">
        <span><img src="photo1.jpg" width="400" height="300"
          alt = "Golden Gate Bridge"><br>Golden Gate Bridge</span></a>
</li>
```

5. 以类似方式配置全部 6 个 li 元素。将 href 和 src 的值替换成每个图片文件的实际名称。为每张图撰写自己的图题。第二个 li 元素使用 photo2.jpg 和 photo2thumb.jpg。第三个 li 元素使用 photo3.jpg 和 photo3thumb.jpg。以此类推。将文件另存为 gallery2 文件夹中的 index.html。在浏览器中显示网页。应该看到由缩略图、大图以及说明文字构成的无序列表。

6. 现在添加 CSS。在文本编辑器中打开文件，在 head 区域添加 style 元素。像下面这样配置嵌入 CSS。

- 配置 body 元素选择符，使用深色背景(#333333)和浅灰色文本(#EAEAEA)。
- 配置 gallery id 选择符。将 position 设为 relative。这不会改变图片库的位置，但会设置 span 元素显示的大图相对于它的容器(#gallery)而不是相对于整个网页。
- 配置 figure 元素选择符。将 position 设为 absolute，left 设为 280px，text-align 设为 center，opacity 设为.25。这会造成大图最开始显示为半透明。
- 配置#gallery 中的无序列表，宽度设为 300px，无列表符号。
- 配置#gallery 中的 li 元素内联显示，左侧浮动，以及 10 填充。
- 配置#gallery 中的 img 元素不显示边框
- 配置#gallery 中的 a 元素无下画线，文本颜色#eaeaea，倾斜文本。
- 配置#gallery 中的 span 元素，将 position 设为 absolute，将 left 设为-1000px(造成它们最开始不在浏览器视口中显示)，将 opacity 设为 0。还要配置 3s 的 ease-in-out 过渡。

```
#gallery span {  position: absolute; left: -1000px; opacity: 0;
                 transition: opacity 3s ease-in-out; }
```

- 配置#gallery 中的 span 元素在鼠标移至缩略图上方时显示。position 设为 absolute，top 设为 15px，left 设为 320px，居中文本，opacity 设为 1。

```
#gallery a:hover span { position: absolute; top: 16px; left: 320px;
                        text-align: center; opacity: 1; }
```

保存文件并在浏览器中显示。将你的作业与图 11.11、图 11.12 和学生文件 chapter11/11.7/index.html 进行比较。

CSS 动画

CSS 动画(https://www.w3.org/TR/css-animations-1/)提供了随时间推移改变 CSS 属性值的一种方式。通过以下两个步骤配置 CSS 动画:

- 用@keyframes 规则定义动画

- 用 CSS animation 属性应用动画

用@keyframes 规则定义动画

动画的**关键帧**是发生变化的关键位置。@keyframes 规则旨在定义动画，包括对动画进行命名，以及对关键帧进行分组。至少要定义两个关键帧，一个 from 关键帧(起始状态)和一个 to 关键帧(结束状态)。一系列关键帧的持续时间可使用百分比单位，比如第一个关键帧 0%，第二个 25%，第三个 50%，最后一个 100%。这些百分比值代表在动画进行中，在哪个阶段触发这个帧所包含的样式。在和每个百分比对应的块中，可列出一个或多个 CSS 属性。以下@keyframes 规则将动画名称配置成 test，并造成一个元素的比例从 50%变成 200%，同时颜色从蓝变红。

```
@keyframes test {
        from {   transform: scale(0.5);
                 background-color: blue; }
        to   {   transform: scale(2);
                 background-color: red; }
}
```

应用动画

接着，指定动画名称以及动画持续时间来应用动画。CSS animation 是简写属性，一般只需提供 animation-name 和 animation-duration 属性的值。

例如，以下 CSS 向名为 myAnimate 的类应用名为 test 的动画 5 秒钟(该类同时配置了一个有边框的水平居中蓝色方块):

```
.myAnimate { width: 100px; height; 100px;
            background-color: blue; border: 3px solid #000;
            margin: auto;
            animation: test 5s; }
```

可访问学生文件(chapter11/animate1.html)体验该动画。注意当动画播放完毕后，方块会恢复其初始状态。可将 animation-fill-mode 属性设为 forwards 来改变这一行为(学生文件 chapter11/animate2.html)。表 11.8 列出了动画属性及其作用。

表 11.8　动画属性

属性	说明
animation	简写属性,至少要提供animation-name 和 animation-duration 属性的值,以空格分隔
animation-name	指定和动画关联的@keyframes 规则
animation-duration	动画长度。默认 0s，即不配置动画。其他数值以秒或毫秒为单位指定动画长度

续表

属性	说明
animation-delay	开始动画前的延迟：默认 0s，即动画立即开始。其他数值以秒或毫秒为单位指定动画延迟
animation-timing-function	描述中间属性值的计算方式以改变动画速度。常用值包括 ease(默认)，linear，ease-in，ease-out，ease-in-out(参考表 11.7)
animation-iteration-count	配置动画重复次数：默认为 1。可设为某个正数或关键字 infinite(无限重复)
animation-direction	配置动画是正向、反向还是正反交替播放：值包括 normal(默认)，reverse，alternate，alternate-reverse
animation-play-state	指定动画是播放还是暂停。值包括 running(默认)和 paused
animation-fill-mode	配置动画没有运行时所应用的 CSS 属性。值包括 none(默认)，forwards(最后一个关键帧)，backwards(第一个关键帧)，both(forwards 和 backwards 的样式都应用)

 动手实作 11.8

本动手实作将配置一个 CSS 动画，使 h1 文本"Lighthouse Bistro"从右侧滑入并逐渐增大。新建文件夹 animate 并从 chapter11/starters 文件夹复制 lighthouse.jpg 和 light.gif。再从 chapter11 文件夹复制 starter.html。

用文本编辑器打开 starter.html，查看其中的 CSS，注意，其中编码了一个媒体查询，意味着这是一个灵活响应的网页。将配置动画，仅在视口宽度至少为 768 像素并触发了媒体查询时才播放动画。将文件中存为 animate 文件夹中的 index.html。在浏览器中显示文件，效果如图 11.9 所示。改变浏览器视口大小，注意网页布局会随视口而变。

在文本编辑器中编辑嵌入 CSS。

1. 在起始 style 标记后另起一行，将定义动画并编码名为 slideme 的一个 @keyframes 规则。第一个关键帧的 margin-left 设为 100%，width 设为 300%。最后一个关键帧则设置 300%的 font-size，0%的左边距和 100%的 width。CSS 如下所示：

```
@keyframes slideme {
        from {   margin-left: 100%;
                 width: 300%; }
        to   {   font-size: 300%;
                 margin-left: 0%;
                 width: 100%; }
```

2. 找到媒体查询。将在媒体查询中添加代码来应用动画。为 h2 元素选择符配置样式规则，将 animation-name 设为 slideme，将 animation-duration 设为 5s。CSS 如下所示：

```
h1 {animation-duration: 5s;
     animation-name: slideme; }
```

3. 动画效果是文本逐渐滑入网页，这可能造成网页变得比浏览器视口宽，造成水平滚动条的出现。为防止该问题，将 h1 的容器(即 header 元素)的 overflow 属性设为 hidden。在媒体查询中找到 header 元素选择符并添加 overflow: hidden 样式声明。另外，将 header 的高度设为 160px。CSS 如下所示：

```
header { padding-left: 10em;
         overflow: hidden;
         height: 160px; }
```

保存文件并在浏览器中测试。由于是灵活网页，所以在浏览器视口过窄的情况下，动画不会显示。如视口宽度至少设为 768px，媒体查询将被触发，会看到标题文本从右边滑入，逐渐增大，最后突然变小，这是由于元素默认会在动画完成后恢复其初始状态。将自己的作业与 chapter11/11.8/step3.html 比较。

4. 为了使动画结束时固定在最后一帧的状态，在媒体查询中找到 h1 元素选择符，将 animation-fill-mode 设为 forwards：

```
h1 {animation-duration: 5s;
     animation-name: slideme;
     animation-fill-mode: forwards; }
```

保存并测试。这时会看到标题文本从右边滑入，逐渐增大，最后保持在大字体的状态。将自己的作业与图 11.13 和 chapter11/11.8/step4.html 比较。

5. 为了增加一点趣味性，这里再为动画添加一个关键帧。找到@keyframes 规则，在动画持续到 50%时添加一个关键帧，将字号设为 250%，将 margin-left 设为 50%，如下所示：

```
@keyframes slideme {
      from {   margin-left: 100%;
               width: 300%; }
      50% {       margin-left: 50%;
               font-size: 250%; }
      to {     font-size: 300%;
               margin-left: 0%;
               width: 100%; }
}
```

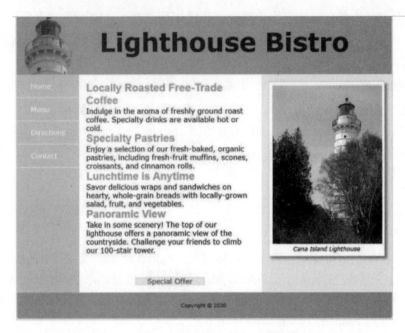

图 11.13　已应用动画

　　6. 保存并测试。注意文本从右边滑入，逐渐增大。进行到一半时，动画变慢，然后重新加速，继续滑入并增大。速度的变化是由于 animation-timing-function 属性使用了默认值(ease)。将自己的作业和 chapter11/11.8/step5.html 比较。

　　7. 为了使动画以恒定速度播放，在媒体查询中找到 h1 元素选择符，将 animation-timing-function 设为 linear，如下所示：

```
h1 {animation-duration: 5s;
    animation-name: slideme;
    animation-fill-mode: forwards;
    animation-timing-function: linear; }
```

　　保存并测试，标题文本的动画将平滑地播放。对应的学生文件是 chapter11/11.8/index.html。

探索 CSS 动画

　　本节简单介绍了 CSS 动画。访问以下资源以深入探索该主题：

- https://developer.mozilla.org/en-US/docs/Web/CSS/CSS_Animations
- https://daneden.github.io/animate.css/
- https://medium.freecodecamp.org/a-simple-css-animation-tutorial-8a35aa8e87ff

11.8　detailsf 元素和 summary 元素

配合使用 details 和 summary 元素来配置交互式 widget 以隐藏和显示信息。

details 元素

details 元素配置浏览器来渲染一个交互式 widget，其中包含一个 summary 元素和详细信息(可以是文本HTML标记的组合)。details 元素以<details>标记开头，以</details>标记结束。

summary 元素

在 details 元素中编码 summary 元素来用于包含文本总结(一般是某种类型的术语或标题)。summary 元素以<summary>标记开头，以</summary>标记结束。

details 和 summary 小部件

图 11.14 和 11.15 展示了由 Chrome 浏览器渲染的 details 和 summary 元素。图 11.14 是网页最初的样子，浏览器为每个 summary 项(本例是 Repetition，Contrast，Proximity 和 Alignment 等术语)显示了一个三角符号。

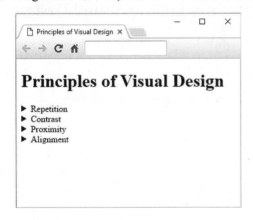

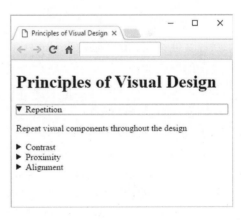

图 11.14　最初的浏览器显示　　　　　图 11.15　显示详细信息

在图 11.15 中，用户选中了第一个 summary 项(Repetition)，造成浏览器显示那一项的详细信息。可再次选择该 summary 项隐藏细节，或选择另一个 summary 项来显示对应的详细信息。

不支持 details 和 summary 元素的浏览器会直接显示全部信息，不提供交互功能。

动手实作 11.9 ─────────────────────

本动手实作将创建如图 11.14 和图 11.15 所示的网页，用 details 元素和 summary 元素配置一个交互式小部件。新建文件夹 ch11details。用文本编辑器打开 chapter11/template.html 并另存为 ch11details 文件夹中的 index.html。像下面这样修改网页。

1. 在 title 和一个 h1 元素中配置文本"Principles of Visual Design"。
2. 在主体中添加以下代码：

```
<details>
  <summary>Repetition</summary>
  <p>Repeat visual components throughout the design</p>
</details>
<details>
  <summary>Contrast</summary>
  <p>Add visual excitement and draw attention</p>
</details>
<details>
  <summary>Proximity</summary>
  <p>Group related items</p>
</details>
<details>
  <summary>Alignment</summary>
  <p>Align elements to create visual
unity</p>
</details>
```

保存文件并在 Firefox 或 Chrome 中测试，最初的效果如图 11.14 所示。点击一个术语或箭头将显示 details 元素中编码的信息。例如，选择 Repetition 后的效果如图 11.15 所示。不支持新元素的浏览器会获得如图 11.16 所示的显示。示例解决方案参考 chapter11/11.9 文件夹。访问 http://caniuse.com/#feat=details，了解目前浏览器对 details 和 summary 元素的支持情况。

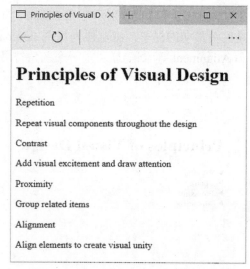

图 11.16　不支持的浏览器的显示

✅ **自测题 11.2**

1. transform 属性的作用是什么？
2. 什么是关键帧？
3. details 和 summary 元素的作用是什么？

11.9　JavaScript

虽然网页的部分交互功能可通过 CSS 实现，但大多数交互功能还是用 JavaScript 实现的。最初由 Netscape(网景)公司的 Brendan Eich 开发的 JavaScript 是由网页浏览器解释的一种基于对象的客户端脚本语言。基于对象是由于它操作的是和网页文档关联的对象，包括浏览器窗口、文档本身和各种元素(比如表单、图片和超链接)。

JavaScript 语句可直接在网页中用 HTML script 元素来编码，也可放到单独的.js 文件中由浏览器访问。script 元素可直接包含脚本语句，也可指定包含脚本语句的一个文件。有的 JavaScript 语句还能直接在某个 HTML 标记中编码。无论什么情况，最后都由浏览器解释 JavaScript 语句。正因为这个原因，所以 JavaScript 被认为是一种客户端编程语言。

可用 JavaScript 响应鼠标移动、按钮点击和网页加载等事件。经常用这个技术编辑和校验 HTML 表单控件(文本框、复选框和单选钮等)的输入。JavaScript 的其他用途包括弹出窗口、幻灯片(图片轮播)、动画、日期处理和计算等。图 11.17 的网页(chapter11/date.html)使用 JavaScript 判断并显示当前日期。JavaScript 语句直接包含在一个 HTML script 元素中，如下所示：

```
<h2>Today is
<script>
  var myDate = new Date()
  var month = myDate.getMonth() + 1
  var day = myDate.getDate()
  var year = myDate.getFullYear()
  document.write(month + "/" + day + "/" + year)
</script>
</h2>
```

将在第 14 章介绍 JavaScript 编码。使用 JavaScript 时，一个重点在于理解如何使用**文档对象模型**(Document Object Model，DOM)。DOM 定义了网页上的每一个对象和元素，可通过其层级结构访问网页元素并将样式应用于这些元素。图 11.18 展示了适合大多数浏览器的基本 DOM 的一部分。

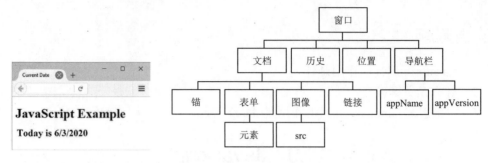

图 11.17   JavaScript 示例   图 11.18   文档对象模型(DOM)

JavaScript 资源

JavaScript 作为一种强大的脚本语言，是值得深入学习的好工具。网上有许多免费的 JavaScript 代码和教程：

- JavaScript 教程：http://echoecho.com/javascript.htm
- Mozilla Developer Network JavaScript Guide：
  https://developer.mozilla.org/en-US/docs/Web/JavaScript/Guide
- JavaScript 教程：http://www.w3schools.com/JS

熟悉了 HTML 和 CSS 后，JavaScript 语言是继续学习的一个好方向。请尝试上面列出的资源以找到感觉。第 14 章将进一步地讨论 JavaScript。下一节将介绍 Ajax，一种基于 JavaScript 的技术。

11.10   Ajax

Ajax 是多种技术的组合体，全称是"异步 JavaScript 和 XML"(Asynchronous JavaScript and XML)。所用的技术都不新，只是最近才被组合起来，目的是为 Web 访问者提供更优质的用户体验和创建交互式 Web 应用程序。下面列举了 Ajax 所采用的技术：

- 基于标准的 HTML 和 CSS
- 文档对象模型(DOM)
- XML(和相关的 XSLT 技术)
- 使用 XMLHttpRequest 的异步数据获取
- JavaScript

其中有些技术你可能并不熟悉，但在网页开发职业生涯的这个阶段，这并不是一个问题。目前要做的是打下坚实的 HTML 和 CSS 基础，将来再决定继续深入学习其他技术。目前，只需知道有这些技术以及它们有何用途。

Ajax 是创建交互式 Web 应用的一种网页开发技术。回忆一下第 1 章和第 9 章讲过的客户端/服务器模型。浏览器向服务器发送请求(通常由点击链接或提交按钮触发)，服务器返回一个全新的网页供浏览器显示。Ajax 使用 JavaScript 和 XML 为客户端(浏览器)分配更多的处理任务，并经常向服务器发送"幕后"的异步请求来刷新浏览器窗口的某些部分(而不是每次都刷新整个网页)。其中关键在于，使用 Ajax 技术，JavaScript 代码(它们在客户端计算机上运行，在浏览器的限制之下)可直接与服务器通信以便交换数据，并修改网页的部分显示，而不必每次都重新加载整个网页。例如，一旦访问者在表单中输入邮政编码，系统就可通过 Ajax 利用这个值在邮政编码数据库中自动查找对应的城市/州/省名。所有这些动作都发生在访问者点击提交按钮之前，是在输入表单信息的过程中于幕后发生的。结果是让访问者觉得这个网页的反馈能力更好、交互性更强。

Ajax 资源

虽然你可能想在学习 Ajax 之前掌握脚本语言，但网上有许多关于它的资源和文章。不妨事先浏览一下。例如：

- Getting Started with Ajax：https://www.alistapart.com/articles/ gettingstartedwithajax
- Ajax Tutorial：http://www.tizag.com/ajaxTutorial

11.11　jQuery

JavaScript 是一种客户端脚本语言，用于为网页添加交互性与功能。开发人员经常需要在网页上配置一套固定的交互功能，比如幻灯片、表单校验和动画。一个办法是自己写 JavaScript 代码并在多种浏览器和操作系统中测试。这很费时。2006 年，雷西塔(John Resig)[①]开发了免费开源 jQuery JavaScript 库来简化客户端编程。

应用程序编程接口(Application Programming Interface，API)是允许软件组件相互通信(交互和共享数据)的一种协议。jQuery API 用于配置多种交互功能，包括：

- 幻灯片(轮播)
- 动画(移动、隐藏和渐隐)
- 事件处理(鼠标移动和点击)
- 文档处理
- Ajax

虽然先对 JavaScript 有一个基本理解再用 jQuery 时会更有效率，但许多开发人员

---

① "JQuery 之父"，毕业于罗彻斯特理工，现就职于 Mozilla 公司。——译注

和设计人员都认为使用 jQuery 比自己写 JavaScript 更容易。jQuery 库的优势是兼容所有最新浏览器。

jQuery 是开源库，任何人都能写新的 jQuery 插件来扩展 jQuery 库，提供新的或增强的交互功能。例如，jQuery Cycle 插件(http://jquery.malsup.com/cycle)支持多种过渡效果。图 11.19(https://webdevfoundations.net/jquery/index.html)演示了如何用 jQuery 和 Cycle 插件创建幻灯片。

图 11.19　用 jQuery 插件实现幻灯片放映

jQuery 资源

网上有许多免费教程和资源帮助学习 jQuery，例如：

- jQuery Tutorials for Web Designers: https://webdesignerwall.com/tutorials/jquery-tutorials-for-designers
- jQuery Fundamentals: http://jqfundamentals.com/chapter/jquery-basics
- How jQuery Works: https://learn.jquery.com/about-jquery/how-jquery-works/

 是不是只能选择 jQuery 作为 JavaScript 库或 API？

并不是。jQuery 只是最流行的一个。其他 JavaScript API 还有 React (https://reactjs.org)，Vue(https://vuejs.org)和 Angular(https://angularjs.org)。

11.12　HTML5 API

前面说过，API 的作用是实现软件组件之间的通信，包括交互和共享数据。目前处于开发和 W3C 批准阶段的有多个 API 能与 HTML5，CSS 和 JavaScript 配合使用。本节将讨论部分新 API，包括地理位置、网络存储、渐进式 Web 应用程序和 2D 绘图。

地理位置

地理位置 API(http://www.w3.org/TR/geolocation-API/)允许访问者共享地理位置。浏览器首先确认访问者想要共享位置。然后，根据 IP 地址、无线网络连接、本地信号塔或 GPS 硬件(具体取决于设备和浏览器)来确定其位置。JavaScript 用于处理浏览器提供的经纬度坐标。具体例子可参考 https://developers.google.com/maps/documentation/javascript/examples/ map-geolocation。

网络存储

开发人员过去常用 JavaScript cookie 对象以"键/值"对形式在客户端电脑上存储信息。网格存储 API(http://www.w3.org/TR/webstorage)提供在客户端存储信息的两种新形式：本地存储和会话存储。网格存储的一个好处是增大了可存储的数据量(每个域 5MB)。localStorage 对象存储的数据无失效期。sessionStorage 对象存储的数据则只在当前浏览器会话期间有效。用 JavaScript 处理 localStorage 和 sessionStorage 对象中存储的值。具体例子可参考 https://webdevfoundations.net/storage 和 https://html5demos.com/storage。

渐进式 Web 应用程序

你也许用过手机上的原生应用(apps)。这种应用专为目标平台生成和分发。例如，同一个应用需要创建 iPhone 和 Android 的两个版本。相反，用 HTML, CSS 和 JavaScript 编写的应用程序可在任何浏览器上运行——只要联网就行。**渐进式 Web 应用程序**(Progressive Web Application，PWA)则更进一步，提供了和移动设备上的原生应用相似的丰富体验。用户可选择将网站图标添加到主屏幕。此时即便没有联网，网站也能提供某种程度的功能。

渐进式 Web 应用程序的一个早期方案是通过一个应用程序缓存来通知浏览器需自动下载和更新哪些文件，资源未缓存时应显示哪些备用文件，以及哪些文件仅在联机时可用(https://www.w3.org/TR/2011/WD-html5-20110525/offline.html)。但这个方案存在一些问题，W3C 正在开发一套新的 API 来强化 PWA。这些 API 包括 Manifest 和 Service Workers。

Manifest API(https://www.w3.org/TR/appmanifest)包含有关 PWA 的信息，其中包括将 PWA 的图标添加到设备主屏所需的数据。Service Workers API(https://www.w3.org/TR/service-workers-1/)为网站提供执行持久性后台处理的方式，比如 push 通知和后台数据同步。Service Worker 是后台运行的 JavaScript 代码。它和网页是分开的，会侦听安装、激活、消息、fetch、同步和 push 等事件。为增强安全性，service workers 必须

在 HTTPS 上运行。

PWA 的详情请参考以下资源:

- https://developer.mozilla.org/en-US/docs/Web/Apps/Progressive/Introduction
- https://developers.google.com/wcb/progressive-web-apps/
- https://medium.com/samsung-internet-dev/a-beginners-guide-to-making-progressiv eweb-apps-beb56224948e
- https://docs.microsoft.com/en-us/microsoft-edge/progressive-web-apps/get-started

用 canvas 元素绘图

HTML5 canvas 元素是动态图形容器,以<canvas>标记开始,以</canvas>标记结束。
canvas 元素用 Canvas 2D Context API 配置
(http://www.w3.org/TR/2dcontext2),可用
它动态绘制和变换线段、形状、图片和文
本。除此之外,canvas 元素还允许和用户
的操作(比如移动鼠标)进行交互。

Canvas API 提供了用于二维位图绘
制的方法,包括线条、笔触、曲线、填充、
渐变、图片和文本。然而,不是使用图形
软件以可视的方式绘制,而是写 JavaScript
代码以程序化的方式绘制。图 11.20 展示
了用 JavaScript 在 canvas 中绘图的一个简
单例子(chapter11/canvas.html)。代码如下
所示:

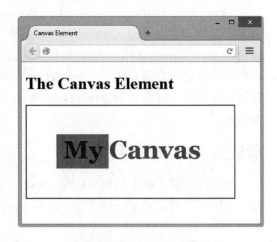

图 11.20   canvas 元素

```
<!DOCTYPE html>
<html lang="en">
<head>
<title>Canvas Element</title>
<meta charset="utf-8">
<style>
canvas { border: 2px solid red; }
</style>
<script type="text/javascript">
function drawMe() {
  var canvas = document.getElementById("myCanvas");
  if (canvas.getContext) {
    var ctx = canvas.getContext("2d");
    ctx.fillStyle = "rgb(255, 0, 0)";
```

```
        ctx.font = "bold 3em Georgia";
        ctx.fillText("My Canvas", 70, 100);
        ctx.fillStyle = "rgba(0, 0, 200, 0.50)";
        ctx.fillRect(57, 54, 100, 65);
    }
}
</script>
</head>
<body onload="drawMe()">
<h1>The Canvas Element</h1>
<canvas id="myCanvas" width="400" height="175">
My Canvas</canvas>
</body>
</html>
```

也许你会觉得有些代码就像天书一样，请别担心：JavaScript 毕竟与 CSS 和 HTML 不同，它有自己特有的语法和规则。让我们快速检查一下上面的代码。红色外框线通过向 canvas 选择符应用 CSS 来创建。JavaScript 函数 drawMe()在浏览器加载页面时调用。JavaScript 查找 id 为 myCanvas 的 canvas 元素，测试浏览器是否支持。如支持，就执行下列动作。

- 将画布的 context 设为 2D。
- "画"出"My Canvas"文本。
- 使用 fillStyle 属性将画笔颜色设置为红色。
- 用 font 属性设置字体浓淡、字号和字体家族。
- 使用 fillText 方法指定显示的文本，并指定 x 值(距离左侧多少像素)和 y 值(距离顶部多少像素) 。
- 画一个矩形。
- 使用 fillStyle 属性将画笔颜色设置为蓝色，不透明度为 50%。
- 使用 fillRect 方法指定矩形的 x 值(距离左侧多少像素)、y 值(距离顶部多少像素)、宽度以及高度。

对于 canvas 元素，官方给出的承诺是：可实现与利用 Adobe Flash 进行开发类似的复杂交互功能。在我写这部分内容时，所有主流浏览器(Internet Explorer 9 版及以后的版本)都支持该元素。请访问 http://www.canvasdemos.com，体验大师的 Canvas 巨作。

canvas 元素的宗旨是实现复杂的交互行为。要想实际体验 canvas 元素，请访问 https://codepen.io/CraneWing/pen/egaBze。

什么是 SVG?

Scalable Vector Graphics (SVG)是用 XML 来描述矢量二维图形的一种标记语言 (https://www.w3.org/Graphics/SVG/)。可在一个 SVG 中包含矢量形状、图像和文本对象。可以自由伸缩而不会损失清晰度。SVG 内容存储在.svg 文件中，支持交互和动画。

可以自己为 SVG 写 XML 代码，但更常见的做法是使用一个矢量图形编辑器，比如 Adobe Illustrator，Adobe Animate CC，开源 Inkscape(https://inkscape.org)或者某个联机应用(比如 http://editor.method.ac)来自动生成 SVG 文件。

在网页上显示 SVG 有几种常见的方法: 为 img 元素配置.svg 文件作为 src 属性值，配置 CSS 背景图片，以及配置 svg 元素来包含 SVG 图形的 XML 代码。学生文件的 chapter11/svg 文件夹提供了 SVG 的例子。访问以下资源进一步了解 SVG:

- https://developer.mozilla.org/en-US/docs/Web/SVG/Tutorial
- https://css-tricks.com/using-svg
- https://css-tricks.com/lodge/svg/06-using-svg-svg-background-image

HTML5 API 资源

本节简要介绍几种 HTML5 API。访问以下资源进一步了解相关信息、教程和演示:

- https://bestvpn.org/html5demos/
- https://developers.google.com/web/progressive-web-apps/
- https://blog.bitsrc.io/what-is-a-pwa-and-why-should-you-care-388afb6c0bad

自测题 11.3

1. 说明 JavaScript 的两种用途。
2. 说明 PWA 的一些特点。
3. HTML5 canvas 元素有哪些作用?

 ## 11.13   多媒体、动画和交互性的无障碍访问

多媒体、动画和交互性有助于制造引人入胜的效果，提升用户体验，从而吸引更多人来访问网站。但要知道并非所有人都能体验到这些特性，所以应考虑在网站中集成以下内容。

- 为音频和视频内容提供文本描述和替代内容(如字幕)，以方便那些有听觉障碍的人获取信息，这对使用移动设备或网速慢的人也有帮助。

- 和多媒体内容的开发人员/程序员合作创建动画时，记住让他们提供无障碍访问方式，如键盘访问、文本描述等。

- WCAG 2.1 Success Criterion 2.2.2 建议提供一种方式来暂停、停止和/或隐藏信息的移动、闪烁或滚动(在其自动开始，或持续时间超过 5s 的情况下)。另一个建议是提供一种方式来暂停、停止或隐藏自动更新的信息(如果它们自动开始，而且和其他内容一起呈现，详情参见 https://www.w3.org/WAI/WCAG21/quickref/#pause- stop-hide。动手实作 11.8 在创建动画时，将持续时间设为 5s，就是为了满足这一条件。

- WCAG 2.1 Success Criterion 2.3.1 建议网页不要包含任何闪烁频率高于每秒三次的项目(https://www.w3.org/WAI/WCAG21/quickref/#three-flashes-or-below-threshold)。这是为了防止因光学刺激而诱发癫痫。应当与动画开发人员一起确保网站上的动态效果处于安全范围之内。

- 如使用 JavaScript，请牢记某些访问者可能关闭了 JavaScript 功能，或者无法操作鼠标。应在浏览器不支持 JavaScript 的情况下确保网站的基本功能。利用 Ajax 技术来刷新浏览器窗口中的部分内容时，使用辅助技术或文本浏览器的用户可能会遇到问题。测试的重要性怎么强调都不为过。W3C 已发布了 ARIA(无障碍富互联网应用，Accessible Rich Internet Applications)协议，它支持对脚本化和动态化的内容(如利用 Ajax 创建的 Web 应用)的无障碍访问。请访问 https://www.w3.org/WAI/standards-guidelines/aria/进一步了解 ARIA。

如果能在设计中牢记多媒体、动画和交互性内容的无障碍设计理念，你帮助的不仅是身有不便的人士，还有那些使用低带宽或未安装插件的访问者。最后，如页面中使用的多媒体和/或交互性内容实在无法遵循无障碍访问性准则时，请考虑创建一个单独的、只包含文本的网页。

小结

本章介绍了在网页上添加多媒体和交互性的技术。讨论了用于设置音频和视频的 HTML 技术。介绍了 JavaScript、Ajax 和 HTM5 API。配置了一个交互式 CSS 菜单和交互式 CSS 图片库,并用 details 和 summary 元素实现了一个 widget。另外还探讨了 CSS transition,transform 和 animate 属性。和这些技术相关的无障碍访问和版权问题也有深入讨论。请浏览本书网站(https://www.webdevfoundations.net)获取本章列举的例子、链接和更新信息。

关键术语

aiff	canvas 元素
.au	客户端编程
.av1	codec
.avi	容器
.class	版权
.m4a	知识共享(CC)许可协议
.m4v	details 元素
.mid	文档对象模型(DOM)
.mov	合理使用
.mp3	地理位置(geolocation)
.mp4	交互性
.mpg	JavaScript
.ogg	jQuery
.ogv	关键帧
.swf	localStorage
.wav	manifest
.webm	media
.wmv	基于对象
<audio>	渐进式 Web 应用程序
<canvas>	rotate()变换
<details>	scale()变换
<script>	sessionStorage
<source>	service worker
<summary>	source 元素
<video>	summary 元素
@keyframes 规则	transform 属性
Ajax	transition 属性
animation 属性	video 元素
应用程序编程接口(API)	网络存储
audio 元素	

复习题

选择题

1. 哪个属性用于旋转、伸缩、倾斜或移动元素？（　　）

    A. display　　　　　　　B. transition　　　　　　C. transform　　　　　　　　D. relative

2. 提供到音频文件 hello.wav 的一个链接的代码应该是(　　)。

    A. <audio data="hello.mp3"></audio>

    B. <a href="hello.mp3">Hello (Audio File)</a>

    C. <canvas data="hello.mp3"></canvas>

    D. <link src="hello.mp3">

3. .wav，.aiff，.mid 和.au 都是(　　)文件类型。

    A. 音频　　　　　　　B. 视频　　　　　　　C. 音频和视频　　　　　D. 图片

4. 要增强可用性和无障碍访问能力，应该(　　)。

    A. 尽量使用视频和音频

    B. 为网页中的音频和视频文件提供对应的文本描述

    C. 永远不要使用音频和视频文件

    D. 以上都不对

5. 浏览器不支持 video 或 audio 元素会发生什么？（　　）

    A. 计算机崩溃　　　　　　　　　　　B. 网页不显示

    C. 显示替代内容(如果有的话)　　　　D. 浏览器关闭

6. 哪个是基于对象的客户端脚本语言？（　　）

    A. JavaScript　　　　　B. HTML　　　　　　C. CSS　　　　　　　D. API

7. 哪个 HTML API 在客户端上存储信息？（　　）

    A. Web 存储　　　　　　　　　　B. 地理位置

    C. canvas　　　　　　　　　　　　D.客户端存储

8. 哪个是开源视频 codec？（　　）

    A. Theora　　　　　　B. Vorbis　　　　　　C. MP3　　　　　D. Wave

9. 哪个元素配置交互式 widget？（　　）

    A. hide 和 show　　　　　　　　B. details 和 summary

    C. display 和 hidden　　　　　　D. title 和 summary

10. Ajax 是(　　)。

    A. 基于对象的脚本语言　　　　　　B. 一个有用的 HTML 元素

    C. 创建交互式 Web 应用的 Web 开发技术　　D. 一个 CSS 属性

填空题

11. _____是一种协议，可实现软件组件之间的通信，即交互与数据共享。

12. 以评论、报告、教学、学术或研究为目的来使用受版权保护的作品被称为 _____。

13. 扩展名为.webm、.ogv 以及.m4v 的是_____文件。

14. CSS 动画随时间推移改变_____的值。

15. _____定义了网页上的每个对象和元素。

简答题

16. 列举至少两条不要在网页上使用音频和视频的理由。

17. 阐述作者/艺术家授予别人使用其作品一部分(但非全部)权限的版权许可类型。

应用题

1. 预测结果。画出以下 HTML 代码所创建的网页并简单地进行说明。

```
<!DOCTYPE html>
<html lang="en">
<head>
<title>CircleSoft Designs</title>
<meta charset="utf-8">
<style>
body { background-color: #FFFFCC; color: #330000;
        font-family: Arial,Helvetica,sans-serif; }
#wrapper { width: 80%; }
</style>
</head>
<body>
<div id="wrapper">
<h1>CircleSoft Design</h1>
<div><strong>CircleSoft Designs will </strong>
<ul>
  <li>work with you to create a Web presence that fits your company</li>
  <li>listen to you and answer your questions</li>
  <li>utilize the most appropriate technology for your website</li>
</ul>
<p><a href="podcast.mp3" title="CircleSoft Client
Testimonial">Listen to what our clients say</a>
</p>
</div>
</div>
</body>
</html>
```

2. 补全代码。以下网页应显示一个 details 和 summary 小部件。部分 HTML 元素名称缺失,用 <_>和</_>表示。请实例代码。

```
<!DOCTYPE html>
<html lang="en">
<head>
<title>Fill in the Missing Code</title>
<meta charset="utf-8">
</head>
<body>
```

```
<_>
<_>Transition Property</_>
<p>A CSS transition provides for changes in property values to
display in a smoother manner over a specified time.</p>
</_>
</body>
</html>
```

3. 查找错误。以下网页显示一个视频。但视频在 Safari 浏览器中不显示，为什么？

```
<!DOCTYPE html>
<html lang="en">
<head>
<title>Find the Error</title>
<meta charset="utf-8">
</head>
<body>
<video controls="controls" width="160" height="150">
    <source src="sparky.webm" type="video/webm">
    <p>You are missing a great video.</p>
</video>
</body>
</html>
```

动手实作

1. 写 HTML 代码，链接到名为 sparky.mov 的视频。

2. 写 HTML 代码，在网页上嵌入 lesson1.mp3 音频，访问者可控制音频播放。

3. 写 HTML 代码在网页上显示视频。视频文件名为 prime.m4v，prime.webm 和 prime.ogv。宽 213 像素，高 163 像素。

4. 写 HTML 代码在网页上显示包含三项的 details 和 summary widget。

5. 为自己最喜欢的电影或音乐 CD 创建一个网页，网页上要播放一个视频文件(用 Windows 录音机或类似软件来录下你自己的声音)，添加对该电影或音乐 CD 的介绍与评论。要考虑无障碍访问原则，为音频文件提供文字稿。文字稿可直接显示在页面上，也可用超链接访问。在网页上添加电子邮件链接。将网页另存为 audio11.html。

6. 为自己最喜欢的电影或音乐 CD 创建一个网页，网页上要播放一个视频文件(用数码照相机、手机或本章所列的某个应用来录制/转存)，添加你对该电影或音乐 CD 的介绍与评论。要考虑无障碍访问原则，为视频文件提供配套的文字稿或字幕。在网页上添加电子邮件链接。将网页另存为 video11.html。

网上研究

1. 本章讨论了一些与版权有关的问题。以本章提供的信息为起点，在网上搜索更多关于版权的信息。创建一个网页，列举 5 条有关网络和版权的基本事实。提供信息资源网站的 URL。在网页中嵌入一个媒体控制界面，让访问者可以在访问页面时播放音频。可用本章的音频文件(soundloop.mp3)、自己录音或者从网上找一些适合的音频。在网页上添加你的电子邮件链接。

2. 选择以下某个技术来展开研究：JavaScript、jQuery 或渐进 Web 应用。以本章列举的资源为起点，另外在网上搜索与主题相关的其他资源。创建一个网页，列出至少 5 项实用资源，为每项资源都配上简要介绍。用列表组织页面，列出每项资源的网站名称、URL、所提供内容的简介和推荐页面(比如教程和免费脚本)。在网页上添加电子邮件链接。

3. 选择以下某个技术来展开研究：JavaScript，Canvas Element API 或 jQuery。以本章列举的资源为起点，另外在网上搜索与主题相关的其他资源。找到采用了你在研究的这种交互技术的教程或免费下载。创建一个网页，在其中使用你找到的代码或下载。描述该网页的作用并附上资源链接。在网页上添加电子邮件链接。

聚焦 Web 设计

HTML5 视频存在可用性和无障碍访问的问题，详情可参考以下资源：

- https://developer.mozilla.org/en-US/docs/Learn/Accessibility/Multimedia
- https://developer.mozilla.org/en-US/docs/Learn/Tools_and_testing/Cross_browser_testing/Accessibility
- http://www.afb.org/blog/afb-blog/an-accessible-html5-video-player-fromthe-american-foundation-for-the-blind/12

写一页报告来说明设计师应关注的 HTML5 视频可用性问题。引用你使用的资源的 URL。

网站案例学习：添加多媒体

以下每个案例学习将贯穿本书的绝大部分。本章将为网站添加多媒体和交互性。

案例 1：咖啡屋 JavaJam Coffee Bar

请参见第 2 章了解 JavaJam Coffee Bar 的概况。图 2.32 是 JavaJam 网站的站点地图。本案例学习以第 9 章创建的 JavaJam 网站为基础。具体有三个任务。

1. 为 JavaJam 案例学习新建文件夹。

2. 修改样式表(javajam.css)来配置一个 audio 元素的样式。

3. 配置音乐页来播放音频文件。图 11.21 展示了包含音频播放器的音乐页。

任务 1：网站文件夹。新建文件夹 javajam11，从第 9 章创建的 javajam9 文件夹复制所有文件。再从 chapter11/starters/javajam 文件夹复制所有文件。

任务 2：配置 CSS。在文本编辑器中打开 javajam.css。在媒体查询上方编码一个 audio 元素选择符，设置块显示和 1em 顶部边距。保存 javajam.css。

任务 3：修改音乐页。在文本编辑器中打开 music.html。修改网页来显示两个 HTML5 audio 控件(参考图 11.21)。创建 audio 控件的过程请参考动手实作 11.2。在关于 Melanie 的 div 中配置 audio 控件来播放 melanie.mp3 或 melanie.ogg，同时提供到 melanie.mp3 的链接以备浏览器不支持 audio 元素的情况。在关于 Greg 的 div 中配置 audio 控件来播放 greg.mp3 或 greg.ogg，同时提供到 greg.mp3 的链接以备浏览器不支持 audio 元素的情况。保存网页。用 W3C 校验器(https://validator.w3.org)检查 HTML 语法。如有必要，纠错并重新测试。用不同浏览器显示网页并播放音频文件。

图 11.21　包含 audio 元素的音乐页(music.html)

案例 2：宠物医院 Fish Creek Animal Clinic

请参见第 2 章了解 Fish Creek Animal Clinic 的概况。图 2.36 是 Fish Creek 网站的站点地图。本案例学习以第 9 章创建的 Fish Creek 网站为基础。具体有三个任务。

1. 为 Fish Creek 案例学习新建文件夹。
2. 修改样式表(fishcreek.css)来配置动画网页标题和音频控件的位置。
3. 配置兽医咨询页来添加音频控件，完成后的效果如图 11.22 所示。

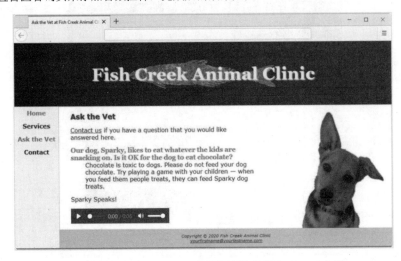

图 11.22　包含 audio 元素的兽医咨询页(askvet.html)

任务 1：网站文件夹。 新建文件夹 fishcreek11，从第 9 章创建的 fishcreek9 文件夹复制所有文件。再从 chapter11/starters/fishcreek 文件夹复制所有文件。

任务 2：配置 CSS。 在文本编辑器中打开 fishcreek.css。首先在媒体查询上方配置动画样式规则。编码一个名为 fadein 的@keyframes 规则，将初始帧的不透明度设为 0；将结束帧的不透明度设为 1。为 h1 元素选择符编码样式规则，配置 fadein 动画持续 5 秒，使用 ease-out 计时。接着，在兽医咨询页上准备一个新的灵活项。找到第一个媒体查询，为 article 元素选择符添加样式规则，配置 flex: 2。保存 fishcreek.css 文件。

任务 3：在兽医咨询页上配置音频控件。 在文本编辑器中打开 askvet.html。在描述列表下方添加一个 h3 元素来显示文本"Sparky Speaks!"。在 h3 元素方显示一个音频控件(播放 sparky.mp3 和 sparky.ogg 文件)。使用 HTML5 audio 和 source 元素。编码一个 article 元素来包含描述列表、h3 和 audio 元素。保存文件。用 W3C 校验器(https://validator.w3.org)检查 HTML 语法。如有必要，纠错并重新测试。用不同浏览器显示网页并播放音频文件。

案例 3：度假村 Pacific Trails Resort

请参见第 2 章了解 Pacific Trails Resort 的概况。图 2.40 是网站的站点地图。本案例学习以第 9 章创建的 Pacific Trails 网站为基础。具体有三个任务。

1. 为 Pacific Trails 案例学习创建新文件夹。
2. 修改外部样式表文件(pacific.css)来配置视频。
3. 为主页(index.html)添加视频。完成后的效果如图 11.23 所示。

图 11.23　Pacific Trails Resort 主页(index.html)

任务 1：创建文件夹 pacific11。复制第 9 章案例学习的 pacific9 文件夹中的所有文件。再从 chapter11/starters/pacific 文件夹复制所有文件。

任务 2：配置 CSS。用文本编辑器打开 pacific.css。编辑 CSS 在媒体查询上方配置一个新的 video 元素选择符，添加样式声明在右侧浮动，将边距设为 2em。保存 pacific.css 文件。

任务 3：配置视频。用文本编辑器打开主页(index.html)。在 h2 元素下方编码一个 HTML5 video 控件。配置 video 和 source 元素来使用以下文件：pacific.mp4，pacific.ogv，pacific.jpg。视频宽 320 像素，高 240 像素。保存文件。使用 W3C 校验器(http://validator.w3.org)检查 HTML 语法并纠错。在浏览器中测试网页，效果如图 11.23 所示。

图 11.23　Pacific Trails Resort 主页

案例 4：瑜珈馆 Path of Light Yoga Studio

请参见第 2 章了解 Path of Light Yoga Studio 的概况。图 2.44 是网站的站点地图。本案例学习以第 9 章创建的 Path of Light Yoga Studio 网站为基础。具体有三个任务。

1. 为 Path of Light Yoga Studio 案例学习创建新文件夹。

2. 修改外部样式表文件(yoga.css)配置 audio 元素。

3. 配置课程页(classes.html)显示音频控件。

任务 1：创建文件夹 yoga11。复制第 9 章案例学习的 yoga9 文件夹中的所有文件。再从 chapter11/starters/yoga 文件夹复制所有文件。

任务 2：配置 CSS。用文本编辑器打开 yoga.css。编辑 CSS，在媒体查询上方编码一个新的 audio 元素选择符，块显示和 1em 边距。

任务 3：配置音频。用文本编辑器打开课程页(classes.html)。修改 classes.html，在 id 为 flow 的 div 下方添加一个标题、一个段落和一个 HTML5 音频控件(参考图 11.24)。用一个 h2 元素显示文本"Relax Anytime with Savasana"。

图 11.24   包含 HTML5 音频控件的课程页

添加段落显示以下文本：

Prepare yourself for savasana. Lie down on your yoga mat with your arms at your side with palms up. Close your eyes and breathe slowly but deeply. Sink into the mat and let your worries slip away. When you are ready, roll on your side and use your arms to push yourself to a sitting position with crossed legs. Place your hands in a prayer position. Be grateful for all that you have in life. Namaste.

参考动手实作 11.2 来创建音频控件。配置 audio 和 source 元素使用 savasana.mp3 和 savasana.ogg。配置到 savasana.mp3 的链接，以防浏览器不支持 audio 元素。保存文件。使用 W3C 校验器 (http://validator.w3.org)检查 HTML 语法并纠错。在浏览器中测试新的课程页，如图 11.24 所示。

项目实战

参考第 5 章了解项目的基本情况。回顾为网站设定的目标，考虑一下使用多媒体或交互性元素是否有助于提升网站价值。如果可行，就为项目网站添加这些内容。咨询老师是否要应用特定媒体或技术来实现交互性。

从以下任务中选择一项或多项。

1. 媒体：从本章的例子中选择一个示例文件，或自行录制音频或媒体文件，也可以从网上下载免费资源。

2. CSS 图片库：创建或找一些与网站项目相关的图片。参考动手实作 11.7 的例子，用 CSS 配置一个图片库。

3. Details & Summary 小部件：从项目中选择一个包含定义或描述的网页，用一个 details 和 summary widget 来增强。参考动手实作 11.9 的例子来配置该小部件。

4. 确定网站的哪些地方可应用媒体和/或交互技术。修改并保存网页，用多个不同的浏览器测试。

第12章
电子商务概述

学习目标：

- 电子商务的定义
- 电子商务的风险与机遇
- 电子商务的商业模型
- 电子商务的安全性与加密
- 电子数据交换(Electronic Data Interchange，EDI)
- 电子商务的趋势与规划
- 与电子商务相关的问题
- 订单与支付处理

电子商务是指在互联网上进行的商品和服务交易活动。无论是企业与企业之间的电子商务(business-to-business，B2B)、企业与消费者之间的电子商务(business-to-consumer，B2C)，还是消费者与消费者之间的电子商务(consumer-toconsumer，C2C)，支持电子商务的网站已随处可见。本章将针对这个主题进行概述性的介绍。

12.1　什么是电子商务

▶ 视频讲解：E-Commerce Benefits and Risks

电子商务的正式定义是通信、数据管理和安全技术的综合应用来实现个人和组织之间交换与商品和服务销售有关的信息。电子商务的主要功能包括购买商品、销售商品和在网上进行金融交易等。

电子商务的优点

参与电子商务的商家和消费者都能够享受它的许多优点。对于商家来说，它具有以下优势。

- **降低成本**。在线商家可以全天24小时营业，不受经营场所开销的限制。许多公司在尝试电子商务之前就创建了自己的网站，当电子商务功能被添加到他们的网站之后，网站就成了一个收入来源，并且在很多情况下很快就能收回成本。

- **增加消费者满意度**。商家可以通过他们的网站改善与消费者之间的沟通并提升消费者的满意度。电子商务网站通常都包含 FAQ 页面。客户服务代表可以通过 E-mail、论坛甚至是在线聊天(参考 http://liveperson.com)来改善商家和消费者之间的关系。
- **更加高效的数据管理**。根据自动化程度的高低，电子商务网站可以执行信用卡确认和授权、更新库存水平、并协调订单履行系统，从而更高效地管理企业的数据。
- **潜在提高销量**。电子商务网店可以一周 7 天、一天 24 小时营业，而且对于全世界各地的人们都是开放的，因此它比实体店面具有更高的销售潜力。

商家不是电子商务的唯一受益者，消费者也能从中获益，他们能体会到如下优势。

- **方便**。消费者一天的任何时候都可以购物，不需要把时间花在去商店的路上。比起传统的购物方式来说，有些消费者更喜欢网站购物，因为他们可以看到更多图片并参与到关于商品的论坛讨论中去。
- **更方便的购物比较**。传统方法需要从一家商店开车到另一家商店才能比较某个商品的价格，现在消费者可以轻松地在网上冲浪并比较商品的价格和性能。
- **更多的选择**。由于购物和比较都非常方便，因此消费者就有更多的商品可供选择和购买。

可以看出，电子商务使商家和消费者双方都能受益。

电子商务的风险

任何商业交易都存在风险，电子商务也不例外。商家有可能面临如下风险。

- **技术故障导致销售受损**。如果网站不可用或者电子商务表单无法正常处理，消费者可能不会再回到你的网站来。用户界面友好、可靠对于网站非常重要，但如果参与到电子商务中，可靠性和易用性则是决定业务成败的关键因素。
- **虚假交易**。使用虚假信用卡购物或捣乱者(或有大量空闲时间的青少年)下的离奇订单是商家要面临的风险之一。
- **不愿上网购物的消费者**。虽然越来越多的消费者都愿意在网上购物，但是公司的目标市场可能并不是这样。然而，通过提供一些激励机制，比如免费送货或"无条件"退货原则等，也许能够吸引到这批消费者。
- **扩大化的竞争**。因为电子商务网站的成本比传统的有固定经营场所的商店要低得多，所以一家在地下室运作的公司也可能会和一家经营了很长时间的企业一样令人印象深刻，只要它的网站看起来够专业。因为通常电子商务网站进入市场更加方便，所以公司面临的竞争会更大。

不仅商家要应对电子商务带来的风险，消费者也要面对下面这些风险。

- **安全问题**。本章后面将介绍如何确定一家网站是否使用安全套接字层(Secure Sockets Layer，SSL)来加密信息和保证信息的安全性。一般人可能不知道如何确定一个网站是否使用了这种加密方式，因此在使用信用卡来下订单的时候都比较担心。另一个更重要的问题是，信息通过互联网发送到网站之后会被用作什么用途？数据库是否安全？数据库备份是否安全？这些问题都很难回答。只在信得过的网站上购物是一个不错的方法。

- **隐私问题**。许多网站都贴有隐私条款声明，它们描述了网站将对接收到的信息做什么(和不做什么)。有些网站只将数据用作内部营销目的，有些则将这些数据卖给其他公司。随着时间的推移，网站可能修改它们的隐私条款，实际上它们正在这样做！因为可能缺乏隐私保护，所以消费者在网上购物时可能会非常警惕。

- **基于照片和描述购物**。购买商品之前并不能碰到或摸到它。由于消费者的购买决定是基于照片和书面描述的，所以要承担买到不称心商品的风险。如果电子商务网站有一个大方的退货条款，消费者将会对网上购物更有信心。

- **退货**。将商品退回给电子商务网店，通常比退给有实体店的商家更困难。消费者可能不想去惹这份麻烦。

12.2　电子商务商业模型

商家和消费者都是电子商务的弄潮儿。电子商务商业模型有 4 种：企业对消费者、企业对企业、消费者对消费者和企业对政府。

- **企业对消费者(Business-to-Consumer，B2C)**。大部分企业对消费者的销售都是在线上商店完成的。甚至有些企业只提供线上服务，比如 Amazon.com(*http://amazon.com*)。其他的则是实体店与电子店面同时存在，比如 Sears(*http://sears.com*)。

- **企业对企业(Business-to-Business，B2B)**。企业之间的电子商务通常是在销售商、合作伙伴和企业客户之间以交换商业供应链信息的形式进行的。电子数据交换(Electronic Data Interchange，EDI)也属于这一类。

- **消费者对消费者(Consumer-to-Consumer，C2C)**。个人也可以在网上进行买卖交易，最常见的形式是拍卖。最有名的拍卖网站是 eBay(*http://ebay.com*)，它成立于 1995 年。

- **企业对政府(Business-to-Government，B2G)**。企业也在网上向政府进行销售。以政府机构为商业对象的企业必须遵循非常严格的可用性标准。美国联邦修正法案的 Section 508 要求供联邦机构使用的电子和信息技术(包括网页)必须为残疾人提供无障碍访问方式，更多信息请访问 *http://www.section508.gov*。

早在网络诞生之前的好多年前，企业之间就开始以电子形式交换信息，使用的是电子数据交换(EDI)。

12.3　电子数据交换(EDI)

电子数据交换(Electronic Data Interchange，EDI)是企业之间通过网络进行的数据传输。它使标准商业文档(包括订单和发货单)的交换更方便。EDI 并不是什么新东西；它在 20 世纪 60 年代就已经存在了。交换 EDI 传输的组织称为贸易伙伴(trading partners)。

美国国家标准学会(American National Standards Institue，ANSI)特许信用标准委员会 X12(Accedited Standards Committee X12，ASC X12)对 EDI 标准进行开发和维护。这些标准包括常见商业形式的交易方式，如请货单和发货单等。它允许公司减少文书工作并进行电子沟通。

EDI 信息放在交易集合(transaction sets.)中，一个交易集合由集合头(header)、一个或多个数据分段(data segments)和终端(trailer)构成。其中，数据分段是一些以分隔符分离的数据元素串。较新的技术(比如 XML 和 Web 服务)为贸易伙伴在 Internet 上定制交换信息提供了几乎无限的可能。

熟悉电子商务的可行性和各类商业模型之后，你可能想知道赢利点在哪里。下一节来看看与电子商务相关的一些统计数据。

12.4　电子商务统计数据

即使经济持续低迷，电子商务也呈现出稳定增长的态势。根据 Statista 的报告，全球线上零售额将从 2017 年的 2.3 万亿美元增长至 2021 年的 4.9 万亿美元(https://www.statista.com/statistics/379046/worldwide-retail-e-commerce-sales/)。

你可能想知道都是哪些人在网上购物。根据美国人口普查局提供的统计数据(U.S. Census Bureau, https://www2.census.gov/programs-surveys/arts/tables/2016/supecommerce4541.xlsa)，2016 年排名靠前的 8 大类在线零售商品是(单位：美元)：

1. 杂货(273 亿)
2. 电子电器(223 亿)
3. 服饰(212 亿)
4. 建筑材料和园艺用品(76 亿)

5. 家具和家居用品(70 亿)

6. 运动用品、玩具、乐器和图书(58 亿)

7. 健康和个人护理(32 亿)

8. 食品和饮料(14 亿)

在知道什么东西在网上卖得最好之后，接下来该了解一下谁是你的潜在网购客户。皮尤的互联网与美国人生活项目(PEW Internet and American Life Project，https://www.pewresearch.org/fact-tank/2018/03/14/about-a-quarter-of-americans-report-going-online-almost-constantly/)的一个调查表明，39%年龄在 18~29 岁的美国人"几乎不断地"网购。表 12.1 摘录这份报告的一部分。

表 12.1　几乎不断网购的美国人

类别	几乎不断网购的比例
美国成年人	26%
男性	25%
女性	27%
年龄: 18–29	39%
年龄: 30–49	36%
年龄: 50–64	17%
年龄: 65 以上	8%
家庭年收入: 小于$30,000	24%
家庭年收入: $30,000 到 $49,999	27%
家庭年收入: $50,000 到$74,999	23%
家庭年收入: $75,000 或更高	35%
教育程度: 中学毕业	20%
教育程度: 大学肄业	28%
教育程度: 大学毕业	34%

12.5　电子商务相关问题

在网上做生意也有很多需要面对的问题，下面是一些常见问题。

- **知识产权**。最近有一些关于知识产权和域名的争论，域名抢注是一种将其他公司的商标注册成域名，以期通过将该域名卖回给该公司并从中获利的行为。Internet 名称与数字地址分配机构(ICANN)发起的统一域名争端解决策略(Uniform Domain Name Dispute Resolution Policy)可用于防止域名抢注，详情请访问 https://www.icann.org/resources/pages/help/dndr/udrp-en。

- **安全**。安全是互联网永恒的话题。分布式拒绝服务攻击(Distributed Denial of

Service，DDoS)从多台计算机发出请求以阻塞服务器，曾经使很多流行的电子商务网站中断。

- **欺诈**。一些欺诈网站要求用户输入信用卡资料，但根本无意配送货物，或本来就以欺骗为目的。
- **税收**。州政府和当地市政府都需要收取销售税来资助教育、公共安全、健康和其他许多必要的服务。在零售店出售货品的时候，购买者要缴纳的税金由销售商在买卖发生时代收，再由销售商将它们定期转交到所在州政府。

  在网上进行买卖时，销售商通常并不收取并转交销售税。在这种情况下，美国的许多州就要求消费者自行记录应付税收并上交本应收取的税金。但事实上，很少消费者会这么做，也很少有哪个州尝试强制执行这项规定。Nolo.com 总结了目前各州的互联网销售锐法律(https://www.nolo.com/legal-encyclopedia/50-state-guide- internet-sales-tax-laws.html)。
- **国际商务**。以全球受众为目标的网站还有其他要考虑的问题。如果某个网站想提供多语言版本，它可以选择自动翻译软件(例如 http://www.systransoft.com)或专门提供定制网站翻译服务的公司(例如 http://www.worldlingo.com)。注意，在英语环境下能正常工作的图形用户界面(Graphical User Interface，GUI)在其他语言环境下可能无法工作。例如，意思相近的词和短语在德语里通常比在英语里多用好几个字母。如果你的 GUI 在英语版本中没有提供足够的空白，在德语版中看起来会怎么样呢？

  国际客户将如何支付？如接受信用卡，那么信用卡公司将进行汇率转换。国际目标客户的文化又是怎样的？和国际商务相关的另一个问题是发货费用和偏远地区的可到达性问题。

现在你已经熟悉了电子商务的概念，下面让我们来仔细看看加密方式和安全问题。下一节将介绍加密方式、SSL 和数字证书。

12.6　电子商务安全

加密

加密用于在企业内部或者在网上保证隐私。**加密**是将数据转换成不可读形式的过程，这些不可读数据称为**密文**。未经授权的个人无法轻易理解密文。**解密**是将密文转换为可以理解的原始形式的过程，原始形式称为**纯文本**或**明文**。加密和解密过程需要一个算法和一个密钥。**算法**涉及一项数学计算。**密钥**是一串数字编码，其长度要足以保证其值不能轻易被人破解出来。

加密在互联网上非常重要，因为数据包中的信息在通信媒体传送的过程中可能遭到拦截。如黑客或竞争对手拦截到的是加密包,他/她将无法使用这些信息(比如说信用卡号码或商业策略),因其是不可读的。

互联网上常用的加密类型有很多种,两个大类是**对称密钥加密**和**不对称密钥加密**。

对称密钥加密。如图 12.1 所示,对称密钥加密也称为单密钥加密,因为加密和解密过程用的是同一密钥。由于密钥必须秘密存放,因此信息的发送者和接收者在使用密钥进行通信之前都必须知道密钥。对称密钥加密的一个优点是高速。

非对称密钥加密。非对称密钥加密也称为公钥加密,因为没有共享的秘密。相反,两个密钥被同时创建,一个是公钥,另一个是私钥。公钥和私钥以一种数学方式关联,任何人都不可能因为知道其中一个密钥而算出另一个密钥。只有公钥才能解密用私钥加密的信息,也只有私钥才能解密用公钥加密的信息(参见图 12.2)。公钥通过数字证书(稍后有更详细介绍)来提供,而私钥应该妥善保管并保密,它一般保存在密钥所有者的Web 服务器(或其他电脑)上。非对称密钥加密比对称密钥加密要慢得多。

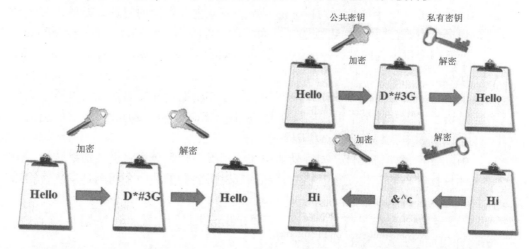

图 12.1 对称密钥加密使用单一密钥   图 12.2 非对称密钥加密使用密钥对

完整性

前面讲述的加密方法可保证消息内容的私密性。但是,电子商务的安全性还要求保证消息在传递过程中不被篡改或损坏。如一条信息能证明未被篡改,它就具有**完整性**。**哈希函数**提供了确保信息完整性的方法。哈希函数,或称哈希算法,能够将一串字符转换成通常较短的且是定长的值或密钥,称为**摘要**,它能代表原始字串。

前面讨论的安全方式,特别是对称密钥和不对称密钥技术,都属于 SSL 的一部分。SSL 是一种能够使互联网商务活动更安全的技术,下一节将介绍这种技术。

安全套接字层(SSL)

安全套接字层(Secure Sockets Layer，SSL)是一种允许数据在公用网络上进行私密交换的协议。它最初由 Netscape 于 1994 年开发，用于加密在客户端(通常是 Web 浏览器)和 Web 服务器之间传输的数据。SSL 应用了对称和非对称密钥。

SSL 使用以下技术为客户和服务器之间的通信提供安全保障：

- 服务器和(可选)客户端数字授权证书
- 对称密钥加密技术，用于大批量加密的"会话密钥"
- 用于会话密钥传输的公钥加密技术
- 确保传输完整性的消息摘要(哈希函数)

可根据浏览器地址栏中的协议或图标看出一个网站是否正在使用 SSL。如使用 SSL，会显示"https"而不是"http"。另外，如果使用了 SSL，浏览器通常还会显示一把小锁的图标，如图 12.3 所示。

图 12.3　浏览器通过视觉线索表示正在使用 SSL

 在浏览器中访问某些网站时，为什么地址栏颜色变成了绿色？

如网站显示绿色地址栏，同时在地址栏和/或状态栏显示一个锁的图标，表明它正在使用 Extended Validation SSL (EV SSL)。EV SSL 表明企业是经过更严格的背景检查才获得其数字证书的，包括对以下方面的验证：

- 申请者拥有这个域
- 申请者为这个组织工作
- 申请者有更新网站的权限
- 组织有合法的、公认的商业地位

数字证书

通过发送数字证书来进行身份验证，SSL 使两台计算机能安全通信。数字证书是非对称密钥的一种形式，该非对称密钥也包含了关于证书、证书持有人和证书颁发者

的信息。数字证书的内容包括:

- 公钥
- 证书生效时间
- 证书到期时间
- 证书颁发机构的详细信息
- 证书持有人的详细信息
- 证书内容摘要

　　VeriSign(https://www.verisign.com)，Thawte(https://thawte.com)和 Entrust (https://entrustdatacard.com)都是著名的证书颁发机构。

　　要获取证书，需生成一个证书签署请求(Certificate Signing Request，CSR)和一对私钥 / 公钥。该过程的一个概述可参考 https://www.digitalocean.com/community/ tutorials/how-to-install-an-ssl-certificate-from-a-commercial-certificate-authority。接着要向证书颁发机构申请证书，支付申请费用，并提供你的 CSR 和公钥。证书颁发机构会验证你的身份。这可能需要一定时间，同时还需要支付年费。验证之后，证书颁发机构会签署并颁发你的证书。将该证书存储到自己的软件中，比如服务器、浏览器或 E-mail 程序。访问你的安全网页时，改为使用"https"而不是"http"协议。

 一定要申请证书吗?

　　要在网站上接收任何个人信息(比如信用卡号码)，就应该使用 SSL。使用 SSL 不仅能增强网站的安全性，还有利于营销推广。Google 的 PageRank 算法会对安全网页打更高的分。但是，证书并非一定要自己申请，还有其他方案。例如，Cloudflare(https:/www.cloudflare.com/ssl/)提供了一个在线内容分发网络(Content Delivery Network，CDN)，通过其服务器来路由你的网页副本，并通过 SSL 进行加密。他们提供了几个服务套餐，包括免费的初级套餐。另外，许多主机提供商会免费提供基本 SSL。可以联系主机提供商了解这一政策。

SSL 和数字证书

　　SSL 身份验证涉及多个步骤。浏览器和服务器完成初始握手步骤，交换关于服务器证书和密钥的信息。一旦建立了信任，浏览器就生成并加密用于余下通信的单一密钥(对称密钥)。从这时开始，所有信息都将通过该密钥进行加密。表 12.2 展示了这一过程。

表 12.2　SSL 加密过程概述

浏览器	→	"hello"	→	服务器
浏览器	←	"hello"+服务器证书(和公钥)	←	服务器
浏览器现在开始验证服务器的身份,它获得"证书颁发机构"(CA)的证书(服务器证书也是由该机构颁发的)。然后浏览器使用 CA 的公钥(保存在一个 CA 根证书中)来解密证书摘要。接着,它获取服务器证书的摘要。浏览器对这两个摘要进行比较,并检查证书的到期时间。如果全部有效,就进行下一个步骤				
浏览器	→	浏览器生成一个会话密钥并使用服务器公钥进行加密	→	服务器
浏览器	←	服务器使用会话密钥发送加密信息	←	服务器
从现在开始,浏览器和服务器之间的所有数据传输都将采用会话密钥进行加密				

 自测题 12.1

1. 对于一位处于业务起步阶段的企业家来说,电子商务有哪三个优点?
2. 阐述企业应用电子商务要面临的三项风险。
3. 定义 SSL。说明网购者如何辨别一个电子商务网站正在使用 SSL。

12.7　订单和支付处理

在 B2C 电子商务中,待售商品是显示在网上产品目录中的。在大型网站上,这些目录页由服务器端脚本访问数据库来动态创建。每个商品通常都有按钮或图片邀请访问者"购买"或"添加到购物车"。选中的商品会被放在虚拟购物车中,当访问者完成购物后,可以点击一个按钮或图片链接,表明他们想"付款"或"下单"。这时,购物车中的商品会显示在网页上,还会显示一个下单界面。

下单时的安全性通过 SSL 来保障。下单时可选择多种支付方式,包括信用卡、储值卡、数字钱包和数字现金。

信用卡

信用卡支付模型是电子商务网站一个非常重要的组成部分。消费者的资金需汇给商家的银行账号。为了能接受信用卡付款,网站所有人必须申请一个商家账户并获批准。**商家账户**是公司和银行之间的协议产物,允许你接受信用卡订单。可能还需要通过支付网关或第三方(例如 Authorize.Net,https://www.authorizednet.com)来进行实时信用卡校验。开通商家账户的费用较高,这时可考虑 PayPal(https://www.paypal.com)提供的廉价方案。一开始,贝宝(PayPal)只打算做消费者与消费者之间的信用卡交易,现在它已为公司网站提供了信用卡与购物车服务。可为自己的网站添加 PayPal 购物车(https://www.paypal.com/us/webapps/mpp/ shopping-cart)来提供网上购物功能。

储值卡

储值卡(有的商家也称为礼品卡)存储了含现金在内的信息。磁条卡存储的信息有限，集成了芯片的卡则能存储更多信息。这种卡也称为智能卡，广泛应用于欧洲、澳大利亚和日本。访问 Smart Cart Alliance(http://www.smartcardbasics.com/smart-card-overview.html)了解更多关于智能卡的情况。

数字钱包

数字钱包(e-wallet)是一种可用于移动或在线支付的虚拟钱包。数字钱包可以存储一张或多张信用卡的信息以及个人的身份信息和联系方式等。这一新兴技术的应用范例包括 Visa Checkout(https://www.v.me/)，Google Pay(https://pay.google.com)和 Apple Pay(https://www.apple.com/apple-pay)等。

如 TechSpot 所述(http://www.techspot.com/guides/385-everything-about-nfc/)所述，目前的新趋势是使用近场通信(NFC)，这是一种使用无线电频率的短距离无线通讯技术，可实现在距离较近的两台 NFC 设备之间共享信息，这种设备包括配备了 NFC 装置的智能手机、信用卡读卡器和检票门等。如手机支持 Apple Pay 和 Google Pay，在柜台结账时只需要摇晃一下设备即可完成支付。

数字现金/加密货币

数字现金旨在代替或补充政府发行的纸币。目前最流行的数字现金就是比特币(http://bitcoin.org)。这不是一个企业，而是一个没有中央监管的 P2P 支付网络。没有任何人拥有或控制比特币。用起来很容易，通过移动 app 或数字钱包就可发送或接收比特币。它基于区块链技术，所有比特币交易都基于这一技术来进行。目前对这种虚拟货币的看法不一，其合法性和可持续性有待商榷。

12.8　电子商务解决方案

网购过程中，你是否发现一些电商网站操作便捷而另有一些则很不方便？电商网站遇到的一个大问题是被放弃的购物车，网购者把商品放到了购物车里，却一直没有提交订单。接下来我们将探讨开设网店的解决方案以及购物车的相关问题，可为企业主和开发人员提供若干不同类型的电子商务网店选项，既有简单的、由其他网站提供的速成网店模板，也有高级的电商平台。

速成网店

你只提供产品，其他的交给速成网店的提供商就可以了。不需要安装软件，只需要在浏览器中点击几下，就可以创建自己的虚拟商店了。出售速成在线店铺的商家会提供一个模板，利用该模板挑选一些功能，进行设置，再添加产品，上传照片，对商品进行描述，列出价格和标题等信息。

用这种方式建网店有一些缺点。只能使用在线店铺供应商所提供的现成模板，出售的产品数也受限制。你的网店和其他用类似技术做出来的可能大同小异。不过这种方式确实为技术水平有限的小网店店主提供了一种低成本、低风险的解决方案。店铺供应商通常也会给网店提供账户与自动支付等功能。

有的速成网店解决方案是免费的，但能享受的服务以及可出售产品的数量有限。还有一些需要支付托管费、处理费和月租费的解决方案。Shopify(https://www.shopify.com)和 BigCommerce(https://www.bigcommerce.com)是两个著名的速成网店解决方案。艺术家和手工艺者可以在 Etsy(https://www.etsy.com)上安家以出售其作品。

网上有许多免费的购物车脚本可用。可以在 JustAddCommerce (http://www.richmediatech.com)和 Mal's e-commerce (https://www.mals-e.com)等网站上搜索替代解决方案。使用这些解决方案的难易程度以及具体处理过程有所不同，每个网站都有产品说明与相关文档。有一些可能要求你先注册才能提供特定的 HTML 代码。还有的需要下载脚本并安装到你自己的服务器上。PayPal(https://www.paypal.com)提供价格低廉的购物车和支付验证服务。PayPal 会自动生成与它的服务进行交互的代码，复制和粘贴即可。对于需要标准业务模型又无需进行特殊处理的公司来说，PayPal、Mal's e-commerce 或 JustAddCommerce 等都是节省预算的好选择。

购物车软件

采用这种方案需购买一套包含标准电子商务功能的软件，并将它安装到服务器上，然后根据自己的需求进行定制。许多主机供应商都提供了这种店铺软件，它通常包括购物车、订单处理以及可选的信用卡支付处理等功能。购物车软件中有可供访问者浏览的在线商品目录，他们可以将商品添加到购物车中，最后决定购买时通过下单界面来付款。当前由主机供应商提供的流行购物车软件程序包括 AgoraCart (http://agoracart.com)、osCommerce (https://oscommerce.com)和 ZenCart (https://www.zen-cart.com)等。

电子商务平台

完全从头构建一个大型电子商务网站需要专业知识以及大量时间和预算。该方案的优点在于能精准地获得自己想要的东西。用于定制网站的开发工具软件包括 Adobe Dreamweaver、Microsoft Visual Studio、数据库管理系统(DBMS)以及服务器端脚本等。

电子商务平台是一套软件解决方案,提供了 B2C 或 B2B 电子商务所需的高级功能,包括网站管理、产品管理、客户管理、订单管理地、购物车、运费和税金计算等。两个知名的电商平台是 Microsoft Azure Commerce(https://azure.microsoft.com/en-us/solutions/ecommerce/)和 Adobe Commerce Cloud(https://www.adobe.com/commerce/magento.html)。

 自测题 2.2

1. 列举常用的三种网上支付方式。

2. 有网购经历吗?如果有,回忆一下你最近一次买了什么东西。为什么选择在网上购买而不是到实体店购买?是否检查过交易的安全性?为什么?你将来的购物习惯会有什么不同?

3. 描述三种电子商务解决方案。哪种方案最容易进入电商世界?请给出理由。

小结

本章介绍了基本的电子商务概念及其实现。可考虑选修一门电子商务课程，继续学习 Web 开发的这个正在快速发展的领域。请浏览本书网站(https://www.webdevfoundations.net)获取本章列举的例子、链接和更新信息。

关键术语

不对称密钥加密

比特币

企业对企业(Business-to-Business，B2B)

企业对消费者(Business-to-Consumer，B2C)

企业对政府(Business-to-Government，B2G)

密文

明文

消费者对消费者(Consumer-to-Consumer，C2C)

域名抢注

解密

摘要

数字现金/加密货币

数字证书

电子商务

电子商务平台

电子数据交换(Electronic Data Interchange, EDI)

加密

扩展校验 SSL(EV SSL)

哈希函数

超文本安全传输协议(HTTPS)

速成店面

完整性

国际贸易

密钥

商家账户

近场通信(NFC)

安全套接字层(SSL)

购物车软件

智能卡

储值卡

对称密钥加密

征税

传输层安全(TLS)

复习题

选择题

1. 以下哪个缩写词代表"企业到企业"电子商务模型？(　　)
   A. B2B　　　　　　　B. BTC　　　　　　　C. B2C　　　　　　　D. C2B

2. 以下哪个缩写词代表使用无线电频率在电子设备之间共享信息的短距离无线通信？
   A. NFC　　　　　　　B. SSL　　　　　　　C. EDI　　　　　　　D. FTP

3. 对于企业来说，以下哪一项是进军电子商务时要面临的风险？(　　)
   A. 提高升的消费者满意度　　　　　B. 可能遇到欺诈交易
   C. 更低的日常开支　　　　　　　　D. 以上都不对

4. 对于企业来说，以下哪一项是电子商务的优势？(　　)

A. 可能遇到欺诈交易   B. 成本降低

C. 使用购物车   D. 成本增加

5. 请选择一项关于网站所有者如何获取数字证书的最好描述。(   )

A. 注册域名时自动创建数字证书

B. 访问证书颁发机构并申请数字证书

C. 网站被搜索引擎收录时自动创建数字证书

D. 以上都不对

6. 国际电子商务独有的问题包括(   )。

A. 语言和货币转换   B. 浏览器版本和屏幕分辨率

C. 带宽和 Internet 服务提供商   D. 以上都不对

7. 以下哪一项是电子商务的主要功能? (   )

A. 使用 SSL 加密订单   B. 将商品添加到购物车

C. 买卖商品   D. 以上都不对

8. 速成网店的一个缺点是(   )。

A. 店面基于模板,看起来可能和其他网店雷同

B. 店面可以短时间内创建

C. 店面无法接受信用卡

D. 以上都不对

9. 大多数商业(   )都提供了网上商品目录、购物车和安全的下单界面。

A. Web 主机提供商   B. 购物车软件

C. Web 服务器软件   D. 购物车脚本

10. 以下哪一种说法是正确的? (   )

A. 商家账户允许在你的网站上使用 SSL

B. 数字钱包是一种虚拟钱包,可用于移动或线上支持

C. 大多数大型电子商务网站都采用速成网店

D. 以上都不对

填空题

11. _____是一种允许数据通过公用网络进行私密交换的协议。

12. _____是不同公司通过网络进行的结构化数据传输。

13. 数字证书是_____的一种形式,它还包含和持有证书的实体有关的其他信息。

14. 使用单一共享私钥的加密方式是_____。

简答题

15. 某个网站想将内容传达给说不同语言的用户,请列举该网站可以选择的一种方案。

动手实作

1. 本动手实作将创建一个速成网店。从下列提供免费试用速成网店的网站中选择一个: InstanteStore (https://www.instantestore.com),Shopify(https://www.shopify.com)和 BigCommerce (https://www.

bigcommerce.com)。网站经常会更改它们的条款，因此在做这个练习的时候，它们可能不再提供免费试用账户。如果发生了这种情况，请查看本书配套网站的更新信息，向任课老师请求协助，或在网上搜索免费在线店面或试用店面。找到提供免费试用店面的网站后，请继续下面的练习并创建一个符合以下要求的网店。

- 名称：Door County Images
- 目的：出售高质量 Door County 风景画
- 目标受众：到过 Door County 年龄大于 40 岁的成年人，中产阶级或上层阶级，喜欢自然、划艇、徒步旅行、骑车和钓鱼。
- 第 1 件商品：Print of Ellison Bay at Sunset，尺寸 11" x 14"，价格$19.95。
- 第 2 件商品：Print of Ellison Bay in Summer，尺寸 11" x 14"，价格$19.95

新建文件夹 doorcounty。从学生文件的 Chapter12 文件夹复制 summer.jpg，summer_small.jpg，sunset.jpg 和 sunset_small.jpg。准备好后，访问之前选中的网站以创建免费店面。根据要求登录、选择设置和上传图片等。大部分免费在线店面网站都有一个 FAQ 区域或技术支持提供帮助。图 12.4 展示了最终创建的速成网店的一个例子。完成你的网店后，请打印主页和商品目录页。

图 12.4　速成网店的例子

网上研究

1. 电子商务的受欢迎程度怎样？你有多少朋友、家人、同事和同学在网上买过东西？调查至少 20 个人。回答以下问题。

- 多少人在网上购物？
- 多少人在网上逛过但没买东西？
- 多少人一年才购物一次？每个月购物？每个星期都购物？
- 他们的年龄段是什么(18 至 25 岁，26 至 39 岁，40 至 50 岁还是大于 50 岁)？
- 他们的性别是什么？

- 他们的受教育程度是什么(中学、大学肄业、大学毕业还是更高学历)?
- 他们最喜欢的网购网站是什么?

创建一个网页来展示调查结果。同时评论和总结一下调查结果,在网上查找一些数据来支持你的结论。可将 Pew Internet and American Life Project(https://pewinternet.org)、eMarketer(https://www.emarketer.com/Articles)、ClickZ(https://www.clickz.com)及 E-Commerce Times(https://www.ecommercetimes.com)这些网站作为起点开展研究。将你的名字放到页面的电子邮件链接中。

2. 本章提供了许多电子商务购物车和订单系统的资源,以它们为起点,在网上查找其他资源,找出至少三个你觉得使用起来很简单的购物车系统。创建一个网页报告你的发现。组织页面并列出用作资源的网站 URL 等信息,添加以下这些内容:产品名称、简短介绍、费用和 Web 服务器要求(如果有的话)。将你的名字放在页面的电子邮件链接中。

聚焦 Web 设计

访问以下网站并探索购物车可用性这一主题:

- E-commerce Shopping Cart Usability Research Findings
  https://www.uxteam.com/blog/e-commerce-shopping-cart-usability-research-findings/
- Dos and Don'ts of Mobile Shopping Cart Design
  https://www.growcode.com/blog/mobile-shopping-cart-design/
- New E-Commerce Checkout Research
  https://baymard.com/blog/ecommerce-checkout-usability-report-and-benchmark
- 10 Best Practices for Shopping Cart Page Optimization
  https://www.abtasty.com/blog/shopping-cart-optimization/
- Optimizing Shopping Cart Page Design and Usability
  http://www.ecommerceillustrated.com/optimizing-shopping-cart-pages-reducing-cart-abandonment/

写一页报告描述 Web 设计人员应注意的购物车可用性问题。要引用你使用的资源的 URL。

网站案例学习:为网店添加目录页

以下每个案例学习将贯穿本书的绝大部分。本章将为网站添加网店商品目录页。目录页将链接到本书配套网站(https://www.webdevfoundations.net)上的示例购物车和订单页。

案例 1:咖啡屋 JavaJam Coffee Bar

请参见第 2 章了解 JavaJam Coffee Bar 的概况。图 2.32 是 JavaJam 网站的站点地图。本案例学习以第 9 章创建的 JavaJam 网站为基础。

正如大部分网站经常发生的情况一样,我们的客户 Julio Perez 满意人们对网站的反馈,并想到了它的一个新用途,销售一些 JavaJam 周边,比如 T 恤和咖啡杯等。这个新页面(gear.html)将是网站主导航的一部分,所有网页都应链接到它。修改过的站点地图如图 12.5 所示。

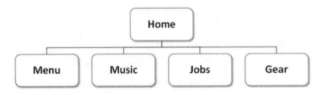

图 12.5 修改过的 JavaJam 站点地图

Gear(周边)页面应该包括每件商品的说明、图片和价格等。它应该能够链接到购物车系统以便访问者下单。可访问本书配套网站提供的演示版购物车/订单系统。如果还有别的购物车系统，请与任课老师确认是否可以使用它。具体有以下 4 个任务。

1. 为本案例学习创建新文件夹。

2. 修改每个网页的主导航区域，在其中添加指向新页面的链接。

3. 修改外部样式表文件(javajam.css)。

4. 创建一个新的出售周边产品的页面(gear.html)。完成后的效果如图 12.6 所示。

任务 1：创建文件夹。新建 javajam12 文件夹。从第 9 章创建的 javajam9 文件夹复制所有文件，再从学生文件夹 chapter12 复制 javamug.jpg 和 javashirt.jpg。

任务 2：更新每个页面的导航。用文本编辑器打开主页(index.html)。在主导航区域中添加一个新的列表项与超链接，文本为"Gear"，使之指向文件 gear.html。参考图 12.6 中的导航区域效果。保存文件。以同样的方法分别修改并保存菜单(menu.html)、音乐(music.html)和招聘(jobs.html)页面。

图 12.6 新的 JavaJam 网站周边产品页

任务 3：配置 CSS。用文本编辑器打开 javajam.css，在媒体查询上方配置以下样式：

1. 添加一个新的样式规则配置名为 item 的类，设置#FAF9F7 背景颜色，1em 边距，1em 填充，并将 overflow 属性设为 auto。

2. 添加一个新的样式规则，将 item 类中的 img 元素设为右侧浮动。

3. 配置一个名为#herocouch 的新 id，300px 高度并显示 herocouch.jpg 作为背景图片，100%大小。编码样式时可将#heroguitar id 作为参考。

保存 javajam.css。

任务 4：创建新的周边页。一种提高效率的方法是在已有作品的基础上创建新页面。用文本编辑器打开 music.html 并另存为 gear.html。这将使你能开个好头，并可保证网站中各页面的一致性。进行以下修改：

1. 将网页标题改成合适的短语。

2. 找到分配了 heromugs id 的 div。将 id 修改成 herocouch。

3. 将 h2 元素的文本更改为"JavaJam Gear"。

4. 删除现有段落，用两个 p 元素容纳以下两段话：

JavaJam gear not only looks good, it's good to your wallet, too.

Get a 10% discount when you wear a JavaJam shirt or bring in your JavaJam mug!

5. 找到名为 flow 的 div。删除该 div 中的所有 HTML 元素及其内容。将在这一区域编码购物车。

6. 配置类名为 item 的一个 div 元素。在该 div 中编码以下 img，h3 和段落标记。

- 配置 img 来显示 javashirt.jpg。
- 在 h3 元素中显示"JavaJam Shirt"。
- 配置段落来显示"JavaJam shirts are comfortable to wear to school and around town. 100% cotton. XL only. $14.95"。

8. 再配置一个 div 元素，同样为其分配 item 类。在该 div 中编码以下 img，h3 和段落标记：

- 配置 img 来显示 javamug.jpg 图片。
- 在 h3 元素中显示"JavaJam Mug"。
- 在段落中显示"JavaJam mugs carry a full load of caffeine (12 oz.) to jump-start your morning. $9.95"。

9. 每件商品都有一个"Add to Cart"(添加到购物车)按钮。按钮包含在 action 属性设为 https://webdevbasics.net/cart.html 的表单中。这是一个演示用的购物车网页。

在描述 T 恤的段落下方、结束 div 标记之前添加以下代码来配置购物车按钮：

```
<form method="post"
  action="https://webdevbasics.net/cart.html">
  <input type="submit" value="Add to Cart">
</form>
```

为咖啡杯配置购物车按钮的过程一样，在描述杯子的段落下方添加以下代码：

```
<form method="post"
  action="https://webdevbasics.net/cart.html">
  <input type="submit" value="Add to Cart">
</form>
```

保存网页并在浏览器中测试。如图 12.6 所示。点击商品旁边的"Add to Cart"按钮，会显示演示用的购物车，如图 12.7 所示。

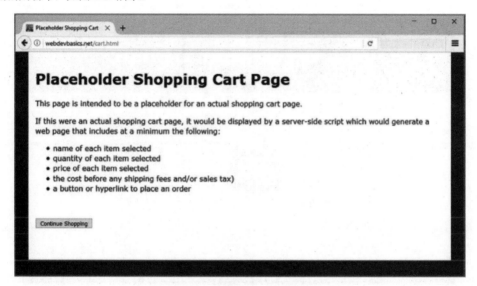

图 12.7　占位用的购物车网页

案例 2：宠物医院 Fish Creek Animal Clinic

请参见第 2 章了解 Fish Creek Animal Clinic 的概况。图 2.36 是 Fish Creek 网站的站点地图。本案例学习以第 9 章创建的 Fish Creek 网站为基础。

通常，网站建立好之后，你的客户就会想出它的其他用途。Fish Creek 的主人 Magda Patel 对网站所造成的反响非常满意，并想到了它的一个新用途——销售印有 Fish Creek 标志的汗衫和手提包。她在宠物医院的前台已经在卖这些东西了，而顾客似乎也很喜欢。这个新的 Shop 页面(shop.html)将是网站主导航的一部分，所有网页都应链接到它。修改过的站点地图如图 12.8 所示

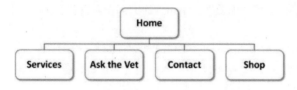

图 12.8　修改过的 Fish Creek 站点地图

Shop(商店)页面应该包括每件商品的说明、图片和价格等。它应该能够链接到购物车系统以便访问者下单。可访问本书配套网站提供的演示版购物车/订单系统。如果还有别的购物车系统，请与任课老师确认是否可以使用它。具体有以下 4 个任务。

1. 为本案例学习创建新文件夹。

2. 修改每个网页的主导航区域，在其中添加指向新页面的链接。

3. 修改外部样式表文件(fishcreek.css)。

4. 创建一个新的 Shop 页(shop.html)。完成后的效果如图 12.9 所示。

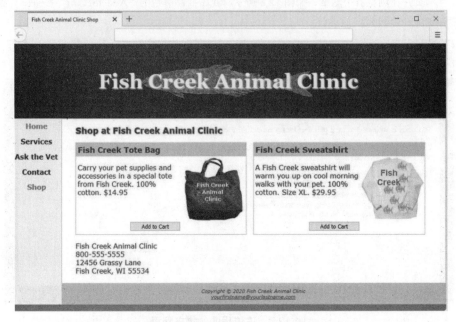

图 12.9   新的 Fish Creek Shop 页

任务 1：创建文件夹。新建文件夹 fishcreek12。从第 9 章创建的 fishcreek9 文件夹复制所有文件，再从学生文件夹 chapter12 复制 fishtote.gif 和 fishsweat.gif。

任务 2：更新每个页面的导航。用文本编辑器打开主页(index.html)。在主导航区域中添加一个新的列表项与超链接，文本为"Shop"，使之指向文件 shop.html。参考图 12.9 中的导航区域效果。保存文件。以同样的方法分别修改并保存服务(services.html)、兽医咨询(askvet.html)和联系(contact.html)页面。

任务 3：配置 CSS。用文本编辑器打开 fishcreek.css，在媒体查询上方配置以下样式：

1. 添加一个新的样式规则配置名为 shop 的类，设置白色背景和 1px 的实线边框(颜色为 #AEC3E3)。

2. 添加一个新的样式规则，为 shop 类中的 img 元素设置右侧浮动。

3. 添加一个新的样式规则，为 shop 类中的 form 元素设置清除右侧浮动。

保存 fishcreek.css。

任务 4：创建新的商店页。一种提高效率的方法是在已有作品的基础上创建新页面。用文本编辑器打开主页 index.html 并另存为 shop.html。这将使你能开个好头，并可保证网站中各页面的一致性。进行以下修改：

1. 将网页标题改成合适的短语。

2. 将 h2 元素的文本更改为"Shop at Fish Creek Animal Clinic"。

3. 删除段落元素及其内容。

4. 删除第一个 section 元素的内容。将 shop 类分配给该 section。它将包含一个 h3、一张图片、一个描述以及一个用于处理"Add to Cart"按钮的表单。在 h3 元素中显示"Fish Creek Tote Bag"。在 h3 下方显示 fishtote.gif 图片。然后在图片下方配置商品描述。用一个段落显示 "Carry your pet supplies and accessories in a special tote from Fish Creek. 100% cotton. $14.95"。

5. 删除第二个 section 元素的内容。将 shop 类分配给该 section。它将包含一个 h3、一张图片、一个描述段落以及一个用于处理"Add to Cart"按钮的表单。在 h3 元素中显示"Fish Creek Sweatshirt"。在 h3 下方显示 fishsweat.gif 图片。然后在图片下方配置商品描述。用一个段落显示 "A Fish Creek sweatshirt will warm you up on cool morning walks with your pet. 100% cotton. Size XL. $29.95"。

6. 删除第三个 section 元素及其内容。

7. 删除分配了 address 类的 div 及其内容。

8. 接着为出售的每件商品添加购物车按钮。按钮包含在 action 属性设为 https://webdevbasics.net/cart.html 的表单中。这是一个演示用的购物车网页。

为了配置手提包的购物车按钮，在对包包进行描述的段落下方、结束 section 标记之前添加以下代码：

```
<form method="post"
   action="https://webdevbasics.net/cart.html">
   <input type="submit" value="Add to Cart">
</form>
```

为汗衫配置购物车按钮的过程一样，HTML 代码如下：

```
<form method="post"
   action="https://webdevbasics.net/cart.html">
   <input type="submit" value="Add to Cart">
</form>
```

保存网页并在浏览器中测试。如图 12.9 所示。点击商品旁边的"Add to Cart"按钮，会显示演示用的购物车，如图 12.7 所示。

案例 3：度假村 Pacific Trails Resort

请参见第 2 章了解 Pacific Trails Resort 的概况。图 2.40 是网站的站点地图。本案例学习以第 9 章创建的 Pacific Trails 网站为基础。

正如大部分网站经常发生的情况一样，我们的客户 Melanie Bowie 满意人们对网站的反馈，并想到了它的一个新用途——出售她写的有关瑜伽与远足的书。她已经在度假村的前台卖这些书了，而顾客似乎也很喜欢。这个新的 Shop 页面(shop.html)将是网站主导航的一部分，所有网页都应链接到它。修改过的站点地图如图 12.10 所示

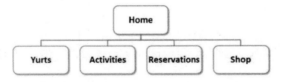

图 12.10　修改过的 Pacific Trails 站点地图

Shop(商店)页面应该包括每件商品的说明、图片和价格等。它应该能够链接到购物车系统以便访问者下单。可访问本书配套网站提供的演示版购物车/订单系统。如果还有别的购物车系统，请与任课老师确认是否可以使用它。具体有以下 4 个任务。

1. 为本案例学习创建新文件夹。
2. 修改每个网页的主导航区域，在其中添加指向新页面的链接。
3. 修改外部样式表文件(pacific.css)。
4. 创建一个新的 Shop 页(shop.html)。完成后的效果如图 12.11 所示。

图 12.11   新的 Pacific Trails Resort Shop 页

任务 1：创建文件夹。新建文件夹 pacific12。从第 9 章创建的 pacific9 文件夹复制所有文件，再从学生文件夹 chapter12 复制 psunset.jpg，trailguide.jpg 和 yurtyoga.jpg。

任务 2：更新每个页面的导航。用文本编辑器打开主页(index.html)。在主导航区域中添加一个新的列表项与超链接，文本为"Shop"，使之指向文件 shop.html。参考图 12.11 中的导航区域效果。保存文件。以同样的方法分别修改并保存 Yurts 页(yurts.html)、活动页(activities.html)和预约页(reservations.html)。

任务 3：配置 CSS。用文本编辑器打开 pacific.css，在媒体查询上方配置以下样式。

1. 配置一个名为#shophero 的新 id，显示 psunset.jpg 作为背景图片。编码样式时可将#trailheroid 作为参考。

2. 添加一个新的样式规则配置名为 shop 的类，设置 1em 边距，背景颜色设为#F4F4F4。

3. 添加一个新的样式规则，为 shop 类中的 img 元素设置右侧浮动和 1em 填充。

4. 添加一个新的样式规则，为 shop 类中的 form 元素设置清除右侧浮动。

保存 pacific.css。

任务 4：创建新的商店页。一种提高效率的方法是在已有作品的基础上创建新页面。用文本编辑器打开活动页 activities.html 并另存为 shop.html。这将使你能开个好头，并可保证网站中各页面的一致性。进行以下修改：

1. 将网页标题改成合适的短语。

2. 将 h2 元素的文本更改为 "Shop at Pacific Trails"。

3. 找到分配了 trailhero id 的 div，将 shophero id 分配给它。

4. 删除第一个 section 元素的内容。该 section 将包含一个 img，h3，段落和购物车表单。将该 section 元素分配给名为 shop 的类。

5. 写 HTML 显示 trailguide.jpg 图片。

6. 配置一个 h3 元素来显示 "Pacific Trails Hiking Guide"。

7. 编码一个段落来显示 "Guided hikes to the best trails around Pacific Trails Resort. Each hike includes a detailed route, distance, elevation change, and estimated time. 187 pages. Softcover. $19.95"。

8. 每件商品都有一个 "Add to Cart"（添加到购物车）按钮。按钮包含在 action 属性设为 https://webdevbasics.net/cart.html 的表单中。这是一个演示用的购物车网页。为了配置 Hiking Guide 一书的购物车按钮，在描述段落下方添加以下代码：

```
<form method="post"
  action="https://webdevbasics.net/cart.html">
  <input type="submit" value="Add to Cart">
</form>
```

9. 删除第二个 section 元素的内容。该 section 将包含一个 img，h3，段落和购物车表单。将该 section 元素分配给名为 shop 的类。

10. 写 HTML 显示 yurtyoga.jpg 图片。

11. 配置一个 h3 元素来显示 "Yurt Yoga"。

12. 编码一个段落来显示 "Enjoy the restorative poses of yurt yoga in the comfort of your own home. Each pose is illustrated with several photographs, an explanation, and a description of the restorative benefits. 206 pages. Softcover. $24.95"。

13. 添加以下表单为该商品配置 "Add to Cart" 按钮：

```
<form method="post"
action="https://webdevbasics.net/cart.html">
<input type="submit" value="Add to Cart">
</form>
```

在 h3 元素中显示 "Fish Creek Sweatshirt"。在 h3 下方显示 fishsweat.gif 图片。然后在图片下方配置商品描述。用一个段落显示 "A Fish Creek sweatshirt will warm you up on cool morning walks with your pet. 100% cotton. Size XL. $29.95"。

14. 删除第三个 section 元素及其内容。

保存网页并在浏览器中测试。如图 12.11 所示。点击商品旁边的 "Add to Cart" 按钮，会显示演示用的购物车，如图 12.7 所示。

案例 4：瑜珈馆 Path of Light Yoga Studio

请参见第 2 章了解 Path of Light Yoga Studio 的概况。图 2.44 是网站的站点地图。本案例学习以第 9 章创建的 Path of Light Yoga Studio 网站为基础。

网站所有者 Ariana Starrweaver 对新的网站感到非常兴奋，想添加一个网店来出售她喜欢的瑜伽垫、瑜伽毯和瑜伽砖。新的 Store 页面(shop.html)将是网站主导航的一部分，所有网页都应链接到它。修改过的站点地图如图 12.12 所示。

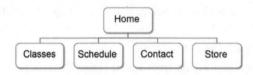

图 12.12   修改过的 Path of Light Yoga Studio 站点地图

如图 12.13 所示，新的 Store(商店)页应显示一张照片，并提供两种瑜伽套装的购买信息。可访问本书配套网站提供的演示版购物车/订单系统。如果还有别的购物车系统，请与任课老师确认是否可以使用它。具体有以下 4 个任务。

1. 为本案例学习创建新文件夹。
2. 修改每个网页的主导航区域，在其中添加指向新页面的链接。
3. 修改外部样式表文件(yoga.css)。
4. 创建一个新的 Store 页(shop.html)。完成后的效果如图 12.13 所示。

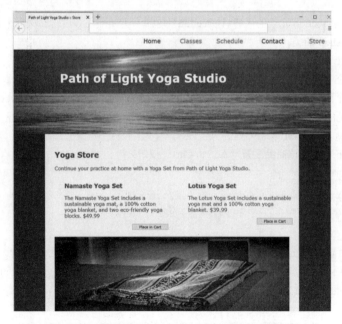

图 12.13   新的 Path of Light Yoga Studio 商店页

任务 1：创建文件夹。新建文件夹 yoga12。从第 9 章创建的 yoga9 文件夹复制所有文件，再从学生文件夹 chapter12 复制 store.jpg。

任务 2：更新每个页面的导航。用文本编辑器打开主页(index.html)。在主导航区域中添加一个新的列表项与超链接，文本为"Store"，使之指向文件 store.html。参考图 12.13 中的导航区域效果。保存文件。以同样的方法分别修改并保存课程(classes.html)、课表(schedule.html)和联系(contact.html)页面。

任务 3：配置 CSS。用文本编辑器打开 yoga.css，在媒体查询上方配置以下样式：

1. 配置一个名为#storehero 的新 id，显示 store.jpg 作为背景图片。编码样式时可将#loungehero 作为参考。

2. 为 section 元素中的 form 元素编码样式规则，配置 1em 底部填充。

3. 找到第一个媒体查询，按照和其他 hero 图片一样的方式配置#storehero id。

保存 yoga.css。

任务 4：创建新的商店页。一种提高效率的方法是在已有作品的基础上创建新页面。用文本编辑器打开课程页 classes.html 并另存为 store.html。这将使你能开个好头，并可保证网站中各页面的一致性。进行以下修改：

1. 将网页标题改成合适的短语。

2. 向下滚动网页。为结束 main 标记之前的 div 分配 storehero id。

3. 找到 main 元素刚开始处的 h2，将文本从 Yoga Classes 改为 Yoga Store。

4. 在刚才修改的标题下方创建一个段落，显示"Continue your practice at home with a Yoga Set from Path of Light Yoga Studio."。

5. 找到第一个 section 元素。该 section 将包含一个 h3，一个段落和一个表单。配置 h3 元素来显示"Namaste Yoga Set"。

6. 配置段落来显示"The Namaste Yoga Set includes a sustainable yoga mat, a 100% cotton yoga blanket, and two eco-friendly yoga blocks. $49.99"。

7. 接着添加购物车按钮。表单的 action 配置为 https://webdevbasics.net/cart.html，这是演示用的购物车网页。

为了配置 Namaste Yoga Set 的购物车按钮，在段落下方添加以下代码：

```
<form method="post"
action="https://webdevbasics.net/cart.html">
<input type="submit" value="Place in Cart">
</form>
```

8. 找到第二个 section 元素。该 section 将包含一个 h3，一个段落和一个表单。配置 h3 元素来显示"Lotus Yoga Set"。

9. 配置段落来显示"The Lotus Yoga Set includes a sustainable yoga mat and a 100% cotton yoga blanket. $39.99"。

10. 配置 Lotus Yoga Set 的购物车按钮，HTML 是：

```
<form method="post"
action="http://webdevbasics.net/cart.html">
```

```
<input type="submit" value="Place in Cart">
</form>
```

11. 删除第三个 section 元素及其内容。

保存网页并在浏览器中测试。如图 12.13 所示。点击商品旁边的 "Place in Cart" 按钮，会显示演示用的购物车，如图 12.7 所示。

项目实战

参考第 5 章了解项目的基本情况。回顾为网站设定的目标，确定这些目标是否包括电子商务组件。如果是，就为项目添加该组件。

动手实作案例

根据需要修改站点地图，添加电子商务组件。可能要在网站上添加一个产品页面，也可能产品页面已经存在，那么只需为其增加功能。无论哪种情况，一定都要确保站点地图和内容表反映出新功能。

网上有许多免费或便宜的购物车程序，下面列举了部分网站。你的老师可能还会提供其他资源或建议。从以下列表中选择一个提供购物车的网站，将购物车功能添加到网站上。在订购或注册这些服务的时候，一定要注意任何可能发生的费用。

- Mal's e-commerce(免费和低价服务)：https://mals-e.com
- PayPal(每次交易都要付费)：https://paypal.com
- JustAddCommerce(免费试用)：http://www.richmediatech.com

保存并测试网页，试验一下购物车的使用情况。欢迎进入电子商务的世界！

第13章
网站推广

学习目标:

- 了解常用搜索引擎和搜索索引
- 了解搜索引擎的组成
- 设计对搜索引擎友好的网页
- 向搜索引擎提交网站
- 监视搜索引擎列表
- 了解其他网站推广活动
- 用 iframe 元素创建内联框架

网站建好了,怎样吸引访问者来浏览它呢?一旦有了访问者,又应该怎样鼓励他们成为回头客呢?在搜索引擎上登记、网站联盟和横幅广告都是本章要讨论的主题。

13.1 搜 索 引 擎

需要查找某个网站的时候,你会怎么做?大部分人会打开他们最喜欢的搜索引擎。搜索引擎帮助客户发现你的网站,增大他们到你的网站来购物的概率。这是一种出色的营销工具。为了充分利用搜索引擎,首先需要知道它们是如何工作的。

流行的搜索引擎

根据 NetMarketShare 的调查(https://www.netmarketshare.com/search-enginemarket-share.aspx?qprid=4&qpcustomd=0),目前最流行的搜索引擎是 Google。它占据了 76%的桌面市场份额,其竞争对手的份额分别是百度(9.64%)、必应(8.59%)和雅虎(3.16%)。自上世纪 90 年代末成立起,Google 的普及程度便持续增长。

搜索引擎的组成

搜索引擎的组成包括以下三个部分:
- 机器人
- 数据库

- 搜索表单

机器人

机器人(有时称为蜘蛛或 bot)是一种能通过检索网页文档，并沿着页面中的超链接自动遍历 Web 超文本结构的程序。它就像一只机器蜘蛛在网上移动，访问并记录网页内容。机器人对网页内容进行分类，然后将关于网站和网页的信息记录到数据库中。各种搜索机器人的工作方式可能不同，但总的来说，它们都会访问并记录网页的以下部分：标题、元标记关键字、元标记描述和网页中的部分文本(要么是前面几个句子，要么是标题标记包含的文本)。要想了解更多关于 Web 机器人的细节，请访问 The Web Robots Pages(https://www.robotstxt.org)。

数据库

数据库是以方便访问、管理和更新内容的方式组织起来的一个信息集。数据库管理系统(Database Management System，DBMS)，比如 Oracle、SQL Server，MySQL 或 IBM DB2 用于配置和管理数据库。显示搜索结果的网页包含的就是来自搜索引擎数据库的信息。根据 https://www.bruceclay.com/searchenginerelationshipchart.htm 的报告，有的搜索引擎的一部分内容来自其他搜索引擎。例如，Yahoo!就是从 Google 获取其主要内容。

搜索表单

在搜索引擎的各种组成部分中，搜索表单是你最熟悉的。你也许已多次使用过搜索引擎，但从来没有想过其幕后机制。搜索表单是允许用户输入要搜索的单词或短语的图形化用户界面。它通常只是一个简单的文本输入框和一个提交按钮。搜索引擎访问者在文本框中输入与他／她所要搜索的内容相关的词语(称为关键字)。表单被提交之后，文本框中的数据就被发送给服务器端脚本，然后服务器端脚本就在数据库中进行搜索用户输入的关键字。搜索结果(也称为结果集)是一个信息列表，比如符合条件的网页 URL 等。该结果集的格式一般包括指向每个页面的链接和一些额外信息，比如网页标题、简单介绍、文本的前几行或网页文件的大小等。当然还可能有其他信息，这具体要取决于搜索引擎。接着，搜索引擎网站的 Web 服务器将**搜索引擎结果页**(Search Engine Results Page，SERP)发送到浏览器显示。

在结果页面中，各条目的显示顺序可能要根据付费广告、字母排序和链接流行度(后面会详细介绍)来决定，每个搜索引擎都有自己的搜索结果排序规则。注意，这些规则会随着时间的推移而改变。

搜索引擎的各个组成部分(机器人、数据库和搜索表单)协同工作，获取、保存关于网页的信息，并提供一个图形用户界面，以方便搜索和显示与给定关键字相关的网页列表。知道了搜索引擎的组成之后，接着要了解如何设计有利于网站推广的页面。

13.2 搜索引擎优化(SEO)

如果按照推荐的网页设计规范来操作，肯定已经设计出了吸引目标受众的网站页面。但是怎样才能使网站和搜索引擎完美配合呢？本节将介绍一些针对搜索引擎的页面设计建议和提示，这个过程称为**搜索引擎优化**(Search Engine Optimization，SEO)。

关键字

花点时间集思广益，想一些别人可能用来查找你的网站的术语或短语，这些描述网站或经营内容的术语或短语就是你的关键字。为它们创建一个列表，而且不要忘了在列表中加上这些关键字常见的错误拼法。

网页标题

描述性的网页标题(<title>标记间的文本)应该包含你的公司和/或网站名称，这有助于网站对外界推广自己。搜索引擎的一个常见的做法是在结果页中显示网页标题文本。访问者收藏你的网站时，网页标题会被默认保存下来。另外，打印网页时，也通常会打印网页标题。要避免为每一页都使用一成不变的标题；最好在标题中添加对当前页来说适用的关键字。例如，不要只是使用"Trillium Media Design"这个标题，而是在标题中同时添加公司名和当前页的主题，例如"Trillium Media Design: Custom E-Commerce Solutions"。

标题标记

使用结构化标记(比如<h1>，<h2>等标题标记)组织页面内容。如果合适，可以在标题中包含一些关键字。如果关键字在网页标题或内容标题中出现，有的搜索引擎将会把网站列在较靠前的位置。但不要写垃圾关键字——也就是说，不要一遍又一遍地重复列举。搜索引擎背后的程序变得越来越聪明了，如果发现你不诚实或试图欺骗系统，完全可能拒绝收录你的网站。

描述

网站有什么特殊的地方可以吸引别人来浏览呢？以此为前提，写几个关于你的网站或经营范围的句子。这种网站描述应该有吸引力、有意思，这样在网上搜索的人才会从搜索引擎提供的列表中选择你的网站。有些搜索引擎会将网站描述显示在搜索结果中。

写好网站描述和恰当的关键字列表之后，你可能还想知道怎样才能将它们应用到实际网页上。关键字和描述　　是通过在 head 区域添加 HTMLmeta 标记的方式被放入网页中的。

meta 标记

meta 标记是放在网页 head 区域的独立标记。你曾用它来指定网页的字符集信息，但它的作用还有很多。现在主要关注如何用它来提供可供搜索引擎使用的网页描述信息。有些搜索引擎会将 meta 标记中描述网页的内容显示在搜索结果页中(如 Google)。name 属性指定 meta 标记的用途。content 属性值指定和该用途对应的值。如将 name 属性值设为 description，就表明此处的 meta 标记是用来提供网页描述的。例如，以下代码为一家名为 Acme Design 的网站开发公司配置 description meta 标记:

```
<meta name="description" content="Acme Design, a premier web consulting
group that specializes in e-commerce, web design, web development, and
website redesign.">
```

 一个网页不想被搜索引擎收录怎么办?

一个网页不想被搜索引擎收录怎么办?

有时不想让搜索引擎索引某些页面，比如测试页面或只给少部分人(如家庭成员或同事)看的网页。meta 标记可实现这一功能。要向搜索机器人表明某个页面不应该被索引，而且它的链接也不应该被跟踪，就不要在页面中编码 description meta 标记，而是按如下方式给页面添加一个 robots meta 标记:

```
<meta name="robots" content="noindex, nofollow"/>
```

链接

验证所有超链接都能正常工作，没有断链。网站的每个网页都能通过一个文本超链接抵达。文本应具有描述性——避免使用"更多信息"和"点击此处"这样的短语。而且应包含恰当的关键字。来自外部网站的链接(有时称为"入站链接")也是决定网站排名的一个因素，具体请参见 13.7 节"链接流行度"。

图片和多媒体

注意，搜索引擎的机器人"看"不见图片和多媒体中嵌入的文本。为图片配置有意义的替代文本，并在替代文本中包含贴切的关键字。

有效代码

搜索引擎不要求 HTML 和 CSS 代码通过校验测试。但是，有效而且结构良好的代码可以被搜索引擎的机器人更容易地处理。这有利于你的网站的排名。

有价值的内容

进行搜索引擎优化时，最基本、但经常被忽视的一个方面就是提供有价值的内容，这些内容遵循 Web 设计的最佳实践(参见第 5 章)。网站应包含高质量的、良好组织的、对访问者来说有价值的内容。

HTTPS 协议

随着 Google 发起的 Web 安全性倡议逐渐被人接受，HTTPS 协议(参见第 12 章)在搜索引擎网页排名算法中的权重越来越高。应尽量为自己的网站采用 HTTPS 协议。

13.3　向搜索引擎提交网站

虽然搜索引擎会为你带来流量，但要被搜索引擎收录也并不总是那么容易。提交给搜索引擎之前，一定要确保网站已经比较完善，且已实施了基本的搜索引擎优化(如前一节所述)。确定网站准备好之后，就可提交网站供搜索引擎审核。

过去只需匿名填写一个表单，即可向 Google 或 Bing 提交网站。现在情况变复杂了。

首先是 Google，访问 https://search.google.com/search-console，用你的 Google 账户登录，选择默认的"网域"选项。要提供网站的 URL(无 www 这样的前缀)，按 Google 的指示操作来验证你是实际的网站所有者。完成验证后，访问 https://www.google.com/webmasters/tools/submit-url 并按指示提交站点地图，或使用 Fetch as Google 工具。

然后是 Bing，访问 https://www.bing.com/toolbox/webmaster。用你选择的账户登录(Microsoft，Google 或 Facebook 账户都可以)。要提供网站的 URL，按 Bing 的指示操作来验证你是实际的网站所有者。验证后即可向 Bing 提交 URL。在 Dashboard(仪表盘)中选择"Configure My Site"，再填写一个表单并点击"Submit URLs"。也可通过 Dashboard 向 Bing 提交一个站点地图。

提交 URL 后，搜索引擎的蜘蛛或机器人将对你的网站进行索引。这可能要花几周的时间，请多一点耐心。

提交网站几周后，请检查搜索引擎，看他们有没有收录你的网站。如果没有，请检查页面，看看它们是否对搜索引擎而言足够 "优化" (参见上一节)以及是否能在常见浏览器中显示。

做商业网站时，可考虑一下付费收录(通常称为广告赞助)，支付一定费用要求搜索引擎优先显示你的网站。不仅如此，用户每次点击搜索引擎的链接到达你的网站，你都要付费。许多公司将这种类型的支出看作一种市场营销成本，就像把钱花在报纸广告或企业黄页上一样。

 在搜索引擎上打广告是否值得？

视情况而定。客户在检索时，如搜索引擎将你的网站呈现在第一页，你认为这值多少钱？挑选的关键字会触发你的广告。还要设置每月预算以及为支付每次点击收费能承担的最大金额。不同搜索引擎的收费各不相同。目前，Google 的收费仍是基于每次点击，用户每点一下你的广告，你就要向 Google 支付一笔费用。访问 https://ads.google.com/home/了解更多信息。

要深入了解搜索引擎的付费广告方案，可能会遇到一些与营销相关的缩写词。最常见的如下。

- *CPC：按点击付费 (Cost per click)*
  CPC 也称为 PPC，即 pay per click。如注册了付费赞助商或广告程序，访问者每次点击指向你的网站的链接时，你都要支付一笔费用。
- *CPM：每千次曝光费用(Cost per thousand impressions)*
  CPM 是指你的广告在网页上每显示 1000 次，你需要为此支付的费用(不管访问者是否点击了这个广告)。
- *CTR：点击率(Click-through rate)*
  CTR 是广告点击次数与广告显示次数的比值。例如，广告显示 100 次，有20 个人点击，CTR 就是 20/100，或者说 20%。

站点地图

Google 的网管指南(Webmaster Guidelines)推荐以下两种有利于 SEO 的站点地图。

- **HTML 站点地图**。一个包含 "站点地图" 的网页，列出了不同层级的超链接，可以到达网站的各主要页面(例如 https://webdevbasics.net/sitemap.html)。该网页中的信息不仅对网站访客有用，还能帮助搜索引擎机器人追踪站点上的超链接。
- **XML 站点地图**。这是供搜索引擎使用的 XML 文件，网页访客不能访问。站点地图向 Google 等搜索引擎提供和你的网站有关的信息。它本质上就是一个网页列表再加上以下信息：每个网页的最后一次修改日期、代表各页面更新

频率的指示符以及各个网页的优先级。访问 https://www.sitemaps.org/
protocol.html 了解如何手动编码站点地图。下面摘录了一个站点地图文件
(sitemap.xml)的部分内容:

```
<url>
   <loc>http://webdevfoundations.net/</loc>
   <lastmod>2018-07-03T08:10:09+00:00</lastmod>
   <changefreq>monthly</changefreq>
   <priority>1.00</priority>
</url>
<url>
   <loc>http://webdevfoundations.net/index.html</loc>
   <lastmod>2018-07-03T08:10:09+00:00</lastmod>
   <changefreq>monthly</changefreq>
   <priority>1.00</priority>
</url>
<url>
   <loc>http://webdevfoundations.net/8e/chapter1.html</loc>
   <lastmod>2018-08-22T15:09:07+00:00</lastmod>
   <changefreq>monthly</changefreq>
   <priority>0.800</priority>
</url>
```

一些在线站点地图生成器(如 https://www.xml-sitemaps.com)能自动创建名为
sitemap.xml 的站点地图文件。只需将站点地图传到网站上,并将它的 URL 通知 Google
和 Bing 即可。访问 https://support.google.com/webmasters/answer/183668?hl=en 了解详情。

🔘 自测题 13.1

1. 说明搜索引擎的三个组件。
2. 说明 description meta 标记的用途。
3. 对于企业来说,为了优先被搜索引擎收录而付费值得吗? 为什么?

13.4　监视搜索列表

虽然你可能希望自己的网站能马上被搜索引擎收录,但有时必须多等一些时间,
它才能最终呈现在 SERP(搜索结果)中。并且还得留心,提交网站并不意味着它必然会
被收录;不过如果网站质量足够高,提供的内容又很有价值的话,几乎肯定会被收录。

一旦网站被收录,就要确定哪些关键字在起作用,这很重要。通常需要根据不同
时期的不同需要仔细调整和修改。下面列出了判断这些重要关键字的几种方法。

- **人工检查**。访问搜索引擎并输入关键字,查看搜索结果。可以考虑列一份清

单，记录搜索引擎、关键字和网页排名。

- **网站分析**。每一位访客，包括那些从搜索引擎引入的访问者，都会被记录在你的网站日志文件中。网站日志由一个或多个文本文件组成，记录了每一次对网站的访问，捕捉有关访问者和来源网站的信息。分析日志可知关键字是否设置成功、哪些搜索引擎正在被使用。从中还可确定网站被访问的天数和次数、访客所用的操作系统和浏览器、在你的网站中的点击路径等等，内容繁多。日志是一个相当隐蔽的文本文件。图 13.1 显示的是某个日志文件的部分内容。

```
#Software: Microsoft Internet Information Services 7.0
#Version: 1.0
#Date: 2018-07-13 09:50:57
#Fields: date time s-sitename s-computername s-ip cs-method cs-uri-stem
cs-uri-query s-port cs-username c-ip cs-version cs(User-Agent) cs
(Referer) cs-host sc-status sc-substatus sc-win32-status sc-bytes cs-
bytes time-taken
2018-07-13 09:50:57 W3SVC724 ORF-PREMIUM11B 65.182.100.116 GET
/chapter5/index.htm - 80 - 74.6.73.82 HTTP/1.0 Mozilla/5.0+(compatible;
+Yahoo!+Slurp;+http://help.yahoo.com/help/us/ysearch/slurp) -
webdevfoundations.net 304 0 0 232 256 78
#Software: Microsoft Internet Information Services 7.0
#Version: 1.0
#Date: 2018-07-13 10:16:55
#Fields: date time s-sitename s-computername s-ip cs-method cs-uri-stem
cs-uri-query s-port cs-username c-ip cs-version cs(User-Agent) cs
(Referer) cs-host sc-status sc-substatus sc-win32-status sc-bytes cs-
bytes time-taken
2018-07-13 10:16:55 W3SVC724 ORF-PREMIUM11B 65.182.100.116 GET
/fireworks8/page3.10.gif - 80 - 65.55.212.239 HTTP/1.0 msnbot-media/1.0
+(+http://search.msn.com/msnbot.htm) - webdevfoundations.net 200 0 0
28665 283 406
```

图 13.1   网站日志文件包含的信息很有用，但不太容易读懂

网站分析软件能分析你的日志文件，生成便于使用的图表和报告。如果你已经拥有自己的网站和域名，许多主机供应商都允许免费访问日志文件，甚至能为你生成网站分析报告，这是支付月租费后所获服务的一部分。

通过认真查看日志中的信息，你不仅能掌握哪些关键字在起作用，还能发现访客用的是哪些搜索引擎。图 13.2 对日志进行分析，列出了访客使用 Google 到达网站所用的前 10 个关键字。

Keyword	Visits	Pages Per Visit	Average Time on Site
web design best practices	27,097	1.75	00:01:17
web design best practice	21,773	6.08	00:07:32
web development and design foundations	15,751	5.71	00:04:56
basics of web design: HTML5 & CSS3	14,346	5.96	00:05:43
html5 basics	6,859	5.32	00:04:05
basic html5 template	4,943	5.98	00:06:24
basic html5 page	4,023	8.20	00:05:23
html5 basic code	3,198	4.17	00:05:02
basic html5 tags	3,141	5.06	00:04:46
html5 basics pdf	3,120	4.94	00:04:27

图 13.2   部分日志分析报告

网站日志分析是一种强大的市场营销工具，能精准找出访问者是如何发现你的网站的，有哪些关键字在起作用，哪些没用。也许可以考虑添加一些新内容来迎合流行的关键字。

Google 提供了免费的网志分析服务，网址是 https://marketingplatform. google.com/about/analytics/。它能提供以下各类报告：

- 访问者(包括地理位置和浏览器信息)
- 流量来源(如引用网站、关键字和 AdWords)
- 内容(包括登录页面、在站点中的访问路径和退出页)
- 转化(跟踪业务目标)

13.5　链接流行度

链接流行度是由搜索引擎决定的排名，基于链接到特定网站的站点数和这些站点的质量。例如，一个链接来自于你朋友的主页，它存放在免费主机上，另一个链接来自知名网站 Oprah Winfrey(http://www.oprah.com)，无疑后者质量更高。网站链接的流行度可以用来确定它在搜索引擎结果页中的排名。要知道哪些网站链接到了你的网站，一种方法是分析日志文件。另外也可以访问搜索引擎来自己检查。在 Google 的搜索文本框中输入“link:*yourdomainname*.com”，就可以列出所有链接到 *yourdomainname*.com 的网站。搜索引擎并非吸引流量的唯一工具，下一节将介绍其他方案。

13.6　社交媒体优化(SMO)

可通过创建有价值且容易分享的内容来进行社交媒体优化(Social Media Optimization，SMO)，从而吸引当前和潜在的网站访问者。SMO 的好处包括品牌和站点知名度提升，外链数量增多(结合搜索引擎优化，即 SEO)等。Digg(https://digg.com)，Pinterest(https://pinterest.com)和 Reddit(https://reddit.com)等社交书签网站提供了让人们存储、分享以及归类网站内容的方法。可以很方便地将网站添加到社交书签服务和社交网络服务中，如 Twitter 和 Facebook。可自行编写代码添加指向这些服务的超链接，也可以利用 AddThis (https://www.addthis.com)等提供的内容分享服务。

访问以下资源进一步了解 SMO：

- The Beginners Guide to Social Media:
  https://moz.com/beginners-guide-to-social-media
- The 5 NEW Rules of Social Media Optimization (SMO):
  http://www.rohitbhargava.com/2010/08/the-5-new-rules-of-social-mediaoptimizati

on-smo.html

- Free Tools for Social Media Optimization:
  http://www.socialmediaexaminer.com/social-media-seo/

博客

第 1 章介绍过博客,这是一种网上日记,更新和访问都很方便。由于博客在分享信息与引导评论方面的强大功能,许多企业(从 Nike 到 Adobe)都利用它来建立和拓展客户关系。流行博客网站有 Google 的 Blogger(https://blogger.com)和 WordPress(https://wordpress.com)等等。可参考本书博客(https://webdevfoundations.blogspot.com)来体验。

社交网络

Facebook(https://www.facebook.com)和 LinkedIn(https://www.linkedin.com)是著名的社交网络。可加入上面的各种小组,和当前以及潜在的访问者建立联系。或者创建一些有趣的内容,发布到 YouTube(https://www.youtube.com),SlideShare (https://www.slideshare.net),Instagram(https://www.instagram.com)或其他类似网站上,对自己的网站进行宣传。

谁都喜欢含有照片或视频的帖子,所以自己在社交媒体上发帖时也要注意。Hubspot.com(http://bit.ly/wdadf1)跟踪过他们的视频帖,发现让大多数访问者都感觉舒适的视频长度是:YouTube 上的 2 分钟视频、Facebook 上的 1 分钟视频以及 Instagram 上的 30 秒视频。可利用 Animito(https://animoto.com)和 Adobe Spark(https://spark.adobe.com)轻松生成推广视频。

要在 Twitter(https://twitter.com)等微博网站上保持活跃。Twitter 不限于个人使用。企业界早就发现了 Twitter 在市场营销上的潜力。访问 https://business.twitter.com/basics 了解如何利用 Twitter 推广和与客户沟通。要利用这种病毒式的营销方式,帮助自己争取当前以及潜在的用户,让他们找到并不断分享你的内容,这样既能提升网站的关注度,还能不断地为网站带来新客户和回头客。

13.7 其他网站推广活动

还有许多推广网站的方式,如 QR 码、分销联盟计划、横幅广告、横幅广告互换、互惠链接协议、时事通讯、个人推荐、传统媒体广告以及在所有的推广材料中添加你的 URL 等。

QR 码

QR 码是一种方形的二维码,可通过智能手机上的扫描应用程序或 QR 条码阅读器读取。它所编码的数据可以是文本、电话号码甚至是网站的 URL。网上有很多免费的 QR 码生成器,如 https://qrcode.kaywa.com 和 https://www.qrstuff.com 等。智能手机上的 ScanLife 和 QR Code Scanner 等免费 APP 能利用相机扫描 QR 码。这些二维码通常是网站的 URL,扫描后就能在智能手机的 Web 浏览器中打开了。QR 码对于网站的推广十分有用,可以将它印在名片甚至 T 恤上!扫描图 13.3 的 QR 码即可显示本书配套网站的主页(https://webdevfoundations.net)。

图 13.3 https://webdevfoundations.net 网站的 QR 码

分销联盟计划

分销联盟计划的本质是由一个网站(分销网站)来推荐另外一个网站(商家)的产品或服务以换取佣金。两家网站都能从中获益。据说 Amazon.com 是最早发起这种合作营销计划的网站,并且它的 Amazon.com Associates 计划现在依旧很吃香。加入这一计划,就可以推荐一些链接到 Amazon 网站的书籍和产品。如果有哪位访客通过你的推荐成功购买,就能获得佣金。Amazon 得了好处,因为你将感兴趣的访问者带到它那里,这些人现在或将来就有可能在他家购买商品。你的网站也能从中受益,因为链接到 Amazon 这样的知名网站无疑推广了自己网站,而且还有增加收入的可能。

请访问 CJ Affiliate 网站((https://www.cj.com),上面推荐了一些适合不同网站的分销联盟计划项目。该服务能够让内容发布者(网站所有人或开发人员)从各种各样的广告客户或分销联盟计划中进行挑选。而网页开发人员获得的利益则包括与重要广告客户合作的机会、从网站访问者或广告商处赚取额外收入以及能实时查看跟踪报告等。还可以访问 AssociatePrograms.com(https://www.associateprograms.com),该网站提供了分销联盟、合作和推荐计划的详细清单。

横幅广告

横幅广告通常是一张图片,用来宣布网站的名称和特征,并进行广告宣传。横幅广告是图片链接,点击就会显示所宣传的网站。在网上冲浪时肯定已经无数次见到过横幅广告了，因为它们已经存在了相当长的时间。*HotWired*(第一本商业网上杂志)，在 1994 年首次使用横幅广告来推广 AT&T。

横幅广告大小没有统一规定。但 Interactive Advertising Bureau (IAB)给出了常见广告的建议尺寸。传统大小设置以像素以为单位。如通栏广告为 728×90 像素，擎天柱广告(左右两侧的竖式广告)为 160×600 像素。IAB 目前想要修订标准，计划放弃像素单位，改为采使用大多数设备都兼容的长宽比大小，详情参见 https://www.iab.com/newadportfolio。要在别人的网站上显示你的横幅广告，费用各不相同。有的网站根据浏览量(通常按每千次 曝光，即 CPM)收费，有的网站则只计算点击量(即只有当广告被点击时才计费)。大多数搜索引擎都在出售广告位。如某个搜索关键字与你的网站相关，就会在搜索结果页上靠前显示你的广告，当然，这是要收费的!

横幅广告互换

虽然横幅广告互换的具体细节可能各不相同，但基本原理都是你同意展示其他网站的横幅，而他们的网站上也会展示你的广告。关于横幅广告互换的信息请参见 The Banner Exchange(http://www.thebannerexchange.com)。由于免费，所以横幅广告互换这种形式对所有参与者都是有益的。

互惠链接协议

互惠链接协议通常在两个内容相关或互补的网站之间达成。大家都同意互相链接到对方，使双方都有更多流量。如果你找到某个网站并想和它建立交换链接，可联系其网管 (一般通过电子邮件)。有的搜索引擎确定排名的依据之一就是指向某个网站的链接数，因此互惠链接协议做得好的话，对双方网站都有利。

时事通讯

时事通讯能把访客再次带回你的网站。首先收集电子邮件地址。网站访客可选择是否接收你的时事通讯，请他们填写表单，留下姓名和电子邮件地址等信息。

要向访问者提供一定的认知价值——也就是一些时效性的信息，如某个话题、优惠活动等等。要定期发送新鲜诱人的内容。这将有助于以前的访客回忆起你的网站，他们也许还会将这些信息发送给其他同事，从而为你的网站带来新的流量。

有"粘性"的网站功能

要经常更新网站，保持内容新鲜，这将吸引访客重返你的网站。可是怎样才能留住他们呢? 要使你的网站具有"粘性"。粘度(stickiness)指的是网站留住访客的能力。要发布一些有意思的、引人入胜的内容，再加上一些能增加网站粘度的特色项目，如新闻、民意调查、聊天室或留言板等。

个人推荐

转发时事通讯就是个人推荐的一种形式。有的网站已经把"向朋友推荐"功能做得极为方便。他们在页面中提供了一个链接,标题是"发送这篇文章"、"把当前页发送给朋友"、"把本网站推荐给同事"等等。这种个人推荐可以为你带来新的访客,他们也许对你的网站内容不感兴趣,但万一呢?

网站论坛帖子

注册和你的网站内容相关的论坛。回帖时不要赤裸裸地打广告。相反,回复的内容要有较高的质量,能帮到别人。在签名行附上你的网站的 URL。一定要谦虚。有的管理员会毫不客气地封掉疑似广告帖。但是,通过提供友善的、有帮助的建议,慢慢积累人气,会有越来越多的人熟悉你(和你的网站)。除了网费,反正你也不损失什么,何乐而不为?

传统媒体广告与现有的营销材料

不要将网站在公司的印刷品、电视节目或广播广告中露脸的机会浪费掉,所有宣传册、文具和名片上都要有公司网站的 URL。这将帮助当前以及未来的客户方便地找到你的网站。

 自测题 13.2

1. 各搜索引擎返回的搜索结果是否真的有所不同?试着搜索某个地方、乐队或电影。在 Google、Yahoo!和 Bing 输入相同的关键字,如"Door County"。列出每种引擎所返回的前三个网站。总结一下自己的发现。
2. 怎样确定自己的网站有否被搜索引擎收录?怎样才能知道别人是通过哪个搜索引擎找到自己的网站的?
3. 列举除搜索引擎外的 4 种网站推广方法。你的第一选择是什么?为什么?

13.8　通过内联框架提供动态内容

一个网站在其主页显示别人的广告,而这个广告又由其他组织托管和控制,这是怎么实现的?网页为什么能轻松显示各种多媒体内容?Amazon Associates 服务如何实现向潜在客户推荐内容?Google 用什么方法在第三方网站上显示 AdSense 广告?截止本书写作时为止，所有这些问题的答案都是内联框架(inline frame)。

　　在网上，内联框架被大量用于市场营销目的，包括显示广告，播放在独立服务器上托管的多媒体内容，以及为加盟网站和合作伙伴提供要显示的内容。它的优点在于可以单独控制。动态内容(如广告或多媒体)可由一个项目团队单独更改，同时不需要更改网站的其余部分。以广告为例，第三方公司(如 DoubleClick)可以控制广告内容，但不能更新你的网页上的其余内容。为此，需要在一个内联框架中配置动态内容(本例就是要显示的广告)。下面让我们探索一下内联框架是如何配置的。

iframe 元素

　　内联框架(也称为浮动框架)可放在任何网页的主体中，过程类似于在网页上放一张图片。内联框架的特别之处在于，它会在一个滚动区域中嵌入另一个网页，这称为嵌套浏览。iframe 元素以<iframe>标记开头，以</iframe>结束。如浏览器不支持内联框架，将直接显示两个标记之间的内容。可在这些内容中包含一段文本描述，或包含指向实际网页的链接。图 13.4 展示了内联框架的应用(学生文件 chapter13/dcwildflowers/index.html)。有鲜花图片的那个区域就是内联框架，它显示了包含鲜花图片和文本描述的另一个网页。

图 13.4　有鲜花图片的那个区域就是显示了一个单独网页的内联框架

　　在图 13.5 的两个网页中，内联框架显示了不同的网页。

　　用于创建这一效果的内联框架的代码如下所示：

```
<iframe src="trillium.html" title="Trillium Wild Flower"
  height="160" width="350" name="flower">
  Description of the lovely Spring wild flower, the
  <a href="trillium.html" target="_blank">Trillium</a>
    </iframe>
```

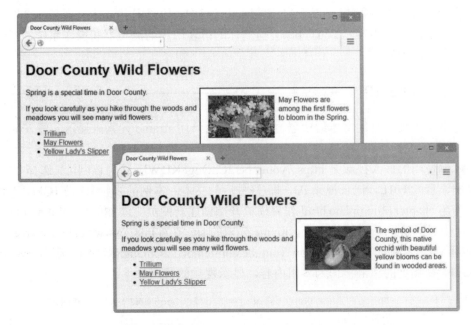

图 13.5 同样的网页，内联框架显示不同的内容

表 13.1 总结了 iframe 元素的各种属性。

表 13.1　iframe 元素的常用属性

属性名称	说明
src	指定要在内联框架中显示的网页的 URL
height	内联框架的高度，像素值
width	内联框架的宽度，像素值
id	可选；文本名称，字母或数字组成，以字母开头，不能包含空格；该值必须唯一，不能用于同一 HTML 文档内的其他 id 值
name	可选；文本名称，字母或数字组成，以字母开头，不能包含空格；该属性用于设置内联框架的名称
sandbox	可选；不允许/禁用插件、脚本、表单等功能
title	可选；设置对内联框架的简要描述，可显示在浏览器中或被屏幕阅读器读取

内联框架中的视频

YouTube (https://www.youtube.com)是最流行的视频分享网站，有数不清的个人和企业用户。视频上传到 YouTube 之后，创建者可以分享他们的视频。在自己的主页显示 YouTube 视频很容易，只需在 YouTube 视频页面选择"分享"，再选择"嵌入"，然后将 HTML 代码复制并粘贴到自己的网页代码中。代码用 iframe 元素在一个网页中显示另一个网页的内容。YouTube 会检测你的访客所用的浏览器和操作系统，然后推送相应格式的内容。

 动手实作 13.1

这个动手实作将用文本编辑器创建一个网页，用 iframe 元素来显示一段 YouTube 视频。

本例使用的嵌入视频是 https://youtu.be/2CuOug8KDWI。访问该网址，选择"分享"并复制显示的 URL。记录视频 ID，即/符号后的文本。本例的视频 ID 是 1QkisJHztHI。

利用 chapter13/template.html 作为模板开始创建新网页。添加标题"Inline Frame"以及用于显示视频的 iframe 元素。iframe 元素的 src 值为 http://www.youtube.com/embed/ 加视频 ID，本例即为 http://www.youtube.com/embed/2CuOug8KDWI。配置一个指向 YouTube 视频页的超链接作为备用内容。显示视频的代码如下：

```
<iframe src="http://www.youtube.com/embed/2CuOug8KDWI" width="640"
   height="395">
   View the <a href="https://youtu.be/2CuOug8KDWI">YouTube Video</a>
</iframe>
```

将网页另存为 iframe.html 并在浏览器中显示。用不同浏览器进行测试，将你的作品与学生文件 chapter13/13.1/iframe.html 进行比较。

小结

本章介绍了与网站推广相关的一些概念。讨论了将网站提交给搜索引擎涉及的步骤，以及如何为搜索引擎优化网站。还讲述了其他网站推广活动，比如社交媒体优化、横幅广告和时事通讯等。到目前为止，你应该已经明白了网站开发的另一面所要涉及的问题——营销和推广。只要按本章所提出的建议来做，就可以创建出适合搜索引擎工作方式的网站，为本公司的行销人员助一臂之力。

请浏览本书网站(https://www.webdevfoundations.net)获取本章列举的例子、链接和更新信息。

关键术语

<iframe>

分销联盟计划

横幅广告

交换横幅

点击率(Click Through Rate，CTR)

按点击付费(Cost Per Click，CPC)

每千次曝光费用 (Cost per Thousand Impressions，CPM)

数据库

description meta 标记

iframe 元素

内联框架

关键字

链接流行度

元(meta)标记

时事通讯(邮件列表)

个人推荐

QR 码

交换链接协议

机器人

robots meta 标记

搜索引擎

搜索引擎优化(SEO)

搜索引擎结果页(SERP)

搜索表单

搜索结果

站点地图

社交媒体优化(SMO)

粘度

Web 分析

网站日志

复习题

选择题

1. 根据(　　)包含的信息来判断是哪些关键字给你的网站带来流量。
   A. Web 位置日志　　　B. 网站日志　　　　C. 搜索引擎文件　　　D. 以上都不对

2. meta 标记应放到网页的(　　)区域。
   A. head　　　　　　B. body　　　　　　C. 注释　　　　　　　D. CSS

3. 搜索引擎优化(SEO)的第一步是(　　)。
   A. 加入分销联盟计划　　　　　　　　　B. 开始写博客
   C. 为所有网页添加 description meta 标记　　D. 创建 QR 码

4. 推广另一个网站的产品或服务以换取佣金的网站推广方式是(　　)。

   A. 时事通讯(邮件列表)　　　　　　　　B. 分销联盟计划

   C. 搜索引擎优化　　　　　　　　　　　D. 粘度

5. 以下哪个是指一个经过组织的信息集，目的是使其内容容易访问、管理和更新？

   A. SERP　　　　　　B. 数据库　　　　　　C. 机器人　　　　　　D. QR 码

6. 搜索引擎根据指向某个网站的链接数和这些链接的质量确定的排名称为(　　)。

   A. 链接检查　　　　B. 交换链接　　　　C. 链接流行度　　　　D. 社交媒体优化

7. 目前最流行的搜索引擎是(　　)。

   A. iframe　　　　　　B. Yahoo!　　　　　C. Google　　　　　D. Bing

8. 以下哪种推广方式的主要目的是让访问者再次回到你的网站？(　　)

   A. 时事通讯(邮件列表)　　　　　　　　B. 交换横幅

   C. 电视广告　　　　　　　　　　　　　D. 以上都不对

9. 以下哪个术语是指创建容易分享的内容？(　　)

   A. 搜索引擎优化　　　　　　　　　　　B. 社交媒体优化

   C. 链接流行度　　　　　　　　　　　　D. 搜索引擎优化

10. 提交网站后，在它被搜索引擎收录之前通常要花(　　)时间。

   A. 几个小时　　　　B. 几周　　　　　　C. 几个月　　　　　D. 一年

填空题

11. 将访问者留在你的网站上的能力称为＿＿＿＿＿＿＿＿。

12. 使用＿＿＿＿＿＿＿＿表示你不希望网页被索引。

13. ＿＿＿＿＿＿＿＿是常用的研究信息来源。

14. 除了被搜索引擎收录，网站还可通过＿＿＿＿＿＿＿＿方式进行推广。

15. 可用手机扫描来访问网站的一种二维码称为＿＿＿＿＿＿＿＿码。

动手实作

1. 练习写 description meta 标记。对于以下描述的每一种情况，都写 HTML 代码来创建恰当的 description meta 标记来包含关键字以吸引流量。

- Lanwell Publishing 是一家小型独立出版商，专门出版用于中学和成人继续教育的 ESL(以英语为第二语言)英语教材。网站提供教材和教参。

- RevGear 是伊利诺斯州绍姆堡镇①的一家小型专业卡车和汽车修理厂。该公司赞助了当地的一个直线竞速(Drag racing)赛车队。

- Morris Accounting 是一家小型会计公司，专门从事退税准备和小公司财会服务。其所有者 Greg Morris 是一名注册会计师和注册理财规划师。

2. 从动手实作 1 列举的公司中选择一家(Lanwell Publishing、RevGear 或 Morris Accounting)，创

---

① 位于芝加哥西北方向，距离约 40 公里在。交通便利，I-90 和 I-290 穿境而过，摩托总部和尼尔森市调公司都在此，附近有全美最大宜家店。2019 年人口约 15.78 万。——译注

建公司主页，加上 description meta 标记、恰当的网页标题并在标题中使用恰当的关键字。在网页中添加你的电子邮件链接。将网页另存为 scenario.html。

3. 从动手实作 1 列举的公司中选择一家.创建一个网页，列出除了向搜索引擎提交之外的至少三种网站推广方法。对于每种方法，解释它为什么有助于网站推广。在网页中添加你的电子邮件链接。将网页另存为 promotion.html。

4. 写 HTML 和 CSS 来创建一个名为 inline.html 的网页，显示标题"Web Promotion Techniques"(Web 推广技术)，一个 400 像素宽、200 像素高的内联框架，以及包含你的姓名的电子邮件链接。再写一个名为 marketing.html 的网页来列出你喜欢的三种网站推广技术。配置内联框架来显示 marketing.html。

网上研究

1. 本章讨论了一些网站推广技术，从中挑选一种进行深入研究。至少在三个不同的网站上查找该技术的相关资料。创建一个网页，列出你所学习到的关于该技术的提示或注意事项，至少五条，每一条均要给出有用的链接以提供更多信息，展示资料来源网站的 URL，并将你的姓名放到网页的电子邮件链接中。

2. 为小公司或一次活动创建单页网站虽然时髦，但为搜索引擎优化带来了困难。将以下资源作为起点研究单页网站的 SEO 问题，归纳出三个建议：

- https://www.awwwards.com/seo-tricks-for-one-page-websites.html
- https://yoast.com/one-page-website-seo/
- https://www.99signals.com/single-page-websites-seo/
- https://www.popwebdesign.net/popart_blog/en/2018/05/how-to-optimize-a-one-page-website/

创建一个网页来总结研究成果。提供作为资源的网站 URL。在网页中添加你的电子邮件链接。

聚焦 Web 设计

探索如何设计自己的网站，使它为搜索引擎优化。将以下网站作为查找优化技巧或建议的起点。

- Old Skool Search Engine Success, Step-by-Step:
  https://www.sitepoint.com/article/skool-search-engine-success
- The 10 Most Important SEO Tips You Need to Know:
  https://neilpatel.com/blog/10-most-important-seo-tips-you-need-to-know/
- The Definitive Guide to SEO in 2019:
  https://backlinko.com/seo-this-year

写一页报告来描述你觉得有趣或有用的三个技巧。要引用资源来源网站的 URL。

网站案例学习：用于推广网站的 meta 标记

以下每个案例学习将贯穿本书的绝大部分。本章关注 description meta 标记。

案例 1: 咖啡屋 JavaJam Coffee Bar

请参见第 2 章了解 JavaJam Coffee Bar 的概况。本案例学习以第 9 章创建的 JavaJam 网站为基础。具体有三个任务。

1. 为本案例学习新建文件夹。

2. 描述 JavaJam Coffee Bar 的业务。

3. 为网站的每个网页编码 description meta 标记。

任务 1:创建文件夹。创建名为 javajam13 的新文件夹,从第 9 章创建的 javajam9 文件夹复制所有文件。

任务 2:写一段描述。回顾之前创建的各个页面,用一段话简要描述该网站,认真修改,尽量精简,少于 25 个单词。

任务 3:更新每个网页。用文本编辑器打开每个页面,在各自的 head 区域添加 description meta 标记。保存文件并在浏览器中测试。网页外观不会有任何变化,但对搜索引擎更加"友好"了。

案例 2: 宠物医院 Fish Creek Animal Clinic

请参见第 2 章了解 Fish Creek Animal Clinic 的概况。本案例学习以第 9 章创建的 Fish Creek 网站为基础。具体有三个任务。

1. 为本案例学习新建文件夹。

2. 描述 Fish Creek Animal Clinic 的业务。

3. 为网站的每个网页编码 description meta 标记。

任务 1:创建文件夹。创建名为 fishcreek13 的新文件夹,从第 9 章创建的 fishcreek9 文件夹复制所有文件。

任务 2:写一段描述。回顾之前创建的各个页面,用一段话简要描述该网站,认真修改,尽量精简,少于 25 个单词。

任务 3:更新每个网页。用文本编辑器打开每个页面,在各自的 head 区域添加 description meta 标记。保存文件并在浏览器中测试。网页外观不会有任何变化,但对搜索引擎更加"友好"了。

案例 3: 度假村 Pacific Trails Resort

请参见第 2 章了解 Pacific Trails Resort 的概况。本案例学习以第 9 章创建的网站为基础。具体有三个任务。

1. 为本案例学习新建文件夹。

2. 描述 Pacific Trails Resort 的业务。

3. 为网站的每个网页编码 description meta 标记。

任务 1:创建文件夹。创建名为 pacific13 的新文件夹,从第 9 章创建的 pacific9 文件夹复制所有文件。

任务 2:写一段描述。回顾之前创建的各个页面,用一段话简要描述该网站,认真修改,尽量精简,少于 25 个单词。

任务 3:更新每个网页。用文本编辑器打开每个页面,在各自的 head 区域添加 description meta 标记。保存文件并在浏览器中测试。网页外观不会有任何变化,但对搜索引擎更加友好了。

案例 4：瑜珈馆 Path of Light Yoga Studio

请参见第 2 章了解 Path of Light Yoga Studio 的概况。本案例学习以第 9 章创建的网站为基础。具体有三个任务。

1. 为本案例学习新建文件夹。

2. 描述网站业务。

3. 为网站的每个网页编码 description meta 标记。

任务 1：创建文件夹。创建名为 yoga13 的新文件夹，从第 9 章创建的 yoga9 文件夹复制所有文件。

任务 2：写一段描述。回顾之前创建的各个页面，用一段话简要描述该网站，认真修改，尽量精简，少于 25 个单词。

任务 3：更新每个网页。用文本编辑器打开每个页面，在各自的 head 区域添加 description meta 标记。保存文件并在浏览器中测试。网页外观不会有任何变化，但对搜索引擎更加"友好"了。

项目实战

参考第 5 章来了解这个项目。将网站的每个网页添加适当的 description meta 标记。

动手实作案例

1. 回顾第 9 章创建的项目主题审批文档以及之前各章创建的页面，用简短一段话描述此 Web 项目网站。

2. 用文本编辑器打开项目文件夹中的各个网页，在各自的 head 区域中添加 description meta 标记。保存文件并在浏览器中测试。网页外观没有任何变化，但对搜索引擎更友好了。

第14章

JavaScript 和 jQuery

学习目标:

- JavaScript 在网页中的常见用途
- 文档对象模型(DOM)的作用以及一些常用事件
- JavaScript 方法、属性、事件处理程序和事件侦听器
- 使用 JavaScript 变量、操作符和 if 控制结构
- 创建基本的表单数据校验脚本
- jQuery 的常见用途
- 如何获取 jQuery
- 使用 jQuery 选择符和方法
- 用 jQuery 配置图片库
- 理解 jQuery 插件的用途

在网上冲浪的时候,如果突然出现一个弹出窗口,肯定是 JavaScript 的效果。JavaScript 是一种脚本语言,JavaScript 命令可直接添加到 HTML 文件中。通过使用 JavaScript,可以将技术和效果结合起来,使网页更生动。可以弹出一个警告框,向用户提示某些重要信息。用户将鼠标指针移动到链接上面时,可以显示一张图片。jQuery 是一个 JavaScript 库,使我们能更简单地编码 JavaScript 的交互效果。本章将介绍 JavaScript 和 jQuery,同时给出一些应用实例,帮助你创建独有的精彩网页!

14.1　JavaScript 概述

为网页添加交互性的方法有许多,第 6 章讲过,CSS 可用来实现鼠标放在链接上方的效果。CSS 也能用于实现交互性,如图片库和新的 CSS3 变换与过渡。第 11 章已展示了如何运用 JavaScript 为网页实现交互性和特殊功能。

那么,什么是 JavaScript 呢?它是一种基于对象的客户端脚本语言,由浏览器解释执行。JavaScript 之所以被认为是一种**基于对象**的语言,是因为它用于操作与网页**文档**相关的对象。这些对象包括浏览器窗口、文档本身和其他的一些元素(表单、图片和链接等等)。由于 JavaScript 被浏览器解释执行,所以被认为是一种客户端脚本语言。**脚**

本语言是一种编程语言，但不要担心！即便不是程序员，也能轻松理解这些内容。

先回顾一下客户和服务器的概念。第 10 章讨论过将网站托管在 Web 服务器上。正如你学到的那样，网站保存在 Web 主机提供商那里，他们允许你向 Web 服务器传送文件。网站访问者(也称为用户)使用 Web 主机提供商提供的 URL 地址来访问网站。前面讲过，用户的浏览器称为客户端。

JavaScript 由客户端解释；也就是说，嵌入 HTML 文档中的 JavaScript 代码由浏览器进行解读。服务器发送 HTML 文件，而浏览器解释 HTML 文件中的代码并根据要求显示网页。由于所有处理都由客户端(本例是 Web 浏览器)执行，所以这一个过程称为**客户端处理**。有很多程序语言是在服务器上运行的，它们称为服务器端程序语言。**服务器端处理**涉及的任务包括发送 E-mail、将信息储存到数据库以及跟踪购物车中的商品等。第 9 章讲过如何设置一个表单的 action 属性，使它指向服务器端脚本。

总之，JavaScript 是一种基于对象的客户端脚本语言，由 Web 浏览器解释执行。JavaScript 代码嵌入 HTML 文件中，浏览器对它进行解释并根据要求将结果显示出来。

JavaScript 发展历程

有一种普遍的误解认为 Java 和 JavaScript 是一样的。Java 和 JavaScript 是完全不同的两种语言，几乎没有共同点。Java 是一种面向对象的编程语言。它的功能非常强大而且非常专业，可以用来为企业创建大型应用程序，比如库存控制系统或工资系统。Sun Microsystems 于 20 世纪 90 年代开发了 Java 语言，并使它能够运行于 Windows 或 Unix 等操作系统。JavaScript 由网景公司的 Brendan Eich 开发，最初叫做 LiveScript。当网景和 Sun Microsystem 合作对语言进行修改时，将语言重命名为 JavaScript。但 JavaScript 和 Java 不是同一回事，JavaScript 比 Java 简单得多。两者的不同点远多于共同点。

JavaScript 常见用途

JavaScript 的常见用途有许多种，可用来提供一些"花哨"的效果，比如简单的动画和华丽的菜单，也可以用来提供实用功能，比如弹窗以显示产品信息或检测表单中的错误等等。下面来看一些实际应用的例子。

警告消息

利用警告消息提醒用户注意某些事情正在发生。例如，零售网站可用警告消息列出订单中的错误，或提醒用户即将开始的优惠活动。图 14.1 显示了一个警告消息，用于感谢用户访问该页面。该警告消息将在用户离开网站并转到新网站时显示。

注意，用户必须点击 OK 按钮才能打开下一个页面。这能有效地吸引用户的注意，但是如果用得太多，很快就会使人厌烦。

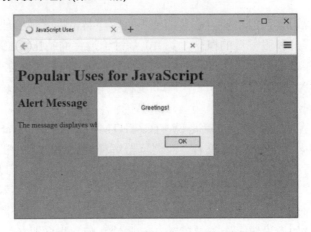

图 14.1   用户离开网站时显示警告消息

弹出窗口

说到令人厌烦,估计弹窗也会榜上有名。这是一种会神秘出现的浏览器窗口,有时你点击了某张图片,或是鼠标悬停在网页上的某个区域,不知怎么的,它就出现了。这一技巧有许多正当用法,比如用户在主窗口中点击某个产品时,可以弹出包含大幅产品图片与产品介绍的信息窗口。可惜的是,弹窗的滥用已经非常严重,以至于大部分浏览器都允许用户阻止弹窗。也就意味着许多有用的弹窗也被殃及而无法显示。图14.2 展示的弹出窗口就是在用户点击主页上的链接后出现的。

图 14.2   用户点击大窗口中的链接后显示的小弹出窗口

跳转菜单

JavaScript 也可基于第 9 章介绍的选择列表来创建**跳转菜单**。用户可从一个选择列表中选择加载某个网页。图 14.3 展示了这一技术。

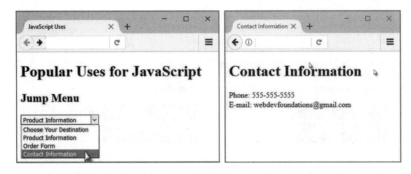

图 14.3　选择 Contact Information 菜单项的跳转菜单示例

在这个例子中，用户从选择列表中选中了 Contact Information 项，随后将加载 Contact Information 页面。

鼠标移动技术

JavaScript 可根据鼠标在浏览器窗口中的移动来执行某些任务。一种常用的技巧是用它来显示子菜单，当用户将鼠标指针移动到某个菜单项，子菜单就相应出现。图 14.4 展示了这一技术。

图 14.4　鼠标放到 Products 菜单项时出现子菜单

左边是主菜单，右边是鼠标移到 Products 菜单项时显示的子菜单。将鼠标从 Products 菜单项移开，子菜单就会消失。这种技巧也可用于实现**图片交换**，也称为翻转图片。页面最初载入时显示一张图片，鼠标移到图片上方时，原始图片被换成一张新图片。鼠标从图片移开，原始图片重新出现。图 14.5 展示了图片交换技术。多年以来，图片交换被频繁地运用于导航按钮栏。但是，现代开发人员会用 CSS 伪类:hover 来实现类似效果，比如更改元素的背景颜色或背景图片。

本章将介绍一些与 JavaScript 应用相关的概念和要点。将创建一些脚本来演示警告消息、鼠标经过和与表单输入错误检测相关的使用技巧。只介绍了 JavaScript 的一些皮毛，但仍然可以让你管中窥豹，体会某些技术是如何发展成熟的。

图 14.5　左边显示原始图片，鼠标放到图片上后，显示右边的交换图片

在网页中添加 JavaScript

JavaScript 代码嵌入 HTML 网页，由 Web 浏览器解释执行。也就是说，Web 浏览器应该能理解并运行这些代码。大多数现代浏览器都提供了开发者选项，能显示 JavaScript 代码运行时生成的错误提示消息。本书的例子使用 Mozilla Firefox。如尚未安装，请从 https://www.mozilla.com/firefox 免费下载。

script 元素

用 script 元素将 JavaScript 代码嵌入 HTML 文档。代码需包含(或 "封装")到 script 元素中。该元素以<script>开始，以</script>结束。浏览器按从上往下的顺序渲染网页。这对脚本的影响是，它们会在文档中的实际位置处执行。可在 head 或 body 元素中编码 script 元素。

警告消息框

▶ 视频讲解：JavaScript Message Box

使用 alert()方法显示警告框，它的结构如下：

```
alert("要显示的信息");
```

通常每个 JavaScript 命令都以分号 ";" 结束。注意，JavaScript 区分大小写，所以在输入 JavaScript 代码时务必精确。

🖐 动手实作 14.1

本动手实作将用警告消息框创建一个简单脚本。启动文本编辑器，输入以下 HTML 和 JavaScript 代码。注意，alert 和起始括号之间没有空格。

```
<!DOCTYPE html>
<html lang="en">
```

```
<head>
  <title>JavaScript Practice</title>
  <meta charset="utf-8">
</head>
<body>
<h1>Using JavaScript</h1>
<script>
alert("Welcome to my web page!");
</script>
<h2>When does this display?</h2>
</body>
</html>
```

将文件保存为 alert.html 并在浏览器中显示。请注意首先显示的是第一个标题，然后才弹出警告框，如图 14.6 所示。点击 OK 按钮之后，第二个标题才出现。这说明了网页和嵌入的 JavaScript 都是从上往下显示的。JavaScript 代码块位于两个标题之间，因此那也是警告框显示的地方。

图 14.6　JavaScript 练习页面 alert.html 显示的警告框

练习调试

有时，我们写的 JavaScript 代码并不能一次就测试成功。这时需要对代码进行**调试**，找出错误并纠正它们。

让我们看看调试技术。编辑 JavaScript 警告消息框代码，故意引入一个打字错误：

```
aalert("Welcome to my web page!");
```

保存文件并在浏览器中找开。这次消息框不再弹出。Firefox 指出 JavaScript 代码中存在一些错误，但我们必须打开 Web 控制台才能查看究竟。

在 Firefox 中选择"工具" > "Web 开发者" > "Web 控制台"。这就打开了控制台面板，其中显示了错误消息，如图 14.7 所示。

注意会显示发生的错误，以及检测到错误的文件名和行号。在能显示行号的文本编辑器中编辑文档会比较方便，虽然这并不是必须的。如使用记事本程序，可利用编辑菜单中的"转到"功能，它允许指定行号，将插入点移至该行的开始处。

编辑 alert.html 文件以更正错误，然后重新在浏览器中测试。这次警告框将正常显示在第一个标题之后了。将你的作品与 chapter14/14.1/alert.html 比较。

图 14.7　Web 控制台指出了错误

 Firefox Web 控制台能显示 JavaScript 代码中的所有错误吗？

Web 控制台显示语法错误，比如缺少引号、无法识别的项等。有时错误其实出现在报错那一行的前一行，尤其是在丢失括号或引号的情况下。显示的错误信息指出某个地方有问题，但只能作为错误位置的提示。从指出的那一行开始查找，如果该行看起来没有问题，再看看它前面的那行。

 自测题 14.1

1. 列出 JavaScript 的至少三种常见用途。
2. 一个 HTML 文档中可以嵌入多少个 JavaScript 代码块？
3. 怎样查找 JavaScript 代码块中的错误？请说出一种方法。

文档对象模型概述

JavaScript 可以操作 HTML 文档中的元素，如段落、span、div 等容器标记。这些元素还可以是图片、表单或单独的表单控件(如文本框、选择列表等)。为了访问这些元素，我们需要了解文档对象模型(Document Object Model，DOM)。

一般来说，**对象**是一个实体或者某个"东西"。使用 DOM 时，浏览器窗口、网页文档和所有 HTML 元素都被视为对象。浏览器窗口是一个对象。浏览器加载网页时，该网页被视为一个文档。文档本身就是一个对象。它可以包含其他对象，例如图片、标题、段落和单独的表单控件(比如文本框)。对象可以有属性，可检测并操纵这些属性。例如，title 是文档的一个属性，背景色也是。

可以对某些对象执行一些动作。例如，窗口对象可显示警告消息框或提示框。这种动作称为**方法**。

显示警告消息的命令是窗口对象的一个方法。DOM 是对象、属性和方法的集合。JavaScript 利用 DOM 来检测和操纵 HTML 文档中的元素。

让我们换个角度来看这个对象、属性和方法系统。假设汽车是一个对象，它就有颜色、制造商和生产年份等属性。汽车还有一些元素，比如引擎盖、后备箱等。引擎盖和后备箱都可以被打开和关闭。如果用某种程序设计语言来打开和关闭它们，相应的命令形式可能是这样的：

```
car.hood.open()
car.hood.close()
car.trunk.open()
car.trunk.close()
```

要想知道汽车的颜色、生产年份和制造商，相应的命令形式就应当是下面这样的：

```
car.color
car.year
car.model
car.manufacturer
```

在使用这些值时，car.color 可能等于"silver"，car.manufacturer 可能等于"Nissan"，而 car.model 可能等于"370Z"。也许能更改这些值，也有可能只能读取而不能更改。在本例中，汽车是对象，它的属性是引擎盖、后备箱、颜色、年份、型号和制造商。引擎盖和后备箱也可以当成是属性，打开和关闭是它们的方法。

回到 DOM 的话题，可用文档对象的 write()方法向文档写入。相应的结构如下：

```
document.write("text to be written to the document");
```

可在 JavaScript 中用上述代码向文档写入文本和 HTML 标记，浏览器能呈现这些内容。上个动手实作用到的 alert()方法是窗口对象的一个方法，它可以写作：

```
window.alert("message");
```

窗口对象是假定存在的，所以这里可以省略 window。窗口不存在，脚本自然也不存在。

文档还有一个 lastModified 属性，它包含文件最后一次保存或修改的日期，可通过 document.lastModified 来访问它。这是只读属性，可以在浏览器窗口中显示或用作其他目的。

动手实作 14.2

本动手实作将练习使用 document 对象的 write()方法和 lastModified 属性。要利用 document.write()在 HTML 文档中添加文本和一些 HTML 标记，并用该方法记录文档最后一次保存的时间。

打开 alert.html(学生文件 chapter14/14.1/alert.html)，像下面这样编辑代码：

```
<!DOCTYPE html>
<html lang="en">
<head>
  <title>JavaScript Practice</title>
  <meta charset="utf-8">
</head>
<body>
<h1>Using JavaScript</h1>
<script>
document.write("<p>Using document.write to add text</p>");
document.write("<h2>Notice that we can add HTML tags too!</h2>");
</script>
<h3>This document was last modified on:
<script>
document.write(document.lastModified);
</script>
</h3>
</body>
</html>
```

将文件另存为 write.html 并在浏览器中打开，效果如图 14.8 所示，会显示一些文本。如文本没有显示，请打开 Web 控制台查找并更正出现的错误。

可在源代码中查看 JavaScript 代码。为了确认，右击并选择"页面源代码"。看完请记得关闭源代码窗口。学生文件 chapter14/14.2/write.html 提供了示例解决方案。

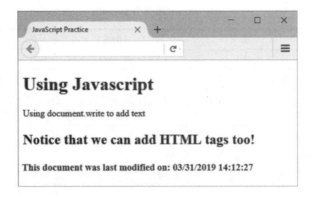

图 14.8　Firefox 浏览器显示了 write.html 页面

 既然能直接输入 HTML 代码来显示文本,为什么还要使用 document.write?

　　平时如果能直接输入 HTML 代码来显示文本,自然不需要使用 document.write 来生成网页。它是为了和其他技术结合使用。例如,可用 JavaScript 检测系统时间,如果现在是上午,就使用 document.write 向文档写入 "Good morning",如果是下午,则写入 "Good afternoon",如果是下午 6 点以后,就写入 "Good evening"。

14.6　事件和事件处理程序

　　用户查看网页时,浏览器一直在检测鼠标的移动和事件。事件是正在发生的事情,比如点击鼠标、加载网页或提交表单。例如,将鼠标指针移到某个超链接上,浏览器就侦测到一个 mouseover 事件。表 14.1 列举了几种事件及其描述。

　　可在事件发生时触发一些 JavaScript 代码的运行。一种很常见的技巧是通过检测 mouseover 和 mouseout 事件来交换图片或显示菜单。

　　需要指出针对什么事件采取操作以及事件发生时要做什么。可以用属性的**事件处理程序**来指定要响应什么事件。事件处理程序以属性形式嵌入 HTML 标记,指定当事件发生时要运行什么 JavaScript 代码。事件处理程序使用具有 "on" 前缀的事件名称。表 14.2 列举了与表 14.1 的事件对应的事件处理程序。例如,浏览器渲染(加载)网页时会发生 onload 事件。鼠标移到某个超链接上时会发生 mouseover 事件并被浏览器检测到。如该超链接中配置了一个名为 onmouseover 的事件处理程序,就会执行其中的 JavaScript 代码,比如弹出警告消息、显示图片或者显示菜单等。其他诸如 onclick、onmouseout 之类的事件处理程序都会在发生相应事件时触发 JavaScript 代码的执行。

表 14.1   事件及其说明

事件	说明
click	用户点击某个对象,如图片、超链接或按钮
load	浏览器显示网页时触发
mouseover	鼠标指针经过某个对象,它不需要停在该对象上,这个对象可以是超链接、图片、段落或其他对象
mouseout	鼠标指针离开某个它之前经过的对象
submit	用户点击表单中的提交按钮时触发
upload	从浏览器中卸载网页,该事件恰好在新页面加载之前发生

表 14.2   事件和事件处理程序

事件	事件处理程序
click	onclick
load	onload
mouseover	onmouseover
mouseout	onmouseout
submit	onsubmit
unload	onunload

动手实作 14.3

现在练习用 onmouseover 和 onmouseout 事件处理程序显示警告消息框,理解在什么时候会触发事件处理程序。准备使用简单的超文本链接,在锚标记中嵌入事件处理程序。这种情况下不需要写<script>代码块,因为事件处理程序直接作为 HTML 标记的属性值。要将超文本链接放到无序列表中,在浏览器窗口中留出足够空间来移动鼠标和测试脚本。

在文本编辑器中输入以下代码。注意 onmouseover 和 onmouseout 事件处理程序中双引号与单引号的用法。alert()方法要显示的消息需要用引号封闭,事件处理程序的代码也需要。HTML 和 JavaScript 既允许使用双引号,也允许使用单引号,前提是它们必须配对使用。所以在需要同时使用两组引号时,双引号和单引号都可以。本例在外层使用双引号,在内层使用单引号。锚标记中的 href 值设为“#”,因为本例不需要加载新网页,只要让超链接感应 mouseover 和 mouseout 事件就可以了。

```
<!DOCTYPE html>
<html lang="en">
<head>
  <title>JavaScript Practice</title>
  <meta charset="utf-8">
```

```
</head>
<body>
<h1>Using JavaScript</h1>
<ul>
  <li><a href="#" onmouseover="alert('You moused over');">Mouseover
test</a></li>
  <li><a href="#" onmouseout="alert('You moused out');">Mouseout test</a></li>
</ul>
</body>
</html>
```

将文件保存为 mouse.html 并在浏览器中打开。将鼠标移到 Mouseover test 链接上方，一旦鼠标碰到链接，就会发生 mouseover 事件，onmouseover 事件处理程序立即被触发并显示警告消息框，如图 14.9 所示。

图 14.9　演示 onmouseover 事件处理程序

单击 OK 按钮并将鼠标指针放到 Mouseout test 链接上方，这时什么动静也没有，因为 mouseout 事件尚未发生。

将鼠标从链接移开，这时会发生 mouseout 事件，onmouseout 事件处理程序立即被触发并显示另一个警告消息框，如图 14.10 所示。学生文件 chapter14/14.3/mouse.html 是示例解决方案。

图 14.10　演示 onmouseout 事件处理程序

自测题 14.2

1. 对象的属性和方法有什么区别？用"东西""行动"或"描述"等字眼来说明。
2. 事件和事件处理程序有何区别？
3. 事件处理程序应该放在 HTML 文档的什么位置？

变量

有时需要从用户处收集信息。一个简单的例子是让用户输入姓名并将其写入文档，我们用**变量**来保存姓名。数学中将 x 和 y 作为等式中的变量，其实就是值的占位符。JavaScript 变量的道理一样(放心，我们不会进行复杂的数字计算)。JavaScript 变量也是数据的占位符，其值可以更改。一些更健壮的编程语言(比如 C++和 Java)对变量及其数据类型有各种各样的规定。JavaScript 在这方面相当宽松，不需要关心变量中保存的值的类型。

 创建变量名时要注意什么？

取名字确实是一门艺术。首先，变量名应该能描述它所包含的数据。如变量名含有多个单词，可用下划线或大写字母来区分。但不要使用其他特殊字符，只使用字母、数字和下划线。另外，不要使用 JavaScript 保留字或关键字，如 var，return，function 等。JavaScript 关键词列表请访问 https://webplatform.github.io/docs/ javascript/ reserved_words/。下面是一些可以用于产品代码(product code)的变量名：

- productCode
- prodCode
- product_code

向网页写入变量

使用变量之前，可用 JavaScript 关键字 var 对其进行声明。这一步并非必须，但却是一种很好的编程规范。用赋值操作符(=)向变量赋值。变量可包含数字或字符串。**字符串**要放到引号中，可以包含字母、空格、数字和特殊字符。例如，一个字符串可以是某人的姓氏、E-mail 地址、街道地址、产品代码或一段信息。下面练习为一个变量赋值并将值写入文档。

 动手实作 14.4 ——————————————————

本动手实作将声明一个变量，将一个字符串值赋给它，并将值写入文档。在文本编辑器中输入以下代码：

```
<!DOCTYPE html>
<html lang="en">
<head>
  <title>JavaScript Practice</title>
  <meta charset="utf-8">
</head>
<body>
<h1>Using JavaScript</h1>
<h2>Hello
<script>
  var userName;
  userName = "Karen";
  document.write(userName);
</script>
</h2>
</body>
</html>
```

注意，<h2>标记放在脚本代码块之前，而</h2>标记放在代码块之后。这样 userName 的值就会显示为 2 级标题。"Hello"的"o"后面注意添加一个空格。没有这个空格，userName 的值将紧跟着"o"显示。

注意，变量名是混合大小写的，这是很多编程语言约定俗成的做法，它可以使变量的可读性更强。有些开发人员喜欢用下划线，比如 user_name。选择变量名是一种艺术，但尽量选择能反映变量内容的名称。

还要注意，document.write()方法中并没有包含引号，这将把变量的内容写入文档。如果在变量名两侧使用了引号，写入文档的就是变量名本身，而不是变量的内容。

将文件保存为 var.html 并用浏览器测试，如图 14.11 所示。将你的作品与 chapter14/14.4/var.html 比较。

图 14.11　浏览器显示 var.html

将<h2>标题的内容截断，分别放在脚本前后，这看起来有点不专业。可以使用加号(+)来组合字符串，本章后面还会讲到加号也可以用来做算术加法。用加号(+)将字符串组合起来称为**连接**(concatentation.)。让我们将<h2>作为一个字符串与 username 的值以及</h2>连接起来。

像下面这样编辑 var.html：

```
<!DOCTYPE html>
<html lang="en">
<head>
  <title>JavaScript Practice</title>
  <meta charset="utf-8">
</head>
<body>
<h1>Using JavaScript</h1>
<script>
  var userName;
  userName = "Karen";
  document.write("<h2>Hello " + userName + "</h2>");
</script>
</body>
</html>
```

记得删除脚本代码块前后的<h2>和</h2>标记。将文件另存为 var2.html 并在浏览器中进行测试。网页的显示没有变化。将你的作品与 chapter14/14.4/var2.html 比较。

用输入提示框获取变量值

为了演示 JavaScript 和变量提供的交互功能，将使用 prompt()方法从用户处获取数据并将该数据写入网页。例如，可在动手实作 14.4 的基础上弹出一个输入框，提示用户输入姓名，而不是将它的值固定在 userName 变量中。

prompt()是 window 对象的一个方法。可以写完整形式 window.prompt()，但默认就是 window 对象，所以可简化成 prompt()。prompt()方法也可以向用户显示消息。该方法通常和变量配合使用，将输入的值实时存储到变量中。它的基本结构如下：

```
someVariable = prompt("提示消息");
```

该命令执行时，用户会看到一个输入提示框，显示了一则消息和一个用于接收数据的文本输入框。用户输入数据后点击"OK"，数据就会被赋给相应变量。下面为 var2.html 文件添加这一功能。

动手实作 14.5

本动手实作使用 prompt()方法从用户处获取数据并将其写入文档。

像下面这样编辑上个动手实作创建的 var2.html，或直接使用 chapter14/14.4/

var2.html。

```
<script>
  var userName;
  userName = prompt("Please enter your name");
  document.write("<h2>Hello " + userName + "</h2>");
</script>
```

只改动了向 userName 变量赋值的命令，用户输入的数据将赋给该变量。

将文件另存为 var3.html 并在浏览器中显示。将出现一个输入提示框，可在文本框中输入姓名，然后点击 OK 按钮，如图 14.12 所示。浏览器窗口将显示你的输入。

再来做点改动，允许用户输入一个颜色名称。用户喜好的颜色将被用作文档的背景色，我们会将 document 对象的 bgColor 属性设为用户输入的值。注意大小写，确保输入 bgColor 时，字母"C"是大写的。

图 14.12　网页加载时会显示一个输入提示框

像下面这样编辑 var3.html 并另存为 var4.html。

```
<script>
var userColor;
userColor = prompt("Please type the color name blue or red");
document.bgColor = userColor;
</script>
```

这里提示用户输入颜色名称"blue"或"red"，但还有其他许多颜色名称可供输入。尽管尝试！

保存文档并在浏览器中显示，将出现输入提示框，输入一个颜色名称并点击 OK 按钮。背景颜色马上就变了。将你的作品与 chapter14/14.5/var4.html 比较。

基本编程概念

之前通过 DOM 访问了 window 和 document 的属性和方法，还使用了一些简单事件处理程序。JavaScript 毕竟一种编程语言，本节将介绍一些基本编程知识，让你体验一下程序设计的强大，并为后面校验表单输入打下基础。

算术运算符

处理变量时经常需要执行一些算术。例如，可能需要创建一个计算商品消费税的网页。用户一旦选中某样商品，就可用 JavaScript 来计算消费税，并将结果写入文档。表 14.3 列举了算术运算符和一些例子。

表 14.3   常用算术运算符

运算符	说明	例子	quantity 的值
=	赋值	quantity = 10	10
+	加法	quantity = 10 + 6	16
−	减法	quantity = 10 − 6	4
*	乘法	quantity = 10 * 2	20
/	除法	quantity = 10 / 2	5

编程语言的功能各异，但总有一些相同之处。它们都允许使用变量，都有判断命令和循环命令，都允许重用代码块。如果想根据用户输入或用户动作来决定不同的输出结果，就可以使用判断结构。下个动手实作将提示用户输入年龄，然后根据输入向文档写入不同文本。需要多次执行相同的任务时，循环命令的作用就凸显出来了。例如，要创建一个包含每月天数(从 1 到 31)的选择列表是一项非常繁琐的工作。但几行 JavaScript 代码就可以实现这一功能。要在事件处理程序中引用一段代码，而不是在 HTML 标记的事件处理程序中重复输入这些代码，使用可重用的代码块就会非常方便。由于本章只是讲解一些基本概念，因此对这些内容的详细讨论超出了范围。将通过动手实作简单介绍一下判断结构和可重用代码。

判断

如前所述，可以在 JavaScript 中使用变量。可能希望检查一个变量的值，或根据变量值来执行不同任务。例如，订单要求用户输入的数量值必须大于 0，我们将检查数量输入框以确保用户输入的值大于 0。如该值不大于 0，就可以弹出一个警告框，要求用户输入大于 0 的数量值。相应的 if 控制结构如下：

```
if (条件)
{
```

```
    ······ 如果条件为真则执行这部分命令 ······
} else {
    ······ 如果条件为假,则执行这部分命令 ······
}
```

注意，这里用了两种类型的括号，圆括号用于包含条件，大括号用于包含命令代码块。if 语句包含条件为 true 时要执行的代码块，以及条件为 false 时要执行的代码块。大括号对齐显示，以便看出开始和结束括号。输入代码时很容易忘了某些括号，再来查找哪些地方缺了括号就很麻烦了，将它们对齐可以从视觉上方便查找。输入 JavaScript 代码时要注意：圆括号、大括号和引号都必须成对使用。如一段代码不能按预期的方式工作，应检查一下这些符号是否缺了一个"伴儿"。

如条件的计算结果为真(true)，那么第一个代码块将被执行，else 代码块将被跳过。如条件为假(false)，第一个代码块将被跳过，else 代码块将被执行。

由于只是讲解基本概念，所以举的例子很简单，但从中仍能体会到条件和 if 控制结构的巨大好处。条件必须是一些求值结果为 true 或 false 的表达式，可以把它看成是数学条件。条件通常要利用运算符来计算，表 14.4 列举了常用的**比较运算符**。表 14.4 的例子都可用作 if 结构的条件。

表 14.4　常用比较运算符

运算符	说　明	例子	结果为 true 时的示例 quantity 值
==	等于	quantity == 10	10
>	大于	quantity > 10	11，12(但不能是 10)
>=	大于或等于	quantity >= 10	10，11，12
<	小于	quantity < 10	8，9(但不能是 10)
<=	小于或等于	quantity <= 10	8，9，10

 JavaScript 代码不起作用怎么办？

试试以下调试技巧:

- 打开 Firefox 的 Web 控制台，看看有没有报告什么错误。常见错误包括丢失行末分号以及命令拼写错误等。
- 使用 alert()打印变量，检查它的内容。例如，如果有一个名为 quantity 的变量，试一下 alert(quantity);，看看它包含的值是什么。
- 请同学来检查你的代码。编辑自己的代码是很难的。旁观者清，编辑别人的代码要容易得多。
- 试着向同学解释你的代码。通常，讨论代码能帮你找出错误。
- 确保没有将任何 JavaScript 保留字用作变量名或函数名。

动手实作 14.6

本动手实作将编码前面描述的商品数量的例子。将提示用户输入一个大于 0 的数量。我们假定用户会输入一个值。如该值为 0 或负数，就显示一则错误提示。如输入的值大于 0，就显示一条感谢用户下单的消息。将使用弹出的提示框，并将消息写入文档。

在文本编辑器中输入以下代码：

```
<!DOCTYPE html>
<html lang="en">
<head>
  <title>JavaScript Practice</title>
  <meta charset="utf-8">
</head>
<body>
<h1>Using JavaScript</h1>
<script>
var quantity;
quantity = prompt("Type a quantity greater than 0");
if (quantity <= 0) {
  document.write("<p>Quantity is not greater than 0.</p>");
  document.write("<p>Please refresh the web page.</p>");
} else {
  document.write("<p>Quantity is greater than 0.</p>");
}
</script>
</body>
</html>
```

将文件保存为 quantityif.html 并在浏览器中显示。如输入提示框没有显示，务必到 Web 控制台检查错误。提示框出现时，输入数字 0 并点击 OK。浏览器窗口会提示输入有误如图 14.13 所示。

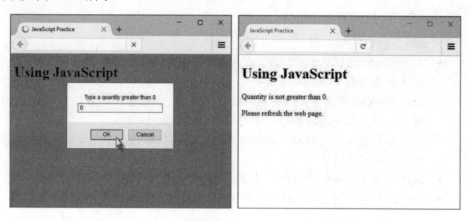

图 14.13   左图在提示框中输入 0，右图显示结果

现在刷新页面，这回输入一个大于 0 的值，结果如图 14.14 所示。将你的作业与 chapter14/14.6/if.html 比较。

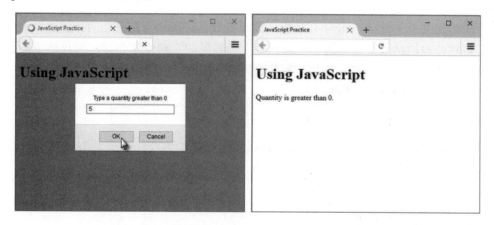

图 14.14　左图在提示框中输入大于 0 的数，右图显示结果

函数

动手实作 14.6 是页面加载就弹出提示框。如果想让用户决定一个脚本何时被浏览器解释执行，应该怎么办？或许可以使用一个 onmouseover 事件处理程序，当鼠标移到一个链接或图片上时运行脚本。另一个对用户来说可能更直观的方案是使用按钮，指示用户点击按钮来运行脚本。网页访问者不需要知道何时将运行一个脚本，只需知道点击按钮即可达到某个目的。

第 9 章介绍过表单的提交和重置按钮。

- 提交按钮<input type="submit">用于提交表单。
- 重置按钮<input type="reset">清除表单中输入的值。

本节将利用 button 元素和 onclick 事件处理程序来运行脚本。以下是示例 HTML：

```
<button onclick="alert('Welcome');">Click to see a message</button>
```

在这个例子中，按钮上将显示"Click to see a message"。点击按钮将发生 click 事件，onclick 事件处理程序将执行 alert('Welcome!);语句，从而显示消息框。如果只有一个 JavaScript 语句需要执行，这种方式非常高效。如果有更多语句需要运行，就变得很难控制了。这时可将所有 JavaScript 语句都放到一个代码块中，然后将代码块作为一个整体来执行。通过为这个代码块命名，只需指向该名称，即可执行整个代码块。这个技术还实现了代码的重用。我们通过创建一个函数来配置这样的代码块。

函数(function)是用于实现某种功能的 JavaScript 语句块，可在需要时运行。函数可包含一个或多个语句，它的定义方式如下：

```
function function_name() {
  ... JavaScript 语句(可以是多个语句) ...
}
```

函数定义以关键字 function 开始，紧跟函数名。圆括号是必须的。虽然目前是空的，但更高级的函数会利用这一对圆括号。函数的命名和变量一样，应该能描述函数的作用。程序语句放到大括号中。**调用**函数时会执行这个语句块。

下面是一个函数定义的例子：

```
function showAlerts()
{
  alert("Please click OK to continue.");
  alert("Please click OK again.");
  alert("Click OK for the last time to continue.");
}
```

以下语句调用该函数：

```
showAlerts();
```

现在可以在按钮中添加 showAlerts()函数调用，如下所示：

```
<button onclick="showAlerts();">Click to see alerts</button>
```

点击按钮将调用 showAlerts()函数，三条警告信息将逐条显示。可利用学生文件 chapter14/function.html 自行试验。

通常将函数定义放到 HTML 文档的 head 区域，这样可以先加载好函数定义，等它被调用时才执行。这样可避免 HTML 文档主体区域过于臃肿，并确保函数定义在调用前就已经加载好了。函数的另一个特点是，在其中声明的变量仅在函数内部有效。也就是说，变量的**作用域**被限制在函数内部，在函数外部不可用。与之相反，在函数外部声明的变量具有全局作用域，和页面关联的所有 JavaScript 都能使用。限制变量作用域可防止变量名发生冲突，特别是在使用 jQuery 这样的 JavaScript 库时。

 动手实作 14.7

下面编辑上个动手实作创建的文件(或直接使用 chapter14/14.6/if.html)，将显示提示框的脚本代码转移到一个函数中，并在 onclick 事件处理程序中调用该函数。注意几件事情。脚本被移到 head 区域并包含到一个函数定义中。document.write()方法更改为 alert()方法，而且提示消息有所变化。document.write()方法在页面已经写入完毕的时候不能很好地工作，就像本例的情况一样。另外，在 if 语句的结束括号后面和函数定义后面都添加了注释，以帮助说明白脚本中的代码块。代码块中的缩进也有助于区分哪些大括号用于开始和结束哪些语句。在文本编辑器中编辑 if.html：

```html
<!DOCTYPE html>
<html lang="en">
<head>
  <title>JavaScript Practice</title>
  <meta charset="utf-8">
<script>
function promptQuantity() {
  var quantity;
  quantity = prompt("Please type a quantity greater than 0");
  if (quantity <= 0) {
    alert("Quantity is not greater than 0.");
  } else {
    alert("Thank you for entering a quantity greater than 0.");
  } // end if
} // end function promptQuantity
</script>
</head>
<body>
<h1>Using JavaScript</h1>
<button onclick="promptQuantity();">Click to enter quantity</button>
</body>
</html>
```

将文件另存为 if2.html 并在浏览器中测试。运行脚本时如果有什么问题，可以打开
Web 控制台检查是否有打字错误。

点击按钮测试脚本。如提示框没有出现，请查看 Web 控制台中的信息并更正错误。
图 14.15 是点击按钮后的浏览器和提示框，以及最后显示的警告消息框。一定要用大于
0 和小于等于 0 的数进行测试。将你的作业与 chapter14/14.7/if2.html 比较。

图 14.15　左图是提示框和输入，右图是输入后弹出的消息框

目前是直接在 HTML 标记中编码事件处理程序。下一节将探讨一种更现代的技术，
避免在 HTML 标记中嵌入 JavaScript 代码。

addEventListener 方法

14.6 节介绍了事件(比如 click 和 mouseover)，并直接在 HTML 标记中编码事件处理程序(比如 onclick 和 onmouseover)的指令。虽然这样做可行，但缺点是一个元素只能写一个事件处理程序(如果为同一个元素写多个事件处理程序，只有最后一个才运行)，而且 JavaScript 代码会和 HTML 代码混在一起，增大维护难度。更现代的方式是在 JavaScript 代码块中用 addEventListener 方法写一个事件侦听器(event listener)，**事件侦听器**会等待(即侦听)事件(比如 click 和 mouseover)的发生，并在事件发生时运行代码(通常是调用某个函数)。采用这种编码技术，通常将 script 元素放在结束 body 标记之前。

语法还是采用文档对象模型，需准确指定目标元素的 id、要侦听的事件以及事件发生时要调用的函数名。例如，以下 JavaScript 配置一个事件侦听器，它侦听在分配了 myB id 的一个元素上发生的 click 事件，调用名为 showMe 的函数。

```
document.getElementById("myB").addEventListener("click",showMe);
```

函数的代码如下所示：

```
function showMe() {
  alert("Thank you for clicking the button");
}
```

点击按钮将调用 showMe() 函数并显示警告消息框。请自行用学生文件 chapter14/listen.html 试验。

🖐 动手实作 14.8

下面修改上个动手实作的文件(chapter14/14.7/if2.html)来使用事件侦听器。有几点要注意。脚本移至结束 body 标记之前。修改了 HTML button 元素：删除了 onclick，并分配了 myB id。添加了事件侦听器。注意这里用一个变量避免 addEventListener 语句过长。

像下面这样在文本编辑器中修改 if.html：

```
<!DOCTYPE html>
<html lang="en">
<head>
<title>JavaScript Practice</title>
<meta charset="utf-8">
</head>
<body>
<h1>Using JavaScript</h1>
<button id="myB">Click to enter quantity</button>
<script>
var myButton = document.getElementById("myB");
```

```
myButton.addEventListener("click",promptQuantity);
function promptQuantity() {
  var quantity;
  quantity = prompt("Please type a quantity greater than 0");
  if (quantity <= 0) {
    alert("Quantity is not greater than 0.");
  } else {
  alert("Thank you for entering a quantity greater than 0.");
  } // end if
} // end function promptQuantity
</script>
</body>
</html>
```

将文件另存为 if3.html 并在浏览器中显示。运行脚本时如果有什么问题，可以打开 Web 控制台检查是否有打字错误。

点击按钮测试脚本。如提示框没有出现，请查看 Web 控制台中的信息并更正错误。图 14.15 是点击按钮后的浏览器和提示框，以及最后显示的警告消息框。一定要用大于 0 和小于等于 0 的数进行测试。将你的作品与 chapter14/14.8/if3.html 比较。

 自测题 14.3

1. 说明一种可用于获取用户数据(如用户年龄)的方法。
2. 写 JavaScript 代码在用户小于 18 岁时显示一则 alert 消息，18 岁或以上显示另一则消息。
3. 什么是函数定义？

表单处理

如第 9 章所述，Web 表单的数据可提交给 CGI 或服务器端脚本。这些数据可以被添加到数据库或用作其他目的。所以，很重要的一点是用户提交的数据必须尽可能精确。要总是考虑到用户输入的信息不正确或不精确的情况。通常，表单数据在提交之前都要先校验是否有效，表单数据校验可以用服务器端脚本完成，但也可以在客户端使用 JavaScript 完成。同样地，虽然对这一主题的讨论进行了简化，但仍能从中了解其工作机制。

点击表单的提交按钮时发生 submit 事件。可用 onsubmit 事件处理程序或事件侦听器来调用某个函数来校验表单数据的有效性，这一过程称为**表单处理**。Web 开发人员可以校验全部表单输入、部分输入或者一个输入。下面列出了一些可以校验的内容：

- 必填项，如姓名和 E-mail 地址

- 已勾选了一个复选框，表示同意许可协议
- 已选定了一个单选钮，指定付款方式或送货方式
- 输入的是数值，且在有效范围内

点击提交按钮，onsubmit 事件处理程序就调用函数，对必要的表单控件输入内容进行校验，看它们的值是否有效。然后，校验函数确认数据有效(true)或无效(false)。如果有效，就将表单内容提交给由表单 action 属性指定的 URL。如果无效，表单不会提交，还要向用户显示错误提示。和函数声明以及 onsubmit 事件处理相关的网页代码整体结构如下：

```
... 开始网页的 HTML 代码 ...
function validateForm()
{
   ... 校验表单数据的 JavaScript 命令放到这里 ...
   if 表单数据有效
      返回 true
   else
      返回 false
}
... HTML 代码继续 ...
<form method="post" action="URL" onsubmit="return validateForm();">
   ... 表单控件放在这里 ...
   <input type="submit" value="submit form" />
</form>
... HTML 代码继续 ...
```

这里使用的函数运用了一些新概念。函数既可以包含一组语句，也可以向调用它的地方返回一个值，这称为"返回值"。JavaScript 用关键字 return 表示返回某个值。在前面的例子中，如果数据有效，则返回值 true，如果数据没有通过有效性校验，函数将返回 false。注意，onsubmit 事件处理程序也包含关键字 return，它的工作方式是这样的：如果 validateForm()函数返回 true 值，那么 onsubmit 事件处理程序就变成 return true，表单被提交。如果 validateForm()返回 false，那么 onsubmit 事件处理程序就变成 return false，表单不被提交。函数返回一个值后会结束运行，无论函数里面是否还有剩余语句。

 动手实作 14.9 ————————————————————————————

本动手实作将创建一个表单来输入姓名和年龄，用 JavaScript 校验数据，确保已填写了姓名输入框，而且年龄是 18 岁或以上。如姓名输入框中什么也没有，就显示一条警告消息，提示用户输入姓名。如输入的年龄小于 18 岁，则显示另一条消息，提示输入 18 或大于 18 的年龄。如所有数据都有效，就显示一条消息，指出数据有效并准备

提交表单。

首先创建表单。在文本编辑器中输入以下 HTML。注意，onsubmit 事件处理程序
已在<form>标记中嵌入，所调用函数的 JavaScript 代码稍后添加。另外，我们用 CSS
实现对齐，并在表单控件周围留空。

```
<!DOCTYPE html>
<html lang="en">
<head>
    <title>JavaScript Practice</title>
    <meta charset="utf-8">
<style>
input { display: block;
    margin-bottom: 1em;
}
label { float: left;
    width: 5em;
    padding-right: 1em;
    text-align: right;
}
input[type="submit"] { margin-left: 7em; }
</style>
</head>
<body>
<h1>JavaScript Form Handling</h1>
<form method="post"
    action="https://webdevbasics.net/scripts/demo.php"
    onsubmit="return validateForm();">
<label for="userName">Name: </label>
<input type="text" name="userName" id="userName">
<label for="userAge">Age: </label>
<input type="text" name="userAge" id="userAge">
<input type="submit" value="Send information">
</form>
</body>
</html>
```

将文件保存为 form.html 并在浏览器中测试，如图 14.16 所示。

图 14.16　浏览器显示的 form.html

点击提交按钮，不管有没有输入都会被提交。目前尚未编码 validateForm()函数，所以表单会直接提交。

访问表单的输入要费一些周折。表单是文档对象的属性，每个表单控件又是表单对象的属性，而表单元素的属性可以是一个值。所以，访问输入框内容的 HTML 代码形如：

```
document.forms[0].inputbox_name.value
```

forms[0]代表要使用的表单。一个 HTML 文档可能包含多个表单。注意，不要漏写 forms[0]中的那个 s。第一个表单是 forms[0]。我们用 document.forms[0].userAge.value 来访问 userAge 输入框中的值。的确，光念起来就很绕口了。

另外要注意，true 和 false 这两个值不需要放到引号中。这点很重要，因为 true 和 false 不是字符串，它们是 JavaScript 保留字或关键字，代表特殊值。加上引号就变成了字符串，函数也就无法正常工作了。

先添加校验年龄的代码。编辑 form.html，在 head 区域的结束标记</head>前面添加以下 script 代码块：

```
<script>
function validateForm() {
if (document.forms[0].userAge.value < 18) {
    alert ("Age is less than 18. You are not an adult.");
    return false;
} // end if
alert ("Age is valid.");
return true;
} // end function validateForm
</script>
```

validateForm()函数检查 userAge 输入框中的年龄值。小于 18 将弹出一个警告框，而且函数在返回 false 值后结束执行。onsubmit 事件处理程序变为 return false，表单不被提交。如果值为 18 或更大，if 结构中的语句就被跳过，转而执行 alert("Age is valid.");。用户点击消息框中的 OK 按钮后，语句 return true;将被执行，而 onsubmit 事件处理程序将变为 return true;，于是表单会被提交。下面来试验一下。

在 userAge 框中输入小于 18 的数值，点击提交按钮，如果表单马上被提交了，表明 JavaScript 代码存在错误，请打开 Firefox 的 Web 控制台来检查。图 14.17 显示了点击提交按钮后弹出的警告消息。

重新输入大于等于 18 的数值。点击提交按钮。图 14.18 显示了不同的消息框以及表单提交后的结果页面。

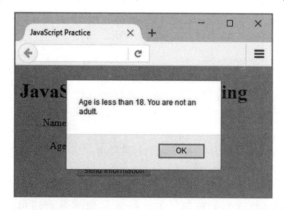

图 14.17　浏览器显示的 form.html，输入小于 18 的年龄值将弹出警告消息

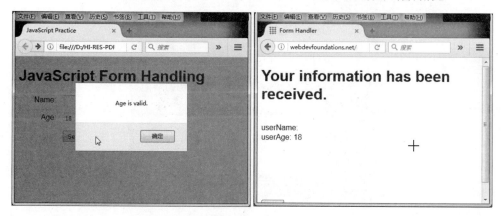

图 14.18　输入大于等于 18 的年龄值会报告年龄有效；右图是表单提交后的结果页面

　　现在添加另一个 if 语句来校验姓名。为了确保 userName 输入框中输入了文本，我们需要检查输入框的值是否为空。空字符串(无字符)用连续两个双引号("")或两个单引号('')来表示，其间没有空格或任何其他字符。可将 userName 文本框的值与空字符串比较。如果 userName 的值等于空字符串，就知道用户没有输入任何信息。本例每次只发送一条错误信息。如果用户既没有在 userName 框里输入，也没有在 userAge 框里输入合适的值，也只能看到关于 userName 的报错信息。填写姓名并重新提交后，才能看到关于 userAge 的报错信息。虽然这是非常基础的一个例子，但还是能说明表单处理的原理。更复杂的表单处理能校验每个表单字段，而且每次提交表单都能一次性指出全部错误。

　　下面添加对 userName 的数据进行校验的代码。编辑 form.html 并修改 script 代码块。注意，if 语句中的连续两个等号代表"测试相等性"。

```
<script>
function validateForm() {
```

```
if (document.forms[0].userName.value == "") {
    alert("Name field cannot be empty.");
    return false;
} // end if
if (document.forms[0].userAge.value < 18) {
    alert("Age is less than 18. You are not an adult.");
    return false;
} // end if
alert("Name and age are valid.");
return true;
} // end function validateForm
</script>
```

保存文件并刷新浏览器中的页面。不要输入任何信息直接单击提交按钮。图 14.19
显示了此时弹出的警告消息。

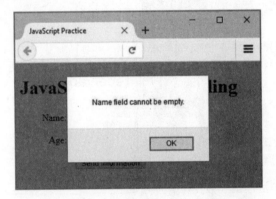

图 14.19　两个框没有输入就提交表单，会弹出警告消息

单击 OK 按钮，在 Name 框中输入一些文本，重新提交表单。图 14.20 显示了 Name
框中所输入的数据以及由于年龄校验未通过而弹出的警告消息。年龄框中没有输入年
龄，这被解读为 0。

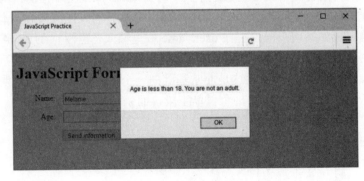

图 14.20　Name 框中有输入，但 age 框没有，提交时会弹出警告

单击 OK，输入大于等于 18 的年龄值并再次提交。图 14.21 显示了在 Name 和 Age 框中输入有效数据并提交后显示的消息。右图是数据通过验证并成功提交之后的结果页面。将你的作品与 chapter14/14.9/form.html 比较。

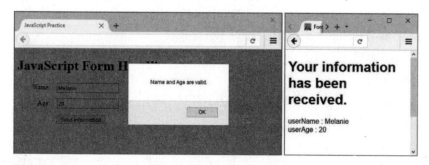

图 14.21　左图是 Name 和 Age 框中的值均有效时弹出的消息，右图是提交后的结果页面

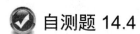 自测题 14.4

1. "表单数据校验"是什么意思？
2. 给出表单数据可能需要校验的三个例子。
3. 某 HTML 文档包含以下<form>标记：

```
<form method="post"
action="https://webdevbasics.net/scripts/demo.php"
onsubmit="return validateForm();">
```

用户点击提交按钮时会发生什么？

 无障碍与 JavaScript

JavaScript 增强了网页的交互性与功能，这确实令人激动。但请记住，访问者可能禁用了 JavaScript、可能无法看到视觉效果或者可能无法操作鼠标。WCAG 2.1 和 Section 508 要求即使访问的浏览器不支持 JavaScript，网站仍然能维持基本功能。如采用 JavaScript 处理导航栏的鼠标事件，应同时提供不要求鼠标、而且屏幕朗读器能轻松访问的纯文本导航栏。如采用 JavaScript 进行表单校验，要为行动不便的人留下电子邮件地址，让他们能及时联系以获取帮助。

JavaScript 资源

本章讨论的只是 JavaScript 在网站开发应用中的一点皮毛，要更深入地学习这门技术，可以参考下面列出的在线资源：

- JavaScript Tutorial: https://www.w3schools.com/JavaScript
- JavaScript Tutorial: http://echoecho.com/javascript.htm
- Mozilla Developer Network JavaScript Reference: https://developer.mozilla.org/cn-US/docs/Web/JavaScript/Reference
- Mozilla Developer Network JavaScript Guide: https://developer.mozilla.org/en-US/docs/Web/JavaScript/Guide

14.2　jQuery 概述

许多网站都在用 jQuery 提供互动性与动态效果。jQuery 是一个免费、开源的 JavaScript 库，由 John Resig 于 2006 年开发，初衷是简化客户端脚本编程。jQuery 基金会(jQuery Foundation)是一家志愿者组织，旨在推动 jQuery 的持续发展并提供 jQuery 文档(http://api.jquery.com)。

那么，究竟能用 jQuery 做什么？jQuery API 和 JavaScript 协作，方便我们动态操纵元素的 CSS 属性、检测和响应事件(如鼠标移动)以及实现元素的动画效果(如实现幻灯片)。不仅如此，jQuery 库已通过彻底测试，兼容当前所有主流浏览器。许多 Web 开发人员和设计师发现，比起自己尝试编写并测试复杂的 JavaScript 交互代码，学习并使用 jQuery 要容易得多。当然，使用 jQuery 时还是需要有一定的 JavaScript 基础。

在网页中添加 jQuery

jQuery 库存储在扩展名为.js 的一个 JavaScript 文件中。访问 jQuery 库的方法有两种。既可下载 jQuery JavaScript 库文件并将其保存到本地硬盘，也可通过内容分发网络(CDN)联机访问某个版本的 jQuery JavaScript 库文件。

下载 jQuery

访问 http://jquery.com/download 来下载其中一个 jQuery 库.js 文件。有多个版本的 jQuery 可供选择。以 3.5.1 版本为例，右击 "Download the compressed, production jQuery 3.5.1"，将链接另存为你的网站文件夹中的 jquery-3.4.1.min.JavaScript。然后，在网页的 head 区域编码以下 script 标记使 jQuery 准备就绪：

```
<script src="jquery-3.5.1.min.js"></script>
```

通过 CDN 访问 jQuery

Google，Microsoft，Amazon 和 Media Temple 都创建了免费的内容分发网络(CDN)存储库，用于保存常用代码和脚本(例如 jQuery)。无论你还是网页访问者，都不需要支

付使用 CDN 的费用。这样的一个优点是可以让你的网页加载速度更快，因为访问者的
浏览器以前可能访问过 CDN，已将文件保存到缓存。但使用 CDN 也有缺点，其中之
一就是在对网页进行编码和测试时，始终需要有实时的互联网连接。本章使用 Google
的 CDN。为了访问存储在 Google CDN 中的 jQuery 库，请在网页文档的 head 区域添
加以下 script 标记：

```
<script
src="https://ajax.googleapis.com/ajax/libs/jquery/3.5.1/jquery.min.js">
</script>
```

ready 事件

当网页的文档对象模型(DOM)被浏览器完全加载后，需向 jQuery 库发出通知。称
为 ready 事件的 jQuery 语句即用于此目的。 jQuery 语句由 jQuery 别名、选择符和方
法构成成，格式如下：

```
$(selector).method()
```

其中，jQuery 别名可以是文本"jQuery"或$字符。大多数人都选择$字符，因为
它更简短。选择符是 jQuery 要使用的 DOM 元素。方法是 jQuery 可以执行的操作。ready()
方法指定了浏览器在 DOM 被完全加载后要执行的代码。

在下面这个例子中，选择符是文档本身，所以 ready 事件的语法如下：

```
$(document).ready(function() {
    此处为你的 JavaScript 或其他 jQuery 语句
});
```

将 JavaScript 或其他 jQuery 语句放在 ready 事件中的起始行之后。例如，以下代码
在 DOM 向 jQuery 发出就绪通知后显示一个 alert 消息框：

```
$(document).ready(function() {
    alert("Ready for jQuery");
});
```

 ready 事件中的 function()部分是什么？

function()创建一个未命名的匿名函数，该函数定义一个代码块并兼具其他作用
(例如，限制在代码块中声明的变量的作用域)。这样可防止在使用多个代码库时发
生变量名冲突。

动手实作 14.10

下面练习使用 jQuery ready 事件。在文本编辑器中输入以下代码：

```
<!DOCTYPE html>
<html lang="en">
<head>
<title>JavaScript Practice</title>
<meta charset="utf-8">
<script
  src="https://ajax.googleapis.com/ajax/libs/jquery/3.5.1/jquery.min.js">
</script>
<script>
$(document).ready(function() {
    alert("Ready for jQuery");
});
</script>
</head>
<body>
<h1>Using jQuery</h1>
</body>
</html>
```

将文件保存为 ready.html 并在浏览器中测试。如果已经上网，CDN 中的 jQuery 库就能被访问，因此当浏览器加载完网页 DOM 时将显示消息框(图 14.22)。请将你的作品与 chapter14/14.10/ready.html 比较。

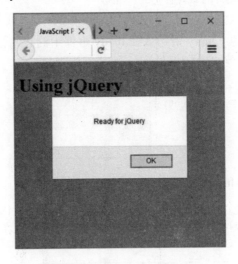

图 14.22   Ready for jQuery

jQuery 选择符

配置 jQuery 选择符以指定 jQuery 要作用于的 DOM 元素。有多种选择符，和我们在 CSS 中配置的选择符相似。通配选择符使 jQuery 作用于所有元素。也可指定类、id 或 html 元素选择符。另外，可向选择符应用像:first 和:odd 这样的筛选器。jQuery 选择符的完整列表请参考 http://api.jquery.com/category/selectors。表 14.5 列出了一些常用 jQuery 选择符及其用途。

表 14.5　常用 jQuery 选择符

选择符	用途
$('*')	通配符——选择所有元素
$('li')	HTML 元素选择符——选择所有的 li 元素
$('.myclass')	类选择符——选择所有分配给 myclass 类的元素
$('#myid')	id 选择符——选择了所有分配了 myid id 的元素
$('nav a')	HTML 元素选择符——选择所有包含在 nav 元素中的锚元素
$('#resources a')	id 选择符和 HTML 元素选择符——选择所有包含在 resources id 中的锚元素
$('li:first')	位置选择符——选择页面上某种类型的第一个元素
$('li:odd')	位置选择符——选择页面上所有处于奇数位置的 li 元素

jQuery 方法

配置一个 jQuery 方法对所选择的 DOM 元素执行操作。方法的种类较多，可用于处理 CSS、效果、事件、表单、遍历、数据、Ajax 以及操作。http://api.jquery.com 上的 jQuery 文档"浩如烟海"，搞清楚 jQuery 库所有可用的方法得大费一番功夫。表 14.6 列出了几个常用的。

表 14.6　常用 jQuery 方法

方法	用途
attr()	获取或设置所选元素的属性
click()	为 JavaScript click 事件绑定一个 jQuery 事件处理程序
css()	设置所选元素的 CSS 属性
fadeToggle()	切换淡入和淡出来实现所选元素的显示或隐藏
hover()	为 JavaScript onmouseover 事件绑定一个 jQuery 事件处理程序
html()	获取或设置所选元素的 HTML 内容
slideToggle()	切换滑动方向来实现所选元素的显示或隐藏
toggle()	显示或隐藏所选元素

先研究一下 css()和 click()方法。css()方法用于为选择符设置 CSS 属性，接受一对

表示 CSS 属性和值的字符串表达式。以下面的脚本为例(学生文件 chapter14/color.html)，它使用$('li')选择符以及 css()方法将网页中的所有 li 元素的 color 属性设为#FF0000(红色)。

```
$(document).ready(function(){
    $('li').css('color','#FF0000');
});
```

click()方法用于将所选元素的 JavaScript click 事件与 jQuery 的事件处理操作绑定或关联起来。jQuery 将在事件发生时执行事件处理程序。图 14.23 的网页(学生文件 chapter14/changeme.html)演示了 click 事件。click 事件已绑定到锚元素，在 click 事件触发时，其他每个 li 元素的文本颜色都会更改。脚本如下：

```
$(document).ready(function() {
$('a').click(function(){
    $('li:even').css('color','#006600');
    });
});
```

图 14.23　浏览器显示的 changeme.html；右图是点击 Click Me 后的结果页面

动手实作 14.11

学习 jQuery 最好的办法就是动手写代码。本动手实作将练习使用 click()和 toggle()方法。将配置 CSS 将 display 属性设为 none，使一个文本块在最初的时候隐藏。再用 jQuery 将 click 事件绑定到事件处理程序，后者调用 toggle()使文本块在显示和隐藏之间来回切换。在文本编辑器中输入以下代码。

```
<!DOCTYPE html>
<html lang="en">
<head>
<title>jQuery Toggle Practice</title>
```

```
<meta charset="utf-8">
<style>
#details { display: none; }
</style>
<script
src="http://ajax.googleapis.com/ajax/libs/jquery/1.10.1/jquery.min.js">
</script>
<script>
$(document).ready(function() {
    $('#more').click(function(){
        $('#details').toggle();
    });
});
</script>
</head>
<body>
<h1>jQuery</h1>
<p>Many websites, including Amazon and Google, use jQuery, to provide
interaction and dynamic effects on web pages. <a href="#"
id="more">More</a></p>
<div id="details"><p>The jQuery API (application programming
interface) works along with JavaScript and provides easy ways to
dynamically manipulate the CSS properties of elements, detect and
react to events (such as mouse movements), and animate elements on a
web page, such as image slideshows.</p>
</div>
</body>
</html>
```

　　将文件保存为 toggle.html 并在浏览器中打开。如图 14.24 所示，第二段文本一开始并未显示。点击“More”链接就能显示第二段。再次点击“More”，第二段又被隐藏了。“More”链接在这里作为一个开关使用，用于切换 id 为 details 的 div 的隐藏和显示状态。将你的作业与 chapter14/14.11/toggle.html 进行比较。

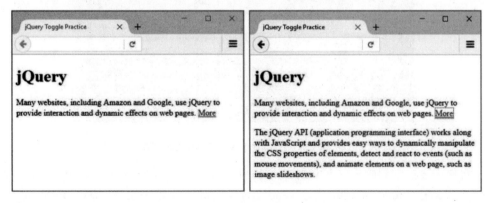

图 14.24　浏览器显示的 toggle.html ；右图是点击 More 后的结果页面

下面试验一下 fadeToggle() 和 slideToggle() 方法。可通过传递 "持续时间" 参数来控制这些方法的动画速度。有效参数值是'slow'、'fast'或者毫秒数。将 fadeToggle() 的持续时间配置为 1000 毫秒。在文本编辑器中编辑文件，将('#details').toggle();语句替换为以下语句：

```
$('#details').fadeToggle(1000);
```

在浏览器中测试。注意文本淡入效果。请自行为持续时间参数设置不同的值来试验。接着将 fadeToggle() 替换为 slideToggle() 方法，持续时间设为 slow，代码如下：

```
$('#details').slideToggle('slow');
```

在浏览器中测试。注意文本滑入效果。请自行为持续时间参数设置不同的值来试验。访问 http://api.jquery.com/fadeToggle 和 http://api.jquery.com/slideToggle 进一步了解这些方法。

jQuery 图片库

第 11 章用 CSS 创建了一个交互式图片库。下个动手实作将用 jQuery、JavaScript 和 CSS 来创建三个版本的图片库，每个都使用不同的交互方式(如图 14.25 所示)。

图 14.25　用 jQuery 实现交互的图片库

将使用之前学到的一些 jQuery 方法，包括 click()、css() 和 fadeToggle();还要探索新的 hover()、html() 和 attr() 方法。hover() 方法将所选元素的 jQuery mouseenter 和 mouseleave 事件与事件处理程序绑定或关联，从而对这些事件做出响应。jQuery 将在事件发生时执行事件处理程序。

html()方法动态配置 HTML 元素的内容。将用 html()来更改 figcaption 元素中显示的文本。attr()方法配置 HTML 属性的值。将用 attr()方法更改大图的 src 和 alt 属性。

动手实作 14.12

新建 gallery14 文件夹，将 chapter14/starters/gallery 文件夹中的所有图片复制到此。在文本编辑器中打开 chapter14/template.html，像下面这样编辑。

1. 将 h1 和 title 中的文本修改为 "Image Gallery"。

2. 添加一个 div，分配 gallery id。该 div 由一个无序列表和一个 figure 元素构成。无序列表包含缩略图链接。figure 元素包含大图和一个 figcaption(图题)元素。

3. 配置 div 元素中的无序列表。编码 6 个 li 元素，每张缩略图对应一个。缩略图作为图片链接使用。每个锚标记都用描述性文本设置 title 属性。第一个 li 元素的示例代码如下：

```
<li>
<a href="photo1.jpg" title="Golden Gate Bridge"><img
src="photo1thumb.jpg" width="100" height="75" alt="Golden
Gate Bridge"></a>
</li>
```

4. 以类似方式配置其余 5 个 li 元素。href 和 src 的值要用实际的图片文件名来代替。为每张图片配上说明文本。第二个 li 元素用的是 photo2.jpg 和 photo2thumb.jpg，第三个 li 元素用的是 photo3.jpg 和 photo3thumb.jpg……以此类推。将文件另存为 gallery14 文件夹中的 index.html。

5. 在 div 的无序列表下方添加一个 figure 元素。该 figure 元素将包含一个 img 标记，用于显示 photo1.jpg 以及一个内容为 "Golden Gate Bridge" 的 figcaption 元素。

6. 在文档的 head 区域添加 style 元素，像下面这样配置嵌入 CSS。

- 配置 body 元素选择符：深色背景(#333333)，浅灰色文本(#eaeaea)。
- 配置 gallery id 选择符：宽度为 800px。
- 配置#gallery 中的无序列表：宽度为 300 像素，无列表符号，左侧浮动。
- 配置#gallery 中的列表项元素：内联显示，左侧浮动，16 像素填充。
- 配置#gallery 中的 img 元素：无边框。
- 配置 figure 元素选择符：30 像素顶部填充，文本居中。
- 配置 figcaption 元素选择符：字体加粗，字号为 1.5em。

7. 在文档的 head 区域添加另一个 script 元素以访问 Google jQuery CDN。

```
<script
  src="https://ajax.googleapis.com/ajax/libs/jquery/3.5.1/jquery.min.js">
```

```
</script>
```

8. 在文本的 head 区域写 jQuery 和 JavaScript 语句，实现当鼠标移到缩略图链接上方时显示相应的大图及描述。

- 编码 script 标记来包含 jQuery ready 事件：

```
<script>
$(document).ready(function(){

});
</script>
```

- 在 ready 事件中添加下列代码，检测#gallery div 中的锚元素上的 hover 事件。

```
$('#gallery a').hover(function(){

});
```

- 在 hover 方法的函数主体中添加以下 JavaScript 语句，将来自锚标记中的 href 和 tile 值存入变量。JavaScript 关键字 this 表示后面是当前选择符的属性。

```
var galleryHref = $(this).attr('href');
var galleryAlt = $(this).attr('title');
```

- 用 jQuery attr()方法设置大图的 src 和 alt 属性。在变量赋值下方添加以下语句：

```
$('figure img').attr({ src: galleryHref, alt: galleryAlt });
```

- 用 jQuery html()方法修改 figcaption 元素显示的文本。在 attr()语句下方添加以下语句：

```
$('figcaption').html(galleryAlt);
```

- 完整 jQuery 代码块如下所示：

```
<script>
$(document).ready(function(){
    $('#gallery a').hover(function(){
        var galleryHref = $(this).attr('href');
        var galleryAlt = $(this).attr('title');
    $('figure img').attr({ src: galleryHref, alt: galleryAlt });
        $('figcaption').html(galleryAlt);
    });
});
</script>
```

9. 将文件另存为 hover.html 并测试。鼠标放到某个图片链接上时会自动显示大图。将你的作业与 chapter14/14.12/hover.html 比较。

10. 接着创建图库的另一个版本，点击某个缩略图而不是将鼠标悬停在上方时才显示大图和描述。用文本编辑器打开 hover.html，另存为 click.html。修改 jQuery 代码。将 hover 改为 click。超链接默认在新窗口中打开大图。我们不希望这样，因此在 html() 方法后加上 return false;语句。现在，完整 jQuery 代码块如下所示：

```
<script>
$(document).ready(function(){
    $('#gallery a').click(function(){
        var galleryHref = $(this).attr('href');
        var galleryAlt = $(this).attr('title');
        $('figure img').attr({ src: galleryHref, alt: galleryAlt });
        $('figcaption').html(galleryAlt);
        return false;
    });
});
</script>
```

11. 保存文件并测试。点击图片链接将出现大图。将你的作品与 chapter14/14.12/click.html 比较。

12. 继续修改图库的 jQuery 交互功能，利用 fadeToggle()方法来显隐所选元素。为强制 fadeToggle()方法总是在点击某个缩略图后以淡入方式显示大图，需在调用 fadeToggle()前隐藏 figure 元素。用文本编辑器打开 click.html 并另存为 toggle.html，在 jQuery 代码块中添加两个新语句，如下所示：

```
<script>
$(document).ready(function(){
    $('#gallery a').click(function(){
        var galleryHref = $(this).attr('href');
        var galleryAlt = $(this).attr('title');
        $('figure').css('display','none');
        $('figure img').attr({ src: galleryHref, alt: galleryAlt });
        $('figcaption').html(galleryAlt);
        $('figure').fadeToggle(1000);
        return false;
    });
});
</script>
```

13. 保存文件并测试。点击某个缩略图链接时，大图区域首先会短暂地变成黑色，然后新图淡入。请自行为持续时间参数设置不同的值来试验。将你的作品与 chapter14/14.12/toggle.html 比较。

jQuery 插件

jQuery 是开源的，旨在通过众人拾柴得到不断的增强和扩展。有经验的 Web 开发人员可以创建新的 jQuery 方法，并构建用于扩展 jQuery 功能的插件。有很多 jQuery 插件可供选择，它们提供了幻灯片、工具提示、表单校验等交互功能。请访问 jQuery 插件库(http://plugins.jquery.com/)查看完整列表，也可在网上搜索 jQuery 插件。

遇上今后可能要用到的插件时，请先检查插件文档，其中包含插件用法和用途的说明，而且经常会提供插件的使用示例。查看文档来确认它是否与自己正在使用的 jQuery 版本兼容。请核实插件的使用许可条款，许多插件都采用 MIT 许可证(https://opensource.org/l icenses/MIT)，可免费使用和分发，无论是否商业用途。

另外还可以在网上搜索一下，看看其他人对这个插件有什么评论，有没有提出什么问题。如果很多人都觉得使用这个插件很费劲，你可能得另外再选一个不同的！下个动手实作将练习使用两个流行的 jQuery 插件。

🖐 动手实作 14.13

本动手实作将创建如图 14.26 所示的网页，用 jQuery 插件 fotorama(https://fotorama.io)来配置幻灯片(图片轮播)。

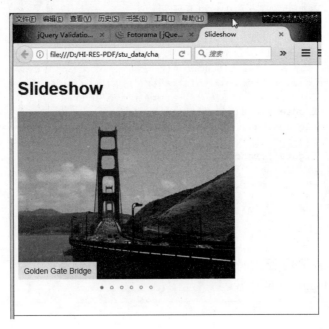

图 14.26   用 jQuery 插件实现幻灯片

新建 slideshow 文件夹，从 chapter14/starters/gallery 复制以下图片：photo1.jpg，photo2.jpg，photo3.jpg，photo4.jpg，photo5.jpg 和 photo6.jpg。在文本编辑器中编辑 chapter14/template.html。

1. 将 h1 和 title 中的文本修改为"Slideshow"。

2. 在 h1 元素下方编码一个 div，将其分配给名为 fotorama 的类。幻灯片默认并不会自动播放。插件文档规定要为 fotorama div 元素配置 data-autoplay="true"属性才能实现自动播放。像下面这样编码起始 div 标记：

```
<div class="fotorama" data-autoplay="true">
```

3. 在 div 中为每张照片添加一个 img 标记，alt 和 data-caption 属性都要配置图片的描述文本。插件要求用 data-caption 属性显示幻灯片中每张图片的图题。以第一个 img 元素为例，其代码如下：

```
<img src="photo1.jpg" data-caption="Golden Gate Bridge"
alt="Golden Gate Bridge">
```

以类似方式配置其余各张图片。

4. 在文档的 head 区域编码以下 link 标记以访问 fotorama 插件所需的 CSS。

```
<link
href="https://cdnjs.cloudflare.com/ajax/libs/fotorama/4.6.4/fotorama.css"
rel="stylesheet">
```

5. 在文档的 head 区域编码以下 script 元素以访问 jQuery 库。

```
<script
src="https://ajax.googleapis.com/ajax/libs/jquery/3.5.1/jquery.min.js">
</script>
```

6. 在文档的 head 区域编码以下 script 元素以访问 fotorama 库。

```
<script src=
"https://cdnjs.cloudflare.com/ajax/libs/fotorama/4.6.4/fotorama.js">
</script>
```

7. 就这么简单！将文件另存为 slideshow 文件夹中的 index.html 并测试。幻灯片将自动播放。鼠标放到图片上方会显示图片切换箭头，点击箭头即可直接切换。将你的作品与 chapter14/14.13/index.html 比较。

动手实作 14.14

本动手实作练习使用 jQuery validation 插件(https://jqueryvalidation.org)实现基本表单校验。插件文档还列出了更多功能。例如，配置表单控件时(以 inpout 元素为例)，只需按文档的说明为它分配一个特定类名，插件就能自动执行相应的编辑。此外，插件会将它生成的报错消息分配给名为 error 的类。表 14.7 列出了插件为数据校验提供的部分类名。

表 14.7   jQuery validate 插件所支持的类名与相应的动作

类名	动作
required	确认数据有否输入
email	确认数据是否为电子邮件格式
digits	确认数据是否为一个正整数
url	确认数据是否为 url 格式

先创建一个名为 jform 的文件夹，完成后的页面如图 14.27 所示。用文本编辑器打开 chapter14/formstarter.html，并像下面这样修改。

图 14.27   Newsletter 注册表单

1. 编辑报错消息的样式。编辑嵌入 CSS，为名为 error 的类配置样式：1em 左边距，将文本设为红色、斜体、0.90em 字号，Arial 或默认 sans-serif 字体：

```
.error { font-family: Arial, sans-serif;
         font-style: italic; font-size: .90em;
         color: #FF0000; margin-left: 1em; }
```

2. 在文档的 head 区域添以下 script 元素以访问 jQuery 库：

```
<script
src="https://ajax.googleapis.com/ajax/libs/jquery/3.5.1/jquery.min.js">
</script>
```

3. 在文档的 head 区域编码以下 script 元素以访问 validate 插件：

```
<script src=
"https://cdnjs.cloudflare.com/ajax/libs/jquery-validate/1.19.0/
jquery.validate.js">
</script>
```

4. 在文档的 head 区域编码 script 标记、jQuery ready 事件和一个 jQuery 语句以调用表单校验：

```
<script>
$(document).ready(function(){
    $('form').validate();
    });
</script>
```

5. 编辑 HTML 代码来配置表单校验。Name 是必填项。电子邮件地址也是必填项，且必须是有效电子邮件格式。

• 为 Name 文本框的 input 标记配置 class="required"。
• 为电子邮件文本框的 input 标记配置 class="required email"。

6. 将文件另存为 jform 文件夹中的 index.html 并测试。试着不输入任何信息就点击 Sign Up。jQuery validation 插件检查输入是否有误，显示两则报错消息，如图 14.28 所示。

图 14.28　jQuery validate 插件报错

7. 接着在两个文本框中均输入一些内容，但输入格式不正确的电邮地址。jQuery validation 插件将显示一则报错消息，如图 14.29 所示。

8. 最后，填写正确的信息并提交表单。所有必填项均通过验证后，浏览器将表单信息发送到表单 action 属性所指定的服务器端脚本，将看到确认页面。将你的作品与 chapter14/14.14/index.html 比较。

图 14.29   jQuery validate 插件提示电子邮件格式错误

jQuery 资源

本章只是简单介绍了 jQuery，它的许多强大功能还有待我们进一步探索。以下资源可帮助你更深入地学习 jQuery：

- jQuery
  http://jquery.com
- jQuery Documentation
  http://docs.jquery.com
- How jQuery Works
  http://learn.jquery.com/about-jquery/how-jquery-works
- jQuery Fundamentals
  http://jqfundamentals.com/chapter/jquery-basics
- jQuery Tutorials for Web Designers
  https://webdesignerwall.com/tutorials/jquery-tutorials-for-designers

✅ 自测题 14.5

1. 说明两种获取 jQuery 库的方法。
2. 解释 css()方法的用途。
3. 解释 ready 事件的用途。

小结

本章介绍了 JavaScript 客户端脚本语言在网页中的应用，介绍了如何在网页中嵌入脚本代码块、显示警告消息、使用事件处理程序和校验表单。请浏览本书网站(https://www.webdevfoundations.net)获取本章列举的例子、链接和更新信息。

关键术语

alert()	调用
attr()	jQuery
click()	jQuery 别名
css()	jQuery 方法
hover()	jQuery 选择符
html()	跳转菜单
fadeToggle()	方法
prompt()	mouseover
slideToggle()	空字符串
toggle()	对象
<script>	基于对象
write()	onclick
算术运算符	onload
大小写敏感	onmouseout
客户端编程	onmouseover
注释	onsubmit
比较运算符	插件
字符串连接	弹出窗口
内容分发网络(CDN)	ready 事件
调试	保留字
文档	脚本语言
事件	作用域
事件处理程序	服务器端处理
事件侦听器	字符串
表单处理	var
函数	变量
图片交换	window 对象

复习题

选择题

1. 以下哪个技术用于创建可重用的 JavaScript 代码？（　　）
   - A. 定义函数
   - B. 创建脚本代码块
   - C. 定义 if 语句
   - D. 使用 onclick 事件处理程序

2. 鼠标移到链接上方时，浏览器检测到哪种事件？（　　）
   - A. mouseon
   - B. mousehover
   - C. mouseover
   - D. mousedown

3. 鼠标从之前悬停的链接处移开，浏览器检测到哪种事件？（　　）
   - A. mouseoff
   - B. mouseout
   - C. mouseaway
   - D. mouseup

4. window 对象的哪个方法可用来向用户显示消息？（　　）
   - A. alert()
   - B. message()
   - C. status()
   - D. display()

5. 以下哪个语句将值 5 赋给变量 productCost？（　　）
   - A. productCost => 5;
   - B. productCost <= 5;
   - C. productCost == 5;
   - D. productCost = 5;

6. 若 if 语句使用 productCost > 5，以下哪个 productCost 值会造成条件求值为 true？（　　）
   - A. 4
   - B. 5
   - C. 5.1
   - D. 以上都不对

7. 关于 JavaScript 在网页上的用途，以下哪种说法是正确的？（　　）
   - A. 一种脚本编程语言
   - B. 一种标记语言
   - C. Java 的简化形式
   - D. 一种由 Microsoft 开发的语言

8. 访问表单中 userData 输入框内容的代码是(　　)。
   - A. document.forms[0].userData
   - B. document.forms[0].userData.value
   - C. document.forms[0].userData.contents
   - D. document.forms[0].userData.data

9. 以下什么代码在点击提交按钮时调用 isValid()函数？（　　）
   - A. <input type="text" onmouseout="isValid();">
   - B. <input type="submit" onsubmit="isValid();">
   - C. <form method="post" action="URL" onsubmit="return isValid();">
   - D. <form method="post" action="URL" onclick="return isValid();">

10. 在文档对象模型(DOM)中，网页文档被视为(　　)。
    - A.对象
    - B. 属性
    - C. 方法
    - D. 属性

11. jQuery 代码$('div')选择的是什么？（　　）
    - A. 分配了 div id 的元素
    - B. 所有 div 元素
    - C. 第一个 div 元素
    - D. 最后一个 div 元素

填空题

12. 用于检查相等性的比较操作符(运算符)是_____。

13. 用 jQuery 的＿＿＿＿＿＿方法配置 HTML 属性的值。

14. ＿＿＿＿＿＿对象默认存在，所以在引用其方法或属性时不需要写它的对象名前缀。

15. 浏览器完全加载网页的 DOM 后将触发 jQuery 的＿＿＿＿＿＿事件。

16. 表单中的按钮可以和＿＿＿＿＿＿事件处理程序配合，实现在点击按钮时运行一个脚本。

17. jQuery 是一个＿＿＿＿＿＿库。

18. 用 jQuery 的＿＿＿＿＿＿方法配置 CSS 样式。

简答题

16. 列举至少三种 JavaScript 的常见用途。

17. 解释当 JavaScript 代码不能正常运行时，应该如何进行调试。

应用题

1. 预测结果。基于以下代码，当用户点击按钮时会发生什么？

```
<!DOCTYPE html>
<html lang="en">
<head>
<title>JavaScript Practice</title>
<meta charset="utf-8">
<script>
function mystory() {
   alert('hello');
}
</script>
</head>
<body>
<h1>Using JavaScript</h1>
<button onclick="mystory()">Click Me</button>
</body>
</html>
```

2. 补全代码。以下网页将提示用户输入一首歌的名称并将歌名写入文档。缺失的代码用 "_" 表示，请补全缺失的代码。

```
<!DOCTYPE html>
<html lang="en">
<head>
<title>JavaScript Practice</title>
<meta charset="utf-8">
</head>
<body>
<h1>Using JavaScript</h1>
<script>
var userSong;
```

```
userSong = _("Please enter your favorite song title.");
document._(_);
</script>
</body>
</html>
```

3. 查找错误。以下网页原本的意图是：在浏览器中打开后，如果用户没有在 Name 输入框中输入任何数据，就显示一条错误消息。但它不能正常运行，而且不管输入框中有没有数据都会将表单提交出去。请更正代码中的错误，使得在输入框中没有数据的情况下拒绝提交表单。更正错误并说明你的修改过程。

```
<!DOCTYPE html>
<html lang="en">
<head>
<title>JavaScript Practice</title>
<meta charset="utf-8">
<script>
function validateForm() {
if (document.forms[0].userName.value == "" ) {
    aert("Name field cannot be empty.");
    return false;
} // end if
aert("Name and age are valid.");
return true;
} // end function validateForm
</script>
</head>
<body>
<h1>JavaScript Form Handling</h1>
<form method="post"
action="http://webdevbasics.net/scripts/demo.php"
    onsubmit="return validateUser();">
  <label>Name: <input type="text" name="userName"></label>
  <br>
  <input type="submit" value="Send information">
</form>
</body>
</html>
```

动手实作

1. 练习编写事件处理程序。
- 点击按钮时弹出消息"Welcome"，写相应的 HTML 标记和事件处理程序。

- 将鼠标移到某个文本超链接上时弹出消息"Welcome"，超链接的内容为"Hover for a welcome message"，写相应的 HTML 标记和事件处理程序。
- 将鼠标指针从某个文本超链接移开时弹出消息"Welcome"，超链接的内容为"Move your mouse pointer here for a welcome message"，写相应的 HTML 标记和事件处理程序。

2. 练习编写 jQuery 选择符。

- 写 jQuery 选择符来选择 main 元素中的全部锚标记。
- 写 jQuery 选择符来选择中的第一个 div。

3. 创建网页，弹出消息来欢迎到访人士。在 head 区域用一个脚本代码块来完成任务。

4. 创建网页，提示用户输入姓名和年龄，弹出消息来包含用户输入的信息。使用 prompt()方法和变量来完成任务。

5. 创建网页，提示用户输入一种颜色名称。将文本"This is your favorite color!"设为这种颜色。文档对象的 fgColor 属性可更改网页中所有文本的颜色。用 fgColor 属性来完成任务。

6. 继续动手实作 14.9 的练习。添加文本框来输入用户所在城市。提交表单时要确保该字段不为空。如果为空，要弹出适当的消息而且不提交。如果该字段不为空，且别的字段数据均有效，则提交表单。

7. 参考动手实践 14.12 来创建一个图片库网页，素材为你喜欢的照片。记得先针对 Web 显示优化照片。

8. 参考动手实践 14.13 来创建一个幻灯片网页，素材为你喜欢的照片。记得先针对 Web 显示优化照片。如果 jQuery 插件因某些原因不可用，请搜索并使用替代的 jQuery 幻灯片(轮播)插件。

网上研究

1. 以本章列举的资源为起点，同时在网上搜索其他 JavaScript 资源。创建一个网页，列出至少 5 个实用的资源网站并分别写一段简介。用列表来组织网页，列出网站名称、URL、内容简介和一个推荐页面(如教程、免费脚本等)。将个人的姓名添加到电子邮件链接中。

2. 以本章列举的资源为起点，同时在网上搜索其他 JavaScript 资源。找一个 JavaScript 教程或免费下载资源。创建一个网页来实际运用找到的代码或下载的资源。说明这些资源的效果，并列出它的 URL。将你的姓名添加到电子邮件链接中。

3. 以本章列举的资源为起点，同时在网上搜索其他 JavaScript 资源。找一个你觉得很有意思或很有用的 jQuery 插件。创建网页来运用该插件，说明其用途，并列出插件文档的 URL。将你的姓名添加到电子邮件链接中。

网站案例学习：添加 JavaScript

以下每个案例学习都贯穿本书的绝大部分。本章将为每个案例学习的部分网页添加 JavaScript。

案例 1：咖啡屋 JavaJam Coffee Bar

请参见第 2 章了解 JavaJam Coffee Bar 的概况。图 2.32 是 JavaJam 网站的站点地图。本案例学习。之前各章已创建好了所有网页。具体有三个任务。

1. 为 JavaJam 案例学习新建文件夹。

2. 在主页(index.html)底部添加该页面的最后一次修改日期。

3. 为菜单页(menu.html)添加一条 alert 消息。

任务 1：网站文件夹。新建文件夹 javajam14，从第 9 章创建的 javajam9 文件夹复制所有文件。

任务 2：在主页上添加日期。用文本编辑器打开 index.html。准备在页面底部添加文档最后一次修改日期。既可使用 JavaScript，也可使用 jQuery 来完成任务，

选择 1：使用 JavaScript。像下面这样修改网页。

- 在页脚区域的电子邮件链接后面添加一个 div，在其中包含一个脚本代码块来显示文本 "This page was last modified on:"。

- 用 document.lastModified 属性打印日期。

保存并测试网页。应该能在页脚区域的电子邮件链接后看到新信息。

选择 2：使用 JavaScript 和 jQuery。像下面这样修改网页。

- 在页脚区域的电子邮件链接后面添加一个 div。

- 在 head 区域添加 script 标记以访问某个 jQuery CDN。

- 编码 jQuery 脚本代码块来包含 ready 事件，并利用 html()方法在刚才新建的 div 中显示"This page was last modified on:" 以及 document.lastModified 属性值。

保存并测试网页。应该能在页脚区域的电子邮件链接后看到新信息。

任务 3：在菜单页弹出消息。用文本编辑器打开 menu.html。将添加 JavaScript 代码，当鼠标移到"Mug Club"上时弹出一个消息框来显示"JavaJam Mug Club Members get a 10% discount on each cup of coffee!"。

既可使用 JavaScript，也可使用 jQuery 来完成任务，

选择 1：使用 JavaScript。像下面这样修改网页。

在第一个段落中添加超链接并嵌入 onmouseover 事件处理程序，如下所示：

```
<a href="#" onmouseover=
"alert('JavaJam Mug Club Members get a 10% discount on each cup of coffee!');">Mug
Club</a>
```

保存并测试网页。图 14.30 展示了鼠标移到超链接文本上时弹出的消息框。

选择 2：使用 JavaScript 和 jQuery。像下面这样修改网页。

- 在段落中将文本"Mug Club"配置为超链接。

- 将锚标记的 href 属性值设为#。

- 在 head 区域添加 script 标记以访问某个 jQuery CDN。

- 编码 jQuery 脚本代码块来包含 ready 事件，

- 编码一个 jQuery 语句来侦听 main 元素中的锚标记上的鼠标 hover 事件。写 JavaScript 代码在事件发生时弹出消息框来显示"JavaJam Mug Club Members get a 10% discount on each cup of coffee!"。

保存并测试网页。图 14.30 展示了鼠标移到超链接文本上时弹出的消息框。

图 14.30　JavaJam 菜单页，鼠标移到链接上时弹出消息框

案例 2：宠物医院 Fish Creek Animal Clinic

请参见第 2 章了解 Fish Creek Animal Clinic 的概况。图 2.36 是 Fish Creek 网站的站点地图。之前各章已创建好了所有网页。具体有三个任务。

1. 为 Fish Creek 案例学习新建文件夹。

2. 在主页(index.html)底部添加该页面的最后一次修改日期。

3. 为兽医咨询页(askvet.html)添加一条 alert 消息。

任务 1：网站文件夹。新建文件夹 fishcreek14，从第 9 章创建的 fishcreek9 文件夹中复制所有文件。

任务 2：在主页上添加日期。用文本编辑器打开 index.html。准备在页面底部添加文档最后一次修改日期。既可使用 JavaScript，也可使用 jQuery 来完成任务。

选择 1：使用 **JavaScript**。像下面这样修改网页。

- 在页脚区域的电子邮件链接后面添加一个 div，在其中包含一个脚本代码块来显示文本 "This page was last modified on:"。

- 用 document.lastModified 属性打印日期。

保存并测试网页。应该能在页脚区域的电子邮件链接后看到新信息。

选择 2：使用 **JavaScript** 和 **jQuery**。像下面这样修改网页。

- 在页脚区域的电子邮件链接后面添加一个 div。

- 在 head 区域添加 script 标记以访问某个 jQuery CDN。

- 编码 jQuery 脚本代码块来包含 ready 事件，并利用 html()方法在刚才新建的 div 中显示"This page was last modified on:" 以及 document.lastModified 属性值。

保存并测试网页。应该能在页脚区域的电子邮件链接后看到新信息。

任务 3：在兽医咨询页弹出消息。用文本编辑器打开 askvet.html。将添加 JavaScript 代码，在浏览器加载网页时弹出消息框。

既可用 JavaScript，也可用 jQuery 来完成任务。

选择 1：使用 JavaScript。

像下面这样修改 body 标记：

`<body onload="alert('Send in your question to Ask the Vet and receive a 10% discount');">`

网页及其所有资源在浏览器中加载完毕后将发生 load 事件。本例通过 onload 事件处理程序来弹出消息框。保存并测试网页，结果如图 14.31 所示。

选择 2：使用 JavaScript 和 jQuery。像下面这样修改网页：

- 在 head 区域添加 script 标记以访问某个 jQuery CDN。
- 编码 jQuery 脚本代码块来包含 ready 事件，在 ready 事件中编写代码来弹出消息框以显示"Send in your question to Ask the Vet and receive a 10% discount"。

保存并测试网页，结果如图 14.31 所示。

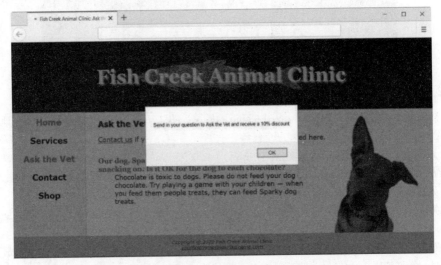

图 14.31   Fish Creek 宠物医院的"兽医咨询页"

案例 3：度假村 Pacific Trails Resort

本案例学习以第 6 章创建的 Pacific Trails Resort 网站为基础。图 2.40 是网站的站点地图。之前各章已创建好了所有网页。具体有三个任务。

1. 为 Pacific Trails 案例学习新建文件夹。

2. 为 Yurts(帐篷)页(yurts.html)添加一条 alert 消息。

3. 在主页(index.html)底部添加该页面的最后一次修改日期。

任务 1：网站文件夹。新建文件夹 pacific14，从第 9 章创建的 pacific9 文件夹复制所有文件。

任务 2：在帐篷页弹出消息。用文本编辑器打开 yurts.html。将添加 JavaScript 代码，在浏览器加载网页时弹出消息框。

既可使用 JavaScript，也可使用 jQuery 来完成任务，

选择 1：使用 JavaScript。

像下面这样修改 body 标记：

```
<body onload="alert('Today only - 10% off on a weekend - coupon code ZenTen');">
```

网页及其所有资源在浏览器中加载完毕后将发生 load 事件。本例通过 onload 事件处理程序来弹出消息框。保存并测试网页，结果如图 14.32 所示。

选择 2：使用 JavaScript 和 jQuery。 像下面这样修改网页。

- 在 head 区域添加 script 标记以访问某个 jQuery CDN。
- 编码 jQuery 脚本代码块来包含 ready 事件，在 ready 事件中编写代码来弹出消息框以显示"Today only—10% off on a weekend—coupon code ZenTen"。

保存并测试网页，结果如图 14.32 所示。

图 14.32　帐篷页(yurts.html)加载完毕后弹出消息框

任务 3： 在主页上添加日期。用文本编辑器打开 index.html。准备在页面底部添加文档最后一次修改日期。既可使用 JavaScript，也可使用 jQuery 来完成任务，

选择 1：使用 JavaScript。像下面这样修改网页。

- 在页脚区域的电子邮件链接后面添加一个 div，在其中包含一个脚本代码块来显示文本"This page was last modified on:"。
- 用 document.lastModified 属性打印日期。

保存并测试网页。应该能在页脚区域的电子邮件链接后看到新信息。

选择 2：使用 JavaScript 和 jQuery。 像下面这样修改网页。

- 在页脚区域的电子邮件链接后面添加一个 div。
- 在 head 区域添加 script 标记以访问某个 jQuery CDN。
- 编码 jQuery 脚本代码块来包含 ready 事件，并利用 html()方法在刚才新建的 div 中显示"This page was last modified on:" 以及 document.lastModified 属性值。

保存并测试网页。应该能在页脚区域的电子邮件链接后看到新信息。

案例 4: 瑜珈馆 Path of Light Yoga Studio

请参见第 2 章了解 Path of Light Yoga Studio 的概况。图 2.44 是网站的站点地图。之前各章已创建好了所有网页。具体有三个任务。

1. 为本案例学习新建文件夹。

2. 在课表页(schedule.html)底部添加该页面的最后一次修改日期。

3. 为课程页(classes.html)添加一条 alert 消息。

任务 1: 网站文件夹。新建文件夹 yoga14,从第 9 章创建的 yoga9 文件夹复制所有文件。

任务 2: 在课表上添加日期。用文本编辑器打开 schedule.html。准备在页面底部添加文档最后一次修改日期。既可使用 JavaScript,也可使用 jQuery 来完成任务。

选择 1: 使用 JavaScript。像下面这样修改网页。

- 在页脚区域的电子邮件链接后面添加一个 div,在其中包含一个脚本代码块来显示文本"This page was last modified on:"。

- 用 document.lastModified 属性打印日期。

保存并测试网页。应该能在页脚区域的电子邮件链接后看到新信息。

选择 2: 使用 JavaScript 和 jQuery。像下面这样修改网页。

- 在页脚区域的电子邮件链接后面添加一个 div。

- 在 head 区域添加 script 标记以访问某个 jQuery CDN。

- 编码 jQuery 脚本代码块来包含 ready 事件,并利用 html()方法在刚才新建的 div 中显示"This page was last modified on:"以及 document.lastModified 属性值。

保存并测试网页。应该能在页脚区域的电子邮件链接后看到新信息。

任务 3: 在课程页弹出消息。用文本编辑器打开 classes.html。将添加 JavaScript 代码,在浏览器加载网页时弹出消息框。

既可使用 JavaScript,也可使用 jQuery 来完成任务。

选择 1: 使用 JavaScript。

像下面这样修改 body 标记:

```
<body onload="alert('Yin Yoga classes begin next month!');">
```

网页及其所有资源在浏览器中加载完毕后将发生 load 事件。本例通过 onload 事件处理程序来弹出消息框。保存并测试网页,结果如图 14.33 所示。

选择 2: 使用 JavaScript 和 jQuery。像下面这样修改网页。

- 在 head 区域添加 script 标记以访问某个 jQuery CDN。

- 编码 jQuery 脚本代码块来包含 ready 事件,在 ready 事件中编写代码来弹出消息框以显示"Yin Yoga classes begin next month!"。

保存并测试网页,结果如图 14.33 所示。

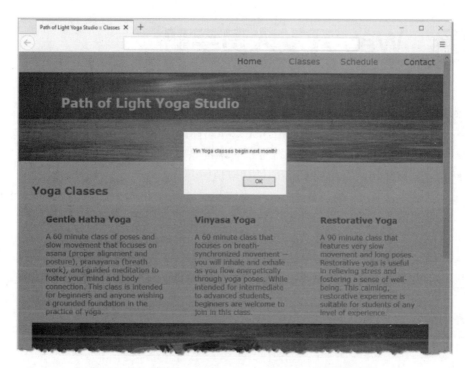

图 14.33　课程页(classes.html)加载完毕后弹出消息框

项目实战

参考第 5 章和第 6 章来了解这个 Web 项目。回顾网站设定的目标，考虑一下利用 JavaScript 来增强页面交互性功能是否有助于提升网站价值。如果可行，就为项目网站添加这些内容。咨询老师是否需要使用 jQuery 技术。

从以下任务中选择一项或多项。

- 参考本章的一个例子，为某个网页弹出消息框来提醒用户注意重要信息。
- 参考本章的一个例子，为表单添加检验功能。
- 用某个 jQuery 插件显示幻灯片(图片轮播)。
- 在网上搜索 JavaScript 或 jQuery 教程，将其代码移植到自己的项目。

自行决定在网站的什么地方应用交互技术。修改并测试网页。

附录　Web 开发人员手册

本书提供的一系列附录旨在帮助你提高开发效率。

- 附录 A 列出了常用的 HTML5 元素和属性。
- 附录 B 列出在网页上显示符号和其他特殊字符的代码清单。
- 附录 C 列出了常用的 CSS 属性和取值。
- 附录 D 列出了 WCAG 2.1 无障碍访问原则以及本书讨论了相关代码与设计技术的章节。
- 附录 E 解释了什么是"ARIA 地标角色"。
- 附录 F 简要介绍了如何使用文件传输协议(File Transfer Protocol，FTP)。
- 附录 G 提供了每种网页安全颜色的示例及其十六进制与十进制 RGB 值。

附录 A　HTML5 速查表

标记	用途	常用属性
<!-- -->	注释	
<a>	锚点标记：配置超链接	accesskey，class，href，id，name，rel，style，tabindex，target，title
<abbr>	配置缩写	class，id，style
<address>	配置联系信息	class，id，style
<area>	配置图像映射中的一个区域	accesskey，alt，class，href，hreflang，id，media，rel，shape，style，tabindex，target，type
<article>	将文档的一个独立区域配置成一篇文章	class，id，style
<aside>	配置补充内容	class，id，style
<audio>	配置浏览器原生的音频控件	autoplay，class，controls，id，loop，preload，src，style，title
<b>	配置加粗文本，没有暗示的重要性	class，id，style
<bdi>	配置双向文本格式中使用的文本 (bi-directional isolation)	class，id，style
<bdo>	指定双向覆盖	class，id，style
<blockquote>	配置长引用	class，id，style
<body>	配置 body 区域	class，id，style
 	配置换行	class，id，style
<button>	配置按钮	accesskey，autofocus，class，disabled，format，formaction，formenctype，mormmethod，formtarget，formnovalidate，id，name，type，style，value
<canvas>	配置动态图形	class，height，id，style，title，width
<caption>	配置表题	align (已废弃) class，id，style
<cite>	配置引用作品的标题	class，height，id，style，title
<code>	配置计算机代码段	class，id，style
<col>	配置表列	class，id，span，style
<colgroup>	配置一组表列	class，id，span，style
<command>	配置代表命令的区域	class，id，style，type
<datalist>	配置包含一个或多个 option 元素的控件	class，id，style
<dd>	配置描述列表中的"描述"	class，id，style
<del>	配置删除文本(显示删除线)	cite，class，datetime，id，style
<details>	配置控件提供额外的信息	class，id，open，style

标记	用途	常用属性
\<dfn\>	配置术语中的定义部分	class，id，style
\<div\>	配置文档中的一个区域	class，id，style
\<dl\>	配置描述列表(以前称为定义列表)	class，id，style
\<dt\>	配置描述列表中的"术语"	class，id，style
\<em\>	配置强调文本(一般倾斜)	class，id，style
\<embed\>	集成插件(比如 Adobe Flash Player)	class，id，height，src，style，type，width
\<fieldset\>	配置带有边框的表单控件分组	class，id，style
\<figcaption\>	配置图题	class，id，style
\<figure\>	配置插图	class，id，style
\<footer\>	配置页脚	class，id，style
\<form\>	配置表单	accept-charset，action，autocomplete，class，enctype，id，method，name，novalidate，style，target
\<h1\> … \<h6\>	配置标题	class，id，style
\<head\>	配置 head 区域	
\<header\>	配置标题区域	class，id，style
\<hgroup\>	配置标题组	class，id，style
\<hr\>	配置水平线；在 HTML5 中代表主题划分	class，id，style
\<html\>	配置网页文档根元素	lang，manifest
\<i\>	配置倾斜文本	class，id，style
\<iframe\>	配置内联框架	class，height，id，name，sandbox，seamless，src，style，width
\<img\>	配置图片	alt，class，height，id，ismap，name，src，style，usemap，width
\<input\>	配置输入控件。包括文本框，email 文本框，URL 文本框，搜索文本框，电话号码文本框，滚动文本框，提交按钮，重置按钮，密码框，日历控件，slider 控件，spinner 控件，选色器控件和隐藏字段	accesskey，autocomplete，autofocus，class，checked，disabled，form，id，list，max，maxlength，min，name，pattern，placeholder，readonly，required，size，step，style，tabindex，type，value
\<ins\>	配置插入文本，添加下划线	cite，class，datetime，id，style
\<kbd\>	代表用户输入	class，id，style
\<keygen\>	配置控件来生成公钥/私钥对，或者是提交公钥	autofocus，challenge，class，disabled，form，id，keytype，style
\<label\>	为表单控件配置标签	class，for，form，id，style

标记	用途	常用属性
\<legend>	为 fieldset 元素配置标题	class，id，style
\<li>	配置无序或有序列表中的列表项	class，id，style，value
\<link>	将网页文档与外部资源关联	class，href，hreflang，id，rel，media，sizes，style，type
\<main>	配置网页主内容区域	class，id，style
\<map>	配置图像映射	class，id，name，style
\<mark>	配置被标记(或者突出显示)的文本供参考	class，id，style
\<menu>	配置命令列表	class，id，label，style，type
\<meta>	配置元数据	charset，content，http-equiv，name
\<meter>	配置值的可视计量图	class，id，high，low，max，min，optimum，style，value
\<nav>	配置导航区域	class，id，style
\<noscript>	为不支持客户端脚本的浏览器配置内容	
\<object>	配置常规的嵌入对象	classid，codebase，data，form，height，name，id，style，title，tabindex，type，width
\<ol>	配置无序列表	class，id，reversed，start，style，type
\<optgroup>	配置选择列表中相关选项的分组	class，disabled，id，label，style
\<option>	配置选择列表中的选项	class，disabled，id，selected，style，value
\<output>	配置表单处理结果	class，for，form，id，style
\<p>	配置段落	class，id，style
\<param>	配置插件的参数	name，value
\<picture>	配合媒体查询来配置灵活响应图像	class，id，style
\<pre>	配置预格式化文本	class，id，style
\<progress>	配置进度条	class，id，max，style，value
\<q>	配置引文	cite，class，id，style
\<rp>	配置 ruby 括号	class，id，style
\<rt>	配置 ruby 注音文本	class，id，style
\<ruby>	配置 ruby 注音	class，id，style
\<samp>	配置计算机程序或系统的示例输出	class，id，style
\<script>	配置客户端脚本(一般是 JavaScript)	async，charset，defer，src，type
\<section>	配置文档区域	class，id，style
\<select>	配置选择列表表单控件	class，disabled，form，id，multiple，name，size，style，tabindex

续表

标记	用途	常用属性
<small>	用小字号配置免责声明	class，id，style
<source>	配置媒体文件和 MIME 类型	class，id，media，src，style，type
<span>	配置内联显示的文档区域	class，id，style
<strong>	配置强调文本(一般加粗)	class，id，style
<style>	配置网页文档中的嵌入样式	media，scoped，type
<sub>	配置下标文本	class，id，style
<summary>	配置总结文本	class，id，style
<sup>	配置上标文本	class，id，style
<table>	配置表格	class，id，style，summary
<tbody>	配置表格主体	class，id，style
<td>	配置表格数据单元格	class，colspan，id，headers，rowspan
<textarea>	配置滚动文本框表单控件	accesskey，autofocus，class，cols，disabled，id，maxlength，name，placeholder，readonly，required，rows，style，tabindex，wrap
<tfoot>	配置表脚	class，id，style
<th>	配置表格的列标题或行标题	class，colspan，id，headers，rowspan，scope，style
<thead>	配置表格的 head 区域,其中包含行标题或列标题	class，id，style
<time>	配置日期和/或时间	class，datetime，id，pubdate，style
<title>	配置网页标题	
<tr>	配置表行	class，id，style
<track>	为媒体配置一条字幕或评论音轨	class，default，id，kind，label，src，srclang，style
<u>	为文本配置下划线	class，id，style
<ul>	配置无序列表	class，id，style
<var>	配置变量或占位符文本	class，id，style
<video>	配置浏览器原生视频控件	autoplay，class，controls，height，id，loop，poster，preload，src，style，width
<wbr>	配置适合换行的地方	class，id，style

附录 B 特殊实体字符

网页中经常要使用特殊字符，也称为实体字符，如版权符号和不间断空格等。本节按代码顺序列出了部分特殊字符，常用的加粗表示。W3C 的特殊字符列表请访问 http://www.w3.org/MarkUp/html-spec/html-spec_13.html。

实体名称	数字代码	描述代码	字符
引号	&#34;	&quot;	"
&符号	&#38;	&amp;	&
小于号	&#60;	&lt;	<
大于号	&#62;	&gt;	>
不间断空格			空格
倒过来的感叹号	&#161;	&iexcl;	¡
货币分标志	&#162;	&cent;	¢
英磅	&#163;	&pound;	£
通用货币	&#164;	&curren;	¤
日圆	&#165;	&yen;	¥
短竖线	&#166;	&brvbar;	¦
章节符	&#167;	&sect;	§
元音变音符	&#168;	&uml;	¨
版权符	&#169;	&copy;	©
阴性序数符	&#170;	&ordf;	a
左引用尖括号	&#171;	&laquo;	«
非符	&#172;	&not;	¬
软连字符	&#173;	&shy;	-
注册商标	&#174;	&reg;	®
长音符号	&#175;	&macr;	¯
度数	&#176;	&deg;	°
正负号	&#177;	&plusmn;	±
上标 2	&#178;	&sup2;	²
上标 3	&#179;	&sup3;	³
重音符	&#180;	&acute;	´
微分符	&#181;	&micro;	µ
段落标记	&#182;	&para;	¶
中间点	&#183;	&middot;	·

续表

实体名称	数字代码	描述代码	字符
变音符号	&#184;	&cedil;	¸
上标 1	&#185;	&sup1;	¹
阳性序数符	&#186;	&ordm;	º
右引用尖括号	&#187;	&raquo;	»
四分之一	&#188;	&frac14;	¼
二分之一	&#189;	&frac12;	½
三分之四	&#190;	&frac34;	¾
倒过来的问号	&#191;	&iquest;	¿
小写 e，抑音符	&#232;	&egrave;	è
小写 e，尖音符	&#233;	&eacute;	é
短破折号	&#8211;	&ndash;	–
长破折号	&#8212;	&mdash;	—
竖线	|			
短的加粗的竖线	&#10072;		❘

附录 C　CSS 属性速查表

属性	描述
background	在一个声明中设置某元素所有的背景属性 取值：background-color，background-image，background-repeat，background-position
background-attachment	设置背景图像是否固定或者随着页面的其余部分滚动 取值：scroll(默认)或 fixed
background-clip	CSS3 属性，规定背景的绘制区域
background-color	设置元素的背景颜色 取值：有效的颜色值
background-image	为某元素指定背景图像 取值：url(指向图像的文件名或路径)，none(默认) 可选的 CSS3 新函数：linear-gradient()和 radial-gradient()
background-origin	CSS3 属性。指定背景位置区域 取值：padding-box、border-box 或 content-box
background-position	指定背景图像的位置 取值：两个百分比值、像素值或定位值(left、top、center、bottom 和 right)
background-repeat	指定背景图像的重复方式 取值：repeat (默认)、repeat-y、repeat-x 或 no-repeat
background-size	CSS3 属性。指定背景图像的大小 取值：数字值(单位为 px 或 em)，百分比，contain 和 cover
border	指定某元素边距的简化写法 取值：border-width，border-style，border-color
border-bottom	指定某元素的底部边框 取值：border-width，border-style，border-color
border-collapse	指定表格中边框的显示模式 取值：separate(默认)或 collapse
border-color	指定某元素的边框颜色 取值：有效的颜色值
border-image	CSS3 属性。指定某元素边框中的图像 详见 http://www.w3.org/TR/css3-background#the-border-image
border-left	配置某元素的左边框 取值：border-width border-style border-color
border-radius	CSS3 属性：配置圆角 取值：一至四个数字值(单位为 px 或 em)或百分比值,用于指定圆角的半径。 如果只提供了一个值，即代表同时适用于四个圆角，顺序为：左上、右上、右下、左下。相关属性：border-top-left-radius、border-top-right-radius、border-bottom-left-radius 以及 border-bottom-right-radius

属性	描述
border-right	设置某元素的右边框 取值：border-width border-style border-color
border-spacing	指定表格中两个单元格之间的距离。 取值：数字值(单位为 px 或 em)
border-style	指定某元素四周边框的样式。 取值：none (默认)、inset、outset、double、groove、ridge、solid、dashed 或 dotted
border-top	配置某元素的顶部边框 取值：border-width border-style border-color
border-width	指定某元素边框的宽度。 取值：数字像素值(如 1px)、thin、medium 或 thick
bottom	指定离窗口元素的底部偏移位置。 取值：数字值(单位为 px 或 em)、百分比值或 auto(默认)
box-shadow	CSS3 属性。配置元素的投射阴影效果 取值：三到四个数字值(单位为 px 或 em)以指定水平偏移、垂直偏移、模糊 半径、扩散距离(可选)。用 inset 关键字来配置一个内部阴影
box-sizing	CSS3 属性。改变 CSS 框模型默认计算的元素高度与宽度 取值：content-box (默认)、padding-box 和 border-box
caption-side	指定表格标题的位置 取值：top (默认)或 bottom
clear	指定某元素与另一浮动元素相关的显示方式 取值：none (默认)、left、right 或 both
color	指定某元素内文本的颜色 取值：有效的颜色值
display	指定元素如何显示以及是否显示 取值：inline、none、block、flex、inline-flex、list-item、table、table-row 或 table-cel
flex	CSS3 属性。指定某个弹性项的相对大小与可变性 取值：数字值，以指定弹性项的相对可伸缩大小 其余的关键词与值，请访问 http://www.w3.org/TR/css3-flexbox/#flex-common
flex-direction	CSS3 属性。指定某可伸缩容器的伸缩方向 取值：row (默认)、column、row-reverse、column-reverse
flex-wrap	CSS3 属性。指定可伸缩项在可伸缩容器内显示时是否可拆行 取值：nowrap (默认)、wrap 和 wrap-reverse
float	指定某元素的水平位置(左或右) 取值：none (默认)、left、或 right

续表

属性	描述
font-family	规定文本的字体系列
	取值：有效字体名称列表或通常字体系列
font-size	指定文本字体大小
	取值：数字值(单位为 px、pt 或 em)、百分比值、xx-small、x-small、small、
	medium (默认)、large、x-large、xx-large、smaller、或 larger
font-stretch	CSS3 属性。指定字体系列为正常、收缩或拉伸
	取值：normal (默认)、wider、narrower、condensed、semi-condensed、expanded
	或 ultra-expanded
font-style	指定文本字体样式
	取值：normal (默认)、italic 或 oblique
font-variant	指定是否以小型大写字母的字体显示文本
	取值：normal (默认)或 small-caps
font-weight	指定文本字体的重量(粗细)
	取值：normal (默认)、bold、bolder、lighter、100、200、300、400、500、
	600、700、800 或 900
height	指定某元素的高度
	取值：数字值(单位为 px 或 em)、百分比值或 auto (默认)
justify-content	CSS3 属性。指定浏览器如何显示存在于可伸缩容器内的额外空间
	取值：flex-start (默认)、flex-end、center、space-between、space-around
left	设置定位元素左外边距边界与其包含块左边界之间的偏移
	取值：数字值(单位为 px 或 em)、百分比值或 auto (默认)
letter-spacing	指定文本字符的间距
	取值：数字值(单位为 px 或 em)或 normal (默认)
line-height	指定文本行高
	取值：数字值(单位为 px 或 em)、百分比值、乘数数值或 normal (默认)
list-style	指定列表属性的简化写法
	取值：list-style-type，list-style-position，list-style-image
list-style-image	将图片设置为列表标记
	取值：url(文件名或图片文件路径)或 none (默认)
list-style-position	指定列表标记的位置
	取值：inside 或 outside (默认)
list-style-type	指定列表标记的类型
	取值：none、circle、disc (默认)、square、decimal、decimal-leading-zero、
	georgian、lower-alpha、lower-roman、upper-alpha 或 upper-roman
margin	设置元素外边距的简化写法
	取值：一到四个数字值(单位为 px 或 em)或百分比值、auto 或 0

属性	描述
margin-bottom	指定某元素的底外边距 取值：数字值(单位为 px 或 em)、百分比值、auto 或 0
margin-left	指定某元素的左外边距 取值：数字值(单位为 px 或 em)、百分比值、auto 或 0
margin-right	指定某元素的右外边距 取值：数字值(单位为 px 或 em)、百分比值、auto 或 0
margin-top	指定某元素的顶外边距 取值：数字值(单位为 px 或 em)、百分比值、auto 或 0
max-height	指定某元素的最大高度 取值：数字值(单位为 px 或 em)、百分比值或 none (默认)
max-width	指定某元素的最大宽度 取值：数字值(单位为 px 或 em)、百分比值或 none (默认)
min-height	指定某元素的最小高度 取值：数字值(单位为 px 或 em)、百分比值或 none (默认)
min-width	指定某元素的最小宽度 取值：数字值(单位为 px 或 em)、百分比值或 none (默认)
opacity	CSS3 属性。指定某元素及其子元素的透明程度 取值：1(完全不透明)到 0(完全透明)之间的一个数字值
order	CSS3 属性。以不同于代码编写的顺序来显示可伸缩项 取值：数字值
outline	设置某元素所有轮廓的简化写法 取值：outline-width、outline-style、outline-color
outline-color	指定某元素轮廓的颜色 取值：有效的颜色值
outline-style	指定某元素轮廓的样式 取值：none (默认)、inset、outset、double、groove、ridge、solid、dashed 或 dotted
outline-width	指定某元素轮廓的宽度 取值：数字像素值(如 1px)、thin、medium 或 thick
overflow	指定如果内容溢出了为它分配的内容区域，该如何显示 取值：visible (默认)、hidden、auto 或 scroll
padding	指定某元素所有内边距的简化写法 取值：一到四个数字值(单位为 px 或 em)或百分比值或 0
padding-bottom	指定某元素的底内边距 取值：数字值(单位为 px 或 em)或百分比值或 0

属性	描述
padding-left	指定某元素的左内边距 取值：数字值(单位为 px 或 em)或百分比值或 0
padding-right	指定某元素的右内边距 取值：数字值(单位为 px 或 em)或百分比值或 0
padding-top	指定某元素的顶内边距 取值：数字值(单位为 px 或 em)或百分比值或 0
page-break-after	指定在某元素之后分页 取值：auto (默认)、always、avoid、left 或 right
page-break-before	指定在某元素之前分页 取值：auto (默认)、always、avoid、left 或 right
page-break-inside	设置元素内部的分页行为 取值：auto (默认)或 avoid
position	指定用于某元素显示的定位类型 取值：static (默认)、absolute、fixed 或 relative
right	指定定位元素右外边距边界与其包含块右边界之间的偏移 取值：数字值(单位为 px 或 em)、百分比值或 auto(默认)
text-align	指定某元素内文本的水平对齐方式 取值：left (默认)、right、center 或 justify
text-decoration	指定添加到文本的装饰效果。 取值：none (默认)、underline、overline、line-through 或 blink
text-indent	指定文本首行的缩进 取值：数字值(单位为 px 或 em)、百分比值
text-outline	CSS3 属性。设置某元素内文本周围的轮廓 取值：一到二个数字值(单位为 px 或 em)，用于指定轮廓的粗细以及(可选)模糊半径和有效的数字值
text-shadow	CSS3 属性。设置某元素内文本的阴影效果 取值：三到四个数字值(单位为 px 或 em)，用于指定水平偏移、垂直偏移、模糊半径或扩散距离(可选)和有效的数字值
text-transform	控制文本的大小写 取值：none (默认)、capitalize、uppercase 或 lowercase
top	设置定位元素的上外边距边界与其包含块上边界之间的偏移 取值：数字值(单位为 px 或 em)、百分比值或 auto (默认)
transform	CSS3 属性。该属性允许我们对元素进行旋转、缩放、移动或倾斜 取值：某个变换函数，如 scale()、translate()、matrix()、rotate()、skew()或 perspective()

续表

属性	描述
transition	CSS3 属性。简写属性，用于在一个属性中设置四个过渡属性 取值：列出 transition-property、transition-duration、transition-timing-function 和 transition-delay 的值，以空格分隔；默认值可以省略，但首次使用时要设置 transition-duration 单位
transition-delay	CSS3 属性。规定过渡效果何时开始 取值：0 (默认)表示不延迟，否则设置一个数字值来指定延迟时间(通常以秒为单位)
transition-duration	CSS3 属性。定义过渡效果花费的时间 取值：0 (默认) 表示瞬间过渡；否则设置一个数字值来指定过渡时间(通常以秒为单位)
transition-property	CSS3 属性。指定应用过渡的 CSS 属性的名称 取值：请访问 http://www.w3.org/TR/css3-transitions，获取可用属性清单
Transition-timing-function	CSS3 属性。通过描述中间属性值的计算方法以规定过渡效果的速度变化 取值：ease (默认)、linear、ease-in、ease-out 或 ease-in-out
vertical-align	指定某元素的垂直对齐方式 取值：数字值(单位为 px 或 em)、百分比值、baseline (默认)、sub、super、top、text-top、middle、bottom 或 text-bottom
visibility	指定某元素的可见性 取值：visible (默认)、hidden 或 collapse
white-space	规定如何处理元素中的空白 取值：normal (默认)、nowrap、pre、pre-line 或 pre-wrap
width	指定某元素的宽度 取值：数字值(单位为 px 或 em)、百分比或 auto (默认)
word-spacing	设置文本内单词间距 取值：数字值(单位为 px 或 em)或 auto (默认)
z-index	设置元素的堆叠顺序 取值：数字值(单位为 px 或 em)或 auto (默认)

附录 D　WCAG 2.1 快速参考

可感知性

- 1.1 替代文本：为所有非文本内容提供替代文本，使其可以转化为人们需要的其他形式，如以大字体印刷，提供盲文、语音、号或更简单的语言。要对页面上的图像(第 4 章)和多媒体(第 11 章)进行相应配置，提供替代文本。
- 1.2 时基媒体：为时基媒体提供替代内容。在本书中，我们没有学习有关时基媒体的知识，但是将来你如果要创建动画或客户端的脚本以提供诸如交互式幻灯片等功能时，不要忘记这一原则。
- 1.3 适应性：创建可用不同方式呈现的内容(例如简单的布局)，而不会丢失信息或结构。在第 2 章中，我们学习了如何利用块显示元素(如标题、段落和列表等)来创建单栏网页，在第 6 章和第 7 章中学习了如何创建多栏页面，在第 8 章中学习了如何用 HTML 表格来组织页面信息。
- 1.4 可辨别性：使用户更容易看到和听到内容，包括把背景和前景分开等。在本书的学习过程中，我们多次提及文本与背景间要有良好对比的重要性。

可操作性

- 2.1 键盘可访问：使所有功能都能通过键盘来操作。在第 2 章中，我们用命名区段标识符来配置网页上的超链接，在第 9 章中介绍了 label 元素。
- 2.2 充足的时间：为用户提供足够的时间用以阅读和使用内容。将来你如果要创建动画或客户端侧的脚本以提供诸如交互式幻灯片等功能时，不要忘记这一原则。
- 2.3 癫痫：不要设计会导致癫痫发作的内容。在使用他人创建的动画时要格外小心；网页不要包含任何闪光超过 3 次/秒的内容。
- 2.4 可导航性：提供帮助用户导航、查找内容、并确定其位置的方法。在第 2 章中，我们使用块显示元素(如标题和列表)来组织网页内容。在第 6 章中，我们学习了如何用无序列表来构建导航链接。在第 7 章中，我们为网页上的超链接配置了命名区段标识符。

可理解性

- 3.1 可读性：使文本内容可读，可理解。我们在第 5 章中学习了如何针对网络进行写作的技巧。
- 3.2 可预测性：让网页以可预见的方式呈现和操作。我们创建的网页应当是可预见的，超链接要有清晰标识与明确功能。

- 3.3 辅助输入：帮助用户避免和纠正错误。在第 9 章中，我们学习了如何使用 HTML 表单控件，使浏览器能支持验证基本的表单信息并显示错误提示。请注意，客户端脚本可以用来编辑网页表单，并提供额外的反馈给用户。

健壮性

- 4.1 兼容：最大化兼容当前和未来的用户代理(包括辅助技术)。在编写代码时要遵从 W3C 的推荐(标准)，以期为未来的应用提供兼容。

资源

有关 WCAG 2.1 的最新信息，可访问下列网站。

- Web Content Accessibility Guidelines (WCAG) 2.1: https://www.w3.org/TR/WCAG21/
- Understanding WCAG 2.1: https://www.w3.org/WAI/WCAG21/Understanding/
- How to Meet WCAG 2: https://www.w3.org/WAI/WCAG21/quickref/

附录 E ARIA 地标角色

W3C 的 Web Accessibility Initiative(WAI)开发了一个标准来提供额外的无障碍访问，称为 Accessible Rich Internet Applications(无障碍丰富互联网应用，ARIA)。ARIA 通过标识元素在网页上的角色或用途来增强网页和 Web 应用的无障碍访问(http://www.w3.org/ WAI/intro/aria)。

本附录着眼于 ARIA 地标(landmark)角色。网页上的地标是指一个主要区域，比如横幅、导航、主内容等等。ARIA 地标角色允许 Web 开发人员使用 role 属性指定网页上的地标，从而配置 HTML 元素的语义描述。例如，为了将包含网页文档主内容的元素配置成地标角色 main，请在起始标识中编码 role="main"。

用屏幕朗读器或其他辅助技术访问网页的用户可访问地标角色，快速跳过网页上的特定区域(演示视频 http://www.youtube.com/watch?v=IhWMou12_Vk)。ARIA 地标角色的完整列表请访问 http://www.w3.org/TR/wai-aria/roles#landmark_roles。常用 ARIA 地标角色包括:

- banner (横幅/logo 区域)
- navigation (导航元素的集合)
- main (文档主内容)
- complementary (网页文档的支持部分，旨在补充主内容)
- contentinfo (包含版权等内容的一个区域)
- form (表单区域)
- search (提供搜索功能的区域)

下面是一个示例网页的 body 区域，其中配置了 banner，navigation，main 和 contentinfo 等角色。注意，role 属性并不改变网页显示，只是提供有关文档的额外信息，以便各种辅助技术使用。

```
<body>
  <header role="banner">
    <h1>Heading Logo Banner</h1>
  </header>
  <nav role="navigation">
    <a href="index.html">Home</a> <a href="contact.html">Contact</a>
  </nav>
  <main role="main">
    This is the main content area.
  </main>
  <footer role="contentinfo">
    Copyright &copy; 2018 Your Name Here
  </footer>
</body>
```

附录 F FTP 教程

购买好主机后即可开始上传文件。虽然主机可能提供了基于 Web 的文件管理器，但上传文件更常用的方法是使用**文件传输协议**(File Transfer Protocol，FTP)。"协议"是计算机相互通信时遵循的一套约定或标准。FTP 的作用是通过 Internet 复制和管理文件/文件夹。FTP 用两个端口在网络上通信，一个用于传输数据(一般是端口 20)，一个用于传输命令(一般是端口 21)。请访问 http://www.iana.org/assignments/port-numbers 查看各种网络应用所需的端口列表。

FTP 应用程序

有许多 FTP 应用程序可供下载或购买，下表列出了其中一部分。

FTP 应用程序

应用程序	平台	URL	价格
FileZilla	Windows，Mac，Linux	http://filezilla-project.org	免费下载
SmartFTP	Windows	http://www.smartftp.com	免费下载
CuteFTP	Windows，Mac	http://www.cuteftp.com	免费试用，学生有优惠
WS_FTP	Windows	http://www.ipswitchft.com	免费试用

用 FTP 连接

主机提供商会告诉你以下信息(可能还有其他规格，比如 FTP 服务器要求使用主动模式还是被动模式):

- FTP 主机地址
- 用户名
- 密码

使用 FTP

本节以 FileZilla 为例，它是一款免费 FTP 应用程序，提供了 Windows、Mac 和 Linux 版本。请访问 http://filezilla-project.org 免费下载。下载后按提示安装。

启动和登录

启动 FileZilla 或其他 FTP 应用程序。输入连接所需的信息，比如 FTP 主机地址、用户名和密码。连接主机。图 F.1 是用 FileZilla 建立连接的例子。

在下图中，靠近顶部的是 Host，Username 和 Password 这三个文本框。下方显示了来自 FTP 服务器的信息，根据这些信息了解是否成功连接以及文件传输的结果。再下方划分为左右两个面板。左侧显示本地文件系统，可选择自己机器上的不同驱动器、文件夹和文件。右侧显示远程站点的文件系统，同样可以切换不同的文件夹和文件。

FileZilla FTP 应用程序

上传文件

很容易将文件从本地计算机上传到远程站点，在左侧面板中选择文件，拖放到右侧面板即可。

下载文件

和上传相反，将文件从右侧面板拖放到左侧，即可进行文件下载。

删除文件

要删除网站上的文件，在右侧面板中选择文件，按 Delete 键即可。

进一步探索

FileZilla 还提供了其他许多功能。右击(Mac 是 Ctrl+点击)文件，即可在一个上下文关联菜单中选择不同的选项，包括重命名文件、新建目录和查看文件内容等。

附录 G Web 安全调色板

安全颜色在不同计算机平台和显示器上能保证最大程度的一致。在 8 位彩色时代，使用 Web 安全颜色至关重要。由于现代大多数显示器都支持千百万种颜色，所以安全颜色已不如以前那么重要。每种颜色都列出了十六进制和十进制 RGB 值(彩色版请见封三)

参 考 答 案

第 1 章

自测题 1.1

1. 互联网(Internet)是公共的、全球互联的计算机网络。万维网(Web)是图形化的用户界面，用户通过该界面访问存储在网络服务器(计算机)上的信息。万维网是互联网的一个子集。

2. 互联网从 20 世纪 90 年代初起出现商业化趋势，之后开始呈指数增长，这在很大程度上是由于技术融合引起的，带图形化操作系统的个人电脑的发展、互联网服务的普及、NSFnet 的商业用途不再受限制、由 CERN 的蒂姆·伯纳斯·李(Tim Berners-Lee)发明的万维网不断发展以及 NCSA 发明了第一个图形浏览器(Mosaic)等等事件不断涌现，它们结合起来，使得商业从中受益颇多，信息共享和访问变得前所未有的简单。

3. 对于 Web 开发人员，通用设计是非常重要的概念，因为他们所创建的网站要让大家都可用。这不仅仅是一件我们应该做的正确的事，并且在开发政府或教育机构网站时，对技术(包括网站)的无障碍访问是法律的强制要求。

自测题 1.2

1. 一台运行了浏览器软件(如 Internet Explorer)的计算机就是客户机的一个示例。通常计算机只在有需要时才连接互联网。浏览器软件使用 HTTP 协议来请求服务器上的网页与相关资源。服务器是一台一直与互联网保持连接的计算机，运行着某些类型的服务器应用软件。它用 HTTP 协议来接收对于网页和相关资源的请求，响应并发送资源。

2. 本章讨论的一些协议在 Internet 而不是 WWW 上使用。电子邮件信息通过互联网来传输。SMTP(简单邮件传输协议)用来发送电子邮件信息。POP(邮局协议)和 IMAP(互联网信息访问协议)可用来与连接到互联网的计算机交换(发送与接收)文件。

3. URL(统一资源定位符)代表互联网上所提供的资源地址。一个 URL 由协议、域名以及资源或文件的层次位置组成。https://www.webdevfoundations.net/chapter1/ index.htm 即是一个 URL。域名代表互联网上的某个组织或其他实体，并有对应的数字 IP。域名是 URL 的一部分。

复习题

1. B	2. B	3. C	4. A	5. A	6. 正确
7. 正确	8. 错误	9. 错误	10. 正确	11. HTML	12. 子域
13. SGML	14. 微博客	15. TCP			

第 2 章

自测题 2.1

1. HTML(超文本标记语言)是由 CERN 的蒂姆·伯纳斯-李(Tim Berners-Lee)利用 SGML 开发的。

它是一组标记符号或代码，写在某个需要在 Web 浏览器上显示的文件中。HTML 所配置的信息与平台无关。标记代码被称为元素(或标记)。

2. 在创建网页与编写代码时，并不需要什么昂贵的高档软件，利用操作系统(Windows 或 Mac)自带的文本编辑器就能搞定。网上也有许多免费的文本编辑器和 Web 浏览器可供下载。

3. head 区域位于网页文档的<head>和</head>标记对之间。该部分信息用于描述网页，例如显示在浏览器窗口菜单栏中的网页标题等元素。body 区域位于<body >和</body >标记对之间。该区域用来编写文本和标记代码，直接显示在浏览器所呈现的网页上。body 区域用于描述网页内容。

自测题 2.2

1. 标题(heading)元素用组织网页内容，显示标题与副标题。大小通过特定的标题层级来指定，范围从 1～6，其中<h1>最大，<h6>最小。这些标记对之间的文本将显示为粗体，上下均会换行。

2. 有序列表和无序列表都可用来组织网页上的信息。无序列表中的每个列表项之前都有一个小图标或项目符号。用<ul>标记配置无序列表。有序列表中的每个列表项前默认均用数字来标示顺序。用<ol>标记来配置有序列表。

3. 块引用元素的作用在于为网页上的长引文设置特定格式：缩进文本中的一部分。包含在块引用元素中的文本上下均留空。文本左右两侧均缩进。

自测题 2.3

1. 特殊字符用于在网页上显示诸如引号、大于号(>)、小于号(<)和版权符号等。这些特殊字符有时被称作实体字符，由浏览器在呈现网页时进行解释。

2. 绝对链接用于显示其他网站中的网页文档。href 属性值中要添加 http 这样的协议名。例如：<a href="https://www.google.com">Google</a>。

3. 相对链接用于显示网页当前所在网站内部的其他网页。href 属性值中不需要添加 http 等协议名。

复习题

1. B	2. C	3. C	4. A	5. B	6. C
7. D	8. B	9. B	10. B	11. strong	12. Article

13. 描述网页特征，例如字符编码等　　14.   15. em

16. 电子邮件地址既显示在网页上又包含在锚标记之内是一种好做法，并不是所有人的浏览器都配置了电子邮件程序。在这两个地方均放上电邮地址能提升网页的可用性。

第 3 章

自测题 3.1

1. 使用 CSS 能更好地控制网页排版与布局，将样式与结构分离，让网页文档变得更小，让网站更易于维护。

2. 由于来访者可能将他们的浏览器设成了特定的配色方案，因此在改变文本或背景颜色时最好同时指定文本颜色和背景颜色属性，使两者间形成较好的对比。

3. 嵌入样式代码写在网页 head 区域中，对整个网页有效，比使用内联样式单独设置 HTML 元素的样式更高效。

自测题 3.2

1. 嵌入样式可用来设置网页上所有文本和颜色的格式。它位于网页文档的 head 区域。将 CSS 选择符和相应的属性写在\<style\>标记对中，就完成了嵌入样式的配置。

2. 使用外部样式，可在一个文件中配置全网站的网页。修改这个文件，所有与之关联的网页下次在浏览器中打开时就能应用新样式。外部样式放在一个独立的.css 文件中。网页通过\<link\>标记与这个外部样式表关联。

3. \<link rel="stylesheet" href="mystyles.css"\>

复习题

1. B	2. B	3. A	4. C	5. C	6. C
7. D	8. D	9. A	10. B	11. C	12. span
13. text-align		14. text-indent		15. font-weight	

第 4 章

自测题 4.1

1. 希望自己的网页在各种浏览器中都有一致的显示，这想法很合理。但希望完全一致就不切实际了。如今的 Web 开发人员在开发网页时会先保障主流浏览器中的效果，再添加一些已获得最新版本浏览器支持的增强元素。这一过程称为"渐进式增强"，详情参见第 5 章。

2. 第一条样式规则缺少了用于和第二条规则分隔的分号(;)。

3. 对。CSS 可用来配置颜色、文本以及包括矩形(通过 background-color 属性)和线条(通过 border 属性)在内的视觉元素。

自测题 4.2

1. CSS background-image 属性指定要显示的背景图片文件。CSS background-repeat 属性指定图片在网页中的显示方式。

```
h1 { background-image: url(circle.jpg);
     background-repeat: no-repeat;
}
```

2.

```
body { background-image: url(bg.gif);
       background-repeat: repeat-y;
}
```

3. 浏览器会立即显示背景颜色，然后呈现背景图片并根据 CSS 的配置来决定重复方式。背景图片未覆盖到的地方将显示背景颜色。

自测题 4.3

1. 答案因各人所选网站不同而不同。导航文本和背景图之间要有良好对比。alt 属性应包含描述性文本。如图片本身显示了文字，这些文字应反映在 alt 属性中。页脚区域的一行纯文本导航能帮助提供无障碍访问。

2. image，map 和 area 元素搭配使用能创建很有用的图像映射。<img>标记配置映射的图像，要包含一个 usemap 属性，其值对应与图片关联的<map>标记的 id。<map>是容器标记，其中有一个或多个<area>标记。图像映射上的每个可点击热点都有一个独立的<area>标记。

3. 错。要权衡图片质量和文件大小，使用尽可能小的文件来获得可接受的显示质量。

复习题

1. D	2. B	3. B	4. B	5. A	6. C
7. D	8. B	9. C	10. D	11. 平铺	12. 文本链接

13. 缩略图 14. Box-shadow　　　　15. meter

第 5 章

自测题 5.1

1. 四大基本设计原则分别是重复、对比、近似、对齐。对学校主页以及设计原则应用的描述因人而异。

2. 答案因人而异。为 Web 创作时的最佳实践包括：简短的段落、列出要点、常用字体、留出空白、尽可能分栏、加粗或强调重要文本以及纠正拼写和语法错误。

3. https://www.walmart.com 是电商网站。它的设计目标是吸引普通大众，请注意其白色背景与高对比度以及标签式导航、产品分级、站内搜索等功能的运用。这种设计满足了它的目标受众：青少年及成年消费者。

https://www.sesamestreet.org/art-maker 面向孩子和他们的父母。它添加了许多明亮且色彩丰富的互动元素和动画，所有这一切都是为了吸引目标受众。

http://www.willyporter.com 是音乐家 Willy Porter 的官方网站，设计目标是吸引所有人。主页显示他的大幅照片，一组分区指引你访问新专辑、演奏会和相关的社交网站。该网站对目标受众很有吸引力。

自测题 5.2

1. 答案因人而异。

2. 答案因人而异。

3. 在网页上使用图片的最佳实践包括以下几种：慎重挑选颜色、只使用必要的图片、针对网页显示对图片进行优化、图片失效时网站优希可用以及使用 alt 属性为图片设置文本描述。改进意见视情况而定。

复习题

1. D	2. B	3. B	4. B	5. C	6. D
7. C	8. A	9. C	10. B	11. 分级	12. 不是

13. 无障碍网络倡议(Web Accessibility Initiative。WAI)

14. 答案因人而异。为移动 Web 设计时要注意的问题包括：屏幕小、带宽低、控制差、处理器和内存有限以及对字体和颜色的支持有限等。

15. 答案因人而异。WCAG 4 原则是可感知、可操作、可理解、健壮:

- 内容必须可感知。
- 内容中的界面组件必须可操作。
- 内容和控件必须可理解。
- 对于当前和未来的用户代理(包括辅助技术)来说,内容要足够健壮。

第 6 章

自测题 6.1

1. 按由内到外顺序,框模型中的组成元素分别是:内容、填充、边框和边距。

2. float 属性将某个元素浮动显示到其容器元素的左侧或右侧,使之脱离"正常流动"。

3. 可用 clear 和 overflow 属性来"清除"浮动。

自测题 6.2

1. 网页上不同的区域可针对打印需求作特殊处理。例如,可以隐藏导航区域、配置分页、将字体设为 serif(有衬线的字体)等。另外,边距、填充、宽度和浮动等属性可专门为打印稿调整。

2. 在网站上使用 CSS 精灵(sprites)技术的优点包括:减少带宽占用(整合好的精灵图片文件通常比多个单独图片文件之和小得多)、减少浏览器请求次数(一个精灵图片只需发起一次请求,不用因为需要多张单独的图片文件而发起多次请求)以及更快地显示精灵中的单独图片(配置精灵,根据鼠标移动来显示不同的图)等。

3. 如元素要固定在浏览器视口顶部,就为它配置 CSS,将 position 属性设为 fixed 或 sticky。将 top 设为 0,left 设为 0,z-index 设为较大的正整数。

复习题

1. A	2. A	3. B	4. B	5. D	6. C
7. B	8. C	9. D	10. B	11. id 属性	12. 左侧
13. 边距	14. :hover	15. z-index			

第 7 章

自测题 7.1

1. 用 CSS display 属性将某个 CSS 选择符配置成网格容器(display: grid;)或灵活框容器(display: flex;)。

2. 将 justify-content 属性设为 center 造成灵活项在灵活容器中沿主轴居中,第一个灵活项之前和最后一个灵活项之后具有相同大小的空白。将 justify-content 属性设为 space-between 造成灵活项在灵活容器中沿主轴均匀分布。第一个灵活项位于灵活容器开头,最后一个灵活项位于灵活容器末端。将 justify-content 属性设为 space-around 造成灵活项在灵活容器中均匀分布,在第一个灵活项之前和最后一个灵活项之后留空。

3. grid-template 是简写属性,合并了 grid-template-areas, grid-template-rows 和 grid-template-columns

三个属性。可用 grid-template 属性指定每一行中具名网格区域的位置、每一行的高度及每一列的宽度。

自测题 7.2

1. 移动优先是指先配置智能手机上的网页而已(可缩小浏览器窗口来测试),该布局在移动设备上的显示速度是最快的。接着增大浏览器视口,直到布局发生"断裂"(错位),需要修改来适应更大屏幕的显示——这时就要编码一个媒体查询了。如有必要,继续增大浏览器视口,直到再次发生"断裂",编码更多媒体查询。

2. 设备类型和视口大小千变万化,所以没什么值是必须用在媒体查询的。遵循移动优先的准则,首先为窄视口配置 CSS。然后增大视口。布局发生错位(断裂)时,就该添加媒体查询了。

3. 用以下成熟技术通过 CSS 来配置灵活图片:

① 从 HTML 中移除 height 和 width 属性设置

② 将 CSS max-width 属性设为 100%

③ 将 CSS height 属性设为 auto

配置灵活响应图片的其他新技术还有使用 picture 元素(和配套的 source 元素),以及为 img 元素配置 sizes 和 srcset 属性。

复习题

1. A	2. A	3. C	4. B	5. C	6. A
7. B	8. C	9. C	10. B	11. grid-template	
12. 媒体查询		13. justify-content,align-items			
14. flex-flow		15. srcset			

第 8 章

自测题 8.1

1. 表格常用于在网页中组织扁平状的信息。

2. 浏览器默认加粗并居中显示 th 元素包含的文本。

3. 为了改善表格的无障碍访问,可编码 caption(表题)元素来描述表格内容,再用表头元素 th 配置行标题或列标题。

自测题 8.2

1. 用 CSS 属性代替 HTML 属性来配置表格样式能增加灵活性,且更易于维护。

2. thead、tbody 和 tfoot 元素都可用来分组表行。

复习题

1. B	2. C	3. C	4. D	5. C	6. B
7. D	8. B	9. B	10. A	11. Border	
12. vertical-align		13. rowspan		14. headers	
15. caption					

第 9 章

自测题 9.1

1. 虽然两个方案都可以，但使用三个输入框(姓、名、电子邮件)的方案更灵活。通过服务器端处理，这些单独的值将存储在数据库中，可以很方便地将它们取出以生成个性化的电子邮件，有利于未来利用这些数据开发更多更强的功能。

2. 方案有许多。如选项内容很短，而且差不多同样长度，也许一组单选钮比较合适。如选项包含长文本，或长度不一，选择列表(下拉框)或许更合适。单选钮每一组只能选一个。选择列表默认也只能选一个。复选框不合适，因为它允许多选。

3. 错。在一组单选钮中，浏览器根据 name 属性将分散的元素当成一组来处理。

自测题 9.2

1. fieldset 元素生成边框等视觉线索将其所含的元素包围起来。边框有助于组织表单元素并增强表单的可用性。legend 元素为 fieldset 元素所指定的分组提供文本描述，进一步提升了表单元素的可用性，只要访客使用的浏览器支持这些标记即可。

2. 设置 accesskey 属性后，用户能通过键盘快速选定某个元素，从而摆脱对鼠标的依赖。该方法改善了网页的无障碍访问，对有运动障碍的访客很有帮助。W3C 建议，为了提示用户按热键激活元素，应采用带下划线、字体加粗等方式或者额外的信息来给出视觉提示。

3. 标准提交按钮、图像按钮或是<button>标记，究竟用哪个由 Web 设计人员和客户说了算。当然，用尽可能简单的技术实现所需功能是常识。绝大多数情况下，答案是标准提交按钮。有视觉障碍的访问者要借助屏幕朗读器"听到"提交按钮。提交按钮能自动调用 form 标记所设置的服务器端处理程序。

图像按钮也能自动调用表单配置的服务器端处理程序，而且在配置了 alt 和 accesskey 属性的情况下，还能提供更好的无障碍访问。除非有很好的理由或者客户坚持，尽量避免为标准 Web 表单使用<button>标记。在能使用普通提交按钮的情况下，避免选择一个复杂的方案。

自测题 9.3

1. 网页浏览器向服务器请求网页文档以及相关文件。Web 服务器定位到相应文件并将它们发送给浏览器。然后浏览器渲染返回的文件，并将它们显示出来。必须通过服务器端咨来保存和处理访问者输入的信息。表单的 action 属性指定 Web 服务器要调用并向其发送表单数据的脚本或程序。脚本或程序返回的结果(通常是一个网页)将由 Web 服务器传回浏览器供显示。

2. 服务器端脚本开发人员和网页设计人员必须互相配合，才能让前端的网页与后台的服务器端脚本实现协同工作。他们要交流决定表单所使用的方法(get 还是 post)以及服务器端脚本的位置。由于服务器脚本经常将表单元素的名称用作变量名，因此表单元素的名称往往是在这时候定下来的。

复习题

1. B	2. A	3. A	4. B	5. B	6. D
7. C	8. C	9. A	10. D	11. D	12. maxlength
13. fieldset	14. name				

15. 下列表单控件可以为访问者提供颜色选择的功能: 输入文本框, 可在其中输入任意格式的颜色值; HTML5 datalist 控件, 每种可选颜色作为一个选项; 一组单选按, 每个单选钮是一个颜色选项; 选择列表, 每个颜色选项是一个选项元素; 或者 HTML5 颜色池表单控件(但要看浏览器的支持情况。支持得不好的话, 会显示一个输入文本框)。

第 10 章

自测题 10.1

1. 项目经理指导整个网站的开发过程, 创建项目计划和进度表。在与团队成员交流时必须保持全局观, 以协调团队的活动。项目经理要负责掌控里程碑节点、按期交付成果。

2. 大型网站项目远不仅仅把企业宣传册照搬过来那么简单, 它本质上是一种复杂的信息应用, 整个企业都要依赖于此。这样的应用需要各种各样的特殊人才, 包括图形设计、组织、写作、营销、编程、数据库管理等方面的专家。一两个人根本无法胜任所有角色, 也无法完成建立优质网站的所有工作。

3. 答案有许多。不同的测试技术包括: 由 Web 开发人员自己进行的单元测试、由链接检查器等程序执行的自动测试、由代码校验程序执行的代码测试和检验以及通过观察网站访问者使用网站执行任务的情况而进行的可用性测试等。

自测题 10.2

1. 能提供高可靠、可扩展服务的虚拟主机能满足小公司的这种需求。所选择的主机应当可提供高端的软件服务, 包括脚本、数据库、电子商务软件包等, 以保障公司未来发展。

2. 专用服务器所有权归主机供应商, 也由他们提供支持。客户公司可选择自行管理或支付费用请供应商代为管理。托管服务器的所有权归客户公司, 但放置在主机供应商的机房。这种方式既能享受到高速、可靠的互联网连接, 对服务器有有完全的掌控权。

3. 如果网站瘫痪, 主机供应商却不响应你的技术支持要求, 每月省下的 5 美元又有什么用呢? 比较主机选择方案时, 确实要看看价格, 了解当前市场的平均水平。如某个主机的收费异乎寻常地低, 那么很有可能偷工减料。不要只是依据价格来做决策。

复习题

1. A	2. A	3. C	4. B	5. D	6. D
7. D	8. A	9. A	10. C	11. 可用性测试	
12. 图形设计师		13. UNIX 和 Linux			

14. 认真研究竞争对手的网站, 将有助于你设计出与众不同的作品, 而且能吸引更多共同的客户群体。注意, 既要观察其出色的一面, 也要分析其不足的一面。

15. 试着联系技术支持, 这将有助于你大致了解主机供应商在发现与解决问题方面的响应情况。如果技术支持团队对你反映的问题拖拖拉拉, 那么当你真的用了他们的服务, 再遇到相同问题需要立即解决时, 他们的表现不如人意也就不足为奇了。虽然不能保证万无一失, 但如果对一个简单的问题也能快速反应, 至少给人留下了技术团队组织合理、技术专业、反应灵敏的印象。

第 11 章

自测题 11.1

1. 用 HTML video 和 source 元素配置网页上播放的视频。最好编码多个 source 元素，提供视频多种格式的版本。还要提供到替代视频的链接，以防浏览器无法播放某种格式。在 source 元素之后、结束 video 标记之前编码这些替代内容。

2. poster 元素配置正式下载并播放视频前显示的一张图片(相当于封面)，目的是防止视频内容下载回来之前显示一个令人尴尬的空白区域。

3. "合理使用"(fair use)是指允许学生和教育工作者以评论、报告、教学、学术或研究为目的来使用受版权保护的作品。所以，虽然学生能使用网上找到的资源，但一定要符合"合理使用"的条件：教育、基于事实(而非创新)、只用少部分而且不影响原作之销售。另外，使用需注明来源。如原作有"知识共享"许可证，还需遵守许可证之特殊要求(https://creativecommons.org)。

自测题 11.2

1. transform 属性旨在改变元素的显示，用不同的函数来实现元素的旋转、伸缩、倾斜和位移。

2. 动画的关键帧是发生变化的关键位置。@keyframes 规则的作用是定义动画，它为动画命名，并对关键帧进行分组。

3. 配合使用 details 和 summary 元素，配置交互式 widget 以显隐信息。

自测题 11.3

1. JavaScript 为网页增添多种多样的交互效果，包括表单校验、弹窗、跳转菜单、消息框、图片轮播(幻灯片)、状态消息更改和计算等。

2. PWA 是指渐进式 Web 应用程序，即 Progressive Web Application。提供和移动设备上的原生应用相似的体验。可选择将网站图标添加到主屏幕。此时即便没有联网，网站也能提供某种程度的功能。PWA 使用 Manifest API 和 Service Workers API，并使用 HTTPS 协议。

3. HTML5 canvas 元素为 Web 开发人员提供了一个 API，实现用 JavaScript 配置动态图像。

复习题

1. C　　　2. B　　　3. A　　　4. B　　　5. C　　　6. A

7. A　　　8. A　　　9. B　　　10. C

11. 应用程序编程接口(application programming interface，API)

12. 合理使用　　　13. 视频　　　14. CSS 属性

15. 文档对象模型(Document Object Model，DOM)

16. 答案有许多：文件过大下载不易，对无障碍访问的考虑，而且创建音频或视频内容很占时间、需要一定的天赋，所需的软件也比较专业。

17. "知识共享"(Creative Commons，https://creativecommons.org)是一个免费服务，允许作者和艺术家注册一种称为"知识共享"的许可证，说明允许以及禁止的针对版权作品的行为。

第 12 章

自测题 12.1

1. 电子商务好处多多，尤其对于小公司的业主而言，因为他们必须认真考虑成本问题。电子商务的优点包括极低的成本开销、可 24 小时不间断服务以及可在全球进行销售的潜力等。

2. 经商总会面临风险，电子商务也不例外。与电子商务相关的风险包括日益激烈的竞争、虚假交易以及安全问题等。

3. SSL(安全套接字层)是一种协议，允许在互联网等公共网络上私密地进行数据交换。网上购物者可以检查以下两点以判断该网商有用 SSL。

- 查看浏览器地址栏里的地址，如网站使用 https 协议而不是 http 就说明它在使用 SSL。
- 浏览器地址栏显示了一把小锁的图标。单击此图标将显示正在使用的数字证书和加密级别。

自测题 12.2

1. 常用的网上支付方式包括信用卡、储值卡、数字钱包和数字现金(加密货币)。

2. 答案有许多。网购的原因很多，包括方便、低价、送货上门等。如果上次网购时没有检查网店有否使用 SSL，下次很有可能就会注意一下了。

3. 电子商务解决方案包括速成网店、现成的购物车软件以及专业的电商平台等。最容易上手的是速成网店。虽然这个解决方案没有提供最大的灵活性，但只需要花一下午的时间就能让店铺开张营业。

复习题

1. C	2. A	3. B	4. B	5. B	6. A
7. C	8. A	9. B	10. B	11. 安全套接字层(SSL)	
12. EDI		13. 不对称密钥		14. 对称加密	

15. 开发人员可利用自动翻译软件或其他定制的网络翻译服务。

第 13 章

自测题 13.1

1. 搜索引擎的三个组件是机器人、数据库和搜索表单。机器人是一种特殊的程序，能在万维网上"行走"，跟踪各站点的链接。机器人利用它所发现的信息来更新搜索引擎数据库。搜索表单是一个图形化用户界面，用户在上面输入查询关键字并将搜索请求提交给搜索引擎网站。

2. 使用 description meta 标记的目的在于提供关于网站的简要描述。搜索引擎在索引网站时可用其中包含的信息。Google 等搜索引擎会将 description meta 标记中的信息展示在搜索结果网页(SERP)上。

3. 值得。对于公司而言，付费让搜索引擎优先收录自己的网站有好处。比起"挖地三尺"翻到第一百页才看到目标，能列在结果集中的第一个网页是不是更能让访客轻松地找到你的网站？你应当认真考虑，选择 Google 的 AdWords 等付费优先收录程序，也许能帮助你更好地完成公司营销目标哦！

自测题 13.2

1. 答案有许多。绝大多数时候，不同搜索引擎所返回的前三个网站并不相同。为了能在当前最流行的搜索引擎中排名靠前，努力优化自己的网站吧！

2. 最简单粗暴的办法是直接访问搜索引擎，键入关键字，并在搜索结果中查找自己的站点。如果你的网站主机供应商提供了网站日志报告服务，你只需要检查一下日志报告就能给出答案。

你会看到机器人/蜘蛛程序的名称，Google 的蜘蛛叫 Googlebot(访问 https://www.robotstxt.org 了解有关搜索引擎机器人的更多信息)。网站日志报告还列举了访客在查找你的网站时所用的搜索引擎以及用了哪些关键字。

3. 答案有许多。不使用搜索引擎的网站推广方法包括：分销联盟计划、横幅广告、横幅广告互换、互惠链接、时事通讯(newsletter，其实就是推广邮件)、保持网站粘性的功能(如投票、论坛、问卷调查、QR 码等)、个人推荐、新闻组或邮件列表服务、社交媒体营销、博客、RSS、传统媒体广告与现有的营销材料等。根据公司的需要，其中的任意一种都有可能成为第一选择。

时事通讯是一个有趣的推广方法。在网页上放个表单，让访问者自主选择是否接收时事通讯。定期发一些有价值的电子邮件，内容和自己网站相关(甚至可以发促销打折内容)。这能鼓励临时的散客成为"常客"。他们甚至有可能转发你的邮件给自己的朋友。但是，一定要提供退订功能。例如，TechLearning News 发送的邮件中就包含以下信息："UNSUBSCRIBE (退订)。退订请回复此邮件至 unsubtechlearning@news.techlearning.com"

复习题

1. B　　　2. A　　　3. C　　　4. B　　　5. B

6. C　　　7. C　　　8. A　　　9. B　　　10. B

11. 粘度　　12. robots meta 标记：

```
<meta name="robots" description="noindex, nofollow">
```

13. 搜索引擎。

14. 答案有很多，如分销联盟计划、横幅广告、横幅广告互换、互惠链接协议、博客发布、RSS源、时事通讯、个人推荐、社交书签以及传统媒体广告等，也可以在所有推广材料中添加 URL 或 QR 码。

15. QR。

第 14 章

自测题 14.1

1. JavaScript 的应用场景很多，如轮播图片、校验表单数据、弹窗、实现警告消息和提示等互动以及计税之类的数学计算等。

2. HTML 文档可嵌入的脚本代码块数量没有限制。

3. 可利用 Firefox 浏览器的 Web 控制台来查错。还应认真检查代码，特别留意对象名称、属性、方法和声明等。不要遗漏分号。

自测题 14.2

1. 对象是一种东西，属性是一种特征，方法是一种行动。

2. 事件指"发生"，如点击鼠标、加载网页、鼠标指针放在网页某个区域等。而事件处理程序是嵌入某个 HTML 标记中的属性，如 onclick、onload、onmouseover，它指定了所对应的事件发生时要执行的 JavaScript 代码。

3. 事件处理程序是嵌入 HTML 标记中的，并不用写成单独的脚本代码块。

自测题 14.3

1. prompt()方法可用来收集用户年龄这样的数据。该方法可与变量结合使用，这样收集到的数据就存入了变量。

2. 以下是示例代码：

```
if (userAge < 18) {
    alert("You are under 18");
} else {
    alert("You are 18 or older");
}
```

3. 函数定义始于关键字 function，然后是函数名称以及一些 JavaScript 语句。这只是定义了函数，调用函数时才会执行其中的语句。

自测题 14.4

1. 表单数据校验是指根据校验规则来检查表单中输入的数据。如果不符合规则，表单就不允许提交。

2. 答案有许多，但可能会包含对姓名、电子邮件、电话号码等必填项的检查。数值字段可能需要进行验证以确保位于指定范围之内，例如，订单数量必须大于 0，而年龄通常要在 1 到 120 之间。

3. 用户单击提交按钮时发生 submit 事件，onsubmit 事件处理程序执行 return validateForm()语句。如数据有效，validateForm()函数返回 true 值，表单得以提交。如数据无效，validateForm()函数返回 false 值，表单无法提交。

自测题 14.5

1. 可从 http://jquery.com/download 下载.js 文件形式的 jQuery 库，也可在 script 标记中将 src 值设为某个 jQuery CDN 的 URL 来在线访问存储在 CDN 中的 jQuery 库。

2. 利用 css()方法可实现在 jQuery 中动态设置 css 属性。

3. ready 事件是一条 jQuery 语句，用于确认浏览器是否已完全加载了文档对象模型(DOM)。

复习题

1. A	2. C	3. B	4. A	5. D	6. C
7. A	8. B	9. C	10. A	11. B	12. ==

13. attr()　　　　　　　　14. window(窗口)　　　　　　15. ready

16. onclick　　　　　　　17. JavaScript　　　　　　　18. css()

19. JavaScript 的常见用途包括：图片轮播(幻灯片)、表单数据校验、弹窗、警告消息或提示等交互功能以及数学计算。

20. 以下技巧可用于调试 JavaScript：仔细检查 JavaScript 代码的语法是否正确。确认引号、括号成对使用，分号有没有缺少，变量、对象、属性中的大小写是否正确。可利用 Firefox 的 Web 控制台来帮助调试，其中会提供和错误相关的信息。在脚本中适当插入 alert()方法以显示变量值，帮助找出脚本运行期间的问题。